注册岩土工程师
专业考试用书

ZHUCE YANTU GONGCHENGSHI
ZHUANYE KAOSHI LINIAN ZHENTI FENLEIJINGJIANG

注册岩土工程师
专业考试历年真题 分类精讲
专业知识

主　编　张福先　朱晓云
参　编　陈宏伟　张建平
　　　　田　野　许栋山

中国电力出版社
CHINA ELECTRIC POWER PRESS

内 容 提 要

本书是为配合全国注册土木工程师（岩土）执业资格考试编写的。本书编写时以人力资源和社会保障部、住房和城乡建设部发布的注册土木工程师（岩土）专业考试大纲为依据，以现行规范为基础，由张工教育岩土组多位具有丰富备考经验和培训经历、熟悉命题方向和命题规则的资深授课老师共同编写而成。

本书收录了 2009～2020 年知识真题（对于部分陈旧试题进行了改编），试题均采用现行规范进行解答。全书按照考试大纲，进行章节分类，每一章分解为若干知识点，每一知识点下收录所有相关历年真题，所有真题题目均进行了相应的解析和知识拓展，内容全面、重点突出，侧重对于规范的理解，兼顾结合实践，便于考生进行备考复习或者模块化习题练习，达到尽快熟悉和掌握相关知识点的目的。

本书适合参加注册土木工程师（岩土）专业考试的考生复习使用，同时也可作为岩土工程技术人员、高等院校师生的参考书。

图书在版编目（CIP）数据

注册岩土工程师专业考试历年真题分类精讲. 专业知识 / 张福先，朱晓云主编；张工教育岩土团队组编. —北京：中国电力出版社，2021.4
ISBN 978-7-5198-5349-5

Ⅰ. ①注… Ⅱ. ①张…②朱…③张… Ⅲ. ①岩土工程–资格考试–题解 Ⅳ. ①TU4-44

中国版本图书馆 CIP 数据核字（2021）第 022679 号

出版发行：中国电力出版社
地　　址：北京市东城区北京站西街 19 号（邮政编码 100005）
网　　址：http://www.cepp.sgcc.com.cn
责任编辑：莫冰莹（010-63412526）
责任校对：黄 蓓 李 楠 马 宁 郝军燕
装帧设计：赵姗姗
责任印制：杨晓东

印　　刷：三河市航远印刷有限公司
版　　次：2021 年 4 月第一版
印　　次：2021 年 4 月北京第一次印刷
开　　本：880 毫米×1230 毫米　16 开本
印　　张：28.25
字　　数：871 千字
定　　价：128.00 元

前　　言

全国注册土木工程师（岩土）执业资格考试自 2002 年 9 月首次举行，分为基础考试和专业考试两部分，基础考试合格并满足职业实践年限的规定条件，方可报名参加专业考试。专业考试不仅科目多、强度高，还以其极低的通过率著称。

专业考试分为专业知识考试和专业案例考试两部分。本书为配合复习专业知识考试而编写。专业知识考试上、下午试卷均由 40 道单选题和 30 道多选题组成，单选题每题 1 分，多选题每题 2 分，上、下午考试总分 200 分，均为客观题。本书按照考试大纲的考试范围，将历年真题按照规范或者科目进行了分类编写。

注册岩土专业考试自 2002 年开考以来，命题风格几经变换。自 2018 年起由北京市勘察设计研究院有限公司副总工程师杨素春担任命题组组长后，考题风格呈现的特点是：从难、从严、从实际出发，计算量加大，考试深度和广度逐渐递增。

为了帮助考生抓住考试重点，提高复习效率，顺利通过考试，以张工教育岩土组的授课老师为主，并邀请几位在历年考试中取得良好成绩的一线资深工程师们，在搜集、甄别、整理历年真题的基础上编写了本书。

本书按照考试内容的科目进行了分类编排，使得考生在复习时，有相应的题目练习，构建知识体系，利用模块化复习的方式，将考纲所涵盖的知识点各个击破，达到熟能生巧的目的。众所周知，注册类考试的历年真题永远是最好的复习资料，其中的经典题目，建议读者举一反三，借助题目更好地理解和掌握相应知识点。

本书的每一道题都做了较为详尽的解答、解析，力争做到答案准确、思路清晰。由于部分规范更新，为了适应现阶段的考试，部分题目将题干进行了局部调整，解答均以现行规范为主，对于变化较大或者规范有删减的内容，书中均给出了相应提示或者对比。从 2020 年专业知识点的考试题目来看，注册土木（岩土）工程师专业考试的知识题已越来越趋向于对规范相关条目、规定的理解和运用，不再是单独的考条目的原文，因此，本书对于高频考点需要理解、掌握的内容均做了总结。

最后，编者提醒考生，一本好的辅导教材虽然有助于备考，但在学习过程中，仍要以规范为主，任何时候都不能本末倒置。本书对于读者来说，能更快速地理清考试的知识体系，熟悉、理解规范，但最终，对知识的认识仍要回归到规范上去。

本书编写期间，众多考生和学员提供了很多有益建议，在此一并感谢！

由于编者的水平和条件有限，书中难免有疏漏和不足之处，恳请广大读者批评指正。

如有疑问或者发现错误等问题，可以与向左联系，QQ：3487139024，微信：qq3487139024，电子邮箱：3487139024@qq.com；也欢迎加群讨论，群号：672444716。

最后，祝广大考生顺利通过考试！

目　　录

1 岩土性质和分类

1.1 土 的 分 类

1.1.1 残积土

1.（2010-A-3）根据下列描述判断，（   ）的土体属于残积土。

（A）原始沉积的未经搬运的土体

（B）岩石风化成土状留在原地的土体

（C）经搬运沉积后保留原基本特征，且夹砂、砾、黏土的土体

（D）岩石风化成土状经冲刷或崩塌在坡底沉积的土体

【解析】依据《岩土工程勘察规范》（GB 50021—2001）（2009 年版）第 6.9.1 条，岩石在风化营力作用下，其结构、成分和性质已产生不同程度的变异，应定名为风化岩。已完全风化成土而未经搬运的应定名为残积土。

依据李广信《土力学》（2 版）1.1.1 土的搬运和沉积，第四纪土，由于其搬运和沉积方式的不同，分为残积土和运积土两大类。残积土是指母岩表层经风化作用破碎成为岩屑或细小矿物颗粒后，未经搬运，残留在原地的沉积物。它的基本特征是颗粒粗细不均、表面粗糙，多棱角，无层理。运积土是指风化所形成的土颗粒，受自然力的作用，搬运到远近不同的地点所沉积的堆积物。其特点是颗粒经过滚动和相互摩擦，颗粒因摩擦作用而变圆滑，具有一定的浑圆度。根据搬运的动力不同，运积土又可分为：坡积土、洪积土、冲积土、湖泊沼泽沉积土、海相沉积土、冰碛土、风积土。其中选项 D 属于坡积土。

依据张忠苗《工程地质学》6.3 第四纪土的地质成因及特征，残积土是岩石经风化破碎后残留在原地的一种碎屑堆积物。残积土颗粒未经磨圆或分选，没有层理构造、均质性差，因而土的物理力学性质不一致，同时多为棱角状的粗颗粒土，其孔隙度较大，作为建筑物地基，容易产生不均匀沉降。因此选项 B 正确。

【考点】残积土应与风化岩进行区别。风化岩是表生地质环境下物理、化学和生物风化作用所形成的工程性质不良的岩体。风化岩保持原岩结构和构造，而残积土则是已全部风化成土，矿物结晶、结构、构造不易辨认，成碎屑状的松散体。

【参考答案】B

1.1.2 中砂

2.（2009-A-6）某建筑地基土样颗粒分类结果见表 1-1，土名正确的是（   ）。

表 1-1 　　　　　　　　　　建筑地基土样颗粒分类结果

颗粒直径	>2mm	2～0.5mm	0.5～0.25mm	0.25～0.075mm	<0.075mm
颗粒含量	15.8%	33.2%	19.5%	21.3%	10.2%

（A）细砂　　　　　（B）中砂　　　　　（C）粗砂　　　　　（D）砾砂

【解析】参见《岩土工程勘察规范》（GB 50021—2001）（2009 年版）中 3.3.3 条、《建筑地基基础设计规范》（GB 50007—2011）中 4.1.7 条。

大于 2mm 的颗粒含量占全重的 15.8% 且小于 50%，同时大于 0.075mm 的颗粒含量占全重的百分比

为：21.3%＋19.5%＋33.2%＋15.8%＝89.8%，超过50%，因此可以判断土样为砂土。

大于2mm的颗粒占全重的15.8%且小于25%，因此土样不是砂砾。

大于0.5mm的颗粒占全重的百分比为：33.2%＋15.8%＝49%，小于50%，因此土样不是粗砂。

大于0.25mm的颗粒占全重的百分比为：19.5%＋33.2%＋15.8%＝68.5%，因此可判定土样是中砂。

【考点】砂土命名。注意：砂土的命名首先从定义去判断土样是否属于砂土，再进一步去判定土样属于砂土中的哪一类。分类时应根据粒组含量栏从上到下以最先符合者确定。比如这道题目虽然大于0.075mm的颗粒含量占全重的21.3%＋19.5%＋33.2%＋15.8%＝89.8%，大于85%，符合细砂的分类，但是因为首先符合了中砂的分类，因此土样判定为中砂。

【参考答案】B

1.1.3　有机土

3.（2013-B-31）某一土的有机质含量为25%，该土的类型属于（　　）。

（A）无机土　　　　　（B）有机质土

（C）泥炭质土　　　　（D）泥炭

【解析】参见《岩土工程勘察规范》（GB 50021—2001）（2009年版）附录A中表A.0.5，土根据有机质含量进行分类见表1-2。

表1-2　　　　　　　　表A.0.5 土根据有机质含量分类

分类名称	有机质含量 W_u（%）
无机土	$W_u<5\%$
有机质土	$5\%\leqslant W_u\leqslant10\%$
泥炭质土	$10\%<W_u\leqslant60\%$
泥炭	$W_u>60\%$

【考点】

（1）土根据有机质的含量如何进行分类。

（2）有机质土的另外一个考点参见《土工试验方法标准》（GB/T 50123—2019）5.2.2条第2款：对含有有机质超过干土质量5%～10%的土，应将温度控制在65～70℃的恒温下烘至恒量。无机土及有机质不超过干土质量5%的土，应将温度控制在105～110℃的恒温下烘至恒量。

【参考答案】C

1.1.4　淤泥

4.（2017-B-29）某细粒土，天然重度 γ 为13.6kN/m³，天然含水量 w 为58%，液限 w_L 为47%，塑限 w_p 为29%，孔隙比 e 为1.58，有机质含量 W_u 为9%，根据《岩土工程勘察规范》（GB 50021—2001）（2009年版）相关要求，该土的类型为下列哪个选项？（　　）

（A）淤泥质土　　　（B）淤泥　　　（C）泥炭质土　　　（D）泥炭

【解析】参见《岩土工程勘察规范》（GB 50021—2001）（2009年版）中附录A中表A.0.5，见表1-3。

表1-3　　　　　　　　表A.0.5 有机质土分类

分类名称		有机质含量 W_u（%）	详细分类
有机质土	淤泥质土	$5\%\leqslant W_u\leqslant10\%$	$w>w_L$, $1.0\leqslant e<1.5$
	淤泥		$w>w_L$, $e\geqslant1.5$

【考点】土的分类。

【参考答案】B

1.1.5　黏土

5.（2020-A-42）下列哪些选项符合黏土特征？（　　　）

（A）能搓成 0.5mm 的土条，长度同手掌宽度

（B）用土刀切开，土面粗糙

（C）手捏似橡皮，有柔性

（D）土中富含石英、氧化铁浸染

【解析】根据《建筑工程地质勘探与取样技术规程》（JGJ/T 87—2012）附录 G，严格意义上讲，只有选项 C 是正确的。但是作为多选题，选项 A 是最接近正确的。选项 B 中粗糙是错误的，选项 D 中石英是砂土中才有的矿物，黏土中不会富含石英矿物。

【考点】黏土的外观判别。

【参考答案】AC

1.2　土的物理性质

1.2.1　重度、干重度、孔隙比

6.（2009-A-11）现有甲、乙两土样的物性指标表 1-4 所示，下列说法中正确的是（　　　）。

表 1-4　　　　　　　　　　　甲、乙两土样的物性指标

土样	w_L	w_P	w	G_s	S_r
甲	39	22	30	2.74	100
乙	23	15	18	2.70	100

（A）甲比乙含有更多的黏土

（B）甲比乙具有更大的天然重度

（C）甲干重度大于乙

（D）甲的孔隙比小于乙

【解析】参见李广信《土力学》（2 版）中 1.3 土的物理状态。

（1）选项 D。甲的孔隙比：$e = \dfrac{G_s w}{S_r} = \dfrac{2.74 \times 0.3}{1} = 0.822$

乙的孔隙比：$e = \dfrac{G_s \cdot w}{S_r} = \dfrac{2.70 \times 0.18}{1} = 0.486$

因此选项 D 错误。

（2）选项 A。塑性指数大致反映黏土颗粒含量，$I_{P甲} = 39 - 22 = 17$，$I_{P乙} = 23 - 15 = 8$，$I_{P甲} > I_{P乙}$，所以甲比乙含有更多的黏土颗粒，选项 A 正确。

（3）选项 B。甲的天然重度：$\gamma = \dfrac{G_s(1+0.01w)}{1+e}\gamma_w = \left(\dfrac{2.74 \times (1+0.3)}{1+0.822} \times 10\right) kN/m^3 = 19.55 kN/m^3$

乙的天然重度：$\gamma = \dfrac{G_s(1+0.01w)}{1+e}\gamma_w = \left(\dfrac{2.70 \times (1+0.18)}{1+0.486} \times 10\right) kN/m^3 = 21.44 kN/m^3$

因此选项 B 错误。

（4）选项 C。甲的干重度：$\gamma = \dfrac{G_s}{1+e}\gamma_w = \left(\dfrac{2.74}{1+0.822} \times 10\right) kN/m^3 = 15.04 kN/m^3$

乙的干重度：$\gamma = \dfrac{G_s}{1+e}\gamma_w = \left(\dfrac{2.70}{1+0.486} \times 10\right) kN/m^3 = 18.17 kN/m^3$

因此选项 C 错误。

【考点】土的三相物理指标的换算；塑性指数。

【参考答案】A

7.（2014-A-45）下列（　　）选项的试验方法适用于测定粒径大于 5mm 的土的土粒比重。

（A）比重瓶法　　　　（B）浮称法　　　　（C）虹吸筒法　　　　（D）移液管法

【解析】参见《土工试验方法标准》（GB/T 50123—2019）中 7.1.1 条，试验方法与适用条件见表 1-5。

表 1-5　　　　　　　　　　　　　　土粒比重试验方法与适用条件

试验方法	适用条件
比重瓶法	粒径小于 5mm 的各类土
浮称法	粒径大于或等于 5mm 的各类土，且其中粒径大于 20mm 的土质量应小于总土质量的 10%
虹吸筒法	粒径大于或等于 5mm 的各类土，且其中粒径不小于 20mm 的土质量应大于总土质量的 10%

其中移液管法适用于颗粒分析试验。

【考点】本题考查的是土粒比重试验和颗粒分析试验。土粒比重试验的试验方法与适用条件已在表 1-5 中进行了总结，表 1-6 为对颗粒分析试验的试验方法和适用条件的总结。

表 1-6　　　　　　　　　　　　　　颗粒分析试验方法和适用条件

试验方法	条文	适用条件
筛析法	8.2	粒径小于或等于 60mm，且大于 0.075mm 的土
密度计法	8.3	粒径小于 0.075mm 的试样
移液管法	8.4	粒径小于 0.075mm 的试样

【参考答案】BC

8.（2018-A-1）某土样三次密度实验值分别为 1.70g/cm³、1.72g/cm³、1.77g/cm³，按《土工试验方法标准》（GB/T 50123—2019），其试验成果应取下列哪一项？（　　）

（A）1.70g/cm³　　　　　　　　　　　　（B）1.71g/cm³

（C）1.72g/cm³　　　　　　　　　　　　（D）1.73g/cm³

【解析】根据《土工试验方法标准》（GB/T 50123—2019）6.2.4 条或 6.3.4 条，密度试验应进行两次平行测定，两次测定的差值不得大于 0.03g/cm³，取两次测值的平均值。对比题干中的三个数值，仅 1.70 和 1.72 符合要求，再取这两个数据的平均值，为 1.71g/cm³。

此处需要说明的是：最标准的应该是 1.70、1.77、1.72。如果开始的两个数据就是 1.70 和 1.72，那么就不需要再做第三次试验。

【考点】密度试验。

【参考答案】B

1.2.2　土的级配

9.（2011-A-12）根据《水运工程岩土勘察规范》（JTS 133—2013），当砂土的不均匀系数 C_u 和曲率系数 C_c 满足下列（　　）的条件时，可判定为级配良好的砂土。

（A）$C_u \geq 5$，$C_c = 1 \sim 3$　　　　　　　　（B）$C_u \geq 5$，$C_c = 3 \sim 5$

（C）$C_u \geq 10$，$C_c = 3 \sim 5$　　　　　　　（D）$C_u \geq 10$，$C_c = 5 \sim 10$

【解析】参见李广信《土力学》（第 2 版）1.2.1 固体颗粒中的粒径级配和《水运工程岩土勘察规范》（JTS 133—2013）中 4.2.14。

土的级配不均匀 $C_u \geq 5$，且级配曲线 $C_c = 1 \sim 3$ 的土，称为级配良好的土。不能同时满足上述两种条件的土，称为级配不良的土。因此可判定选项 A 中砂土为级配良好的砂土。因此本题选 A。

【考点】（1）土的粒径级配曲线是土工中很有用的资料，从该曲线可以直接了解土的粗细程度、粒径分布的均匀程度和分布连续性程度，从而判断土的级配优劣。

（2）级配良好的土需要同时满足两个条件：$C_u \geq 5$，且 $C_c = 1 \sim 3$。

（3）粒径级配分析方法筛分法和水分法。

【参考答案】A

10.（2013-B-18）某路基工程中，备选四种填料的不均匀系数 C_u 和曲率系数 C_c 如下，则（　　）是级配良好的填料。

（A）$C_u = 2.6$，$C_c = 2.6$　　　　　　　　（B）$C_u = 8.5$，$C_c = 2.6$

（C）$C_u = 2.6$，$C_c = 8.5$　　　　　　　　（D）$C_u = 8.5$，$C_c = 8.5$

【解析】参见李广信《土力学》（第2版）1.2.1 固体颗粒中的粒径级配。土的级配不均匀（$C_u \geq 5$），且级配曲线连续（$C_c = 1 \sim 3$）的土，称为级配良好的土。不能同时满足上述两种条件的土，称为级配不良的土。因此可判定选项 B 填料为级配良好的填料。

注意：《铁路路基设计规范》（TB 10001—2016）中附录 A.0.2，$C_u \geq 10$ 且 $C_c = 1 \sim 3$ 的土，称为级配良好的土。

【考点】（1）土的粒径级配曲线是土工中很有用的资料，从该曲线可以直接了解土的粗细程度、粒径分布的均匀程度和分布连续性程度，从而判断土的级配优劣。

（2）级配良好的土需要同时满足两个条件：$C_u \geq 5$，且 $C_c = 1 \sim 3$。

（3）粒径级配分析方法筛分法和水分法。

【参考答案】B

1.2.3　液限、塑限、液性指数、塑性指数

11.（2011-A-42）下列关于土的液性指数 I_L 和塑性指数 I_p 的叙述，（　　）是正确的。

（A）两者均为土的可塑性指标

（B）两者均为土的固有属性，和土的现时状态无关

（C）塑性指数代表土的可塑性，液性指数反映土的软硬度

（D）液性指数和塑性指数成反比

【解析】液性指数 I_L：表征土的天然含水率与分界含水率之间相对关系的指标，说明黏土的稠度状态。塑性指标 I_p：黏性土的塑性大小，土处于塑性状态的含水率变化范围来衡量，液限与塑限之差值（去掉百分数）。可知：选项 A 正确。

选项 B 错误。由液性指数和塑性指数的定义可知，二者与土的含水率有关。

选项 C 正确。由定义可知，塑性指数代表土的可塑性，液性指数反映土的软硬度。

选项 D 错误。由公式 $I_L = \dfrac{w - w_P}{w_L - w_P}$，$I_P = w_L - w_P$ 可知，二者不成反比。

【考点】液性指数与塑性指数。

【参考答案】AC

1.2.4　三相图的应用

12.（2012-A-26）某路基工程需要取土料进行填筑，已测得土料的孔隙比为 0.80，如果要求填筑体的孔隙比为 0.50，1m³ 填筑体所需土料是（　　）。

（A）1.1m³　　　　　（B）1.2m³　　　　　（C）1.3m³　　　　　（D）1.4m³

【解析】参见李广信《土力学》（第2版）1.3.1 土的三相组成的比例关系。利用三相草图掌握三相组成及比例关系。

（1）土料的孔隙比 $e_1 = 0.8$，体积为 V_1，干密度 $\rho_{d1} = \dfrac{G_s \rho_w}{1 + e_1}$。

（2）土料的孔隙比 $e_2=0.5$，体积为 V_2，干密度 $\rho_{d2}=\dfrac{G_s\rho_w}{1+e_2}$。

（3）$m_s=\rho_d V$，且填筑前后土颗粒质量相等。

则
$$\rho_{d1}V_1=\rho_{d2}V_2$$
$$V_1=(1+e_1)V_2/(1+e_2)=(1.8\times1/1.5)\text{m}^3=1.2\text{m}^3$$

【考点】土的物理状态。

【参考答案】B

13.（2013-B-19）某路基工程需要取土料进行填筑，已测得土料的孔隙比为 1.15，压实度达到设计要求时填筑体的孔隙比为 0.65，1m³ 填筑体所需土料宜选择（　　）。

（A）1.1m³　　　　　（B）1.2m³　　　　　（C）1.3m³　　　　　（D）1.4m³

【解析】参见李广信《土力学》（第 2 版）1.3.1 土的三相组成的比例关系，利用三相草图掌握三相组成及比例关系。

（1）土料的孔隙比 $e_1=1.15$，体积为 V_1，干密度 $\rho_{d1}=\dfrac{G_s\rho_w}{1+e_1}$。

（2）土料的孔隙比 $e_2=0.65$，体积为 V_2，干密度 $\rho_{d2}=\dfrac{G_s\rho_w}{1+e_2}$。

（3）$m_s=\rho_d V$，且填筑前后土颗粒质量相等。

则
$$\rho_{d1}V_1=\rho_{d2}V_2$$
$$V_1=\frac{(1+e_1)V_2}{1+e_2}=\left(\frac{1+1.15}{1+0.65}\times1\right)\text{m}^3=1.3\text{m}^3$$

【考点】（1）三相草图及三相组成及比例关系。三相草图换算是每年的必考点，应从三相指标的概念去学习并熟练应用三相草图。

（2）本题要点是由土料充填到填筑体后，充填前后土颗粒质量相等。

【参考答案】C

14.（2020-A-7）粗粒土的孔隙度、孔隙比和给水度之间，关系正确的是哪个选项？（　　）

（A）孔隙比＞孔隙度＞给水度　　　　　（B）孔隙度＞给水度＞孔隙比

（C）孔隙度＞孔隙比＞给水度　　　　　（D）给水度＞孔隙比＞孔隙度

【解析】《岩土工程勘察规范》（GB 50021—2001）（2009 年版）附录 E 中提及抽水试验可获知给水度。给水度是含水层的释水能力，当潜水面下降一个单位长度时，它表示单位面积的含水层在重力作用下所能释放出的水量。数值上，给水度等于释出的水的体积与释水的饱和岩土总体积之比。它等于孔隙度减去持水度。粗粒土（暂定粗砂），其物理性质详见《工程地质手册》（第五版）第 176 页，$e=0.5$，孔隙度 $n=\dfrac{e}{1+e}=0.33$。粗砂的给水度详见《工程地质手册》（第五版）第 1239 页表 9-3-10，在 0.25 左右，也有规范列举的给水度在 0.15 左右。

【考点】土的三相关系。

【参考答案】A

15.（2020-A-24）某软基采用真空和堆载联合预压处理，处理前重度 15kN/m³，含水量 80%，孔隙比 2.2，已知处理后重度 16.0kN/m³，含水量 50%，则估计处理后孔隙比合理的是下列哪个选项？（　　）

（A）0.8　　　　　（B）1.2　　　　　（C）1.5　　　　　（D）1.8

【解析】根据土力学基本公式，处理前后土颗粒质量守恒，有 $\dfrac{15}{1+0.8}\times(1+2.2)=\dfrac{16}{1+0.5}(1+e_1)$，可得 $e_1=1.5$。

【考点】土力学三项指标公式的应用。

【参考答案】C

1.3　岩石和岩体分类

1.3.1　岩石分类

■ 成因分类和岩石结构

16.（2010-A-10）下列（　）应是沉积岩的结构。

（A）斑状结构　　　　（B）碎屑结构　　　　（C）玻璃质结构　　　　（D）变晶结构

【解析】斑状结构为浅成岩的结构，玻璃质结构为喷出岩的结构，变晶结构为变质岩的结构，沉积岩常见的结构类型有碎屑结构、泥质结构、结晶结构和生物结构。

【考点】岩石的成因和常见岩石性质。

【参考答案】B

17.（2019-A-09）场地为灰岩，单层厚0.8m，其饱和单轴抗压强度45MPa，工程地质岩组命名最合适的是下列哪个选项？（　）

（A）硬岩岩组
（B）坚硬层状沉积岩岩组

（C）较坚硬块状灰岩岩组
（D）较坚硬厚层状灰岩岩组

【解析】参见《岩土工程勘察规范》（GB 50021—2001）（2009年版）。根据3.2.6条单层厚0.8m，属于厚层；根据3.2.2条第1款，饱和单轴抗压强度为45MPa，属于较硬岩。两点结合、对比，选D。

【考点】岩石命名。

【参考答案】D

■ 矿物性质

18.（2011-A-3）下列（　）矿物遇冷稀盐酸会剧烈气泡。

（A）石英　　　　（B）方解石　　　　（C）黑云母　　　　（D）正长石

【解析】石英成分主要是SiO_2，方解石成分主要为$CaCO_3$，正长石成分主要为$KAlSi_3O_8$，黑云母为硅酸盐类矿物，组成化学式比较复杂。碳酸盐与稀盐酸发生化学反应生成大量二氧化碳，这是野外鉴别方解石的主要方法。在野外地质调查时，区别石灰岩（主要成分为方解石）和白云岩（主要成分为白云石）的方法都是用稀盐酸，不同的是：石灰岩遇到稀盐酸剧烈起泡，而白云岩则是缓慢起泡。

【考点】岩石的成因和常见岩石性质。

【参考答案】B

■ 结构面

19.（2016-B-31）岩体结构面的抗剪强度与下列哪种因素无关？（　）

（A）倾角　　　　（B）起伏粗糙程度　　　　（C）充填状况　　　　（D）张开度

【解析】参见《建筑边坡工程技术规范》（GB 50330—2013）中4.3.1条。岩体结构面的抗剪强度与结构面类型（硬性结构面或软弱结构面）、结构面结合程度、结构面是否浸水有关。结构面的结合程度是张开度、结构面之间的充填物与结构面是否粗糙等因素综合决定。岩体结构面的抗剪强度与倾角无关。

【考点】边坡力学参数取值。

【参考答案】A

20.（2014-A-5）岩体体积结构面数含义是指下列（　）。

（A）单位体积内结构面条数
（B）单位体积内结构面组数

（C）单位体积内优势结构面条数
（D）单位体积内优势结构面组数

【解析】参见《工程岩体分级标准》（GB/T 50218—2014）3.3.2条及表3.3.2。岩体体积结构面数为单位体积内结构面条数，单位为：条/m³。

【考点】岩体结构面。

【参考答案】A

■ 岩石应力-应变曲线

21.（2009-A-3）完整石英岩断裂前的应力-应变曲线最有可能接近图 1-1 中（　　）的曲线形状。

（A）直线　　　　　　　　（B）S 形曲线

（C）应变硬化型曲线　　　（D）应变软化型曲线

【解析】石英岩为脆性材料，为弹性体，弹性体不会出现明显的塑性变形，应力-应变曲线为近似直线。其他相关岩石的应力-应变曲线见岩体力学教材。

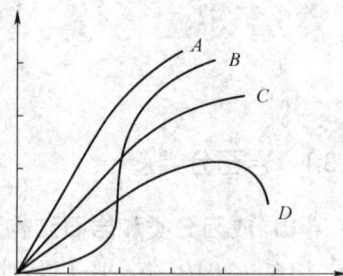

图 1-1　完整石英岩断裂前的应力-应变曲线

【考点】岩石的成因和常见岩石性质。

【参考答案】A

■ 岩石坚硬和完整程度

22.（2019-A-41）下列关于岩石坚硬程度及完整程度描述，错误的是哪几项？（　　）

（A）波速比为 0.9 的花岗岩，锤击声不清脆，无回弹

（B）结构面发育无序，结合很差的岩体，可不进行坚硬程度分类

（C）较破碎岩体的裂隙为 2 组，平均间距 1.0m，结合程度差

（D）标准贯入实测击数为 50 的花岗岩浸水后可捏成团

【解析】参见《岩土工程勘察规范》（GB 50021—2001）（2009 年版）附录 A：波速比为 0.9 的花岗岩是未风化的花岗岩，属于坚硬岩，锤击声清脆有回弹，故选项 A 错误。结构面发育无序，结合很差的岩体，属于极破碎岩体，结合《岩土工程勘察规范》3.2.2 条，当岩体完整程度为极破碎时，可不进行坚硬程度分类，故选项 B 正确。较破碎岩体裂隙 2 组，平均间距 1.0m，结合程度差，选项 C 正确。标准贯入实测值 50 的花岗岩为强风化，还未成为残积土，所以浸水后不会捏成团，故选项 D 错误。

【考点】岩体完整性判断。

【参考答案】AD

1.3.2　岩体分类

■ 岩体基本质量分级

23.（2010-A-57）下列（　　）是围岩工程地质详细分类的基本依据。

（A）岩石强度　　　　　　　　　　　　　（B）结构面状态和地下水

（C）岩体完整程度　　　　　　　　　　　（D）围岩强度应力比

【解析】参见《工程岩体分级标准》（GB/T 50218—2014）中 5.1.1、5.1.2 条。应先根据岩体完整程度和坚硬程度对围岩初步定级，然后根据地下水状态、初始应力状态、结构面产状的组合关系等必要的组合因素在初步定级的基础上对围岩进行详细定级，选项 A、B、C 正确；围岩强度应力比是对岩体初始应力场评估的一个条件，用来判定是极高应力区还是高应力区，选项 D 错误。

【考点】围岩分类。

【参考答案】ABC

24.（2016-A-42）根据《公路工程地质勘察规范》（JTG C20—2011），遇下列哪些情况时应考虑对岩体基本质量指标 BQ 进行修正？（　　）

（A）围岩稳定性受软弱结构面影响，且由一组起控制作用

（B）微风化片麻岩，开挖过程中有岩爆发生岩块弹出，洞壁岩体发生剥离

（C）微风化泥炭岩，开挖过程中侧壁岩体位移显著，持续时间长，成洞性差

（D）环境干燥，泥炭含水量极低，无地下水

【解析】参见《公路工程地质勘察规范》（JTG C20—2011）5.13.8 条和附录 D。选项 A 属于围岩稳定性受软弱结构面影响，且由一组起控制作用，需要修正；微风化片麻岩属于硬质岩，开挖过程出现岩爆且洞壁岩体有剥离，属于高应力状态，需要修正，选项 B 正确；微风化泥炭岩，属于软质岩，开挖过

程中侧壁岩体位移显著，持续时间长，成洞性差，属于高应力状态，需要修正，选项 C 正确。

【考点】岩体基本质量。

【参考答案】ABC

25. （2019—A—01）岩层中采用回转钻进方法探钻，某一钻孔直径 90mm，回次进尺 1m，获取的岩芯段长度为 2cm、4cm、3cm、5cm、10cm、14cm、12cm、15cm、13cm、12cm，则该地段岩体质量属于哪个等级？

（A）好　　　　　　　（B）较好　　　　　　　（C）较差　　　　　　　（D）无法判断

【解析】参见《岩土工程勘察规范》（GB 50021—2001）（2009 年版）中 2.1.8 条和 3.2.5 条。用直径为 75mm 的金刚石钻头和双层岩芯管在岩石中钻进，连续取芯，回次钻进所取的岩芯中，长度大于 10cm 的岩芯长度之和与该回次进尺的比值，以百分数表示。小于 25% 为极差的；[25%，50%）为差的；[50%，75%）为较差；[75%，90%] 为较好。题干中的直径与定义不符，钻头和岩芯管形式也没有说明，因此无法判断。

【考点】RQD（岩石质量指标）。

【参考答案】D

■ 岩体完整性

26. （2019—A—43）下列哪几项指标可直接用于判断岩体完整性？（　　　）

（A）岩体体积节理数　　　　　　　　　　（B）岩体基本质量等级

（C）RQD　　　　　　　　　　　　　　　（D）节理平均间距

【解析】参见《岩土工程勘察规范》（GB 50021—2001）（2009 年版）中附录 A.0.2、《工程岩体分级标准》（GB/T 50218—2014）中 3.3.2 条。岩体完整程度的定量指标，应采用岩体完整性指数 K_v，当无条件取得实测值时，也可用岩体体积节理数。岩体基本质量等级是由坚硬程度和完整性两个指标获取。RQD 只能反映大于 10cm 的段长占比，工程性质的好坏，是无法代表完整性。

【考点】岩体完整性。

【参考答案】AD

2 工程地质学基础

2.1 地质年代

1.（2010-A-5）下列各地质年代排列顺序中，正确的是（　　）。

（A）三叠纪、泥盆纪、白垩纪、奥陶纪　　　　（B）泥盆纪、奥陶纪、白垩纪、三叠纪

（C）白垩纪、三叠纪、泥盆纪、奥陶纪　　　　（D）奥陶纪、白垩纪、三叠纪、泥盆纪

【解析】参见《工程地质手册》（第五版）附录Ⅰ，地质年代由老到新分别为：寒武纪、奥陶纪、志留纪、泥盆纪、石炭纪、二叠纪、三叠纪、侏罗纪、白垩纪、第三系、第四系。

【考点】地质年代、地层符号和地层接触关系。

【参考答案】C

2.（2012-A-5）第四系中更新统冲积和湖积混合土层用地层和成因的符号表示，正确的是（　　）。

（A）Q_2^{al+pl}　　　　（B）Q_2^{al+l}　　　　（C）Q_3^{al+el}　　　　（D）Q_4^{pl+l}

【解析】参见《工程地质手册》（第五版）第1296页，中更新统为 Q_2，冲积、湖积组合为 al+l。

【考点】地质年代、地层符号和地层接触关系。

【参考答案】B

2.2 岩层产状和厚度

2.2.1 产状要素组成

3.（2009-A-1）对地层某结构面的产状记为30°∠60°时，下列（　　）对结构面的描述是正确的。

（A）倾向30°；倾角60°　　　　（B）走向30°；倾角60°

（C）倾向60°；倾角30°　　　　（D）走向60°；倾角30°

【解析】30°∠60°是方位角表示法，表示倾向30°，倾角60°。

【考点】岩层的产状。

【参考答案】A

2.2.2 岩层厚度

4.（2012-A-43）对倾斜岩层的厚度，下列（　　）的说法是正确的。

（A）垂直厚度总是大于真厚度

（B）当地面与层面垂直时，真厚度等于视厚度

（C）在地形地质图上，其真厚度等于岩层界线顶面和底面标高之差

（D）真厚度的大小与地层倾角有关

【解析】垂直厚度是岩层在铅直方向的厚度，当岩层倾斜时大于真厚度，当岩层水平时等于真厚度，选项A正确；当地面与岩层垂直或平行时，真厚度等于视厚度，选项B正确，严格来说，选项B的表达不确切，倾斜岩层与地面垂直时，只有露头厚度等于真厚度；在地质地形图上，水平岩层的厚度等于岩层界线顶面和底面标高之差，倾斜岩层的真厚度为顶面与底面间的垂直距离，选项C错误；真厚度是岩层顶面到底面的垂直距离，与地层倾角无关，选项D错误。

【考点】岩层的产状。

【参考答案】AB

2.3 岩层接触关系

5.（2012-A-3）野外地质调查时发现某地层中二叠系地层位于侏罗系地层之上，两者产状基本一致，对其接触关系，最有可能是（　　）。

（A）整合接触 　　　　　　　　　　　　（B）平行不整合接触

（C）角度不整合接触 　　　　　　　　　（D）断层接触

【解析】在不整合接触关系中，地层沉积顺序为上新下老，而二叠系的地质年代比侏罗系的老，形成上老下新的地层，无法通过正常沉积顺序形成，故为断层接触。

【考点】地质年代、地层符号和地层接触关系。

【参考答案】D

2.4 "V"字形法则

6.（2012-A-4）在大比例尺地质图上，河谷处断层出露线与地形等高线呈相同方向弯曲，但断层出露线弯曲度总比等高线弯曲度小，据此推断断层倾向与坡向关系，下列（　　）说法是正确的。

（A）与坡向相反 　　　　　　　　　　　（B）与坡向相同且倾角大于坡角

（C）与坡向相同且倾角小于坡角 　　　　（D）直立断层

【解析】由于地表面一般为起伏不平的曲面，倾斜岩层的地质分界线在地表的露头线也就变成了与等高线相交的曲线。当其穿过沟谷或山脊时，露头线均呈"V"字形态。根据岩层倾向与底面坡向的结合情况，"V"字形会有不同的表现：①相反相同——即岩层倾向与地面坡向相反，露头线与地形等高线呈相同方向弯曲，但露头线的弯曲度总比等高线的弯曲度要小。"V"字形露头线的尖端在沟谷处指向上游，在山脊处指向下坡。②相同相反——即岩层倾向与地面坡向相同，岩层倾角大于地形坡角，露头线与地形等高线呈相反方向弯曲。"V"字形露头线的尖端在沟谷处指向下游，在山脊处指向上坡。③相同相同——即岩层倾向与地面坡向相同，岩层倾向小于地形坡角，露头线与地形等高线呈相同方向弯曲，但露头线的弯曲度总是大于等高线的弯曲度（与①情况的区别）。"V"字形露头线的尖端在沟谷处指向上游，在山脊处指向下坡。

【考点】V字形法则。

【参考答案】A

2.5 地 质 构 造

2.5.1 节理

7.（2016-A-5）在节理玫瑰图中，自半圆中心沿着半径方向引射的直线段长度含义是指下列哪一项？（　　）

（A）节理倾向 　　（B）节理倾角 　　（C）节理走向 　　（D）节理条数

【解析】参见张忠苗《工程地质学》第124页。节理玫瑰花图可分为节理走向玫瑰花图、节理倾向玫瑰花图和节理倾角玫瑰花图。节理走向玫瑰花图每一个花瓣愈长，表明此方位角范围内出现的节理数目愈多，花瓣愈宽，表明节理方向的变化范围愈广。

【考点】节理玫瑰花图。

【参考答案】D

2.5.2 断层

■ 正断层、逆断层和平移断层

8.（2011-A-10）下列关于断层的说法，（   ）是错误的。

（A）地堑是两边岩层上升，中部相对下降的数条正断层的组合形态

（B）冲断层是逆断层的一种

（C）稳定分布的岩层突然缺失一定是由断层作用引起

（D）一般可将全新世以来活动的断层定位为活动性断层

【解析】地垒和地堑是正断层的一种组合形式，地堑两边上升，中间下降，地垒相反，选项A正确；在逆断层中，断层面倾角大于45°的叫冲断层，选项B正确；地层缺失可以是剥蚀或者断层引起的，选项C错误；《水利水电工程地质勘察规范》（GB 50487—2008）2.1.1条：活断层为晚更新（10万年）以来有活动的断层，而一般工业与民用建筑的寿命仅一二百年，故将活断层定义为全新世（距今1万～1.1万年）以来活动过的断层。

【考点】断层形成、断层分类。

【参考答案】C

■ 断距

9.（2012-A-12）如图2-1所示的断层断面，下列（   ）的线段长度为断层的地层断距。

（A）线段 AB   （B）线段 AC

（C）线段 BC   （D）线段 BD

【解析】《工程地质手册》（第五版）第14页，断层两盘相对移开的距离叫断距，假定在错开前有一原点，错开后分成两点，分别在上下两盘上，其间的距离是总断距，为图中的 AB；上下两盘在水平方向上的移动量叫水平断距，为图中 AC；在铅直方向上的移动量叫垂直断距，为图中的 BC；断层两盘同一岩层的同一层面间的垂直距离叫地层断距，为图中的 BD。

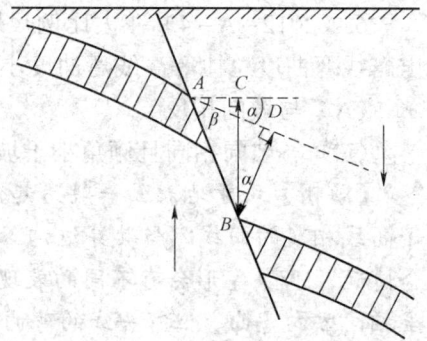

图 2-1 某断层断面

【考点】岩石的成因和常见岩石性质。

【参考答案】D

10.（2017-A-7）下面对如图2-2所示断层的定名中，哪个选项是正确的？（   ）

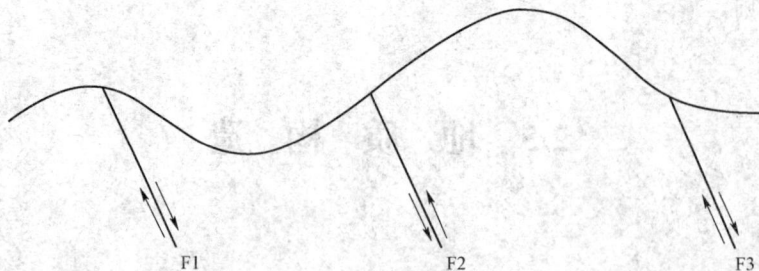

图 2-2 某断层图

（A）F1、F2、F3 均为正断层   （B）F1、F2、F3 均为逆断层

（C）F1、F3 为正断层，F2为逆断层   （D）F1、F3 为逆断层，F2为正断层

【解析】上盘上升下盘下降是逆断层，反之是正断层。

【考点】正断层和逆断层定义。

【参考答案】C

11.（2020-A-12）断层两盘对应地层间发生的相对位移称为下列哪个选项？（   ）

（A）断层总断距   （B）地层断距   （C）走向断距   （D）倾向断距

【解析】根据《工程地质手册》（第五版）第 14 页图 1−2−1（b），断层两盘对应地层间发生的相对位移称之为总断距。或者依据《构造地质学》也可获知。

【考点】断距。

【参考答案】A

2.6 赤平投影

12.（2010−A−2）某岩质边坡，坡度 40°，走向 NE30°，倾向 SE，发育如下四组结构面，（　　）所表示的结构面对其稳定性最为不利。

（A）120°∠35°　　　　　　　　　　　（B）110°∠65°

（C）290°∠35°　　　　　　　　　　　（D）290°∠65°

【解析】选项中的结构面产状表示方法为方位角表示法，120° 表示倾向方位角，∠35° 表示倾角，结构面的走向可根据倾向方位角加减 90° 表示；选项 A 为 NE30°∠35°，选项 B 为 NE20°∠65°，选项 C 为 NE20°∠35，选项 D 为 NE20°∠65°；根据结构面走向和边坡走向相同或相近，倾向和边坡倾向相同，倾角小于坡角时的情况最不稳定来判断，A 选项最不稳定。

【考点】赤平投影与边坡稳定分析。

【参考答案】A

13.（2010−B−21）判断图 2−3 所示赤平面投影图中，（　　）结构面稳定性最好。

（A）结构面 1　　　（B）结构面 2

（C）结构面 3　　　（D）结构面 4

【解析】1、2、3 结构面的倾角均小于坡角，为不稳定结构，4 的结构面倾角大于坡角，为基本稳定结构，稳定性排序 4>3>2>1。

【考点】赤平投影与边坡稳定分析。

【参考答案】D

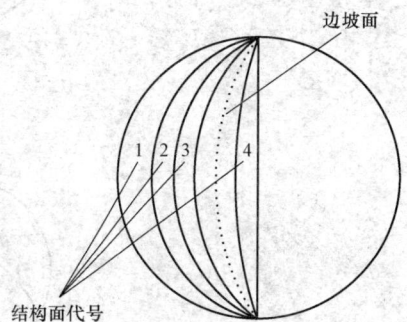

图 2−3　某赤平面投影图

14.（2011−B−16）对于坡角为 45° 的岩坡，下列（　　）的岩体结构面最不利于边坡抗滑稳定。

（A）结构面竖直　　　　　　　　　　　（B）结构面水平

（C）结构面倾角 33°，倾向与边坡坡向相同　　（D）结构面倾角 33°，倾向与边坡坡向相反

【解析】当结构面与边坡倾向相同，倾角相近时，岩坡最不稳定。

【考点】边坡的稳定性。

【参考答案】C

15.（2012−A−42）赤平投影图可以用于（　　）。

（A）边坡结构面的稳定性分析　　　　　　（B）节理面的密度统计

（C）矿层厚度的计算　　　　　　　　　　（D）断层视倾角的换算

【解析】选项 B 可用节理玫瑰图、极点图、等密度图统计。

【考点】赤平投影与边坡稳定分析。

【参考答案】ACD

16.（2012−B−34）在层状岩体中开挖出边坡，坡面倾向 NW45°、倾角 53°。根据开挖坡面和岩层面的产状要素，下列（　　）的岩层面最容易发生滑动破坏。

（A）岩层面倾向 SE55°、倾角 35°　　　　（B）岩层面倾向 SE15°、倾角 35°

（C）岩层面倾向 NW50°、倾角 35°　　　　（D）岩层面倾向 NW15°、倾角 35°

【解析】坡面走向与岩层坡向相同或相近，倾向与岩层坡向相同，倾角小于坡角的情况最不稳定。

【考点】赤平投影与边坡稳定分析。

【参考答案】C

17.（2013-B-25）下列四个选项中，（   ）是赤平极射投影方法无法做到的。

（A）初步判别岩质边坡的稳定程度

（B）确定不稳定岩体在边坡上的位置和范围

（C）确定边坡不稳定岩体的滑动方向

（D）分辨出对边坡失稳起控制作用的主要结构面

【解析】赤平投影不能解决各几何要素在空间的具体位置，也就无法确定不稳定岩体在边坡上的位置和范围，不稳定岩体在边坡上的位置和范围可用实体比例投影法确定，选项 B 错误；选项 D 可根据边坡结构面的空间组合关系来确定。

【考点】赤平投影与边坡稳定分析。

【参考答案】B

18.（2014-B-25）沉积岩岩质边坡，层面为结合差的软弱结构面。按层面与边坡倾向的组合关系，下列极射赤平投影图示中，稳定性最差的边坡是（   ）。

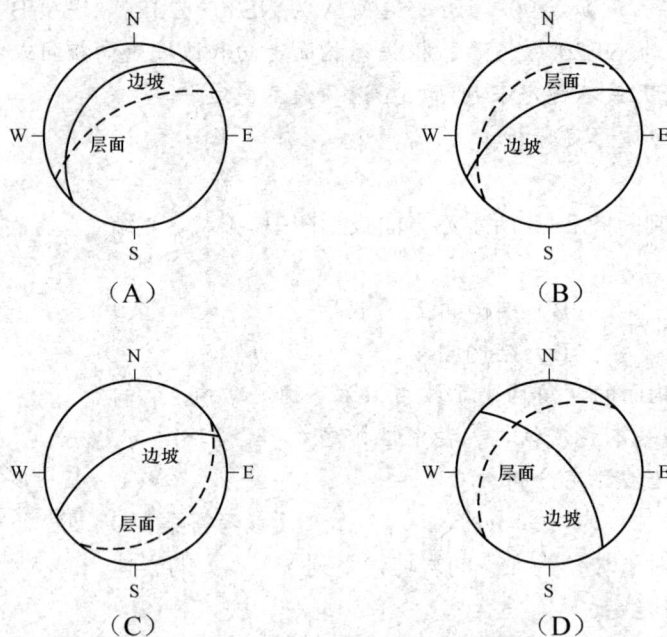

（A）

（B）

（C）

（D）

【解析】选项 A 层面与坡面倾向相同，结构面倾角大于坡角，为基本稳定；选项 B 层面与坡面倾向相同，结构面倾角小于坡角，为不稳定；选项 C 层面与坡面倾向相反，为稳定；选项 D 层面与坡面倾向夹角大于 40°，为基本稳定。

【考点】赤平投影与边坡稳定分析。

【参考答案】B

2.7 工程地质调查与测绘

2.7.1 测绘精度

19.（2010-A-1）根据《岩土工程勘察规范》（GB 50021—2001）（2009 年版）对工程地质测绘地质点的精度要求，如果测绘比例尺选用 1:5000，则地质测绘点的实测精度应不低于（   ）。

（A）5m   （B）10m   （C）15m   （D）20m

【解析】参见《岩土工程勘察规范》（GB 50021—2001）（2009 年版）。根据 8.0.3-3 条，地质界线如地质观测点的测绘精度，在图上不应低于 3mm，题中比例尺为 1:5000，则实测精度为 3mm × 5000 = 15m。

【考点】工程地质测绘与调查。

【参考答案】C

2.7.2 调查范围

20.（2014-A-10）在公路工程初步勘察时，线路工程地质调绘宽度沿路线左右两侧的距离各不宜小于（　　）。

（A）50m　　　　　（B）100m　　　　　（C）150m　　　　　（D）200m

【解析】参见《公路工程地质勘察规范》（JTG C20—2011）中5.2.2-3，路线工程地质调绘应沿路线及其两侧的带状范围进行，调绘宽度沿路线左右两侧的距离各不宜小于200m。

【考点】工程地质测绘与调查。

【参考答案】D

2.7.3 遥感

21.（2010-A-7）利用已有遥感资料进行工程地质测绘时，下列（　　）的工作流程是正确的。

（A）踏勘→初步解译→验证和成图
（B）初步解译→详细解译→验证和成图
（C）初步解译→踏勘和验证→成图
（D）踏勘→初步解译→详细解译和成图

【解析】参见《工程地质手册》（第五版）第54页。工程地质遥感工作一般分为：①准备工作；②初步解译；③外业调查验证与复核解译；④最终解译与资料编制。

【考点】工程地质测绘与调查。

【参考答案】C

22.（2019-A-13）高分辨率遥感影像下面表述正确的是哪一项？（　　）

（A）高分辨率遥感影像解译可以代替工程地质测绘
（B）目前高分辨率遥感影像解译可以实现全自动化
（C）高分辨率遥感影像解译在工程地质测绘之前进行，解译成果现场复核点数不少于30%
（D）从某一期高分辨率遥感影像上可以获取地质体三维信息

【解析】参见《岩土工程勘察规范》（GB 50021—2001）（2009年版）。根据8.0.2条，在可行性研究阶段搜集资料时，宜包括航空相片、卫星相片的解译结果。因此遥感影像解译只是工程地质测绘的补充，代替不了工程地质测绘。故选项A错误。工程地质遥感工作一般分为准备工作、初步解译、外业验证调查与复核解译、最终解译和资料编制等内容。还无法实现全自动化，需要结合现象调查验证。根据8.0.7条，利用遥感影像资料解译进行工程地质测绘时，现场检验地质观测点数宜为工程地质测绘点数的30%～50%。故选项C正确。

《工程地质手册》（第五版）第57页，遥感图像客观地反映了地质体的光学和几何特征，而且可提供在一定深度下的某些透视信息。因此，遥感图像是地壳表层景观的综合缩影。对遥感图像进行地质分析和研究的过程，称为遥感图像的解译，又称遥感图像判读。在遥感图像上能反映和判别目标物属性的图像特征称为解译标志（又称判释标志）。它包括目标物的形状、大小、阴影、色调、纹理、图案、位置、布局等，它是无法获取地质体三维信息。故选项D错误。

【考点】遥感。

【参考答案】C

2.7.4 调查内容

23.（2009-A-42）下列（　　）包括在港口工程地质调查与测绘工作中。

（A）天然和人工边坡的稳定性评价
（B）软弱土层的分布范围和物理力学性质
（C）微地貌单元
（D）地下水与地表水关系

【解析】依据《水运工程岩土勘察规范》（JTS 133—2013）12.0.7，选项C正确，选项B错误，选项D正确。天然和人工边坡的稳定性评价是定量计算，需要提供边坡土体的物理力学参数，而这些在港口工程地质调查与测绘阶段无法取得，选项A错误。

【考点】工程地质测绘与调查。

【参考答案】CD

24.（2010-B-22）地震烈度 6 度区内，在进行基岩边坡楔形体稳定分析调查中，下列（　　）是必须调查的。

（A）各结构面的产状，结构面的组合交线的倾向、倾角、地下水位、地震影响力

（B）各结构面的产状，结构面的组合交线的倾向、倾角、地下水位、各结构面摩擦系数和黏聚力

（C）各结构面产状，结构面的组合交线倾向、倾角、地下水位、锚杆加固力

（D）各结构面产状，结构面的组合交线倾向、倾角、地震影响力、锚杆加固力

【解析】结构面的调查包括产状、间距、连续性、粗糙程度、张开度和填充情况、渗水性等，选项 B 正确；《建筑边坡工程技术规范》（GB 50330—2013）中 5.2.5 条，边坡稳定性计算时，对基本烈度为 7 度及 7 度以上地区的永久性边坡应进行地震工况下边坡稳定性校核，故地震影响力不需要调查；锚杆加固力是边坡不稳定之后的治理工作，不是题干中结构面调查的内容，故选项 A、C、D 错误。

【考点】节理裂隙与结构面。

【参考答案】B

25.（2017-A-13）下列关于工程地质测绘和调查的说法中，哪个选项是不正确的？（　　）

（A）测绘和调查范围应与工程场地大小相等

（B）地质界线和地质观测点的测绘精度在图上不应低于 3mm

（C）地质观测点的布置尽量利用天然和已有的人工露头

（D）每个地质单元都应有地质观测点

【解析】参见《岩土工程勘察规范》（GB 50021—2001）（2009 年版）中 8.0.3 条。工程地质测绘和调查的范围，应包括场地及其附近地段。

【考点】工程地质调查与测绘。

【参考答案】A

2.8 其他山区场地

26.（2019-A-44）下列哪些选项是山区场地工程地质图上应表示的内容？（　　）

（A）河流阶地　　　　　（B）滑坡　　　　　（C）调查路线　　　　　（D）地层界线

【解析】山区有沟谷河流，需要表示出地貌，因此河流阶地需要在工程地质图上表示。岩土地质结构需要反映在工程地质图上，因此地层界限需要在图上反映。山区物理地质现象比较常见的是崩塌滑坡泥石流，因此滑坡需要在工程地质图上反映。调查路线不需要在图样上反映，需要反映的是调查剖面，形成工程地质剖面图。

【考点】工程地质图。

【参考答案】ABD

27.（2020-A-46）《岩土工程勘察规范》（GB 50021—2001）（2009 年版），下判哪些选项符合复杂场地的分类？（　　）

（A）高耸孤立的山丘及陡坡地段　　　　（B）场地不良地质作用强烈发育

（C）工程建设对地质环境强烈破坏　　　　（D）岩土种类多且性质变化大，要专门处理

【解析】根据《岩土工程勘察规范》（GB 50021—2001）（2009 年版）3.1.2 条和《建筑抗震设计规范》（GB 50011—2010）（2016 年版）中抗震危险地段的划分，选项 A 为不利地段，选项 B、C 符合复杂场地的分类条件，选项 D 是复杂地基的内容。

【考点】复杂场地分类。

【参考答案】BC

3 岩土工程勘察

3.1 物　探

3.1.1 物探方法的选择

1.（2011-A-13）在铁路工程地质勘察工作中，当地表水平方向存在高电阻率屏蔽层时，最适合采用下列（　　）物探方法。

（A）电剖面法　　　　　　（B）电测深法　　　　　（C）交流电磁法　　　　　（D）高密度电阻率法

【解析】参见《铁路工程地质勘察规范》（TB 10012—2019）中附录B表B.0.1，适用条件一列中，交流电磁法适用于接地困难、存在高屏蔽的地区、地段。

【考点】物探。

【参考答案】C

2.（2012-A-46）在水电工程勘察时，下列（　　）物探方法可以用来测试岩体的完整性。

（A）面波法　　　　　　（B）声波波速测试　　　　　（C）地震CT　　　　　（D）探地雷达法

【解析】参见《水利水电工程地质勘察规范》（GB 50487—2008）附录B，声波波速测试、地震波波速测试、地震波穿透法、地震CT和声波测井可以用来测试岩体完整性。

【考点】物探。

【参考答案】BC

3.（2018-A-10）下列哪个选项的地球物理勘探方法适用于测定地下水流速和流向？（　　）

（A）自然电场法　　　　　（B）探地雷达法　　　　　（C）电视测井法　　　　　（D）波速测试法

【解析】《工程地质手册》（第五版）第77、78页表2-5-1：自然电场法可测定地下水活动情况。其他三种均无法测定水的情况。

【考点】物探方法的选择。

【参考答案】A

4.（2020-A-5）铁路工程地质勘察工作中，当地表存在高电阻率屏蔽地段时，采用下列哪种物探方法最适合？（　　）

（A）电剖面法　　　　　　　　　　　　（B）高密度电阻率法

（C）交流电磁法　　　　　　　　　　　（D）电测深法

【解析】《铁路工程地质勘察规范》（TB 10012—2019）附录B，交流电磁法适用于接地困难，存在高屏蔽地段。

【考点】物探。

【参考答案】C

3.1.2 物探成果曲线

5.（2019-A-42）某高密度电法曲线，其低阻段可能的地质解译是下列哪几项？（　　）

（A）含水层　　　　　　（B）完整岩体　　　　　（C）岩石含较多铁质　　　　　（D）岩溶中的干洞

【解析】常识：水和铁导电为低阻段。干洞和完整岩体绝缘不通电，为高电阻段。

【考点】高密度电法。

【参考答案】AC

6.（2016-A-12）某场地地层剖面为三层结构，地层由上至下的电阻率关系 $\rho_1 > \rho_2$，$\rho_2 < \rho_3$，问本场地的电测深曲线类型为下列哪个选项？（　　）

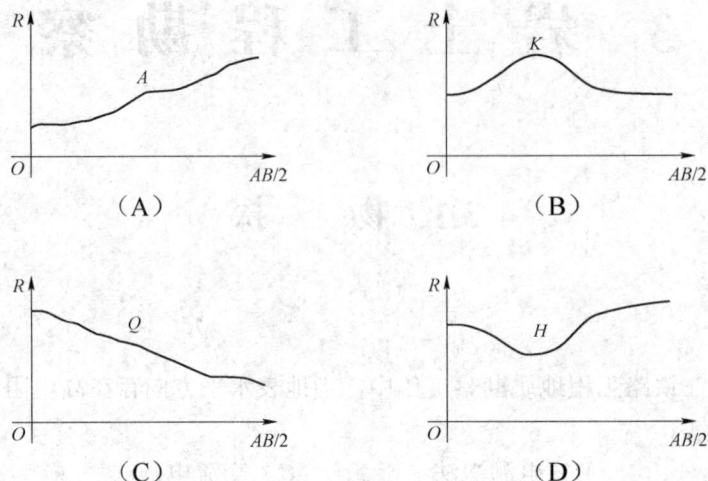

【解析】参见《工程地质手册》（第五版）第83页表2-5-4，三层结构，关系 $\rho_1 > \rho_2$，$\rho_2 < \rho_3$。

【考点】电阻率法。

【参考答案】D

7.（2019-A-10）采用电阻率法判断地层情况时，绘制 ρ_s—$AB/2$ 的关系曲线如图3-1所示，根据曲线形状判断电阻率关系为哪一选项？（ρ_1、ρ_2、ρ_3 为地表向下的第一、第二、第三层的电阻率）（　　）

（A）$\rho_1 < \rho_2 < \rho_3$　　　　（B）$\rho_1 < \rho_2 > \rho_3$
（C）$\rho_1 > \rho_2 < \rho_3$　　　　（D）$\rho_1 > \rho_2 > \rho_3$

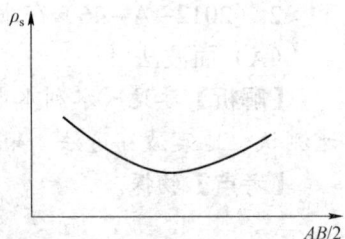

图3-1　ρ_s-$AB/2$ 关系曲线

【解析】参见《工程地质手册》（第五版）第83页表2-5-4，该曲线形态对应于三层断面的H类型，$\rho_1 > \rho_2$，$\rho_3 > \rho_2$。

【考点】物探电阻率曲线。

【参考答案】C

3.2 钻　探

3.2.1 钻探方法的适用情况

8.（2009-A-10）在以下四种钻探方法中，（　　）不适用于黏土。
（A）螺旋钻　　　　　（B）岩芯钻探　　　　　（C）冲击钻　　　　　（D）振动钻探

【解析】参见《建筑工程地质勘探与取样技术规程》（JGJ/T 87—2012）中5.3.1条。螺旋钻进、无岩芯钻进、岩芯钻进、锤击钻进和振动钻进都适用于黏土，但冲击钻进不适用于黏土。

【考点】钻探方法。

【参考答案】C

3.2.2 钻孔孔径

9.（2013-A-11）在建筑工程勘察中，当需要采取Ⅰ级冻土试样时，其钻孔成孔口径最小不宜小于（　　）。
（A）75mm　　　　　（B）91mm　　　　　（C）130mm　　　　　（D）150mm

【解析】参见《建筑工程地质勘探与取样技术规程》（JGJ/T 87—2012）中表5.2.2，冻土的成孔口径是130mm。

【考点】钻进与取样。

3.2.3　钻进

10.（2013—A—7）在建筑工程勘察中，当钻孔采用套管护壁时，套管的下设深度与取样位置之间的距离不应小于（　　）。

（A）0.15m　　　　　（B）1倍套管直径　　　（C）2倍套管直径　　　（D）3倍套管直径

【解析】参见《岩土工程勘察规范》（GB 50021—2001）（2009年版）中9.4.5条第1款：在软土、砂土中宜采用泥浆护壁；如使用套管，应保持管内水位等于或稍高于地下水位，取样位置应低于套管底孔径3倍的距离。原因在于：下设套管对土层的扰动和取样质量的影响，据研究，在一般情况下，套管管靴以下约管径的3倍范围内的土层会受到严重的扰动，在这一范围内不能采取原状土样。在实际工作中经常发生下设套管后因水头控制不当引起孔底管涌的现象，此时土层受到扰动的范围和程度更大、更严重，故在软黏土层、粉土、粉细砂层中钻进，泥浆护壁成为比套管护壁更好地选择。在地下水位以下的软土、粉土及砂土中钻进宜采用泥浆护壁，且取样位置至少应低于套管底部1m。

【考点】钻进与取样。

11.（2013—A—42）下列关于工程地质钻探、取样的叙述中，（　　）是正确的。

（A）冲击钻进方法适用于碎石土层钻进，但不满足采取扰动土样的要求

（B）水文地质试验孔段可选用聚丙烯酰胺泥浆或植物胶泥浆做冲洗液

（C）采用套管护壁时，钻进过程中应保持孔内水头压力不低于孔周地下水压

（D）在软土地区，可采用双动三重管回转取土器对饱和软黏土采取Ⅰ级土样

【解析】参见《建筑工程地质勘探与取样技术规程》（JGJ/T 87—2012）。依据5.3.1条，选项A正确；依据5.4.2-2条，选项B错误；依据5.4.4条，保持孔内水位高出地下水位一定高度的目的是保持孔底土处于平衡状态，防止孔底发生涌砂，选项C正确；依据9.1.2或附录C，选项D错误。

【考点】钻进与取样。

12.（2016—A—41）根据《建筑工程地质勘探与取样技术规程》（JGJ/T 87—2012），下列关于钻探技术的要求哪些是正确的？（　　）

（A）在中等风化的石灰岩中抽水试验孔的孔径不小于75mm

（B）采用套管护壁时宜先将套管打入土中

（C）在粉质黏土中的回次进尺不宜超过2.0m

（D）要求采取岩芯的钻孔，应采用回转钻进

【解析】参见《建筑工程地质勘探与取样技术规程》（JGJ/T 87—2012）中5.2.2条以及《岩土工程勘察规范》（GB 50021—2001）（2009年版）附录表A.0.1中定性描述岩石坚硬程度，中等风化的石灰岩属于软质岩石，压水、抽水试验钻孔孔径不小于75mm，选项A正确；依据《建筑工程地质勘探与取样技术规程》5.4.4条，采用套管护壁时，应先钻进后跟进套管，不得向未钻过的土层中强行击入套管，选项B错误；依据《建筑工程地质勘探与取样技术规程》中5.5.3条第2款，选项C正确；依据《建筑工程地质勘探与取样技术规程》5.3.2条，选项D正确。

【考点】钻探。

13.（2018—A—5）对某沿海地区一多层安置房工程详细勘察，共布置了60个钻孔，20个静探孔，问取土孔的数量最少不少于下列哪个选项？（　　）

（A）20个　　　　　（B）27个　　　　　（C）34个　　　　　（D）40个

【解析】《岩土工程勘察规范》（GB 50021—2001）（2009年版）第4.1.20条第1款：采取土试样和进行原位测试的勘探孔的数量不应少于勘探孔总数的1/2，且钻探取土试样孔的数量不应少于勘探孔总数

的 1/3。根据题干可知，勘探孔总数为 60 个+20 个=80 个，取土试样钻孔不少于勘探孔总数的 1/3，即 80 个×1/3=27 个。

【考点】详细勘察布孔数。

【参考答案】B

14.（2020—A—1）某高层建筑位于抗震设防烈度 7 度区，初步勘察测得覆盖层厚度为 50.0m，根据《岩土工程勘察规范》（GB 50021—2001）（2009 年版）要求，详细勘察时划分的场地类别布置钻孔深度，下列哪个选项最为合适？（　　　）

（A）20.0m　　　　　（B）50.0m　　　　　（C）55.0m　　　　　（D）80.0m

【解析】根据《岩土工程勘察规范》（GB 50021—2001）（2009 年版）第 5.7.4 条，为划分场地类别布置的勘探孔，当缺乏资料时，其深度应大于覆盖层厚度。当覆盖层厚度大于 80m 时，勘探孔深度应大于 80m，并分层测定剪切波速。大于覆盖层厚度 50m，结合选项，最合适的是 55m。

【考点】钻孔深度的确定。

【参考答案】C

15.（2020—A—2）铁路路基位于多年冻土区，冻土天然上限为 5.0m，按《铁路工程特殊岩土勘察规程》（TB 10038—2012）的要求，定测时布置在挡土墙基础处的勘探孔深度应不小于下列哪个选项？（　　　）

（A）5.0m　　　　　（B）8.0m　　　　　（C）10.0m　　　　　（D）12.0m

【解析】《铁路工程特殊岩土勘察规程》（TB 10038—2012）8.8.2 条第 6 款，路基工程和各种不良冻土现象的勘探深度，应不小于 8m，且不得小于 2 倍天然上限。挡土墙基础的勘探深度应不小于 2 倍天然上限，且不得小于 12m。本题中，2×5m=10m，且不得小于 12m，选 12m。

【考点】钻孔深度的确定。

【参考答案】D

3.2.4 取土器的选择

16.（2010—A—8）下列选项中哪种取土器最适用于在软塑黏性土中采取Ⅰ级土试样？（　　　）

（A）固定活塞薄壁取土器　　　　　（B）自由活塞薄壁取土器
（C）单动三重管回转取土器　　　　　（D）双动三重管回转取土器

【解析】参见《建筑工程地质勘探与取样技术规程》（JGJ/T 87—2012）附录 C。固定活塞薄壁取土器最适用于流塑、软塑黏性土中Ⅰ级取样器；自由活塞取土器其次；单动、双动三重管回转取土器不适用。

【考点】钻进与取样。

【参考答案】A

17.（2011—A—7）在黏性土层中取土时，取土器取土质量由高到低排列，下列（　　　）的顺序是正确的。

（A）自由活塞式→水压固定活塞式→束节式→厚壁敞口式
（B）厚壁敞口式→束节式→自由活塞式→水压固定活塞式
（C）束节式→厚壁敞口式→水压固定活塞式→自由活塞式
（D）水压固定活塞式→自由活塞式→束节式→厚壁敞口式

【解析】参见《岩土工程勘察规范》（GB 50021—2001）（2009 年版）中表 9.4.2 和 9.4.2 条文说明，可知取土器取土质量：薄壁>束节式>厚壁，固定活塞式>自由活塞式。因为固定活塞式、自由活塞式均为薄壁取土器，因此取土质量由高到低排列为：水压固定活塞式→自由活塞式→束节式→厚壁敞口式。

【考点】取土器。

【参考答案】D

18.（2013—A—45）下列有关原状取土器的描述，（　　　）是错误的。

（A）固定活塞薄壁取土器的活塞是固定在薄壁筒内的，不能自由移动
（B）自由活塞薄壁取土器的活塞在取样时，可以在薄壁筒内自由移动

（C）回转式三重管（单、双动）取土器取样时，必须用冲洗液循环作业

（D）水压固定活塞取土器取样时，必须用冲洗液循环作业

【解析】 参见《岩土工程勘察规范》（GB 50021—2001）（2009 年版）中 9.4.2 及条文说明、《建筑工程地质勘探与取样技术规程》（JTJ/T 87—2012）中附录 E，选项 A 错误，选项 B 正确；当采取不扰动土样时，不得使用冲洗液循环作业，当采取不扰动土样困难时，可采用冲洗液循环作业，选项 C、D 错误。

【考点】 取土器。

【参考答案】ACD

19.（2017－A－43）下列哪些取土器的选用是合适的？（　　）

（A）用单动三重管回转取土器采取细砂Ⅱ级土样

（B）用双动三重管回转取土器采取中砂Ⅱ级土样

（C）用标准贯入器采取Ⅲ级砂土样

（D）用厚壁敞口取土器采取砾砂Ⅱ级土样

【解析】 参见《岩土工程勘察规范》（GB 50021—2001）（2009 年版）中表 9.4.2：厚壁敞口取土器不适用于取砾砂Ⅱ级土样，其他选项均可以从表中选出。

【考点】 取土器选用。

【参考答案】ABC

20.（2018－A－8）某城市地铁勘察时，要求在饱和软黏土层取Ⅰ级土样，采用下列哪一种取土器最为合适？（　　）

（A）回转取土器　　　　　　　　　　（B）固定活塞薄壁取土器

（C）厚壁敞口取士器　　　　　　　　（D）自由活塞薄壁取士器

【解析】《城市轨道交通岩土工程勘察规范》（GB 50307—2012）中附录 G，取Ⅰ级土样采用固定活塞薄壁取土器。当然本题也可以参照《建筑工程地质勘探与取样技术规程》（JGJ/T 87—2012）附录 C。

遇到这类题，看到取Ⅰ级土样，即采用固定活塞薄壁取土器或探井探槽取样。

【考点】 取土器的选择。

【参考答案】B

3.2.5 取样

21.（2018－A－11）工程中要采Ⅰ级土样，若在套管钻孔中取样，按《建筑工程地质勘探与取样技术规程》（JTG/T 87—2012）的要求，其位置应取下列哪个选项？（　　）

（A）在套管底部　　　　　　　　　　（B）大于套管底端以下 1 倍管径的距离

（C）大于套管底端以下 2 倍管径的距离（D）大于套管底端以下 3 倍管径的距离

【解析】 参见《建筑工程地质勘探与取样技术规程》（JTG/T 87—2012）第 6.1.3 条，套管的下设深度与取样位之间应预留管径 3 倍以上的距离。此考点多次出现。

【考点】 取样位置。

【参考答案】D

3.2.6 钻孔冲洗液

22.（2016－A－44）下列关于工程地质钻探中钻孔冲洗液选用的说法，哪些是正确的？（　　）

（A）用作水文地质试验的孔段，不得选用泥浆作冲洗液

（B）钻进可溶性盐类地层时，不得采用与该地层可溶性盐类相应的饱和盐水泥浆作冲洗液

（C）钻进遇水膨胀地层时，可采用植物胶泥浆作冲洗液

（D）钻进胶结较差地层时，可采用植物胶泥浆作冲洗液

【解析】 参见《建筑工程地质勘探与取样技术规程》（JGJ/T 87—2012）5.4.2 条。依据 5.4.2 条第 2

款用作水文地质试验的孔段，宜选用清水或易于洗孔的泥浆作冲洗液，选项 A 错误；依据 5.4.2 条第 5 款，钻进可溶性盐类地层时，应采用与该地层可溶性盐类相应的饱和盐水泥浆作冲洗液，选项 B 错误；依据 5.4.2 条第 3 款、第 4 款，选项 C、D 正确。

【考点】钻孔冲洗液。

【参考答案】CD

3.2.7　岩芯采取率

23.（2011-A-1）岩土工程勘察中，钻进较破碎岩层时，岩芯钻探的岩芯采取率最低不应低于下列（　　）中的数值。

（A）50%　　　　　（B）65%　　　　　（C）80%　　　　　（D）90%

【解析】参见《岩土工程勘察规范》（GB 50021—2001）（2009 年版）第 9.2.4 条第 4 款，对完整和较完整岩体不应低于 80%，较破碎和破碎岩体不应低于 65%。

【考点】岩芯采取率。

【参考答案】B

24.（2016-A-10）下列关于不同地层岩芯采取率要求由高到低的顺序，哪个选项符合《建筑工程地质勘探与取样技术规程》（JGJ/T 87—2012）的规定？（　　）

（A）黏性土、地下水以下粉土层、完整岩层

（B）黏性土、完整岩层、地下水以下粉土层

（C）完整岩层、黏性土、地下水以下粉土层

（D）地下水以下粉土层、黏性土、完整岩层

【解析】参见《建筑工程地质勘探与取样技术规程》（JGJ/T 87—2012）。依据 5.5.1 条及表 5.5.1，黏性土的岩芯采取率大于或等于 90%，地下水位以下粉土层的岩芯采取率大于或等于 70%，完整岩层的岩芯采取率大于或等于 80%。

【考点】采取鉴别土样及岩芯。

【参考答案】B

3.2.8　土样回收率

25.（2014-A-11）在钻孔中使用活塞取土器采取 I 级原状土试样，其取样回收率的正常值应介于（　　）范围之间。

（A）0.85～0.90　　（B）0.90～0.95　　（C）0.95～1.00　　（D）1.00～1.05

【解析】参见《岩土工程勘察规范》（GB 50021—2001）（2009 年版）中 9.4.1 条文说明、《建筑工程地质勘探与取样技术规程》（JGJ/T 87—2012）中 12.0.2 条及条文说明：在钻孔中使用活塞取土器采取 I 级原状土试样，其取样回收率的正常值应介于 0.95～1.00 之间。

【考点】土样回收率。

【参考答案】C

26.（2016-A-1）某建筑工程岩土工程勘察，采用薄壁自由活塞取土器，在可塑状黏性土层中采取土试样，取样回收率为 0.96，下列关于本次取得的土试样质量评价哪个是正确的？（　　）

（A）土样有隆起，符合 I 级土试样　　　　（B）土样有隆起，符合 II 级土试样

（C）土样受挤压，符合 I 级土试样　　　　（D）土样受挤压，符合 II 级土试样

【解析】参见《建筑工程地质勘探与取样技术规程》（JGJ/T 87—2012）。第 12.0.2 条及条文说明。对钻孔中采取 I 级原状土试样，应在现场测定取样回收率。回收率的正常值应介于 0.95～1.0 之间，回收率大于 1.0 时，表面土样隆起，活塞上移；回收率低于 1.0 时，则活塞随同取样管下移，土样可能受压。

【考点】回收率。

【参考答案】C

3.2.9 岩石质量指标RQD

27.（2011-A-2）工程勘察中要求测定岩石质量指标RQD时，应采用下列（ ）钻头。

（A）合金钻头 　　（B）钢粒钻头 　　（C）金刚石钻头 　　（D）牙轮钻头

【解析】参见《岩土工程勘察规范》（GB 50021—2001）（2009年版）2.1.8条，用直径为75mm的金刚石钻头和双层岩芯管在岩石中钻进，连续取芯，回次钻进所取岩芯中，长度大于10cm的岩芯段长度之和与该回次进尺的比值，以百分数表示。

【考点】岩石质量指标RQD。

【参考答案】C

28.（2012-A-7）岩土工程勘察中采用75mm单层岩芯管和金刚石钻头对岩层钻进，其中某一回次进尺1.00m，取得岩芯7块，长度分别依次为6cm、12cm、10cm、10cm、10cm、13cm、4cm，评价该回次岩层质量的正确选项是（ ）。

（A）较好地 　　（B）较差的 　　（C）差的 　　（D）不确定

【解析】参见《岩土工程勘察规范》（GB 50021—2001）（2009年版）2.1.8条，用直径为75mm的金刚石钻头和双层岩芯管在岩石中钻进，连续取芯，回次钻进所取岩芯中，长度大于10cm的岩芯段长度之和与该回次进尺的比值。本题的陷阱在于题中使用的是75mm单层岩芯管，而非双层岩芯管。

本题如果计算RQD，求出来RQD=25%，就选择了C。

【考点】岩石质量指标RQD。

【参考答案】D

3.2.10 土样扰动程度判定

29.（2011-A-45）下列（ ）可用于对土试样扰动程度的鉴定。

（A）压缩试验 　　（B）三轴固结不排水剪试验
（C）无侧限抗压强度试验 　　（D）取样现场外观检查

【解析】参见《岩土工程勘察规范》（GB 50021—2001）（2009年版）9.4.1条及条文说明，鉴别方法有现场外观检查（故选项D正确）、测定回收率、X射线检验、室内试验评价。室内试验评价依靠扰动前后土的力学参数变化反映扰动性。第一类室内试验：随着土试样扰动程度增加，破坏应变增加，峰值应力降低，应力和应变关系曲线线型趋缓。根据应力和应变关系曲线（应力和应变曲线在三轴试验中可获得）评定做不排水压缩试验得到破坏应变值。检验取得的试样是否扰动，做试验时不可以再次对样品施加外力，若使用三轴固结不排水试验，是先将样品固结加压，无法对样品是否扰动进行评判，因为固结加压已经让样品更接近原始应力状态。因此使用三轴不固结不排水试验来检验土样的扰动程度。第二类室内试验：根据压缩曲线特征（扰动指数I_D）评定，因此压缩试验可以满足评价标准，故选项A正确。

《工程地质手册》（第五版）第171页，土的室内试验灵敏度指原状土的无侧限抗压强度与其重塑土(密度与含水量应与原状土相同)的无侧限抗压强度之比。反映土的性质受结构扰动影响的程度，灵敏度越大，结构扰动影响越明显。故选项C正确。无侧限抗压强度相当于$\sigma_3=0$的三轴不固结不排水试验，从这个角度也说明选项B错误。综上所述，选项A、C、D正确。

【考点】土工试验对原状样和扰动样的要求。

【参考答案】ACD

3.2.11 土性鉴别

30.（2011-A-43）下列关于目力鉴别粉土和黏性土的描述，（ ）是正确的。

（A）粉土的摇振反应比黏性土迅速 　　（B）粉土的光泽反应比黏性土明显
（C）粉土的干强度比黏性土高 　　（D）粉土的韧性比黏性土低

【解析】参见《岩土工程勘察规范》（GB 50021—2001）。依据3.3.7条第7款，需要时，可用目力鉴别描述土的光泽反应、摇振反应、干强度和韧性，按表3.3.7（表3-1）区分粉土和黏性土。

表 3-1 目力鉴别粉土和黏性土

鉴别项目	摇振反应	光泽反应	干强度	韧性
粉土	迅速、中等	无光泽反应	低	低
黏性土	无	有光泽、稍有光泽	高、中等	高、中等

选项 A，由表 3-1 可知黏性土无摇振反应，因此题意描述粉土的摇振反应比黏性土迅速是正确的。选项 B，由表可知粉土无光泽反应，因此题意描述粉土的光泽反应比黏性土明显是错误的。选项 C，由表 3-1 可知粉土的干强度比黏性土低，因此选项 C 错误。选项 D，粉土的韧性比黏性土低，因此选项 D 正确。

【考点】土的现场描述。土的鉴定应在现场描述的基础上，结合室内试验的开工记录和试验结果综合确定。

【参考答案】AD

31.（2013-A-13）在建筑工程勘察中，现场鉴别粉质黏土有以下表现：①手按土易变形，有柔性，掰时似橡皮；②能按成浅凹坑。可判定该粉质黏土属于（　　）状态。

（A）硬塑　　　　　　（B）可塑　　　　　　（C）软塑　　　　　　（D）流塑

【解析】参见《建筑工程地质勘探与取样技术规程》（JGJ/T 87—2012）附录 G，岩土的现场鉴别中表 G.0.2 黏性土状态的现场鉴别：①手按土易变形，有柔性，掰时似橡皮；②能按成浅凹坑。可判定该粉质黏土处于可塑状态。

【考点】土的物理状态是指土的松密和软硬状态。对于粗粒土，是指土的松密程度；对于细粒土则是指土的软硬程度或称为黏性土的稠度。判定黏性土的状态：①根据液性指数判定 I_L 判定土的软硬状态，参见清华大学李广信《土力学》（第 2 版）1.3.2 土的物理状态指标、《岩土工程勘察规范》（GB 50021—2001）3.3.11 条、《建筑地基基础设计规范》（GB 50021—2011）中 4.1.10 条等。②根据黏性土的状态进行现场鉴别，参见《建筑工程地质勘探与取样技术规程》（JGJ/T 87—2012）中附录 G 岩土的现场鉴别中表 G.0.2 黏性土状态的现场鉴别。

【参考答案】B

32.（2016-A-4）某土样现场鉴定描述如下：刀切有光滑面，手摸有黏滞感和少量细粒，稍有光泽，能搓成 1～2mm 的土条，其最有可能是下列哪类土？（　　）

（A）黏土　　　　　　（B）粉质黏土　　　　　　（C）粉土　　　　　　（D）粉砂

【解析】参见《建筑工程地质勘探与取样技术规程》（JGJ/T 87—2012）中附录 G.0.1。

【考点】岩土的现场鉴别。

【参考答案】B

3.2.12　水域勘察

33.（2012-A-6）下列关于海港码头工程水域勘探的做法，（　　）是错误的。

（A）对于可塑状黏性土可采用厚壁敞口取土器采取 Ⅱ 级土样

（B）当采用 146 套管时，取原状土样的位置低于套管底端 0.50m

（C）护孔套管泥面以上长度不可超出泥面以下长度的 2 倍

（D）钻孔终孔后进行水位观测以统一校正该孔的进尺

【解析】参见《水运工程岩土勘察规范》（JTS 133—2013）12.2.2.2、12.2.2.3、13.2.1.3、13.2.1.7。依据 12.2.2.2，选项 A 正确；12.2.2.3 第 1 款，取样位置低于套管管底 3 倍孔径的距离，0.146m×3＝0.438m，选项 B 正确；13.2.1.3，插入土层的套管长度不得小于水底泥面以上套管自由段长度的 1/2，选项 C 正确；13.2.1.7，由于受到潮汐的影响，水深是动态变化的，应同步记录水尺读数和水深，选项 D 错误。

【考点】勘探点精度和钻孔回次进尺的要求。

【参考答案】D

34.（2014-A-4）在潮差较大的海域钻探，回次钻进前后需进行孔深校正时，正确的做法是（　　）。
（A）涨潮和落潮时均加上潮差
（B）涨潮和落潮时均减去潮差
（C）涨潮时加上潮差，退潮时减去潮差
（D）涨潮时减去潮差，退潮时加上潮差

【解析】海域钻探的钻孔进尺是从海底作为零点算起，因钻进中受潮汐影响，涨潮时，机上余尺减少；退潮时，机上余尺增加，机上余尺为一个变量。涨潮时，机上余尺除了随着孔内进尺减少外，也随着水位上涨船体升高而减少，因此回次进尺数应再减去钻进过程中涨潮的潮差。退潮时，钻进回次进尺要加上退潮的潮差。

【考点】海域钻探。

【参考答案】D

35.（2016-A-43）详细勘察阶段，下列有关测量偏（误）差的说法，哪些符合《建筑工程地质勘探与取样技术规程》（JGJ/T 87—2012）的规定？（　　）
（A）水域中勘探点平面位置允许偏差为±50cm
（B）水域中孔口高程允许偏差为±10cm
（C）水域钻进中分层深度允许误差为±20cm
（D）水位量测读数精度不得低于±3cm

【解析】参见《建筑工程地质勘探与取样技术规程》（JGJ/T 87—2012）。依据4.0.1条第2款，详细勘察阶段水域中勘探点平面位置允许偏差为−1.0m，故选项A错误；水域中孔口高程允许偏差为±10cm，故选项B正确；依据5.2.3条第1款，水域钻进中分层深度允许误差为±0.2m，故选项C正确；依据11.0.3条，水位量测读数精度不得低于±20mm，故选项D错误。

【考点】勘探点位量测。

【参考答案】BC

3.2.13　钻孔回填

36.（2013-A-41）钻探结束后，应对钻孔进行回填，下列（　　）做法是正确的。
（A）钻孔宜采用原土回填
（B）临近堤防的钻孔应采用干黏土球回填
（C）有套管护壁的钻孔应拔起套管后再回填
（D）采用水泥浆液回填时，应由孔口自上而下灌入

【解析】参见《建筑工程地质勘探与取样技术规程》（JGJ/T 87—2012）中13.0.1～13.0.5条。钻孔宜采用原土回填，故选项A正确。临近堤防的钻孔应采用干黏土球回填，选项B正确。有套管护壁的钻孔应边拔起套管边回填，故选项C错误；采用水泥浆液回填时，应由孔底向上灌入，故选项D错误。

【考点】钻进与取样。

【参考答案】AB

3.2.14　钻探安全

37.（2018-A-46）在岩土工程勘察外业过程中，应特别注意钻探安全，下列哪些操作符合相关规定？（　　）
（A）海上能见度小于100m时，交通船不得靠近钻探船只
（B）浪高大于2.0m时，勘探作业船舶和水上勘探平台等漂浮钻场可进行勘探作业
（C）在溪沟边钻探，接到上游洪峰警报后，立即停止作业，并撤离现场
（D）5级以上大风时，严禁勘察作业，6级以上大风或接到台风预警信号时，应立即撤船返港

【解析】《岩土工程勘察安全规范》（GB 50585—2010）第6.1.8条文说明中，能见度小于或等于50m为大雾，能见度小于100m为中雾，结合第6.3.2条第1款，大雾或浪高大于1.5m时，交通船只不得靠近钻探船只接送作业人员。选项A中简化为中雾时交通船不得靠近钻探船只，故选项A错误；6.3.2条

第 2 款，浪高大于 2.0m 时，勘探作业船舶和水上勘探平台等漂浮钻场严禁勘探作业，选项 B 错误；选项 C 和选项 D 分别对应 6.3.2 条第 3 款和第 4 款，均是原文。

注意：近些年选择题中难度较大的是在题干中穿插考名词解释，比如本题的大雾和能见度的解释。题干不再写大雾，而是用大雾名词解释：即用能见度来表示。此前还有真题从定性角度分析中等风化石灰岩是否软岩，进而决定抽水试验的钻孔直径。

【考点】钻探安全。

【参考答案】CD

3.3　坑探、槽探和井探

3.3.1　方法选择

38.（2013-A-3）在工程地质调查与测绘中，（　　）方法最适合用于揭露地表线性构造。

（A）钻探　　　　　　　（B）探槽　　　　　　　（C）探井　　　　　　　（D）平洞

【解析】钻探和探井属于垂直探测，深度较大，一般用于揭露岩土分层，不用于揭露地表地质构造，选项 A、C 错误；参见《工程地质手册》（第五版）第 115 页：探槽挖掘深度较浅，长度较大，一般适用于了解构造线、破碎带宽度、不同地层岩性的分界线、岩脉宽度及其延伸方向等，选项 B 正确；平洞也能揭露地质构造，但是用于深层的，一般不用于揭露地表线性构造，选项 D 错误。

【考点】工程地质调查与测绘。

【参考答案】B

3.3.2　探井、探槽

39.（2019-A-45）下列说法正确的是哪些选项？（　　）

（A）井探时，矩形探井的宽度不应小于 0.8m

（B）洞探时，平洞的高度应大于 1.5m

（C）人工开挖槽探时，槽壁高度不宜大于 3.0m

（D）探井深度大于 8.0m 时，应采用井内送风措施

【解析】参见《建筑工程地质勘探与取样技术规程》（JGJ T87—2012）。7.0.2 条第 2 款，圆形探井直径不宜小于 0.8m，矩形探井不宜小于 1.0m×1.2m，因此选项 A 错误，矩形探井的宽度不宜小于 1.0m。7.0.2 条第 2 款，探洞洞高不宜小于 1.8m，故选项 B 错误。7.0.2 条第 3 款，探槽挖掘深度不宜大于 3m。大于 3m 时应根据槽壁稳定情况增加支撑或改用探井方法。因此人工开挖槽探时，槽壁高度不宜大于 3.0m，故选项 C 正确。7.0.2 条第 1 款，探井深度超过 7m 应向井内通风，因此当探井深度大于 8m 时，应采用井内送风措施，故选项 D 正确。

【考点】探井探槽。

【参考答案】CD

3.4　土　工　试　验

3.4.1　土工试验温度

40.（2020-A-3）根据《盐渍土地区建筑技术规范》（GB/T 50942—2014）及《土工试验方法标准》（GB/T 50123—2019），土工试验时有关温度的说法，下列哪个选项是错误的？（　　）

（A）测定盐渍土各种盐类溶解度的水温为 20℃

（B）测定易溶盐含量时，浸出液烘干温度为 105℃

（C）测定有机质土含水率的试验温度为 100℃

（D）测定土的渗透系数室内试验标准水温为20℃

【解析】参见《盐渍土地区建筑技术规范》（GB/T 50942—2014）。2.1.11~2.1.13条，测定溶解度的水温为20℃，选项A正确。5.3.3条，烘干温度105℃，选项B正确。5.2.2条，有机质土的烘干温度65~70℃，选项C错误。16.1.4条，标准水温为20℃，选项D正确。

【考点】土工试验温度。

【参考答案】C

3.4.2 最大干密度和最小干密度

41.（2009－A－8）为测求某一砂样最大干密度和最小干密度分别进行了两次试验，最大两次试验结果为1.58g/cm³和1.60g/cm³；最小两次试验结果为1.40g/cm³和1.42g/cm³。最大干密度和最小干密度ρ_{dmax}和ρ_{dmin}的最终值分别为（　　）。

（A）$\rho_{dmax}=1.60$g/cm³；$\rho_{dmin}=1.40$g/cm³　　　　（B）$\rho_{dmax}=1.58$g/cm³；$\rho_{dmin}=1.42$g/cm³

（C）$\rho_{dmax}=1.60$g/cm³；$\rho_{dmin}=1.41$g/cm³　　　　（D）$\rho_{dmax}=1.59$g/cm³；$\rho_{dmin}=1.41$g/cm³

【解析】参见《土工试验方法标准》（GB/T 50123—2019）中12.1.3条。

砂的相对密度试验必须进行两次平行测定，两次测定的密度差不得大于0.03g/cm³，取两次测值的平均值。

$$1.60g/cm^3 - 1.58g/cm^3 = 0.02g/cm^3 < 0.03g/cm^3 ,\quad \rho_{dmax} = \frac{1.58+1.60}{2}g/cm^3 = 1.59g/cm^3$$

$$1.42g/cm^3 - 1.40g/cm^3 = 0.02g/cm^3 < 0.03g/cm^3 ,\quad \rho_{dmin} = \frac{1.42+1.40}{2}g/cm^3 = 1.41g/cm^3$$

【考点】砂的相对密度试验。

【参考答案】D

3.4.3 液塑限

42.（2009－A－13）用液塑限联合测定仪测定黏性土的界限含水率时，在含水率和圆锥下沉深度关系图中，下列（　　）的下沉深度对应的含水率是塑限。

（A）2mm　　　　　　（B）10mm　　　　　（C）17mm　　　　　（D）20mm

【解析】参见《土工试验方法标准》（GB/T 50123—2019）中9.2.4条。采用液塑限联合测定仪，在含水率与圆锥下沉深度关系图中，查得下沉深度为17mm所对应的含水率为液限，查得下沉深度为10mm所对应的含水率为10mm液限，查得下沉深度为2mm所对应的含水率为塑限，取值以百分数表示，准确至0.1%。

【考点】界限含水率试验。

【参考答案】A

3.4.4 压缩试验

43.（2009－A－45）关于土的压缩试验过程，下列（　　）的叙述是正确的。

（A）在一般压力作用下，土的压缩可看作土中孔隙体积减小

（B）饱和土在排水过程中始终是饱和的

（C）饱和土在压缩过程中含水量保持不变

（D）压缩过程中，土粒间的相对位置始终保持不变

【解析】土的压缩主要是由于土中孔隙体积减少而引起的，选项A正确；对于饱和土，土是由固体土颗粒和水组成，固体土颗粒和水的体积压缩量忽略不计，外力作用下孔隙中的水排出，引起土体积减小发生压缩，饱和土在排水过程中，孔隙始终被水充满，压缩过程中始终是饱和的，选项B正确；土颗粒质量不变，水排出，含水量不断减小，选项C错误；由于发生压缩，体积减小，土颗粒之间的相对位置发生改变，选项D错误。

【考点】土的压缩与固结。

【参考答案】AB

44.（2010-A-44）对一非饱和土试样进行压缩试验，压缩过程中没有排水与排气。下列对压缩过程中土试样物理性质指标变化的判断，（　　）是正确的。

（A）土粒比重增大　　　　　　　　　　（B）土的重度增大

（C）土的含水量不变　　　　　　　　　　（D）土的饱和度增大

【解析】非饱和土压缩过程中没有排水和排气，土体压缩，孔隙减小，密度变大，重度也变大，但是水和土粒质量不变，含水量保持不变，选项B、C正确；由于孔隙减小，含水量不变，孔隙被水填充的程度增加，饱和度增大，选项D正确；比重是土的固有属性，保持不变，选项A错误。

【考点】土的压缩与固结。

【参考答案】BCD

45.（2010-A-45）下列关于土的压缩系数 α_v、压缩模量 E_s、压缩指数 C_c 的论述，（　　）是正确的。

（A）压缩系数 α_v 值的大小随选取的压力段不同而变化

（B）压缩模量 E_s 值的大小和压缩系数 α_v 值变化成反比

（C）压缩指数 C_c 只与土性有关，不随压力变化

（D）压缩指数 C_c 越小，土的压缩性越高

【解析】压缩系数不是常量，其值取决于所取的测试压力 $p_2 \sim p_1$ 及初始值 p_1 的大小，选项A正确；压缩模量与压缩系数成反比，选项B正确；在较高压力范围内压缩指数是常数，代表土的压缩性，与环境无关，选项C正确；C_c 越大，压缩性越高，选项D错误。

【考点】土的压缩与固结。

【参考答案】ABC

46.（2011-B-4）下列关于土的变形模量与压缩模量的试验条件的描述，（　　）是正确的。

（A）变形模量是在侧向有限膨胀条件下试验得出的

（B）压缩模量是在单向应力条件下试验得出的

（C）变形模量是在单向应变条件下试验得出的

（D）压缩模量是在侧向变形等于零的条件下试验得出的

【解析】压缩模量 E_s：土体在完全侧限条件下，竖向附加应力 σ_z 与相应总应变 ε_z 之比，故选项D正确，选项B错误。

变形模量 E_0：土在侧向自由变形条件下竖向压应力与竖向总应变之比，故选项A、C错误。

【考点】土的变形模量与压缩模量的定义。

【参考答案】D

47.（2012-B-5）下列关于土的变形模量的概念与计算的论述，（　　）是错误的。

（A）通过现场原位载荷试验测得

（B）计算公式是采用弹性理论推导的

（C）公式推导时仅考虑土体的弹性变形

（D）土的变形模量反映了无侧限条件下土的变形性质

【解析】压缩模量 E_s、变形模量 E_0、弹性模量 E 的对比见表3-2。

表3-2　　　　　　　　　　压缩模量、变形模量、弹性模量对比

项目	压缩模量 E_s	变形模量 E_0	弹性模量 E
测试试验	室内固结试验（侧限）	现场载荷试验（无侧限）	三轴重复压缩实验
适用沉降计算法	分层总和法、应力面积法计算最终沉降量（黏性土）	弹性理论法计算最终沉降量（黏性土、砂土）	弹性理论公式计算初始瞬时沉降量（砂土）
相互换算	$E_0 = \left(1 - \dfrac{2\nu^2}{1-\nu}\right)E_s$，$\nu = \dfrac{K_0}{1+K_0}$，$\nu$ 为泊松比，K_0 为侧压力系数		

根据上表内容，选项 A、B、D 正确。

压缩模量和变形模量的应变为总的应变，既包括可恢复的弹性应变，又包括不可恢复的塑性应变，而弹性模量的应变只包含弹性应变，则选项 C 错误。

【考点】土的变形模量。

48.（2013-A-5）下列关于压缩指数含义的说法，（　　）是正确的。（p_c 是先期固结压力）

（A）$e-p$ 曲线上任两点割线斜率

（B）$e-p$ 曲线某压力区间段割线斜率

（C）$e-\lg p$ 曲线上 p_c 点前直线段斜率

（D）$e-\lg p$ 曲线上过 p_c 点后直线段斜率

【解析】参见《土工试验方法标准》（GB/T 50123—2019）中图 17.2.5。压缩指数为 $e-\lg p$ 曲线上过先期固结压力 p_c 点后的直线段斜率，在较高范围为常数（其中，e 为孔隙比，p 为单位压力）。

【考点】土的压缩与固结。

【参考答案】D

49.（2018-A-9）下列关于土的变形模量和压缩模量的试验条件的描述，哪个选项是正确的？（　　）

（A）变形模量是在侧向无限变形条件下试验得出的

（B）压缩模量是在单向应力条件下试验得出的

（C）变形模量是在单向应变条件下试验得出的

（D）压缩模量是在侧向变形等于零的条件下试验得出的

【解析】压缩模量是在固结试验中得出的物理量，是侧向限制变形、竖向受力的条件下得出的，竖向受力、侧限，故而出现三向应力，仅竖向有应变；变形模量是侧向自由变形，是在单向（竖向）受力，三向应变（无侧限）条件下得出的。此考点已在历年真题中出现多次。

【考点】变形模量与弹性模量。

【参考答案】D

50.（2019-B-41）理论上关于土的压缩模量与变形模量，下列说法正确的是哪些选项？（　　）

（A）压缩模量为完全侧限模量　　　　　（B）变形模量为无侧限模量

（C）压缩模量大于变形模量　　　　　　（D）压缩模量小于变形模量

【解析】根据土力学教材，《土工试验方法标准》（GB/T 50123—2019）以及《岩土工程勘察规范》（GB 50021—2001）（2009 年版），压缩模量为一维固结压缩试验得出的，为完全侧向模量；变形模量为现场载荷板试验得出的，为无侧限模量。根据弹性力学理论，在均匀土中，压缩模量 E_s 与变形模量 E_0 的关系：$E_0 = \dfrac{(1-2\nu^2)}{1-\nu}E_s$，其中 ν 为土体的泊松比，$1-\dfrac{2\nu^2}{1-\nu} < 1.0$，压缩模量比变形模量大。

【考点】压缩模量、变形模量。

【参考答案】ABC

3.4.5 无侧限抗压强度试验

51.（2018-A-42）如图 3-2 所示为不同土类的无侧限抗压强度试验曲线，哪几个点所对应的值为土的无侧限抗压强度？（　　）

（A）A　　　　　　　（B）B

（C）C　　　　　　　（D）D

【解析】《土工试验方法标准》（GB/T 50123—2019）第 20.4.4 条，在曲线上取最大轴向应力作为无侧限抗压强度，当曲线上峰值不明显时，取轴向应变 15% 对应的轴向应力作为无侧限抗压强度。

【考点】无侧限抗压强度试验。

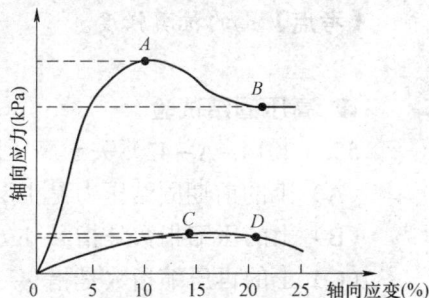

【参考答案】AC

图 3-2　不同土类的无侧限抗强度试验曲线

3.4.6　固结试验

■ 标准固结试验

52.（2016-A-2）采用压缩模量进行沉降验算时，其室内固结试验最大压力的取值应不小于下列哪一选项？（　　）

（A）高压固结试验的最高压力为32MPa

（B）土的有效自重压力与附加压力之和

（C）土的有效自重压力与附加压力二者之大值

（D）设计有效荷载所对应的压力值

【解析】参见《岩土工程勘察规范》（GB 50021—2001）（2009年版）11.3.1条，当采用压缩模量进行沉降验算时，固结试验最大压力应大于土的有效自重压力与附加压力之和。

【考点】固结试验。

【参考答案】B

53.（2017-A-5）下列关于土的标准固结试验的说法，哪个选项是不正确的？（　　）

（A）第一级压力的大小应视土的软硬程度而定

（B）压力等级宜按等差级数递增

（C）只需测定压缩系数时，最大压力不小于400kPa

（D）需测定先期固结压力时，施加的压力应使测得的$e-\log p$曲线下段出现直线段

【解析】参见《土工试验方法标准》（GB/T 50123—2019）中17.2.2条第6款，确定需要施加的各级压力，压力等级宜为12.5kPa、25kPa、50kPa、100kPa、200kPa、400kPa、800kPa、1600kPa、3200kPa，是等比数列，不是等差数列，选项B错误。其他选项都是原文。

【考点】标准固结试验。

【参考答案】B

54.（2018-A-6）某土样进行固结快剪试验，其黏聚力$c=17$kPa，内摩擦角$\varphi=29.6°$，以下最有可能错误的选项是哪一项？（　　）

（A）该土样是软土层样

（B）该土样塑性指数小于10

（C）该土样压缩模量E_{s1-2}大于5.0MPa

（D）可用厚壁敞口取土器取得该土样的Ⅱ级样品

【解析】常规：砂土、粉土、粉质黏土、黏性土，按照这个顺序排列，其内聚力依次增大，内摩擦角依次减小。它们彼此之间也是有界限的。砂土的内聚力很小，但内摩擦角一般都得大于28°，而黏土的内摩擦角相比砂土的内摩擦角较小，但内聚力较大。具体的数值可参照《工程地质手册》（第五版）第176页中表3-1-24。题干中的固结快剪试验是直剪试验中一种，是不排水。不排水条件下的软土抗剪强度是很低的，与题干中的数值不符。

重点提示：近些年对于常见土体的物理力学性质指标考的较多，对于没有工程经验的人，务必记得查找《工程地质手册》（第五版）第176页中表3-1-24。

【考点】土的抗剪强度。

【参考答案】A

■ 高压固结试验

55.（2014-A-42）关于高压固结试验，下列（　　）的说法是正确的。

（A）土的前期固结压力是土层在地质历史上所曾经承受过的上覆土层的最大有效自重压力

（B）土的压缩指数是指$e-\lg p$曲线上大于前期固结压力的直线段斜率

（C）土的再压缩指数是指$e-\lg p$曲线上再压缩量与压力差比值的对数值

（D）土的回弹指数是指$e-\lg p$曲线回弹圈两端点连线的斜率

【解析】前期固结压力是土层在地质历史上所承受过的最大有效竖向压力，自重压力仅是有效压力

的一部分，选项 A 错误。压缩指数是 $e-\log p$ 曲线上大于前期固结压力的直线段斜率，选项 B 正确；再压缩指数和回弹指数是指回弹再压缩曲线回滞环两端点连线的斜率，二者数值相等，选项 C 错误，选项 D 正确。

【考点】土的压缩与固结。

【参考答案】BD

3.4.7　剪切试验

■　三轴剪切试验

56.（2010－A－43）下列关于剪切应变速率对三轴试验成果的影响分析，（　　）是正确的。

（A）UU 试验，因不测孔隙水压力，在通常剪切应变速率范围内对强度影响不大

（B）CU 试验，对不同土类应选择不同的剪切应变速率

（C）CU 试验，剪切应变速率较快时，测得的孔隙水压力数值偏大

（D）CD 试验，剪切应变速率对试验结果的影响，主要反映在剪切过程中是否存在孔隙水压力

【解析】参见《土工试验方法标准》（GB/T 50123—2019）。依据 19.4.2 条文说明，不固结不排水试验即固结不排水试验（不测孔隙水压力）应变速率，在通常的速率范围内对强度影响不大，选项 A 正确。依据 19.5.3 条，选项 B 正确。依据 19.5.3 条文说明，CU 当剪切应变速率较快时，试样底部的孔隙水压力反应滞后，测得的数值偏小，选项 C 错误。依据 19.6.2 条文说明，选项 D 正确。

【考点】土的抗剪强度。

【参考答案】ABD

■　直剪试验

57.（2013－A－9）对一个粉土土样进行慢剪试验，剪切过程历时接近（　　）。

（A）0.5h　　　　　　（B）1h　　　　　　（C）2h　　　　　　（D）4h

【解析】参见《土工试验方法标准》（GB/T 50123—2019）21.3.2 条文说明：慢剪是以 0.02mm/min 的剪切速率施加水平剪应力，试样每产生剪切位移 0.2～0.4mm 时，测记测力计和位移读数，直至测力计读数出现峰值，或继续剪切至剪切位移为 4mm 时停机，当剪切过程中测力计读数无峰值时，应剪切至剪切位移为 6mm 时停机。一次慢剪历时约为 4mm/（0.02mm/min）=200min 到 6mm/（0.02mm/min）=300min，约为 3.3～5h。

【考点】土的抗剪强度。

【参考答案】D

58.（2018－A－7）采用现场直接剪切试验测定某场地内强风化砂泥岩层的抗剪强度指标，按《岩土工程勘察规范》（GB 50021—2001）（2009 年版）要求，每组岩体不宜少于多少个？（　　）

（A）3　　　　　　　（B）4　　　　　　　（C）5　　　　　　　（D）6

【解析】《岩土工程勘察规范》（GB 50021—2001）（2009 年版）第 10.9.3 条，现场直剪试验每组岩体不宜少于 5 个，每组土体试验不宜少于 3 个。再看题目，强风化砂泥岩层，若仅从字面上看，属于岩层，应选 C，但笔者认为：强风化砂泥岩层名义上虽然是岩层，但工程性质近乎于砂土。因此现场直剪试验时，应按土体标准来执行。

【考点】现场直剪试验。

【参考答案】A

■　土的泊松比

59.（2013－A－43）下列（　　）的试验方法可用来测求土的泊松比。

（A）无侧限单轴压缩法　　　　　　　　　　（B）单轴固结仪法

（C）三轴压缩仪法　　　　　　　　　　　　（D）载荷试验法

【解析】参见《工程地质手册》（第五版）第 170 页。泊松比 ν 与侧压力系数 ζ 关系为：$\nu=\dfrac{\zeta}{1+\zeta}$，可知能测侧压力系数就能测泊松比。一般是先测定土的侧压力系数，然后再间接算出土的泊松比。侧压

力系数的测定方法有：①压缩仪法：在有侧限压缩仪中装有测量侧向压力的传感器。②三轴压缩仪法：在施加轴向压力时，同时增加侧向压力，使试样不产生侧向变形。

【考点】泊松比的测定。

【参考答案】BC

3.4.8　膨胀性试验

60.（2017-A-10）关于岩石膨胀性试验，下列哪个说法是错误的？（　　）

（A）遇水易崩解的岩石不应采用岩石自由膨胀率试验

（B）遇水不易崩解的岩石不宜采用岩石体积不变条件下的膨胀压力试验

（C）各类岩石均可采用岩石侧向约束膨胀率试验

（D）自由膨胀率试验采用圆柱体试件时，圆柱体高度宜等于直径

【解析】参见《工程岩体试验方法标准》（GB/T 50266—2013）。依据 2.5.1 条第 2 款，各类岩均可采用岩石侧向约束膨胀率试验和岩石体积不变条件下的膨胀压力试验，故选项 B 错误。遇水不易崩解的岩石也可以采用岩石体积不变条件下的膨胀压力试验。

【考点】岩石膨胀性试验。

【参考答案】B

3.4.9　压实试验

61.（2014-B-55）某路堤采用黏性土进行碾压填筑，当达到最优含水量时对压实黏性土相关参数的表述，下列（　　）是正确的。

（A）含水量最小　　　　　　　　　　　（B）干密度最大

（C）孔隙比最小　　　　　　　　　　　（D）重度最大

【解析】根据土力学的相关知识，压实试验中最大干密度对应的为最优含水率和最小孔隙比。

【考点】土的压实性。

【参考答案】BC

62.（2017-A-22）某填土工程拟采用粉土作填料，粉土土粒相对密度为 2.70，最优含水量为 17%，现无击实试验资料，试计算该粉土的最大干密度最接近下列何值？（　　）

（A）1.6t/m³　　　　（B）1.7t/m³　　　　（C）1.8t/m³　　　　（D）1.9t/m³

【解析】根据《建筑地基基础设计规范》（GB 50007—2011）中公式 6.3.8，粉土经验系数取 0.97，计算得 1.8t/m³。

【考点】复合地基。

【参考答案】C

63.（2017-A-46）对黏性土进行击实试验，下列哪些说法是正确的？（　　）

（A）重型击实仪试验比轻型击实仪得到的土料最优含水率要小

（B）一定的击实功能作用下，土料达到某个干密度所对应含水量是唯一值

（C）一定的击实功能作用下，土料达到最大干密度所对应最优含水量

（D）击实完成时，超出击实筒顶的试样高度应小于 6mm

【解析】参见土力学压实试验和《土工试验方法标准》（GB/T 50123—2019）中 13.3.2 条第 2 款，击实完成时，超出击实筒顶的试样高度应小于 6mm，选项 D 正确。压实曲线表明，击实能提高，最优含水量减小，选项 A 正确。击实曲线塑限附近的干密度对应的含水量是两个，不是唯一值，选项 B 错误。最大干密度对应最优含水量，选项 C 正确。

【考点】击实试验。

【参考答案】ACD

3.4.10 含水率试验

64.（2014-A-12）对含有机质超过干土质量5%的土进行含水率试验时，应将温度控制在（ ）范围的恒温下烘至恒量。

（A）65～70℃   （B）75～80℃

（C）95～100℃   （D）105～110℃

【解析】参见《土工试验方法标准》（GB/T 50123—2019）中5.2.2条第2款，对含有有机质含量5%～10%的土，应将温度控制在65～70℃的恒温下烘至恒量。

【考点】含水率的试验方法：烘干法。本试验方法适用于粗粒土、细粒土、有机质土和冻土。烘干温度为105～110℃，取决于土的水理性质。对含有机质超过干土质量5%的土，烘干温度为65～70℃，因为含有机质土在105～110℃温度下，经长时间烘干后，有机质特别是腐植酸会在烘干过程中逐渐分解而不断损失，使测得的含水量比实际的含水量大。土中有机质含量越高误差就越大。

【参考答案】A

3.5 原 位 测 试

3.5.1 载荷试验

■ 试验原理及要求

65.（2014-A-43）用载荷试验确定地基承载力特征值时，下列（ ）的说法是不正确的。

（A）试验最大加载量应按设计承载力的2倍确定

（B）取极限荷载除以2的安全系数作为地基承载力特征值

（C）试验深度大于5m的平板载荷试验均属于深层平板载荷试验

（D）沉降曲线出现陡降且本级沉降量大于前级的5倍时可作为终止试验的一个标准

【解析】参见《岩土工程勘察规范》（GB 50021—2001）（2009年版）10.2.3条，深层和浅层的本质区别不在于荷载所在位置的深浅，而是在是否有边载。试验深度大于5m，如周围没有边载，属于浅层平板载荷试验，选项C错误。

参见《建筑地基基础设计规范》（GB 50007—2011）。附录C.0.3，最大加载量不应小于设计要求的2倍，选项A错误；附录C.0.7，当 $p-s$ 曲线有比例界限时，取比例界限对应荷载为承载力特征值，当极限荷载小于对应比例界限的荷载值的2倍时，取极限荷载值的一半作为承载力特征值，选项B错误；依据附录D.0.5条第3款，本级沉降量大于前一级沉降量的5倍可作为终止试验的标准，选项D正确。

【考点】载荷试验。

【参考答案】ABC

66.（2019-A-46）关于深层载荷试验，下列说法正确的是哪些选项？（ ）

（A）试验试井尺寸可等于承压板直径

（B）土体无明显破坏时，总沉降量与承压板直径之比大于0.06时即可终止试验

（C）试验得到的地基承载力不应作深度修正

（D）确定土的变形模量时，试验的假设条件是荷载作用在弹性半无限空间的表面

【解析】参见《建筑地基基础设计规范》（GB 50007—2011）中附录D.0.2，深层平板载荷试验的承压板采用直径为0.8m的刚性板，紧靠承压板周围外侧的土层高度应不少于80cm。故选项A正确。依据《建筑地基基础设计规范》（GB 50007—2011）附录C.0.5，选项B为浅层载荷试验的终止条件，不属于深层载荷试验的终止内容，故选项B错误。依据《建筑地基基础设计规范》（GB 50007—2011）中5.2.4条注2，地基承载力特征值按深层载荷试验确定时深度修正为0，故选项C正确。依据《岩土工程勘察规范》（GB 50021—2001）（2009年版）中10.2.5条文说明，深层平板载荷试验荷载作用在半无限体内部，不宜采用荷载作用在半无限体表面的弹性理论公式，故选项

D 错误。

【考点】载荷试验。

【参考答案】AC

■ 试验适用性

67.（2014-A-44）下列关于深层平板载荷试验的说法，（　　）是正确的。

（A）深层平板载荷试验适用于确定埋深大于 5.0m 的地基土承载力

（B）深层平板载荷试验适用于确定大直径基桩桩端土层的承载力

（C）深层平板载荷试验所确定的地基承载力特征值基础埋深的修正系数为 0

（D）深层平板载荷试验的试验井直径应大于承压板直径

【解析】参见《岩土工程勘察规范》（GB 50021—2001）（2009 年版）。依据 10.2.1 条，深层平板载荷试验的试验深度不应小于 5m。深层平板载荷试验适用于深层地基土和大直径桩的桩端土，故选项 A、B 正确。依据 10.2.3 条，深层平板载荷试验的试井直径应等于承压板直径；当试井直径大于承压板直径时，紧靠承压板周围土的高度不应小于承压板直径，故选项 D 错误。

参见《建筑地基基础设计规范》（GB 50007—2011）中表 5.2.4 的注 2，地基承载力特征值按《建筑地基基础设计规范》附录 D 深层平板载荷试验确定时深度修正系数取 0，故选项 C 正确。

【考点】深层平板载荷试验。

【参考答案】ABC

■ 试验停止条件

68.（2009-A-39）在进行浅层平板载荷试验中，下列（　　）中的情况不能作为试验停止条件之一。

（A）本级荷载的沉降量大于前级荷载沉降量的 5 倍，p-s 曲线出现明显的陡降

（B）承压板周边的土出现明显的侧向挤出，周边岩土出现明显隆起，或径向裂隙持续发展

（C）在某级荷载作用 24h 沉降速率不能达到相对稳定标准

（D）总沉降量与承压板宽度（或直径）之比达到 0.015

【解析】参见《建筑地基基础设计规范》（GB 50007—2011）中附录 C.0.5，沉降量与承压板宽度（或直径）之比大于或等于 0.06，选项 D 错误。

【考点】浅层平板载荷试验。

【参考答案】D

■ 基准基床系数

69.（2010-A-4）基准基床系数 K_v 由下列（　　）试验直接测得。

（A）承压板直径为 30cm 的平板载荷试验

（B）螺旋板直径为 30cm 的螺旋板载荷试验

（C）探头长度为 24cm 的扁铲侧胀试验

（D）旁压器直径为 9cm 的旁压试验

【解析】参见《岩土工程勘察规范》（GB 50021—2001）（2009 年版）中 4.2.12 条或 10.2.6 条，采用承压板边长为 30cm 的载荷试验测求地基基床系数。

【考点】基准基床系数。

【参考答案】A

■ 承压板面积

70.（2010-A-9）某建筑地基存在一混合土层，该土层的颗粒最大粒径为 200mm。要在该土层上进行圆形载荷板的现场载荷试验，承压板面积至少应不少于（　　）。

（A）0.25m² 　　（B）0.5m² 　　（C）0.8m² 　　（D）1.0m²

【解析】参见《岩土工程勘察规范》（GB 50021—2001）（2009 年版）中 6.4.2 条第 6 款，对混合土来说，载荷板直径要大于试验土层最大粒径的 5 倍，压板面积不得小于 0.5m²。

压板半径 0.2m×5/2＝0.5m，面积 S＝（3.14×0.5²）m²＝0.785m²＞0.5m²。

【考点】载荷试验。

【参考答案】C

71.（2017-A-38）根据《建筑地基基础设计规范》（GB 50007—2011）的规定，拟用浅层平板载荷试验确定某建筑地基浅部软土的地基承载力，试验中采用的承压板直径最小不应小于下列哪一选项？（　　）

（A）0.5m　　　　　　　（B）0.8m　　　　　　　（C）1.0m　　　　　　　（D）1.2m

【解析】参见《建筑地基基础设计规范》（GB 50007—2011）第 124 页，第一段对软土的承压板面积 $0.5m^2$ 反推，题目中间的是承压板的直径。

【考点】浅层载荷板试验。

【参考答案】B

3.5.2 现场直接剪切试验

72.（2009-A-2）现场直接剪切试验，最大法向荷载应按下列（　　）的要求选取。

（A）大于结构荷载产生的附加应力
（B）大于上覆岩土体的有效自重压力
（C）大于试验岩土体的极限承载力
（D）大于设计荷载

【解析】参见《岩土工程勘察规范》（GB 50021—2001）（2009 年版）中 10.9.4 条第 3 款，最大法向荷载应大于设计荷载。

【考点】现场直接剪切试验。

【参考答案】D

73.（2019-B-26）某个不稳定斜坡中发育一层倾向与斜坡倾向一致，且倾角小于斜坡坡角的软弱夹层，拟对此夹层进行现场直剪试验，试问，试体的推力方向为下列哪个选项？（　　）

（A）与软弱夹层走向一致　　　　　　　（B）与软弱夹层倾斜方向一致
（C）与斜坡倾向相反　　　　　　　　　（D）与斜坡走向一致

【解析】参见《工程岩体试验方法标准》（GB/T 50266—2013）中 4.2.3 条第 3 款，作用于试体的法向载荷方向应垂直剪切面（垂直于夹层，与夹层的法向方向一致），试体的推力方向宜与预定的剪切方向一致（平行于夹层面）。

【考点】直剪试验。

【参考答案】B

74.（2020-A-6）现场直剪实验可以获得岩体的抗剪断强度、摩擦强度和抗切强度。对同一处岩体，三类强度关系正确的是哪个选项？（　　）

（A）抗剪断强度＞摩擦强度＞抗切强度　　　（B）摩擦强度＞抗剪断强度＞抗切强度
（C）抗切强度＞抗剪断强度＞摩擦强度　　　（D）摩擦强度＞抗切强度＞抗剪断强度

【解析】参见《岩土工程勘察规范》（GB 50021—2001）（2009 年版）中 10.9.1 条，现场直剪试验可用于岩土体本身、岩（土）体沿软弱结构面和岩体与其他材料接触面的剪切试验，可分为岩土体试样在法向应力作用下沿剪切面剪切破坏的抗剪断试验，岩土体剪断后沿剪切面继续剪切的抗剪试验（摩擦试验），法向应力为零时岩体剪切的抗剪切试验。根据 $\tau = \sigma\tan\varphi + c$，结合三个名词的定义中的正应力和剪切面，可知：抗剪断强度＞摩擦强度＞抗切强度。

【考点】抗剪强度。

【参考答案】A

3.5.3 波速测试

■ 波的性质

75.（2013-A-8）在水域勘察中采用地震发射波法探测地层时，漂浮检波器采集到的地震波是（　　）。

（A）压缩波　　　　　　　（B）剪切波　　　　　　　（C）瑞利波　　　　　　　（D）面波

【解析】压缩波又叫纵波、P波，可以在固体、液体和空气中传播；剪切波又叫横波、S波，只能在固体中传播；面波又称L波、瑞利波，是纵波和横波在地表相遇产生的混合波，只能沿地表传播；水域勘察时，漂浮检波器是在水中，故只能采集到压缩波。

【考点】波速测试。

【参考答案】A

■ 波速测试

76.（2009-A-5）在岩层中进行跨孔法波速测试，孔距符合《岩土工程勘察规范》（GB 50021—2001）（2009年版）要求的是（　　）。

（A）4m　　　　　　　（B）12m　　　　　　　（C）20m　　　　　　　（D）30m

【解析】参见《岩土工程勘察规范》（GB 50021—2001）（2009年版）中10.10.3条2款，在岩层中孔距宜取8～15m。

【考点】波速测试。

【参考答案】B

77.（2018-A-2）在岩层中布置跨孔法测定波速时，其测试孔与振源孔间距取值最合适的是下列哪一项？（　　）

（A）1～2m　　　　　　（B）2～5m　　　　　　（C）5～8m　　　　　　（D）8～15m

【解析】参见《若土工程勘察规范》（GB 50021—2001）（2009年版）中10.10.3条第2款，测试孔的孔距在土层中宜取2～5m，在岩层中宜取8～15m。对照题干的要求，是岩层时测试孔的孔距，取8～15m。

【考点】跨孔法的布孔要求。

【参考答案】D

78.（2016-A-35）地震产生的横波、纵波和面波，若将其传播速度分别表示为 v_s、v_p、v_R，下列哪个选项表示的大小关系是正确的？（　　）

（A）$v_p > v_s > v_R$　　　　（B）$v_p > v_R > v_s$　　　　（C）$v_R > v_p > v_s$　　　　（D）$v_R > v_s > v_p$

【解析】纵波波速最快，横波波速其次，最慢的是面波。

【考点】横波、纵波和面波。

【参考答案】A

79.（2018-A-12）关于波速测试，下列说法正确的是哪个选项？（　　）

（A）压缩波的波速比剪切波慢，剪切波为初至波

（B）压缩波传播能量衰减比剪切波慢

（C）正反向锤击木板两端得到的剪切波波形相位差180°，而压缩波不变

（D）在波形上，以剪切波为主的幅度小，频率高

【解析】《工程地质手册》（第五版）第306页。地面敲击法中的波形鉴别；压缩波的波速比剪切波快，压缩波为初至波，选项A错误；锤击木板正反向两端时，剪切波波形相位差180°，而压缩波不变，选项C正确；压缩波传播能量衰减比剪切波快，选项B错误；在波形上，压缩波幅度小，频率高，剪切波幅度大，频率低，选项D错误。此考点多次出现。

【考点】波速测试中的波形鉴别。

【参考答案】C

■ 单孔法

80.（2010-A-42）单孔法测试地层波速，关于压缩波、剪切波传输过程中不同特点，下列（　　）是正确的。

（A）压缩波为初至波，剪切波速较压缩波慢

（B）敲击木板两侧，压缩波、剪切波波形相位差均为180°

（C）压缩波比剪切波传输能量衰减快

（D）压缩波频率低，剪切波频率高

【解析】参见《工程地质手册》（第五版）第306页。压缩波波速最快，为初至波，选项A正确；敲击木板两端，剪切波相位差180°，压缩波不变，选项B错误；压缩波传播能量衰减比剪切波快，选项C正确；压缩波频率高，剪切波频率低，选项D错误。

【考点】波速测试。

【参考答案】AC

■ 试验成果

81.（2011-A-61）在岩质公路隧道勘察设计中，从实测的围岩纵波波速和横波波速可以求得围岩的下列（　　）指标。

（A）动弹性模量　　　　（B）动剪切模量　　　　（C）动压缩模量　　　　（D）动泊松比

【解析】参见《岩土工程勘察规范》（GB 50021—2001）（2009年版）中10.10.5条，波速测试成果分应包括计算岩土小应变的动弹性模量、动剪切模量和动泊松比。

【考点】波速测试。

【参考答案】ABD

3.5.4 十字板剪切试验

82.（2009-A-7）进行开口钢环式十字板剪切试验时，测试读数顺序正确的是（　　）。

（A）重塑，轴杆，原状　　　　　　　（B）轴杆，重塑，原状

（C）轴杆，原状，重塑　　　　　　　（D）原状，重塑，轴杆

【解析】参见《工程地质手册》（第五版）第279页，十字板剪切试验先测原状土减损时的总作用力 R_y 值，再测定扰动土的总作用力 R_c 值，最后测定轴杆和设备的机械阻力 R_g 值。

【考点】十字板剪切试验。

【参考答案】D

3.5.5 旁压试验

■ 预钻式旁压试验

83.（2009-A-46）利用预钻式旁压试验资料，可获得的地基土的工程指标有（　　）。

（A）静止侧压力系数 K_0　　　　　　（B）变形模量

（C）地基土承载力　　　　　　　　　（D）孔隙水压力

【解析】参见《岩土工程勘察规范》（GB 50021—2001）（2009年版）中10.7.5条。预钻式旁压试验钻探中破坏了土的结构，无法测出静止土压力，也就无法测得静止侧压力系数 K_0，选项A错误；自钻式旁压试验可以计算孔隙水压力，选项D错误。

【考点】旁压试验。

【参考答案】BC

84.（2011-A-8）在岩土工程勘察中，旁压试验孔与已完成的钻探取土孔的最小距离为（　　）。

（A）0.5m　　　　　（B）1.0m　　　　　（C）2.0m　　　　　（D）3.0m

【解析】《岩土工程勘察规范》（GB 50021—2001）（2009年版）中10.7.2条、《水运工程岩土勘察规范》（JTS 133—2013）中14.7.2条规定最小距离不宜小于3m。

【考点】旁压试验。

【参考答案】B

■ 承载力

85.（2012-A-8）如图3-3所示的预钻式旁压试验的 $p-V$ 曲线，图中 a、b 分别为该曲线中直线段的起点和终点，c 点为 ab 延长线和 V 轴的交点，过 c 点和 p 轴平行的直线与旁压曲线交于 d 点，最右侧的虚线为旁压曲线的渐近线。根据图中给定的特征值，采用临塑荷载法确定地基土承载力 f_{ak} 的正确计算公式为（　　）。

（A）$f_{ak}=p_b-p_d$　　　　（B）$f_{ak}=p_b-p_a$

（C）$f_{ak}=\dfrac{1}{2}p_b$　　　　（D）$f_{ak}=\dfrac{1}{3}p_e$

【解析】临塑压力为 p_b，初始压力为 p_d，按临塑荷载法，$f_ak=p_b-p_d$。

【考点】旁压试验。

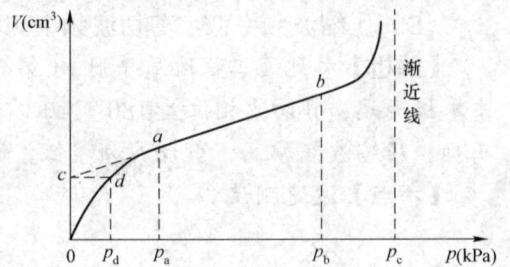

图 3-3　预钻式旁压试验 $p-V$ 曲线

【参考答案】A

3.5.6　岩体应力测试

■ 孔壁应变法

86.（2011-A-44）下列关于孔壁应变法测试岩体应力的说法，（　　）是正确的。

（A）孔壁应变法测试适用于无水、完整或较完整的岩体

（B）测试孔直径小于开孔直径，测试段长度为 50cm

（C）应变计安装妥当后，测试系统的绝缘值不应大于 100MΩ

（D）当采用大循环加压时，压力分为 5～10 级，最大压力应超过预估的岩体最大主应力

【解析】《工程地质手册》（第五版）第 321 页、《工程岩体试验方法标准》（GB/T 50266—2013）第 6.1.1 条、第 6.1.5 条的条文说明及《岩土工程勘察规范》（GB 50021—2001）（2009 年版）均对此有规定，但是内容有所不同。根据《工程岩体试验方法标准》（GB/T 50266—2013）中对于孔壁应变法的操作，6.1.5 条第 7 款及条文说明（目前的技术可以应用在有水条件）、6.1.8 条第 4 款（测试深度不宜超过 30cm，但是测试段长度还包括套钻解除深度），参考《工程地质手册》中的说明，选 B、D。选项 A 可以适用于有水条件，仅要求完整或较完整岩体。选项 C 应为 50MΩ。

【考点】岩体原位应力测试。

【参考答案】BD

■ 岩体原位应力测试结果

87.（2017-A-45）通过岩体原位应力测试能够获取的参数包括下列哪几项？（　　）

（A）空间应力　　　（B）弹性模量　　　（C）抗剪强度　　　（D）泊松比

【解析】参见《工程地质手册》（第五版）第 323 页的资料整理，原位应力测试可以获得岩体的空间应力和平面应力，根据围压资料，绘制压力与孔径变形关系曲线，计算岩石的弹性模量和泊松比。

【考点】岩体原位测试。

【参考答案】ABD

3.5.7　标准贯入试验

■ 操作方法

88.（2012-A-2）进行标准贯入试验时，下列（　　）的操作方法是错误的。

（A）锤质量 63.5kg，落距 76cm 的自由落锤法

（B）对松散砂层用套管保护时，管底位置须高于试验位置

（C）采用冲击方式钻进时，应在试验标高以上 15cm 停钻，清除孔底残土后再进行试验

（D）在地下水位以下进行标准贯入试验时，保持孔内水位高于地下水位一定高度

【解析】参见《岩土工程勘察规范》（GB 50021—2001）（2009 年版）。依据 9.4.5 条第 1 款，选项 B 正确；依据 9.4.5 条第 3 款，标准贯入试验应采用回转式钻进，选项 C 错误；依据表 10.5.2，选项 A 正确；依据条文 10.5.3，选项 D 正确。

【考点】标准贯入试验。

【参考答案】C

89.（2020-A-44）下列关于标准贯入试验表述，哪些选项是正确的？（　　）

（A）标准贯入试验孔采用回转钻进时，应保持孔内水位略高于地下水位

（B）根据标准贯入锤击数判定砂土液化时，标准贯入击数 N 应取实测值

（C）判定砂土液化时，标准贯入试验一般每隔 2m 进行一次

（D）根据标准贯入锤数划分花岗岩类岩石的风化程度时，标准贯入锤击数 N 应进行杆长修正

【解析】根据《岩土工程勘察规范》（GB 50021—2001（2009 年版）10.5.3 条第 1 款，标准贯入试验孔采用回转钻进，并保持孔内水位略高于地下水位，选项 A 正确。《水利水电工程地质勘察规范》（GB 50487—2008）附录 P.0.4-1，标准贯入击数使用实测值。《建筑抗设计规范》（GB 50011—2010）（2016 年版）当饱和土标准贯入锤击数（未经杆长修正）小于或等于液化判别标准贯入锤击数临界值时，应判为液化土，故选项 B 正确。依据《岩土工程勘察规范》（GB 50021—2001）（2009 年版）5.7.9 条，当采用标准贯入试验判别液化时，应按每个试验孔的实测击数进行。在需作判定的土层中，试验点的竖向间距宜为 1.0～1.5m，每层土的试验点数不宜少于 6 个，故选项 C 错误。《岩土工程勘察规范》（GB 50021—2001）（2009 年版）附录 A.0.3，花岗岩类岩石风化程度，标准贯入锤击数 N 为实测值，故选项 D 错误。

【考点】标准贯入试验。

【参考答案】AB

■ **标准贯入击数修正**

90.（2016-A-11）在某岩层进行标准贯入试验，锤击数达到 50 时，贯入深度为 20cm，问该标准贯入试验锤击数为下列哪个选项？（　　）

（A）50　　　　　　　　　　　　　（B）75

（C）100　　　　　　　　　　　　 （D）贯入深度未达到要求，无法确定

【解析】参见《岩土工程勘察规范》（GB 50021—2001）10.5.3 条第 3 款，当锤击数已达 50 击，而贯入深度未达 30cm 时，可记录 50 击的实际贯入深度，按公式 $N=30 \times 50 / \Delta S$ 换算成相当于 30cm 的标准贯入试验锤击数 N，并终止试验，代入数据换算得 75。

【考点】标准贯入试验。

【参考答案】B

91.（2017-A-44）关于标准贯入试验锤击数数据，下列说法正确的是哪几项？（　　）

（A）勘察报告应提供不作修正的实测数据

（B）用现行各类规范判别液化时，均不作修正

（C）确定砂土密实度时，应作杆长修正

（D）估算地基承载力时，如何修正应按相应的规范确定

【解析】《岩土工程勘察规范》（GB 50021—2001）（2009 年版）第 10.5.5 条文说明：勘察报告应提供不作杆长修正的 N 值，应用时再根据情况考虑是否修正和如何修正；在实际应用 N 值时，应按具体岩土工程问题，参照有关规范考虑是否作杆长修正或其他修正；抗震规范评定砂土液化，N 值又不作修正，选项 A、D 均正确。根据 3.3.9 条，砂土的密实度应根据标准贯入试验锤击数实测值 N 划分，可知，选项 C 错误。《公路工程地质勘察规范》（JTG C20—2011）及《水利水电工程勘察地质规范》（GB 50487—2008）规定液化均需要修正，因此选项 B 错误。

【考点】标准贯入击数的修正。

【参考答案】AD

■ **标准贯入和重型动力触探的区别**

92.（2017-A-4）下列关于重型圆锥动力触探和标准贯入试验不同之处的描述中，哪个选项是正确的？（　　）

（A）落锤的质量不同　　　　　　　（B）落锤的落距不同

（C）所用钻杆的直径不同　　　　　（D）确定指标的贯入深度不同

【解析】参见《岩土工程勘察规范》（GB 50021—2001）（2009 年版）第 10 章原位测试，这两种方法的不同点是：重型圆锥动力触探的贯入深度是 10cm，标准贯入的贯入深度是 30cm。

【考点】重型圆锥动力触探和标准贯入试验的区别。

【参考答案】D

93.（2020-A-13）某场地岩土工程勘察时，地下 5m 处的卵石层（最大粒径大于 100mm）中超重型动力触探试验 N_{120} 的实测数为 13 击，地面以上动力触探杆长为 1.0m，根据《岩土工程勘察规范》（GB 50021—2001）（2009 年版），该卵石层的密实度为下列哪个选项？（   ）

（A）松散　　　　　　　（B）稍密　　　　　　（C）中密　　　　　　　（D）密实

【解析】《岩土工程勘察规范》（GB 50021—2001）（2009 年版）附录 B.0.2，杆长 6m，实测击数 13 击，修正系数约 0.74，修正后的击数为 9.62 击，最大粒径大于 100mm，查表 3.3.8-2，为中密。

【考点】超重型动力触探判断卵石层密实度。

【参考答案】C

■ 标准贯入试验设备

94.（2019-A-05）根据《岩土工程勘察规范》（GB 50021—2001）（2009 年版），标准贯入试验中钻杆直径使用正确的是下列哪个选项？（   ）

（A）42mm

（B）50mm

（C）42mm 或 50mm

（D）50mm 或 60mm

【解析】参见《岩土工程勘察规范》（GB 50021—2001）（2009 年版）中 10.5.2 条，标准贯入试验中钻杆直径 42mm。

【考点】标准贯入试验。

【参考答案】A

3.5.8　圆锥动力触探

95.（2019-A-11）"超前滞后"现象，上为软土层下为硬土层，为下列哪个选项？（   ）

（A）超前量 0.8m，滞后量 0.2m　　　　　（B）超前量 0.2m，滞后量 0.8m

（C）超前量 0.4m，滞后量 0.1m　　　　　（D）超前量 0.1m，滞后量 0.4m

【解析】参见《岩土工程勘察规范》（GB 50021—2001）（2009 年版）中 10.4.3 条文说明，上为硬土层下为软土层，超前约为 0.5～0.7m，滞后约为 0.2m；上为软土层下为硬土层，超前约为 0.1～0.2m，滞后约为 0.3～0.5m。

【考点】超前滞后。

【参考答案】D

3.5.9　静力触探

96.（2017-A-39）根据《岩土工程勘察规范》（GB 50021—2001）（2009 年版）的规定，为保证静力触探数据的可靠性与准确性，静力触探探头应匀速压入土中，其贯入速率为下列哪一选项？（   ）

（A）0.2m/min　　　（B）0.6m/min　　　（C）1.2m/min　　　（D）2.0m/min

【解析】依据《岩土工程勘察规范》（GB 50021—2001）（2009 年版）中 10.3.2 条，探头应匀速垂直压入土中，贯入速率为 1.2m/min。

【考点】静力触探。

【参考答案】C

3.5.10　试验方法的选择

97.（2013-B-29）在深厚软土区进行某基坑工程详细勘察时，除了十字板剪切试验、旁压试验、扁铲侧胀试验和螺旋板载荷试验四种原位测试外，还最有必要进行下列（   ）的原位测试。

（A）静力触探试验　　　　　　　　　（B）深层载荷板试验

（C）轻型圆锥动力触探试验　　　　　（D）标准贯入试验

【解析】参见《岩土工程勘察规范》（GB 50021—2001）（2009 年版）中 6.3.5 条，深厚软土地区软土无法直立，不能满足深层载荷试验直立土层 80cm 的要求，选项 B 错误；轻型圆锥动力触探和标准贯入试验适用填土、砂土、粉土、一般黏性土，选项 C、D 错误。

【考点】静力触探试验。

3.6　勘察阶段及技术要求

3.6.1　勘察阶段的划分

■ 民用建筑

98.（2009-A-12）在民用建筑详细勘察阶段，勘探点间距的决定因素是（　　）。

（A）岩土工程勘察等级 　　　　　　　　（B）工程重要性等级

（C）场地复杂程度等级 　　　　　　　　（D）地基复杂程度等级

【解析】参见《岩土工程勘察规范》（GB 50021—2001）（2009 年版）中 4.1.15 条。

【考点】勘探点、勘探线以及钻孔孔深的要求。

99.（2018-A-44）按现行《岩土工程勘察规范》（GB 50021—2001）（2009 年版），下列哪几项岩土工程勘察等级为乙级？（　　）

（A）36 层住宅，二级场地，二级地基 　　（B）17 层住宅，二级场地，三级地基

（C）55 层住宅，三级场地，三级岩质地基 （D）18 层住宅，一级场地，三级岩质地基

【解析】参见《岩土工程勘察规范》（GB 50021—2001）（2009 年版）第 3.1.1~3.1.4 条及其条文说明，选项 A，36 层住宅为一级工程，工程重要性为一级，二级场地、地基复杂程度为二级，勘察等级为甲级；选项 B 工程重要性为二级，二级场地，三级地基，勘察等级为乙级；工程重要性为一级，一级工程建筑在岩质地基上，场地复杂程度和地基复杂程度均为三级，勘察等级为乙级；选项 D 工程重要性为二级，场地等级为一级，地基复杂程度为三级，勘察等级为甲级。

【考点】勘察等级。

■ 港口水运

100.（2010-A-46）下列关于港口工程地质勘察工作布置原则的叙述，（　　）是正确的。

（A）可行性研究阶段勘察，河港宜垂直岸向布置勘探线，海港勘探点可按网格状布置

（B）初步设计阶段勘察，河港水工建筑物区域，勘探点应按垂直岸向布置

（C）初步设计阶段勘察，河港水工建筑物区域，勘探线应按垂直于水工建筑长轴方向布置

（D）初步设计阶段勘察，港口陆域建筑区宜按平行地形、地貌单元走向布置勘探线

【解析】参见《水运工程岩土勘察规范》（JTS 133—2013）。依据 5.2.7.1 条、5.2.7.2 条，可行性研究阶段勘察，河港宜垂直岸向布置勘探线，海港勘探点可按网格状布置，故选项 A 正确；依据 5.3.5 条，初步设计阶段勘察，河港水工建筑物区域，勘探点应按垂直岸向布置或平行于水工建筑长轴方向布置，选项 B 正确，选项 C 错误；选项 D 为旧版《港口岩土工程勘察规范》（JTS 131-1—2010）内容。

【考点】勘探点、勘探线以及钻孔孔深的要求。

101.（2013-A-6）对于内河港口，在工程可行性研究阶段勘探线布置方向的正确选项是（　　）。

（A）平行于河岸方向 　　　　　　　　　（B）与河岸成 45° 角

（C）垂直于河岸方向 　　　　　　　　　（D）沿建筑物轴线方向

【解析】参见《水运工程岩土勘察规范》（JTS 133—2013）中 5.2.7.1 条，河港宜垂直于岸向布置勘探线，线距不宜大于 200m，线上勘探点间距不宜大于 150m。

【考点】勘探线布置。

■ 核电厂

102.（2011-A-5）核电厂初步设计勘察应分为四个地段进行,各地段有不同的勘察要求,下列（　　）是四个地段的准确划分。

（A）核岛地段、常规岛地段、电气厂房地段、附属建筑地段

（B）核反应堆厂房地段、核燃料厂房地段、电气厂房地段、附属建筑地段

（C）核安全有关建筑地段、常规建筑地段、电气厂房地段、水工建筑地段

（D）核岛地段、常规岛地段、附属建筑地段、水工建筑地段

【解析】参见《岩土工程勘察规范》（GB 50021—2001）（2009年版）中4.6.14条,初步设计勘察应分核岛、常规岛、附属建筑和水工建筑四个地段进行。

【考点】核电厂勘察。

【参考答案】D

■ 铁路工程加深地质工作

103.（2012-A-10）新建铁路工程地质勘察的"加深地质工作"是在（　　）阶段进行的。

（A）踏勘和初测之间　　　　　　　　（B）初测和定测之间

（C）定测和补充定测之间　　　　　　（D）补充定测阶段

【解析】参见《铁路工程地质勘察规范》（TB 10012—2019）中7.1.4条,地形地质条件特别复杂、线路方案比选范围较大时,宜在初测前增加"加深地质工作"。

【考点】铁路工程地质勘察。

【参考答案】A

3.6.2 勘察技术要求

■ 勘探孔数

104.（2011-A-41）在建筑工程详细勘察阶段,下列选项中的不同勘探孔的配置方案,（　　）符合《岩土工程勘察规范》（GB 50021—2001）（2009年版）的规定。

（A）钻探取土孔3个,标贯孔6个,鉴别孔3个,共12孔

（B）钻探取土孔4个,标贯孔4个,鉴别孔4个,共12孔

（C）钻探取土孔3个,静探孔9个,共12孔

（D）钻探取土孔4个,静探孔2个,鉴别孔6个,共12孔

【解析】参见《岩土工程勘察规范》（GB 50021—2001）（2009年版）中4.1.20条第4款,钻探取土孔不得少于勘探孔总数的1/3,本题共12个孔,故取土孔少于4个的均不符合要求,排除选项A、C;取土孔和进行原位测试孔总和不得少于勘探孔的1/2,静探孔、标贯孔均属于原位测试。

【考点】勘探点、勘探线的布置以及钻孔深度的要求。

【参考答案】BD

■ 勘探线布置

105.（2011-B-32）根据《岩土工程勘察规范》（GB 50021—2001）（2009年版）,废渣材料加高坝的勘察可按堆积规模垂直坝轴线布设勘探线,其勘探线至少不少于（　　）。

（A）6条　　　　（B）5条　　　　（C）3条　　　　（D）2条

【解析】参见《岩土工程勘察规范》（GB 50021—2001）（2009年版）中4.5.12条,废渣材料加高坝的勘察,可按堆积规模垂直坝轴线布设不少于三条勘探线。

【考点】废渣材料加高坝勘察。

【参考答案】C

106.（2014-A-13）下列关于建筑工程初步勘察工作的布置原则,（　　）不符合《岩土工程勘察规范》（GB 50021—2001）（2009年版）的规定。

（A）勘探线应平行于地貌单元布置

（B）勘探线应垂直于地质构造和地层界线布置

（C）每个地貌单元均应有控制性勘探点

（D）在地形平坦地区，可按网格布置勘探点

【解析】参见《岩土工程勘察规范》（GB 50021—2001）（2009 年版）。依据 4.1.5 条第 1 款，勘探线应垂直于地貌单元、地质构造和地层界线布置。所以选项 A 错误，选项 B 正确。依据 4.1.5 条第 2 款每个地貌单元均应布置勘探点；依据 4.1.5 条第 3 款，在地形平坦地区，可按网格布置勘探点，选项 C、D 正确。

【考点】勘探点、勘探线的布置。

【参考答案】A

■ 勘探深度

107.（2018－A－13）在峡谷河流坝址可行性勘察，覆盖层厚度为 45m，拟建水库坝高 90m，下列勘探深度最合适的是哪个选项？（　　）

（A）65m　　　　　　（B）80m　　　　　　（C）90m　　　　　　（D）100m

【解析】依据《水利水电工程地质勘察规范》（GB 50487—2008）表 5.4.2，覆盖层厚度 45m，坝高 90m，钻孔进入基岩深度大于 50m，勘探深度从地表算，应大于 45m+50m＝95m。此考点多次出现。

【考点】坝址勘探深度。

【参考答案】D

108.（2017－A－6）根据《岩土工程勘察规范》（GB 50021—2001）（2009 年版），下列关于桩基勘探孔孔深的说法和做法中，哪个选项是不正确的？（　　）

（A）对需验算沉降的桩基，控制性勘探孔深度应超过地基变形计算深度

（B）嵌岩桩的勘探深孔钻至预计嵌岩面

（C）在预计勘探孔深度内遇到稳定坚实岩土时，孔深可适当减少

（D）有多种桩长方案对比时，应能满足最长桩方案

【解析】依据《岩土工程勘察规范》（GB 50021—2001）（2009 年版）中 4.9.4 条，对嵌岩桩，应钻入预计嵌岩面以下 3d～5d（d 为桩径），并穿过溶洞、破碎带，到达稳定地层，选项 B 错误。

【考点】桩基勘探孔深度。

【参考答案】B

4　工程结构可靠性与荷载

4.1　基　本　概　念

1.（2011-A-48）下列（　　）作用可称之为荷载。
（A）结构自重　　　　（B）预应力　　　　（C）地震　　　　（D）温度变化
【解析】依据《建筑结构荷载规范》（GB 50009—2012）中3.1.1条，建筑结构的荷载可分为下列三类：
（1）永久荷载，包括结构自重、土压力、预应力等。
（2）可变荷载，包括楼面活荷载、屋面活荷载和积灰荷载、吊车荷载、风荷载、雪荷载、温度作用等。
（3）偶然荷载，包括爆炸力、撞击力等。
因此，选项A、B正确。
依据1.0.4条及条文说明，荷载是直接施加在结构、构件上的，使结构或构件产生效应的各种直接作用；温度作用是指在温度变化或有温差的条件下，结构或构件内部受约束，不能自由收缩或膨胀，内部产生温度应力，引起结构或构件的变形和附加力，温度变化不一定引起温度作用，故不能称为荷载，选项D错误；地震不是直接对结构作用的，地震引起地面运动，建筑结构产生相应的响应，因此本题选项C为可变作用。
【考点】荷载规范。

【参考答案】AB

2.（2013-A-16）以下作用中不属于永久作用的是（　　）。
（A）基础及上覆土自重　　　　　　　　（B）地下室侧土压力
（C）地基变形　　　　　　　　　　　　（D）桥梁基础上的车辆荷载
【解析】根据《工程结构设计可靠性统一标准》（GB 50153—2008）中附录C.1.1可知，结构自重、土压力、地基变形属于永久作用；根据附录C.1.2可知，车辆荷载属于可变作用。
【考点】考查荷载作用的分类。

【参考答案】D

3.（2017-A-47）下列选项中，哪些是永久荷载？（　　）
（A）土压力　　　　　　　　　　　　　（B）屋面积灰荷载
（C）书库楼面荷载　　　　　　　　　　（D）预应力
【解析】依据《建筑结构荷载规范》（GB 50009—2012）中3.1.1条，永久荷载，包括结构自重、土压力、预应力等，可以结合附录C进一步理解。
【考点】荷载类型。

【参考答案】AD

4.（2017-A-49）《建筑地基基础设计规范》（GB 50007—2011）关于"建筑物的地基变形计算值不应大于地基变形允许值"的规定符合《工程结构可靠性设计统一标准》（GB 50153—2008）的下列哪些基本概念或规定？（　　）
（A）地基变形计算值对应作用效应项
（B）地基变形计算所用的荷载不包括可变荷载
（C）地基变形验算是一种正常使用极限状态的验算

（D）地基变形允许值对应抗力项

【解析】根据《工程结构可靠性设计统一标准》（GB 50153—2008）、《建筑地基基础设计规范》（GB 50007—2011）的3.0.5条，计算地基变形时，传至基础底面上的作用效应应按正常使用极限状态下作用的准永久组合，不应计入风荷载和地震作用；相应的限值应为地基变形允许值，即抗力项。

【考点】可靠性基本概念。

【参考答案】ACD

5.（2017-B-16）作用于沿河公路路基挡土墙上的载荷，下列哪个选项中的载荷不是偶然载荷？（   ）

（A）地震作用力　　　　　　　　　　　（B）泥石流作用力
（C）流水压力　　　　　　　　　　　　（D）墙顶护栏上的车辆撞击力

【解析】参见《公路路基设计规范》（JTG D30—2015）附录H表H.0.1-2。偶然荷载包括地震作用力，滑坡、泥石流作用力，作用于墙顶护栏上的车辆碰撞力。

【考点】荷载类型。

【参考答案】C

6.（2020-A-14）按照《建筑结构荷载规范》（GB 50009—2012）的规定，下列荷载中，属于可变荷载的是下列哪个选项？（   ）

（A）土压力　　　　　（B）水压力　　　　　（C）围护结构重力　　　　　（D）屋面积灰荷载

【解析】参见《建筑结构荷载规范》（GB 50009—2012）中3.3.1条第2款，可变荷载包括楼面活荷载、屋面活荷载和积灰荷载、吊车荷载、风荷载、雪荷载、温度作用等。本题选项中只有积灰荷载是可变荷载。

【考点】荷载分类。

【参考答案】D

4.2 设 计 基 准 期

7.（2009-A-40、2009-B-1）下列关于设计基准期的叙述正确的是（   ）。

（A）设计基准期是为确定可变作用及与时间有关的材料性能取值而选用的时间参数
（B）设计基准期是设计规定的结构或结构构件不需大修而可按期完成预定目的的使用的时期
（C）设计基准期等于设计使用年限
（D）设计基准期按结构的设计使用年限的长短而确定

【解析】参见《工程结构可靠性设计统一标准》（GB 50153—2008）。

2.1.49条：设计基准期是为确定可变作用等的取值而选用的时间参数。

2.1.49条文说明：原标准中设计基准期，一是用于可靠指标 β，指设计基准期的 β，二是用于可变作用的取值。本标准中设计基准期只用于可变作用的取值。设计基准期是为确定可变作用的取值而规定的标准时段，它不等同于结构的设计使用年限。设计如需采用不同的设计基准期，则必须相应确定在不同的设计基准期内最大作用的概率分布及其统计参数。

【考点】设计基准期。

【参考答案】A

8.（2016-A-48）根据《工程结构可靠性设计统一标准》（GB 50153—2008）的规定，以下对工程结构设计基准期和使用年限采用正确的是哪些选项？（   ）

（A）房屋建筑结构的设计基准期为50年
（B）标志性建筑和特别重要的建筑结构，其设计使用年限为50年
（C）铁路桥涵结构的设计基准期为50年
（D）公路特大桥和大桥结构的设计使用年限为100年

【解析】参见《工程结构可靠性设计统一标准》（GB 50153—2008）。依据A.1.3，房屋建筑结构的设计基准期为50年，故选项A正确。标志性建筑和特别重要的建筑结构，其设计使用年限为100年，故

选项 B 错误。依据 A.2.2，铁路桥涵结构的设计基准期为 100 年，故选项 C 错误。依据 A.3.2，公路桥涵结构的设计基准期为 100 年，故选项 D 正确。

【考点】设计基准期和使用年限。

【参考答案】AD

9.（2018-A-14）据《建筑结构荷载规范》（GB 50009—2012）规定，进行工程结构设计时，可变荷载标准值由设计基准期内最大荷载统计分布的特征值确定，此设计基准期为以下哪个选项？（　　）

　　（A）30 年　　　　　　（B）50 年　　　　　　（C）70 年　　　　　　（D）100 年

【解析】参见《建筑结构荷载规范》（GB 50009—2012）。

2.1.5 条：设计基准期为确定可变荷载代表值而选用的时间参数。

3.1.3 条：确定可变荷载代表值时应采用 50 年设计基准期。

3.1.3 条文说明：在确定各类可变荷载的标准值时，会涉及出现荷载最大值的时域问题，本规范统一采用一般结构的设计使用年限 50 年作为规定荷载最大值的时域，在此也称之为设计基准期。采用不同的设计基准期，会得到不同的可变荷载代表值，因而也会直接影响结构的安全，必须以强制性条文予以确定。设计人员在按本规范的原则和方法确定其他可变荷载时，也应采用 50 年设计基准期，以便与本规范规定的分项系数、组合值系数等参数相匹配。

【考点】设计基准期的概念。

【参考答案】B

4.3 设 计 使 用 年 限

10.（2017-A-14）按照《工程结构可靠性设计统一标准》（GB 50153—2008）规定，关于设计使用年限的叙述，以下选项中正确的是哪个？（　　）

　　（A）设计规定的结构或结构构件无需维修即可使用的年限

　　（B）设计规定的结构或结构构件经过大修可使用的年限

　　（C）设计规定的结构或结构构件不需进行大修即可按预定目的使用的年限

　　（D）设计规定的结构或结构构件经过大修可按预定目的使用的年限

【解析】根据《工程结构可靠性设计统一标准》（GB 50153—2008）中 2.1.5 条，设计规定的结构或结构构件不需进行大修即可按预定目的使用的年限。

【考点】设计使用年限。

【参考答案】C

11.（2018-A-47）根据《工程结构可靠性设计统一标准》（GB 50153—2008）和《建筑地基基础设计规范》（GB 50007—2011）规定，以下关于设计使用年限描述正确的是哪些选项？（　　）

　　（A）设计使用年限是指设计规定的结构经大修后可按预定目的使用的年限

　　（B）地基基础的设计使用年限不应小于建筑结构的设计使用年限

　　（C）同一建筑中不同用途结构或构件可以有不同的设计使用年限

　　（D）结构构件的设计使用年限与建筑结构的使用寿命一致

【解析】依据《工程结构可靠性设计统一标准》（GB 50153—2008）第 2.1.5 条，设计使用年限是指设计规定的结构或构件不需进行大修即可按预定目的使用年限，选项 A 错误；超过设计使用年限后，经可靠性评估，采取一定措施，可继续使用，所以使用寿命可以大于设计使用年限，选项 D 错误。依据附录 A.1.9 表 A.1.9，不同结构或构件有不同的设计使用年限，选项 C 正确。依据《建筑地基基础设计规范》（GB 50007—2011）第 3.0.7 条，选项 B 正确。

【考点】设计使用年限的概念。

【参考答案】BC

12.（2019-A-15）以下对工程结构设计使用年限确定正确的是哪个选项？（　　）

　　（A）公路涵洞为 50 年　　　　　　　　　　（B）普通房屋为 70 年

（C）标志性建筑为100年 　　　　　　　　（D）铁路桥涵结构为50年

【解析】参见《工程结构可靠性设计统一标准》（GB 50153—2008）中附录A。

A.3.3 公路涵洞的设计使用年限为30年，选项A错误。

A.1.3 普通房屋的设计使用年限为50年，标志性建筑的设计使用年限为100年，选项B错误，选项C正确。

A.2.3 铁路桥涵结构的设计使用年限为100年，选项D错误。

【考点】工程结构设计使用年限。

【参考答案】C

4.4　可靠性和设计方法

13.（2009-B-41）下列有关可靠性与设计方法的叙述中，（　　）是正确的。

（A）可靠性是结构在规定时间内和规定条件下，完成预定功能的能力

（B）可靠性指标能定量反映工程的可靠性

（C）安全系数能定量反映工程的可靠性

（D）不同工程设计中，相同安全系数表示工程的可靠度相同

【解析】参见《工程结构可靠性设计统一标准》（GB 50153—2008）。

依据2.1.21条，可靠性为结构在规定的时间内，在规定的条件下，完成预定功能的能力，选项A正确。

依据3.2.4条，当有充分的统计数据时，结构构件的可靠度宜采用可靠指标β度量。结构构件设计时采用的可靠指标，可根据对现有结构构件的可靠度分析，并结合使用经验和经济因素等确定，选项B正确。安全系数是抗力与荷载的比值不低于某一规定的值，安全系数的取值与破坏计算模式有关，不同的工程问题、不同的计算模式，安全系数的取值是不同的，相同的安全系数，工程的可靠度也是不同的，因此安全系数不能作为工程可靠性的定量指标，选项C、D错误。

【考点】可靠性规范。

【参考答案】AB

14.（2009-B-42）下列（　　）属于定值设计法。

（A）《公路桥涵地基与基础设计规范》（JTG 3363—2019）中容许承载力设计

（B）《建筑地基基础设计规范》（GB 50007—2011）中基础结构的抗弯设计

（C）《建筑地基基础设计规范》（GB 50007—2011）中地基稳定性验算

（D）《建筑边坡工程技术规范》（GB 50330—2013）边坡稳定性计算

【解析】参见高大钊《答疑笔记二》第381～382页。公路桥涵容许承载力设计$p \leqslant [f_a]$为定值设计法中的容许应力法，选项A正确；地基基础规范抗弯设计为分项系数法，基础结构内力验算的设计表达式中，作用均为基底净反力或由净反力产生的结构内力，选项B错误；地基稳定性验算$M_R/M_S \geqslant 1.2$为定值设计法中的总安全系数法，选项C正确；边坡规范稳定性验算采用定值设计中的总安全系数法，选项D正确。

【考点】可靠性规范。

【参考答案】ACD

15.（2011-A-49）表4-1所列关于《建筑地基基础设计规范》（GB 50007—2011）有关公式所采用的设计方法的论述中，（　　）是正确的。

表4-1　　　　　　　　　　　　有 关 设 计 方 法

	规范公式编号	规范公式	设计方法
（A）	公式（5.4.1）	$M_R/M_S \geqslant 1.2$	安全系数法
（B）	公式（5.2.1-2）	$p_{max} \leqslant 1.2f_a$	概率极限状态设计
（C）	公式（8.5.5-1）	$Q_k \leqslant R_a$	安全系数法
（D）	公式（8.5.11）	$Q \leqslant A_p f_c \psi_c$	概率极限状态设计

【解析】选项 B、C 运用的设计方法分别是安全系数法和容许应力法。

【考点】地基基础设计公式。

【参考答案】A D

16.（2018—A—49）根据《建筑基坑支护技术规程》（JGJ 120—2012），下列哪些选项应采用设计值进行验算？（　　）

（A）验算锚杆钢筋截面面积时的锚杆轴向拉力

（B）验算锚杆的极限抗拔承载力

（C）验算围护结构配筋时的土压力

（D）验算坑底突涌时的承压水头

【解析】参见《建筑基坑支护技术规程》（JGJ 120—2012）。依据第 4.7.2 条，极限抗拔承载力验算时为标准组合，选项 B 错误。根据附录 C.0.1，进行突涌验算的水压力应采用标准值，选项 D 错误。依据第 4.7.6 条，选项 A 正确。根据《建筑地基基础设计规范》第 3.0.5 条第 4 款，选项 C 正确。

【考点】基坑支护设计中设计值的选取。

【参考答案】AC

4.5　承载能力极限状态和正常使用极限状态

17.（2010—A—14）下列关于工程结构或其某一部分进入极限状态的描述中，（　　）属于正常使用极限状态。

（A）基坑边坡抗滑稳定安全系数达到 1.3

（B）建筑地基沉降量达到规范规定的地基变形允许值

（C）建筑地基沉降量达到地基受压破坏时的极限沉降值

（D）地基承受荷载达到地基极限承载力

【解析】参见清华大学周景星《基础工程》（第 3 版）第 27 页，按极限状态设计方法，地基必须满足两种极限状态的要求：①承载能力极限状态或稳定极限状态，是让地基土最大限度地发挥承载能力，荷载超过此种限度时，地基土即发生强度破坏而丧失稳定或发生其他任何形式的危及人民安全的破坏，选项 A、C、D 属于此种状态。②正常使用极限状态或变形极限状态，对于地基主要是其受载后的变形小于建筑物地基变形的允许值，选项 B 属于此种状态。

【考点】极限状态设计方法。

【参考答案】B

18.（2010—A—48）在挡土结构设计中，（　　）应按承载力极限状态设计。

（A）稳定性验算　　　　　　　　　　　（B）截面设计，确定材料和配筋

（C）变形计算　　　　　　　　　　　　（D）验算裂缝宽度

【解析】根据《建筑地基基础设计规范》（GB 50007—2011）3.0.5 条和《建筑边坡工程技术规范》（GB 50330—2013）3.3.1 条和 3.3.2 条可知：稳定验算、截面设计、确定材料和配筋应按照承载能力极限状态下作用的基本组合；变形计算应按照正常使用极限状态下的准永久组合；验算裂缝宽度按照正常使用极限状态下的标准组合。

【考点】承载能力极限状态。

【参考答案】AB

19.（2010—B—9）下列（　　）不属于桩基承载能力极限状态的计算内容。

（A）承台抗剪切验算　　　　　　　　　（B）预制桩吊运和锤击验算

（C）桩身裂缝宽度验算　　　　　　　　（D）桩身强度验算

【解析】依据《建筑桩基技术规范》（JGJ 94—2008）中 3.1.1 条和 3.1.7 条及条文说明，得到桩身裂缝宽度应采用正常使用极限状态的计算内容。一般情况下，裂缝验算都属于正常使用极限状态验算内容。

【考点】桩基设计的基本规定。

【参考答案】C

20.（2011-A-15）计算建筑地基变形时，传至基础底面的荷载效应应按下列（　　）采用。

（A）正常使用极限状态下荷载效应的标准组合

（B）正常使用极限状态下荷载效应的准永久组合

（C）正常使用极限状态下荷载效应的准永久组合，不计入风荷载和地震作用

（D）承载能力极限状态下荷载效应的基本组合，但其分项系数均为1.0

【解析】计算地基变形时，传至基础底面的荷载效应应按正常使用极限状态下荷载效应的准永久组合，不计入风荷载和地震作用。相应的限值应为地基变形允许值。

【考点】荷载效应。

【参考答案】C

21.（2011-A-47）按照《工程结构可靠性设计统一标准》（GB 50153—2008）的要求，下列关于极限状态设计要求的表述，（　　）是正确的。

（A）对偶然设计状况，应进行承载能力极限状态设计

（B）对地震设计状况，不需要进行正常使用极限状态设计

（C）对短暂设计状况，应进行正常使用极限状态设计

（D）对持久设计状况，尚应进行正常使用极限状态设计

【解析】参见《工程结构可靠性设计统一标准》（GB 50153—2008）中4.3.1条、4.3.2条，对短暂设计状况和地震设计状况，可根据需要进行正常使用极限状态设计，选项B、C错误。

【考点】极限状态。

【参考答案】AD

22.（2012-B-3）根据《建筑结构荷载规范》（GB 50009—2012），下列（　　）荷载组合用于承载能力极限状态计算。

（A）基本组合　　　（B）标准组合　　　（C）频遇组合　　　（D）准永久组合

【解析】参见《建筑结构荷载规范》（GB 50009—2012）中3.2.2条，对于承载能力极限状态，应按荷载的基本组合或偶然组合计算荷载组合的效应设计值。

【考点】荷载规范。

【参考答案】A

23.（2013-A-14）柱下条形基础设计计算中，确定基础翼板的高度和宽度时，按《建筑地基基础设计规范》（GB 50007—2011）的规定，选择的作用效应及其组合正确的是（　　）。

（A）确定翼板的高度和宽度时，均按正常使用极限状态下作用效应的标准组合计算

（B）确定翼板的高度和宽度时，均按承载能力极限状态下作用效应的基本组合计算

（C）确定翼板的高度时，按承载能力极限状态下作用效应的标准组合计算，并采用相应的分项系数；确定基础宽度时，按正常使用极限状态下作用效应的标准组合计算

（D）确定翼板的高度时，按承载能力极限状态下作用效应的基本组合计算，并采用相应的分项系数；确定基础宽度时，按正常使用极限状态下作用效应的标准组合计算

【解析】参见《建筑地基基础设计规范》（GB 50007—2011）中3.0.5条。

（1）按地基承载力确定基础底面积及埋深或按单桩承载力确定桩数时，传至基础或承台底面上的作用效应应按正常使用极限状态下作用的标准组合。

（2）在确定基础或桩基承台高度、支挡结构截面、计算基础或支挡结构内力、确定配筋和验算材料强度时，上部结构传来的作用效应和相应的基底反力、挡土墙土压力以及滑坡推力，应按承载能力极限状态下作用的基本组合。

【考点】作用效应。

【参考答案】D

24.（2013-A-15）以下设计内容按正常使用极限状态计算的是（　　）。

（A）桩基承台高度确定

（B）桩身受压钢筋配筋

（C）高层建筑桩基沉降计算

（D）岸坡上建筑桩基的整体稳定性验算

【解析】参见《建筑地基基础设计规范》（GB 50007—2011）3.0.5 条。

（1）计算地基变形时，传至基础底面上的作用效应应按正常使用极限状态下作用的准永久组合，不应计入风荷载和地震作用。故选项 C 正确。

（2）计算挡土墙、地基或滑坡稳定以及基础抗浮稳定时，作用效应应按承载能力极限状态下作用的准永久组合，不应计入风荷载和地震作用。故选项 D 不正确。

（3）在确定基础或桩基承台高度、支挡结构截面、计算基础或支挡结构内力、确定配筋和验算材料强度时，上部结构传来的作用效应和相应的基底反力、挡土墙土压力以及滑坡推力，应按承载能力极限状态下作用的基本组合。故选项 A、B 不正确。

【考点】正常使用极限状态。

【参考答案】C

25.（2014－A－49）在以下的地基基础设计验算中，按照《建筑地基基础设计规范》（GB 50007—2011）规定，应按正常使用极限状态进行设计计算的是（   ）。

（A）柱基的不均匀沉降验算

（B）基础裂隙宽度验算

（C）支挡结构与内支撑的截面验算

（D）受很大水平力作用的建筑地基稳定性验算

【解析】参见《建筑地基基础设计规范》（GB 50007—2011）3.0.5 条。

由 3.0.5 条第 2 款知，验算柱基的不均匀沉降，应按正常使用极限状态下的准永久组合，选项 A 正确。

依据 3.0.5 条第 4 款：当验算基础裂缝宽度时，应按正常使用极限状态下的标准组合，选项 B 正确。

当验算支撑结构截面和支撑结构内力时，应按承载能力极限状态下的基本组合，选项 C 错误。

依据 3.0.5 条第 3 款：当进行地基稳定性验算时，应按承载能力极限状态下的基本组合，选项 D 错误。

【考点】承载力极限状态和正常使用极限状态的荷载组合的应用。

【参考答案】A B

26.（2016－A－15）根据《工程结构可靠性设计统一标准》（GB 50153—2008）的规定，对于不同的工程结构设计状况，应进行相应的极限状态设计。关于设计状况对应的极限状态设计要求，下列叙述错误的是哪个选项？（   ）

（A）持久设计状况，应同时进行正常使用极限状态和承载能力极限状态设计

（B）短暂设计状况，应进行正常使用极限状态设计，根据需要进行承载能力极限状态设计

（C）地震设计状况，应进行承载能力极限状态设计，根据需要进行正常使用极限状态设计

（D）偶然设计状况，应进行承载能力极限状态设计，可不进行正常使用极限状态设计

【解析】依据《工程结构可靠性设计统一标准》（GB 50153—2008）中 4.2.1 条、4.3.1 条，可判定选项 B 错误。对短暂设计状况，应进行承载能力极限状态设计，根据需要进行正常使用极限状态设计。

【考点】工程结构可靠性设计。

【参考答案】B

27.（2016－A－49）按照《建筑地基基础设计规范》（GB 50007—2011）规定，在以下地基基础的设计计算中，属于按承载能力极限状态设计计算的是哪些选项？（   ）

（A）桩基承台高度计算　　　　　　　（B）砌体承重墙下条形基础高度计算

（C）主体结构与裙房地基基础沉降量计算　　（D）位于坡地的桩基稳定性验算

【解析】参见《建筑地基基础设计规范》（GB 50007—2011）中 3.0.5 条。计算挡土墙、地基或滑坡稳定以及基础抗浮稳定时，作用效应应按承载能力极限状态下作用的基本组合。在确定基础或桩基承台

高度、支挡结构截面、计算基础或支挡结构内力、确定配筋和验算材料强度时，上部结构传来的作用效应和相应的基底反力、挡土墙土压力以及滑坡推力，应按承载能力极限状态下作用的基本组合，采用相应的分项系数。

【考点】承载能力极限状态设计。

【参考答案】ABD

28.（2013－A－47）根据《建筑地基基础设计规范》（GB 50007—2011），以下极限状态中，（　　）属于承载能力极限状态。

（A）桩基水平位移过大引起桩身开裂破坏

（B）12 层住宅建筑下的筏板基础平均沉降达 20cm

（C）建筑物因深层地基的滑动而出现过大倾斜

（D）5 层民用建筑的整体倾斜达到 0.4%

【解析】正常使用极限状态指基础达到建筑物正常使用所规定的变形限制或达到耐久性要求的某项限值；承载能力极限状态指基础达到最大承载能力、整体失稳或发生不适于继续承载的变形。

由《建筑地基基础设计规范》（GB 20007—2011）中表 5.3.4 可知，选项 B、D 属于建筑物的地基变形允许值，而地基变形属于正常使用极限状态，故选项 B、D 不正确；桩身开裂破坏及地基滑动出现过大倾斜，不适于继续承载，属承载能力极限状态，故选项 A、C 正确。

【考点】对正常使用极限状态和承载能力极限状态的理解。

【参考答案】AC

29.（2011－B－51）下列（　　）属于桩基承载能力极限状态的计算内容。

（A）桩身裂缝宽度验算　　　　　　　　（B）承台的抗冲切验算

（C）承台的抗剪切验算　　　　　　　　（D）桩身强度计算

【解析】根据《建筑桩基技术规范》（JGJ 94—2008）中 3.1.1 条、3.1.7 条第 4 款得到选项 B、C、D 正确。也可以查找《建筑地基基础设计规范》（GB 50007—2011）中 3.0.5 条第 4 款。

【考点】桩基承载能力极限状态。

【参考答案】BCD

30.（2012－B－41）按照《建筑桩基技术规范》（JGJ 94—2008）的要求，下列（　　）属于桩基承载能力极限状态的描述。

（A）桩基达到最大承载能力　　　　　　（B）桩身出现裂缝

（C）桩基达到耐久性要求的某项限值　　（D）桩基发生不适于继续承载的变形

【解析】根据《建筑桩基技术规范》（JGJ 94—2008）3.1.1 条，桩基础应按下列两类极限状态设计：

（1）承载能力极限状态：桩基达到最大承载能力、整体失稳或发生不适于继续承载的变形；

（2）正常使用极限状态：桩基达到建筑物正常使用所规定的变形限值或达到耐久性要求的某项限值。

【考点】桩基承载力极限状态。

【参考答案】AD

31.（2013－B－8）根据《建筑桩基技术规范》（JGJ 94—2008），下列（　　）不属于重要建筑抗压桩基承载能力极限状态设计的验算内容。

（A）桩端持力层下软弱下卧层承载力

（B）桩身抗裂

（C）桩身承载力

（D）桩基沉降

【解析】根据《建筑桩基技术规范》（JGJ 94—2008）中 3.1.1 条条文说明：桩基的变形，抗裂、裂缝宽度验算属于正常使用极限状态。选项 A、C 属于承载能力极限状态，选项 B、D 属于正常使用极限状态。

【考点】承载能力极限状态。

【参考答案】BD

32. （2018－A－15）根据《建筑桩基技术规范》（JGJ 94—2008）规定，进行抗拔桩的裂缝宽度计算时，对于上拔荷载效应组合，以下哪个选项是正确的？（　　）

（A）承载能力极限态下荷载效应的基本组合

（B）正常使用极限状态下荷载效应的准永久组合，不计风荷载和地震荷载作用

（C）正常使用极限状态下荷载效应的频遇组合

（D）正常使用极限状态下荷载效应的标准组合

【解析】参见《建筑桩基技术规范》（JGJ 94—2008）。

第 3.1.7 条第 4 款：在计算桩基结构承载力、确定尺寸和配筋时，应采用传至承台顶面的荷载效应基本组合。当进行承台和桩身裂缝控制验算时，应分别采用荷载效应标准组合和荷载效应准永久组合。

采用标准组合还是荷载效应准永久组合参见 3.1.6 条的条文说明：根据基桩所处环境类别，参照现行《混凝土结构设计规范》（GB 50010），关于结构构件正截面的裂缝控制等级分为三级：一级严格要求不出现裂缝的构件，按荷载效应标准组合计算的构件受拉边缘混凝土不应产生拉应力；二级一般要求不出现裂缝的构件，按荷载效应标准组合计算的构件受拉边缘混凝土拉应力不应大于混凝土轴心抗拉强度标准值；按荷载效应准永久组合计算构件受拉边缘混凝土不宜产生拉应力；三级允许出现裂缝的构件，应按荷载效应标准组合计算裂缝宽度。最大裂缝宽度限值见《建筑桩基技术规范》（JGJ 94—2008）表 3.5.3。

裂缝宽度验算属于正常使用极限状态下的验算。

【考点】桩基裂缝验算。

【参考答案】D

33. （2019－A－49）在以下地基基础的设计计算中，按正常使用极限状态设计计算的是下列哪些选项？（　　）

（A）柱下条形基础的宽度计算

（B）墙式支护结构的抗倾覆验算

（C）抗拔桩的裂缝计算

（D）地下车库的抗浮稳定性验算

【解析】柱下条形基础的宽度计算为承载力计算内容，属于正常使用极限状态设计；墙式支护结构的抗倾覆验算为承载能力极限状态设计；抗拔桩的裂缝计算属于正常使用极限状态设计；地下车库的抗浮稳定性验算属于承载能力极限状态设计。

【考点】正常使用极限状态设计内容。

【参考答案】AC

34. （2020－A－47）根据《工程结构可靠性设计统一标准》（GB 50153—2008）及《建筑地基基础设计规范》（GB 50007—2011），在以下地基基础的受力变形状态中，哪些属于承载能力极限状态？（　　）

（A）载荷板沉降量与承压板宽度或直径之比 s/b 大于 0.06

（B）软土地基墙下条形基础相距 6m 两处的沉降差 18mm

（C）受水平荷载作用桩基倾斜折断

（D）基坑开挖降水导致近 18m 高的多层建筑整体倾斜达到 0.003

【解析】参见《建筑地基基础设计规范》（GB 50007—2011）。根据附录中平板载荷试验，一般情况下，承载力特征值按照 s/b 取值不大于 0.015，达到 0.06 时已处于承载能力极限状态，选项 A 为承载能力极限状态。根据表 5.3.4，高压缩性土墙下条基相距 6m 时的允许沉降差为 18mm，为正常使用极限状态的上限值，选项 B 为正常使用极限状态；高度为 18m 的多层建筑整体倾斜上限值为 0.004，达到 0.003 时还处于正常使用极限状态，故选项 C 为正常使用极限状态。

参见《工程结构可靠性设计统一标准》（GB 50153—2008）4.1.1 条第 1 款，桩基倾斜折断丧失承载力，不适于继续承载，属于承载能力极限状态范畴，选项 C 为承载能力极限状态。

【考点】两种极限状态的判定。注意，地基变形不超过允许值时，均为正常使用极限状态。

【参考答案】AC

4.6　结构重要性系数

35.（2010-A-16）下列关于结构重要性系数的表述，正确的是（　　）。

（A）结构重要性系数取值应根据结构安全等级、场地等级和地基等级综合确定

（B）结构安全等级越高，结构重要性系数取值越大

（C）结构重要性系数取值越大，地基承载力安全储备越大

（D）结构重要性系数取值在任何情况下均不得小于1.0

【解析】参见《工程结构可靠性设计统一标准》（GB 50153—2008）中附录A.1.7及条文说明，重要性系数根据安全等级确定，选项A错误；安全等级越高，重要性系数取值越大，选项B正确；重要性系数取值与地基承载力安全储备无关系，选项C错误；结构重要性系数可以小于1.0，选项D错误。

【考点】可靠性规范。

【参考答案】B

36.（2012-B-1）按照《建筑地基基础设计规范》（GB 50007—2011）的要求，基础设计时的结构重要性系数 γ_0 最小不应小于（　　）。

（A）1.0　　　　　　（B）1.1　　　　　　（C）1.2　　　　　　（D）1.35

【解析】根据《建筑地基基础设计规范》（GB 50007—2011）中3.0.5条第5款，基础设计安全等级、结构设计使用年限、结构重要性系数应按有关规范的规定采用，但结构重要性系数 γ_0 不应小于1.0。

【考点】《建筑地基基础设计规范》基础设计结构重要性系数。

【参考答案】A

4.7　荷　载　组　合

37.（2009-B-2）上部结构荷载传至基础顶面的平均压力见表4-2，基础和台阶上土的自重压力为60kPa，按《建筑地基基础设计规范》（GB 50007—2011）确定基础尺寸时，荷载应取（　　）。

表4-2　　　　　　　　　　上部结构荷载传至基础顶面的平均压力

承载力极限状态	正常使用极限状态	
基本组合	标准组合	准永久组合
200kPa	180kPa	160kPa

（A）260kPa　　　　　（B）240kPa　　　　　（C）200kPa　　　　　（D）180kPa

【解析】根据《建筑地基基础设计规范》（GB 50007—2011）中3.0.5条第1款，按地基承载力确定基础底面积时，传至基础底面上的作用效应应按正常使用极限状态下作用的标准组合，取180kPa＋60kPa＝240kPa。

【考点】正常使用极限状态下作用的标准组合。

【参考答案】B

38.（2010-A-15）计算地基变形时，下列荷载组合的取法中（　　）符合《建筑地基基础设计规范》（GB 50007—2011）的规定。

（A）承载能力极限状态下荷载效应的基本组合，分项系数为1.2

（B）承载能力极限状态下荷载效应的基本组合，但其分项系数均为1.0

（C）正常使用极限状态下荷载效应的标准组合，不计入风荷载和地震作用

（D）正常使用极限状态下荷载效应的准永久组合，不计入风荷载和地震作用

【解析】根据《建筑地基基础设计规范》（GB 50007—2011）中3.0.5条第2款：计算地基变形时，传至基础底面上的作用效应应按正常使用极限状态下作用的准永久组合，不应计入风荷载和地震作用；

相应的限值应为地基变形允许值。选项 A、B 中，说法不完整，分项系数应结合荷载类型，永久荷载、风荷载、活荷载、地震荷载等其分项系数不同。

【考点】地基基础设计时荷载组合的取法。

【参考答案】D

39.（2010-A-47）下列关于各种极限状态计算中涉及的荷载代表值，（ ）的说法符合《建筑结构荷载规范》（GB 50009—2012）的规定。

（A）永久荷载均采用标准值

（B）结构自重采用平均值

（C）可变荷载均采用组合值

（D）可变荷载的组合值等于可变荷载标准值乘以荷载组合值系数

【解析】参见《建筑结构荷载规范》（GB 50009—2012）。

3.1.2 条，建筑结构设计时，应按下列规定对不同荷载采用不同的代表值：

（1）对永久荷载应采用标准值作为代表值；

（2）对可变荷载应根据设计要求采用标准值、组合值、频遇值或准永久值作为代表值；

（3）对偶然荷载应按建筑结构使用的特点确定其代表值。

因此，选项 A 正确，选项 C 错误。

4.0.3 条，一般材料和构件的单位自重可取其平均值，对于自重变异较大的材料和构件，自重的标准值应根据对结构的不利或有利状态，分别取上限值或下限值。选项 B 错误。

3.1.5 条，承载能力极限状态设计或正常使用极限状态按标准组合设计时，对可变荷载应按规定的荷载组合采用荷载的组合值或标准值作为其荷载代表值。可变荷载的组合值，应为可变荷载的标准值乘以荷载组合值系数。选项 D 正确。

【考点】荷载规范。

【参考答案】AD

40.（2012-B-2）按照《建筑桩基技术规范》（JGJ 94—2008）的要求，下列关于桩基设计时，所采用的作用效应组合与相应的抗力，（ ）是正确的。

（A）确定桩数和布桩时，应采用传至承台底面的荷载效应基本组合；相应的抗力应采用基桩或复合基桩承载力特征值

（B）计算灌注桩桩基结构受压承载力时，应采用传至承台顶面的荷载效应基本组合；桩身混凝土抗力应采用抗压强度设计值

（C）计算荷载作用下的桩基沉降时，应采用荷载效应标准组合

（D）计算水平地震作用、风载作用下的桩基水平位移时，应采用水平地震作用、风载效应准永久组合

【解析】参见《建筑桩基技术规范》（JGJ 94—2008）3.1.7 条。

（1）依据3.1.7 第 1 款：确定桩数和布桩时，应采用传至承台底面的荷载效应标准组合；相应的抗力应采用基桩或复合基桩承载力特征值，选项 A 错误。

（2）依据 3.1.7 条第 4 款，选项 B 正确。

（3）依据 3.1.7 条第 2 款，计算荷载作用下的桩基沉降时，应采用荷载效应准永久组合，选项 C 错误。

（4）依据 3.1.7 条第 2 款，计算水平地震作用、风载作用下的桩基水平位移时，应采用水平地震作用、风载效应标准组合。

【考点】桩基础的基本设计规定。

【参考答案】B

41.（2012-B-43）根据《建筑结构荷载规范》（GB 50009—2012），对于正常使用极限状态下荷载效应的准永久组合，应采用下列（ ）荷载值之和作为代表值。

（A）永久荷载标准值 　　　　　　　　（B）可变荷载的准永久值

（C）风荷载标准值 　　　　　　　　　（D）可变荷载的标准值

【解析】参见《建筑结构荷载规范》（GB 50009—2012）。3.1.2 条：建筑结构设计时，应对不同荷载采用不同的代表值，对永久荷载采用标准值作为代表值，对可变荷载根据设计要求采用组合值、标准值、频遇值、准永久值作为代表值。3.1.6 条：正常使用极限状态按频遇组合设计时，采用可变荷载的频遇值或准永久值作为荷载代表值，按准永久组合设计时，应采用可变荷载的准永久值作为荷载代表值。选项 A、B 正确。

【考点】荷载规范。

【参考答案】AB

42.（2013-A-49）根据《建筑地基基础设计规范》（GB 50007—2011）关于荷载的规定，进行下列计算或验算时，（ ）所采用的荷载组合类型相同。

（A）按地基承载力确定基础底面积 （B）计算地基变形

（C）按单桩承载力确定桩数 （D）计算滑坡推力

【解析】根据《建筑地基基础设计规范》（GB 50007—2011）中 3.0.5 条：

（1）按地基承载力确定基础底面积及埋深或按单桩承载力确定桩数时，传至基础或承台底面上的作用效应应按正常使用极限状态下作用的标准组合。

（2）计算地基变形时，传至基础底面上的作用效应应按正常使用极限状态下作用的准永久组合，不应计入风荷载和地震作用。

（3）在确定基础或桩基承台高度、支挡结构截面、计算基础或支挡结构内力、确定配筋和验算材料强度时，上部结构传来的作用效应和相应的基底反力、挡土墙土压力以及滑坡推力，应按承载能力极限状态下作用的基本组合。

【考点】考查地基基础设计时所采用的作用效应。

【参考答案】AC

43.（2013-A-48）桩基设计时，按《建筑桩基技术规范》（JGJ 94—2008）的规定要求，下列选项所采用的作用效应组合，（ ）是正确的。

（A）群桩中基桩的竖向承载力验算时，桩顶竖向力按作用效应的标准组合计算

（B）计算桩基中点沉降时，承台底面的平均附加压力 p_0 取作用效应标准组合下的压力值

（C）受压桩桩身截面承载力验算时，桩顶轴向压力取作用效应基本组合下的压力值

（D）抗拔桩裂缝控制计算中，对允许出现裂缝的三级裂缝控制等级基桩，其最大裂缝宽度按作用效应的准永久组合计算

【解析】参见《建筑桩基技术规范》（JGJ 94—2008）。依据 3.1.7 条第 1 款，选项 A 正确。依据 3.1.7 条第 2 款，计算桩基中点沉降时，承台底面的平均附加压力 p_0 取作用效应准永久组合下的压力值，选项 B 错误。依据 3.1.7 条第 4 款，选项 C 正确。依据 3.1.7 条第 4 款，抗拔桩裂缝控制计算中，对允许出现裂缝的三级裂缝控制等级基桩，其最大裂缝宽度按荷载效应的标准组合计算，故选项 D 错误。

【考点】桩基规范的一般规定。

【参考答案】AC

44.（2014-A-14）在计算地下车库抗浮稳定性时，按《建筑地基基础设计规范》（GB 50007—2011）的规定，应采用下列（ ）荷载效应组合。

（A）正常使用极限状态下作用的标准组合

（B）正常使用极限状态下作用的准永久组合

（C）正常使用极限状态下作用的频遇组合

（D）承载能力极限状态下作用的基本组合

【解析】根据《建筑地基基础设计规范》（GB 50007—2011）3.0.5 条第 3 款：计算挡土墙、地基或滑坡稳定以及基础抗浮稳定时，作用效应应按承载能力极限状态下作用的基本组合，但其分项系数均为 1.0；由于地下车库存在上浮力，故计算地下车库抗浮稳定性，应按承载能力极限状态下荷载效应的基本组合，荷载分项系数为 1.0。看准此题中的"抗浮稳定性"，是做对题的关键。特别注意的是 5.4.3 条，抗浮稳定验算公式，公式中的参数给出的是标准值，虽与 3.0.5 条按基本组合验算不统一，但数值上是一致的。

【考点】荷载效应组合。

【参考答案】D

45.（2014－A－15）在以下的作用（荷载）中，通常不用于建筑地基变形计算的作用效应是（　　）。

（A）风荷载

（B）车辆荷载

（C）积灰、积雪荷载

（D）安装及检修荷载

【解析】根据《建筑地基基础设计规范》（GB 50007—2011）3.0.5条，计算地基变形时，应按正常使用极限状态下荷载效应的准永久组合，不应计入风荷载和地震作用。

【考点】影响建筑地基变形的因素。

【参考答案】A

46.（2014－A－47）根据《建筑地基基础设计规范》（GB 50007—2011）的规定，关于地基基础的作用取值及设计规定，以下叙述中，（　　）是正确的。

（A）挡土墙的稳定计算与挡土墙截面设计计算采用的作用基本组合值相同

（B）在同一个地下车库设计中，抗压作用与抗浮作用的基本组合值不同

（C）对于地基基础设计等级为丙级的情况，其结构重要性系数 γ_0 可取 0.9

（D）若建筑结构的设计使用年限为 50 年，则地基基础的设计使用年限也可定为 50 年

【解析】参见《建筑地基基础设计规范》（GB 50007—2011）中 3.0.5 条、3.0.7 条。

选项 A，挡土墙的稳定计算，作用效应应按承载能力极限状态下作用的基本组合，分项系数为 1.0；挡土墙截面设计计算，作用效应应按承载能力极限状态下作用的基本组合，采用相应的分项系数，故选项 A 错误。

选项 C 基础设计安全等级、结构设计使用年限、结构重要性系数应按有关规范的规定采用，但结构重要性系数不应小于 1.0，选项 C 错误。

选项 B 抗浮作用的基本组合，分项系数为 1.0；抗压所用的基本组合，分项系数不为 1.0，对不同荷载取相应的分项系数，故选项 B 正确。

选项 D 由 3.0.7 条规定，地基基础的设计使用年限不应小于建筑结构的设计使用年限，选项 D 正确。

【考点】建筑地基基础设计、计算。

【参考答案】BD

47.（2014－A－48）根据《建筑地基基础设计规范》（GB 50007—2011）及《建筑桩基技术规范》（JGJ 94—2008）的规定，在以下的地基基础计算中，作用效应应采用正常使用极限状态下作用标准组合的是（　　）。

（A）基础底面积确定时计算基础底面压力

（B）桩与基础交接处受冲切验算时计算地基土单位面积净反力

（C）抗拔桩的裂缝控制计算时计算桩身混凝土拉应力

（D）群桩中基桩水平承载力验算时计算基桩桩顶水平力

【解析】（1）根据《建筑地基基础设计规范》（GB 50007—2011）中 3.0.5 条第 1 款，基础底面积确定时计算基础底面压力，按正常使用极限状态下的标准组合，故选项 A 正确。

（2）根据《建筑地基基础设计规范》（GB 50007—2011）中 3.0.5 条第 4 款，在确定基础或桩基承台高度，上部结构传来的作用效应和相应的基底反力，应按承载能力极限状态下作用的组合，选项 B 错误。

（3）根据《建筑桩基技术规范》（JGJ 94—2008）中 3.1.7 条第 4 款和 5.8.8 条，桩身控制验算时，应采用荷载效应标准组合和准永久组合，选项 C 正确。

（4）根据《建筑桩基技术规范》（JGJ 94—2008）中第 5.7 节，计算桩基桩顶水平承载力，采用荷载效应标准组合。选项 D 正确。

【考点】承载能力极限状态和正常使用极限状态的荷载组合的应用。

【参考答案】ACD

48.（2016－A－47）根据《建筑桩基技术规范》（JGJ 94—2008）的规定，以下采用的作用效应组合

正确的是哪些选项？（　　　）

（A）计算荷载作用下的桩基沉降时，采用作用效应标准组合

（B）计算风荷载作用下的桩基水平位移时，采用风荷载的标准组合

（C）进行桩基承台裂缝控制验算时，采用作用效应标准组合

（D）确定桩数时，采用作用效应标准组合

【解析】依据《建筑桩基技术规范》（JGJ 94—2008）中 3.1.7 条第 2 款：计算荷载作用下的桩基沉降和水平位移时，应采用荷载效应准永久组合，故选项 A 错误。风荷载作用下的桩基水平位移时，应采用风荷载效应标准组合，故选项 B 正确。当进行桩身裂缝控制验算时，应采用荷载效应标准组合，故选项 C 正确。依据 3.1.7 条第 1 款：桩数和布桩时，应采用传至承台底面的荷载效应标准组合，故选项 D 正确。

【考点】作用效应组合。

【参考答案】BCD

49.（2016－B－54）根据《建筑边坡工程技术规范》（GB 50330—2013），以下关于建筑边坡工程设计所采用的荷载效应最不利组合选项，哪些是正确的？（　　　）

（A）计算支护结构稳定时，应采用荷载效应的基本组合，其分项系数可取 1.0

（B）计算支护桩配筋时，应采用承载能力极限状态的标准组合，支护结构的重要性系数 γ_0 对一级边坡取 1.1

（C）复核重力式挡墙地基承载力时，应采用正常使用极限状态的基本组合，相应的抗力应采用地基承载力标准值

（D）计算支护结构水平位移时，应采用荷载效应的准永久组合，不计入风荷载和地震作用

【解析】参见《建筑边坡工程技术规范》（GB 50330—2013）3.3.2 条。

依据 3.3.2 条第 2 款，计算边坡与支护结构的稳定性时，应采用荷载效应基本组合，但其分项系数均为 1.0，故选项 A 正确。

依据 3.3.2 条第 4 款，确定支护结构截面、基础高度、计算基础或支护结构内力、确定配筋和验算材料强度时，应采用荷载效应基本组合，并应满足支护结构重要性系数对安全等级为一级的边坡不应低于 1.1，故选项 B 错误。

计算支护结构变形、锚杆变形及地基沉降时，应采用荷载效应的准永久组合，不计入风荷载和地震作用，相应的限值应为支护结构、锚杆或地基的变形允许值，故选项 D 正确。

依据 3.3.2 条第 1 款，地基承载力确定支护结构或构件的基础底面积及埋深或按单桩承载力确定桩数时，传至基础或桩上的作用效应应采用荷载效应标准组合；相应的抗力应采用地基承载力特征值或单桩承载力特征值，故选项 C 错误。

【考点】荷载效应组合。

【参考答案】AD

50.（2017－A－15）按照《建筑地基基础设计规范》（GB 50007—2011）规定，在进行基坑围护结构配筋设计时，作用在围护结构上的土压力计算所采用的作用效应组合为以下哪个选项？（　　　）

（A）正常使用极限状态下作用的标准组合

（B）正常使用极限状态下作用的准永久组合

（C）承载能力极限状态下作用的基本组合，采用相应的分项系数

（D）承载能力极限状态下作用的基本组合，其分项系数均为 1.0

【解析】对应《建筑地基基础设计规范》（GB 50007—2011）第 9 页最后一段：在确定基础或桩基承台高度、支挡结构截面、计算基础或支挡结构内力、确定配筋和验算材料强度时，上部结构传来的作用效应和相应的基底反力、挡土墙土压力以及滑坡推力，应按承载能力极限状态下作用的基础组合，采用相应的分项系数。

【考点】作用效应。

【参考答案】C

51.（2017－B－7）根据《建筑桩基技术规范》（JGJ 94—2008），验算桩身正截面受拉承载力应采用下列哪一种荷载效应组合？（　　）

（A）标准组合　　　　（B）基本组合　　　　（C）永久组合　　　　（D）准永久组合

【解析】根据《建筑桩基技术规范》（JGJ 94—2008）中3.1.7条4款，在计算桩基结构承载力、确定尺寸和配筋时，应采用传至承台顶面的荷载效应基本组合。当进行承台和桩身裂缝控制验算时，应分别采用荷载效应标准组合和荷载效应准永久组合。正截面受拉承载力属于结构承载力验算，故应用基本组合。

【考点】荷载效应。

【参考答案】B

52.（2016－A－14）根据《建筑地基基础设计规范》（GB 50007—2011）规定，在计算地基变形时，其作用组合效应的计算方法，下列哪个选项是正确的？（　　）

（A）由永久作用标准值、可变作用标准值乘以相应的组合值系数组合计算

（B）由永久作用标准值计算、不计风荷载、地震作用和可变作用

（C）由永久作用标准值、可变作用乘以相应准永久值系数组合计算，不计风荷载和地震作用

（D）由永久作用标准值及可变作用标准值乘以相应分项系数组合计算，不计风荷载和地震作用

【解析】参见《建筑地基基础设计规范》（GB 50007—2011）中3.0.5条第2款。计算地基变形时，传至基础底面上的作用效应应按正常使用极限状态下作用的准永久组合，不应计入风荷载和地震作用；相应的限值应为地基变形允许值。

【考点】荷载组合。

【参考答案】C

53.（2018－A－16）根据《建筑结构荷载规范》（GB 50009—2012），下列关于荷载的叙述中，哪个选项是错误的？（　　）

（A）一般构件的单位自重可取其平均值

（B）自重变异较大的构件，当自重对结构不利时，自重标准值取其下限值

（C）固定隔墙的自重可按永久荷载考虑

（D）位置可灵活布置的隔墙自重应按可变荷载考虑

【解析】参见《建筑结构荷载规范》（GB 50009—2012）4.0.3条、4.0.4条。第4.0.3条：一般材料和构件的单位自重可取其平均值，对于自重变异较大的材料和构件，自重的标准值应根据对结构的不利或有利状态，分别取上限值或下限值。4.0.4条：固定隔墙的自重可按永久荷载考虑，位置可灵活布置的隔墙自重应按可变荷载考虑。故选项A、C、D正确。选项B中，为确保安全，对于自重变异较大的构件，应按不利情况考虑，当自重对结构不利时，应取大值，即上限值，故选项B错误。

【考点】荷载的性质及取值原则。

【参考答案】B

54.（2018－A－48）根据《建筑结构荷载规范》（GB 50009—2012）规定，以下作用效应组合中，可用于正常使用极限状态设计计算的是哪些选项？（　　）

（A）标准组合　　　　（B）基本组合　　　　（C）准永久组合　　　　（D）偶然组合

【解析】依据《建筑结构荷载规范》（GB 50009—2012）第3.2.7条，荷载的频遇组合、准永久组合、标准组合都可用来进行正常使用极限状态设计。

【考点】正常使用极限状态的效应组合。

【参考答案】AC

55.（2018－B－11）关于桩基设计计算，下列哪种说法符合《建筑桩基技术规范》（JGJ 94—2008）的规定？（　　）

（A）确定桩身配筋时，应采用荷载效应标准组合

（B）确定桩数时，应采用荷载效应标准组合

（C）计算桩基沉降时，应采用荷载效应基本组合

（D）计算水平地震作用、风载作用下的桩基水平位移时，应采用水平地震作用、风载效应频遇组合

【解析】根据《建筑桩基技术规范》（JGJ 94—2008）第3.1.7条，选项A、C、D错误，选项B正确。

【考点】主要考查桩基设计中各荷载效应组合选用。

【参考答案】B

56.（2019-A-14）荷载标准值可以由下列哪种荷载统计分布的某个分位值确定？（　　　）

（A）设计基准期内的最大荷载　　　　　　（B）设计基准期内的平均荷载

（C）结构使用年限内的最大荷载　　　　　（D）结构使用年限内的平均荷载

【解析】参见《建筑结构荷载规范》（GB 50009—2012）中2.1.6条，标准值为荷载的基本代表值，为设计基准期内最大荷载统计分布的特征值（例如均值、众值、中值或某个分位值）。

【考点】荷载代表值。

【参考答案】A

57.（2019-A-16）以下荷载组合中，用于计算滑坡稳定性的作用效应组合是哪个选项？（　　　）

（A）包括永久作用和可变作用的标准组合，采用相应的可变作用组合值系数

（B）包括永久作用和可变作用的准永久组合，采用相应的可变作用准永久值系数，不计风荷载和地震作用

（C）包括永久作用和可变作用的基本组合，采用相应的可变作用组合值系数，分项系数取1.35

（D）包括永久作用和可变作用的基本组合，采用相应的可变作用组合值系数，分项系数取1.0

【解析】参见《建筑地基基础设计规范》（GB 50007—2011）中3.0.5条第3款，计算挡土墙、地基或滑坡稳定以及基础抗浮稳定时，作用效应应按承载能力极限状态下作用的基本组合，但其分项系数均为1.0。

【考点】荷载组合。

【参考答案】D

58.（2020-A-16）根据《建筑结构荷载规范》（GB 50009—2012），对于民用住宅的楼面均布活荷载，下列哪个选项的数值最小？（　　　）

（A）标准值　　　　（B）组合值　　　　（C）频遇值　　　　（D）准永久值

【解析】参见《建筑结构荷载规范》（GB 50009—2012）3.1.5条、3.1.6条。可变荷载的组合值，应为可变荷载的标准值乘以荷载组合值系数。可变荷载的频遇值，应为可变荷载标准值乘以频遇值系数。可变荷载准永久值，应为可变荷载标准值乘以准永久值系数。再根据《建筑结构荷载规范》（GB 50009—2012）5.1.1条中表5.1.1，可看出准永久值系数是其中最小的系数。

【考点】荷载代表值。建筑结构的荷载代表值大小的比较，主要是各个系数值的比较。

【参考答案】D

59.（2020-A-48）根据《工程结构可靠性设计统一标准》（GB 50153—2008）的规定，对应不同的极限状态，可采用相应的作用组合进行设计，关于极限状态设计可采用的作用组合，下列叙述哪项是正确的？（　　　）

（A）用于短暂设计状况的承载能力极限状态设计，应采用作用的标准组合

（B）用于持久设计状况的承载能力极限状态设计，应采用作用的基本组合

（C）不可逆正常使用极限状态设计，宜采用作用的基本组合

（D）长期效应是决定性因素的正常使用极限状态设计，宜采用作用的准永久组合

【解析】参见《工程结构可靠性设计统一标准》（GB 50153—2008）4.3.2条。进行承载能力极限状态设计时，应根据不同的设计状况采用下列作用组合：

（1）基本组合，用于持久设计状况或短暂设计状况；

（2）偶然组合，用于偶然设计状况；

（3）地震组合，用于地震设计状况。

标准组合并不能应用于承载能力极限状态，选项A错误，选项B正确。

依据 4.3.3 条，进行正常使用极限状态设计时，可采用下列作用组合：

（1）标准组合，宜用于不可逆正常使用极限状态设计；

（2）频遇组合，宜用于可逆正常使用极限状态设计；

（3）准永久组合，宜用于长期效应是决定性因素的正常使用极限状态设计。

不可逆正常使用极限状态设计用标准组合，选项 C 错误，选项 D 正确。

【考点】极限状态设计。

【参考答案】BD

5 浅 基 础

5.1 基 本 概 念

5.1.1 地基模型

1.（2009-B-48）下列关于文克勒地基模型，（ ）是正确的。

（A）文克勒地基模型研究的是均质弹性半无限体

（B）假定地基由独立弹簧组成

（C）基床系数是地基土的三维变形指标

（D）文克勒地基模型可用于计算地基反力

【解析】文克勒地基模型为线弹性地基模型。假定地基是由许多独立的且互不影响的弹簧组成（忽略剪切力），即假定地基一点所受的压力强度 p 只与该点的地基变形 s 成正比，其代表式为：$p=ks$，k 为基床反力系数（基床系数）。凡力学性质与水相近的地基，例如抗剪强度很低的半液态土（如淤泥、软黏土）地基或基底下塑性区相对较大时，采用文克勒地基模型就比较合适。文克勒地基模型由于未考虑点外荷载作用，所计算得的沉降量，较实测值偏小。（地基上某点的沉降与其他点上作用的压力无关，类似胡克定理，把地基看成一群独立的弹簧。）

根据以上分析可知：①选项 A 错误，文克勒地基模型为线弹性地基模型；②文克勒地基模型研究的是独立弹簧，选项 B 正确；③选项 C 错误，基床系数是地基土的一维变形指标；④选项 D 正确，文克勒地基模型可用于计算地基反力。

【考点】文克勒地基模型。

【参考答案】BD

2.（2011-B-1）下列关于文克尔（Winkler）地基模型的叙述，（ ）是正确的。

（A）基底某点的沉降与作用在基底的平均压力成正比

（B）刚性基础的基底反力图按曲线规律变化

（C）柔性基础的基底反力图按直线规律变化

（D）地基的沉降只发生在基底范围内

【解析】文克尔地基模型：假设地基是由独立的且互不影响的弹簧组成（忽略剪切力），当地面上某一点受压力 p 时，由于弹簧值是彼此独立的，故只在该点局部产生沉降，而在其他地方不产生沉降，其代表式为：$p=ks$，k 为基床反力系数。地基的沉降只发生在基底范围内，刚性基础，基础底面受荷后保持平面，地基反力按直线规律变化；柔性基础，基础底面按曲线规律变化时，故基底反力图也按曲线规律变化。

根据以上分析可知：①选项 A 错误。②选项 B、C 错误。③选项 D 正确。

【考点】文克尔地基模型的应用。

【参考答案】D

5.1.2 有效高度

3.（2010-B-5）对于钢筋混凝土独立基础有效高度的规定，下列（ ）是正确的。

（A）从基础顶面到底面的距离

（B）包括基础垫层在内的整个高度

（C）从基础顶面到基础底部受力钢筋中心的距离

（D）基础顶部受力钢筋中心到基础底面的距离

【解析】根据《混凝土结构设计规范》（GB 50010—2010）6.2.7条，h_0为截面有效高度，纵向受拉钢筋合力点至截面受压边缘的距离。需注意的是，不同于平常理解的基础高度减去保护层厚度。但案例考试中，经常以基础的高度减去保护层厚度作为有效高度值，注意区别。

【考点】考查钢筋混凝土独立基础有效高度的规定。

【参考答案】C

4.（2020-B-1）钢筋混凝土基础受弯承载力、受冲切承载力计算时，关于截面有效高度 h_0 的计算，下列哪个选项是正确的？（　　）

（A）筏板受弯承载力计算时，h_0 等于筏板厚度减去纵向受拉钢筋合力点至截面受压边缘的距离

（B）独立基础受冲切承载力计算时，h_0 等于冲切截面处基础厚度减去基础底面受力主筋的保护层厚度

（C）独立基础受弯承载力计算时，h_0 等于冲切截面处基础厚度减去 50mm

（D）筏板基础受冲切承载力计算时，h_0 等于冲切截面处基础厚度减去上、下受力主筋保护层厚度之和

【解析】参见《混凝土结构设计规范》（GB 50010—2010）（2015年版）。

对于受弯承载力计算，参见 6.2.7 条，h_0 为截面有效高度，纵向受拉钢筋合力点至截面受压边缘的距离；在数值上等于筏板厚度减去纵向受拉钢筋合力点至截面受拉边缘的距离。

对于受冲切承载力计算，参见 6.5.1 条，h_0 为截面有效高度，取两个方向配筋的截面有效高度平均值；因基础都是双向配筋，需要综合考虑钢筋影响。

可以看出，选项中的说法都不准确，如果按照工程中常见做法，选项 B 比较符合常规做法。

【考点】截面有效高度。对于冲切和抗弯计算，有效高度的计算不完全一致。

【参考答案】B

5.1.3　地基破坏

5.（2010-B-1）如图 5-1 所示的地基压力-沉降关系曲线判断，（　　）曲线最有可能表明地基发生的是整体剪切破坏。

（A）a　　　　　　　（B）b

（C）c　　　　　　　（D）d

【解析】根据《土力学》（李广信第二版）8.2节可知，b 曲线的拐点处发生突变，沉降急剧增大，说明地基发生了整体剪切破坏，a、c 曲线为冲剪破坏，d 曲线为局部剪切破坏。

【考点】地基破坏类型的特点。

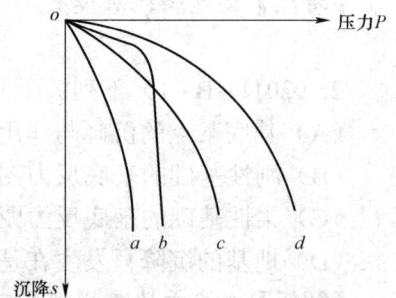
图 5-1　某地基压力-沉降关系曲线

【参考答案】B

5.1.4　地基基础设计等级

6.（2012-B-42）按照《建筑地基基础设计规范》（GB 50007—2011）的要求，下列（　　）建筑物的地基基础设计等级属于甲级。

（A）高度为 30m 以上的高层建筑

（B）体型复杂，层数相差超过 10 层的高低层连成一体的建筑物

（C）对地基变形有要求的建筑物

（D）场地和地基条件复杂的一般建筑物

【解析】参见《建筑地基基础设计规范》（GB 50007—2011）中表 3.0.1（表 5-1）。

表 5-1   表 3.0.1 地基基础设计等级

设计等级	建筑和地基类型
甲级	重要的工业和民用建筑物 30 层以上的高层建筑物 体形复杂，层数相差超过 10 层的高低层连成一体建筑物 大面积的多层地下建筑物（如地下车库、商场、运动场等） 对地基变形有特殊要求的建筑物 复杂地质条件下的坡上建筑物（包括高边坡） 对原有工程影响较大的新建建筑物 场地和地基条件复杂的一般建筑物 位于复杂地质条件及软土地基的二层及二层以上地下室的基坑工程 开挖深度大于 15m 的基坑工程 周边环境条件复杂、环境保护要求高的基坑工程
乙级	除甲级、丙级以外的工业与民用建筑物 除甲级、丙级以外的基坑工程
丙级	场地和地基条件简单、荷载分布均匀的七层及七层以下民用建筑及一般工业建筑；次要的轻型建筑物 非软土地区且场地地质条件简单、基坑周边环境条件简单、环境保护要求不高且开挖深度小于 5.0m 的基坑工程

【考点】地基基础设计等级。

【参考答案】BD

7.（2014-A-16）按照《建筑地基基础设计规范》（GB 50007—2011）的规定，下列（   ）建筑物的地基基础设计等级不属于甲级。

（A）临近地铁的 2 层地下车库

（B）软土地区三层地下室的基坑工程

（C）同一底板上主楼 12 层、裙房 3 层、平面体型呈 E 形的商住楼

（D）2 层地面卫星接收站

【解析】由《建筑地基基础设计规范》（GB 50007—2011）可知，甲级的建筑和地基类型有：重要的工业和民用建筑；30 层以上的高层建筑；体型复杂，层数相差超过 10 层的高低层连成一体建筑物；大面积的多层地下建筑物（如地下车库、商场、运动场等）；对地基变形有特殊要求的建筑物；复杂地质条件下的坡上建筑物（包括高边坡）；对原有工程影响较大的新建建筑物；场地和地基条件复杂的一般建筑物；位于复杂地质条件及软土地区的二层及二层以上地下室的基坑工程。选项 C 的地基基础设计等级属于乙级。

【考点】地基基础设计等级。

【参考答案】C

8.（2016-A-16）某软土地区小区拟建 7 层住宅 1 栋、12 层住宅 2 栋、33 层高层住宅 10 栋，绿地地段拟建 2 层地下车库。持力层地基承载力特征值均为 100kPa。按照《建筑地基基础设计规范》（GB 50007—2011）确定地基基础设计等级，问：下列哪个选项不符合规范规定？（   ）

（A）地下车库基坑工程为乙级

（B）高层住宅为甲级

（C）12 层住宅为乙级

（D）7 层住宅为乙级

【解析】参见《建筑地基基础设计规范》（GB 50007—2011）表 3.0.1 及条文说明：软土地区的二层地下车库，其基坑工程应为甲级，故 A 错误。

【考点】地基基础设计等级。

【参考答案】A

5.1.5 基础等效

9.（2019-A-47）基础形状为条形以外的不规则形状，通常需要将基础形状等效为矩形，等效原则为下列哪些选项？（   ）

（A）面积相等   （B）长宽比相近

（C）主轴方向相近　　　　　　　　　　（D）基础底面重心位置相同

【解析】根据《水运工程地基设计规范》（JTS 147—2017）中 5.1.3 条，基础形状为条形以外的其他形状时，可按下列原则简化为相当的矩形：

（1）基础底面的重心不变；

（2）连个主轴的方向不变；

（3）面积相等；

（4）长宽比接近。

【考点】基础底面截面特性。

【参考答案】ABD

5.1.6　地基基础共同作用

10.（2019－B－43）基于地基－基础共同作用原理，计算基础内力和变形时，必须满足下列哪些条件？（　　　）

（A）静力平衡条件　　　　　　　　　　（B）土体破裂准则

（C）变形协调作用　　　　　　　　　　（D）极限平衡条件

【解析】基于地基基础共同作用原理，计算基础内力和变形时，需要满足静力平衡条件以及变形协调条件。

【考点】地基基础共同作用。

【参考答案】AC

5.2　基底压力及附加应力

5.2.1　自重应力

11.（2014－B－44）建筑地基从自然地面算起，自上而下分别为：粉土，厚度 5m；黏土，厚度 2m；粉砂，厚度 20m。各层土的天然重度均为 20kN/m³，基础埋深 3m。勘察发现有一层地下水，埋深 3m，含水层为粉土，黏土为隔水层。下列关于地基沉降计算的自重应力的选项，（　　　）是正确的。

（A）10m 深度处的自重应力为 200kPa

（B）7m 深度处的自重应力为 100kPa

（C）4m 深度处的自重应力为 70kPa

（D）3m 深度处的自重应力为 60kPa

【解析】10m 深度处的自重应力：$\sigma_c = \sum_{i=1}^n \gamma_i h_i = （5 \times 20 + 2 \times 20 + 3 \times 20）kPa = 200kPa$

$\qquad$ 7m 深度处的自重应力：$\sigma_c = \sum_{i=1}^n \gamma_i h_i = （5 \times 20 + 2 \times 20）kPa = 140kPa$

$\qquad$ 4m 深度处的自重应力：$\sigma_c = \sum_{i=1}^n \gamma_i h_i = [3 \times 20 + 1 \times （20 - 10）]kPa = 70kPa$

$\qquad$ 3m 深度处的自重应力：$\sigma_c = \sum_{i=1}^n \gamma_i h_i = （3 \times 20）kPa = 60kPa$

【考点】自重应力的计算。

【参考答案】ACD

5.2.2　基底压力

12.（2009－B－6）条形基础宽度 3m，基础底面的荷载偏心距为 0.5m，基底边缘最大压力值和基底平均压力值的比值为（　　　）。

（A）1.2　　　　　　　　　　　　　　　　　（B）1.5

（C）1.8　　　　　　　　　　　　　　　　　（D）2.0

【解析】基础底面的荷载偏心距为 0.5m＝1/6×3，为大小偏心的分界，基底反力三角形分布，故：

$$p_{k\max}=p_k\left(\frac{1+6e}{b}\right)=p_k\left(1+\frac{6\times0.5}{3}\right)=2p_k$$

【考点】基底压力计算。

【参考答案】D

13.（2010-B-3）矩形基础 A 顶面作用着竖向力 N 与水平力 H；基础 B 的尺寸及地质条件均与基础 A 相同，竖向力 N 与水平力 H 的数值和作用方向均与基础 A 相同，但竖向力 N 与水平力 H 都作用在基础 B 的底面处。比较两个基础的基底反力（平均基底压力 $\bar{p}$、最大值 $p_{\min}$ 及最小值 $p_{\min}$），（　　）是正确的。（竖向力 N 作用在基础平面中心）

（A）$\bar{p}_A=\bar{p}_B$、$p_{\max A}=p_{\max B}$　　　　（B）$\bar{p}_A>\bar{p}_B$、$p_{\max B}=p_{\min B}$

（C）$\bar{p}_A>\bar{p}_B$、$p_{\max A}=p_{\max B}$　　　　（D）$\bar{p}_A<\bar{p}_B$、$p_{\max B}=p_{\min B}$

【解析】基础 A 中，N 作用于基础顶面，未包含基础自重，计算基底压力时，不仅要算作用于基础顶的 N，还要包含基础自重，同时，作用于基础顶的水平力 H，会对基底产生弯矩效应。基础 B 中，N 作用于基础底面，包含了基础自重，计算基底压力时，可以直接用 N 计算平均压力，而作用于基础底的水平力 H，不会对基底产生弯矩效应，即基础 B 不会有偏心效应，所以，$\bar{p}_A>\bar{p}_B$，$p_{\max B}=p_{\min B}$。

【考点】基底压力计算。

【参考答案】B

14.（2010-B-43）已知矩形基础底面的压力为线性分布，宽度方向最大边缘压力为基底平均压力的 1.2 倍，基础的宽度为 B，长度为 L，基础底面积为 A，抵抗矩为 W，传至基础底面的竖向力为 N，力矩为 M，下列（　　）的说法是正确的。

（A）偏心距 $e<\dfrac{B}{6}$

（B）宽度方向最小边缘压力为基底平均压力的 0.8 倍

（C）偏心距 $e<\dfrac{W}{N}$

（D）$M=\dfrac{NB}{6}$

【解析】（1）最大边缘压力为基底平均压力的 1.2 倍，小于 2 倍，故为小偏心受压情况，故选项 A 正确；

（2）小偏心情况下，矩形基础底面的压力为线性分布，即 $p_{\max}+p_{\min}=2p_k$，故有 $p_{\min}=2p_k-p_{\max}=2p_k-1.2p_k=0.8p_k$，故选项 B 正确；

（3）偏心距 $e=\dfrac{M}{N}$，故选项 C 错误；

（4）$p_{\max}=\left(1+\dfrac{6e}{B}\right)p_k=1.2p_k$，计算得 $e=\dfrac{B}{30}$，即 $e=\dfrac{M}{N}=\dfrac{B}{30}$，$M=\dfrac{NB}{30}$，故选项 D 错误。

【考点】基底压力计算。

【参考答案】AB

15.（2010-B-45）基础尺寸与荷载如图 5-2 所示，（　　）是正确的。

（A）计算该基础角点下图中应力时，查表得系数 $n=\dfrac{z}{b}$，b 取 3m

（B）计算基础底面抗拒 $W=\dfrac{b^2l}{6}$，b 取 3m

（C）计算地基承载力宽度修正时，b 取 3m

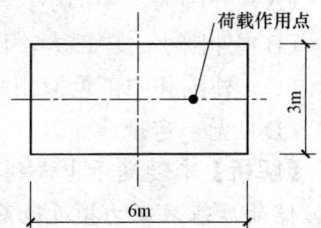

图 5-2　某基础尺寸与荷载

（D）计算大偏心基底反力分布时，$P_{max} = \dfrac{2(F_k + G_k)}{3la}$ 中，l 取 6m

【解析】参见《建筑地基基础设计规范》（GB 50007—2011）。

（1）根据附录 K，可知 $n = \dfrac{z}{b}$，其中 b 取 3m，故选项 A 正确。

（2）计算基础底面抗拒 $W = \dfrac{b^2 l}{6}$，b 为力矩作用方向基础底边边长，取 6m，故选项 B 错误

（3）根据 5.2.4 计算地基承载力宽度修正时，b 为基础底面宽度，取 3m，故选项 C 正确

（4）根据 5.2.2 计算大偏心基底反力分布时，$p_{max} = \dfrac{2(F_k + G_k)}{3la}$ 中，l 为垂直于力矩作用方向的基础底边长度，取 3m，故选项 D 错误。

该题目也可用排除法解答，多选题至少有两个正确答案，选项 B、D 明显错误。

【考点】对承载力计算公式中基础宽度的理解。

【参考答案】AC

16.（2011-B-6）矩形基础短边为 B，长边为 L，长边方向轴线上作用有竖向偏心荷载。计算基底压力分布时，下列关于基础底面抵抗矩的表达式，（　　）是正确的。

（A）$BL^2/6$　　　　　（B）$BL^3/12$　　　　　（C）$LB^2/6$　　　　　（D）$LB^3/12$

【解析】基础底面抵抗矩 W 的计算：矩形基础中由于长边方向轴向上作用有竖向偏心荷载，故 $W = BL^2/6$，选项 A 正确。

【考点】偏心荷载矩形基础底面抵抗矩的计算。

【参考答案】A

17.（2011-B-45）如图 5-3 所示，矩形基础长边方向轴线上作用有竖向偏心荷载 F，假定基础底面接触压力分布为线性，关于基底压力分布的规律，下列（　　）是合理的。

（A）基底压力分布为三角形

（B）基础边缘最小压力值 p_{min} 的大小与荷载 F 的大小无关

（C）基础边缘最大压力值 p_{max} 的大小与荷载 F 的大小有关

（D）基底压力分布为梯形

【解析】本题中的 F 作用于基础底面，应理解为包含上部作用和基础自重，即 $F = F_k + G_k$。

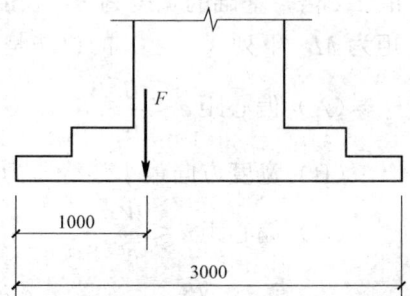

图 5-3 某基础示意图

当基础底边受偏心荷载时，偏心距 $e = 3/2 - 1 = 0.5m = b/6$。故基础底面压力为：$p_{kmax} = \dfrac{F_k + G_k}{A} + \dfrac{M_k}{W}$，

$p_{kmin} = \dfrac{F_k + G_k}{A} - \dfrac{M_k}{W}$。由公式可以看出基底压力与基础底面长边长度有关，故基底压力分布为三角形，选项 A 正确。最小边缘压力 $p_{kmin} = 0$，最大边缘压力 $p_{kmax} = \dfrac{2(F_k + G_k)}{A}$。

【考点】基底压力计算。

【参考答案】ABC

18.（2013-B-1）均匀地基上的某直径为 30m 的油罐，罐底为 20mm 厚钢板，储油后其基底压力接近地基的临塑荷载，该罐底基底压力分布形态最接近于（　　）。

（A）外围大、中部小、马鞍形分布

（B）外围小、中部大、倒钟形分布

（C）外围和中部近似相等，接近均匀分布

（D）无一定规律

【解析】本题题干中提到，罐底为 20mm 厚钢板，相对于混凝土基础来讲，油罐钢板可视为柔性基础，储油后基底压力接近地基的临塑荷载，地基反力并没有发生重分布，柔性基础在弹性地基上的基底

压力大小和分布与其上的荷载分布大小相同。

《土力学》（清华版本第三版第94页）：工程上，常把土坝（堤）及钢板做成的储油罐底板等视为柔性基础。

【考点】基底压力。

19.（2013-B-3）某高层建筑矩形筏基，平面尺寸 15m×24m，地基土比较均匀。按照《建筑地基基础设计规范》（GB 50007—2011），在作用的准永久组合下，结构竖向荷载重心在短边方向的偏心距不宜大于（   ）。

（A）0.25m　　　　　（B）0.4m　　　　　（C）0.5m　　　　　（D）2.5m

【解析】根据《建筑地基基础设计规范》（GB 50007—2011）中 8.4.2 条：

$$e \leqslant 0.1\frac{W}{A} = 0.1 \times \frac{lb^2}{6lb} = \frac{0.1b}{6} = \frac{0.1 \times 15}{6}\text{m} = 0.25\text{m}$$

【考点】高层建筑筏形基础偏心距的计算。

20.（2017-A-48）根据《建筑地基基础设计规范》（GB 50007—2011）的规定，在以下设计计算中，基底压力计算正确的是哪些选项？（   ）

（A）地基承载力验算时，基底压力按计入基础自重及其上土重后相应作用的标准组合时的地基土单位面积压力计算

（B）确定基础底面尺寸时，基底压力按扣除基础自重及其上土重后相应作用的标准组合时的地基土单位面积压力计算

（C）基础底板配筋时，基底压力按扣除基础自重及其上土重后相应作用的基本组合时的地基土单位面积压力计算

（D）计算地基沉降时，基底压力按扣除基础自重及其上土重后相应作用的准永久组合时的地基土单位面积压力计算

【解析】在承载力验算及确定基础底面尺寸时，基底压力均应计入基础自重及其上土重，一般按 $G_k = \gamma_d Ad$，其中，γ_d 取 20kN/m³，这 20kN/m³ 是基础自重与其上土重的估算加权平均重度，设计中可按此取值，不用再精确计算，故选项A正确，选项B错误。基础底板配筋时，基底压力所用为基本组合净反力，扣除的也正是基础自重及其上土重，因为基本组合的原因，即 G_k 的 1.35 倍，选项C正确。计算地基沉降时，采用准永久组合，扣除的是基底以上原土层的自重应力，不包含基础自重，故选项D错误。

【考点】基底压力。

21.（2018-B-3）直径为 d 的圆形基础，假设基底压力线性分布，若要求基底边缘压力不小于0，则基底压力合力的偏心距的最大值为下列何值？（   ）

（A）$d/4$　　　　　（B）$d/6$　　　　　（C）$d/8$　　　　　（D）$d/12$

【解析】圆形基础的抵抗矩 $W = \frac{\pi d^2}{32}$，基底边缘最小压力为：

$$p_{kmin} = \frac{F_K + G_K}{A} - \frac{M_K}{W} = \frac{F_K + G_K}{\pi d^2/4} - \frac{M_K}{\pi d^3/32}，令 p_{kmin} = 0，有 (F_K + G_K) \cdot \frac{d}{8} = M_K，而 e = \frac{M_k}{F_K + G_K} = \frac{d}{8}。$$

【考点】主要考查圆形基础偏心距限值。

22.（2018-B-6）一矩形基础，其底面尺寸为 4.0m×6.0m，短边方向无偏心，作用在长边方向的偏心荷载为 $F+G = 1200$kN，问：当偏心距最大为多少时，基底刚好不会出现拉应力？（   ）

（A）0.67m　　　　　（B）0.75m　　　　　（C）1.0m　　　　　（D）1.5m

【解析】对于矩形基础，基底刚好不出现拉应力，即偏心距到达小偏心的极限，即 $e = b/6 = 6.0$m/6 = 1.0m，b 对应荷载偏心方向的边长。

【考点】基底压力计算。

23.（2020-B-4）若假设路堤基础是完全柔性基础，则在路堤荷载作用下，关于基底压力分布和沉降情况描述正确的是哪个选项？（   ）

（A）基底压力分布均匀，基底沉降中间大，边缘小

（B）基底压力分布与上部荷载分布相同，基底沉降中间大，边缘小

（C）基底压力分布与上部荷载分布相反，基底沉降中间大，边缘小

（D）基底压力分布与上部荷载分布相同，基底沉降均匀

【解析】根据土力学相关知识：柔性基础不能扩散应力，基底反力分布与作用于基础上的荷载分布完全一致；均布荷载下柔性基础的沉降呈碟形，中部大、边缘小。对于梯形路堤，基底压力分布与上部荷载分布相同，沉降中间大，两侧小。

【考点】柔性基础基底压力分布。

【参考答案】B

24.（2020-B-5）矩形基础底面宽度2.4m，受基底偏心力作用，宽度方向偏心距 $e=0.6$m。其基底边缘最小压力为下列哪个选项？（   ）

（A）零　　　　　　　（B）正值　　　　　　　（C）负值　　　　　　　（D）不能确定

【解析】参见《建筑地基基础设计规范》（GB 50007—2011）5.2.2条。

基底偏心距 $0.6m > \dfrac{2.4m}{6} = 0.4m$，属于大偏心受压，已经出现应力重分布，基底边缘最小压力为零。

【考点】基底压力计算。大偏心受压，基底出现零应力区，最小压力肯定为零。

【参考答案】A

5.2.3 基底附加应力

25.（2011-B-5）按《建筑地基基础设计规范》（GB 50007—2011）计算均布荷载条件下地基中应力分布时，下列（   ）是正确的。

（A）基础底面角点处的附加应力等于零

（B）反映相邻荷载影响的附加应力分布随深度而逐渐减小

（C）角点法不适用于基础范围以外任意位置点的应力计算

（D）无相邻荷载时基础中心点下的附加应力在基础底面处为最大

【解析】参见《建筑地基基础设计规范》（GB 50007—2011）。

（1）由附录K.0.1-1可知，基础底面角点处的附加应力系数为0.250，选项A错误。

（2）相邻荷载影响，在埋置深度为0时，附加应力系数为0，随着埋置深度增加，附加应力先增加后减少，选项B错误。

（3）角点法适用于基础范围以外的任意位置点的应力计算，选项C错误。

（4）无相邻荷载时，基础中心点下的附加应力在基础底面处附加应力最大，选项D正确。

【考点】附加应力。

【参考答案】D

26.（2012-B-7）相同地基条件下，宽度与埋置深度都相同的墙下条形基础和柱下正方形基础，当基底压力相同时，下面对这两种基础的设计计算结果的比较，（   ）是不正确的。

（A）条形基础的中心沉降大于正方形基础

（B）正方形基础的地基承载力安全度小于条形基础

（C）条形基础的沉降计算深度大于正方形基础

（D）将深宽修正后的承载力特征值相同

【解析】参见根据《建筑地基基础设计规范》（GB 50007—2011）。

（1）附录K的附加应力系数表，对比正方形基础和条形基础的附加应力系数，可知正方形基础的附

加应力系数衰减更快，相同深度处，正方形基础的附加应力系数更小，因此沉降计算的深度也小，故正方形基础的中心沉降小于条形基础，选项A、C正确。

（2）两种基础的基础宽度、埋深相同，故经深度修正后的承载力特征值相同，选项D正确。

（3）基底压力相同，经深度和宽度修正后的承载力特征值相同，故两基础的地基承载力安全度相同，选项B错误。

【考点】基础设计。

【参考答案】B

27.（2020-B-6）按照《建筑地基基础设计规范》（GB 50007—2011）规定，下列哪个措施可以有效减小软弱下卧层顶面处附加压力？（　　　）

（A）减小荷载偏心距

（B）增加基础埋置深度

（C）提高持力层土的模量

（D）提高软弱下卧层地基土强度

【解析】参见《建筑地基基础设计规范》（GB 50007—2011）5.2.7条。

（1）由公式5.2.7-2可知，软弱下卧层顶的附加应力，跟偏心距没关系，选项A错误；

（2）增加基础埋置深度，总附加应力变化不大，z变小，扩散至软弱下卧层顶的受力面积变小，软弱下卧层顶的附加应力变大，选项B错误；

（3）由表5.2.7知，提高持力层土的模量，使扩散角增大，扩散至软弱下卧层顶的受力面积变大，软弱下卧层顶的附加应力变小，选项C正确；

（4）软弱下卧层的强度与其顶所受的附加应力无关，选项D错误。

【考点】软弱下卧层附加应力计算。

【参考答案】C

5.2.4　地基净反力

28.（2020-B-2）关于独立基础下地基净反力的说法，下列哪个选项是正确的？（　　　）

（A）地基净反力是指基底附加压力扣除基础及其上土重后的基底压力

（B）地基净反力可用于荷载基本组合下基础结构的承载能力极限状态计算

（C）基础沉降计算采用地基净反力

（D）地基净反力在数值上等于地基基床系数乘以地基变形

【解析】根据土力学相关知识：

地基净反力是指基础底面的总压力减去基础材料的自重，是指施加在基础底面超过基础自重的压力，是向上作用于基础底面的。基础材料的自重是与材料与生俱来的，不是材料的强度形成以后再施加的，因此不考虑其对基础结构内力的影响。净反力用于计算基础结构的内力以验算截面承载力，配置钢筋，采用基本组合。其计算原理是基础板的自重（向下作用的）与由自重产生的反力（向上作用的）相互平衡，只有超过自重的那部分反力才会产生结构的内力。因此选项A错误，选项B正确。

基础沉降计算采用的是地基附加应力，选项C错误。

基底压力在数值上等于地基基床系数乘以地基变形，而不是地基净反力，选项D错误。

【考点】地基净反力。

【参考答案】B

5.3　地　基　承　载　力

5.3.1　地基承载力原理

29.（2009-B-7）据《建筑地基基础设计规范》（GB 50007—2011）的规定，土质地基承载力计算公式：$f_a = M_b \gamma b + M_d \gamma_m d + M_c C_k$。按其基本假定，下列有关的论述中，（　　）是正确的。

（A）根据刚塑体极限平衡的假定得出的地基极限承载力

（B）按塑性区开展深度为 0 的地基容许承载力

（C）根据条形基础应力分布的假定得到的地基承载力，塑性区开展深度为基础宽度的 1/4

（D）假定为偏心荷载，$e/b = 1/6$ 作用下的地基承载力特征值

【解析】根据地基的承载力计算：$f_a = M_b \gamma b + M_d \gamma_m d + M_c c_k$，采用该公式计算的地基承载力特征值即地基土的临界荷载 $p_{1/4}$。

关于临塑荷载、临界荷载的定义如下：

临塑荷载 p_{cr}：地基开始发生局部剪切损坏，但极限平衡区尚未得到扩展时的荷载，比临界荷载要小。

临界荷载 $p_{1/4}$、$p_{1/3}$：地基已经发生局部剪损，极限平衡区的最大发展深度为基础宽度的 1/4 和 1/3 时的荷载。

【考点】规范中地基承载力公式的基本假定。

【参考答案】C

30.（2009-B-45）下列（　　）对地基承载力有影响。

（A）基础埋深、基础宽度 　　　　　（B）地基土抗剪强度

（C）地基土的质量密度 　　　　　（D）基础材料的强度

【解析】根据《建筑地基基础设计规范》（GB 50007—2011）中 5.2.5 条，地基承载力计算公式：$f_a = M_b \gamma b + M_d \gamma_m d + M_c c_k$ 可知基础埋深 d、基础宽度 b、抗剪强度（c_k、φ_k）、地基土的质量密度（ρ、λ）等与承载力的计算有关系。

【考点】地基承载力。

【参考答案】ABC

31.（2011-B-2）下列关于浅基础临塑荷载 p_{cr} 的论述，（　　）是错误的。

（A）临塑荷载公式是在均布条形荷载情况下导出的

（B）推导临塑荷载公式时，认为地基土中某点处于极限平衡状态时，由自重引起的各向土应力相等

（C）临塑荷载是基础下即将出现塑性区时的荷载

（D）临塑荷载公式用于矩形和圆形基础时，其结果偏于不安全

【解析】临塑荷载：地基土中将要出现但是尚未出现塑性区，即塑性区开展深度为 0 时的浅基础基底压力。选项 C 正确。

推导临塑荷载公式时，假设在地基表面作用一均匀条形荷载，故选项 A 正确。若用于矩形基础，其结果是偏于安全的。选项 D 错误。

土自重产生的竖向应力为 $\sigma_{cz} = \gamma z$，水平向应力为 $\sigma_{cx} = K_0 \gamma Z$。若土处于极限平衡时，假定 $K_0 = 1$，则土的自重产生的压应力将如同静水压力一样，在各个方向是相等的，故选项 B 正确。

【考点】规范中地基承载力公式的基本假定。

【参考答案】D

32.（2013-B-45）按照《建筑地基基础设计规范》（GB 50007—2011）确定柱基底面尺寸时所采用的地基承载力特征值，其大小与下列（　　）因素有关。

（A）基础荷载 　　　　　（B）基础埋深

（C）基础宽度 　　　　　（D）地下水位

【解析】根据《建筑地基基础设计规范》（GB 50007—2011）中 5.2.4 条、5.2.5 条可知，地基承载力特征值与选项 A 无关，与选项 B、C、D 有关。

【考点】考查地基承载力特征值的计算。

【参考答案】BCD

33.（2014-B-41）根据《建筑地基基础设计规范》（GB 50007—2011）中公式计算地基持力层的承载力特征值时，考虑的影响因素包括下列（　　）。

（A）建筑物结构形式及基础的刚度

（B）持力层的物理力学性质

（C）地下水位埋深

（D）软弱下卧层的物理力学性质

【解析】根据《建筑地基基础设计规范》（GB 50007—2011）中 5.2.4 条或 5.2.5 条承载力计算公式，地基承载力与基底以下土的性质、基底以上土的性质、基础宽度和埋深、地下水位埋深等有关，与建筑物结构形式及基础的刚度、软弱下卧层的性质、基础材料等无关。

【考点】地基承载力特征值的影响因素。

【参考答案】BC

34.（2016-B-1）《建筑地基基础设计规范》（GB 50007—2011），采用室内饱和单轴抗压强度确定岩石承载力特征值时，岩石的试样尺寸一般为下列哪个尺寸？（　　）

（A）5cm 立方体

（B）8cm 立方体

（C）100mm×100mm 圆柱体

（D）50mm×100mm 圆柱体

【解析】对应于《建筑地基基础设计规范》（GB 50007—2011）中 5.2.6 条文说明，试验尺寸为 $\phi 50mm \times 100mm$。

【考点】确定岩石承载力力特征值时，岩石的试样尺寸。

【参考答案】D

35.（2017-B-2）根据《建筑地基基础设计规范》（GB 50007—2011），关于地基承载力特征值 f_{ak} 的表述，下列哪个选项是正确的？（　　）

（A）地基承载力特征值指的就是临塑荷载 p_{cr}

（B）地基承载力特征值小于或等于载荷试验比例界限值

（C）极限承载力的 1/3 就是地基承载力特征值

（D）土的物理性质指标相同，其承载力特征值就一定相同

【解析】对应于《建筑地基基础设计规范》（GB 50007—2011）中 2.1.3 条，由载荷试验测定的地基土压力变形曲线线性变形段内规定的变形所对应的压力值，其最大值为比例界限值，可知选项 B 正确。选项 A 和选项 C 不符合《建筑地基基础设计规范》（GB 50007—2011）对地基承载力特征值的确定原则。选项 D 有无地下水会影响结果。

【考点】地基承载力特征值。

【参考答案】B

36.（2017-B-3）根据《建筑地基基础设计规范》（GB 50007—2011），采用地基承载力理论公式确定地基承载力特征值时，以下设计验算正确的是哪项？（　　）

（A）理论公式适用于轴心受压和偏心距大于 $b/6$ 的受压基础的地基承载力计算

（B）按理论公式计算并进行地基承载力验算后，无需进行地基变形验算

（C）按理论公式计算地基承载力特征值时，对于黏性土地基，基础底面宽度 $b<3m$ 时按 3m 取值

（D）按理论公式计算的地基承载力特征值，不再根据基础埋深和宽度进行修正

【解析】根据《建筑地基基础设计规范》（GB 50007—2011）中 5.2.5 条，选项 A、B、C 错误；按照理论公式，代入计算的基础埋深为实际值，基础宽度大于 6m 时按 6m 取值，对于砂土小于 3m 时按 3m 取值，而非人为假定的 $b=3m$，$d=0.5m$ 的情形，计算出来的指标即为 f_a，无需进行重复修正。

【考点】地基承载力特征值。

【参考答案】D

37.（2017-B-45）根据《建筑地基基础设计规范》（GB 50007—2011），采用地基承载力理论公式计算快速加荷情况下饱和软黏土地基承载力时，以下各因素中对计算结果不产生影响的是哪些选项？（　　）

（A）基础宽度

（B）荷载大小

（C）基底以上土的重度

（D）基础埋深

【解析】根据《建筑地基基础设计规范》（GB 50007—2011）中 5.2.4 公式，饱和软黏土宽度修正系数为 0，故宽度和荷载对计算结果没有影响，基础底面以上土的加权平均重度和基础埋深对计算结果有影响。

【考点】地基承载力计算公式。

【参考答案】AB

38.（2018-B-4）关于《建筑地基基础设计规范》（GB 50007—2011）地基承载力理论公式，以下描述正确的为哪项？（　　）

（A）其承载力系数与临界荷载 $p_{1/4}$ 公式的承载力系数完全一致

（B）满足了地基的强度条件和变形条件

（C）适用于偏心距 $e \leqslant b/6$ 的荷载情况

（D）地基土假设为均匀土层条件

【解析】《建筑地基设计规范》（GB 50007—2011）中式 5.2.5 与确定塑性区深度的临界荷载 $p_{1/4}$ 公式相似。规范采取的地基承载力为正常使用极限状态下的容许承载力，其与承载能力极限状态下的极限承载力相比，不仅满足地基稳定条件，即强度条件，也满足不超过建筑的容许变形条件，选项 B 正确；苏联规范把临界荷载 $p_{1/4}$ 公式作为计算基底标准压力的公式，根据我国实践经验，认为用临界荷载 $p_{1/4}$ 计算的砂土地基承载力偏小，经过理论和实践对比分析，对理论公式中内摩擦角大于 $20°$ 的承载力系数 M_b 进行修正，规范公式可以称为经过经验修正的临界荷载公式，选项 A 错误；据《建筑地基基础设计规范》（GB 50007—2011）第 5.2.5 条，偏心距 e 应满足小于或等于 0.033 倍基础宽度的条件，选项 C 错误；据 $C_K \varphi_K$ 为基底下一倍短边宽度的深度范围内土的黏聚力、内摩擦角的标准值，亦即考虑了土的分层性，选项 D 错误。

【考点】考查对于规范中地基承载力特征值的理解。

【参考答案】B

5.3.2　岩石地基承载力特征值的确定

39.（2018-B-41）根据《建筑地基基础设计规范》（GB 50007—2011）的规定，对于岩石地基承载力特征值的确定方法，以下哪些选项是正确的？（　　）

（A）对破碎的岩石地基，采用平板载荷试验确定

（B）对较破碎的岩石地基，采用岩石室内饱和单轴抗压强度标准值乘以折减系数确定

（C）对较完整的岩石地基，采用平板载荷试验确定

（D）对完整的岩石地基，采用岩石地基载荷试验确定

【解析】《建筑地基基础设计规范》（GB 50007—2011）第 5.2.6 条：对于完整、较完整、较破碎的岩石地基承载力特征值可按附录 H 岩石地基载荷试验方法确定；对破碎、极破碎的岩石地基承载力特征值，可根据平板载荷试验确定。对完整、较完整和较破碎的岩石地基承载力特征值，也可根据室内饱和单轴抗压强度按下式进行计算：$f_a = \psi_r \cdot f_{rk}$。

【考点】岩石地基承载力特征值。

【参考答案】ABD

40.（2019-A-06）四个现场平板载荷试验的地基承载力特征值分别为 540kPa、450kPa、560kPa、570kPa，该场地基岩地基承载力特征值应为下列哪个选项？（　　）

（A）556kPa　　　　　　　　　（B）540kPa

（C）530kPa　　　　　　　　　（D）450kPa

【解析】参见《建筑地基基础设计规范》（GB 50007—2011）中 H.0.10。岩石地基承载力的确定，每个场地载荷试验的数量不应少于 3 个，取最小值作为岩石地基承载力特征值，450kPa 是最小值。故 450kPa 是该场地基岩地基承载力特征值。

【考点】基岩地基承载力特征值。

【参考答案】D

5.3.3 地基承载力特征值的修正

41.（2009-B-8）对于不排水强度的内摩擦角为零的土，其深度修正系数和宽度修正系数的正确组合为（   ）。

（A）深度修正系数为0；宽度修正系数为0　　　　（B）深度修正系数为1；宽度修正系数为0

（C）深度修正系数为0；宽度修正系数为1　　　　（D）深度修正系数为1；宽度修正系数为1

【解析】根据《建筑地基基础设计规范》（GB 50007—2011）中表 5.2.5，按内摩擦角为零查表得：$M_b=0$，$M_d=1$。

【考点】深度修正系数和宽度修正系数。

【参考答案】B

42.（2012-A-9）在公路工程地质勘察中，用查表法确定地基承载力基本容许值时，下列（   ）的说法是不正确的。

（A）砂土地基可根据土的密实度和水位情况查表

（B）粉土地基可根据土的天然孔隙比和液性指数查表

（C）老黏土地基可根据土的压缩模量查表

（D）软土地基可根据土的天然含水量查表

【解析】参见《公路桥涵地基与基础设计规范》（JTG 3363—2019）。根据表 4.3.3-3，判别选项 A 正确；根据表 4.3.3-4，判别选项 B 错误；根据表 4.3.3-5，判别选项 C 正确；根据表 4.3.5，判别选项 D 正确。

【考点】地基承载力基本容许值。

【参考答案】B

43.（2013-B-43）按照《建筑地基基础设计规范》（GB 50007—2011），在对地基承载力特征值进行深宽修正时，下列（   ）是正确的。

（A）基础宽度小于3m 一律按 3m 取值，大于 6m 一律按 6m 取值

（B）地面填土在上部结构施工完成后施工，基础埋深从天然地面标高算起

（C）在基底标高处进行深层载荷试验确定的地基承载力特征值，不须进行深度和宽度修正

（D）对地下室，采用条形基础时，基础埋深从室内地坪标高和室外地坪标高的平均值处算起

【解析】根据《建筑地基基础设计规范》（GB 50007—2011）中 5.2.4 条，选项 A、B 正确，均为规范原文。

在基底标高处进行深层载荷试验确定的地基承载力特征值，不须进行深度修正，但需进行宽度修正，故选项 C 不正确。

对地下室，采用条形基础时，基础埋深从室内地面标高算起，故选项 D 不正确。

【考点】考查对地基承载力特征值进行深宽修正的相关规定。

【参考答案】AB

44.（2013-B-41）根据《建筑地基基础设计规范》（GB 50007—2011），按土的抗剪强度指标确定地基承载力特征值时，下列（   ）情况的取值是正确的。

（A）当基础宽度 3m<b<6m，或基础埋置深度大于 0.5m 时，按基础底面压力验算地基承载力时，相应的地基承载力特征值应进一步进行宽度和深度修正

（B）基底地基持力层为粉质黏土，基础宽度为 2.0m，取 b=2.0m

（C）c_k 取基底下一倍短边宽度深度范围内土的黏聚力标准值

（D）γ_m 取基础与上覆土的平均重度 20kN/m³

【解析】参见《建筑地基基础设计规范》（GB 50007—2011）第 5.2.5 条。

（1）土的抗剪强度指标确定的地基承载力特征值计算公式已经包含了深度和宽度的修正，不需要再修正，故选项 A 不正确；

（2）粉质黏土，基础宽度小于 3m，按实际宽度取值，故选项 B 正确；

（3）规范原文"c_k取基底下一倍短边宽度深度范围内土的黏聚力标准值"，故选项 C 正确；

（4）γ_m取基础底面以上土的加权平均重度，故选项 D 错误。

【考点】考查对地基承载力特征值计算公式的理解。

【参考答案】BC

45.（2016-B-44）按照《建筑地基基础设计规范》（GB 50007—2011），地基持力层承载力特征值由经验值确定时，下列哪些情况不应对地基承载力特征值进行深度修正？（　　）

（A）淤泥地基　　　　　　　　　　　　（B）复合地基

（C）中风化岩石地基　　　　　　　　　（D）微风化岩石地基

【解析】根据《建筑地基基础设计规范》（GB 50007—201）表 5.2.4，不难选择答案是 C、D，选项 A、B 都要进行深度修正。

【考点】地基承载力特征值。

【参考答案】CD

46.（2017-B-42）下列选项中哪些假定不符合太沙基极限承载力理论假定？（　　）

（A）平面应变　　　　　　　　　　　　（B）平面应力

（C）基底粗糙　　　　　　　　　　　　（D）基底下的土为无质量介质

【解析】根据土力学教材内容，太沙基极限承载力理论假定：①均质地基、条形基础作用均布压力，地基破坏形式为整体剪切破坏；②基础底面粗糙，即基础底面与土之间有摩擦力；③当基础有埋深时，基底面以上两侧土体用均布超载来代替条形基础均布压力，属于平面应变问题，选项 A、C 符合，选项 B 不符合。普朗特极限承载力公式假定基底下的土为无质量介质，选项 D 不符合。

【考点】太沙基极限承载力。

【参考答案】BD

47.（2017-B-44）根据《建筑地基基础设计规范》（GB 50007—2011），在下列关于持力层地基承载力宽度修正方法的论述中，哪些选项是正确的？（　　）

（A）深度修正系数是按基础埋置深度范围内土的类型查表选用的

（B）宽度修正系数是按持力层土的类型查表选用的

（C）对于软土地基采用换填法加固持力层，宽度修正系数按换填后的土选用

（D）深度修正时采用的土的重度为基底以上的加权平均重度

【解析】深宽修正应该选择基础底面以下土的类型，即持力层土的类型，故选项 A 错，选项 B 对。选项 C 换填后只需要进行深度修正，宽度无需修正。

【考点】地基承载力宽度修正。

【参考答案】BD

48.（2018-A-4）关于中等风化岩石的地基承载力深度修正，按《建筑地基基础设计规范》（GB 50007—2011）的规定，下列哪个选项的说法是正确的？（　　）

（A）埋深从室外地面标高算起　　　　　（B）埋深从室内地面标高算起

（C）埋深从天然地面标高算起　　　　　（D）不修正

【解析】根据《建筑地基基础设计规范》（GB 50007—2011）第 5.2.4 条表 5.2.4 注1，中风化岩石属于其他状态下的岩石，故不进行深度修正。

【考点】地基承载力深宽修正。

【参考答案】D

49.（2018-B-45）当基础宽度大于 3m 时，用载荷试验或其他原位测试、经验值等方法确定的地基承载力特征值，经进行修正，按《建筑地基基础设计规范》（GB 50007—2011）相关要求，下列哪些选项的情况下可以不进行宽度修正？（　　）

（A）大面积压实的粉土，压实系数为 0.95 且黏粒含量$\rho_c=10\%$

（B）压实系数小于 0.95 的人工填土

（C）含水比 $\alpha_w = 0.8$ 的红黏土

（D）孔隙比 $e = 0.85$ 的黏性土

【解析】根据《建筑地基基础设计规范》（GB 50007—2011）第5.2.4条表5.2.4，宽度系数修正为零即不进行宽度修正，选项B、D正确。选项A，压实系数须大于0.95，黏粒含量 $\rho_c = 10\%$ ，宽度修正系数才为零，本题选项A压实系数并不大于0.95，故选项A错误。选项C，其宽度修正系数为0.15，不为零，故选项C错误。

【考点】地基承载力特征值修正。

【参考答案】BD

5.4 基 础 沉 降

5.4.1 沉降基本原理

50.（2020—B—43）下列关于土体受压变形的说法错误的是哪些选项？（　　）

（A）地基土体受压时间越长，变形越大，孔隙水压力也越大

（B）土体在自重压力下不会产生地基沉降

（C）地基土体固结稳定后，说明土体内不再有水

（D）建在同样地基上的基底附加压力相同的两个建筑物，沉降量不一定相同

【解析】根据土力学相关知识：

（1）在土体压缩变形中，土颗粒和水都是不可压缩的，压缩的只是土体之间的空隙，土体受压时间越长，变形越大，必然伴随着孔隙水压力的消散，孔隙水压力不消散，就不存在压缩可能，选项A错误。

（2）欠固结土即使在自重压力下，也会产生变形，故选项B错误。

（3）地基土体固结稳定后，仍会存在孔隙水，不存在的是超静水压，选项C错误。

（4）在同样的地基上，影响沉降的除了附加应力，还与基础的尺寸有关系，这点在查阅附加应力系数时可以反映出来，故选项D正确。

【考点】土体变形影响因素。

【参考答案】ABC

51.（2020—B—45）关于土体固结沉降的说法，下列哪些选项是正确的？（　　）

（A）地基土体沉降速率取决于孔隙水的排出速率

（B）土体的次固结沉降速率与孔隙水排出的速率无关

（C）瞬时沉降仅包括剪应变，无体积应变

（D）土体的瞬时沉降、固结沉降、次固结沉降是在不同时间内依次分开发生的

【解析】根据《工程地质手册》（第五版）第439～441页，关于沉降的几个概念明确如下：

（1）瞬时沉降是指加载后地基瞬时发生的沉降。由于基础加载面积为有限尺寸，加载后剪应变发生，剪应变会引起侧向变形从而造成瞬时沉降。

（2）固结沉降是指饱和与接近饱和的黏性土在基础荷载的作用下，随着超静孔隙水压力的消散，土骨架产生变形所造成的沉降（固结压密作用）。固结沉降速率取决于孔隙水的排出速率。

（3）次固结沉降是指主固结过程（超静孔隙水压力消散过程）结束后，在有效应力不变的情况下，土的骨架仍随时间继续发生变形。这种变形主要取决于土骨架本身的蠕变性质。

因此选项A、B、C正确。

根据土体沉降（s）—时间（t）曲线图，土体的瞬时沉降、固结沉降、次固结沉降并非是在不同时间内依次分开发生的，故选项D错误。

【考点】土体固结沉降的概念。

【参考答案】ABC

5.4.2 变形观测

52.（2009-A-67）下列（　　）的建筑物在施工及使用期间应进行变形观测。

（A）地上33层，框剪结构，天然地基　　（B）地上11层住宅，CFG桩复合地基

（C）地基基础设计等级为乙级的建筑物　　（D）桩基础受临近基坑开挖影响的丙级建筑

【解析】根据《建筑地基基础设计规范》（GB 50007—2011）10.3.8条，下列建筑物应在施工期间及使用期间进行沉降变形观测：

（1）地基基础设计等级为甲级建筑物；

（2）软弱地基上的地基基础设计等级为乙级建筑物；

（3）处理地基上的建筑物；

（4）加层、扩建建筑物；

（5）受邻近深基坑开挖施工影响或受场地地下水等环境因素变化影响的建筑物；

（6）采用新型基础或新型结构的建筑物。

再根据3.0.1条，判断选项A为甲级建筑物，故答案为ABD。

【考点】本题是对规范条文的考查，其中利用条文间的关联，考查对规范的熟悉情况。

【参考答案】ABD

53.（2017-A-40）下列关于建筑沉降观测说法正确的是哪一选项？（　　）

（A）观测点测站高差中误差不应大于±0.15mm

（B）观测应在建筑施工至±0.0后开始

（C）建筑物倾斜度为观测到的基础最大沉降差异值与建筑物高度的比值

（D）当最后100d的沉降速率小于0.01～0.04mm/d时，可认为已进入稳定阶段

【解析】参见《建筑变形测量规范》（JGJ 8—2016）。

（1）依据3.1.1条，建筑物在施工期间和使用期间应进行变形测量。依据7.1.5条，建筑施工阶段的观测宜在基础完工后或地下室砌完后开始观测。故选项B错误。

（2）由表3.2.2可知，点测站高差中误差与建筑物级别、测量等级相关，只有一等测量中误差为0.15mm。故选项A错误。

（3）依据2.1.4条，上部结构倾斜指的是建筑的中心线或其墙、柱上某点相对于底部对应点产生的偏离现象，故选项C错误。

（4）依据7.1.5条第4款，建筑沉降达到稳定状态可由沉降量与时间关系曲线判定。当最后100d的最大沉降速率小于0.01～0.04mm/d时，可认为已达到稳定状态，故选项D正确。严格来说选项D不严谨，毕竟选项中的最后100d的沉降速率是平均沉降速率还是最大沉降速率，两者结果是不一样的，但是相比较其他选项，选项D最合适。

【考点】沉降观测。

【参考答案】D

5.4.3 变形允许值

54.（2009-B-9）对5层的异形柱框架结构位于高压缩性地基土的住宅，下列（　　）的地基变形允许值为《建筑地基基础设计规范》（GB 50007—2011）规定的变形限制指标。

（A）沉降量200mm　　（B）沉降差0.003l（l为相邻柱基中心距）

（C）倾斜0.003　　（D）整体倾斜0.003

【解析】根据《建筑地基基础设计规范》（GB 50007—2011）中表5.3.4，框架结构、高压缩性土，地基变形按沉降差控制，允许最大沉降差为0.003l。

【考点】地基变形限制指标。

【参考答案】B

55.（2013-B-2）某直径20m钢筋混凝土圆形筒仓，沉降观测结果显示，直径方向两端的沉降量分

别为40mm、90mm，在该直径方向上筒仓的整体倾斜最接近（   ）。

（A）0.2%   （B）0.25%

（C）0.45%   （D）0.5%

【解析】根据《建筑地基基础设计规范》（GB 50007—2011）中表5.3.4注4：

$$整体倾斜 = \frac{90-40}{20 \times 10^3} = 0.25\%$$

【考点】对建筑物的地基变形允许值的理解与计算。

【参考答案】B

5.4.4 变形的类别

56.（2016-B-42）根据《建筑地基基础设计规范》（GB 50007—2011），在进行地基变形验算时，除控制建筑物的平均沉降量，尚需控制其他指标，下列说法正确的是哪些选项？（   ）

（A）条形基础的框架结构建筑，主要控制基础局部倾斜

（B）剪力墙结构高层建筑，主要控制基础整体倾斜

（C）独立基础的单层排架结构厂房，主要控制柱基的沉降量

（D）框架筒体结构高层建筑，主要控制筒体与框架柱之间的沉降差

【解析】参见《建筑地基基础设计规范》（GB 50007—2011）中5.3.3条。对于框架结构应该由沉降差控制，选项A不正确；对于高层建筑应由倾斜值控制，选项B正确；对于单层排架结构由柱基的沉降量控制，选项C正确；框架筒体的高层建筑，主要由倾斜值控制，选项D错误。

【考点】沉降控制的目标。

【参考答案】BC

57.（2019-B-6）下列关于地基变形控制的说法，错误的是哪个选项？（   ）

（A）独立基础的单层排架结构厂房，应控制柱基的沉降量

（B）剪力墙结构高层建筑，应控制基础整体倾斜

（C）条形基础的框架结构建筑，应控制基础局部倾斜

（D）框架筒体结构高层建筑，应控制筒体与框架柱之间的沉降差

【解析】参见《建筑地基基础设计规范》（GB 50007—2011）5.3.3条、5.3.4条。

条形基础的框架结构建筑，应控制相邻柱基的沉降差，选项C错误。严格来讲，高层建筑主要控制倾斜值，本题中选项D为控制框架筒体结构控制筒体和框架柱之间的沉降差，目的是消除由于沉降差异导致的结构次应力，也是可以的，局部倾斜的概念特指砌体承重结构，综合来看，选项C更符合题意。

【考点】地基变形允许值。

【参考答案】C

58.（2019-B-45）下列四种建筑工程设计条件中，哪些选项的建筑需要进行变形验算？（   ）

（A）7层住宅楼，体型简单，荷载分布均匀，地基承载力特征值210kPa，土层坡度12%

（B）防疫站化验楼，砌体结构，5层，地基承载力特征值150kPa，土层坡度3%

（C）5层框架办公楼，地基承载力特征值100kPa，土层坡度7%

（D）单层排架厂房，地基承载力特征值160kPa，土层坡度12%，陡度28m，吊车25t

【解析】参见《建筑地基基础设计规范》（GB 50007—2011）3.0.2条、3.0.3条。

选项A，丙级建筑，由于坡度较大，超过10%，应进行变形验算。选项B，防疫站化验楼，属乙级建筑，应进行变形验算；选项C，丙级建筑，满足3.0.3条的可不做地基变形验算条件，可不进行变形验算；选项D，丙级建筑，坡度较大，不符合3.0.3条件，应进行变形验算。

【考点】地基变形计算。

【参考答案】ABD

5.4.5　变形特征

59.（2010-A-38）结构建筑物在一侧墙体（强度一致）地面标高处布置五个观测点，1～5 号点的沉降值分别为 11mm、69mm、18mm、25mm 和 82mm，则墙体裂缝的形态最可能为下列（　　）的图示。

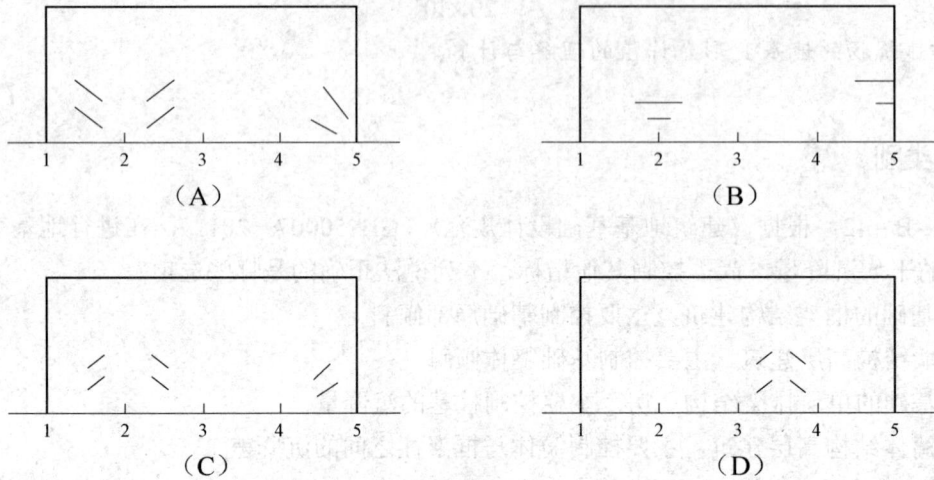

（A）　　　　　　　　　　　　　　　　（B）

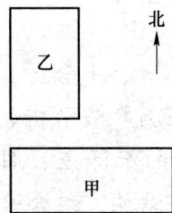

（C）　　　　　　　　　　　　　　　　（D）

【解析】裂缝指向沉降较小的点。裂缝的方向，同沉降线是近乎垂直交叉的，先确定沉降，再来确定裂缝。

【考点】不均匀沉降的裂缝规律。

【参考答案】C

60.（2010-B-2）图 5-4 所示甲为既有的 6 层建筑物，天然土质均匀地基，基础埋深 2m。乙为后建的 12 层建筑物，筏基。两建筑物的净距离为 5m。乙建筑物建成后，甲建筑物西侧山墙上出现了裂缝。下列图 5-5 甲建筑物西侧山墙裂缝形式的示意图选项中，其中（　　）的裂隙形式有可能是由于乙建筑物的影响造成的。

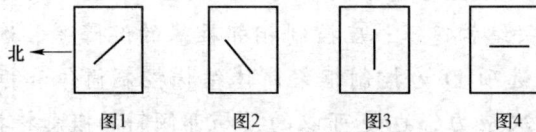

图 5-4　　　　　　　　　　　　　图 5-5

（A）图 1　　　　　　（B）图 2　　　　　　（C）图 3　　　　　　（D）图 4

【解析】后建的乙建筑物使得甲建筑物北侧沉降大于南侧，从而使甲建筑物产生裂缝，并且裂缝倾向沉降大的一侧，如图 2 所示，故选项 B 正确。

【考点】不均匀沉降的裂缝规律。

【参考答案】B

61.（2011-B-3）如图所示的多层建筑墙体开裂示意，两侧均有纯地下车库，筏板基础与主楼相连，基础埋深 8m，车库上覆土厚度 3m，地下水位为地面下 2m，基坑施工期间采取降水措施。主体结构施工完成，地下车库上部土方未回填时，施工单位擅自停止抽水，造成纯地下车库部分墙体开裂，图中（　　）的开裂形式与上述情况相符。

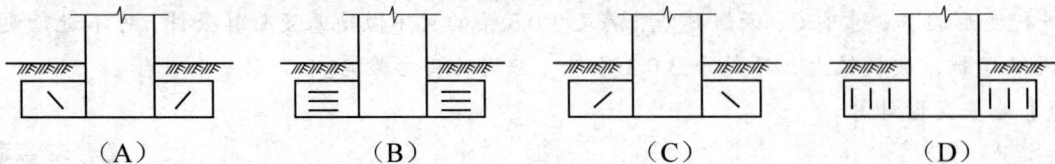

（A）　　　　　　（B）　　　　　　（C）　　　　　　（D）

【解析】施工单位停止抽水,地下水的浮力增大。由于地下车库荷载小,故其由于浮力作用沉降小,而主楼荷载大,其受浮力的作用小,沉降大。可知,中间的沉降量大,两边的小。由于地基的不均匀沉降,会产生裂缝,裂缝总是向着沉降量大的一方延伸,故呈"八字形"。

【考点】不均匀沉降的裂缝规律。

62.(2016-B-4)某场地地层分类均匀,地下水位深度 2m。该场地上有一栋 2 层砌体结构房屋,建筑地基浅基础,基础埋深 1.5m,在工程降水过程中,该两层房屋墙体出现了裂缝,下列哪个选项的裂缝形态最有可能是由于工程降水造成的?(　　　)

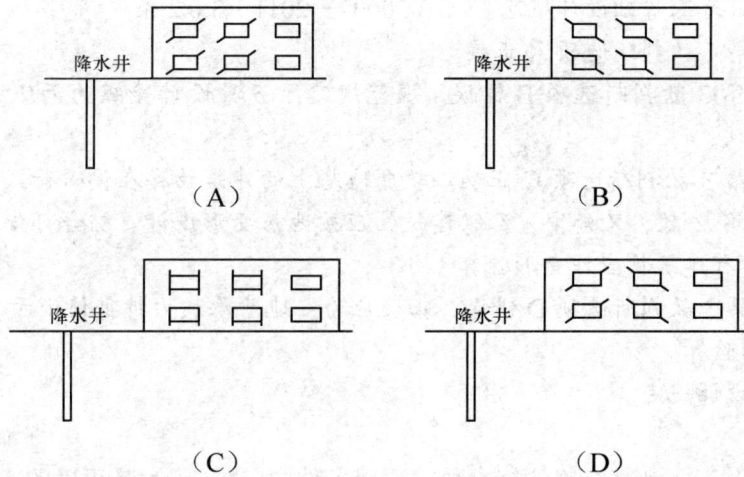

（A）　　　　　　　　　（B）

（C）　　　　　　　　　（D）

【解析】由于工程降水的原因,原本均匀的地基附加应力变得不再均匀,离降水井越近,水位越低,有效应力越大;离降水井越远,水位越高,有效应力变化不大。对应于建筑来讲,左侧有效应力增大较大,沉降大;右侧有效应力增大较小,沉降小,地基的沉降呈现左大右小的趋势,而裂缝的方向,同沉降线是近乎垂直交叉的,故选项 B 符合要求。

【考点】不均匀沉降的裂缝规律。

【参考答案】B

63.(2018-B-2)由于地基变形,砌体结构建筑物的外纵墙上出现如图所示的裂缝,则该建筑物的地基变形特征是下列哪个选项?(　　　)

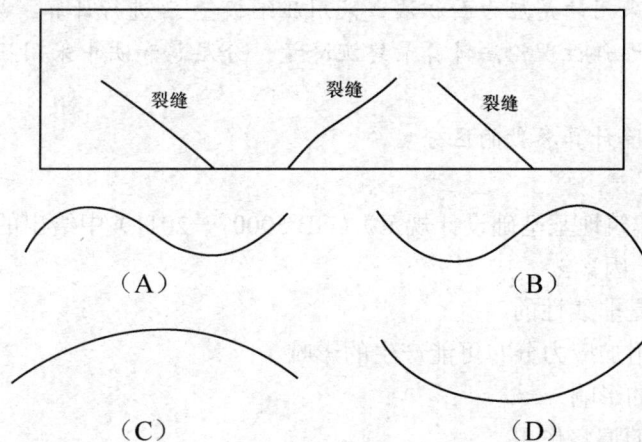

（A）　　　　　　　　　（B）

（C）　　　　　　　　　（D）

【解析】左侧为倒八字形裂缝,表明该处中间沉降小,两侧沉降大,右侧为正八字形裂缝,表明该处中间沉降大,两侧小,则该砌体结构地基变形特征勾画出来的图形与选项 A 最为接近。

记忆方法:墙体裂缝线方向同沉降曲线垂直,裂缝高的一端为沉降大的一侧。

【考点】主要考查墙体裂缝与基础沉降的对应关系。

【参考答案】A

5.4.6 沉降计算

64.（2009－B－46）按《建筑地基基础设计规范》（GB 50007—2011）对地基基础设计的规定，（ ）是不正确的。

（A）所有建筑物的地基计算，均应满足承载力计算的有关规定

（B）设计等级为丙级的所有建筑物可不作为变形验算

（C）软弱地基上的建筑物存在偏心荷载时，应作变形验算

（D）地基承载力特征值小于130kPa，所有建筑应作变形验算

【解析】参见《建筑地基基础设计规范》（GB 50007—2011）3.0.2条。

（1）依据3.0.2条第1款判断选项A正确。

（2）依据3.0.2条第3款判断选项B错误。规范规定了5种设计等级为丙级的建筑物，应作变形验算。

（3）依据3.0.2条第3款判断选项C正确。软弱地基上的建筑物存在偏心荷载的丙级建筑物应作变形验算。根据3.0.2条第2款，又知甲、乙级建筑物应按地基变形设计。综合可知，软弱地基上的建筑物存在偏心荷载时，所有建筑物应作变形验算。

（4）依据3.0.2条第3款判断选项D错误，正确应为：地基承载力特征值小于130kPa，且体型复杂的所有建筑，应作变形验算。

【考点】地基基础设计规定。

【参考答案】BD

65.（2010－B－44）下列地基沉降计算参数的适用条件中，（ ）是正确的。

（A）回弹再压缩指数只适用于欠固结土

（B）压缩指数对超固结土、欠固结土和正常固结土都适用

（C）压缩指数不适用于《建筑地基基础设计规范》的沉降计算方法

（D）变形模量不适用于沉降计算的分层总和法

【解析】（1）在应力历史法计算基础最终沉降量中，回弹再压缩指数 c_e 用于计算超固结土的沉降，故选项A错误；

（2）超固结土、欠固结土和正常固结土的沉降计算都要用到压缩指数 c_c，故选项B正确。

（3）压缩指数 c_c 应用在应力历史法计算基础最终沉降量中，而《建筑地基基础设计规范》（GB 50007—2011）的沉降计算采用的是应力面积法，采用压缩模量 E_s 进行计算，故选项C正确。

（4）变形模量 E_0 适用于弹性理论法计算最终沉降量，分层总和法中采用压缩模量 E_s 进行计算，故选项D正确。

【考点】考查对地基沉降计算参数的区分。

【参考答案】BCD

66.（2012－B－48）《建筑地基基础设计规范》（GB 50007—2011）中给出的最终沉降量计算公式中，未能直接考虑下列（ ）因素。

（A）附加应力的分布是非线性的

（B）土层非均匀性对附加应力分布可能产生的影响

（C）次固结对总沉降的影响

（D）基础刚度对沉降的调整作用

【解析】（1）根据《建筑地基基础设计规范》（GB 50007—2011）中5.3.5条文说明：压缩模量的取值，考虑到地基变形的非线性性质，一律采用固定压力下的 E_s 值必然会引起沉降计算的误差，因此采用实际压力下的 E_s 值，选项A错误。

（2）根据《建筑地基基础设计规范理解与应用》第82页，沉降计算经验系数综合反映了地基最终沉降量计算公式中未能直接考虑因素的影响，这些因素有：

①地基土层的非均匀性对附加应力分布可能产生的影响。

②荷载性质上的不同和上部结构对荷载重分布的影响。

③侧向变形对不同液性指数的土层沉降的影响。

④基础刚度对沉降的调整作用。

⑤选用的土层压缩模量与实际情况的出入。

⑥次固结对后期沉降的影响。

⑦施加的附加压力与地基承载力的比值等。

【考点】沉降计算相关知识。

【参考答案】BCD

67.（2013-B-4）按《建筑地基基础设计规范》（GB 50007—2011）进行地基的沉降计算时，下列叙述中错误的是（　　）。

（A）若基底附加压力为 p_0，沉降计算深度为 Z_n，沉降计算深度范围内压缩模量的当量值为 $\overline{E_s}$，则按分层总和法计算的地基变形量为 $\dfrac{p_0}{E_s} \cdot Z_n$

（B）当存在相邻荷载影响时，地基沉降计算深度 z_n 将增大

（C）基底附加压力 p_0 值为基底平均压力值减除基底以上基础及上覆土自重后的压力值

（D）沉降计算深度范围内土层的压缩性越大，沉降计算的经验系数 ψ_s 越大

【解析】参见《建筑地基基础设计规范》（GB 50007—2011）。

（1）由 5.3.5 条可知选项 A 正确。

（2）依据 5.3.9 条，当存在相邻荷载时，采用角点法计算地基变形量，故地基沉降计算深度将增大。

（3）基底附加压力 p_0 值为基底平均压力值减除基底以上覆土自重后的压力值，不用减基础自重，故选项 C 不正确。

（4）土层的压缩性越大，压缩模量 E_s 越小，根据表 5.3.5 可知，沉降计算的经验系数 ψ_s 越大，故选项 D 正确。

【考点】沉降计算相关知识。

【参考答案】C

68.（2014-B-5）按照《建筑地基基础设计规范》（GB 50007—2011）的规定，在沉降计算的应力分析过程中，下列（　　）对于地基的假定是错误的。

（A）地基为弹塑性体　　　　　　　（B）地基为半无限体

（C）地基为线弹性体　　　　　　　（D）地基为均质各向同性体

【解析】根据《建筑地基基础设计规范》（GB 50007—2011）5.3.5 条，计算地基变形时，地基内的应力分布可以采用各向同性均质线性变形体理论，可知选项 C、D 正确，选项 A 错；根据土力学教材：计算地基变形附加压力按弹性半空间模型的布辛奈斯克（Boussinesq）课题法进行计算，假定地基是一个均匀连续各向同性的半无限空间弹簧体，属于弹性半空间模型，所以选项 B 正确。

【考点】地基沉降计算应力分析模型的选用。

【参考答案】A

69.（2014-B-45）根据《建筑地基基础设计规范》（GB 50007—2011），对于地基土的工程特性指标的代表值，下列（　　）选项的取值是正确的。

（A）确定土的先期固结压力时，取特征值

（B）确定土的内摩擦角时，取标准值

（C）载荷试验确定承载力时，取特征值

（D）确定土的压缩模量时，取平均值

【解析】根据《建筑地基基础设计规范》（GB 50007—2011）4.2.2 条，地基土工程特性指标的代表值应分别为标准值、平均值及特征值。抗剪强度指标应取标准值，压缩性指标应取平均值，载荷试验承载力应取特征值。

【考点】地基土的工程特性指标的代表值的选取。

【参考答案】BCD

70.（2016－B－6）地基上的条形基础（宽度为 b）和正方形基础（宽度为 b），基础荷载均为 p（kPa），其他条件相同，二者基础中心点下的地基附加应力为 $0.1p$ 的深度之比最接近下列哪个选项？（　　　）

（A）2　　　　　　　（B）3　　　　　　　（C）4　　　　　　　（D）5

【解析】参见《建筑地基基础设计规范》（GB 50007—2011）附录表 K.0.1－1。

对于 $0.1p$ 的位置对应的附加应力系数 0.025，查表得对于方形基础 z 为 $4.2b$，对条形基础 z 约为 $13b$，对应深度比约为 3。

【考点】附加应力计算深度。

【参考答案】B

71.（2017－B－4）基底下地质条件完全相同的两个条形基础，按《建筑地基基础设计规范》（GB 50007—2011）规定进行地基沉降计算时，以下描述正确的选项是哪项？（　　　）

（A）基础的基底附加压力相同，基础宽度相同，则地基沉降量相同

（B）基础的基底附加压力相同，基础高度相同，则地基沉降量相同

（C）基础的基底压力相同，基础宽度相同，则地基沉降量相同

（D）基础的基底附加压力相同，基础材料强度相同，则地基沉降量相同

【解析】根据《建筑地基基础设计规范》（GB 50007—2011），因为 z/b、l/b 一样，则平均附加应力系数相同，由沉降计算公式 $s = \psi_s s' = \psi_s \sum_{i=1}^{n} \dfrac{p_0}{E_{si}} (z_i \bar{\alpha}_i - z_{i-1} \bar{\alpha}_{i-1})$，附加应力 p_0 及 E_{si}（地质条件相同）相同，则地基的沉降相同。

题目中基底下地质条件完全相同，对应于公式中的压缩模量相同，土层分布相同，即 E 和 z 相同，为使沉降相同，还必须满足附加应力与平均附加应力系数相同。平均附加应力系数与 z 和 b 的比值有关，故基础宽度也要相同。

【考点】沉降计算。

【参考答案】A

72.（2018－B－1）某建筑场地，原始地貌地表标高为 24m，建筑物建成后，室外地坪标高为 22m，室内地面标高为 23m，基础底面标高为 20m，计算该建筑基础沉降时，基底附加压力公式 $p_0 = p - \gamma_d$ 中 d 应取下列何值？（　　　）

（A）2m　　　　　　（B）2.5m　　　　　　（C）3m　　　　　　（D）4m

【解析】计算基底附加应力时，土的自重应力实质上是土的先期固结压力，是地面下某深度处土固结完成时的压力，应从完成固结的天然地面算起，本题基底标高 20m，自然地面标高 24m，即 $d = 24\text{m} - 20\text{m} = 4\text{m}$。

【考点】主要考查对于沉降计算时自重应力的理解。

【参考答案】D

73.（2018－B－42）按《建筑地基基础设计规范》（GB 50007—2011）规定进行地基最终沉降量计算时，以下场地土和基础条件中，影响地基沉降计算值的选项是哪些？（　　　）

（A）基础的埋置深度　　　　　　　　　　（B）基础底面以上土的重度

（C）土层的渗透系数　　　　　　　　　　（D）基础底面的形状

【解析】根据《建筑地基基础设计规范》（GB 50007—2011）第 5.3.5 条，p_0 表示土的附加应力，其与基础的埋深和基底以上土重有关，故选项 A、B 正确；查表确定基底土的平均附加应力系数时，要根据 l/b 查表，故基底形状也会影响沉降，故选项 D 正确；土层的渗透系数跟土的最终沉降量无明显关系。

【考点】主要考查对于基础沉降量的影响因素。

【参考答案】ABD

74.（2019－B－01）丙级建筑应依据地基主要受力层情况判断是否需要进行变形验算，对于单一土

层上的三层砖混结构条形基础，基础宽度为 1.5m 时，其地基主要受力层厚度可按下列哪一选项考虑？
（　　）

（A）1.5m （B）3.0m （C）4.5m （D）5.0m

【解析】参见《建筑地基基础设计规范》（GB 50007—2011）3.0.3 条表 3.0.3。

地基主要受力层是指条形基础底面下深度为 $3b$（b 为基础底面宽度），独立基础下为 $1.5b$，且厚度均不小于 5m 的范围（二层以下一般的民用建筑除外）。

【考点】地基主要受力层概念。

【参考答案】D

75.（2019-B-44）计算建筑物地基变形时，不能忽略下列哪些承载？（　　）

（A）家具荷载 （B）风荷载 （C）地震荷载 （D）装修荷载

【解析】参见《建筑地基基础设计规范》（GB 50007—2011）3.0.5 条。

计算建筑物地基变形时，采用准永久组合，不包含地震作用和风荷载。

【考点】地基变形计算。

【参考答案】AD

76.（2020-B-3）均质厚层砂土地基的载荷试验结果见表 5-2，压板尺寸为 1m×1m。

表 5-2　　　　　　　　　　　　　均质厚层砂土地基载荷试验结果

p/kPa	25	50	75	100	125	150	175	200	250	300
s/mm	3.1	6.0	9.2	12.3	15.1	20.1	25.0	30.1	45.2	71.3

利用载荷试验资料，对边长为 2.5m 的正方形柱基础，估算其在 100kPa 基底附加压力作用下，柱基础的最终沉降量接近于下列何值？（　　）

（A）30mm （B）35mm （C）40mm （D）45mm

【解析】根据下面公式计算：

$$\frac{s}{s_1} = \left(\frac{2.5B}{B+1.5B_1}\right)^2$$

由 $B = 2.5$m，$B_1 = 1$m，$s_1 = 12.3$mm

得出 $s = 30$mm

《工程地质手册》中举的例子是 0.305m，本题中使用 1m 的标准尺寸。

【考点】载荷试验换算沉降量。

【参考答案】A

5.4.7 回弹再压缩

77.（2011-B-44）计算基坑地基土的回弹再压缩变形值时，下列（　　）的表述是正确的。

（A）采用压缩模量计算

（B）采用回弹再压缩模量计算

（C）采用基坑底面以上土的自重压力（地下水位以下扣除水的浮力）计算

（D）采用基底附加压力计算

【解析】参见《建筑地基基础设计规范》（GB 50007—2011）5.3.10 条。

当建筑物地下室基础埋置较深时，需要考虑开挖基坑地基土的回弹，该部分回弹变形量可按下式计算：

$$s_c = \varphi_c \sum_{i=1}^{n} \frac{p_c}{E_{ci}} / (z_i \bar{a}_i - z_{i-1} \bar{a}_{i-1})$$

式中　s_c——地基土的回弹变形量；

φ_c——考虑回弹影响的沉降计算经验系数，φ_c 取 1.0；

p_c——基坑底面以上土的自重应力（kPa），地下水位以上应扣除浮力；

E_{ci}——土的回弹模量；

【考点】基坑地基土的回弹再压缩变形值的计算。

【参考答案】BC

5.4.8　减少沉降的措施

78.（2011-B-41）为减少建筑物沉降和不均匀沉降，通常可采用下列（　　）措施。

（A）选用轻型结构，减轻墙体自重

（B）尽可能不设置地下室

（C）采用架空地板代替室内填土

（D）对不均匀沉降要求严格的建筑物，扩大基础面积以减小基底压力

【解析】根据《建筑地基基础设计规范》（GB 50007—2011）7.4.1条，减少建筑物沉降和不均匀沉降，可采取以下措施：

（1）选用轻型结构，减轻墙体自重，采用架空地板代替室内填土。

（2）设置地下室或半地下室，采用覆土少、自重轻的基础形式。

（3）调整各部分的荷载分布、基础宽度或埋置深度。

（4）对不均匀沉降要求严格的建筑物，扩大基础面积以减小基底压力。

【考点】减少建筑物沉降和不均匀沉降的措施。

【参考答案】ACD

79.（2011-B-42）建筑物的沉降缝宜设置在下列（　　）部位。

（A）框筒结构的核心筒和外框柱之间　　　　（B）建筑平面的转折部位

（C）建筑高度差异或荷载差异的部位　　　　（D）地基土的压缩性有显著差异的部位

【解析】由《建筑地基基础设计规范》（GB 50007—2011）7.3.2条可知，建筑物的下列部分宜设置沉降缝：①建筑平面的转折部位；②高度差异或荷载差异处；③长高比过大的砌体承重结构或钢筋混凝土框架结构的适当部位；④地基土的压缩性有显著差异处；⑤建筑结构或者基础类型不同处；⑥分期建造房屋的交界处。

【考点】建筑物沉降缝的设置。

【参考答案】BCD

80.（2014-B-1）均质地基，下列（　　）措施既可以提高地基承载力又可以有效减小地基沉降。

（A）设置基础梁以增大基础刚度

（B）提高基础混凝土强度等级

（C）采用"宽基浅埋"减小基础埋深

（D）设置地下室增大基础埋深

【解析】根据《土力学》地基承载力和地基沉降公式：

（1）增大基础刚度可减小不均匀沉降，但是不能提高地基承载力，所以选项A错。

（2）提高基础混凝土强度等级，不能提高地基承载力，也不能降低地基沉降，所以选项B错。

（3）"宽基浅埋"，是指地基土存在浅部"硬壳层"时，将基础浅埋，充分利用硬壳层为持力层。由于硬壳层的应力扩散作用，可以减小下卧软土层的附加压力，降低地基沉降。但是"宽基浅埋"不能提高地基承载力，所以选项C错。

（4）地下室属于补偿性基础结构，可减小基底附加压力，降低地基沉降；增大基础埋深，可增大地基承载力的深度修正，提高地基承载力。所以选项D正确。

【考点】提高地基承载力与减小沉降的方法。

【参考答案】D

81.（2014-B-42）软弱地基上荷载、高度差异大的建筑，对减小其地基沉降或不均匀沉降危害有效的措施包括下列（　　）。

（A）先建荷载小、层数低的部分，再建荷载大、层数高的部分

（B）采用筏基、桩基增大基础的整体刚度

（C）在高度或荷载变化处设置沉降缝

（D）针对不同荷载与高度，选用不同的基础方案

【解析】参见《建筑地基基础设计规范》（GB 50007—2011）第 7 章规定。

（1）根据 7.1.4 条，荷载差异较大的建筑物，宜先建重、高部分，后建轻、低部分，选项 A 错误。

（2）根据 7.4.2 条，对于建筑体型复杂、荷载差异较大的框架结构，可采用箱基、桩基、筏基等加强基础整体刚度，减少不均匀沉降，选项 B 正确。

（3）根据 7.3.1 条，在高度差异或荷载差异较大处，宜设置沉降缝，选项 C 正确。

（4）根据 7.1.3 条，设计时，应考虑上部结构和地基的共同作用。对建筑体型、荷载情况、结构类型和地质条件进行综合分析，确定合理的建筑措施、结构措施和地基处理方法，选项 D 正确。

【考点】减小沉降或不均匀沉降的措施。

【参考答案】BCD

82.（2016—B—41）当采用筏形基础的高层建筑与裙房相连时，为控制其沉降及差异沉降，下列哪些选项符合《建筑地基基础设计规范》（GB 50007—2011）的规定？（   ）

（A）当高层建筑与相连的裙房之间不设沉降缝时，可在裙房一侧设置后浇带

（B）当高层建筑封顶后可浇筑后浇带

（C）后浇带设置在相邻裙房第一跨时比设置在第二跨时更有利于减小高层建筑的沉降量

（D）如高层建筑与裙房间不设置沉降缝和后浇带时，裙房筏板厚度宜从裙房第二跨跨中开始逐渐变化

【解析】参见《建筑地基基础设计规范》（GB 50007—2011）8.4.20 条。根据第 2 款高层建筑与相连的裙房之间不设置沉降缝时，宜在裙房一侧设置用于控制沉降差的后浇带，故选项 A 的描述为正确的；当沉降实测值和计算确定的后期沉降差满足设计要求后，方可进行后浇带混凝土浇筑，故选项 B 的说法不正确；当需要满足高层建筑地基承载力、降低高层建筑沉降量、减小高层建筑与裙房间的沉降差而增大高层建筑基础面积时，后浇带可设在距主楼边柱的第二跨内，所以选项 C 说法也不正确。由 8.4.20 条第 3 款知，选项 D 的描述正确。

【考点】减小沉降或不均匀沉降的措施。

【参考答案】AD

83.（2017—B—41）某主裙连体建筑物，如采用整体筏板基础，差异沉降计算值不能满足规范要求，针对这一情况，可采用下列哪些方案解决？（   ）

（A）在与主楼相邻的裙房的第一跨，设置沉降后浇带

（B）对裙房部位进行地基处理，降低其地基承载力及刚度

（C）增加筏板基础的配筋量

（D）裙房由筏板基础改为独立基础

【解析】（1）主裙楼减小差异沉降的措施是减小高层沉降或者增大低层沉降，《建筑地基基础设计规范》（GB 50007—2011）第 8.4.20 条第 2 款，当高层建筑基础面积满足地基承载力和变形要求时，后浇带宜设置在与高层建筑相邻裙房的第一跨内，待后期沉降差满足设计要求后，再封闭，为可行方案，选项 A 正确。

（2）人为合理地调整地基土的刚度使其在平面内变化，降低地基承载力和刚度可以增大裙房的沉降，减小差异沉降，相当于桩基中的变刚度调平设计，选项 B 正确。

（3）增加筏板基础的配筋量，对增加基础刚度作用有限，不如直接增加基础高度来的有效，所以增加配筋量调整差异沉降不合理，造成无谓浪费，故选项 C 错误。

（4）采用独立基础可以从增大裙房沉降量，减小差异沉降，选项 D 正确。

【考点】不均匀沉降。

【参考答案】ABD

84.（2020—B—42）根据《建筑地基基础设计规范》（GB 50007—2011），对减少软弱地基上建筑物

不均匀沉降有效的是下列哪些措施？（　　　　）

（A）设置沉降缝　　　　　（B）设置后浇带　　　　　（C）增设地下室　　　　　（D）增大基础厚度

【解析】参见《建筑地基基础设计规范》（GB 50007—2011）7.3 节、7.4 节。

（1）依据 7.3.1 条，在满足使用和其他要求的前提下，建筑体型应力求简单。当建筑体型比较复杂时，宜根据其平面形状和高度差异情况，在适当部位用沉降缝将其划分成若干个刚度较好的单元，选项 A 正确。

（2）后浇带是在建筑施工中为防止现浇钢筋混凝土结构由于自身收缩不均或沉降不均可能产生的有害裂缝，按照设计或施工规范要求，在基础底板、墙、梁相应位置预留的混凝土带，后浇带部位混凝土为差异沉降之后再浇筑，故选项 B 正确。

（3）依据 7.4.1 条第 2 款，设置地下室或半地下室，采用覆土少、自重轻的基础形式，选项 C 正确，选项 D 错误。

【考点】软弱地基上减小不均匀沉降的措施。

【参考答案】ABC

5.5　基础设计和验算

5.5.1　基础的组成要素

■ 基础埋深

85.（2009-B-5）按《建筑地基基础设计规范》（GB 50007—2011）的规定，在抗震设防区，除岩石地基外天然地基上高层建筑筏形基础埋深不宜小于（　　　）。

（A）建筑物高度的 1/15　　　　　　　　（B）建筑物宽度的 1/15

（C）建筑物高度的 1/18　　　　　　　　（D）建筑物宽度的 1/18

【解析】根据《建筑地基基础设计规范》（GB 50007—2011）中 5.1.3 条，在抗震设防区，除岩石地基外，天然地基上的箱形和筏形基础埋置深度不宜小于建筑物高度的 1/15；桩箱或桩筏基础的埋置深度（不计桩长）不宜小于建筑物高度的 1/18。

【考点】抗震设防区基础埋深。

【参考答案】A

86.（2009-B-43）下列关于基础埋深的叙述中，（　　　）是正确的。

（A）在满足地基稳定和变形要求前提下，基础宜浅埋

（B）对位于岩石地基上的高层建筑筏形基础、箱形基础埋深应满足抗滑要求

（C）在季节性冻土地区，基础的埋深应大于设计冻深

（D）新建建筑物与既有建筑物相邻时，新建建筑物基础埋深不宜小于既有建筑物基础埋深

【解析】参见《建筑地基基础设计规范》（GB 50007—2011）。

（1）根据 5.1.2 条，判断选项 A 正确。

（2）根据 5.1.3 条，判断选项 B 正确。

（3）根据 5.1.8 条，判断选项 C 错误。季节性冻土地区，基础的埋深应大于场地冻结深度，按最小埋置深度设计，而不是大于设计冻深。

（4）根据 5.1.6 条，判断选项 D 错误。新建建筑物与既有建筑物相邻时，新建建筑物基础埋深不宜大于既有建筑物基础埋深，不是小于。

【考点】基础埋深的确定因素。

【参考答案】AB

87.（2009-B-44）建筑物的局部剖面如图 5-6 所示，室外地坪填土是在结构封顶以后进行的，在下列计算中，（　　　）是正确的。

（A）外墙基础沉降计算时，附加应力 $p_0 =$ 总应力 $-\gamma_m d$，d 取用 5.0m

（B）外墙地基承载力修正的埋深项$\eta_d\gamma_m(d-0.5)$，d取用1.0m

（C）中柱基础沉降计算时，附加应力p_0=总应力$-\gamma_m d$，d取用3.0m

（D）中柱地基承载力修正的埋深项$\eta_d\gamma_m(d-0.5)$中，d取用3.0m

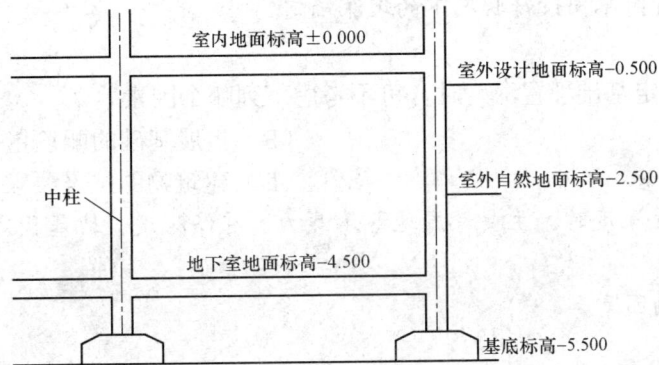

图5-6 建筑物的局部剖面

【解析】（1）选项A：计算附加应力p_0，应从室外自然地面起算，取d=3.0m。

（2）选项B：地基承载力修正的埋深，按不利考虑，应取基础两侧埋深的小值（室外自然地面与室内地面的小值），从室内地面起算，取d=1.0m。

（3）选项C：计算附加应力p_0，应从原地面起算，取d=3.0m。

（4）选项D：地基承载力修正的埋深，按不利考虑，应取基础两侧埋深的小值（室外自然地面与室内地面的小值），从室内地面起算，取d=1.0m。

【考点】地基基础设计中各种情况的埋深确定。

【参考答案】BC

88.（2013-B-42）按照《建筑地基基础设计规范》（GB 50007—2011）的规定，下列关于场地冻结深度的叙述中，（   ）是正确的。

（A）土中粗颗粒含量越多，场地冻结深度越大

（B）对于黏性土地基，场地冻结深度通常大于标准冻结深度

（C）土的含水量越大，场地冻结深度越小

（D）场地所处的城市人口越多，场地冻结深度越大

【解析】参见《建筑地基基础设计规范》（GB 50007—2011）中5.1.7条、附录G中表G.0.1。公式（5.1.7）为$Z_d=Z_0\times\psi_{zs}\times\psi_{zw}\times\psi_{ze}$。

（1）根据表5.1.7-1，土中粗颗粒含量越多，ψ_{zs}越大，故Z_d越大，因而选项A正确。

（2）根据表5.1.7-1，黏性土地基，ψ_{zs}=1.00，故对Z_d无影响，因而选项B不正确。

（3）根据表5.1.7-3，场地人口密度越大，ψ_{ze}越小，故Z_d越小，因而选项D不正确。

（4）根据表G.0.1，土天然含水量越大，土的冻胀性越强，再根据表5.1.7-2，冻胀性越强，ψ_{zw}越小，即场地冻结深度越小，选项C正确。

【考点】对场地冻结深度的影响因素。

【参考答案】AC

89.（2014-B-2）场地的天然地面标高为5.40m，柱下独立基础设计基底埋深位于天然地面以下1.5m，在基础工程完工后一周内，室内地面填方至设计标高5.90m。下列计算取值正确的是（   ）。

（A）按承载力理论公式计算持力层地基承载力时，基础埋深d=2.0m

（B）承载力验算计算基底压力时，基础和填土重$G_k=\gamma_G Ad$中的基础埋深d=2.0m

（C）地面沉降计算中计算基底附加压力$p_0=p-\gamma d$时，基础埋深d=2.0m

（D）在以上的各项计算中，基础埋深均应取d=1.5m

【解析】参见《建筑地基基础设计规范》（GB 50007—2011）中5.2.4条。

（1）按承载力理论公式计算持力层地基承载力，填土在上部结构施工后完成时，基础埋深应该从天然地面标高算起，基础埋深d=1.5m，所以选项A错。

（2）计算基底压力时，应包括填土的荷载，基础埋深 $d=2.0$m，所以选项 B 正确。

（3）计算基底附加压力 $p_0=p-\gamma d$ 时，土的先期固结压力计算公式中的 $d=1.5$m，所以选项 C 错。

（4）由以上分析知选项 D 错。

【考点】地基基础设计时不同设计状况下的埋深确定。

【参考答案】B

90.（2019-B-4）确定基础埋置深度时，可不考虑下列哪个因素？（　　）

（A）基础的类型　　　　　　　　　　　（B）扩展基础的配筋量

（C）场地的冻结深度　　　　　　　　　（D）建筑物的抗震要求

【解析】确定基础埋置深度时，主要考虑地基承载力、冻结深度、地基稳定性等要求，基础的配筋是后续设计任务。

【考点】基础埋深影响因素。

【参考答案】B

■ **基础冻胀性**

91.（2012-B-4）某冻胀地基，基础埋深 2.8m，地下水位埋深 10.0m，为降低或消除切向冻胀力，在基础侧面回填下列（　　）材料的效果最优。

（A）细砂　　　　　　（B）中砂　　　　　　（C）粉土　　　　　　（D）粉质黏土

【解析】根据《建筑地基基础设计规范》（GB 50007—2011）中 5.1.9 条第 1 款，在冻胀、强冻胀和特强冻胀地基上采用防冻害措施时，对在地下水位以上的基础，基础侧表面应回填不冻胀的中、粗砂，其厚度不应小于200mm。

【考点】防冻胀措施。

【参考答案】B

92.（2017-B-1）对于地基土的冻胀性及防治措施，下列哪个选项是错误的？（　　）

（A）对在地下水位以上的基础，基础侧面应回填非冻胀性的中砂或粗砂

（B）建筑物按采暖设计，当冬季不能正常采暖时，应对地基采取保暖措施

（C）基础下软弱黏性土层换填卵石层后，设计冻深会减小

（D）冻胀性随冻前天然含水量增加而增大

【解析】参见《建筑地基基础设计规范》（GB 50007—2011）中第 5.1.9 条、表 5.1.7-1、附录 G 中表 G.0.1。

（1）依据第 5.1.9 条第 1 款，选项 A 正确；

（2）依据第 5.1.9 条第 7 款，选项 B 正确；

（3）依据表 5.1.7-1，卵石土对冻结深度的影响系数大于软弱黏性土，设计冻深会增大，选项 C 错误；

（4）依据附录 G 中表 G.0.1，对于相同类型的土，冻前天然含水量越大，冻胀等级越高，冻胀性增大，选项 D 正确。

【考点】冻胀性。

【参考答案】C

■ **基础选型**

93.（2010-B-4）建筑物地下室的外包底面积为 800m²，埋置深度 $d=2$m，上部结构竖向压力为 160MN，已知未经修正的持力层地基承载力特征值 $f_{ak}=200$kPa。关于天然地基上的基础选型的建议，下列（　　）是最合适的。

（A）柱下独立基础　　　　　　　　　　（B）条形基础

（C）十字交叉条形基础　　　　　　　　（D）筏形基础

【解析】由于竖向压力/外包底面积=200kPa，已经接近 f_{ak}，若要满足持力层承载力验算，只有采用筏型基础，使得外包底面积=受力面积，再对 f_{ak} 进行宽深度修正后基本满足要求。

【考点】基础选型。

【参考答案】D

94.（2010-B-41）基础方案选择时，下列（　　）是可行的。

（A）无筋扩展基础用作柱下条形基础

（B）条形基础用于框架结构或砌体承重结构

（C）筏形基础用于地下车库

（D）独立基础用于带地下室的建筑物

【解析】参见《建筑地基基础设计规范》（GB 50007—2011）。

（1）根据第8.3节，柱下条形基础应该进行配筋计算，不能采用无筋扩展基础，故选项A错误。

（2）条形基础分为墙下条形基础和柱下条形基础，两者均可用于框架结构或砌体承重结构，故选项B正确

（3）根据第8.4节可知筏型基础广泛用于地下车库、地下室，故选项C正确

（4）当建筑物上部为框架结构或单独柱子时，常采用独立基础，故而独立基础也可用于带地下室的建筑物，故选项D正确

【考点】基础选型。

【参考答案】BCD

95.（2016-B-5）在设计满足要求并且经济合理的情况下，下列哪种基础的挠曲变形最小？（　　）

（A）十字交叉梁基础　　（B）箱型基础　　（C）筏板基础　　（D）无筋扩展基础

【解析】四个基础形式都是浅基础，选项A、B、C三个选项均为柔性基础，选项D为刚性基础，变形小。

【考点】基础刚度的比较。

【参考答案】D

96.（2014-B-3）某单层工业厂房，排架结构，跨度24m，柱距9m，单柱荷载3000kN，基础底面下土层主要为密实的卵石层，在选择柱下基础形式时，下列（　　）基础形式最为合理。

（A）筏形基础　　（B）独立基础　　（C）桩基础　　（D）十字交叉梁基础

【解析】单层工业厂房，基底持力层为密实卵石层，承载力非常高，由题目已知荷载情况，采用独立基础可以满足要求且经济可行。

【考点】基础选型。

【参考答案】B

97.（2019-B-2）某单体建筑物主体结构的平面投影面积为700m²，荷载标准组合下建筑物竖向荷载为1.5×10^5kN，基础埋深约3m。持力层土质为中低压缩性黏性土，地基承载力特征值为150kPa。采用天然地基方案时，下列哪种基础形式最合理？（　　）

（A）毛石混凝土扩展基础　　　　　　　　（B）钢筋混凝土筏形基础

（C）钢筋混凝土十字交叉条形基础　　　　（D）钢筋混凝土条形基础

【解析】根据题目条件可以计算出平面投影面积下的基底平均压力约215kPa，大于地基承载力特征值150kPa，四个选项只有选项B满足地基承载力要求。

【考点】基础选型。

【参考答案】B

98.（2012-B-6）下列几种浅基础类型，（　　）最适宜用刚性基础假定。

（A）独立基础　　（B）条形基础　　（C）筏形基础　　（D）箱形基础

【解析】参见高大钊《土力学与基础工程》。

刚性基础：通常是由砖、块石、毛石、素混凝土、三合土和灰土等材料建造的基础，如无筋扩展基础。这些材料的抗拉强度远小于他们的抗压强度，所以刚性基础不能承受拉力，设计时要求基础的外伸宽度和基础的高度比值在一定的限度内，否则基础会产生破坏。

柔性基础：指钢筋混凝土基础，具有较好的抗剪能力和抗弯能力。它包括：钢筋混凝土独立基础、钢筋混凝土条形基础、筏形基础、箱形基础、壳体基础等。

题目中的四个选项，没有传统意义的刚性基础，从命题人思路考虑，猜测其考查基础的刚度对基底

压力的影响，基础刚度越大，其基底压力越接近直线分布，《建筑地基基础设计规范》（GB 50007—2011）中 5.2.2 条的公式即为直线分布假定计算基底压力，其最适用的基础形式为独立基础。

【考点】刚性基础假定。

【参考答案】A

■ 基础施工

99.（2012－B－47）遇有软弱地基，地基基础设计、施工及使用时下列（　　）做法是适宜的。

（A）设计时，应考虑上部结构和地基的共同作用

（B）施工时，应注意对淤泥和淤泥质土基槽底面的保护，减少扰动

（C）荷载差异较大的建筑物，应先建设轻、低部分，后建重、高部分

（D）活荷载较大的构筑物或构筑物群（如料仓、油罐等），使用初期应快速均匀加荷载

【解析】参见《建筑地基基础设计规范》（GB 50007—2011）。

（1）根据 7.1.3 条，设计时，应考虑上部结构和地基的共同作用，选项 A 正确。

（2）根据 7.1.4 条，施工时，应注意对淤泥和淤泥质土基槽底面的保护，减少扰动。荷载差异较大的建筑物，宜先建重、高部分，后建轻、低部分。选项 B 正确，选项 C 错误。

（3）根据 7.1.5 条，活荷载较大的构筑物和构筑物群（如料仓、油罐等），使用初期应根据沉降情况控制加载速率，掌握加载间隔时间，或调整活荷载分布，避免过大倾斜，选项 D 错误。

【考点】软弱地基基础设计与施工。

【参考答案】AB

100.（2012－B－46）当建筑场区范围内具有大面积地面堆载时，下列（　　）要求是正确的。

（A）堆载应均衡，堆载量不应超过地基承载力特征值

（B）堆载不宜压在基础上

（C）大面积的填土，宜在基础施工后完成

（D）条件允许时，宜利用堆载预压过的建筑场地

【解析】参见《建筑地基基础设计规范》（GB 50007—2011）7.5.1～7.5.3 条。

（1）根据 7.5.3 条，地面堆载荷载应满足地基承载力、变形、稳定性要求，并应考虑对周边环境的影响。当堆载量超过地基承载力特征值时应进行专项设计，选项 A 正确。

（2）根据 7.5.2 条，堆载不宜压在基础上，大面积的填土，宜在基础施工前三个月完成，选项 B 正确，选项 C 错误。

（3）根据 7.5.1 条，当有条件时，宜利用堆载预压过的建筑场地，选项 D 正确。

【考点】《建筑地基基础设计规范》大面积堆载。

【参考答案】ABD

■ 动力基础

101.（2019－A－48）关于动力基础设计参数，下列哪些选项的表述是正确的？（　　）

（A）天然地基的抗压刚度系数 C_z 的计量单位为 kN/m^3

（B）天然地基的抗剪刚度 K_x 的计量单位为 kN/m

（C）地基土的阻尼比 ζ 的计量单位为 s

（D）场地卓越周期 T_p 的计量单位为 s

【解析】根据《地基动力特性测试规范》（GB/T 50269—2015）第 4.5.5 条，选项 A 正确；根据第 4.5.9 条，选项 B 正确；地基土的阻尼比是无量纲；卓越周期的单位为 s。

【考点】地基土动力特性。

【参考答案】ABD

5.5.2　基础设计

■ 内力计算设计方法

102.（2009－B－3）建筑地基基础设计中的基础抗剪切验算采用下列（　　）的设计方法。

（A）容许承载能力设计　　　　　　　　　　（B）单一安全系数法

（C）基于可靠度的分项系数设计法　　　　　（D）多系数设计法

【解析】参见高大钊《答疑笔记二》第381、382页，基础结构内力验算的设计表达式中，作用均为基底的净反力或由净反力产生的结构内力，强度均为混凝土材料的强度设计值，为分项系数法。

【考点】内力验算方法。

【参考答案】C

103.（2020-B-44）用基床系数法对弹性地基梁分析的结果示意如图5-7。请指出下列四条曲线中哪些是正确的？（　　　）

（A）挠度曲线　　　　（B）弯矩分布曲线　　　　（C）转角曲线　　　　（D）剪力分布曲线

【解析】参阅《基础工程》（第一版）（莫海鸥 杨小平主编）第78页的图3-12，如图5-8所示。可知选项A、D正确。

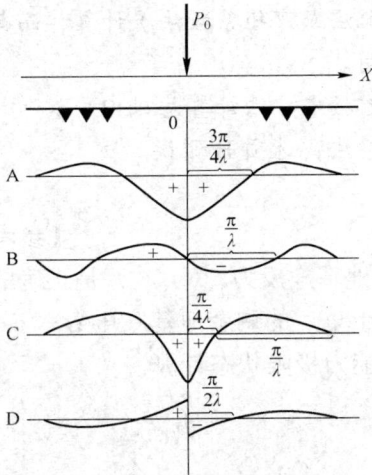

图5-7　用基床系数法对弹性地基梁分析的结果示意　　　　图5-8

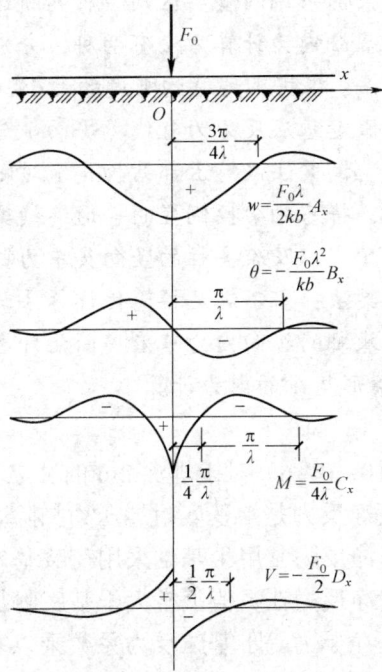

【考点】弹性地基梁内力图。

【参考答案】AD

■ 无筋扩展基础

104.（2017-B-5）某墙下条形基础，相应于作用的标准组合时基底平均压力为90kPa。按《建筑地基基础设计规范》（GB 50007—2011）规定方法进行基础高度设计，当采用砖基础时，恰好满足设计要求的基础高度为0.9m。若改为C15素混凝土基础，基础宽度不变，则基础高度不应小于以下何值？（　　　）

（A）0.45m　　　　（B）0.6m　　　　（C）0.9m　　　　（D）1.35m

【解析】由《建筑地基基础设计规范》（GB 50007—2011）表8.1.1可知：

（1）砖基础，台阶宽高比为1:1.5，$H_0 \geqslant \dfrac{b-b_0}{2\tan\alpha} \Rightarrow 0.9 = \dfrac{b-b_0}{2\times\frac{1}{1.5}} \Rightarrow b-b_0 = 1.2\text{m}$

（2）混凝土基础，$\tan\alpha = 1:1$，$H_0 \geqslant \dfrac{b-b_0}{2\tan\alpha} = \dfrac{1.2}{2\times1} = 0.6\text{m}$

【考点】无筋扩展基础设计。

【参考答案】B

■ 钢筋混凝土扩展基础

105.（2009-B-47）下列关于条形基础的内力计算，（　　　）做法是正确的。

（A）墙下条形基础采用平面应变问题分析内力

（B）墙下条形基础的纵向内力必须采用弹性地基梁法计算

（C）柱下条形基础在纵、横两个方向均存在弯矩、剪力

（D）柱下条形基础横向的弯矩和剪力的计算方法与墙下条形基础相同

【解析】（1）墙下条形基础：在基础的纵向，荷载是条形荷载，每个断面上的荷载都是一样的；在基础的横向，横断面总是保持平面不变，称为平面应变问题，因此只需验算横断面即可。根据横断面的剪力和弯矩，确定基础的高度和底板的配筋。可判断选项 A 正确。

（2）柱下条形基础：受力情况与墙下条形基础有本质区别，横向受力与墙下条形基础相同，但是纵向不同。在纵向，柱传给基础的荷载是作为集中荷载考虑，可以假定基础底面的反力作为荷载沿纵向是均匀分布的，然后按倒梁法（简化计算法）计算基础梁的内力，也可以按照弹性地基上的梁进行内力的分析。因此，纵、横断面上的弯矩和剪力都是变化的，纵、横向的钢筋都是主要受力钢筋，这是柱下条形基础与墙下条形基础的重要区别。可判断选项 C、D 正确。

（3）条形基础内力计算方法有两种，分别为简化计算法和弹性地基梁法。

简化计算法：根据上部结构刚度的大小，简化计算法可分为静定分析法（静定梁法）和倒梁法两种。这两种方法均假定基底反力为直线（平面）分布。若上部结构的刚度很小（如单层排架结构）时，宜采用静定分析法。倒梁法假定上部结构是绝对刚性的，各柱之间没有沉降差异，因而可以把柱脚视为条形基础的铰支座，将基础梁按倒置的普通连续梁（采用弯矩分配法或弯矩系数法）计算，而荷载则为直线分布的基底净反力以及除去柱的竖向集中力所余下的各种作用。

弹性地基梁法：当不满足按简化计算法计算的条件时，宜按本方法计算基础内力。

墙下条形基础的纵向内力可采用简化计算法和弹性地基梁法，选项 B 错误。

【考点】条形基础的内力计算。

【参考答案】ACD

106.（2010-B-6）对于埋深 2m 的独立基础，关于建筑地基净反力，（　　）是正确的。

（A）地基净反力是指基底附加压力扣除基础自重及其上土重后的剩余净基底压力

（B）地基净反力常用于基础采用荷载基本组合下的承载能力极限状态计算

（C）地基净反力在数值上常大于基底附加压力

（D）地基净反力等于基床反力系数乘以基础沉降

【解析】参见《建筑地基基础设计规范》（GB 50007—2011）中 8.2.8 条。

（1）地基净反力 p_j 是指基底压力扣除基础自重及其上土重后相应于作用的基本组合时的地基土单位面积净反力，故选项 A 错误。

（2）地基净反力常用于冲切、剪切、弯曲计算，采用的均是荷载基本组合下的承载能力极限状态计算，故选项 B 正确。

（3）地基净反力是指基底压力扣除基础自重及其上土重的压力，基底附加压力是指基底压力扣除原挖除土重的压力，故地基净反力在数值上应小于基底附加压力，故选项 C 错误。

（4）基床反力系数 $K_v = p/s$，其中 p 为基底压力，而非地基净反力，故选项 D 错误。

【考点】考查地基净反力。

【参考答案】B

107.（2010-B-42）关于墙下条形扩展基础的结构设计计算，下列（　　）的说法符合《建筑地基基础设计规范》（GB 50007—2011）规定。

（A）进行墙与基础交接处的受冲切验算时，使用基底附加应力

（B）基础厚度的设计主要考虑受冲切验算需要

（C）基础横向受力钢筋在设计上仅考虑抗弯作用

（D）荷载效应组合采用基本组合

【解析】参见《建筑地基基础设计规范》（GB 50007—2011）。

（1）根据 8.2.9 条可知进行墙与基础交接处的受冲切验算时，使用基底平均净反力，故选项 A 错误。

（2）冲切验算的主要目的是验算基础厚度是否满足要求，故选项B正确。

（3）根据8.2.7条基础底板的配筋，应按抗弯计算确定，故选项C正确。

（4）根据8.2.8条荷载效应组合采用基本组合，故选项D正确。

本题目命题不严谨，墙下条形基础的厚度主要为剪切控制，并不是冲切，选项A、B中，冲切验算改为剪切验算更合逻辑。

【考点】墙下条基的设计。

【参考答案】BCD

108.（2014-B-4）三个不同地基上承受轴心荷载的墙下条形基础，基础底面荷载、尺寸相同，三个基础地基反力的分布形态分别为：①马鞍形分布；②均匀分布；③倒钟形分布。三个基础在墙与基础交接处的弯矩设计值之间的关系是（　　　）。

（A）①<②<③　　　　（B）①>②>③　　　　（C）①<②>③　　　　（D）①=②=③

【解析】参见《土力学》（清华大学李广信编）第94、95页。

（1）对于刚性基础，地基反力为马鞍形，如图5-9（a）所示，承受荷载很大且接近极限荷载时，地基反力为倒钟形分布，如图5-9（c）所示。

（2）对于柔性基础，地基反力为均匀分布，如图5-9（b）所示。

对比基础中部（墙体与基础相交处）的地基反力，可知①<②<③；即墙与基础交接处的弯矩设计值也满足①<②<③。

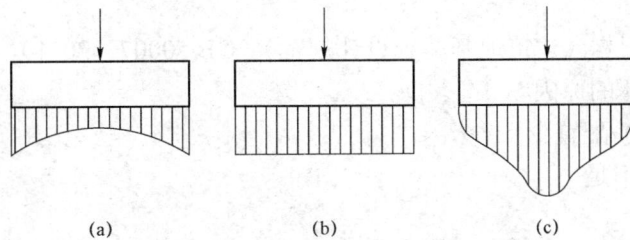

图5-9

【考点】不同种类的基础地基反力的区分与弯矩设计值的比较。

【参考答案】A

109.（2014-B-6）按照《建筑地基基础设计规范》（GB 50007—2011）的规定，关于柱下钢筋混凝土独立基础的设计，下列（　　　）是错误的。

（A）对具备形成冲切锥条件的柱基，应验算基础受冲切承载力

（B）对不具备形成冲切锥条件的柱基，应验算柱根处基础受剪切承载力

（C）基础底板应验算受弯承载力

（D）当柱的混凝土强度等级大于基础混凝土强度等级时，可不验算基础顶面的局部受压承载力

【解析】根据《建筑地基基础设计规范》（GB 50007—2011）中8.2.7条第1款，对柱下独立基础，当冲切破坏锥体落在基础底面以内时，应验算柱与基础交接处以及基础变阶处的受冲切承载力，故选项A正确。

根据8.2.7条第2款，对基础底面短边尺寸小于或等于柱宽加基础有效高度2倍的柱下独立基础，以及墙下条形基础，应验算柱（墙）与基础交接处的基础受剪切承载力，故选项B正确。

根据8.2.7条第3款，基础底板的配筋，应按抗弯计算确定，故选项C正确。

由8.2.7条第4款，当基础的混凝土强度等级小于柱的混凝土强度等级时，尚应验算柱下基础顶面的局部受压承载力。

【考点】独立基础的设计。

【参考答案】D

110.（2017-A-16）根据《建筑地基基础设计规范》（GB 50007—2011）规定，扩展基础受冲切承载力验算公式 $p_j A_l \leq 0.7\beta_{hp} f_a_m h_0$ 中 p_j 为下列选项中的哪一项？（　　　）

（A）相应于作用的标准组合时的地基土单位面积总反力

（B）相应于作用的基本组合时的地基土单位面积净反力

（C）相应于作用的标准组合时的地基土单位面积净反力

（D）相应于作用的基本组合时的地基土单位面积总反力

【解析】根据《建筑地基基础设计规范》（GB 50007—2011）第8.2.8条关于基底净反力的解释，选项B正确。

【考点】主要考查对于基底净反力的理解。

【参考答案】B

111.（2018-B-5）根据《建筑地基基础设计规范》（GB 50007—2011）规定，对扩展基础内力计算时采用的地基净反力，以下描述正确的选项为哪项？（　　）

（A）地基净反力为基底反力减去基底以上土的自重应力

（B）地基净反力不包括基础及其上覆土的自重作用

（C）地基净反力不包括上部结构的自重作用

（D）地基净反力为基础顶面处的压应力

【解析】根据《建筑地基基础设计规范》（GB 50007—2011）第8.2.8条关于基底净反力的解释，选项B正确。

【考点】主要考查对于基底净反力的理解。

【参考答案】B

112.（2020-B-41）根据《建筑地基基础设计规范》（GB 50007—2011），下列哪些问题可能是引起柱下独立基础发生冲切破坏的原因？（　　）

（A）基础底板受力主筋配置少

（B）基础混凝土强度不足

（C）基底面积偏小

（D）基础高度不够

【解析】参见《建筑地基基础设计规范》（GB 50007—2011）8.2.8条。

由公式（8.2.8-1）可知，混凝土抗拉强度设计值与基础有效高度是影响抗冲切力的主要因素，故选B、D正确。

《建筑地基基础设计规范》（GB 50007—2011）不考虑钢筋对抗冲切的贡献，基础面积对抗冲切也没有影响。因此，选项A、C错误。

【考点】独立基础冲切计算。在基础设计中，对冲切影响最大的是基础高度，其次，提高混凝土强度也有利于抗冲切。

【参考答案】BD

■ 柱下条形基础

113.（2012-B-9）根据《建筑地基基础设计规范》（GB 50007—2011）的要求，以下关于柱下条形基础的计算要求和规定，（　　）是正确的。

（A）荷载分布不均，如地基土比较均匀，且上部结构刚度较好，地基反力可近似按直线分布

（B）对交叉条形基础，交点上的柱荷载，可按交叉梁的刚度或变形协调的要求，进行分配

（C）需验算柱边缘处基础梁的受冲切承载力

（D）当存在扭矩时，尚应作抗弯计算

【解析】参见《建筑地基基础设计规范》（GB 50007—2011）中8.3.2条。

柱下条形基础的计算，除应符合本规范第8.2.6条的要求外，尚应符合下列规定：

（1）在比较均匀的地基上，上部结构刚度较好，荷载分布较均匀，且条形基础梁的高度不小于1/6柱距时，地基反力可按直线分布，条形基础梁的内力可按连续梁计算，此时边跨跨中弯矩及第一内支座的弯矩值宜乘以1.2的系数。

（2）当不满足8.3.2条第1款的要求时，宜按弹性地基梁计算。

（3）对交叉条形基础，交点上的柱荷载，可按静力平衡条件及变形协调条件进行分配。其内力可按8.3.2条上述规定分别进行计算。

（4）应验算柱边缘处基础梁的受剪承载力。

（5）当存在扭矩时，尚应作抗扭计算。

（6）当条形基础的混凝土强度等级小于柱的混凝土强度等级时，应验算柱下条形基础梁顶面的局部受压承载力。

【考点】柱下条基的设计。

【参考答案】B

114.（2012-B-45）根据《建筑地基基础设计规范》（GB 50007—2011），下列选项中有关基础设计的论述中，（　　）的观点是错误的。

（A）同一场地条件下的无筋扩展基础，基础材料相同时，基础底面处的平均压力值越大，基础的台阶宽高比允许值就越小

（B）交叉条形基础，交点上的柱荷载可按静力平衡或变形协调的要求进行分配

（C）基础底板的配筋，应按抗弯计算确定

（D）柱下条形基础梁顶部通长钢筋不应少于顶部受力钢筋截面总面积的1/3

【解析】参见《建筑地基基础设计规范》（GB 50007—2011）。

（1）根据表8.1.1，判别选项A正确。

（2）根据8.3.2条第3款，对交叉条形基础，交点上的柱荷载，可按静力平衡条件，进行分配，判别选项B错误，不是"或"，而是"及"。

（3）根据8.2.7条第3款，基础底板的配筋，应按抗弯计算确定，选项C正确。

（4）根据8.3.1条第4款，条形基础梁顶部和底部的纵向受力钢筋除应满足计算要求外，顶部钢筋应按计算配筋全部贯通，底部通长钢筋不应少于底部受力钢筋截面总面积的1/3，选项D错误。

【考点】基础设计。

【参考答案】BD

115.（2013-B-5）根据《建筑地基基础设计规范》（GB 50007—2011），在柱下条形基础设计中，以下叙述中错误的是（　　）。

（A）条形基础梁顶部和底部的纵向受力钢筋按基础梁纵向弯矩设计值配筋

（B）条形基础梁的高度按柱边缘处基础梁剪力设计值确定

（C）条形基础翼板的受力钢筋按基础纵向弯矩设计值配筋

（D）条形基础翼板的高度按基础横向验算截面剪力设计值确定

【解析】条形基础翼板的受力钢筋应按基础横向弯矩设计值配筋。

【考点】考查条形基础配筋计算。

【参考答案】C

116.（2013-B-44）按照《建筑地基基础设计规范》（GB 50007—2011），在满足一定条件时，柱下条形基础的地基反力可按直线分布且条形基础梁的内力可按连续梁计算，则下列（　　）的条件是正确的。

（A）地基比较均匀　　　　　　　　　（B）上部结构刚度较好

（C）荷载分布均匀　　　　　　　　　（D）基础梁的高度不小于柱距的1/10

【解析】参见《建筑地基基础设计规范》（GB 50007—2011）8.3.2条第1款。

在比较均匀的地基上，上部结构刚度较好，荷载分布比较均匀，且条形基础梁的高度不小于1/6时，地基反力可按直线分布，条形基础梁的内力可按连续梁计算，此时边跨跨中弯矩及第一内支座的弯矩值宜乘以1.2的系数。

【考点】柱下条形基础的计算规则。

【参考答案】ABC

117.（2017-B-6）某柱下钢筋混凝土条形基础，柱、基础的混凝土强度等级均为C30，在进行基

础梁的承载力设计时，对基础梁可以不计算下列哪个选项的内容？（　　）

（A）柱底边缘截面的受弯承载力　　　　（B）柱底边缘截面的受剪切承载力

（C）柱底部位的局部受压承载力　　　　（D）跨中截面的受弯承载力

【解析】只有条形基础的材料强度小于柱子的材料强度时才需要计算局部受压承载力。

【考点】钢筋混凝土基础设计。

【参考答案】C

118.（2018—B—43）在确定柱下条形基础梁的顶部宽度时，按《建筑地基基础设计规范》（GB 50007—2011）规定，需要考虑的设计条件中包括以下选项中哪些选项内容？（　　）

（A）持力层地基承载力　　　　（B）软弱下卧层地基承载力

（C）基础梁的受剪承载力　　　　（D）柱荷载大小

【解析】根据《建筑地基基础设计规范》（GB 50007—2011）第 8.3.2 条，确定基础梁的顶部宽度，主要是基础梁的计算，属于内力计算内容，故选项 C、D 正确，而选项 A、B 则属于承载力计算内容，可通过调整基础梁底部翼缘的宽度来解决。

【考点】主要考查对于基础梁的计算规定。

【参考答案】CD

119.（2018—B—44）柱下钢筋混凝土条形基础，当按弹性地基梁计算基础的内力、变形时，可采用的计算分析方法有哪些？（　　）

（A）等值梁法　　　（B）有限差分法　　　（C）有限单元法　　　（D）倒梁法

【解析】参见《基础工程》（莫海鸥、杨小平主编）

第72页：进行地基上梁和板的分析时，采用的地基模型，每一模型要尽可能准确地模拟地基与基础相互作用时所表现的主要力学性状。最简单的和最常用的三种线性弹性计算模型有文克勒地基模型、弹性半空间地基模型、有限压缩层地基模型。

第88页：地基梁的数值分析方法很多，常见的有有限差分法、有限单元法和链杆法等（属于数值分析方法）。

第93页：条形基础内力计算方法主要有简化计算法和弹性地基梁法两种。简化计算法又分为静定分析法（静定梁法）和倒梁法两种，两种方法都假设基底反力为直线（平面）分布，不同点在于静定分析法假定上部结构为柔性结构，上部结构对基础的影响忽略不计，只考虑荷载，倒梁法假定上部结构为刚性结构，考虑柱底为基础的铰支座。

题目中给出按弹性地基梁法计算基础内力、变形，其分析方法（即数值计算方法）可按有限差分法和有限单元法，故选项 B、C 正确，等值梁和倒梁法均不属于弹性地基梁内容。

【考点】弹性地基梁法内力变形计算的方法。

【参考答案】BC

■ 筏型基础

120.（2014—B—43）高层建筑筏形基础的实际内力、挠度与下列（　　）因素有关。

（A）计算模型　　　　　　　　（B）上部结构刚度

（C）柱网间距　　　　　　　　（D）地基受力层的压缩模量

【解析】根据《建筑地基基础设计规范》（GB 50007—2011）中 8.4.14 条，高层建筑筏形基础的实际内力、挠度与地基土的性质、上部结构刚度、柱网和荷载、相邻柱荷载及柱间距等因素有关。实际内力跟计算模型没有关系。

【考点】高层建筑筏形基础的实际内力、挠度的影响因素。

【参考答案】BCD

121.（2019—B—5）某均匀地基上的高层建筑，采用直径 60m 的圆形筏基。在准永久组合下，结构竖向荷载中心的偏心距不宜大于下列哪个选项？（　　）

（A）0.18m　　　　　（B）0.30m　　　　　（C）0.36m　　　　　（D）0.75m

【解析】参见《建筑地基基础设计规范》（GB 50007—2011）第 8.4.2 条。

准永久组合下，结构竖向荷载中心的偏心距不宜大于 0.1 倍的基础核心半径，为 0.75m。因此本题选 D。

【考点】高层建筑筏形基础。

【参考答案】D

■ 抗浮验算

122.（2009-B-4）下列（　　）的条件对施工期间的地下车库抗浮最为不利。

（A）地下车库的侧墙已经建造完成，地下水处于最高水位

（B）地下车库的侧墙已经建造完成，地下水处于最低水位

（C）地下车库顶板的上覆土层已经完成，地下水处于最高水位

（D）地下车库顶板的上覆土层已经完成，地下水处于最低水位

【解析】地下车库的侧墙已经建设完成，尚未覆土，此时抗浮荷载（即抗力）最小；地下水处于最高水位，此时浮力（即效应）最大。综合以上两个因素，选项 A 最为不利。

【考点】地下车库抗浮。

【参考答案】A

■ 软弱下卧层验算

123.（2011-B-43）下列关于《建筑地基基础设计规范》（GB 50007—2011）中软弱下卧层强度验算的论述，（　　）说法是正确的。

（A）持力层的压缩模量越大，软弱下卧层顶面的附加应力越小

（B）持力层的厚度与基础宽度之比越大，软弱下卧层顶面的附加应力越小

（C）基础底面的附加应力越大，软弱下卧层顶面的附加应力越大

（D）软弱下卧层的强度越大，软弱下卧层顶面的附加应力越小

【解析】参见《建筑地基基础设计规范》（GB 50007—2011）中 5.2.7 条。

软弱下卧层的附加应力为：$p_z = \dfrac{bl(p_k-p_c)}{(b+2z\tan\theta)(l+2z\tan\theta)}$

（1）持力层的压缩模量 E_{s1} 越大，E_{s1}/E_{s2} 越大，扩散角 θ 越大，故软弱下卧层顶面的附加应力越小，选项 A 正确。

（2）z/b 越大，扩散角 θ 越大，故软弱下卧层顶面的附加应力越小，选项 B 正确。

（3）软弱下卧层顶面的附加应力越小，$p_0=p_k-p_c$ 越大，软弱下卧层顶面的附加应力越大，选项 C 正确。

（4）软弱下卧层的强度越大，E_{s2} 大，E_{s1}/E_{s2} 越小，扩散角 θ 越小，软弱下卧层顶面的附加应力越大，选项 D 错误。

【考点】地基软弱下卧层强度验算。

【参考答案】ABC

124.（2012-B-8）建筑物采用筏板基础，在建筑物施工完成后平整场地，已知室内地坪标高 $H_n=25.60$m，室外设计地坪标高 $H_w=25.00$m，自然地面标高 $H_z=21.50$m，基础底面标高 $H_j=20.00$m，软弱下卧层顶面标高 $H_r=14.00$m。对软弱下卧层承载力进行深度修正时，深度 d 取下列（　　）是正确的。

（A）6.0m　　　　（B）7.5m　　　　（C）11m　　　　（D）11.6m

【解析】根据《建筑地基基础设计规范》（GB 50007—2011）中 5.2.4 条关于地基承载力修正对埋深 d 的规定，本题填土在上部结构施工后完成，埋深 d 应从天然地面标高算起，即 $d=21.5$m-14m$=7.5$m。

【考点】《建筑地基基础设计规范》软弱下卧层承载力深度修正。

【参考答案】B

125.（2012-B-44）根据《建筑地基基础设计规范》（GB 50007—2011），当地基受力层范围内存在软弱下卧层时，按持力层土的承载力计算出基础底面尺寸后，尚须对软弱下卧层进行验算，下列（　　）的叙述是正确的。

（A）基底附加压力的扩散是按弹性理论计算的

（B）扩散面积上的总附加压力比基底的总附加压力小

（C）下卧层顶面处地基承载力特征值需经过深度修正

（D）满足下卧层验算要求就不会发生剪切破坏

【解析】参见《建筑地基基础设计规范》（GB 50007—2011）5.2.7 条及条文说明。

选项 A 错误，附加压力的扩散是采用扩散角的线性分布法计算。

选项 B 错误，扩散面积上的总附加压力等于基底的总附加压力。

选项 C 正确，软弱下卧层承载力需要经过深度修正。

选项 D 正确，下卧层承载力满足要求，不会发生地基破坏，即剪切破坏。

【考点】《建筑地基基础设计规范》软弱下卧层验算。

【参考答案】CD

126.（2016-B-43）当地基持力层下存在较厚的软弱下卧层时，设计中可以考虑减小基础埋置深度，其主要目的包含下列哪些选项？（　　　）

（A）减小基底附加应力　　　　　　　　（B）减小基础计算沉降量

（C）减小软弱下卧层顶面附加压力　　　　（D）增大地基压力扩散角

【解析】根据《建筑地基基础设计规范》（GB 50007—2011）5.2.7 条及表 5.2.7，减小基础埋深等于变相的增大基础到软弱下卧层的距离 z，因此根据这个变化选项 C、D 说法是正确的。

【考点】浅基础的常见知识。

【参考答案】CD

127.（2017-B-43）根据《建筑地基基础设计规范》（GB 50007—2011），在下列关于软弱下卧层验算方法的叙述中，哪些选项是正确的？（　　　）

（A）基础底面的附加压力通过一定厚度的持力层扩散为软弱下卧层顶面的附加压力

（B）在其他条件相同的情况下，持力层越厚，软弱下卧层顶面的附加压力越小

（C）在其他条件相同的情况下，持力层的压缩模量越高，扩散到软弱下卧层顶面的附加压力越大

（D）软弱下卧层的承载力特征值需要经过宽度修正

【解析】根据《建筑地基基础设计规范》（GB 50007—2011）5.2.7 条，基础底面的附加应力时通过基底至软弱层顶的距离 z 这一厚度的持力层扩散到软弱下卧层顶面的，选项 A 正确。由表 5.2.7 可知，z 越厚，持力层压缩模量越大，扩散角越大，扩散至软弱下卧层顶的应力面积越大，对应的软弱下卧层顶面附加应力就越小，选项 B 正确，选项 C 错误；软弱下卧层的承载力只进行深度修正，不进行宽度修正，选项 D 错误。

【考点】软弱下卧层。

【参考答案】AB

128.（2019-B-42）下列关于软弱下卧层承载力验算说法正确的是哪些选项？（　　　）

（A）用荷载准永久组合计算基础底面处的附加压力

（B）用荷载标准组合计算软弱下卧层顶面处的附加压力

（C）压力扩散角是压力扩散线与水平线的夹角

（D）软弱下卧层顶面处的地基承载力特征值需要进行深度修正

【解析】参见《建筑地基基础设计规范》（GB 50007—2011）第 5.2.7 条。

软弱下卧层验算是标准组合，选项 A 错误，选项 B 正确；压力扩散角是压力扩散线与竖直线的夹角，下卧层顶面的地基承载力特征值需要进行深度修正，选项 C 错误，选项 D 正确。

【考点】软弱下卧层验算。

【参考答案】BD

6 深 基 础

6.1 桩的选型和布置

6.1.1 桩的选型

1.（2012-A-17）下列（　　）种桩型有挤土效应，且施工措施不当容易形成缩颈现象。

（A）预应力管桩
（B）钻孔灌注桩
（C）钢筋混凝土方桩
（D）沉管灌注桩

【解析】根据《建筑桩基技术规范》（JGJ 94—2008）中 3.3.1 条第 2 款，沉管灌注桩为挤土桩。根据 3.4.1 条第 3 款：挤土沉桩在软土地区造成的事故不少，一是预制桩接头被拉断、桩体侧移和上涌，沉管灌注桩发生断桩、缩颈；二是邻近建筑物、道路和管线受到破坏。设计时要因地制宜选择桩型和工艺，尽量避免采用沉管灌注桩。

【考点】桩的选型。

【参考答案】D

2.（2011-B-50）对于深厚软土地区，超高层建筑桩基础宜采用下列（　　）桩型。

（A）钻孔灌注桩
（B）钢管桩
（C）人工挖孔桩
（D）沉管灌注桩

【解析】根据《建筑桩基技术规范》（JGJ 94—2008）：

（1）钻孔灌注桩和钢管桩适应于深层软土层，承载力高，因此选项 A、B 正确；

（2）根据附录 A 表 A.0.1 得到人工挖孔桩属于干作业法，不适用于淤泥和淤泥质土层中，选项 C 错误；

（3）根据 3.3.2 条第 2 款：挤土沉管灌注桩适用于淤泥及淤泥质土层，应局限于多层住宅桩基，超高层建筑桩基不适用，选项 D 错误。

【考点】桩基础的选型。

【参考答案】AB

3.（2013-B-49）在以下的桩基条件中，下列（　　）桩应按端承型桩设计。

（A）钻孔灌注桩桩径 0.8m，桩长 18m，桩端为密实中砂，桩侧范围土层均为密实细砂

（B）人工挖孔桩桩径 1.0m，桩长 20m，桩端进入较完整基岩 0.8m

（C）PHC 管桩桩径 0.6m，桩长 15m，桩端为密实粉砂，桩侧范围土层为淤泥

（D）预制方桩边长 0.25m，桩长 15m，桩端、桩侧土层均为淤泥质黏土

【解析】根据《建筑桩基技术规范》（JGJ 94—2008）中 3.3.1 条确定端承型桩定义：在承载能力极限状态下，桩顶竖向荷载由桩端阻力承受，桩侧阻力小到可忽略不计。

（1）桩侧范围土层均为密实细砂，桩侧摩阻力不可以忽略，因此不属于端承桩，选项 A 错误；

（2）桩端进入较完整基岩，属于端承桩，选项 B 正确；

（3）桩侧范围土层为淤泥，摩阻力小，因此属于端承桩，选项 C 正确；

（4）桩端、桩侧土层均为淤泥质黏土，且预制桩的成桩工艺一般为部分挤土或是挤土，因此选项 D 为摩擦桩，选项 D 错误。

注：千万不要误以为桩端持力层好的桩基就是端承桩。当桩侧土层性质好时，桩侧土阻力发挥充分，荷载基本由桩侧土层承担，传递到桩端土层的受力很小，就算是桩端土层再好，也不能算是端承桩。

【考点】桩的分类。

【参考答案】BC

4.（2011-B-9）下列关于特殊土中的桩基设计与施工的说法，（　　）是不正确的。

（A）岩溶地区岩层埋深较浅时，宜采用钻、冲孔桩

（B）膨胀土地基中的桩基，宜采用挤土桩消除土的膨胀性

（C）湿陷性黄土中的桩基，宜考虑单桩极限承载力的折减

（D）填方场地中的桩基，宜待填土地基沉降基本稳定后成桩

【解析】（1）根据《建筑桩基技术规范》（JGJ 94—2008）中 3.4.4 条第 1 款得到选项 A 正确；

（2）根据 3.4.3 条第 2 款得到膨胀土地基中的桩基宜采用钻（挖）孔灌注桩（不属于挤土桩），所以选项 B 错误；

（3）根据 3.4.2 条和《湿陷性黄土地区建筑标准》（GB 50025—2018）5.7.4～5.7.6 条文说明得到选项 C 正确；

（4）根据 3.4.7 条第 1 款得到选项 D 正确。

【考点】桩基的设计与施工。

【参考答案】B

5.（2018-B-9）在含有大量漂石的地层中，灌注桩施工采用下列哪种工艺合适？（　　）

（A）长螺旋钻孔压灌混凝土，后插钢筋笼

（B）泥浆护壁正循环成孔，下钢筋笼，灌注混凝土

（C）泥浆护壁反循环成孔，下钢筋笼，灌注混凝土

（D）全套管跟进冲抓成孔，下钢筋笼，灌注混凝土

【解析】根据《建筑桩基技术规范》（JGJ 94—2008）附录 A 及工程实际经验可知，全套管跟进冲抓成孔在漂石地层中破碎效果好，成孔效率高，选项 D 合适。长螺旋钻为适用于在水位以上的黏性土、粉土、砂土、中密以上卵石中成孔成桩，大粒径漂石层，成孔困难，选项 A 不合适；泥浆护壁正、反循环钻可穿透硬夹层进入各种坚硬持力层，桩径、桩长可变范围大，但漂石层选项 B、C 不合适。

【考点】灌注桩施工方式。

【参考答案】D

6.（2020-B-8）根据《建筑桩基技术规范》（JGJ 94—2008），离心成型的先张法预应力高强混凝土管桩有四种型号，分别为 A 型、B 型、C 型和 AB 型，按有效预压应力值的大小进行排序，下列哪个选项是正确的？（　　）

（A）A 型＜AB 型＜B 型＜C 型　　　　　　（B）A 型＜B 型＜AB 型＜C 型

（C）C 型＜B 型＜A 型＜AB 型　　　　　　（D）AB 型＜C 型＜B 型＜A 型

【解析】根据《建筑桩基技术规范》（JGJ 94—2008）表 B.0.1，选项 A 正确。

【考点】预应力混凝土管桩的基本参数。

【参考答案】A

7.（2020-B-10）下列哪种工艺不适合进入微风化岩嵌岩桩的施工？（　　）

（A）长螺旋钻进　　　　　　　　　　　　（B）冲击钻进

（C）全套管回转钻进　　　　　　　　　　（D）旋挖钻进

【解析】根据《建筑桩基技术规范》（JGJ 94—2008）附录 A.0.1 桩型与成桩工艺选择，选项 A 正确。

【考点】成桩工艺选择。

【参考答案】A

6.1.2　桩的布置

8.（2009-A-16）某建筑桩基的桩端持力层为碎石土，根据《建筑桩基技术规范》（JGJ 94—2008）桩端全断面进入持力层的深度不宜小于（　　）。（选项中 d 为桩径）

(A) 0.5*d*   (B) 1.0*d*   (C) 1.5*d*   (D) 2.0*d*

【解析】根据《建筑桩基技术规范》（JGJ 94—2008）中 3.3.3 条第 5 款得到选项 B 正确。

【考点】桩端持力层深度。

【参考答案】B

9.（2010-B-14）下列关于桩基设计中基桩布置原则的叙述，（   ）是正确的。

（A）基桩最小中心距的确定主要取决于有效发挥桩的承载力和成桩工艺两方面因素

（B）为改善筏板的受力状态，桩筏基础应均匀布桩

（C）应使与基桩受水平力方向相垂直的方向有较大的抗弯截面模量

（D）桩群承载力合力点宜与承台平面形心重合，以减小荷载偏心的负面效应

【解析】参见《建筑桩基技术规范》（JGJ 94—2008）中 3.3.3 条及其条文说明。

（1）基桩最小中心距的确定主要取决于有效发挥桩的承载力和成桩工艺两方面，所以选项 A 正确；

（2）为改善承台的受力状态，特别是降低承台的整体弯矩、冲切力和剪切力，宜将桩布置于墙下和梁下，并适当弱化外围，选项 B 错误；

（3）当桩基受水平力时，应使基桩受水平力和力矩较大方向有较大抗弯截面模量，以增强桩基的水平承载力，减小桩基的倾斜变形，选项 C 错误；

（4）桩群承载力合力点与竖向永久荷载合力作用点重合，以减小荷载偏心的负面效应，选项 D 错误。

【考点】桩的选型与布置。

【参考答案】A

10.（2012-A-13）根据《建筑桩基技术规范》（JGJ 94—2008）规定，下列关于桩基布置原则的说法，（   ）是错误的。

（A）对于框架-核心筒结构桩筏基础，核心筒和外围框架结构下基桩应按等刚度、等桩长设计

（B）当存在软弱下卧层时，桩端以下硬持力层厚度不宜小于 3 倍设计桩径

（C）抗震设防区基桩进入液化土层以下稳定硬塑粉质黏土层长度不宜小于 4～5 倍桩径

（D）抗震设防烈度为 8 度的地区不宜采用预应力混凝土管桩

【解析】参见《建筑桩基技术规范》（JGJ 94—2008）。

（1）根据 3.3.3 条第 4 款，对于框架-核心筒结构桩筏基础，将桩相对集中布置于核心筒和柱下，外围框架柱宜采用复合桩基，有合适桩端持力层时，桩长宜减少，选项 A 错误；

（2）根据 3.3.3 条第 5 款，选项 B 正确；

（3）根据 3.4.6 条第 1 款，选项 C 正确；

（4）根据 3.3.2 条第 3 款，选项 D 正确。

【考点】桩的选型和布置。

【参考答案】A

11.（2013-B-7）根据《建筑桩基技术规范》（JGJ 94—2008），对于饱和黏性土场地，5 排 25 根摩擦型闭口 PHC 管桩群桩，其基桩的最小中心距可选（   ）。（*d* 为桩径）

（A）3.0*d*   (B) 3.5*d*   (C) 4.0*d*   (D) 4.5*d*

【解析】根据《建筑桩基技术规范》（JGJ 94—2008）3.3.1 条第 2 款，PHC 管桩为预应力高强度混凝土管桩，属于挤土桩，然后查表 3.3.3，得到桩基的最小中心距可选 4.5*d*。

【考点】桩的选型与布置。

【参考答案】D

12.（2013-B-46）桩筏基础下基桩的平面布置应考虑下列（   ）因素。

（A）桩的类型   (B) 上部结构荷载分布

（C）桩身的材料强度   (D) 上部结构刚度

【解析】根据《建筑桩基技术规范》（JGJ 94—2008）中 3.1.8 条和 3.3.3 条，桩筏基础要进行变刚度调平设计，需考虑上部结构刚度；基桩布置应考虑桩的类型、上部结构荷载的分布。

【考点】桩基的布置。

13.（2018-B-46）下列对《建筑桩基技术规范》（JGJ 94—2008）中基桩布置原则的理解，哪些是正确的？（　　）

（A）基桩最小中心距主要考虑有效发挥桩的承载力和成桩工艺

（B）布桩时须考虑桩身材料特性

（C）考虑上部结构与桩基础受力体系的最优平衡状态布桩

（D）布桩时须考虑改善承台的受力状态

【解析】根据《建筑桩基技术规范》（JGJ 94—2008）第3.3.3条的条文说明可知，选项A、C、D正确。

【考点】主要考查对于基桩布置原则的理解。

【参考答案】ACD

6.2　桩基的基本概念及构造

6.2.1　桩基基本设计规定

14.（2010-B-10）桩径 d、桩长 l 和承台下桩间土均相同，下列（　　）情况下，承台下桩间土的承载力发挥最大。

（A）桩端为密实的砂层，桩距为 $6d$

（B）桩端为粉土层，桩距为 $6d$

（C）桩端为密实的砂层，桩距为 $3d$

（D）桩端为粉土层，桩距为 $3d$

【解析】依据《建筑桩基技术规范》（JGJ 94—2008）5.2.5条，承台下桩间土的承载力发挥为 $\eta_c f_{ak} A_c$，随着桩间距的增加，承台效应系数 η_c 增大，桩间土的承载力发挥大。当桩端持力层较软时，桩体沉降大，容易产生较大的刺入沉降，则桩周土体所承担的荷载增大，因此选项B的桩间土的承载力发挥最大。

【考点】桩基设计的基本规定。

【参考答案】B

15.（2010-A-49）《建筑桩基技术规范》（JGJ 94—2008）在关于桩基设计所采用的作用效应组合和抗力取值原则的叙述，下列（　　）是正确的。

（A）确定桩数和布桩时，由于抗力是采用基桩或复合基桩极限承载力除以综合安全系数 $K=2$ 确定的特征值，故采用荷载分项系数 $\gamma_G=1$、$\gamma_Q=1$ 的荷载效应标准组合

（B）验算坡地、岸边建筑桩基整体稳定性采用综合安全系数，故其荷载效应采用 $\gamma_G=1$、$\gamma_Q=1$ 的标准组合

（C）在计算荷载作用下基桩沉降和水平位移时，考虑土体固结变形时效特点，应采用荷载效应基本组合

（D）在计算承台结构和桩身结构时，应与上部混凝土结构一致，承台顶面作用效应应采用基本组合，其抗力应采用包含抗力分项系数的设计值

【解析】依据《建筑桩基技术规范》（JGJ 94—2008）3.1.7条的条文说明第1款，得到选项A正确；根据规范3.1.7条的条文说明第3款，得到选项B正确；根据规范3.1.7条的条文说明第2款，得到在计算荷载作用下基桩沉降和水平位移时，考虑土体固结变形时效特点，应采用荷载效应准永久组合，选项C错误；根据规范3.1.7条条文说明第4款，得到选项D正确。

【考点】桩基础设计的基本规定。

【参考答案】ABD

16.（2011-A-14）按照《建筑桩基技术规范》（JG J94—2008）的要求，关于桩基设计采用的作用

效应组合，下列（　　）是正确的。

（A）计算桩基结构承载力时，应采用荷载效应标准组合

（B）计算荷载作用下的桩基沉降时，应采用荷载效应标准组合

（C）进行桩身裂缝控制验算时，应采用荷载效应准永久组合

（D）验算岸边桩基整体稳定时，应采用荷载效应基本组合

【解析】根据《建筑桩基技术规范》（JGJ94—2008）中3.1.7条：

（1）计算桩基结构承载力时，应采用荷载效应基本组合，选项A错误；

（2）计算荷载作用下的桩基沉降时，应采用荷载效应准永久组合，选项B错误；

（3）进行桩身裂缝控制验算时，应采用荷载效应准永久组合，选项C正确；

（4）验算岸边桩基整体稳定时，应采用荷载效应标准组合，选项D错误。

【考点】桩基础设计的一般规定。

【参考答案】C

17.（2019-B-13）对于二类和三类环境中，设计使用年限为50年的桩基础，下列关于其耐久性设计控制要求中，哪个选项符合规定？（　　）

（A）位于2a类环境中的预应力混凝土管桩，其水泥用量不低于250kg/m³

（B）位于2b类环境中的钢筋混凝土桩基，其混凝土最大水灰比不得超过0.6

（C）位于三类环境中的钢筋混凝土桩基，使用碱活性骨料时，混凝土的最大碱含量不得超过3.0kg/m³

（D）位于三类环境中的预应力混凝土管桩，其最大裂缝宽度限值为0.2mm

【解析】参见《建筑桩基技术规范》（JGJ94—2008）第3.5.2和3.5.3条（见表6-1、表6-2）。

表6-1　　　　　二类和三类环境桩基结构混凝土耐久性的基本要求

环境类别		最大水灰比	最小水泥用量（kg/m³）	最低混凝土强度等级	最大氯离子含量（%）	最大碱含量（kg/m³）
二	a	0.60	250	C25	0.3	3.0
	b	0.55	275	C30	0.2	3.0
三		0.50	300	C30	0.1	3.0

注：1　氯离子含量系指其与水泥用量的百分率；
　　2　预应力构件混凝土中最大氯离子含量为0.06%，最小水泥用量为300kg/m³；最低混凝土强度等级应按表中规定提高两个等级。

表6-2　　　　　桩身的裂缝控制等级及最大裂缝宽度限值

环境类别		钢筋混凝土桩		预应力混凝土桩	
		裂缝控制等级	w_{lim}（mm）	裂缝控制等级	w_{lim}（mm）
二	a	三	0.2（0.3）	二	0
	b	三	0.2	二	0
三		三	0.2	二	0

注：1　水、土为强、中腐蚀性时，抗拔桩裂缝控制等级应提高一级。

位于2a类环境中的预应力混凝土管桩，其水泥用量不低于300kg/m³，因此选项A有误。

位于2b类环境中的钢筋混凝土桩基，其混凝土最大水灰比不得超过0.55，因此选项B有误。

位于三类环境中的预应力混凝土管桩，其最大裂缝宽度限值为0mm，因此选项D有误。

【考点】桩的耐久性规定。

【参考答案】C

18.（2014-B-13）对于设计使用年限不少于50年、非腐蚀环境中的建筑桩基，下列（　　）不符合《建筑地基基础设计规范》（GB 50007—2011）的要求。

（A）预制桩的混凝土强度等级不应低于C30

（B）预应力桩混凝土强度等级不应低于 C35

（C）灌注桩的混凝土强度等级不应低于 C25

（D）预应力混凝土管桩用作抗拔桩时，应按桩身裂缝控制等级为二级的要求进行桩身混凝土抗裂验算

【解析】根据《建筑地基基础设计规范》（GB 50007—2011）8.5.3 条第 5 款，设计使用年限不少于 50 年时，非腐蚀环境中预制桩的混凝土强度等级不应低于 C30，预应力桩不应低于 C40，灌注桩的混凝土强度等级不应低于 C25，故选项 A、C 正确，选项 B 错误。

根据 8.5.12 条非腐蚀环境中的抗拔桩应根据环境类别控制裂缝宽度满足设计要求，预应力混凝土管桩应按桩身裂缝控制等级为二级的要求进行桩身混凝土抗裂验算，故选项 D 正确。

【考点】混凝土桩的设计。

【参考答案】B

19.（2020-B-46）下列哪些选项是桩基设计时需要考虑的因素（   ）。

（A）桩的施工工艺

（B）桩间距

（C）成桩设备选型

（D）桩的配筋率

【解析】参见《建筑桩基技术规范》（JGJ 94—2008）：

（1）依据 3.1.7 条，桩基设计时需根据荷载效应组合确定桩数并进行布桩，桩的配筋率与桩的承载力相关，故选项 B、D 正确。

（2）依据 3.3.1、3.3.2 条，桩的选型可以按照桩的挤土效应进行分类，挤土桩在黏性土和非黏性土中产生的效应不同，进而导致桩的承载力发生变化，因此选项 A 正确。

（3）成桩设备选型是桩基施工需要考虑的因素，不是桩基设计需要考虑的因素，因此选项 C 错误。

【考点】桩基设计的相关规定。

【参考答案】ABD

6.2.2 基桩构造

20.（2009-A-19）根据《建筑桩基技术规范》（JGJ 94—2008）的相关规定，下列关于灌注桩配筋的要求中正确的是（   ）。

（A）抗拔桩的配筋长度应为桩长的 2/3

（B）摩擦桩的配筋应为桩长的 1/2

（C）受负摩阻力作用的基桩，桩身配筋长度应穿过软弱层并进入稳定土层

（D）受压桩主筋不应少于 6Φ6

【解析】根据《建筑桩基技术规范》（JGJ 94—2008）：

（1）依据 4.1.1 条第 2 款得到抗拔桩的配筋长度应为通长配筋，选项 A 错误；

（2）依据 4.1.1 条第 2 款摩擦桩的配筋长度不应小于桩长的 2/3，选项 B 错误；

（3）依据 4.1.1 条第 2 款得到受负摩阻力作用的基桩，桩身配筋长度应穿过软弱层并进入稳定土层，进入的深度不应小于（2~3）d，选项 C 正确；

（4）依据 4.1.1 条第 3 款得到抗压桩主筋不应少于 6Φ10，选项 D 错误。

【考点】基桩构造。

【参考答案】C

21.（2012-A-18）根据《建筑桩基技术规范》（JGJ 94—2008）有关规定，下列关于基桩构造和设计的做法，（   ）不符合要求。

（A）关于桩身混凝土最低强度等级：预制桩 C30，灌注桩 C25，预应力实心桩 C40

（B）关于最小配筋率：打入式预制桩 0.8%，静压预制桩 0.6%

（C）钻孔桩的扩底直径应小于桩身直径的 3 倍

（D）后注浆钢导管注浆后可等效替代纵向钢筋

【解析】参见《建筑桩基技术规范》（JGJ 94—2008）。

（1）依据4.1.5条，预制桩的混凝土强度等级不宜低于C30；预应力混凝土实心桩的混凝土强度等级不应低于C40；依据4.1.2条，桩身混凝土强度等级不得小于C25，选项A正确。

（2）依据4.1.6条，预制桩的最小配筋率不宜小于0.8%。静压法沉桩时，最小配筋率不宜小于0.6%，选项B正确。

（3）依据4.1.3条第1款，钻孔桩的扩底直径应小于桩身直径的2.5倍，选项C错误。

（4）根据5.3.11条，后注浆钢导管注浆后可替代等截面、等强度的纵向主筋，选项D正确。

【考点】桩基构造和计算。

【参考答案】C

22.（2014-B-14）根据《建筑桩基技术规范》（JGJ 94—2008）的规定，采用静压法沉桩时，预制桩的最小配筋率不宜小于（　　）。

（A）0.4%　　　　　　　　　　　　（B）0.6%

（C）0.8%　　　　　　　　　　　　（D）1.0%

【解析】根据《建筑桩基技术规范》（JGJ 94—2008）中4.1.6条，静压法沉桩时，最小配筋率不宜小于0.6%，故选项B正确。

【考点】混凝土预制桩的构造。

【参考答案】B

23.（2014-B-49）根据《建筑桩基技术规范》（JGJ 94—2008），桩身直径为1.0m扩底灌注桩，当扩底部分土层为粉土，采用人工挖孔时，符合规范要求的扩底部分设计尺寸为下列（　　）。（D—扩底直径，h_c—扩底高度）

（A）$D=1.6$m，$h_c=0.8$m　　　　　（B）$D=2.0$m，$h_c=0.5$m

（C）$D=3.0$m，$h_c=3.0$m　　　　　（D）$D=3.2$m，$h_c=3.2$m

【解析】根据《建筑桩基技术规范》（JGJ 94—2008）中4.1.3条第1款，挖孔桩的D/d不应大于3，即$D/d \leq 3$，$D \leq 3d = 3 \times 1.0$m$=3$m，可排除选项D。

根据《建筑桩基技术规范》（JGJ 94—2008）中4.1.3条第2款，扩底端侧面的斜率应根据实际成孔及土体自立条件确定，a/h_c粉土、黏性土可取$1/3 \sim 1/2$，即：$1/3 \leq a/h_c \leq 1/2$。

选项A：$a/h_c = \dfrac{(1.6-1.0)}{0.8 \times 2} = \dfrac{3}{8}$，满足要求。

选项B：$a/h_c = \dfrac{(2.0-1.0)}{0.5 \times 2} = 1$，不满足要求。

选项C：$a/h_c = \dfrac{(3.0-1.0)}{3.0 \times 2} = \dfrac{1}{3}$，满足要求。

【考点】桩基构造。

【参考答案】AC

24.（2016-B-7）某竖向承载的端承型灌注桩，桩径0.8m，桩长18m。按照《建筑桩基技术规范》（JGJ 94—2008）规定，钢筋笼最小长度为下列何值？（不计锚入承台钢筋长度）（　　）

（A）6m　　　　　　　　　　　　　（B）9m

（C）12m　　　　　　　　　　　　　（D）18m

【解析】根据《建筑桩基技术规范》（JGJ 94—2008）4.1.1条第2款，端承型桩和位于坡地、岸边的基桩应沿桩身等截面或变截面通长配筋。

【考点】钢筋笼最小长度。

【参考答案】D

25.（2016-B-9）按照《建筑桩基技术规范》（JGJ 94—2008）规定，下列抗压灌注桩与承台连接图中，正确的选项是哪个？（　　）

（A）

（B）

（C）

（D）

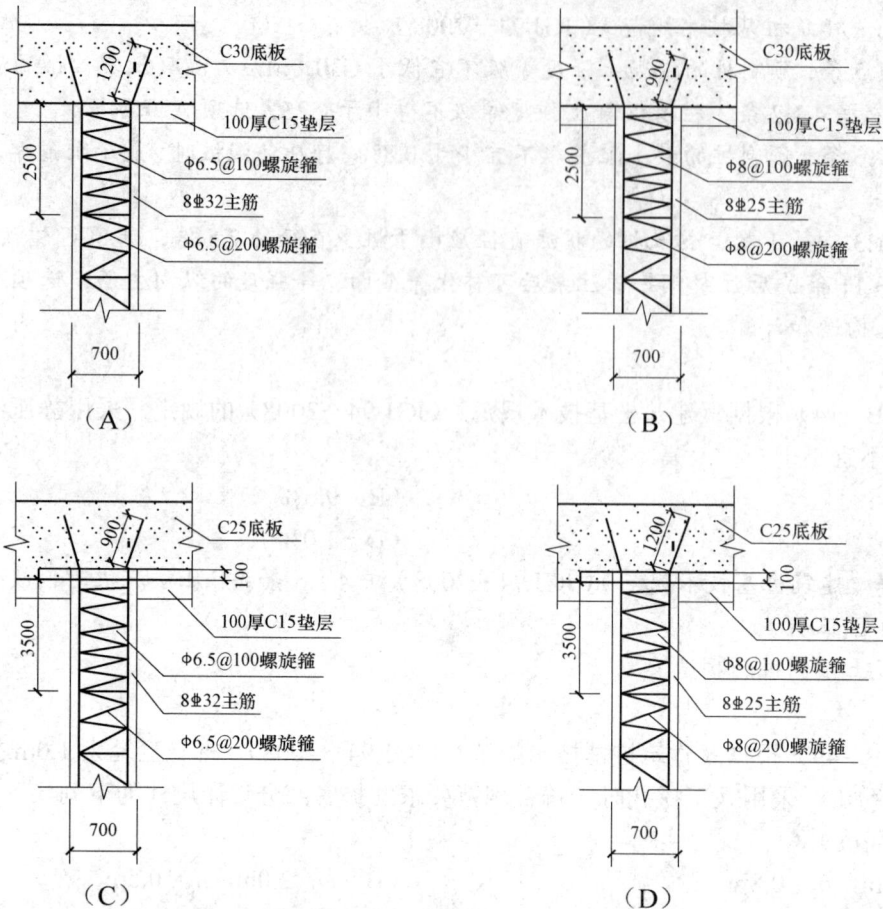

【解析】根据《建筑桩基技术规范》（JGJ 94—2008）4.1.1 条第 4 款，考虑主筋作用计算桩身受压承载力时，桩顶以下 $5d$ 范围内的箍筋应加密，间距不应大于 100mm，对应 $5d=5\times700\text{mm}=3500\text{mm}$，可知选项 A、B 错误。

根据 4.2.4 条第 2 款，混凝土桩的桩顶纵向主筋应锚入承台内，其锚入长度不宜小于 35 倍纵向主筋直径。对于选项 C，$35\times32\text{mm}=1120\text{mm}$，图中锚入长度为 900mm，选项 C 错误。选项 D 图中锚入长度为 1200mm，满足要求。

【考点】桩与承台的连接。

【参考答案】D

26.（2016-B-10）某扩底灌注桩基础，设计桩身直径为 1.0m，扩底直径为 2.2m，独立 4 桩承台。根据《建筑地基基础设计规范》（GB 50007—2011），该扩底桩的最小中心距不宜小于下列何值？（　　）

（A）3.0m　　　　（B）3.2m　　　　（C）3.3m　　　　（D）3.7m

【解析】根据《建筑地基基础设计规范》（GB 50007—2011）8.5.3 条，扩底灌注桩的中心距不宜小于扩底直径的 1.5 倍，即：$1.5D=1.5\times2.2\text{m}=3.3\text{m}$；当扩底直径大于 2m 时，桩端净距不宜小于 1m。最小中心距取 3.3m 时，$3.3\text{m}-2.2\text{m}=1.1\text{m}>1\text{m}$，满足要求。

【考点】扩底桩的中心距。

【参考答案】C

27.（2017-B-14）某群桩基础，桩径 800mm，下列关于桩基承台设计的哪个选项符合《建筑桩基技术规范》（JGJ 94—2008）的要求？（　　）

（A）高层建筑平板式和梁板式筏形承台的最小厚度不应小于 200mm

（B）柱下独立桩基承台的最小宽度不应小于 200mm

（C）对于墙下条形承台梁，承台的最小厚度不应小于 200mm

（D）墙下布桩的剪力墙结构筏形承台的最小厚度不应小于 200mm

【解析】根据《建筑桩基技术规范》（JGJ 94—2008）4.2.1 条第 2 款，高层建筑平板式和梁板式筏形承台的最小厚度不应小于400mm，故选项A错误。

根据4.2.1条第1款，独立柱下桩基承台的最小宽度不应小于500mm，故选项B错误。对于墙下条形承台梁桩的外边缘至承台梁边缘的距离不应小于75mm。承台的最小厚度不应小于300mm，故选项C错误。

根据4.2.1条第2款，墙下布桩的剪力墙结构筏形承台的最小厚度不应小于200mm，故选项D正确。

【考点】承台构造。

【参考答案】D

28.（2017-B-52）某高层建筑采用钻孔灌注桩基础，桩径800mm，桩长15m，单桩承担竖向受压荷载2000kN，桩端持力层为中风化花岗岩，设计所采取的下列哪些构造措施符合《建筑桩基技术规范》（JGJ 94—2008）的要求？（　　）

（A）纵向主筋配8Φ20　　　　　　　　　（B）桩身通长配筋

（C）桩身混凝土强度等级为C20　　　　　（D）主筋的混凝土保护层厚度不小于50mm

【解析】根据《建筑桩基技术规范》（JGJ 94—2008）4.1.1条第3款，对于抗压桩和抗拔桩，主筋不应少于6Φ10，故选项A正确。

根据4.1.1条第2款，端承型桩应沿桩身等截面或变截面通长配筋，故选项B正确。

根据4.1.2条第1款，桩身混凝土强度等级不得小于C25，故选项C错误。

根据4.1.2条第2款，灌注桩主筋的混凝土保护层厚度不应小于35mm，水下灌注桩的主筋混凝土保护层厚度不得小于50mm，故选项D正确。

【考点】桩基构造。

【参考答案】ABD

29.（2018-B-12）某干作业钻孔扩底桩，扩底设计直径3.0m，根据《建筑桩基技术规范》（JGJ 94—2008），其上部桩身的最小直径应为下列哪个选项？（　　）

（A）0.8m　　　（B）1.0m　　　（C）1.2m　　　（D）1.5m

【解析】根据《建筑桩基技术规范》（JGJ 94—2008）第4.1.3条第1款，钻孔扩底桩$D/d\leq2.5$，所以$d\geq3m/2.5=1.2m$。

【考点】主要考查钻孔扩底桩扩底设计直径与桩身直径关系。

【参考答案】C

30.（2018-B-13）某高层建筑采用钻孔灌注桩基础，设计桩长30.0m，基坑开挖深度15.0m，在基坑开挖前进行桩基施工，根据《建筑地基基础设计规范》（GB 50007—2011），桩身纵向钢筋配筋长度最短宜为下列哪个选项？（　　）

（A）30.0m　　　（B）25.0m　　　（C）20.0m　　　（D）15.0m

【解析】根据《建筑地基基础设计规范》（GB 50007—2011）第8.5.3条第8款规定，钻孔灌注桩构造钢筋长度不宜小于桩长的2/3，得到30m×2/3=20m；桩基在基坑开挖前完成时，其钢筋长度不宜小于基坑深度的1.5倍，得到1.5×15m=22.5m，取大值。

【考点】主要考查钻孔灌注桩桩身纵向钢筋配筋长度构造规定。

【参考答案】B

31.（2019-B-8）某建筑工程，基坑深度20.0m，采用钻孔灌注桩基础，设计桩长36.0m。基桩纵向构造配筋的合理长度不宜小于下列哪个选项？（　　）

（A）36.0m　　　（B）30.0m　　　（C）26.0m　　　（D）24.0m

【解析】根据《建筑地基基础设计规范》（GB 50007—2011）第8.5.3条第8款，钻孔灌注桩构造钢筋的长度不宜小于桩长的2/3，即2/3×36m=24m。桩施工在基坑开挖前完成时，其钢筋长度不宜小于基坑深度的1.5倍，即1.5×20m=30m。

【考点】桩配筋的构造长度。

【参考答案】B

6.2.3 嵌岩桩

32.（2016-B-12）某铁路工程，采用嵌入完整的坚硬基岩的钻孔灌注桩，设计桩径为 0.8m，根据《铁路桥涵地基和基础设计规范》（TB 10093—2017），计算嵌入深度为 0.4m，其实际嵌入基岩的最小深度应为下列哪个选项？（　　）

（A）0.4m　　　　　（B）0.5m　　　　　（C）0.8m　　　　　（D）1.2m

【解析】根据《铁路桥涵地基和基础设计规范》（TB 10093—2017）6.3.9 条，嵌入新鲜岩面以下的钻（挖）孔灌注桩，其嵌入深度应根据计算确定，但不应小于 0.5m。

【考点】嵌岩桩的嵌岩深度。

【参考答案】B

6.2.4 特殊条件下的桩基设计

33.（2011-B-12）下列（　　）的措施对提高桩基抗震性能无效。

（A）对受地震作用的桩，桩身配筋长度穿过可液化土层

（B）承台和地下室侧墙周围回填料应松散，地震时可消能

（C）桩身通长配筋

（D）加大桩径，提高桩的水平承载力

【解析】参见《建筑桩基技术规范》（JGJ 94—2008）。

（1）根据 4.1.1 条，对于受地震作用的桩基，桩身配筋长度应穿过可液化土层和软弱土层，因此选项 A、C 正确。

（2）根据 3.4.6 条第 2 款，承台和地下室侧墙周围应采用灰土、级配砂石、压实性较好的素土回填，并分层夯实，也可以采用素混凝土回填，所以选项 B 错误。

（3）加大桩径，提高桩的水平承载力有利于抗震，选项 D 正确。

【考点】基桩的抗震。

【参考答案】B

34.（2014-B-48）根据《建筑桩基技术规范》（JGJ 94—2008），下列（　　）的做法与措施符合抗震设防区桩基的设计原则。

（A）桩应进入液化土层以下稳定土层一定深度

（B）承台和地下室侧墙周围应松散回填，以耗能减震

（C）当承台周围为可液化土时，将承台外每侧 1/2 承台边长范围内的土进行加固

（D）对于存在液化扩展地段，应验算桩基在土流动的侧向作用力下的稳定性

【解析】参见《建筑桩基技术规范》（JGJ 94—2008）3.4.6 条。

（1）根据 3.4.6 条第 1 款，桩进入液化土层以下稳定土层的长度（不包括桩尖部分）应按计算确定，故选项 A 正确。

（2）根据 3.4.6 条第 2 款，承台和地下室侧墙周围应采用灰土、级配砂石、压实性较好的素土回填，并分层夯实，也可采用素混凝土回填，所以选项 B 错误。

（3）根据 3.4.6 条第 3 款，当承台周围为可液化土或地基承载力特征值小于 40kPa（或不排水抗剪强度小于 15kPa）的软土，且桩基水平承载力不满足计算要求时，可将承台外每侧 1/2 承台边长范围内的土进行加固，故选项 C 正确。

（4）根据 3.4.6 条第 4 款，对于存在液化扩展的地段，应验算桩基在土流动的侧向作用力下的稳定性，故选项 D 正确。

【考点】抗震设防区桩基的设计原则。

【参考答案】ACD

35.（2018-A-35）在非液化土中低承台桩基单桩水平向抗震承载力验算时，其特征值取下列哪一项？（　　）

（A）非抗震设计时的值

（B）非抗震设计时提高 25% 的值

（C）非抗震设计时降低 25% 的值

（D）依据抗震设防烈度及建筑物重要性取用不同的值

【解析】根据《建筑抗震设计规范》（GB 50011—2010）（2016 年版）第 4.4.2 条第 1 款可知，选 B。

【考点】主要考查对于单桩抗震承载力取值的理解。

【参考答案】B

36.（2018-A-38）对某 40m 长灌注桩在 30m 深度进行自平衡法检测单桩竖向抗压承载力，下列桩身轴力沿深度变化曲线合理的是下列哪个选项？（　　）

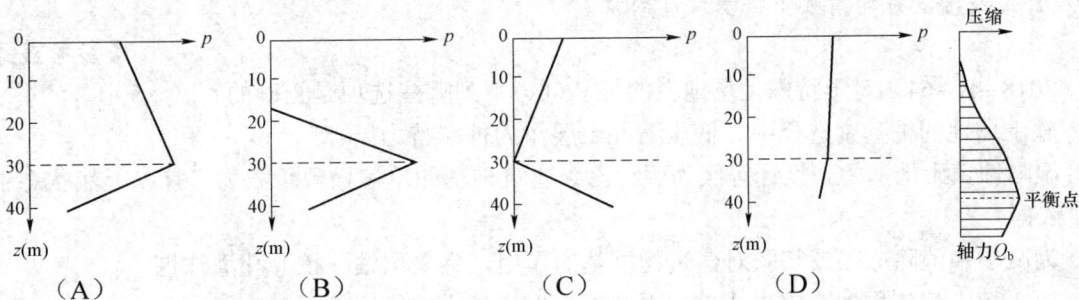

（A）　　　　　　（B）　　　　　　（C）　　　　　　（D）

【解析】根据《基桩自平衡法静载试验规程》（JGJ 403—2017），平衡点是指基桩桩身某一位置，其上段桩桩身自重及上段桩的桩侧极限摩阻力之和等于下段桩桩侧极限摩阻力及极限桩端阻力之和基本相等的点。自平衡法使将荷载箱置于桩身平衡点处，通过实验数据绘制上、下桩的荷载-位移曲线，从而得到受测桩的极限承载力。根据《基桩自平衡法静载试验规程》（JGJ 403—2017）附录 E.0.2 图，所以选项 B 正确。

【考点】主要考查对于自平衡法检测单桩竖向抗压承载力方法的理解。

【参考答案】B

37.（2018-B-8）下列对于《建筑桩基技术规范》（JGJ 94—2008）中有关软土地基的桩基设计原则的理解哪项是正确的？（　　）

（A）为改善软土中桩基的承载性状，桩宜穿过中、低压缩性砂层，选择与上部土层相似的软土层作为持力层

（B）挤土桩产生的挤土效应有助于减小桩基沉降量

（C）为保证灌注桩桩身质量，宜采用挤土沉管灌注桩

（D）为减少基坑开挖对桩基质量的影响，宜先开挖后打桩

【解析】（1）根据《建筑桩基技术规范》（JGJ 94—2008）第 3.4.1 条及条文说明，选项 A 错误。

（2）成桩过程中的挤土效应在饱和黏性土中是负面的，会引起灌注桩断桩、缩颈等质量事故，在软土地基中施工预制混凝土桩和钢桩则会导致桩体上浮，降低承载力，增大沉降量，选项 B 错误。

（3）由于沉管灌注桩应用不当的普遍性及其导致的严重后果，在软土地区仅限于多层住宅单排桩条基使用，使用受到较为严格的限制，故选项 C 错误。

（4）软土地基考虑到基桩施工有利的作业条件，往往先成桩后开挖，但这样必须严格执行均衡开挖，以保证基桩不发生水平位移和折断，选项 D 可以减小基坑开挖对桩的影响，选项 D 正确。

【考点】主要考查对于软土地基桩基设计原则的理解。

【参考答案】D

38.（2018-B-50）某仓储工程位于沿海吹填土场地，勘察报告显示，地面以下 25m 范围内为淤泥，地基土及地下水对混凝土中的钢筋具有中等腐蚀性。在桩基设计时，应考虑下列哪些因素？（　　）

（A）负摩阻力对桩承载力的影响

（B）地下水和地基土对桩身内钢筋的腐蚀性影响

（C）地下水和地基土对桩基施工设备的腐蚀性影响

（D）当采用PHC管桩时应对桩身防腐处理

【解析】（1）由于地面以下25m范围内为淤泥土，易产生负摩阻力，应考虑负摩阻力对桩基承载力的影响，选项A正确。

（2）地基土及地下水对混凝土中的钢筋具有中等腐蚀性，应考虑对桩身内钢筋的腐蚀性影响，选项B正确。

（3）桩基施工设备一般自身具备一定的防腐性，除非特殊情况，不需要考虑地下水和地基土对桩基施工设备自身腐蚀性影响，选项C错误。

（4）PHC管桩应对桩身进行防腐处理，选项D正确。

【考点】主要考查特殊情况下桩基设计因素。

【参考答案】ABD

39.（2018-B-64）对于特殊性场地上的桩基础，下列哪些选项是正确的？（　　）

（A）软土场地的桩基宜选择中、低压缩性土层作为桩端持力层

（B）湿陷性黄土地基中，设计等级为甲、乙级建筑桩基的单桩极限承载力，宜以天然状态下载荷试验为主要依据

（C）为减小和消除冻胀或膨胀对建筑物桩基的作用，宜采用钻（挖）孔灌注桩

（D）对于填土建筑场地，宜先成桩后再填土并保证填土的密实性

【解析】根据《建筑桩基技术规范》（JGJ 94—2008）第3.4.1条第1款，选项A正确；根据第3.4.2条第2款，湿陷性黄土地基中，设计等级为甲、乙级建筑桩基的单桩极限承载力，宜以浸水载荷试验为主要依据，不是天然状态下，故选项B错误；根据第3.4.3条第2款，选项C是原文，故正确；根据第3.4.7条，对于填土建筑场地，宜先填土并保证填土的密实性，软土场地填土前应采取预设塑料排水板等措施，待填土地基沉降基本稳定后方可成桩，故选项D错误。

【考点】特殊土的桩基设计原则。

【参考答案】AC

6.2.5 挤土效应

40.（2010-B-13）下列成桩挤土效应的叙述中，（　　）是正确的。

（A）不影响桩基设计选型、布桩和成桩质量控制

（B）在饱和黏性土中，会起到排水加密、提高承载力的作用

（C）在松散土和非饱和填土中，会引发灌注桩断桩、缩颈等质量问题

（D）对于打入式预制桩，会导致桩体上浮，降低承载力，增大沉降

【解析】根据《建筑桩基技术规范》（JGJ 94—2008）3.3.1条、3.3.2条文说明：

（1）挤土效应一般是指在挤土桩成桩过程中，由于超静孔隙水压力和挤压作用，造成桩周土体结构受到扰动，改变了土体的应力状态，一般表现为浅层土体的隆起和深层土体的横向挤出。

（2）成桩过程中有无挤土效应，涉及设计选型、布桩和成桩过程质量控制，选项A错误。

（3）成桩过程中的挤土效应在饱和黏性土中是负面的，会引起灌注桩断桩、缩颈等质量事故，对于挤土预制混凝土桩和钢桩会导致桩体上浮，降低承载力，增大沉降；挤土效应还会造成周边房屋、市政设施受损；在松散土和非饱和填土中则是正面的，会起到加密、提高承载力的作用，故选项B、C错误，选项D正确。

【考点】桩的挤土效应。

【参考答案】D

41.（2012-A-52）在软土地区施工预制桩，下列（　　）措施能有效减少或消除挤土效应的影响。

（A）控制沉桩速率　　　　　　　　　（B）合理安排沉桩顺序

（C）由锤击沉桩改为静压沉桩　　　　（D）采取引孔措施

【解析】根据《建筑桩基技术规范》（JGJ 94—2008）3.4.1条第3款及条文说明，采用挤土桩时，应采取消减孔隙水压力和挤土效应的技术措施，减小挤土效应对成桩质量、邻近建筑物、道路、地下管线和基坑边坡等产生的不利影响；对于预制桩和钢桩的沉桩，应采取减小孔压和减轻挤土效应的措施，包括施打塑料排水板、应力释放孔、引孔沉桩、控制沉桩速率等。选项A、D正确。

根据7.4.4条及条文说明：预制桩要安排合理的施工顺序，否则容易造成桩位偏移、桩体上涌、地面隆起过多、建筑物破坏等事故。选项B正确。

【考点】挤土效应。

【参考答案】ABD

42.（2019—B—12）下列哪种桩型的挤土效应最小？（　　）

（A）实芯预制方桩
（B）敞口预制管桩
（C）闭口钢管桩
（D）沉管灌注桩

【解析】根据《建筑桩基技术规范》（JGJ 94—2008）第3.3.1条：

（1）非挤土桩：干作业法钻（挖）孔灌注桩、泥浆护壁法钻（挖）孔灌注桩、套管护壁法钻（挖）孔灌注桩。

（2）部分挤土桩：长螺旋压灌灌注桩、冲孔灌注桩、钻孔挤扩灌注桩、搅拌劲芯桩、预钻孔打入（静压）预制桩、打入（静压）式敞口钢管桩、敞口预应力混凝土空心桩和H型钢桩。

（3）挤土桩：沉管灌注桩、沉管夯（挤）扩灌注桩、打入（静压）预制桩、闭口预应力混凝土空心桩和闭口钢管桩。

选项A、C、D均为桩端完全闭合，为完全挤土桩，完全不排土。选项B为敞口预制桩，属于少量挤土桩，挤土效应没有完全挤土桩那么强烈。

【考点】挤土桩的判别。

【参考答案】B

6.2.6 变刚度调平设计

43.（2009—A—50）根据《建筑桩基技术规范》（JGJ 94—2008），下列关于变刚度调平设计方法的论述中，（　　）是正确的。

（A）变刚度调平设计应考虑上部结构形式荷载、地层分布及其相互作用效应
（B）变刚度主要指调查上部结构荷载的分布，使之与基桩的支撑刚度相匹配
（C）变刚度主要指通过调整桩径，桩长，桩距等改变基桩支撑刚度分布，使之与上部结构荷载相匹配
（D）变刚度调平设计的目的是使建筑物沉降趋于均匀，承台内力降低

【解析】根据《建筑桩基技术规范》（JGJ 94—2008）3.1.8条及条文说明：

（1）变刚度调平概念设计旨在减小差异变形、降低承台内力和上部结构次内力，以节约资源，提高建筑物使用寿命，确保正常使用功能。按变刚度调平设计的撞击，宜进行上部结构—承台—桩—土共同工作分析，可知选项A、D正确。

（2）变刚度主要指使基桩支撑刚度分布与上部结构荷载相匹配，而不是使上部结构荷载的分布于基桩的支撑刚度相匹配，可知选项C正确，选项B错误。

【考点】桩基的基本设计规定。

【参考答案】ACD

44.（2010—B—52）下列关于《建筑桩基技术规范》（JGJ 94—2008）中变刚度调平设计概念的说法，（　　）是正确的。

（A）变刚度调平设计可减小差异变形
（B）变刚度调平设计可降低承台内力
（C）变刚度调平设计可不考虑上部结构荷载分布
（D）变刚度调平设计可降低上部结构的次内（应）力

【解析】根据《建筑桩基技术规范》（JGJ 94—2008）3.1.8条及条文说明：变刚度调平概念设计旨在

减小差异变形、降低承台内力和上部结构次内力，以节约资源，提高建筑物使用寿命，确保正常使用功能。变刚度设计依据上部荷载的特点，通过调整地基或基桩的竖向支承刚度分布，促使差异沉降减到最小，基础或承台内力和上部结构次应力显著降低。

【考点】桩基础设计的基本规定。

【参考答案】ABD

45.（2016-B-48）下列哪些选项符合桩基变刚度调平设计理念？（   ）

（A）对局部荷载较大区域采用桩基，其他区域采用天然地基

（B）裙房与主楼基础不断开时，裙房采用小直径预制桩，主楼采用大直径灌注桩

（C）对于框架-核心筒结构高层建筑桩基，核心筒区域桩间距采用 $3d$，核心筒外围区域采用 $5d$

（D）对于大体量筒仓，考虑边桩效应，适当增加边桩、角桩数量，减少中心桩数量

【解析】参见《建筑桩基技术规范》（JGJ 94—2008）。

（1）第 3.1.8 条文说明第 5 款：在天然地基承载力满足要求的情况下，可对荷载集度高的区域实施局部增强处理，包括采用局部桩基与局部刚性桩复合地基。选项 A 正确。对于主裙楼连体建筑基础，应增强主体（采用桩基），弱化裙房（采用天然地基、疏短桩、复合地基等），裙房采用小直径预制桩，主楼采用大直径灌注桩是可行的。选项 B 正确。

（2）第 3.1.8 条：对于大体量筒仓、储罐的摩擦型桩基，宜按内强外弱原则布桩，即增加中间桩数量，减少角桩、边桩数量。选项 D 错误。

（3）第 3.3.3 条文说明第 4 款：框架-核心筒结构应强化内部核心筒和剪力墙区，弱化外围框架区，对刚度强化区，采取增加桩长、增大桩径、减小桩距的措施，对刚度弱化区，除调整桩的几何尺寸外，宜按复合桩基设计。选项 C 正确。

【考点】桩基变刚度调平设计。

【参考答案】ABC

46.（2018-B-48）下列选项中，哪些是建筑桩基础变刚度调平设计的主要目的？（   ）

（A）减小建筑物的沉降   （B）增加基桩的承载力

（C）减小建筑物的差异沉降   （D）减小承台内力

【解析】根据《建筑桩基技术规范》（JGJ 94—2008）第 3.1.8 条的条文说明，选项 C、D 正确。

【考点】主要考查桩基础变刚度调平设计。

【参考答案】CD

6.3 桩基设计与计算

6.3.1 桩顶作用效应

47.（2009-A-48）《建筑桩基技术规范》（JGJ 94—2008）中对于一般建筑物的柱下独立桩基，桩顶作用效应计算公式中隐含了下列（   ）的假定。

（A）在水平荷载效应标准组合下，作用于各基桩的水平力相等

（B）各基桩的桩距相等

（C）在荷载效应标准组合竖向力作用下，各基桩的竖向力不一定都相等

（D）各基桩的平均竖向力与作用的偏心竖向力的偏心距大小无关

【解析】根据《建筑桩基技术规范》（JGJ 94—2008）5.1.1 条得到选项 A 正确；根据 5.1.1 条得到选项 B 错误；根据 5.1.1 条得到选项 C 正确；根据 5.1.1 条得到选项 D 正确。

【考点】基桩的桩顶作用效应。

【参考答案】ACD

48.（2014-B-7）在《建筑桩基技术规范》（JGJ 94—2008），关于偏心竖向压力作用下，群桩基础

中基桩桩顶作用效应的计算，下列（　　）的叙述是正确的。

（A）距离竖向力合力作用点最远的基桩，其桩顶竖向作用力计算值最小

（B）中间桩的桩顶作用力计算值最小

（C）计算假定承台下桩顶作用力为马鞍形分布

（D）计算假定承台为柔性板

【解析】根据《建筑桩基技术规范》（JGJ 94—2008）公式（5.1.1-2），偏心作用下，最远的基桩受力是最大和最小的，所以选项 B 错误。选项 A 严格来说不正确，但是根据 5.1.1 条文说明中按承台为刚性板和反力呈线性分布的假定可知，选项 C、D 均错误。相比而言，选项 A 正确。

【考点】桩顶作用效应。

【参考答案】A

6.3.2 桩基竖向承载力

49.（2010-B-11）下列关于 CFG 桩复合地基中的桩和桩基础中的桩承载特性的叙述，（　　）是正确的。

（A）两种情况下的桩承载力一般都是由侧摩阻力和端阻力组成

（B）两种情况下桩身抗剪能力相当

（C）两种情况下桩身抗弯能力相当

（D）两种情况下桩配筋要求是相同的

【解析】CFG 桩主要用于地基处理中，主要承受竖向荷载，桩身不配筋，抗剪、抗弯能力差；桩基础中的桩，不仅能够承受竖向荷载，而且能够承受水平荷载，有配筋，具备较好的抗剪、抗弯能力，选项 B、C、D 错误。

以上两种桩的桩身承载力一般都由侧摩阻力和端阻力组成，并应满足桩身材料强度的核算，选项 A 正确。

【考点】桩的类型。

【参考答案】A

50.（2013-B-52）根据《建筑桩基技术规范》（JGJ 94—2008）确定单桩竖向极限承载力时，下列（　　）是正确的。

（A）桩端置于完整、较完整基岩的嵌岩桩，其单桩竖向极限承载力由桩周土总极限侧阻力和嵌岩段总极限阻力组成

（B）其他条件相同时，敞口钢管桩因土塞效应，其端阻力大于闭口钢管桩

（C）对单一桩端后注浆灌注桩，其单桩竖向极限承载力的提高来源于桩端阻力和桩侧阻力的增加

（D）对于桩身周围有液化土层的低承台桩基，其液化土层范围内侧阻力取值为零

【解析】参见《建筑桩基技术规范》（JGJ 94—2008）中 5.3.7 条、5.3.9 条、5.3.10 条、5.3.12 条。

（1）根据 5.3.9 条得到选项 A 正确；

（2）根据 5.3.7 条，敞口钢管桩的端阻力需要乘以小于 1 的桩端土塞效应系数，闭口钢管桩的桩端土塞效应系数为 1，因此其他条件相同时，敞口钢管桩因土塞效应，其端阻力小于闭口钢管桩，选项 B 错误。

（3）根据 5.3.10 条及公式 5.3.10 得到选项 C 正确。

（4）根据 5.3.12 条和表 5.3.12 得到对于桩身周围有液化土层的低承台桩基，其液化土层范围内侧阻力乘以土层液化影响折减系数计算单桩极限承载力标准值，所以选项 D 错误。

【考点】单桩竖向极限承载力。

【参考答案】AC

51.（2014-B-10）根据《建筑桩基技术规范》（JGJ 94—2008），承载能力极限状态下，下列关于竖

向受压桩基承载特性的描述，（　　）是合理的。

（A）摩擦型群桩的承载力近似等于各单桩承载力之和

（B）端承型群桩的承载力近似等于各单桩承载力之和

（C）摩擦端承桩的桩顶载荷主要由桩侧摩阻力承担

（D）端承摩擦桩的桩顶载荷主要由桩端阻力承担

【解析】根据土力学的知识得到端承桩群中的各根桩，都是通过桩端传递荷载，群桩中各桩的作用基本上和独立的端承桩相同，所以端承群桩的承载力为各单桩承载力之和，选项 B 正确；摩擦群桩在荷载作用下与单独摩擦桩具有显著的差别，摩擦群桩的沉降比单桩大且影响深，群桩中每根桩的平均承载力常小于单桩承载力，选项 A 错误。

根据《建筑桩基技术规范》（JGJ 94—2008）3.3.1 条，摩擦端承桩的桩顶载荷主要由桩端阻力承担，所以选项 C 错误；端承摩擦桩的桩顶载荷主要由桩侧摩阻力承担，所以选项 D 错误。

【考点】桩的分类。

【参考答案】B

52.（2019—A—08）用双桥静力触探估算单桩承载力，q_c 取值最合理的是下列哪一选项？（d 为桩的直径或边长）（　　）

（A）桩端平面处的值

（B）桩端平面以下 $1d$ 范围内的平均值

（C）桩端平面以上 $4d$ 范围内的加权平均值

（D）（B）和（C）的平均值

【解析】根据《建筑桩基技术规范》（JGJ 94—2008）5.3.4 条，q_c 是桩端平面上、下探头阻力，取桩端平面以上 $4d$（d 为桩的直径或边长）范围内按土层厚度的探头阻力加权平均值（kPa），然后再和桩端平面以下 $1d$ 范围内的探头阻力进行平均。

【考点】双桥静力触探。

【参考答案】D

53.（2020—A—36）某非液化土低承台桩基，由静载荷试验确定的单桩竖向极限承载力为 4800kN，根据《建筑抗震设计规范》（GB 50011—2010）（2016 年版）进行桩基抗震承载力验算时，其竖向抗震承载力特征值为下列哪个选项？（　　）

（A）2400kN　　　　（B）3000kN　　　　（C）4800kN　　　　（D）6000kN

【解析】参见《建筑抗震设计规范》（GB 50011—2010）（2016 年版）4.4.2 条第 1 款。

单桩的竖向和水平向抗震承载力特征值，可均比非抗震设计时提高 25%，故该桩基的竖向抗震承载力特征值为 4800kN/2×1.25＝3000kN。

【考点】桩基抗震承载力特征值。

【参考答案】B

6.3.3　负摩阻力

54.（2009—A—18）由于工程降水引起地面沉降，对建筑桩基产生负摩阻力，下列（　　）的情况下产生的负摩阻力最小。

（A）建筑结构稳定后开始降水

（B）上部结构正在施工时开始降水

（C）桩基施工完成，开始浇筑地下室底板时开始降水

（D）降水稳定一段时间后再进行桩基施工

【解析】根据《建筑桩基技术规范》（JGJ 94—2008）第 5.4.2 条，负摩阻力的产生是因为土的沉降大于桩的沉降，即由土和桩的相对沉降造成，可采用极限分析法进行分析。

（1）选项 A，建筑结构稳定后开始降水，可假定桩的沉降为 0，土的沉降为 1，土相对桩的沉降为

$1-0=1$。

（2）选项 B，上部结构正在施工时开始降水，可假定桩的沉降为 1，土的沉降为 1，土相对桩的沉降为 $1-1=0$。

（3）选项 C，桩基施工完成，开始浇筑地下室底板时开始降水，可假定桩的沉降为 0，土的沉降为 1，土相对桩的沉降为 $1-0=1$。

（4）选项 D，降水稳定一段时间后再进行桩基施工，可假定桩的沉降为 1，土的沉降为 0，土相对桩的沉降为 $0-1=-1$；选项 D 正确。

【考点】桩的负摩阻力的计算。

【参考答案】D

55.（2009-A-51）下列关于负摩阻力的说法中，（　　）是正确的。
（A）负摩阻力不会超过极限侧摩阻力
（B）负摩阻力因群桩效应而增大
（C）负摩阻力会加大桩基沉降
（D）负摩阻力与桩侧土相对于桩身之间的沉降差有关

【解析】参见《建筑桩基技术规范》（JGJ 94—2008）。

（1）根据 5.4.4 条，负摩阻力大于正摩阻力时，取正摩阻力，选项 A 正确。

（2）根据 5.4.4 条第 2 款和公式（5.4.4-3）可以得到负摩阻力因群桩效应而减小，选项 B 错误。

（3）根据 5.4.3 条，负摩阻力会产生下拉荷载，加大桩基沉降，可以得到选项 C 正确。

（4）根据 5.4.4 条，负摩阻力是由于桩侧土的沉降大于桩的沉降造成，不仅仅是沉降差。如果桩的沉降大于桩侧土的沉降，就不会产生负摩阻力，选项 D 表述不准确。

【考点】桩基的基本设计规定。

【参考答案】AC

56.（2010-B-8）下列关于桩间土沉降引起的桩侧负摩阻力和中性点的叙述，（　　）是正确的。
（A）中性点处桩身轴力为零
（B）中性点深度随桩的沉降增大而减小
（C）负摩阻力在桩周土沉降稳定后保持不变
（D）对摩擦型基桩产生负摩阻力要比端承型基桩大

【解析】依据土力学可知，桩体中性点处桩土的相对位移为零，此处是负摩阻力和正摩阻力的分界点，桩身轴力最大，所以选项 A 错误；桩的沉降增大，即桩周土层相对桩的沉降变小，中性点深度减小，选项 B 正确；负摩阻力随着桩侧土体的沉降减小而减小，当土体沉降稳定时，负摩阻力为零，因此选项 C 错误；摩擦型基桩桩周土层相对桩的沉降小，中性点深度小，负摩阻力小；端承型桩反之，选项 D 错误。

【考点】桩基负摩阻力的计算。

【参考答案】B

57.（2011-B-8）桩周土层相同，下列（　　）种桩端土层情况下，填土引起的负摩阻力最大。
（A）中风化砂岩　　　　　　　　（B）密实砂层
（C）低压缩性黏土　　　　　　　（D）高压缩性粉土

【解析】根据《建筑桩基技术规范》（JGJ 94—2008）表 5.4.4-2 得到：桩端土层性质越好，桩端沉降越小，中性点的深度越大，负摩阻力越大。

【考点】桩的负摩阻力计算。

【参考答案】A

58.（2012-A-20）某端承型单桩基础，桩入土深度 15m，桩径 $d=0.8$m，桩顶荷载 $Q_0=500$kN，由于大面积抽排地下水而产生负摩阻力，负摩阻力平均值 $q_s^n=20$kPa。中性点位于桩顶下 7m，桩身最大轴力最接近（　　）。
（A）350kN　　　（B）850kN　　　（C）750kN　　　（D）1250kN

【解析】根据《建筑桩基技术规范》（JGJ 94—2008）5.4.3 条及公式（5.4.4-2）和公式（5.4.4-3），受负摩阻力作用的桩基础，中性点处的轴力最大，得到轴力为：500kN+0.8m×3.14×20kPa×7m=851.68kN。

【考点】桩侧负摩阻力计算。

【参考答案】B

59.（2012-A-49）对于可能产生负摩阻力的拟建场地，桩基设计、施工时采取下列（　　）措施可以减少桩侧负摩阻力。

（A）对于湿陷性黄土场地，桩基施工前，采用强夯法消除上部或全部土层的自重湿陷性

（B）对于填土场地，先成桩后填土

（C）施工完成后，在地面大面积堆载

（D）对预制桩中性点以上的桩身进行涂层润滑处理

【解析】参见《建筑桩基技术规范》（JGJ 94—2008）3.4.7 条。

（1）根据 3.4.7 条第 3 款得到选项 A 正确。

（2）根据 3.4.7 条第 1 款得到，对于填土场地，先填土后成桩，选项 B 错误。负摩阻力的产生是因为土的沉降大于桩的沉降，即由土和桩的相对沉降造成。先成桩后填土，先成桩，减小了桩的沉降，后填土，增加了土的沉降，即增大了土和桩的相对沉降，增加了负摩阻力。

（3）根据 3.4.7 条第 2 款得到选项 C 错误。先施工，减小了桩的沉降，后堆载，增加了土的沉降，增大了土和桩的相对沉降，增大了负摩阻力。

（4）根据 3.4.7 条第 5 款得到选项 D 正确。

【参考答案】AD

60.（2012-A-51）下列（　　）情况会引起既有建筑桩基负摩阻。

（A）地面大面积堆载　　（B）降低地下水位

（C）上部结构增层　　（D）桩周为超固结土

【解析】根据《建筑桩基技术规范》（JGJ 94—2008）5.4.2 条第 2 款，选项 A 正确；根据 5.4.2 条第 3 款，选项 B 正确。

增层使得基础沉降增大，桩周为超固结土则土层沉降小，均不会引起负摩阻力，选项 C、D 错误。

【考点】桩基负摩阻力的计算。

【参考答案】AB

61.（2013-B-11）根据《建筑桩基技术规范》（JGJ 94—2008），下列关于建筑桩基中性点的说法中正确选项是（　　）。

（A）中性点以下，桩身的沉降小于桩侧土的沉降

（B）中性点以上，随着深度增加桩身轴向压力减少

（C）对于摩擦型桩，由于承受负摩阻力桩基沉降增大，其中性点位置随之下降

（D）对于端承型柱，中性点位置基本不变

【解析】（1）根据《基础工程》桩的负摩阻力这一节，在中性点以上，各处断面处土的下沉量大于桩身各点的向下的位移，因此是负摩擦区；对于中性点以下，土的下沉量小于桩身各点的向下的位移，因此是正摩擦区。中性点是正负摩擦的分界点，因而它是桩的轴力最大点。对于选项 A，中性点以下，桩身的沉降大于桩侧土的沉降，选项 A 错误；中性点以上，随着深度增加桩身轴向压力增加，选项 B 错误。

（2）根据《建筑桩基技术规范》（JGJ 94—2008）5.4.3 条第 1 款的条文说明，对于摩擦型桩，由于承受负摩阻力桩基沉降增大，其中性点位置随之上移，因此选项 C 错误。依据 5.4.3 条第 2 款的条文说明，对于端承型桩，由于桩受负摩阻力后桩不发生沉降或沉降量很小，桩土无相对位移或者相对位移较小，所以中性点的位置基本不变，选项 D 正确。

【考点】桩的负摩阻力。

【参考答案】D

62. （2016-B-47）竖向抗压摩擦型桩基，桩端持力层为黏土，桩侧存在负摩阻力，以下叙述正确的是哪几项？（　　）

（A）桩顶截面处桩身轴力最大

（B）在中性点位置，桩侧土沉降为零

（C）在中性点以上桩周土层产生的沉降超过基桩沉降

（D）在计算基桩承载力时应计入桩侧负摩阻力

【解析】根据《建筑桩基技术规范》（JGJ 94—2008）5.4.4条及其条文说明，中性点有三大特征：桩土之间的相对位移为零；既没有正摩阻力又没有负摩阻力；桩身截面的轴力最大。

有负摩阻力的抗压桩，中性点处的桩身轴力最大，中性点以上桩周土沉降大于桩体沉降。

根据《建筑桩基技术规范》（JGJ 94—2008）5.4.3条第1款：中性点处桩与土的沉降相等，对于存在负摩擦型基桩，桩身计算中性点以上侧阻力为零。

【考点】中性点。

【参考答案】CD

6.3.4 抗拔桩

63. （2009-A-47）根据《建筑桩基技术规范》（JGJ 94—2008），下列关于承受上拔力桩基的说法，（　　）是正确的。

（A）对于二级建筑桩基抗拔极限承载力应通过现场单桩上拔静载试验确定

（B）应同时验算群桩呈整体破坏和呈非整体破坏的基桩抗拔承载力

（C）群桩呈非整体破坏时，基桩抗拔极限承载力标准值为桩侧极限摩阻力标准值与桩自重之和

（D）群桩呈整体破坏时，基桩抗拔极限承载力标准值为桩侧极限摩阻力标准值与群桩基础所包围的土的自重之和

【解析】根据《建筑桩基技术规范》（JGJ 94—2008）5.4.6条，对于设计等级为甲级和乙级建筑桩基，基桩的抗拔极限承载力应通过现场单桩上拔静载荷试验确定，选项A正确。

根据5.4.5条，承受上拔力桩基，应同时验算群桩呈整体破坏和呈非整体破坏的基桩抗拔承载力，可知选项B正确。

根据公式（5.4.5-1）和公式（5.4.5-2），可知计算基桩抗拔极限承载力标准值时，桩侧极限摩阻力标准值取一半计算，得到选项C、D错误。

【考点】抗拔桩基承载力验算。

【参考答案】AB

64. （2011-B-10）根据《建筑桩基技术规范》（JGJ 94—2008），对于设计等级为乙级建筑的桩基，当地质条件复杂时，下列关于确定基桩抗拔极限承载力方法，正确的是（　　）。

（A）静力触探法　　　　　　　　（B）经验参数法

（C）现场试桩法　　　　　　　　（D）同类工程类比法

【解析】根据《建筑桩基技术规范》（JGJ 94—2008）5.4.6条第1款，对于设计等级为甲级和乙级建筑桩基，基桩的抗拔承载力应通过现场单桩上拔静载荷试验确定，所以答案选择C。

【考点】抗拔桩基的承载力。

【参考答案】C

65. （2013-B-13）根据《建筑桩基技术规范》（JGJ 94—2008）的规定，下列关于桩基抗拔承载力验算的要求，（　　）是正确的。

（A）应同时验算群桩基础呈整体破坏和非整体破坏时基桩的抗拔承载力

（B）地下水位的上升与下降对桩基的抗拔极限承载力值无影响

（C）标准冻深线的深度对季节性冻土上轻型建筑的短桩基础的抗拔极限承载力无影响

（D）大气影响急剧层深度对膨胀土上轻型建筑的短桩基础的抗拔极限承载力无影响

【解析】参见《建筑桩基技术规范》（JGJ 94—2008）5.4.5 条、5.4.7 条、5.4.8 条。

（1）根据 5.4.5 条，选项 A 正确。

（2）依据 5.4.5 条，地下水位的上升与下降对基础的浮力有影响，进而影响桩基的抗拔极限承载力值，所以选项 B 错误。

（3）依据 5.4.7，得到标准冻深线的深度影响冻深影响系数，进而影响桩基抗拔极限承载力，所以选项 C 错误。

（4）依据 5.4.8 条，由大气影响急剧层厚度确定计算土层的厚度，所以对短桩基础的抗拔极限承载力有影响，选项 D 错误。

【考点】桩基抗拔承载力验算。

【参考答案】A

66.（2019—B—14）下列关于桩基抗拔承载力的描述，哪个选项是正确的？（   ）

（A）桩的抗拔承载力计算值与桩身配筋量有关

（B）桩的抗拔承载力计算值与桩周土体强度无关

（C）桩基的抗拔承载力计算值与地下水位无关

（D）轴心抗拔桩的正截面受拉承载力计算值与桩身混凝土抗拉强度无关

【解析】参见《建筑桩基技术规范》（JGJ 94—2008）5.4.5 条、5.4.8 条。

依据第 5.4.5 条，桩的抗拔承载力计算公式：$N_k \leqslant T_{gk}/2 + G_{gp}$；$N_k \leqslant T_{uk}/2 + G_p$。桩的抗拔承载力计算与桩身配筋无关，与桩周土的侧阻力和桩的自重有关系，桩的自重在水位以下用浮重度计算，因此选项 A、B、C 错误。

依据第 5.8.7 条，钢筋混凝土轴心抗拔桩的正截面受拉承载力计算：$N \leqslant f_y A_s + f_{py} A_{py}$。只考虑钢筋对抗拉承载的作用，不考虑混凝土的作用，因此选项 D 正确。

【考点】桩基抗拔承载力。

【参考答案】D

67.（2019—B—49）某抗拔预应力管桩位于中腐蚀性场地，环境类别为二（a），根据《建筑桩基技术规范》（JGJ 94—2008），下列说法正确的是哪些选项？（   ）

（A）桩身裂缝控制等级为一级

（B）桩身裂缝控制等级为二级

（C）在荷载效应标准组合下，桩身最大裂缝宽度为 0

（D）在荷载效应准永久组合下，桩身最大裂缝宽度为 0

【解析】参见《建筑桩基技术规范》（JGJ 94—2008）。

依据第 3.5.3 条，环境类别为二（a），对应裂缝控制等级为二级，加之注 1，提高一个等级，变为一级。

依据 5.8.8 条，对于严格要求不出现裂缝的一级裂缝控制等级预应力混凝土基桩，在荷载效应标准组合下混凝土不应产生拉应力。

【考点】桩身裂缝控制。

【参考答案】AC

6.3.5 正截面受压承载力验算

68.（2011—B—7）根据《建筑桩基技术规范》（JGJ 94—2008），当桩顶以下 $5d$ 范围内箍筋间距不大于 100mm 时，桩身受压承载力设计值可考虑纵向主筋的作用，其主要原因是（   ）。

（A）箍筋起水平抗剪作用　　　　　　（B）箍筋对混凝土起侧向约束增强作用

（C）箍筋的抗压作用　　　　　　　　（D）箍筋对主筋的侧向约束作用

【解析】根据《建筑桩基技术规范》（JGJ 94—2008）5.8.2 条文说明，箍筋的作用，不仅起水平剪力作用，更重要的是对混凝土起侧向约束增强作用。

【考点】桩的箍筋的作用。

69.（2010—B—12）下列（　　）因素对基桩的成桩工艺系数（工作条件系数）ψ_c 无影响。

（A）桩的类型　　　　　　　　　　　　（B）成桩工艺

（C）桩身混凝土强度　　　　　　　　　（D）桩周土性

【解析】根据《建筑桩基技术规范》（JGJ 94—2008）5.8.3 条可知，成桩工艺系数与桩类型（预制桩、灌注桩）、成桩工艺（干作业、泥浆护壁、套管）和土体类型（软土区）有关。

【考点】成桩工艺系数。

70.（2014—B—47）根据《建筑桩基技术规范》（JGJ 94—2008）的规定，进行钢筋混凝土桩正截面受压承载力验算时，下列（　　）是正确的。

（A）预应力混凝土管桩因混凝土强度等级高和工厂预制生产、桩身质量可控性强、离散性小、成桩工艺系数不小于 1.0

（B）对于高承台基桩、桩身穿越可液化土，当为轴心受压时，应考虑压屈影响

（C）对于高承台基桩、桩身穿越可液化土，当为偏心受压时，应考虑弯矩作用平面内的挠曲对轴向力偏心距的影响

（D）灌注桩桩径 0.8m，顶部 3m 范围内配置 Φ8@100 的螺旋式箍筋，计算正截面受压承载力时计入纵向主筋的受压承载力

【解析】参见《建筑桩基技术规范》（JGJ 94—2008）5.8.2 条第 1 款、5.8.3～5.8.5 条。

（1）依据 5.8.3 条，预应力混凝土空心桩，$\psi_c=0.85$，选项 A 错误。

（2）依据 5.8.4 条，对于高承台基桩、桩身穿越可液化土，当为轴心受压时，应考虑压屈影响，所以选项 B 正确。

（3）依据 5.8.5 条，对于高承台基桩、桩身穿越可液化土，当为偏心受压时，应考虑弯矩作用平面内的挠曲对轴向力偏心距的影响，选项 C 正确。

（4）依据 5.8.2 条第 1 款，当桩顶以下 5d 范围内的桩身螺旋式箍筋间距不大于 100mm 时，且符合规范 4.1.1 条规定时，桩正截面受压承载力应计入纵向主筋的受压承载力，$5d=4m>3m$，所以选项 D 错误。

【考点】桩正截面受压承载力。

71.（2019—B—7）C30，验算桩的正截面受压承载力时，f_c 应选用下列哪个混凝土强度值？（　　）

（A）30MPa　　　（B）20.1MPa　　　（C）14.3MPa　　　（D）1.43MPa

【解析】根据《建筑桩基技术规范》（JGJ 94—2008）第 5.8.2 条，正截面承载力验算采用混凝土轴心抗压强度设计值 f_c；根据《混凝土结构设计规范》（GB 50010—2010）（2015 年版）第 4.1.4 条，C30 混凝土的轴心抗压强度设计值 $f_c=14.3MPa$。

【考点】桩的正截面受压承载力。

6.3.6　压屈失稳

72.（2009—A—17）对于高承台桩基，在其他条件（包括桩长、桩间土）相同时，下列（　　）情况基桩最易产生压屈失稳。

（A）桩顶铰接；桩端置于岩石层顶面　　　（B）桩顶铰接；桩端嵌固于岩石层中

（C）桩顶固接；桩端置于岩石层顶面　　　（D）桩顶固接；桩端嵌固于岩石层中

【解析】参见《建筑桩基技术规范》（JGJ 94—2008）5.8.4 条。

（1）查表 5.8.4-1，桩顶铰接且桩底支于非岩石土中，此时查表桩身压屈计算长度最大。

（2）查表 5.8.4-2，桩身稳定系数最小，基桩最易产生压屈失稳，反之，桩顶固接，且嵌固于岩石

层中，桩身稳定系数最大，最稳定。

【考点】压屈失稳。

73.（2011-B-11）桩身露出地面或桩侧为液化土的桩基，当桩径、桩长、桩侧土层条件相同时，下列（ ）种情况最易压屈失稳。

（A）桩顶自由，桩端埋于土层中　　　　（B）桩顶铰接，桩端埋于土层中

（C）桩顶固结，桩端嵌岩　　　　　　　（D）桩顶自由，桩端嵌岩

【解析】根据《建筑桩基技术规范》（JGJ 94—2008）表5.8.4-2，桩身压屈计算长度与桩身稳定系数呈反比，因此最容易失稳的情况是桩身压屈计算长度最长的情况。根据表5.8.4-1得到桩顶铰接且桩底支于非岩石土中，此时的桩身压屈计算长度最长。另外，桩顶自由的情况下比桩顶铰接自由度更大，更容易失稳，所以答案选择A。

【考点】受压桩承载力的计算。

74.（2011-B-48）根据《建筑桩基技术规范》（JGJ 94—2008），计算高承台桩基偏心受压混凝土桩正截面受压承载力时，下列（ ）情况下应该考虑桩身在弯矩作用平面内的挠曲对轴向力偏心距的影响。

（A）桩身穿越可液化土

（B）桩身穿越湿陷性土

（C）桩身穿越膨胀性土

（D）桩身穿越不排水抗剪强度小于10kPa的软土

【解析】根据《建筑桩基技术规范》（JGJ 94—2008）5.8.4条，对于高承台基桩，桩身穿越可液化土或是不排水抗剪强度小于10kPa（地基承载力特征值小于25kPa）的软弱土层的基桩，应考虑压屈的影响。

【考点】桩基正截面受压。

75.（2012-A-14）根据《建筑桩基技术规范》（JGJ 94—2008）规定，建筑基桩的桩侧为淤泥，其不排水抗剪强度为8kPa，桩的长径比大于下列（ ）值时应进行桩身压屈验算。

（A）20　　　　　（B）30　　　　　（C）40　　　　　（D）50

【解析】根据《建筑桩基技术规范》（JGJ 94—2008）3.1.3条第2款，应对桩身和承台结构承载力进行计算；对于桩侧土不排水抗剪强度小于10kPa，且长径比大于50的桩应进行桩身压屈验算，故选项D正确。

【考点】桩基础的基本设计规定。

76.（2017-B-11）某方形截面高承台基桩，边长0.5m，桩身压曲计算长度10m，按照《建筑桩基技术规范》（JGJ 94—2008）规定进行正截面受压承载力验算，其稳定系数 φ 的取值最接近哪一选项？（ ）

（A）0.5　　　　　（B）0.75　　　　　（C）0.98　　　　　（D）1.0

【解析】根据《建筑桩基技术规范》（JGJ 94—2008）第5.8.4条，桩身稳定系数查表5.8.4-2，$l_c/b=20$，对应的稳定系数为0.75。

【考点】稳定系数。

77.（2020-B-12）高承台桩基，桩径0.6m，桩长21m，桩入土长度15m，桩顶铰接，桩底嵌岩，桩的水平变形系数$\alpha=0.5m^{-1}$。按照《建筑桩基技术规范》（JGJ 94—2008）规定计算，其桩身压屈计算长度 l_c 取值最接近哪个选项？（ ）

（A）7.0m　　　　　（B）9.8m　　　　　（C）14.7m　　　　　（D）21.0m

【解析】根据《建筑桩基技术规范》（JGJ 94—2008）5.8.4条：

$h=15\text{m}>4/\alpha=4/0.5\text{m}^{-1}=8\text{m}$，桩顶铰接，桩底嵌入岩层，故 $l_e=0.7\times（21\text{m}-15\text{m}+8\text{m}）=9.8\text{m}$。

【考点】桩身压屈长度的计算。

【参考答案】B

6.3.7 承台效应

78.（2010－B－49）下列关于承台效应系数取值的叙述，（　　）符合《建筑桩基技术规范》（JGJ 94—2008）的规定。

（A）后注浆灌注桩承台，承台效应系数应取高值

（B）箱形承台，桩仅布置于墙下，承台效应系数按单排桩条形承台取值

（C）宽度为1.2d（d表示桩距）的单排桩条形承台，承台效应系数按非条形承台取值

（D）饱和软黏土中预制桩基础，承台效应系数因挤土作用可适当提高

【解析】参见《建筑桩基技术规范》（JGJ 94—2008）表5.2.5。

（1）依据表5.2.5注4，后注浆灌注桩承台，承台效应系数应取低值，所以选项A错误。

（2）依据表5.2.5注2，对于桩布置于墙下的箱、筏承台，承台效应系数可按单排桩条形承台取值，所以选项B正确。

（3）依据表5.2.5注3，对于单排桩条形承台，宽度小于1.5d时，承台效应系数按非条形承台取值，所以选项C正确。

（4）依据表5.2.5注5，饱和黏性土中的挤土桩基，软土地基上的桩基承台，宜取低值的0.8倍，所以选项D错误。

【考点】承台效应系数。

【参考答案】BC

79.（2012－A－50）下列（　　）措施有利于发挥复合桩基承台下地基土的分担荷载作用。

（A）加固承台下地基土　　　　　　　（B）适当减小桩间距
（C）适当增大承台宽度　　　　　　　（D）采用后注浆灌注桩

【解析】根据《建筑桩基技术规范》（JGJ 94—2008）规范5.2.5条及其条文说明，承台底地基土承载力特征值发挥率为承台效应系数。

（1）加固承台下地基土，可以增加承台下土的承载力，因此也可以增加承台下地基土的分担荷载的作用，所以选项A正确。

（2）根据表5.2.5，减小桩间距，s_a/d减小，承台效应系数减小，选项B错误。

（3）根据表5.2.5，增大承台宽度，B_c/l增大，承台效应系数增大，选项C正确。

（4）根据表5.2.5注4，对于采用后注浆灌注桩的承台，承台效应系数取低值，所以选项D错误。

【考点】桩基竖向承载力的计算。

【参考答案】AC

80.（2012－A－53）对于摩擦型桩基，当承台下为下列（　　）类型土时不宜考虑承台效应。

（A）可液化土层　　　　　　　　　　（B）卵石层
（C）新填土　　　　　　　　　　　　（D）超固结土

【解析】根据《建筑桩基技术规范》（JGJ 94—2008）5.2.5条，当承台为可液化土、湿陷性土、高灵敏度软土、欠固结土、新填土时，沉桩引起超孔隙水压力和土体隆起时，不考虑承台效应。

【考点】承台效应。

【参考答案】AC

81.（2013－B－47）依据《建筑桩基技术规范》（JGJ 94—2008）的规定，下列有关承台效应系数 η_c 论述，（　　）是正确的。

（A）承台效应系数 η_c 随桩间距的增大而增大

（B）单排桩条形承台的效应系数 η_c 小于多排桩的承台效应系数 η_c

（C）对端承型桩基，其承台效应系数η_c应取 1.0

（D）基底为新填土、高灵敏度软土时，承台效应系数η_c取零

【解析】参见《建筑桩基技术规范》（JGJ 94—2008）5.2.5 条及其条文说明。

（1）5.2.5 条文说明，对于群桩，桩距愈大，土压力愈大，所以承台系数也增加。根据表 5.2.5 也可以得到选项 A 正确。

（2）表 5.2.5 得到单排桩条形承台的效应系数η_c大于多排桩的承台效应系数η_c，选项 B 错误。

（3）5.2.3 条，对端承型桩基，不宜考虑承台效应，选项 C 错误。

（4）依据 5.2.5 条得到基底为新填土、高灵敏度软土时，承台效应系数η_c取零，选项 D 正确。

【考点】桩基的承台效应。

【参考答案】AD

82.（2013-B-48）《建筑桩基技术规范》（JGJ 94—2008）中关于考虑承台、基桩协同工作和土的弹性抗力作用，计算受水平荷载的桩基时的基本假定包括下列（　　）。

（A）对于低承台桩基，桩顶处水平抗力系数为零

（B）忽略桩身、承台、地下墙体侧面与土之间的黏着力和摩擦力对抵抗水平力的作用

（C）将土体视为弹性介质，其水平抗力系数随深度不变为常数

（D）桩顶与承台铰接，承台的刚度与桩身刚度相同

【解析】根据《建筑桩基技术规范》（JGJ 94—2008）附录 C 的 C.0.1 条，选项 A、B 为条文原文。

【考点】桩基水平荷载计算假定。

【参考答案】AB

83.（2014-B-8）按照《建筑桩基技术规范》（JGJ 94—2008），在确定基桩竖向承载力特征值时，下列（　　）情况下摩擦型桩基宜考虑承台效应。

（A）上部结构整体刚度较好，体型简单的建（构）筑物，承台底为液化土

（B）对差异沉降适应性较强的排架结构和柔性结构，承台底为新近回填土

（C）软土地基减沉复合疏桩基础，承台底为正常固结黏性土

（D）按变刚度调平原则设计的桩基刚度相对弱化区，承台底为湿陷性土

【解析】根据《建筑桩基技术规范》（JGJ 94—2008）5.2.4 条，对于符合下列条件之一的摩擦型桩基，宜考虑承台效应确定其复合基桩的竖向承载力特征值：①上部结构整体刚度较好、体型简单的建（构）筑物；②对差异沉降适应性较强的排架结构和柔性构筑物；③按变刚度调平原则设计的桩基刚度相对弱化区；④软土地基的减沉复合疏桩基础。同时 5.2.5 条又规定，承台底为液化土、湿陷性土、高灵敏度软土、欠固结土、新填土时，不考虑承台效应。

【考点】承台效应。

【参考答案】C

84.（2016-B-46）根据《建筑桩基技术规范》（JGJ 94—2008）计算基桩竖向承载力时，下列哪些情况下宜考虑承台效应？（　　）

（A）桩数为 3 根的摩擦型柱下独立桩基

（B）桩身穿越粉土层进入密实砂土层、桩间距大于 6 倍桩径的桩基

（C）承台底面存在湿陷性黄土的桩基

（D）软土地基的减沉疏桩基础

【解析】参见《建筑桩基技术规范》（JGJ 94—2008）5.2.3～5.2.5 条。

（1）根据 5.2.3 条，对于端承型桩基、桩数少于 4 根的摩擦型柱下独立桩基、或由于地层土性、使用条件等因素不宜考虑承台效应时，基桩竖向承载力特征值应取单桩竖向承载力特征值，故选项 A 错误。

（2）根据 5.2.4 条，对于符合下列条件之一的摩擦型桩基，宜考虑承台效应确定其复合基桩的竖向承载力特征值：①上部结构整体刚度较好、体型简单的建（构）筑物；②对差异沉降适应性较强的排架结构和柔性构筑物；③按变刚度调平原则设计的桩基刚度相对弱化区；④软土地基的减沉复合疏桩基础，故选项 D 正确。

（3）根据 5.2.5 条，当承台底为可液化土、湿陷性土、高灵敏度软土、欠固结土、新填土时，沉桩引起超孔隙水压力和土体隆起时，不考虑承台效应，故选项 C 错误。

（4）选项 B 为摩擦型桩基，桩间距大于桩径的 6 倍，查表5.2.5，承台效应系数为 0.5～0.8，故选项B 正确。

【考点】桩基承台效应。

85.（2018－B－47）根据《建筑桩基技术规范》（JGJ 94—2008），下列哪些条件下宜考虑承台效应？（　　）

（A）柱下独立承台，3 桩基础

（B）新近填土地基，摩擦型单排桩条形基础

（C）软土地基的减沉复合疏桩基础

（D）按变刚度调平原则设计的核心筒外围框架柱桩基

【解析】根据《建筑桩基技术规范》（JGJ 94—2008）第 5.2.3 条，选项 A 承台下桩数少于 4 根，不考虑承台效应；选项 B 选项新近填土地基可能使得承台与承台底土脱开，不能发挥承台效应。根据第 5.2.4条，选项 C、D 正确。

【考点】承台效应。

86.（2020－B－48）根据《建筑桩基技术规范》（JGJ 94—2008），下列哪些情况下不宜考虑桩基承台效应确定复合基桩的竖向承载力？（　　）

（A）桩端进入中风化岩的嵌岩桩基

（B）3 桩独立承台摩擦型桩基

（C）墙下条形承台下设单排摩擦型桩基

（D）按变刚度调平设计的桩基刚度弱化区摩擦型桩基

【解析】参见《建筑桩基技术规范》（JGJ 94—2008）5.2.3 条、5.2.4 条第 3 款、表 5.2.5 注 3。

（1）依据 5.2.3 条，对于端承型桩基、桩数少于 4 根的摩擦型柱下独立桩基、或由于地层土性、使用条件等因素不宜考虑承台效应时，基桩竖向承载力特征值取单桩竖向承载力特征值，故选项 A、B 正确。

（2）依据 5.2.4 条第 3 款，按变刚度调平原则设计的桩基刚度相对弱化区，宜考虑承台效应，故选项 D 错误。

（3）依据表 5.2.5 注 3，单排桩条形承台需考虑承台效应。

【考点】承台效应计算。

6.3.8　承台内力计算

87.（2011－B－14）柱下多桩承台，为保证柱对承台不发生冲切和剪切破坏，采取下列（　　）措施最有效。

（A）增加承台厚度　　　　　　　　　　（B）增大承台配筋率

（C）增加桩数　　　　　　　　　　　　（D）增大承台平面尺寸

【解析】从《建筑桩基技术规范》（JGJ 94—2008）5.9.7 条和 5.9.10 条及相应的公式看出，两个公式中均由承台有效厚度 h_0 来保证柱对承台不发生冲切和剪切破坏最有效。

【考点】桩受冲切和剪切计算。

88.（2012－A－15）根据《建筑桩基技术规范》（JGJ 94—2008），以下选项中，（　　）对承台受柱的冲切承载力影响最大。

（A）承台混凝土的抗压强度　　　　　　（B）承台混凝土的抗剪强度

（C）承台混凝土的抗拉强度　　　　　　（D）承台配筋的抗拉强度

【解析】根据《建筑桩基技术规范》（JGJ 94—2008）5.9.7 条和公式（5.9.7－1），得到选项 C 正确。

【考点】桩基础的受冲切计算。

【参考答案】C

89.（2013-B-50）根据《建筑桩基技术规范》（JGJ 94—2008），下列关于建筑桩基承台计算的说法，（　　）是正确的。

（A）当承台悬挑边有多排基桩形成多个斜截面时，应对每个斜截面的受剪承载力进行验算

（B）轴心竖向力作用下桩基承台受柱冲切，冲切破坏锥体应采用自柱（墙）边或承台变阶处至相应桩顶边缘连线所构成的锥体

（C）承台的受弯计算时，对于筏形承台，均可按局部弯矩作用进行计算

（D）对于柱下条形承台梁的弯矩，可按弹性地基梁进行分析计算

【解析】参见《建筑桩基技术规范》（JGJ 94—2008）5.9.9条、5.9.7条、5.9.3条第3款。

（1）依据5.9.9条当承台悬挑边有多排基桩形成多个斜截面时，应对每个斜截面的受剪承载力进行验算，选项A正确。

（2）依据5.9.7条，选项B正确。

（3）依据5.9.3条第3款，对于筏形承台，当桩端持力层深厚坚硬、上部结构刚度较好，且柱荷载及柱间距的变化不超过20%时；或当上部结构为框架-核心筒结构且按变刚度调平原则布桩时，可仅按局部弯矩作用进行计算，因此选项C错误。

（4）依据5.9.4条，选项D正确。

【考点】桩的承台计算。

【参考答案】ABD

90.（2018-B-51）根据《建筑地基基础设计规范》（GB 50007—2011），下列关于柱下桩基础独立承台，柱对承台的冲切计算时，哪些说法是正确的？（　　）

（A）冲切力的设计值为柱根部轴力设计值减去承台下各桩净反力设计值之和

（B）柱根部轴力设计值取相应于作用的基本组合

（C）冲切力设计值应取相应于作用的标准组合扣除承台及其上填土自重

（D）柱对承台冲切破坏锥体与承台底面的夹角不小于45°

【解析】根据《建筑地基基础设计规范》（GB 50007—2011）第8.5.19条，选项B、D正确，选项A、C错误。

【考点】主要考查柱对承台的冲切计算。

【参考答案】BD

6.3.9 桩基水平承载力

91.（2011-B-47）为提高桩基水平承载力，下列（　　）的措施是有效的。

（A）约束桩顶的自由度

（B）将方桩改变成矩形桩，短轴平行于受力方向

（C）增大桩径

（D）加固上部桩间土体

【解析】根据《建筑桩基技术规范》（JGJ 94—2008）5.7节进行归纳：

有效提高桩水平承载力的有效因素有：桩的直径或截面面积、桩身配筋率、桩顶以下桩径的2~3倍范围内的土体、桩与承台固接。无效因素有：桩或承台的混凝土强度等级（作用有限）、桩长（作用有限）、桩距（作用有限）、桩身配筋长度（作用有限）、桩端以下适当深度的土体、桩与承台铰接、混凝土保护层厚度等。

【考点】桩基的水平承载力。

【参考答案】ACD

92.（2011-B-49）根据《建筑地基基础设计规范》（GB 50007—2011），下列关于桩基水平承载力的叙述，（　　）是正确的。

（A）当作用于桩基上的外力主要为水平力时，应对桩基的水平承载力进行验算

（B）当外力作用面的桩距较小时，桩基的水平承载力可视为各单桩的水平承载力之和

（C）承台侧面所有土层的抗力均应计入桩基的水平承载力

（D）当水平推力较大时，可设置斜桩提高桩基水平承载力

【解析】根据《建筑地基基础设计规范》（GB 50007—2011）8.5.7条可知，当作用于桩基上的外力主要为水平力时，应根据使用要求对桩顶变位的限制，对桩基的水平承载力进行验算。当外力作用面的桩距较大时，桩基的水平承载力可视为各单桩的水平承载力的总和。当承台侧面的土未经扰动或回填密实时，应计算土抗力的作用。当水平推力较大时，宜设置斜桩。

【考点】桩基水平承载力。

【参考答案】AD

93.（2011—B—52）下列（　　）的措施能有效地提高桩的水平承载力。

（A）加固桩顶以下桩径2～3倍范围内的土体

（B）加大桩径

（C）桩顶从固接变为铰接

（D）增大桩身配筋长度

【解析】见本章第91题（2011—B—47）解析。

【考点】桩基的水平承载力。

【参考答案】AB

94.（2012—A—47）按照《建筑桩基技术规范》（JGJ 94—2008），根据现场试验法确定低配筋率灌注桩的地基土水平抗力系数的比例系数 m 值时，下列（　　）对 m 值有影响。

（A）桩身抗剪强度　　　　　　　　（B）桩身抗弯刚度

（C）桩身计算宽度　　　　　　　　（D）地基土的性质

【解析】根据《建筑桩基技术规范》（JGJ 94—2008）表5.7.5得到 m 与桩的种类、土的性质、桩在地面处的水平位移有关，所以选项D正确。根据5.7.5的条文说明和公式，得到 m 与荷载、位移、计算宽度、抗弯刚度等有关，所以选项B、C也正确。

【考点】桩基的水平承载力和位移计算。

【参考答案】BCD

95.（2013—B—14）根据《建筑桩基技术规范》（JGJ 94—2008），下列关于受水平荷载和地震作用桩基的桩身受弯承载力和受剪承载力验算的要求，（　　）是正确的。

（A）应验算桩顶斜截面的受剪承载力

（B）对于桩顶固接的桩，应验算桩端正截面弯矩

（C）对于桩顶自由或铰接的桩，应验算桩顶正截面弯矩

（D）当考虑地震作用验算桩身正截面受弯和斜截面受剪承载力时，应采用荷载效应准永久组合

【解析】参见《建筑桩基技术规范》（JGJ 94—2008）5.8.10条、5.9节。

（1）根据5.8.10条第2款，选项A正确；

（2）根据5.8.10条第1款，对于桩顶固接的桩，应验算桩顶正截面弯矩，对于桩顶自由或铰接的桩，应验算桩身最大弯矩截面处的正截面弯矩，所以选项B、C错误；

（3）根据5.8.10条第5款及5.9节，得到当考虑地震作用验算桩身正截面受弯和斜截面受剪承载力时，应采用荷载效应基本组合，故选项D错误。

【考点】受水平作用的桩的计算。

【参考答案】A

96.（2014—B—9）下列各项措施中，对提高单桩水平承载力作用最小的措施是（　　）。

（A）提高桩身混凝土强度　　　　　（B）增大桩的直径或边长

（C）提高桩侧土的抗剪强度　　　　（D）提高桩端土的抗剪强度

【解析】见本章第91题（2011—B—47）解析。

【考点】桩基计算。

97.（2016－B－11）某钻孔灌注桩基础，根据单桩静载试验结果取地面处水平位移为10mm，所确定的水平承载力特征值为300kN。根据《建筑桩基技术规范》（JGJ 94—2008），验算地震作用下的桩基水平承载力时，单桩水平承载力特征值应为下列哪些选项？（　　）

（A）240kN　　　　（B）300kN　　　　（C）360kN　　　　（D）375kN

【解析】根据《建筑桩基技术规范》（JGJ 94—2008）5.7.2条第7款：地震作用下，水平承载力的特征值提高25%，则 $F=1.25R_a=1.25 \times 300\text{kN}=375\text{kN}$。

当然，通过《建筑抗震设计规范》（GB 50011—2010）也可以得到类似的结论。

【考点】根据静载试验确定单桩的水平承载力特征值。

【参考答案】D

98.（2017－B－8）某建筑物对水平位移敏感，拟采用钻孔灌注桩基础，设计桩径800mm，桩身配筋率0.7%，入土15m。根据水平静载试验，其临界水平荷载为220kN，地面处桩顶水平位移为10mm时对应的载荷为320kN，地面处桩顶水平位移为6mm时对应的载荷为260kN。根据《建筑桩基技术规范》（JGJ 94—2008），该建筑单桩水平承载力特征值可取下列哪一个值？（　　）

（A）240kN　　　　（B）220kN　　　　（C）195kN　　　　（D）165kN

【解析】根据《建筑桩基技术规范》（JGJ 94—2008）5.7.2条，对于钢筋混凝土预制桩、钢桩、桩身正截面配筋率不小于 0.65% 的灌注桩，可根据静载试验结果取地面处水平位移为 10mm（对于水平位移敏感的建筑物取水平位移 6mm）所对应的荷载的 75% 为单桩水平承载力特征值，即 260kN×0.75＝195kN。

【考点】单桩水平承载力特征值。

【参考答案】C

99.（2010－B－46）根据《建筑桩基技术规范》（JGJ 94—2008），桩侧土水平抗力系数的比例系数 m 值与（　　）有关。

（A）土的性质　　　　　　　　　　（B）桩入土深度

（C）桩在地面处的水平位移　　　　（D）桩的种类

【解析】根据《建筑桩基技术规范》（JGJ 94—2008）表 5.7.5 得到，桩侧水平抗力系数与土的性质、桩的种类、桩在地面处的水平位移有关。

【考点】群桩基础。

【参考答案】ACD

100.（2010－B－48）为提高桩基的水平承载力，下列（　　）措施是有效的。

（A）增加承台混凝土的强度等级　　　（B）增大桩径

（C）加大混凝土保护层厚度　　　　　（D）提高桩身配筋率

【解析】桩基水平力的影响因素有很多，但工程中可以有效提高其承载力的通常为增大桩径、提高配筋率、加固桩顶以下 2~3 倍桩径范围内的土体等。另外，适当的增大桩距也可以提高群桩的水平承载力。对于增加桩长、提高承台的混凝土强度、桩的混凝土强度、保护层厚度等，经查阅一些论文的研究资料表明，其增大程度很小。对于增加桩长、混凝土强度，理论值最多可提高 1.5 倍，增大桩距（指群桩，单桩无效）理论上可以提高的最大极限为 2.58 倍，但是限于承台面积和单桩竖向承载力的要求，一般桩距的可变范围很小，作用有限。而且，前两种方法在超过一定限值时，将不再提高，成本高，效果差。所以，这些方法不宜作为提高桩基的水平承载力的有效方法，但允许范围内适当增大桩距一般无附加成本，可以作为设计时提高水平承载力的措施之一。对于此类题，一般要求选择最为有效的或最适合的方式，应考虑工程的适用性和经济性。

【考点】桩基水平承载力与位移计算。

【参考答案】BD

101.（2010－B－51）根据《建筑桩基技术规范》（JGJ 94—2008），下列关于受水平作用桩的设计验算要求，（　　）是正确的。

（A）桩顶固端的桩，应验算桩顶正截面弯矩

（B）桩顶自由的桩，应验算桩身最大弯矩截面处的正截面弯矩

（C）桩顶铰接的桩，应验算桩顶正截面的弯矩

（D）桩端为固端的嵌岩桩，不需进行水平承载力验算

【解析】根据《建筑桩基技术规范》（JGJ 94—2008）5.8.10 条原文判别。

【考点】受水平作用桩。

【参考答案】AB

102.（2020-B-49）根据《建筑桩基技术规范》（JGJ 94—2008），下列关于桩侧土水平抗力系数的比例系数 m 值的描述正确的是哪些？（　　）

（A）m 值随深度线性增大

（B）对于同一根桩，m 值是定值

（C）m 取值应与桩的允许位移相适应

（D）当桩受长期水平荷载作用时，m 值取值应降低

【解析】参见《建筑桩基技术规范》（JGJ 94—2008）附录 C.0.1 条第 1 款、5.7.5 条文说明、表 5.7.5 注 2。

（1）依据附录 C.0.1 条第 1 款，将土体视为弹性介质，其水平抗力系数随深度线性增加（m 法），地面处为零，即水平抗力系数的比例系数 m 值并非随深度线性增加，故选项 A 错误。

（2）依据 5.7.5 条文说明，m 值对于同一根桩并非定值，与荷载呈非线性关系，低荷载水平下，m 值较高；随荷载增加，桩侧土的塑性区逐渐扩展而降低；因此 m 值的取值应与实际荷载、允许位移相适应，故选项 B 错误，选项 C 正确。

（3）依据 5.7.5 表注 2，但水平荷载为长期或经常出现的荷载时，应将表列数值乘以 0.4 使用，故选项 D 正确。

【考点】桩侧土水平抗力系数及其比例系数 m 的相关概念。

【参考答案】CD

6.4 桩基沉降

6.4.1 沉降原理

103.（2010-B-7）均匀土质条件下，建筑物采用等桩径、等桩长、等桩距的桩筏基础，在均匀荷载作用下，下列关于沉降和基底桩顶反力分布的描述，（　　）是正确的。

（A）沉降内大外小，反力内大外小　　　　（B）沉降内大外小，反力内小外大

（C）沉降内小外大，反力内大外小　　　　（D）沉降内小外大，反力内小外大

【解析】根据《建筑桩基技术规范》（JGJ 94—2008）第 3.1.8 条文说明：桩筏基础沉降呈碟形（内大外小），反力分布呈马鞍形（内小外大）。

【考点】考查基地压力分布受基础刚度影响分析。

【参考答案】B

104.（2020-B-9）下列关于框筒结构超高层建筑桩筏基础沉降分布特点的描述，哪一项符合一般分布规律（　　）。

（A）"马鞍形"分布　　　　　　　　　　（B）"碟形"分布

（C）"抛物线形"分布　　　　　　　　　（D）均匀分布

【解析】根据《建筑桩基技术规范》（JGJ 94—2008）3.1.8 条条文说明第 5 款，变刚度调平概念设计，由于土与土、桩与桩、土与桩的相互作用导致地基或桩群的竖向支撑刚度分布发生内弱外强的变化，沉降变形出现内大外小的碟形分布，基底反力出现内小外大的马鞍形分布，当上部结构为荷载和刚度内大外小的框架—核心筒结构时，碟形沉降会更趋明显。

一般情况下，高层建筑采用桩筏基础，建成后其沉降呈现碟形分布，桩顶反力呈现马鞍形分布。

【考点】沉降分布特征。

【参考答案】B

105.（2020－B－51）下列关于桩基础沉降计算的说法中哪些是正确的？（　　）

（A）桩基沉降不仅受地基土的性状影响，也受桩基与上部结构的共同作用的影响

（B）桩基沉降包括桩身压缩、桩端平面以下土层的压缩和塑性刺入产生的沉降三部分

（C）采用明德林（Mindlin）应力公式计算桩基沉降时，能反映不同成桩工艺带来的桩底沉渣、虚土等因素

（D）采用实体深基础法（等代墩基法）计算沉降的精度高于采用明德林（Mindlin）应力公式计算的沉降

【解析】参见《建筑桩基技术规范》（JGJ 94—2008）3.1.8 条及其条文说明、5.5 节、5.6 节、5.5.5～5.5.9 条文说明。

（1）根据 3.1.8 条及其条文说明，按变刚度调平设计的桩基，宜进行上部结构－承台－桩－土 共同工作分析，即桩基沉降受到桩基与上部结构共同作用的影响，故选项 A 正确。

（2）根据 5.5 节、5.6 节，选项 B 正确。

（3）根据 5.5.5～5.5.9 条文说明，明德林（Mindlin）应力公式仅为弹性力学解析解，无法考虑沉渣、虚土等因素；实体深基础法，其附加应力按布辛奈斯克（Boussinesq）解计算与实际不符（计算应力偏大），且实体深基础模型不能反映桩的长径比、距径比等的影响，因此其计算精度不比明德林解的高，故选项 C、D 错误。

【考点】桩基沉降计算。

【参考答案】AB

6.4.2 密桩沉降

106.（2009－A－14）关于《建筑桩基技术规范》（JGJ 94—2008）中等效沉降系数，下列说法正确的是（　　）。

（A）群桩基础按（明德林）附加应力计算的沉降量与按等代墩基（布辛奈斯克）附加应力计算的沉降量之比

（B）群桩沉降量与单桩沉降量之比

（C）实测沉降量与计算沉降量之比

（D）桩顶沉降量与桩端沉降量之比

【解析】根据《建筑桩基技术规范》（JGJ 94—2008）5.5.6～5.5.9 条文说明第 3 款：等效沉降系数为群桩基础按（明德林）附加应力计算的沉降量与按等代墩基（布辛奈斯克）附加应力计算的沉降量之比。

【考点】桩基沉降计算。

【参考答案】A

107.（2009－A－49）根据《建筑桩基技术规范》（JGJ 94—2008），下列关于桩基沉降计算的说法中，（　　）是正确的。

（A）桩中心距不大于桩径 6 倍的桩基、地基附加应力按布辛奈斯克（Boussinesq）解进行计算

（B）承台顶的荷载采用荷载效应准永久组合

（C）单桩基础桩端平面以下地基中由基桩引起的附加应力按布辛奈斯克（Boussinesq）解进行计算确定

（D）单桩基础桩端平面以下地基中由承台引起的附加应力按明德林（Mindlin）解计算确定

【解析】根据《建筑桩基技术规范》（JGJ 94—2008）5.5.6 条及条文说明，沉降计算公式各符号意义注解：s'—采用布辛奈斯克解，按实体深基础分层总和法计算出的桩基沉降量；p_0—在荷载效应准永久组合下承台底的平均附加压力，可知选项 A、B 正确。

根据 5.5.14 条文说明，对于单桩、单排桩、桩中心距大于桩径 6 倍的疏桩基础；桩端平面以下地基

中由基桩引起的附加应力，按明德林解计算；桩端平面以下地基中由承台引起的附加应力按布辛奈斯克解计算，选项 C、D 错误。

【考点】桩基的沉降计算。

【参考答案】AB

108.（2016-B-8）按照《建筑桩基技术规范》（JGJ 94—2008）规定，对桩中心距不大于桩径 6 倍的桩基进行最终沉降量计算时，下列说法哪项是正确的？（　　）

（A）桩基最终沉降量包含桩身压缩量及桩端平面以下土层压缩量

（B）桩端平面等效作用附加压力取承台底平均附加压力

（C）桩基沉降计算深度与桩侧土厚度无关

（D）桩基沉降计算结果与桩的数量及布置无关

【解析】参见《建筑桩基技术规范》（JGJ 94—2008）5.5.6 条、5.5.8 条、5.5.9 条。

（1）根据第 5.5.6 条，对于桩中心距不大于桩径 6 倍的桩基，其最终沉降量计算可采用等效作用分层总和法（不包含桩身压缩量）。等效作用面位于桩端平面，等效作用面积为桩承台投影面积，等效作用附加压力近似取承台底平均附加压力。选项 A、B 正确。

（2）根据 5.5.8 条，计算深度和自重应力有关，自重应力和深度有关，选项 C 错误。

（3）根据 5.5.9 条，桩基等效沉降系数和距径比、长径比都有关系，选项 D 错误。

【考点】桩基沉降计算原理。

【参考答案】B

109.（2014-B-46）根据《建筑桩基技术规范》（JGJ 94—2008），当采用等效作用分层总和法计算桩基沉降时，下列（　　）的说法是正确的。

（A）等效作用面以下的应力分布按弹性半无限体内作用力的明德林（Mindlin）解确定

（B）等效作用的计算面积为桩群边桩外围所包围的面积

（C）等效作用附加压力近似取承台底平均附加压力

（D）计算的最终沉降量忽略了桩身压缩量

【解析】参见《建筑桩基技术规范》（JGJ 94—2008）5.5.6～5.5.8 条、5.5.9 条。

（1）根据 5.5.6～5.5.8 条、5.5.9 条第 4 款，等效作用面以下的应力分布按弹性半空间布辛奈斯克（Boussinesq）解确定，所以选项 A 错误。

（2）根据 5.5.6 条，等效作用面积为桩承台投影面积，所以选项 B 错误。

（3）根据 5.5.6 条，等效作用附加压力近似取承台底平均附加压力，选项 C 正确。

（4）根据 5.5.6～5.5.8 条、5.5.9 条第 1 款，计算略去桩身弹性压缩，故选项 D 正确。

【考点】桩基沉降计算。

【参考答案】CD

110.（2018-B-7）按照《建筑桩基技术规范》（JGJ 94—2008）规定，采用等效作用分层总和法进行桩基沉降计算时，以下计算取值正确的选项是哪个？（　　）

（A）等效作用面位于桩基承台底平面

（B）等效作用面积取桩群包围的桩土投影面积

（C）等效作用附加压力近似取承台底平均附加压力

（D）等效作用面以下的应力分布按弹性半空间内部集中力作用下的明德林（Mindlin）解确定

【解析】根据《建筑桩基技术规范》（JGJ 94—2008）第 5.5.6 条，选项 A、B、D 错误。等效作用附加压力近似取承台底平均附加压力，选项 C 正确。

【考点】主要考查对于等效作用分层总和法的理解。

【参考答案】C

6.4.3　软土地基减沉复合疏桩

111.（2010-B-47）软土中的摩擦型桩基的沉降由下列（　　）组成。

（A）桩侧土层的沉降量　　　　　　　　（B）桩身压缩变形量

（C）桩端刺入变形量　　　　　　　　　（D）桩端平面以下土层的整体压缩变形量

【解析】根据《建筑桩基技术规范》（JGJ 94—2008）5.6.2条及条文说明，软土地基减沉复合疏桩基础沉降由两种方法进行计算。

方法1：s＝桩端刺入变形量＋桩的沉降（由桩身压缩变形量、桩端平面以下土层的整体压缩变形量组成）

方法2：s＝桩间土的沉降＋桩土相互作用产生的沉降。

【考点】桩基的沉降计算。

【参考答案】BCD

112.（2010-B-50）下列关于软土地基减沉复合疏桩基础设计原则的叙述，（　　）是正确的。

（A）桩和桩间土在受荷变形过程中始终保持两者共同分担荷载

（B）桩端持力层宜选择坚硬土层，以减小桩端的刺入变形

（C）宜采用使桩间土荷载分担比较大的大桩距

（D）软土地基减沉复合疏桩基础桩身不需配钢筋

【解析】根据《建筑桩基技术规范》（JGJ 94—2008）5.6.1条文说明和5.6.2条文说明，软土地基减沉复合疏桩基础的设计应遵循两个原则：一是桩和桩间土在受荷变形过程中始终确保两者共同分担荷载，单桩承载力宜控制在较小范围，桩端支撑于相对较硬土层，而不宜支撑于坚硬土层，选项A正确，选项B错误。二是桩距 $s_a \geq (5 \sim 6)d$，以确保桩间土的荷载分担比足够大，选项C正确。软土地基减沉复合疏桩基础为一般的桩基础，应当配筋，不同于地基处理中的搅拌桩、CFG桩等无需配筋。选项D错误。

【考点】软土地基减沉复合疏桩基础。

【参考答案】AC

113.（2017-B-51）根据《建筑桩基技术规范》（JGJ 94—2008），下列关于减沉复合疏桩基础的论述中，哪些选项是正确的？（　　）

（A）减沉复合疏桩基础是在地基承载力基本满足要求情况下的疏布摩擦型桩基础

（B）减沉复合疏桩基础中，桩距应不大于5倍桩径

（C）减沉复合疏桩基础的沉降等于桩长范围内桩间土的压缩量

（D）减沉复合疏桩基础中，上部结构荷载主要由桩和桩间土共同分担

【解析】参见《建筑桩基技术规范》（JGJ 94—2008）2.1.5条、5.5.14条、5.6.1条、5.6.2条。

（1）根据2.1.5条，软土地基天然地基承载力基本满足要求的情况下，为减小沉降采用疏布摩擦型桩的复合桩基，故选项A正确。

（2）根据5.5.14条：疏桩基础桩中心距大于桩径6倍，故选项B错误。

（3）根据5.6.2条公式，沉降等于桩长范围内桩间土的沉降量加承台底地基土沉降，选项C错误。

（4）根据5.6.1条，当软土地基上多层建筑，地基承载力基本满足要求（以底层平面面积计算）时，可设置穿过软土层进入相对较好土层的疏布摩擦型桩，由桩和桩间土共同分担荷载，故选项D正确。

【考点】减沉复合疏桩。

【参考答案】AD

6.5　桩　基　施　工

6.5.1　灌注桩施工

114.（2009-A-15）依据《建筑桩基技术规范》（JGJ 94—2008），正、反循环灌注桩灌注混凝土前，对端承桩和摩擦桩，孔底沉渣的控制指标正确的是（　　）。

（A）端承型≤50mm；摩擦型≤200mm　　（B）端承型≤50mm；摩擦型≤100mm

（C）端承型≤100mm；摩擦型≤50mm　　　　　　（D）端承型≤100mm；摩擦型≤100mm

【解析】根据《建筑桩基技术规范》（JGJ 94—2008）第6.3.9条：钻孔达到设计深度，灌注混凝土之前，孔底沉渣厚度指标应符合下列规定：（1）对端承型桩，不应大于50mm；（2）对摩擦型桩，不应大于100mm；（3）对抗拔、抗水平力桩，不应大于200mm。

【考点】桩基施工。

【参考答案】B

115.（2009-A-21）下列关于泥浆护壁正反循环钻孔灌注桩施工与旋挖成孔灌注桩施工的叙述中，（　　）是正确的。

（A）前者与后者都是泥浆循环排渣

（B）前者比后者泥浆用量少

（C）在粉土、砂土地层中，后者比前者效率高

（D）在粉土、砂土地层中，后者沉渣少，灌注混凝土前不需清孔

【解析】（1）正循环旋转钻孔：泥浆由泥浆泵以高压从泥浆池输进钻杆内腔，经钻头的出浆口射出。底部的钻头在旋转时将土层搅松成为钻渣，被泥浆悬浮，随泥浆上升而溢出，经过沉浆池沉淀净化，泥浆再循环使用。井孔壁靠水头和泥浆保护。

（2）反循环旋转钻孔：泥浆由泥浆池流入钻孔内，同钻渣混合。在真空泵抽吸力作用下，混合物进入钻头的进渣口，经过钻杆内腔，泥石泵和出浆控制筏排泄到沉淀池中净化，再供使用。由于钻杆内径较井孔直径小得多，故钻杆内泥水上升比正循环快4～5倍，在桥梁钻孔桩成孔中处于主导地位。

（3）旋挖钻机：首先是通过底部带有活门的桶式钻头回转破碎岩土，并直接将其装入钻斗内，然后再由钻机提升装置和伸缩钻杆将钻斗提出孔外卸土，这样循环往复，不断地取土卸土，直至钻至设计深度。对黏结性好的岩土层，可采用干式或清水钻进工艺，无需泥浆护壁。对于松散易坍塌地层，或有地下水分布，孔壁不稳定，必须采用静态泥浆护壁钻进工艺，向孔内投入护壁泥浆或稳定液进行护壁。

（4）对于正反循环，泥浆起到排渣和护壁的作用；对于旋挖钻机，泥浆只起护壁作用，排渣是依靠旋挖斗直接提出孔外。

在岩土层较软地区，旋挖效率非常高，但是在硬地层、岩层中，旋挖的钻进效率较低或者不适用。

【考点】灌注桩施工。

【参考答案】C

116.（2009-A-52）下列关于几种灌注桩施工工艺特点的描述中，（　　）的说法是正确的。

（A）正反循环钻成孔灌注施工工艺适用范围广，但泥浆排量较大

（B）长螺旋钻孔灌注桩工法不需泥浆护壁

（C）旋挖钻成孔灌注桩施工法，因钻机功率大，特别适用于大块石，漂石多的地层

（D）冲击钻成孔灌注桩施工法适用于坚硬土层、岩层，但成孔效率低

【解析】解析参见本章第95题（2009-A-21）。另外，长螺旋钻孔灌注桩属于干作业法，不需要泥浆护壁。冲击钻孔灌注桩在坚硬土层、岩层中成孔效率较高。

【考点】灌注桩的施工。

【参考答案】AB

117.（2011-B-46）下列（　　）泥浆指标是影响泥浆护壁成孔灌注桩混凝土灌注质量的主要因素。

（A）相对密度　　　　（B）含砂率　　　　（C）黏度　　　　（D）pH值

【解析】根据《建筑桩基技术规范》（JGJ 94—2008）第6.3.2条文说明：清孔后要求测定泥浆指标有三项：相对密度、含砂率和黏度，它们是影响混凝土灌注质量的主要指标。

【考点】泥浆护壁。

【参考答案】ABC

118.（2012-A-19）某高层建筑采用钻孔桩基础，场地处于珠江三角洲滨海滩涂地区，场地地面相对标高±0.0m，主要地层为：①填土层厚4.0m；②淤泥层厚6.0m；③冲洪积粉土、砂土、粉质黏土等，层厚10.0m；④花岗岩风化残积土。基坑深29.0m，基坑支护采用排桩加4排预应力锚索进行支护，综

合考虑相关条件，下列关于基础桩施工时机的选项中，（　　）最适宜。

（A）基坑开挖前，在现地面施工

（B）基坑开挖到底后，在坑底施工

（C）基坑开挖到－10.0m（相对标高）深处时施工

（D）基坑开挖到－28.0m（相对标高）深处时施工

【解析】为保证基坑的施工安全，可以将填土和淤泥土开挖后，进行基坑的施工。

【考点】桩基的施工。

【参考答案】C

119.（2013－B－51）根据《建筑桩基技术规范》（JGJ 94—2008），下列关于建筑工程灌注桩施工的说法，（　　）是正确的。

（A）条形桩基沿垂直轴线方向的长钢套管护壁人工挖孔桩的桩位允许偏差为200mm

（B）沉管灌注桩的充盈系数小于1.0时，应全长复打

（C）对于超长泥浆护壁成孔灌注桩，灌注水下混凝土可分段施工，但每段间隔不得大于24h

（D）泥浆护壁成孔灌注桩后注浆主要目的是处理孔底沉渣和桩身泥皮

【解析】参见《建筑桩基技术规范》（JGJ 94—2008）6.2.4条、6.3.30条、6.5.4条、6.7.1条。

（1）根据6.2.4条，条形桩基沿垂直轴线方向的长钢套管护壁人工挖孔桩的桩位允许偏差为100mm，选项A错误。

（2）根据6.5.4条，选项B正确。

（3）根据6.3.30条第4款，对于超长泥浆护壁成孔灌注桩，每根灌注时间应按初盘混凝土的初凝时间控制，因此选项C错误。

（4）根据6.7.1条及其条文说明得到灌注桩后注浆的技术是通过桩底桩侧后注浆固化沉渣和泥皮，并加固桩底和桩周一定范围的土体，以大幅度提高桩的承载力，增强桩的质量稳定性，减少桩基沉降，所以选项D正确。

【考点】灌注桩施工。

【参考答案】BD

120.（2016－B－13）对于泥浆护壁成孔灌注桩施工，下列哪些做法不符合《建筑桩基技术规范》（JGJ 94—2008）的要求？（　　）

（A）除能自行造浆的黏性土层外，均应制备泥浆

（B）在清孔过程中，应保证孔内泥浆不被置换，直至灌注水下混凝土

（C）排渣可采用泥浆循环或抽渣筒方法

（D）开始灌注混凝土时，导管底部至孔底的距离宜为300～500mm

【解析】参见《建筑桩基技术规范》（JGJ 94—2008）6.3.1条、6.3.2条、6.3.14条、6.3.30条。

（1）根据第6.3.1条，除能自行造浆的黏性土层外，均应制备泥浆，选项A正确。

（2）根据6.3.2条第2条款，在清孔过程中，应不断置换泥浆，直至灌注水下混凝土，故选项B错误。

（3）根据6.3.14条，排渣可采用泥浆循环或抽渣筒等方法，当采用抽渣筒排渣时，应及时补给泥浆，故选项C正确。

（4）根据6.3.30条第1款，开始灌注混凝土时，导管底部至孔底的距离宜为300～500mm，故选项D正确。

【考点】泥浆护壁灌注桩的施工要点。

【参考答案】B

121.（2016－B－14）下列关于沉管灌注桩施工的做法中哪一项不符合《建筑桩基技术规范》（JGJ 94—2008）的要求？（　　）

（A）锤击沉管灌注桩群桩施工时，应根据土质、布桩情况，采取消减负面挤土效应的技术措施，确保成桩质量

（B）灌注混凝土的充盈系数不得小于 1.0

（C）振动冲击沉管灌注桩单打法、反插法施工时，桩管内灌满混凝土后，应先拔管再振动

（D）内夯沉管灌注桩施工时，外管封底可采用干硬性混凝土、无水混凝土配料，经夯击形成阻水、阻泥管塞

【解析】 参见《建筑桩基技术规范》（JGJ 94—2008）6.5.2 条、6.5.4 条、6.5.9 条、6.5.12 条。

（1）根据 6.5.2 条第 1 款，群桩基础的基桩施工，应根据土质、布桩情况，采取消减负面挤土效应的技术措施，确保成桩质量，故选项 A 正确。

（2）根据 6.5.4 条，混凝土的充盈系数不得小于 1.0，故选项 B 正确。

（3）根据 6.5.9 条第 1 款，桩管灌满混凝土后，先振动再拔管，故选项 C 错误。

（4）根据 6.5.12 条，外管封底可采用干硬性混凝土、无水混凝土配料，经夯击形成阻水、阻泥管塞，其高度可为 100mm，选项 D 正确。

【考点】 沉管灌注桩施工。

【参考答案】 C

122.（2016-B-49）下列哪些选项可能会影响钻孔灌注桩孔壁的稳定？（　　）

（A）正循环冲孔时泥浆上返的速度

（B）提升或下放钻具的速度

（C）钻孔的直径和深度

（D）桩长范围内有充填密实的溶洞

【解析】 根据《建筑桩基技术规范》（JGJ 94—2008）第 6.3.2 条和 6.3.6 条，维持孔壁稳定，应控制泥浆补给、泥浆上返速度，控制提下钻、钻进速度，选项 A、B 正确。钻孔的直径和深度对孔壁稳定有影响，特别是软黏土地层，孔径越大，孔越深，缩颈量越大，选项 C 正确。地层土性是影响孔壁稳定的一大因素，溶洞充填密实对孔壁稳定有利，选项 D 错误。

【考点】 钻孔灌注桩孔壁的稳定。

【参考答案】 ABC

123.（2016-B-52）下列哪些人工挖孔灌注桩施工的做法符合《建筑桩基技术规范》（JGJ 94—2008）的要求？（　　）

（A）人工挖孔桩的桩径（不含护壁）不得小于 0.8m，孔深不宜大于 30m

（B）人工挖孔桩混凝土护壁的厚度不应小于 100mm，混凝土强度等级不应低于桩身混凝土强度等级

（C）每日开工前必须探测井下的有毒、有害气体；孔口四周必须设置护栏

（D）挖出的土石方应及时运离孔口，临时堆放时，可堆放在孔口四周 1m 范围内

【解析】 根据《建筑桩基技术规范》（JGJ 94—2008）6.6.5 条：人工挖孔桩的孔径（不含护壁）不得小于 0.8m，且不宜大于 2.5m；孔深不宜大于 30m，故选项 A 正确。

根据 6.6.6 条，人工挖孔桩混凝土护壁的厚度不应小于 100mm，混凝土强度等级不应低于桩身混凝土强度等级，并应振捣密实，故选项 B 正确。

根据 6.6.7 条第 2 款，每日开工前必须检测井下的有毒、有害气体，并应有相应的安全防范措施。根据 6.6.7 条第 3 款，孔口四周必须设置护栏，护栏高度宜为 0.8m，故选项 C 正确。

根据 6.6.7 条第 4 款，挖出的土石方应及时运离孔口，不得堆放在孔口周边 1m 范围内，机动车辆的通行不得对井壁的安全造成影响，故选项 D 错误。

【考点】 人工挖孔灌注桩施工。

【参考答案】 ABC

124.（2017-B-9）对于桩径 1.5m、桩长 60m 的泥浆护壁钻孔灌注桩，通常情况下，下列何种工艺所用泥浆量最少？（　　）

（A）正循环钻进成孔　　　　　　　　　（B）气举反循环钻进成孔

（C）旋挖钻机成孔　　　　　　　　　　（D）冲击反循环钻进成孔

【解析】 旋挖施工时，泥浆仅仅作为护壁作用使用，而对于正反循环施工，泥浆除了护壁之外，还

用来排渣，因此需要的泥浆量比较多。

【考点】泥浆护壁。

【参考答案】C

125.（2017-B-47）钻孔灌注桩施工时，下列哪些选项对防止孔壁坍塌是有利的？（　　）

（A）选用合适的制备泥浆

（B）以砂土为主的地层，钻孔过程中利用原地层自行造浆

（C）提升钻具时，及时向孔内补充泥浆

（D）在受水位涨落影响时，泥浆面应低于最高水面1.5m以上

【解析】参见《建筑桩基技术规范》（JGJ 94—2008）6.3.1条、6.3.2条。

（1）根据第6.3.1条，除能自行造浆的黏性土层外，均应制备泥浆，选项A正确，选项B错误。

（2）根据6.3.2条第1条款，施工期间护筒内的泥浆面应高出地下水位1.0m以上，在受水位涨落影响时，泥浆面应高出最高水面1.5m以上，故选项D错误。

提升钻具会带走部分泥浆，故应及时向孔内填充泥浆，选项C正确。

【考点】泥浆的原理。

【参考答案】AC

126.（2017-B-49）按照《建筑桩基技术规范》（JGJ 94—2008）规定，下列关于干作业成孔扩底灌注桩的施工要求，错误的选项有哪些？（　　）

（A）人工挖孔桩混凝土护壁可以不配置构造钢筋

（B）当渗水量过大时，人工挖孔桩可在桩孔中边抽水边开挖

（C）浇筑桩顶以下5m范围内的混凝土时，应随浇筑随振捣，每次浇筑高度不得大于1.5m

（D）扩底桩灌注混凝土时，当第一次灌注超过扩底部位的顶面时，可不必振捣，然后继续灌注

【解析】参见《建筑桩基技术规范》（JGJ 94—2008）6.6.4条、6.6.6条、6.6.14条。

（1）根据6.6.6条，人工挖孔桩混凝土护壁应配置直径不小于8mm的构造钢筋，竖向筋应上下搭接或拉接，故选项A错误。

（2）根据6.6.14条，当渗水量过大时，应采取场地截水、降水或水下灌注混凝土等有效措施。严禁在桩孔中边抽水边开挖，同时不得灌注相邻桩。选项B错误。

（3）根据6.6.4条，灌注混凝土前，应在孔口安放护孔漏斗，然后放置钢筋笼，并应再次测量孔内虚土厚度。扩底桩灌注混凝土时，第一次应灌到扩底部位的顶面，随即振捣密实；浇注桩顶以下5m范围内混凝土时，应随浇注随振动，每次浇注高度不得大于1.5m，故选项C正确，选项D错误。

【考点】干作业成孔施工。

【参考答案】ABD

127.（2017-B-12）根据《建筑桩基技术规范》（JGJ 94—2008），下列关于长螺旋钻孔压灌桩工法的叙述，哪个选项是正确的？（　　）

（A）长螺旋钻孔压灌桩属于挤土桩

（B）长螺旋钻孔压灌桩主要适用于碎石土层和穿越砾石夹层

（C）长螺旋钻孔压灌桩不需泥浆护壁

（D）长螺旋钻孔压灌桩的混凝土坍落度通常小于160mm

【解析】根据《建筑桩基技术规范》（JGJ 94—2008）第6.4.1～6.4.13及条文说明，长螺旋钻孔压灌桩成桩工艺是国内近年开发且使用较广的一种新工艺，适用于地下水位以上的黏性土、粉土、素填土、中等密实以上的砂土，属非挤土成桩工艺，故选项A、B错误。

根据6.4.4条，混凝土坍落度宜为180～220mm，选项D错误。

使用的是混凝土，无泥浆污染，故选项C正确。

【考点】长螺旋钻孔灌注桩施工。

【参考答案】C

128.（2017-B-46）某高层建筑群桩基础采用设计桩径为800mm的钻孔灌注桩，承台下布置了9

根桩，桩顶设计标高位于施工现场地面下 10.0m，下列关于该桩基施工质量的要求，哪些选项符合《建筑桩基技术规范》（JGJ 94—2008）规定？（　　）

（A）成孔垂直度的允许偏差不大于 1.0%

（B）承台下中间桩的桩位允许偏差不大于 150mm

（C）承台下边桩的桩位允许偏差不大于 110mm

（D）个别断面桩径允许小于设计值 50mm

【解析】参见《建筑桩基技术规范》（JGJ 94—2008）。

钻孔灌注桩，桩径 800mm，可查表 6.2.4 的第一行，垂直度允许偏差为 1%，故选项 A 正确。

桩径允许偏差不超过 ±50mm，故选项 D 正确。

桩位允许偏差，群桩的边桩允许偏差为 $d/6$（800mm/6＝133.3mm）且不大于 100mm，即边桩允许偏差为不大于 100mm，故选项 C 错误。

中间桩允许偏差为 $d/4$（800mm/4＝200mm）且不大于 150mm，即中间桩允许偏差为不大于 150mm，故选项 B 正确。

【考点】桩基施工质量。

【参考答案】ABD

129.（2017-B-48）对于钻孔灌注桩成孔深度的控制要求，下列哪些选项符合《建筑桩基技术规范》（JGJ 94—2008）要求？（　　）

（A）摩擦桩应以设计桩长控制为主

（B）端承桩应以桩端进入持力层的设计深度控制为主

（C）摩擦端承桩应以桩端进入持力层的设计深度控制为辅，以设计桩长控制为主

（D）端承摩擦桩应以桩端进入持力层的设计深度控制为主，以设计桩长控制为辅

【解析】参见《建筑桩基技术规范》（JGJ 94—2008）。根据 6.2.3 条第 1 款，摩擦桩应以设计桩长控制成孔深度，端承摩擦桩必须保证设计桩长及桩端进入持力层深度。根据 6.2.3 条第 2 款，端承型桩，当采用钻（冲），挖掘成孔时，必须保证桩端进入持力层的设计深度。

【考点】桩基成孔深度。

【参考答案】AB

130.（2018-B-10）对于泥浆护壁钻孔灌注桩，在水下混凝土灌注施工过程中，当混凝土面高出孔底 4m 时，不慎将导管拔出混凝土灌注面，下列哪种应对措施是合理的？（　　）

（A）将导管重新插入混凝土灌注面下 3m，继续灌注

（B）将导管底部放至距混凝土灌注面之上 300～500mm 处，继续灌注

（C）拔出导管和钢筋笼，将已灌注的混凝土清除干净后，下钢筋笼，重新灌注

（D）立即抽出桩孔内的泥浆，清理混凝土灌注面上的浮浆后，继续灌注

【解析】根据《建筑桩基技术规范》（JGJ 94—2008）6.3.30 条第 4 款，灌注水下混凝土必须连续施工。

根据钻孔灌注桩施工过程中质量通病治理，各选项只有选项 C 满足规范要求。

【考点】泥浆护壁钻孔灌注桩施工过程中质量通病。

【参考答案】C

131.（2019-B-11）灌注桩施工遇有施工深度内存在较高水头的承压水时，不宜选取下列哪种施工工艺？（　　）

（A）正循环回转钻进成孔灌注桩施工工艺　　（B）反循环回转钻进成孔灌注桩施工工艺

（C）长螺旋钻孔压灌桩施工工艺　　（D）泥浆护壁旋挖钻机成孔灌注桩施工工艺

【解析】根据《建筑桩基技术规范》（JGJ 94—2008）第 6.4.1～6.4.13 条文说明，长螺旋钻孔压灌桩成桩工艺是国内近年开发且使用较广的一种新工艺，适用于地下水位以上的黏性土、粉土、素填土、中等密实以上的砂土，属非挤土成桩工艺，该工艺有穿透力强、低噪声、无振动、无泥浆污染、施工效率高、质量稳定等特点。

长螺旋钻孔压灌桩适用于干作业施工，地下水位较高的淤泥质黏土层、粉土、砂质土层较难适应。

【考点】灌注桩的选型。

【参考答案】C

132.（2019-B-46）某钻孔灌注桩采用泵吸式循环成孔，为提高钻进效率，采取下列哪些措施是有效的？（   ）

（A）控制上返冲洗液中合适的钻屑含量

（B）选用合理的钻杆内径

（C）控制钻杆在孔内的沉落速度

（D）控制上返冲洗液中钻屑最大粒径

【解析】《基础工程施工技术》泵吸反循环：利用砂石泵（离心泵）的抽吸作用，在钻杆柱内腔造成负压状态，将孔底带有钻屑的泥浆抽到沉淀池，泥浆经沉淀处理后再回流至孔内，从而实现泥浆的反循环；控制上返冲洗液中钻屑最大粒径，降低通过阻力，选项A错误，选项D正确。选用合理的钻杆内径，内径增大，可通过的钻屑颗粒直径增大，阻力降低，选项B、D正确。控制钻杆在孔内的沉落速度有利于排渣，选项C正确。

【考点】桩基施工。

【参考答案】BCD

133.（2019-B-47）采用反循环回转钻成孔工艺，遇坚硬基岩时，采取下列哪些钻进措施是合理的？（   ）

（A）高钻压钻进　　　　　　　　　（B）高转速钻进

（C）调大泥浆比重　　　　　　　　（D）改换球形刃碎岩钻头

【解析】《基础工程施工技术》反循环回转钻进成孔工艺：指循环介质从钻杆与孔壁之间的环状间隙中进行钻孔，再从钻杆内返回孔口，如此循环的一种钻进方法。遇到坚硬岩石时，应高压、低速钻进，选项A正确，选项B错误；基岩自稳能力较好，不需要调大泥浆比重，且泥浆比重过大，钻进困难，效率降低，选项C错误；改换球形刃碎岩钻头利于碎岩，选项D正确。

【考点】桩基施工。

【参考答案】AD

134.（2019-B-50）泥浆护壁钻孔灌注桩施工时，关于护筒主要作用的说法哪些是正确的？（   ）

（A）减少泥浆比重　　　　　　　　（B）防止孔口塌孔

（C）提高桩头承载力　　　　　　　（D）控制桩位施工误差

【解析】根据《建筑桩基技术规范》（JGJ 94—2008）第6.3.5条，孔口荷载较大，采用护筒可以防止塌孔；另外，护筒可以起到定位功能，防止桩位偏移。

【考点】护筒。

【参考答案】BD

135.（2020-B-11）采用泥浆护壁钻进工艺进行桩基成孔时，下列哪种地层条件下泥浆损耗最大？（   ）

（A）地下水位以上的粉土地层　　　（B）地下水位以下的黏性土地层

（C）地下水位以下的中粗砂地层　　（D）地下水位以上的砂卵石地层

【解析】本题需要定性分析即可。采用泥浆护壁钻进工艺时，泥浆的主要作用有两个，一是利用泥浆的压力来保证桩孔内外水土压力平衡；二是利用泥浆带出钻孔产生的沉渣。具体分析如下：

（1）在钻孔过程中，需要不断地补充泥浆来保证孔内外水土压力的平衡和护壁效果，因此，地下水位以上的地层需要的泥浆比地下水位以下的地层需要的泥浆多，故排除选项B、C。

（2）砂卵石地层的孔隙率比粉土地层的孔隙率相对较大，故需要的泥浆也会较多，故选D。

【考点】泥浆护壁成孔桩施工工艺。

【参考答案】D

136.（2020-B-14）下列哪种桩基施工工艺不需要埋设护筒？（   ）

（A）正循环钻进工艺　　　　　　　　（B）反循环钻进工艺

（C）旋挖钻进工艺　　　　　　　　　（D）长螺旋钻进压灌工艺

【解析】根据《建筑桩基技术规范》（JGJ94—2008）6.3.5 条、6.3.22 条，正反循环钻进工艺和旋挖桩钻进工艺均需要钢护筒辅助作业。

长螺旋钻进压灌工艺，采用螺旋钻杆钻孔，管内泵压灌成桩，不需要钢护筒辅助作业。

【考点】钻孔桩施工工艺。

【参考答案】D

6.5.2　灌注桩后注浆

137.（2009-A-20）根据《建筑桩基技术规范》（JGJ 94—2008）的相关规定，下列关于灌注桩后注浆工法的叙述中，正确的是（　　）。

（A）灌注桩后注浆是一种先进的成桩工艺

（B）是一种有效的加固桩端、桩侧土体，提高单桩承载力的辅助措施

（C）可与桩身混凝土灌注同时完成

（D）主要适用于处理断桩、缩径等问题

【解析】根据《建筑桩基技术规范》（JGJ 94—2008）6.7.1 条文说明，灌注桩后注浆是灌注桩的辅助工法，该技术旨在通过桩底桩侧后注浆固化沉渣和泥皮，并加固桩底和桩周一定范围的土体，以大幅提高桩的承载力，增强桩的质量稳定性，减小桩基沉降。选项 A 错误，选项 B 正确，选项 D 错误。

根据 6.7.5 条第 1 款，注浆作业宜于成桩 2d 后开始，不宜迟于成桩 30d 后，选项 C 错误。

【考点】灌注桩后注浆。

【参考答案】B

138.（2017-B-13）下列关于后注浆灌注桩承载力特点的叙述哪一个选项是正确的？（　　）

（A）摩擦灌注桩，桩端后注浆后可转为端承桩

（B）端承灌注桩，桩侧后注浆后可转为摩擦桩

（C）后注浆可改变灌注桩侧阻与端阻的发挥顺序

（D）后注浆提高灌注桩承载力的幅度主要取决于注浆土层的性质与注浆参数

【解析】根据《建筑桩基技术规范》（JGJ 94—2008）5.3.10 条、表 5.3.10 文及条文说明，后注浆提高灌注桩承载力的幅度主要取决于注浆土层的性质与注浆参数，选项 D 正确。后注浆不能改变灌注桩侧阻与端阻的发挥顺序，不能改变桩的承载性质。

【考点】后注浆。

【参考答案】D

139.（2014-B-51）下列（　　）指标参数对泥浆护壁钻孔灌注桩后注浆效果有较大影响。

（A）终止注浆量　　　（B）终止注浆压力　　　（C）注浆管直径　　　　　（D）桩身直径

【解析】根据《建筑桩基技术规范》（JGJ 94—2008）第 6.7.6 条，当满足下列条件之一时可终止注浆：

（1）注浆总量和注浆压力均达到设计要求；

（2）注浆总量已达到设计值的 75%，且注浆压力超过设计值，因此终止注浆量和终止注浆压力均对后注浆效果有较大的影响，选项 A 正确，选项 B 正确。

【考点】灌注桩后注浆。

【参考答案】AB

140.（2018-B-14）某公路桥梁桩基础，桩长 30.0m，承台底面位于地下水位以下，采用桩端后压浆工艺，根据《公路桥涵地基与基础设计规范》（JTG 3363—2019），在进行单桩承载力计算时，桩端以上桩侧阻力增强段最大范围可取下列哪个值？（　　）

（A）12.0m　　　（B）8.0m　　　　　（C）6.0m　　　　　　（D）4.0m

【解析】根据《公路桥涵地基与基础设计规范》（JTG 3363—2019）6.3.4 条，在饱和土层中后注浆，可对桩端以上 8.0～12.0m 范围内的桩侧阻力进行增强；在非饱和土层中后注浆，可对桩端以上 5.0～6.0m

的桩侧阻力进行增强。本题承台底面位于地下水位以下，为饱和土层，正确答案为A。

【考点】公路桥梁桩基础桩端后压浆。

【参考答案】A

141.（2018-B-49）关于灌注桩后注浆施工，下列哪些说法是正确的？（　　）

（A）土的饱和度越高，浆液水灰比应越大

（B）土的渗透性越大，浆液水灰比应越小

（C）饱和黏性土中注浆顺序宜先桩端后桩侧

（D）终止注浆标准应进行注浆总量和注浆压力双控

【解析】参见《建筑桩基技术规范》（JGJ 94—2008）6.7.4条、6.7.5条、6.7.6条。

（1）根据第6.7.4条第1款，可知饱和度越高，水灰比越小；渗透性越大，水灰比越小。选项A错误，选项B正确。

（2）根据第6.7.5条第3款，选项C错误。

（3）根据第6.7.6条，选项D正确。

【考点】灌注桩后注浆施工工艺。

【参考答案】BD

142.（2019-B-52）后注浆改善灌注桩承载特性的机理包括以下哪些选项？（　　）

（A）桩身结构强度增大　　　　　　　　（B）桩端沉渣加固强化

（C）桩侧泥皮加固强化　　　　　　　　（D）桩端平面附加应力减小

【解析】根据《建筑桩基技术规范》（JGJ 94—2008）第6.7.1条文说明：灌注桩后注浆是灌注桩的辅助工法。该技术旨在通过桩底桩侧后注浆固化沉渣（虚土）和泥皮，并加固桩底和桩周一定范围的土体，以大幅提高桩的承载力，增强桩的质量稳定性，减小桩基沉降，提高侧摩阻力和端阻力。

【考点】后注浆。

【参考答案】BC

6.5.3　预制桩施工

143.（2009-A-53）下列关于预制桩锤击沉桩施打顺序的说法中，（　　）是合理。

（A）对于密集桩群，自中间向两个方面或四周对称施打

（B）当一侧毗邻建筑物时，由毗邻建筑物向另一侧施打

（C）根据基础底面设计标高，宜先浅后深

（D）根据桩的规格，宜先小后大，先短后长

【解析】根据《建筑桩基技术规范》（JGJ 94—2008）第7.4.4条，由于预制桩的挤土效应，打桩顺序要求如下：

（1）对于密集桩群，自中间向两个方向或四周对称施打；

（2）当一侧毗邻建筑物时，由毗邻建筑物向另一方向施打；

（3）根据基础的设计标高，宜先深后浅；

（4）根据桩的规格，宜先大后小，先长后短。

【考点】锤击沉桩。

【参考答案】AB

144.（2011-B-13）下列关于静压沉桩的施工要求中，（　　）是正确的。

（A）对于场地地层中局部含砂、碎石、卵石时，宜最后在该区域进行压桩

（B）当持力层埋深或桩的入土深度差别较大时，宜先施压短桩后施压长桩

（C）最大压桩力不宜小于设计的单桩竖向极限承载力标准值

（D）当需要送桩时，可采用工程桩用作送桩器

【解析】参见《建筑桩基技术规范》（JGJ 94—2008）7.5.7条、7.5.10条、7.5.13条。

（1）根据7.5.10条第1款，对于场地地层中局部含砂、碎石、卵石时，宜先在该区域进行压桩，选

项 A 错误；

（2）根据 7.5.10 条第 2 款，当持力层埋深或桩的入土深度差别较大时，宜先施压长桩后施压短桩，所以选项 B 错误；

（3）根据 7.5.7 条，最大压桩力不宜小于设计的单桩竖向极限承载力标准值，选项 C 正确；

（4）根据 7.5.13 条第 2 款，送桩应采用专制钢制送桩器，不得将工程桩用作送桩器，所以选项 D 错误。

【考点】静压沉桩。

【参考答案】C

145.（2012-A-16）根据《建筑桩基技术规范》（JGJ 94—2008）的要求，关于钢筋混凝土预制桩施工，下列说法中，正确的是（　　）。

（A）桩端持力层为硬塑黏性土时，锤击沉桩终锤应以控制桩端标高为主，贯入度为辅

（B）采用静压沉桩时，场地地基承载力不应小于压桩机接地压强的 1.0 倍，且场地应平整，桩身弯曲矢高的允许偏差为 1% 桩长

（C）对大面积密集桩群锤击沉桩时，监测桩顶上涌和水平位移的桩数应不少于总桩数的 5%

（D）当桩群一侧毗邻已有建筑物时，锤击沉桩由该建筑物处向另一方向施打

【解析】参见《建筑桩基技术规范》（JGJ 94—2008）7.4.6 条、7.5.1 条、7.4.4 条、7.4.9 条。

（1）根据 7.4.6 条第 2 款，得到桩端持力层为硬塑黏性土时，锤击沉桩终锤应以贯入度控制为主，桩端标高为辅，选项 A 错误；

（2）根据 7.5.1 条，采用静压沉桩时，场地地基承载力不应小于压装机接地压强的 1.2 倍，且场地应平整，因此选项 B 错误；

（3）根据 7.4.9 条第 7 款，对大面积密集桩群锤击沉桩时，监测桩顶上涌和水平位移的桩数应不少于总桩数的 10%，因此选项 C 错误；

（4）根据 7.4.4 条第 2 款，当桩群一侧毗邻已有建筑物时，锤击沉桩由该建筑物处向另一方向施打，选项 D 正确。

【考点】锤击沉桩。

【参考答案】D

146.（2012-A-48）大面积密集混凝土预制桩群施工时，采用下列（　　）施工方法或辅助措施是适宜的。

（A）在饱和淤泥质土中，预先设置塑料排水板

（B）控制沉桩速率和日沉桩量

（C）自场地四周向中间施打（压）

（D）长短桩间隔布置时，先沉短桩，后沉长桩

【解析】参见《建筑桩基技术规范》（JGJ 94—2008）7.4.4 条、7.4.9 条。

（1）根据 7.4.9 条第 2 款和 7.4.9 条第 5 款，选项 A、B 正确；

（2）根据 7.4.4 条第 1 款，对于密集桩群，自中间向两个方向或四周对称施打，选项 C 错误；

（3）根据 7.4.4 条第 4 款，根据桩的规格，宜先大后小，先长后短，选项 D 错误。

【考点】锤击沉桩。

【参考答案】AB

147.（2014-B-52）按照《建筑桩基技术规范》（JGJ 94—2008），下列关于混凝土预制桩静力压桩施工的质量控制措施中，（　　）是正确的。

（A）第一节桩下压时垂直度偏差不应大于 0.5%

（B）最后一节有效桩长宜短不宜长

（C）抱压力可取桩身允许侧向压力的 1.2 倍

（D）对于大面积桩群，应控制日压桩量

【解析】参见《建筑桩基技术规范》（JGJ 94—2008）7.5.8 条。

（1）第 1 款，第一节桩下压时垂直度偏差不应大于 0.5%，故选项 A 正确；

（2）第 2 款，最后一节有效桩长不宜小于 5m，所以选项 B 错误；

（3）第 3 款，抱压力可取桩身允许侧向压力的 1.1 倍，选项 C 错误；

（4）第 4 款，对于大面积群桩，应控制日压桩量，故选项 D 正确。

【考点】静压沉桩的施工。

【参考答案】AD

148.（2016-B-51）施打大面积预制桩时，下列哪些措施符合《建筑桩基技术规范》（JGJ 94—2008）的要求？（　　）

（A）对预钻孔沉桩，预钻孔孔径宜比桩径大 50～100mm

（B）对饱和黏性土地基，应设置袋装砂井或塑料排水板

（C）应控制打桩速率

（D）沉桩结束后，宜普遍实施一次复打

【解析】参见《建筑桩基技术规范》（JGJ 94—2008）第 7.4.9 条。

根据第 1 款，对预钻孔沉桩，预钻孔孔径可比桩径（或方桩对角线）小 50～100mm，故选项 A 错误。

根据第 2 款，对饱和黏性土地基，应设置袋装砂井或塑料排水板，故选项 B 正确。

根据第 5 款，应控制打桩速率和日打桩量，24h 内休止时间不应少于 8h，故选项 C 正确。

根据第 6 款，沉桩结束后，宜普遍实施一次复打，故选项 D 正确。

【考点】预制桩施工。

【参考答案】BCD

149.（2017-B-50）下列关于混凝土预制桩现场的制作要求，哪些符合《建筑桩基技术规范》（JGJ 94—2008）规定？（　　）

（A）桩身混凝土强度等级不应低于 C20　　　（B）混凝土宜用机械搅拌，机械振捣

（C）浇筑时宜从桩尖开始灌注　　　（D）一次浇筑完成，严禁中断

【解析】参见《建筑桩基技术规范》（JGJ 94—2008）4.1.5 条、7.1.6 条。

根据 4.1.5 条，预制桩的混凝土强度等级不宜低于 C30，故选项 A 错误。

根据 7.1.6 条，灌注混凝土预制桩时，宜从桩顶开始灌筑，并应防止另一端的砂浆积聚过多，故选项 C 错误。

【考点】混凝土预制桩。

【参考答案】BD

150.（2019-B-10）下列选项中哪个说法符合预制桩锤击沉桩的施工原则？（　　）

（A）重锤多击　　　（B）重锤轻击　　　（C）轻锤多击　　　（D）轻锤重击

【解析】根据《建筑桩基技术规范》（JGJ 94—2008）第 7.4.4 条，预制桩施工应先难后易，施工原则应为重锤轻击，防止锤击偏离。

根据《建筑基桩检测技术规范》（JGJ 106—2014）第 9.2.5 条及其条文说明，也可查到重锤轻击的施工原则。

重锤轻击即锤的重量大而落距小，这样桩锤不宜产生回跃，不致损坏桩头，且桩易入土中，效率高；反之则易损坏桩头，桩难以打入土中。

【考点】预制桩的施工。

【参考答案】B

151.（2020-B-13）某静压桩工程，采用压桩机接地压强为 80kPa，根据《建筑桩基技术规范》（JGJ 94—2008），施工场地最小地基承载力应满足下列哪个选项？（　　）

（A）80kPa　　　（B）100kPa　　　（C）120kPa　　　（D）160kPa

【解析】根据《建筑桩基技术规范》（JGJ 94—2008）7.5.1 条，采用静压桩时，场地地基承载力不应小于压桩机接地压强的 1.2 倍，且场地应平整，故施工场地最小地基承载力为 80kPa×1.2＝96kPa。

【考点】静压桩地基承载力的规定。

【参考答案】B

152.（2020-B-47）关于混凝土预制桩施工，下列哪些说法是正确的？（　　）

（A）锤击沉桩应采用专用的送桩器

（B）静压沉桩可使用工程桩送桩

（C）桩端持力层为砂土时，锤击沉桩终止条件应以控制贯入度为主，桩端标高为辅

（D）单节桩长较长时，静压沉桩宜选用抱压式压桩机

【解析】参见《建筑桩基技术规范》（JGJ 94—2008）。

（1）根据7.4.11条，选项A准确；

（2）根据7.5.13条第2款，送桩应采用专制钢质送桩器，不得将工程桩用作送桩器，故选项B错误；

（3）根据7.4.6条第2款，桩端达到坚硬、硬塑的黏性土、中密以上粉土、砂土、碎石类土及风化岩时，应以贯入度控制为主，桩端标高为辅，故选项C正确；

（4）根据7.5.2条，宜根据单节桩的长度选用便压式液压压桩机和抱压式液压压桩机，选项D正确。

【考点】预制桩施工的相关规定。

【参考答案】ACD

6.6 桩基监测与检测

6.6.1 桩基监测

153.（2013-B-10）根据《建筑桩基技术规范》（JGJ 94—2008），施打大面积密集预制桩桩群时，对桩顶上涌和水平位移进行监测的数量应满足下列（　　）要求。

（A）不少于总桩数的1%　（B）不少于总桩数的3%

（C）不少于总桩数的5%　（D）不少于总桩数的10%

【解析】根据《建筑桩基技术规范》（JGJ 94—2008）第7.4.9条第7款，应对不少于总桩数的10%的桩顶上涌和水平位移进行监测。

【考点】桩基检测。

【参考答案】D

6.6.2 事故桩

154.（2019-B-51）一柱一桩条件下，关于事故桩的处理方法，下列哪些选项是合理的？（　　）

（A）破除重打　　　　　　　　　　（B）在事故桩两侧各补打一根

（C）在事故桩一侧补打一根　　　　（D）降低承载力使用

【解析】事故桩一般采用破除重新打，或者在事故桩两侧各补打一根，为了保证受力均衡。当事故处理难度极大的时候，也有采取削减建筑层数或用轻质材料代替原设计材料，以减轻上部结构荷载的方法，继续使用原桩基。

【考点】事故桩的处理。

【参考答案】ABD

6.7 线路中的深基础

6.7.1 公路桥涵

155.（2014-B-11）下列（　　）符合《公路桥涵地基与基础设计规范》（JTG D63—2019）关于桩基础的构造要求。

（A）对于锤击或静压沉桩的摩擦桩，在桩顶处的中距不应小于桩径（或边长）的3倍

（B）桩顶直接埋入承台连接时，当桩径为1.5m时，埋入长度取1.2m

（C）当钻孔桩内力计算不需要配筋时，应在桩顶3.0～5.0m内配置构造钢筋

（D）直径为1.2m的边桩，其外侧与承台边缘的距离可取360mm

【解析】参见《公路桥涵地基与基础设计规范》（JTG 3363—2019）6.2.2条、6.2.6条、6.2.8条。

（1）根据6.2.6条第2款，锤击、静压沉桩，在桩端处的中距不应小于桩径（或边长）的3倍，所以选项A错误。

（2）根据6.2.8条第1款，桩顶直接埋入承台连接时，当桩径大于1.2m时，埋入长度不应小于桩径，即1.5m，所以选项B错误。

（3）根据6.2.2条第3款，钻（挖）孔桩应按桩身内力大小分段配筋。当内力计算表明不需配筋时，应在桩顶3.0～5.0m内设构造钢筋，故选项C正确。

（4）根据6.2.6条第5款，对于直径大于1.0m的桩，不应小于0.3倍的桩径，并不应小于500mm，所以选项D错误。

【考点】桩基础的构造。

【参考答案】C

156.（2014-B-50）根据《公路桥涵地基与基础设计规范》（JTG 3363—2019），下列（　　）的说法是正确的。

（A）混凝土沉井刃脚不宜采用素混凝土结构

（B）表面倾斜较大的岩层上不适宜做桩基础，而适宜采用沉井基础

（C）排水下沉时，沉井重力须大于井壁与土体间的摩阻力标准值

（D）沉井井壁的厚度应根据结构强度、施工下沉需要的重力、便于取土和清基等因素而定

【解析】参见《公路桥涵地基与基础设计规范》（JTG 3363—2019）7.1.1条、7.2.3条、7.2.4条、7.3.2条。

（1）根据7.2.4条第1款，沉井刃脚不宜采用混凝土结构，故选项A正确。

（2）根据7.1.1条，岩层表面倾斜较大及施工过程中可能出现流砂时，不宜采用沉井基础，所以选项B错误。

（3）根据7.3.2条，沉井重力大于井壁总摩阻力标准值R_f，故选项C正确。

（4）根据7.2.3条，沉井井壁与隔墙的厚度应根据结构强度、施工下沉需要的重力、便于取土和清基等因素而定，故选项D正确。

【考点】沉井基础的一般规定和构造。

【参考答案】ACD

157.（2016-B-50）下列关于沉井基础刃脚设计的要求，哪些符合《公路桥涵地基与基础设计规范》（JTG 3363—2019）的规定？（　　）

（A）沉入坚硬土层的沉井应采用带有踏面的刃脚，并适当加大刃脚底面宽度

（B）刃脚斜面与水平面交角为50°

（C）软土地基上沉井刃脚底面宽度200mm

（D）刃脚部分的混凝土强度等级为C20

【解析】参见《公路桥涵地基与基础设计规范》（JTG 3363—2019）7.2.4条、7.2.6条。

（1）根据7.2.4条，沉井刃脚可根据地质情况采用尖刃脚或带踏面刃脚。根据7.2.4条第1款，如土质坚硬，刃脚面应以型钢加强或底节外壳采用钢结构。根据7.2.4条第2款，刃脚底面宽度可为0.1～0.2m，对软土地基可适当放宽。故选项A错误，选项C正确。

（2）根据7.2.4条第3款，刃脚斜面与水平面交角不宜小于45°，故选项B正确。

（3）根据7.2.6条第1款，刃脚不应低于C25，井身不应低于C20，故选项D错误。

【考点】沉井基础刃脚。

【参考答案】BC

158.（2018-B-52）根据《公路桥涵地基与基础设计规范》（JTG 3363—2019），关于地下连续墙基

础设计描述正确的是哪些选项？（　　　）

（A）墙端应进入良好持力层

（B）墙体进入持力层的埋设深度应大于墙体厚度

（C）持力层为岩石地基时，应优先考虑增加墙体的埋置深度以提高竖向承载力

（D）宜使地下连续墙基础的形心与作用基本组合的合力作用点一致

【解析】根据《公路桥涵地基与基础设计规范》（JTG 3363—2019）第 8.3.2 条，墙端应进入良好的持力层，墙体在持力层内的埋设深度应大于墙体厚度。当持力层为非岩石地基时，应优先考虑增加墙体的埋置深度以提高竖向承载力，选项 A、B 正确，选项 C 错误。根据第 8.3.3 条，基础的截面形状和平面布置，宜使其形心与上部结构永久作用合力作用点一致，选项 D 错误。

若以《公路桥涵地基与基础设计规范》（JTG D63—2007）判别，依据 7.3.3 条，基础的截面形状和平面布置，宜使其形心与作用基本组合的合力作用点一致，选项 D 正确。

【考点】地下连续墙基础设计。

【参考答案】AB

6.7.2　铁路桥涵

159.（2013-B-9）当沉井沉至设计高程，刃脚下的土已掏空时，按《铁路桥涵地基和基础设计规范》（TB 10002.5—2005），验算刃脚向内弯曲强度，土压力应按（　　　）计算。

（A）被动土压力　　　　　　　　　　（B）静止土压力

（C）主动土压力　　　　　　　　　　（D）静止土压力和主动土压力的平均值

【解析】根据《铁路桥涵地基和基础设计规范》（TB 10002.5—2005）7.2.2 条第 2 款，土压力按主动土压力计算，选项 C 正确。

根据《铁路桥涵地基和基础设计规范》（TB 10093—2017）7.2.2 条第 3 款，当沉井沉至设计高程，刃脚下的土已掏空时，应验算刃脚向内弯曲强度，此时作用在井壁上的土压力应按设计和施工中的最不利水压力考虑，已删除"土压力按主动土压力计算"。

【考点】沉井基础的计算。

【参考答案】C

160.（2013-B-12）根据《铁路桥涵地基和基础设计规范》（TB 10093—2017），计算施工阶段荷载情况下的混凝土、钢筋混凝土沉井各计算截面强度时，材料容许应力可在主力加附加力的基础上适当提高，其提高的最大数值为（　　　）。

（A）5%　　　　　（B）10%　　　　　（C）15%　　　　　（D）20%

【解析】根据《铁路桥涵地基和基础设计规范》（TB 10093—2017）7.2.1 条，计算施工阶段荷载情况下的素混凝土、钢筋混凝土沉井截面强度时，材料容许应力可在主力加附加力的基础上提高，但提高的最大数值不应大于 10%。

【考点】沉井基础的计算。

【参考答案】B

161.（2014-B-12）某铁路桥梁钻孔灌注摩擦桩，成孔桩径为 1.0m，按照《铁路桥涵地基和基础设计规范》（TB 10093—2017），其最小中心距应为（　　　）。

（A）1.5m　　　　　（B）2.0m　　　　　（C）2.5m　　　　　（D）3.0m

【解析】根据《铁路桥涵地基和基础设计规范》（TB 10093—2017）第 6.3.2 条第 2 款，钻（挖）孔灌注摩擦桩的中心距不应小于 2.5 倍设计桩径。

【考点】桩基础的构造。

【参考答案】C

162.（2019-B-9）某铁路桥梁，采用钻孔灌注桩群桩基础，设计桩径为 1.2m。最外一排桩的中心至承台边缘的最小距离应为下列哪个选项？（　　　）

（A）0.36m　　　　　（B）0.50m　　　　　（C）0.96m　　　　　（D）1.10m

【解析】根据《铁路桥涵地基和基础设计规范》（TB 10093—2017）第 6.3.2 条，各类桩的承台边缘至最外一排桩的净距，桩径不大于 1m 时，净距不应小于 0.5d，且不应小于 0.25m；桩径大于 1m 时，净距不应小于 0.3d，且不应小于 0.50m。对于钻孔灌注桩，d 为设计桩径；对于矩形截面的桩，d 为桩的短边宽。桩的承台边缘至最外一排桩的净距为 0.50m（0.3×2m 与 0.5m 的最大值），因此，最外一排桩的中心至承台边缘的最小距离：0.50m＋0.60m＝1.10m。

【考点】铁路桩基础的构造规定。

【参考答案】D

163.（2019-B-48）近年来，铁路建设中采用挖井基础形式，下列关于铁路挖井基础和沉井基础特点的说法，哪些是正确的？（　　）

（A）沉井基础和挖井基础在施工过程中都需要利用井身混凝土自重作用克服井壁与土的摩阻力和刃脚底面上的阻力

（B）沉井基础施工是垂直下沉，不需要放坡，挖井基础可根据场地条件放坡施工

（C）沉井基础适用于水下或地下水丰富的场地和地层条件，挖井基础适用于无地下水的场地和地层条件

（D）沉井基础和挖井基础设计时，井壁与土体之间的摩阻力都可根据沉井和挖井地点土层已有测试资料和参考以往类似沉井和挖井设计中的侧摩阻力

【解析】《铁路桥涵地基和基础设计规范》（TB 10093—2017）7.1.1 条、7.1.2 条、8.1.1 条及其条文说明、8.2.3 条。

（1）根据 8.1.1 条文说明，挖井基础指用人工或机械按照设计文件开挖基坑（井）后再浇筑的基础，是明挖基础的延伸，因此选项 A 有误。

（2）根据第 8.1.4 条，挖井基础施工应垂直开挖，护壁及时跟进，不应放坡开挖，因此选项 B 错误。

（3）根据第 7.1.1 条，当基础需要埋置较深且地质、水文及施工等条件适宜时，可选用沉井基础。

根据第 8.1.1 条，当基础需要埋置较深且无地下水，地基承载力较高，施工条件适宜时，可选用挖井基础，因此选项 C 正确。

（4）根据第 7.1.2 条，沉井下沉自重扣除水浮力作用后，应大于下沉时土对井壁的摩阻力，刃脚需嵌入风化层时应采取必要措施。土对井壁的摩阻力应根据实践经验或试验资料确定，缺乏上述资料时，可根据土的性质和施工措施按表 7.1.2 选用。

根据第 8.2.3 条，挖井基础承载力计算时，井壁与土体间的摩阻力应根据实践经验或实测资料确定。当缺乏上述资料时，可根据土的性质、施工措施按表 8.2.3 选用，因此选项 D 正确。

【考点】挖井基础和沉井基础。

【参考答案】CD

7 地 基 处 理

7.1 地基处理方法概述

7.1.1 砂土液化的地基处理方法

1.（2009-A-23）在处理可液化砂土时，最适宜的处理方法是（　　）。

（A）水泥土搅拌法 （B）水泥粉煤灰碎石桩

（C）振冲碎石桩 （D）柱锤冲扩桩

【解析】根据《建筑地基处理技术规范》（JGJ 79—2012）7.2.1条第1款，振冲碎石桩、沉管砂石桩复合地基处理适用于挤密处理松散砂土、粉土、粉质黏土、素填土、杂填土等地基，以及用于处理可液化地基。饱和黏土地基，如对变形控制不严格，可采用砂石桩置换处理。

【考点】本题目是对规范原文的考查，此类题型变化不多，其他选项可以从规范中各桩型应用范围中查出。

【参考答案】C

2.（2013-A-22）根据《建筑地基处理技术规范》（JGJ 79—2012），下列（　　）地基处理方法不适用于处理可液化地基。

（A）强夯法 （B）柱锤冲扩桩法

（C）水泥土搅拌桩法 （D）振冲法

【解析】根据《建筑地基处理技术规范》（JGJ 79—2012）4.3.7条第3款，可采用振冲、振动加密、挤密碎石桩、强夯等方法加固。

【考点】液化地基处理方法。

【参考答案】C

7.1.2 软土地基处理方法

3.（2009-A-57）某海堤采用抛石挤淤法进行填筑，已知海堤围多年平均海水深约1.0m，其下为淤泥层厚8.0m，淤泥层下部是粗砂砾层，再下面是砾质黏性土，下列（　　）对保证海堤着底（即抛石海堤底到达粗砾砂）有利。

（A）加大抛石堤高度 （B）加大抛石堤宽度

（C）增加堤头和堤侧爆破 （D）增加高能级强夯

【解析】从题目情况看需增加抛石的动能或势能，增加抛石高度，爆破和强夯均为有效措施。抛石挤淤法主要作用是利用抛石将淤泥挤出，提高抛石能量可以保证效果。

【考点】考查对抛石挤淤法的理解。

【参考答案】ACD

4.（2011-A-52）某滨海滩涂地区经围海造地形成的建筑场地，拟建多层厂房，场地地层自上而下为：①填土层，厚2.0～5.0m；②淤泥层，流塑状，厚4.0～12.0m；其下为冲洪积粉质黏土和砂层。进行该厂房地基处理方法比选时，下列（　　）方法是合适的。

（A）搅拌桩复合地基 （B）强夯置换法

（C）管桩复合地基 （D）砂石桩法

【解析】根据《建筑地基处理技术规范》（JGJ 79—2012）6.1.2条，多层厂房，对于变形控制较为严格，不宜采用强夯置换法，选项 B 错误。根据 7.2.1 条，对于变形控制较为严格，不宜采用砂石桩法，选项 D 错误。根据 7.3.1 条、9.4.1 条，搅拌桩和管桩适合处理厚层软土。

【考点】考查对规范条文的理解，地基处理方法的应用为常考点。

【参考答案】AC

5.（2012-B-11）根据《建筑地基处理技术规范》（JGJ 79—2012），下列（　）地基处理方法用于软弱黏性土效果最差。

（A）真空预压法
（B）振冲密实桩法
（C）石灰桩法
（D）深层搅拌法

【解析】根据《建筑地基处理技术规范》（JGJ 79—2012）7.2.1 条，适用于挤密处理松散砂土、粉土、粉质黏土、素填土、杂填土等地基，以及用于处理可液化地基。饱和黏土地基，如对变形控制不严格，可采用砂石桩置换处理。从文中可以看出只有变形控制不严格的情况可以采用振冲密实桩法，通过 5.1.1 条、7.3.1 条可知，真空预压法和深层搅拌法满足要求。根据 2002 版规范 13.1.1 条，石灰桩也满足要求。新规范已取消石灰桩相关内容。

【考点】软弱地基处理方法选择。

【参考答案】B

6.（2012-B-14）某地基土层分布自上而下为：①黏土层 1.0m；②淤泥层黏土夹砂层，厚度 8m；③黏土夹砂层，厚度 10m，再以下为砂层。②层天然地基承载力特征值为 80kPa，设计要求达到 120kPa。下述地基处理技术中，从技术经济综合分析，下列（　）种地基处理方法最不合适。

（A）深层搅拌法
（B）堆载预压法
（C）真空预压法
（D）CFG 桩复合地基法

【解析】题目设计要求达到 120kPa，根据《建筑地基处理技术规范》（JGJ 79—2012）5.2.22 条及其条文说明，真空预压法达不到要求。根据 7.3.1 条、5.1.1 条、7.7.1 条，选项 A、B、D 满足要求。

【考点】地基处理方法的选择。

【参考答案】C

7.（2012-B-52）下列（　）地基处理方法适用于提高饱和软土地基承载力。

（A）堆载预压法
（B）深层搅拌法
（C）振冲挤密法
（D）强夯法

【解析】根据《建筑地基处理技术规范》（JGJ 79—2012）5.1.1 条、7.3.1 条、7.2.1 条、6.1.2 条，堆载预压法和深层搅拌法适合处理饱和软黏土，而振冲挤密法与强夯法不适用于高饱和软土地基。

【考点】软弱地基处理方法选择。

【参考答案】AB

8.（2009-B-55）公路软弱地基处理的方法中，下列（　）适用于较大深度范围内的素填土地基。

（A）强夯　　　　（B）堆载预压　　　　（C）换填垫层　　　　（D）挤密桩

【解析】参见《公路路基设计规范》（JTG D30—2015）。

（1）根据 7.7.5 条、7.7.10 条及条文说明，对浅层厚度小的软土地基，可采用砂、砂砾、碎石等粒状材料进行换填处理；强夯置换处理深度应由土质条件决定，除厚层饱和粉土外，宜穿透软土层，达到软硬土层上，置换深度不宜超过 7m，故强夯法与换填法适合于浅层软弱地基处理，选项 A、C 错误。

（2）根据 7.7.6 条及条文说明，真空联合堆载预压可用于高填方路段和桥头路段的软土地基处理，故选项 B 正确。

（3）根据 7.7.7 条及条文说明，挤密桩法适合深层地基处理。

【考点】处理方法应用范围的理解。

【参考答案】BD

9.（2013-A-51）某地基土层分布自上而下为：①淤泥质黏土夹砂层，厚度 8m，地基承载力特征值为 80kPa；②黏土层，硬塑，厚度 12m；以下为密实砂砾层。有建筑物基础埋置于第①层中，下述地基处理技术中，（　）可适用于该地基加固。

（A）深层搅拌法　　　　　　　　　　　（B）砂石桩法

（C）真空预压法　　　　　　　　　　　（D）素混凝土桩复合地基法

【解析】（1）根据《建筑地基处理技术规范》（JGJ 79—2012）7.2.1 条、7.3.1 条、7.7.1 条深层搅拌法、砂石桩法、素混凝土桩复合地基法均满足要求。

（2）根据 5.2.22 条，真空预压达到的基本真空度为 86.7kPa，与 80kPa 差距不大，因此真空预压对①层土的地基承载力提高作用不大，且下层为砂砾层真空度难于保证，综合上述因素真空预压法不适用本项目。

【考点】主要考查对规范条文的理解。

【参考答案】ABD

7.1.3　其他地基处理方法

10.（2014－A－22）某建筑地基主要土层自上而下为：①素填土，厚 2.2m；②淤泥，含水量为 70%，厚 5.0m；③粉质黏土，厚 3.0m；④花岗岩残积土，厚 5.0m；⑤强风化花岗岩，厚 4.0m。初步设计方案为：采用搅拌桩复合地基，搅拌桩直径 ϕ600，长 9.0m，根据地基承载力要求算得桩间距为 800mm。审查人员认为搅拌桩太密，在同等桩长情况下，改用下列（　　）方案最合适。

（A）石灰桩　　　　　　　　　　　　　（B）旋喷桩

（C）挤密碎石桩　　　　　　　　　　　（D）水泥粉煤灰碎石桩

【解析】根据《建筑地基处理技术规范》（JGJ 79—2012）7.2.1 条、7.7.1 条，挤密碎石桩和水泥粉煤灰碎石桩不适合淤泥质土，故选项 C、D 错误。石灰桩单桩承载力低且新规范已经删除相关内容。

【考点】主要考查对规范条文的理解。

【参考答案】B

11.（2014－A－50）下列（　　）地基处理方法在加固地基时有挤密作用。

（A）强夯法　　　　　　　　　　　　　（B）柱锤冲扩桩法

（C）水泥土搅拌法　　　　　　　　　　（D）振冲法

【解析】根据《建筑抗震设计规范》（GB 50011—2010）4.3.7 条第 3 款，可液化地基可采用加密法（如振冲、振动加密、挤密碎石桩、强夯等）加固，同时根据《建筑地基处理技术规范》（JGJ 79—2012）7.8.1 条文说明第 1 款，判断选项 A、B、D 正确。

【考点】规范条文和处理方法机理。

【参考答案】ABD

12.（2014－A－55）有一厂房工程，浅层 10m 范围内以流塑～软塑黏性土为主，车间地坪需要回填 1.5m 覆土，正常使用时地坪堆载要求为 50kPa，差异沉降控制在 0.5% 以内，下列（　　）地基处理方法较为合适。

（A）强夯法　　　　　　　　　　　　　（B）水泥搅拌桩法

（C）碎石桩法　　　　　　　　　　　　（D）注浆钢管桩法

【解析】参见《建筑地基处理技术规范》（JGJ 79—2012）6.1.2 条、7.2.1 条、7.3.1 条、9.4.1 条。

（1）根据 6.1.2 条，强夯处理地基适用于碎石土、砂土、低饱和度的粉土与黏性土、素填土和杂填土等地基；强夯置换适用于高饱和度的粉土与软塑～流塑的黏性土地基上对变形要求不严格的工程，故选项 A 错误。

（2）根据 7.2.1 条，饱和黏土地基，如对变形控制不严格，可采用砂石桩置换处理，本题要求差异沉降在 0.5% 以内，故碎石桩法不适合，选项 C 错误。

（3）根据 7.3.1 条，水泥土搅拌桩适用于处理正常固结的淤泥、淤泥质土、素填土、黏性土（软塑、可塑）、粉土（稍密、中密）、粉细砂（松散、中密）、中粗砂（松散、稍密）、饱和黄土等土层，故选项 B 正确。

（4）根据 9.4.1 条，注浆钢管桩适用于淤泥质土、黏性土、粉土、砂土和人工填土等地基处理，故选项 D 正确。

【考点】主要考查对规范条文的理解。

13.（2016-A-17）某新近回填的杂填土场地，填土成分含建筑垃圾，填土厚约8m，下卧土层为坚硬的黏性土，地下水位在地表下12m处，现对拟建的3层建筑地基进行地基处理，处理深度要求达到填土底，下列哪种处理方法最合理、有效？（　　）

（A）搅拌桩法　　　　　　　　　　（B）1000kN·m能级强夯法

（C）柱锤冲扩桩法　　　　　　　　（D）长螺旋CFG桩法

【解析】参见《建筑地基基础设计规范》（GB 50007—2011）6.3.3条、7.3.1条、7.7.1条、7.8.1条。

（1）根据7.3.1条，水泥土搅拌桩法不适用于含大孤石或障碍物较多且不易清除的杂填土，故选项A不正确。

（2）根据7.7.1条，水泥粉煤灰碎石桩复合地基适用于处理黏性土、粉土、砂土和自重固结已完成的素填土地基，故选项D不正确。

（3）根据6.3.3条，1000kN·m能级强夯法只能处理3～4m厚的粉土、粉质黏土，选项B处理厚度不满足要求。

（4）根据7.8.1条及条文说明，选项C正确。

【考点】地基处理方法的适用范围，强夯法处理厚度条文。

14.（2017-A-21）某构筑物采用筏板基础，基础尺寸20m×20m，地基土为深厚黏土，要求处理后地基承载力特征值不小于200kPa，沉降不大于100mm。某设计方案采用搅拌桩复合地基，桩长10m，计算结果为：复合地基承载力特征值为210kPa，沉降为180mm。为满足要求，问下列何种修改方案最合理有效？（　　）

（A）搅拌桩全部改为CFG桩，置换率、桩长不变

（B）置换率、桩长不变，增加搅拌桩桩径

（C）总桩数不变，部分搅拌桩加长

（D）增加搅拌桩的水泥掺量提高桩身强度

【解析】根据《建筑地基处理技术规范》（JGJ 79—2012），减小沉降的有效措施是增加桩长，增强地基承载力的措施为增加桩径，此概念已多次考查，可作为结论记忆。

【考点】复合地基。

15.（2018-A-51）下列地基处理方法中，同时具有提高原地基土密实程度和置换作用的有哪些？（　　）

（A）打设塑料排水带堆载预压法处理深厚软土地基

（B）柱锤冲扩桩法处理杂填土地基

（C）沉管成桩工艺的CFG桩处理粉土地基

（D）泥浆护壁成孔砂桩处理黏性土地基

【解析】参见《建筑地基处理技术规范》（JGJ 79—2012）5.2.1条、5.2.2条、7.7.2条、7.8.4条。

（1）根据5.2.1条、5.2.2条，选项A仅可以使原地基土密实，但并无置换作用，因此选项A错误；

（2）根据第7.8.4条，柱锤冲扩桩在成孔后，仍要填入桩体材料（碎砖三合土、级配砂石等）进行夯实，因此既有密实又有置换作用，选项B正确；第7.7.2条可知，水泥粉煤灰碎石桩（CFG桩）同时有密实和置换作用，选项C正确；选项D选项，有置换作用，但泥浆护壁成孔工艺没有挤密作用。

【考点】主要考查对于规范条文的理解与应用。

7.1.4　地基处理的挤土效应

16.（2012-B-16）下属（　　）地基处理方法对周围土体产生挤土效应最大。

（A）高压喷射注浆法 （B）深层搅拌法
（C）沉管碎石桩法 （D）石灰桩法

【解析】从作用机理讲，沉管碎石桩法为挤密桩，产生挤土效应最大。其他桩型为利用胶结凝固作用进行处理。

【考点】对散体桩和刚性桩的作用机理理解。

【参考答案】C

7.1.5 地基处理布置范围

17.（2010－A－50）关于地基处理范围，依据《建筑地基处理技术规范》（JGJ 79—2012），下列（ ）的说法是正确的。

（A）预压法施工，真空预压区边缘应大于或等于建筑物基础外缘所包围的范围
（B）强夯法施工，每边超出基础外缘的宽度宜为基底下设计处理深度 1/2～2/3，并不宜小于 3.0m
（C）振冲桩施工，当要求消除地基液化时，在基础外缘扩大宽度应大于可液化土层厚度的 1/3
（D）竖向承载搅拌桩可只在建筑物基础范围内布置

【解析】（1） 根据《建筑地基处理技术规范》（JGJ 79—2012）5.2.21 条，真空预压区边缘应大于建筑物基础轮廓线，每边增加不小于 3.0m，因此选项 A 错误；

（2）根据《建筑地基处理技术规范》（JGJ 79—2012）6.3.3 条第 6 款，选项 B 为原文，正确；

（3）根据 7.2.2 条第 1 款，对可液化地基，在基础外缘扩大宽度应大于可液化土层厚度的 1/2，且不应小于 5m，因此，选项 C 错误；

（4）根据《建筑地基处理技术规范》（JGJ 79—2012）7.3.3 条第 5 款，搅拌桩等刚性桩可仅在基础范围内布置，选项 D 正确。

【考点】地基处理范围。

【参考答案】BD

18.（2017－A－53）按照《建筑地基处理技术规范》（JGJ 79—2012），采用以下方法进行地基处理时，哪些可以只在基础范围内布桩？（ ）

（A）沉管砂石桩 （B）灰土挤密桩
（C）夯实水泥土桩 （D）混凝土预制桩

【解析】根据《建筑地基处理技术规范》（JGJ 79—2012）7.2.2 条、7.5.2 条，有黏结强度的桩，可只在基础范围内布桩。规范中所指有黏结强度的桩有水泥土搅拌桩、旋喷桩、夯实水泥土桩、水泥粉煤灰碎石桩（CFG 桩）、素混凝土桩等。

【考点】地基处理范围。

【参考答案】CD

7.2 换填垫层法

7.2.1 加固原理

19.（2010－A－20）作为换填垫层法的土垫层的压实标准，压实系数 λ_c 的定义为（ ）。
（A）土的最大干密度与天然干密度之比 （B）土的控制干密度与最大干密度之比
（C）土的天然干密度与最小干密度之比 （D）土的最小干密度与控制干密度之比

【解析】根据《建筑地基处理技术规范》（JGJ 79—2012）4.2.4 条注 1，压实系数 λ_c 为土的控制干密度与最大干密度的比值。

【考点】压实系数。

【参考答案】B

20.（2011－A－24）使用土工合成材料作为换填法中加筋垫层的筋材时，下列（ ）不属于土工

合成材料的主要作用。

（A）降低垫层底面压力 　　　　　（B）加大地基整体刚度
（C）增大地基整体稳定性 　　　　（D）加速地基固结排水

【解析】根据《建筑地基处理技术规范》（JGJ 79—2012）4.2.1 条文说明，用于换填垫层的土工合成材料，在垫层中主要起加筋作用，以提高地基土的抗拉和抗剪强度，防止垫层被拉断裂和剪切破坏，保持垫层的完整性，提高垫层的抗弯刚度。因此利用土工合成材料加筋的垫层有效地改变了天然地基的性状，增大了压力扩散角，降低了下卧土层的压力，约束了地基侧向变形，调整了地基不均匀变形，增大地基的稳定性并提高地基的承载力。

【考点】土工合成材料。

【参考答案】D

21.（2011-A-51）对建筑地基进行换填垫层法施工时，下列说法正确的是（　　）。

（A）换填厚度不宜大于 3.0m
（B）垫层施工应分层铺填，分层碾压，碾压机械应根据不同填料进行选择
（C）分段碾压施工时，接缝处应选择柱基或墙角部位
（D）垫层土料的施工含水量不应超过最优含水量

【解析】根据《建筑地基处理技术规范》（JGJ 79—2012）4.1.4 条、4.3.1 条、4.3.2 条、4.3.3 条进行判断。其中选项 C 为根据 2002 版规范 4.3.7 条出题。

【考点】换填垫层法施工。

【参考答案】AB

22.（2013-A-24）下列关于土工合成材料加筋垫层作用机理的论述中，（　　）是不正确的。

（A）增大压力扩散角 　　　　　（B）调整不均匀沉降
（C）提高地基稳定性 　　　　　（D）提高地基土抗剪强度指标

【解析】根据《建筑地基处理技术规范》（JGJ 79—2012）4.2.1 条文说明：用于换填垫层的土工合成材料，在垫层中主要起加筋作用，以提高地基土的抗拉和抗剪强度，防止垫层被拉断裂和剪切破坏，保持垫层的完整性，提高垫层的抗弯刚度。因此利用土工合成材料加筋的垫层有效地改变了天然地基的性状，增大了压力扩散角，降低了下卧土层的压力，约束了地基侧向变形，调整了地基不均匀变形，增大地基的稳定性并提高地基的承载力。

【考点】土工合成材料加筋垫层。

【参考答案】D

23.（2013-A-52）软土地基上的某建筑物，采用钢筋混凝土条形基础，基础宽度 2m，拟采用换填垫层法进行地基处理，换填垫层厚度 1.5m，则影响该地基承载力及变形性能的因素有（　　）。

（A）换填垫层材料的性质 　　　　（B）换填垫层的压实系数
（C）换填垫层下软土的力学性质 　（D）换填垫层的质量检测方法

【解析】根据《建筑地基处理技术规范》（JGJ 79—2012）4.2.2 条、4.2.4～4.2.7 条，质量检测方法不影响换垫层本身的性质。

【考点】换填垫层法。

【参考答案】ABC

24.（2018-A-53）换填法中用土工合成材料作为加筋垫层时，下列关于加筋垫层的工作机理的说法中，正确的选项是哪些？（　　）

（A）增大地基土的稳定性 　　　　（B）调整垫层渗透性
（C）扩散应力 　　　　　　　　　（D）调整不均匀沉降

【解析】根据《建筑地基处理技术规范》（JGJ 79—2012）第 4.2.1 条文说明可知，选项 A、C、D 正确。

【考点】换填垫层法。

【参考答案】ACD

7.2.2 地基承载力

25.（2010-A-54）经大面积换填垫层处理后的地基承载力验算时，下列（　　）的说法是正确的。

（A）对地基承载力进行修正时，宽度修正系数取 0

（B）对地基承载力进行修正时，深度修正系数对压实粉土（黏粒含量大于 10%）取 1.5，对压密砂土取 2.0

（C）有下卧软土层时，应验算下卧层的地基承载力

（D）处理后地基承载力不超过处理前地基承载力的 1.5 倍

【解析】（1）参见《建筑地基处理技术规范》（JGJ 79—2012）3.0.4 条、3.0.5 条。

根据 3.0.4 条第 1 款，大面积压实填土地基，基础宽度的地基承载力修正系数应取零；基础埋深的地基承载力修正系数，对于压实系数大于 0.95，黏粒含量大于 10% 的粉土，可取 1.5，对于干密度大于 2.1t/m³ 的级配砂石可取 2.0，选项 A 正确。由于未明确压实系数，选项 B 错。

根据 3.0.5 条第 1 款，经处理后的地基，当在受力层范围内仍存在软弱下卧层时，应进行软弱下卧层地基承载力验算，选项 C 正确。

（2）根据《建筑地基处理技术规范》（JGJ 79—2012）7.5.2 条第 9 款，灰土挤密桩复合地基承载力特征值，不宜大于处理前天然地基承载力特征值的 2.0 倍，且不宜大于 250kPa；对土挤密桩复合地基承载力特征值，不宜大于处理前天然地基承载力特征值的 1.4 倍，且不宜大于 180kPa。即地基处理前后地基承载力的比值是针对于复合地基的情况，本题为换填垫层，故不适用，选项 D 错误。

【考点】大面积换填垫层处理后的地基承载力。

【参考答案】AC

26.（2018-A-54）采用换填垫层法处理的地基，下列关其地基承载力的确定或修正的说法中，正确的选项有哪些？（　　）

（A）按地基承载力确定基础底面尺寸时，其基础宽度的地基承载力修正系数取零

（B）垫层的地基承载力宜通过现场静载荷试验确定

（C）处理后的垫层承载力不应大于处理前地基承载力的 1.5 倍

（D）某基槽式换填垫层，采用干密度大于 2100kg/m³ 的级配砂石换填，其基础埋深的修正系数可取 2.0

【解析】根据《建筑地基处理技术规范》（JGJ 79—2012）第 3.0.4 条第 2 款，换填垫层属于"其他处理地基"一类，因此，宽度修正系数应取 0，选项 A 正确；根据 4.2.5 条及条文说明可知选项 B 正确、选项 C 错误，规范并未提及；根据 3.0.4 条，基槽不属于大面积压实填土，因此，深度修正系数为 1.0，选项 D 错误。

【考点】大面积换填垫层处理后的地基承载力。

【参考答案】AB

7.2.3 换填土质量要求

27.（2014-A-20）根据《建筑地基处理技术规范》（JGJ 79—2012）的有关规定，对局部软弱地基进行换填垫层法施工时，下列（　　）是错误的。

（A）采用轻型击实试验指标时，灰土、粉煤灰换填垫层的压实系数应大于或等于 0.95

（B）采用重型击实试验指标时，垫层施工时要求的干密度应比轻型击实试验时的大

（C）垫层的施工质量检验应分层进行，压实系数可采用环刀法或灌砂法检验

（D）验收时垫层承载力应采用现场静载荷试验进行检验

【解析】根据《建筑地基处理技术规范》（JGJ 79—2012）4.2.4 条、4.4.1 条、4.4.2 条和 4.4.4 条，采用重型击实试验时，对粉质黏土、灰土、粉煤灰及其他材料的压实标准比轻型击实试验时的标准小。

【考点】换填垫层法施工。

【参考答案】B

28.（2017-A-50）下列关于换填土质量要求的说法正确的是哪些选项？（　　）

（A）采用灰土换填时，用作灰土的生石灰应过筛，不得夹有熟石灰块，也不得含有过多水分

（B）采用二灰土（石灰、粉煤灰）换填时，由于其干土重度较灰土大，因此碾压时最优含水量较灰土小

（C）采用素土换填时，压实时应使重度接近最大重度

（D）采用砂土换填时，含泥量不应过大，也不应含过多有机杂物

【解析】（1）根据《建筑地基处理技术规范》（JGJ 79—2012）4.2.1 条第 3 款：石灰宜选用新鲜的消石灰，其最大粒径不得大于 5mm，中砂或石屑，并应级配良好，不含植物残体、垃圾等杂质，选项 A 错误。根据 4.2.1 条文说明：控制含泥量不大于 3%，故选项 D 正确。

（2）根据《建筑地基处理技术规范》（JGJ 79—2012）6.2.2 条及其条文说明，素土压实时应控制含水量接近最优含水量，此时土的填土的干密度达到最大干密度，不是土的重度达到最大重度，故选项 C 错误。

【考点】换填土质量。

【参考答案】BD

29.（2017—A—52）按照《建筑地基处理技术规范》（JGJ 79—2012），为控制垫层的施工质量，下列地基处理方法中涉及的垫层材料质量检验，应做干密度试验的是哪些选项？（　　）

（A）湿陷性黄土上柱锤冲扩桩桩顶的褥垫层　　　　（B）灰土挤密桩桩顶的褥垫层

（C）夯实水泥土桩桩顶的褥垫层　　　　（D）换填垫层

【解析】参见《建筑地基处理技术规范》（JGJ 79—2012）。

（1）由 4.2.4 条换填垫层的压实系数和 7.5.2 条灰土挤密桩桩间土平均挤密系数可知，选项 B、D 正确。

（2）7.3.1 条第 6 款，水泥土搅拌桩复合地基宜在基础和桩之间设置褥垫层，褥垫层的夯填度不应大于 0.9，选项 C 错误。

（3）桩顶部应铺设 200～300mm 厚砂石垫层，垫层的夯填度不应大于 0.9；对湿陷性黄土，垫层材料应采用灰土，满足第 7.5.2 条第 8 款的规定。即桩顶标高以上应设置 300～600mm 厚的褥垫层。垫层材料可根据工程要求采用 2:8 或 3:7 灰土、水泥土等。其压实系数均不应低于 0.95。选项 A 正确。

【考点】褥垫层。

【参考答案】ABD

30.（2020—A—21）某工程采用砂石料回填，根据《建筑地基处理技术规范》（JGJ 79—2012），以蛙式打夯机压实处理时，为确保碾压压实度，砂石料含水量应控制在下列哪个选项？（　　）

（A）5%　　　　（B）10%　　　　（C）15%　　　　（D）20%

【解析】根据《建筑地基处理技术规范》（JGJ 79—2012）4.3.3 条的条文说明，当用平碾或蛙式夯时可取 8%～12%。

【考点】砂石料回填碾压含水量控制标准。

【参考答案】B

7.3 强夯法及强夯置换法

7.3.1 强夯法基本原则

31.（2012—B—55）某大型工业厂房长约 800m，宽约 150m，为单层轻钢结构，地基土为 6.0～8.0m 厚填土，下卧硬塑的坡残积土。拟对该填土层进行强夯法加固，由于填土为新近堆填的素填土，以花岗岩风化的砾质黏性土为主，被雨水浸泡后地基松软，雨期施工时，下列（　　）措施是有效的。

（A）对表层 1.5～2.0m 填土进行换填，换为砖渣或采石场的碎石渣

（B）加大夯点间距，减小两遍之间的间歇时间

（C）增加夯击遍数，减少每遍夯击数

（D）在填土中设置一定数量砂石桩，然后再强夯

【解析】根据《建筑地基处理技术规范》（JGJ 79—2012）6.3.3 条、6.3.8 条，换垫层利于孔隙水的排除，强夯和强夯置换法均可以处理此类地基。

【考点】强夯法地基处理。

【参考答案】ACD

32.（2013-13-55）关于强夯法地基处理，下列（   ）说法是错误的。

（A）为减小强夯施工对邻近房屋结构的有害影响，强夯施工场地与邻近房屋之间可设置隔振沟

（B）强夯的夯点布置范围，应大于建筑物基础范围

（C）强夯法处理砂土地基时，两遍点夯之间的时间间隔必须大于 7d

（D）强夯法的有效加固深度与加固范围内地基土的性质有关

【解析】根据《建筑地基处理技术规范》（JGJ 79—2012）6.3.3 条第 4 款，两遍夯击之间，应有一定的时间间隔，间隔时间取决于土中超静孔隙水压力的消散时间。当缺少实测资料时，可根据地基土的渗透性确定。对于渗透性较差的黏性土地基，间隔时间不应少于 2～3 周。对于渗透性好的地基可连续夯击。

【考点】强夯法地基处理。

【参考答案】C

33.（2017-A-51）其他条件相同时，关于强夯法地基处理，下列说法哪些是错误的？（   ）

（A）强夯有效加固深度，砂土场地大于黏性土场地

（B）两遍夯击之间的时间间隔，砂土场地大于黏性土场地

（C）强夯处理深度相同时，要求强夯超出建筑基础外缘的宽度，砂土场地大于黏性土场地

（D）强夯地基承载力检测与强夯施工结束的时间间隔，砂土场地大于黏性土场地

【解析】参见《建筑地基处理技术规范》（JGJ 79—2012）。

根据表 6.3.3，相同单击夯击能作用下（以 1000kN·m 为例），砂土的加固深度 4.0～5.0m 大于黏性土的加固深度 3.0～4.0m，故选项 A 正确。

依据 6.3.3 条第 4 款，两遍夯击之间，应有一定的时间间隔，对于渗透性较差的黏性土地基，间隔时间不应少于 2～3 周，对于渗透性好的地基可连续夯击，故选项 B 错误。

依据 6.3.3 条第 6 款，强夯处理范围应大于建筑物基础范围，每边超出基础外缘的宽度宜为基底下设计处理深度的 1/2～2/3，且不应小于 3m。砂土场地和黏性土场地外扩范围一致，故选项 C 错误。

依据 6.3.14 条第 2 款强夯处理后的地基承载力检验，应在施工结束后间隔一定时间进行，对于碎石土和砂土地基，间隔时间宜为 7～14d，粉土和黏性土地基，间隔时间宜为 14～28d，故选项 D 错误。

【考点】强夯。

【参考答案】BCD

34.（2019-A-24）某填土拟采强夯处理，修正系数取 0.5，若选用单击夯击能 2700kN·m，强夯影响深度最接近下列哪个选项？（   ）

（A）6m   （B）7m   （C）8m   （D）10m

【解析】参见《建筑地基处理技术规范》（JGJ 79—2012）第 6.3.3 条及条文说明。

$$H \approx \alpha \times \sqrt{Mh} = 0.5 \times \sqrt{2700/10} \text{m} = 8.21 \text{m}$$

【考点】强夯处理深度经验公式。

【参考答案】C

35.（2020-A-23）某强夯工程单击夯击能 3000kN·m，试夯结果如图 7-1 所示，则满足《建筑地基处理技术规范》（JGJ 79—2012）要求的单点夯击数最小值是下列哪个选项？（   ）

（A）5   （B）6   （C）7   （D）8

【解析】根据《建筑地基处理技术规范》（JGJ 79—2012）表 6.3.3-2，夯击能 $E=3000$kN·m＜4000kN·m，最后两击平均夯沉量不大于 50mm（5cm）。由图 7-1 可知，第 5 击夯沉量为 82cm-74cm=8cm，第 6 击夯沉量为 85cm-82cm=3cm，第 7 击夯沉量为 88cm-85cm=3cm，因此，最少夯击数为 7 击。

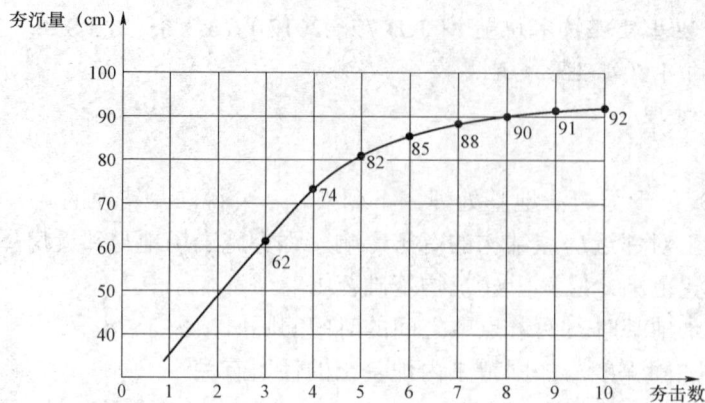

图 7-1 累计夯沉量（cm）随夯击数关系

【考点】强夯法夯击能与夯沉量的关系。

【参考答案】C

36.（2020-B-23）某公路工程对湿陷性黄土地基采用强夯法处理，拟采用圆底夯锤，质量10t，落距10m。已知梅纳公式的修正系数为0.5，估算此强夯处理有效加固深度最接近下列哪个选项？（　　）

（A）3m　　　　　　（B）4m　　　　　　（C）5m　　　　　　（D）6m

【解析】根据《建筑地基处理技术规范》（JGJ 79—2012）6.3.3 条文说明：$H \approx \alpha \times \sqrt{Mh} = 0.5 \times \sqrt{10 \times 10}$m $= 5$m 。

【考点】强夯处理深度。

【参考答案】C

7.3.2 强夯置换墩

37.（2011-A-19）采用强夯置换法处理软土地基时，强夯置换墩的深度不宜超过（　　）。

（A）3m　　　　　　（B）5m　　　　　　（C）7m　　　　　　（D）10m

【解析】根据《建筑地基处理技术规范》（JGJ 79—2012）6.3.5 条，强夯置换墩的深度应由土质条件决定。除厚层饱和粉土外，应穿透软土层，到达较硬土层上，深度不宜超过10m。

【考点】主要考查对规范条文的理解。

【参考答案】D

38.（2012-B-12）建筑场地回填土料的击实试验结果为：最佳含水量22%，最大干密度1.65g/cm³时，如施工质量检测得到的含水量为23%，重度为18kN/m³ 时，则填土的压实系数最接近下列（　　）。（重力加速度10m/s²）

（A）0.85　　　　　　（B）0.89　　　　　　（C）0.92　　　　　　（D）0.95

【解析】根据《建筑地基处理技术规范》（JGJ 79—2012）第 4.2.4 条表 4.2.4 注1：

$$\lambda = \frac{\rho_d}{\rho_{dmax}} = \frac{\frac{\rho}{1+w}}{\rho_{dmax}} = \frac{\frac{18}{10 \times (1 + 0.23)}}{1.65} = 0.89$$

【考点】压实系数。

【参考答案】B

7.3.3 强夯法施工

39.（2012-B-13）某火电厂场地为厚度30m以上的湿陷性黄土，为消除部分湿陷性并提高地基承载力，拟采用强夯法加固地基，下列（　　）是正确的。

（A）先小夯击能小间距夯击，再大夯击能大间距夯击

（B）先小夯击能大间距夯击，再大夯击能小间距夯击

（C）先大夯击能小间距夯击，再小夯击能大间距夯击

（D）先大夯击能大间距夯击，再小夯击能小间距夯击

【解析】根据《湿陷性黄土地区建筑标准》（GB 50025—2018）6.3条、7.2条及条文说明，夯击能先大后小。当要求处理深度较大时、夯击能高时，第一遍的夯点间距不宜过小，以免夯击时在浅层形成密实层而影响夯击能往深层传递。

【考点】强夯法施工。

【参考答案】D

40.（2019-A-55）强夯处理地基时，单点夯击沉降量过大，处理办法正确的是下列哪些选项？（　　）

（A）少击多遍　　（B）加填砂石　　（C）减少夯点间距　　（D）增加落距

【解析】参见《建筑地基处理技术规范》（JGJ 79—2012）6.3.3条及条文说明。增加落距将增大夯击能，将进一步导致沉降加大，因此选项D错误；单点夯击沉降过大，应适当增加夯点间距，夯点间距过小，在夯击时上部土体易向侧向已夯成的夯坑中挤出。

【考点】强夯加固。

【参考答案】AB

7.4 预 压 法

7.4.1 固结度

41.（2011-A-20）某软土地基采用排水固结法加固，瞬时加荷单面排水，达到某一竖向固结度时需要时间 t。在其他条件不变的情况下，改为双面排水时达到相同固结度需要的预压时间应为（　　）。

（A）t　　　　　（B）$t/2$　　　　　（C）$t/4$　　　　　（D）$t/8$

【解析】土力学一维渗流固结理论，时间因素 $T_v = \dfrac{C_v \cdot t}{H^2}$ 中 H 为排水距离，双层排水的排水距离为原来的 1/2。根据公式为平方关系。

【考点】排水固结法加固。

【参考答案】C

42.（2013-A-50）滨海地区大面积软土地基常采用排水固结法处理，下列（　　）的说法是正确的。

（A）考虑涂抹作用时，软土的水平向渗透系数将减小，且越靠近砂井，水平向渗透系数越小

（B）深厚软土中打设排水板后，软土的竖向排水固结可忽略不计

（C）由于袋装砂井施工时，挤土作用和对淤泥层的扰动，砂井的井阻作用将减小

（D）对沉降有较严格限制的建筑，应采用超载预压法处理，使预压荷载下受压土层各点的有效竖向应力大于建筑物荷载引起的附加应力

【解析】根据《建筑地基处理技术规范》（JGJ 79—2012）5.2.10条、5.2.8条文说明，选项A、D正确，选项C错误。由于设置了排水板，所以径向排水路径缩短成为主要路径。

【考点】对于规范条文的理解和土力学基本原理的考查。

【参考答案】ABD

43.（2014-A-17）某软土场地，采用堆载预压法对其淤泥层进行处理，其他条件相同，达到同样固结度时，上下两面排水时间为 t_1，单面排水时间为 t_2，则二者的关系为（　　）。

（A）$t_1 = (1/8) t_2$　　　　　　　（B）$t_1 = (1/4) t_2$

（C）$t_1 = (1/2) t_2$　　　　　　　（D）$t_1 = t_2$

【解析】（1）当上下双面排水时：$H_1 = \dfrac{H}{2}$，单面排水时：$H_2 = H$。

（2）由平均竖向固结度计算公式得：$\overline{U}_2=1-\dfrac{8}{\pi^2}e^{-\frac{\pi^2}{4}T_v}$，A、B场地竖向固结度相同，竖向固结时间因素$T_v$也相同。

（3）$T_v=\dfrac{C_v\times t_1}{H_1^2}=\dfrac{C_v\times t_2}{H_2^2}$；$\dfrac{t_1}{t_2}=\dfrac{H_1^2}{H_2^2}=\dfrac{\left(\dfrac{H}{2}\right)^2}{H^2}=\dfrac{1}{4}$。

【考点】场地预压固结的计算。

【参考答案】B

44.（2016-A-24）针对某围海造地工程，采用预压法加固淤泥层时，以下哪个因素对淤泥的固结度影响最小？（　　）

（A）淤泥的液性指数 　　　　　　　　　（B）淤泥的厚度

（C）预压荷载 　　　　　　　　　　　　（D）淤泥的渗透系数

【解析】根据土力学教材中水的渗透和一维固结理论，综合判断选择C。

【考点】固结度计算公式的理解。

【参考答案】C

45.（2018-A-17）某饱和软土地基采用预压法处理。若在某一时刻，该软土层的有效应力图形面积是孔隙水压力图形面积的3倍，则此时该软土层的平均固结度最接近下列何值？（　　）

（A）50% 　　　　（B）67% 　　　　（C）75% 　　　　（D）100%

【解析】根据土力学相关知识：

$$U_t=\frac{\text{有效应力面积}}{\text{起始超孔隙水压力面积}}=\frac{3}{3+1}=0.75$$

【考点】固结度。

【参考答案】C

46.（2018-A-20）已知某大面积堆载预压工程地基竖向排水平均固结度为20%，径向排水平均固结度为40%，则该地基总的平均固结度为下列哪个选项？（　　）

（A）45% 　　　　（B）52% 　　　　（C）60% 　　　　（D）80%

【解析】参见《工程地质手册》（第五版）第1138页平均总固结度公式，$\overline{U}_{rz}=1-(1-\overline{U}_z)(1-\overline{U}_r)=1-(1-0.2)\times(1-0.4)=0.52$。

【考点】固结度。

【参考答案】B

47.（2018-A-52）在其他条件不变的情况下，下列关于软土地基固结系数的说法中正确的是哪些选项？（　　）

（A）地基土的灵敏度越大，固结系数越大 　　　（B）地基土的压缩模量越大，固结系数越大

（C）地基土的孔隙比越小，固结系数越大 　　　（D）地基土的渗透系数越大，固结系数越大

【解析】根据固结系数公式$C_v=\dfrac{k(1+e)}{\alpha_v\gamma_w}$可知，灵敏度与固结系数无关，选项A错误；压缩模量$E_s=\dfrac{1+e}{\alpha_v}$固结系数可表示为$C_v=\dfrac{kE_s}{\gamma_w}$，压缩模量越大，固结系数越大，选项B正确；孔隙比越小，固结系数越小，选项C错误；渗透系数越大，固结系数越大，选项D正确。

【考点】固结系数。

【参考答案】BD

7.4.2 堆载预压法

48.（2009-A-28）用堆载预压法处理软土地基时，对塑料排水带的说法，不正确的是（　　）。

（A）塑料排水带的当量换算直径总是大于塑料排水带的宽度和厚度的平均值

（B）塑料排水带的厚度与宽度的比值越大，其当量换算直径与宽度的比值就越大

（C）塑料排水带的当量换算直径可以当作排水竖井的直径

（D）在同样的排水竖井直径和间距的条件下，塑料排水带的截面积小于普通圆形砂井

【解析】根据《建筑地基处理技术规范》（JGJ 79—2012）5.2.3 条和 5.2.5 条进行分析。

选项 A：将公式 5.2.3 变形 $d_p = \dfrac{2(b+\delta)}{\pi} = \dfrac{4}{\pi}\cdot\dfrac{(b+\delta)}{2}$，$\dfrac{4}{\pi}>1$，得出选项 A 正确。

选项 B：将公式 5.2.3 变形，$\dfrac{d_p}{\delta} = \dfrac{2(1+\delta/b)}{\pi}$，公式两边为正比例函数，选项 B 正确。

选项 C：根据规范 5.2.5 条 $d_w = d_p$，选项 C 正确。

选项 D：砂井面积 $A_{砂} = \dfrac{\pi d_w^2}{4} = \dfrac{\pi d_p^2}{4} = \dfrac{\pi\cdot\left(\dfrac{2(b+\delta)}{\pi}\right)^2}{4} = \dfrac{(b+\delta)^2}{\pi}$，$A_{塑} = b\cdot\delta$

$A_{砂} - A_{塑} = \dfrac{(b+\delta)^2}{\pi} - b\delta = \dfrac{b^2+\delta^2+2b\delta-\pi b\delta}{\pi}>0$，所以选项 D 正确。

【考点】此题主要考查对规范公式的理解和公式变形推导的能力。

【参考答案】无

49.（2009—A—58）采用预压法加固淤泥地基时，在其他条件不变的情况下，下列（　　）措施有利于缩短预压工期。

（A）减少砂井间距　　　　　　　　　　（B）加厚排水砂垫层

（C）加大预压荷载　　　　　　　　　　（D）增大砂井直径

【解析】减少砂井间距和增加砂井直径可以缩短排水路径增大过水断面，有利于加速排水固结，所以选项 A、D 正确。增加垫层厚度对缩短预压工期无影响，选项 B 错误。根据固结公式，固结主要为时间的变量，与预压荷载无关，所以选项 C 错误。

【考点】考查预压法加固的基本原理。

【参考答案】AD

50.（2010—A—24）预压法加固地基设计时，在其他条件不变的情况下，下列（　　）的参数对地基固结速度影响最小。

（A）砂井直径的大小　　　　　　　　　（B）排水板的间距

（C）排水砂垫层的厚度　　　　　　　　（D）拟加固土体的渗透系数

【解析】根据《建筑地基处理技术规范》（JGJ 79—2012）规范要求砂垫层厚度不小于 500mm，其主要作用为形成排水通道，满足规范要求后，厚度对排水速度影响不大。

【考点】主要考查对砂井和砂垫层的理解与应用。

【参考答案】C

51.（2010—A—18）某堆场，浅表"硬壳层"黏土厚度 1.0～2.0m，其下分布厚约 15.0m 淤泥，淤泥层下为可塑～硬塑粉质黏土和中密～密实粉细砂层。用大面积堆载预压法处理，设置塑料排水带，间距 0.8m 左右，其上直接堆填黏性土夹块石、碎石，堆填高度约 4.50m，堆载近两年。卸载后进行检验，发现预压效果很不明显。造成其预压效果不好最主要的原因是（　　）。

（A）预压荷载小，预压时间短　　　　　（B）塑料排水带间距偏大

（C）直接堆填，未铺设砂垫层，导致排水不畅　（D）该场地不适用堆载预压法

【解析】根据《建筑地基处理技术规范》（JGJ 79—2012）5.2.22 条和题意，90kPa（堆填 4.5m，按重度 20KN/m³，则预压荷载为 4.5×20＝90kpa）预压两年满足要求，选项 A 错误。根据 5.2.5 条，$n=6\sim8$ 排水带间距 0.8m 满足要求选项 B 错误。有硬壳层适合采用堆载法，选项 D 错误。根据规范 5.2.13 条应设置砂垫层，砂垫层主要作用为排水，本题直接堆载，造成排水不畅，所以处理效果不佳。

【考点】预压固结原理。

【参考答案】C

52.（2010—A—53）对软土地基采用堆载预压法加固时，下列（　　）的说法是正确的。

（A）超载预压是指预压荷载大于加固地基以后的工作荷载

（B）多级堆载预压加固时，在一级预压荷载作用下，地基土的强度增长满足下一级荷载下地基稳定性要求时方可施加下一级荷载

（C）堆载预压加固时，当地基固结度符合设计要求，且变形速率明显变缓，方可卸载

（D）对堆载预压后的地基，应采用标准贯入试验或圆锥动力触探试验等方法进行检测

【解析】根据《建筑地基处理技术规范》（JGJ 79—2012）5.2.10 条、5.3.9 条、5.2.16 条和 5.4.2 条、5.4.3 条及条文说明。综合理解选项 A、B、C 正确，选项 D 错误。

【考点】堆载预压法加固。

【参考答案】ABC

53.（2011-A-50）《建筑地基处理技术规范》（JGJ 79—2012）中，砂土相对密实度 D_r、堆载预压固结度计算中第 i 级荷载加载速率 q_i、土的竖向固结系数 C_v、压缩模量当量 $\bar{E}_s$ 的计量单位，下列（ ）是不正确的。

（A）D_r（g/cm³）　　　（B）q_i（kN/d）　　　（C）C_v（cm²/s）　　　（D）$\bar{E}_s$（MPa⁻¹）

【解析】相对密实度 D_r 为无量纲量，加载速率 q_i 的单位为 kPa/d、土的竖向固结系数 C_v 的单位为 cm²/s、压缩模量当量 $\bar{E}_s$ 的计量单位为 MPa。

【考点】物理量基本概念的熟练掌握。

【参考答案】ABD

54.（2011-A-56）下列关于堆载预压法处理软弱黏土地基的叙述中，（ ）是正确的。

（A）控制加载速率的主要目的是防止地基发生剪切破坏

（B）工程上一般根据每天最大竖向变形量和边桩水平位移量控制加载速率

（C）采用超载预压法处理后地基将不会发生固结变形

（D）采用超载预压法处理后将有效减小地基的次固结变形

【解析】采用超载预压法可以减少次固结沉降，但是不能完全消除，所以选项 C 错误，选项 D 正确。超载预压法需要控制加载速率，主要防止剪切破坏，选项 A 正确。施工过程为动态控制过程，需要根据过程中的数据判断进行下一阶段施工加载速率，选项 B 正确。

【考点】考查对于超载预压法的理解。

【参考答案】ABD

55.（2012-B-10）采用堆载预压法加固淤泥土层，下列（ ）因素不会影响淤泥的最终固结沉降量。

（A）淤泥的孔隙比　　　　　　　　　　（B）淤泥的含水量

（C）排水板的间距　　　　　　　　　　（D）淤泥面以上堆载的高度

【解析】根据《建筑地基处理技术规范》（JGJ 79—2012）5.2.12 条可以看出，最终沉降量和孔隙比、堆载高度有关，与排水板间距无关，含水量直接影响孔隙，间接反映到最终沉降量。

【考点】主要考查对规范条文的理解及关联知识的灵活应用。

【参考答案】C

56.（2014-A-54）采用预压法进行软基处理时，下列（ ）是正确的。

（A）勘察时应查明软土层厚度、透水层位置及水源补给情况

（B）塑料排水板和砂井的井径比相同时，处理效果也相同

（C）考虑砂井的涂抹作用后，软基的固结度将减小

（D）超载预压时，超载量越大，软基的次固结系数越大

【解析】根据《建筑地基处理技术规范》（JGJ 79—2012）5.1.3 条，预压地基应预先通过勘察查明土层在水平和竖直方向的分布、层理变化，查明透水层的位置、地下水类型及水源补给情况等，故选项 A 正确。由 5.2.5 条可知，竖井的间距可按井径比 n 选用，n 为有效排水直径与竖井直径的比值。对于塑料排水板而言，竖井直径就是塑料排水带当量换算直径。根据该公式可知，n 相同，所对应的竖井的有效排水直径不同，再根据 5.2.7 的公式知，时间 t 时地基的平均固结度就不一样，因此处理效果不同，故选

项 B 错误。根据 5.2.7 条、5.2.8 条，当排水竖井采用挤土方式施工时，应考虑涂抹对土体固结的影响，故选项 C 正确。根据 5.2.12 条，预压荷载下地基最终竖向变形量的计算可取附加应力与土自重应力的比值为 0.1 的深度作为压缩层的计算深度，根据 5.2.12 条文说明次固结变形大小和土的性质有关，故选项 D 错误。

【考点】预压法加固。

【参考答案】AC

57.（2017-A-18）塑料排水带作为堆载预压地基处理竖向排水措施时，其井径比是指下列哪个选项？（　　）

（A）有效排水直径与排水带当量换算直径的比值

（B）排水带宽度与有效排水直径的比值

（C）排水带宽度与排水带间距的比值

（D）排水带间距与排水带厚度的比值

【解析】根据《建筑地基处理技术规范》（JGJ 79—2012）5.2.5 条，$n=d_e/d_w$。d_e 为竖井有效排水直径；d_w 为竖井直径，对塑料排水带可取 d_w/d_p。

【考点】井径比。

【参考答案】A

58.（2018-A-24）关于软土地基进行预压法加固处理的说法，以下说法正确的选项是哪个？（　　）

（A）采用超载预压时，应设置排水竖井

（B）堆载预压多级加载时，各级加载量的大小应相等

（C）当预压地基的固结度、工后沉降符合设计要求时，可以卸载

（D）地基处理效果的检验可采用重型圆锥动力触探试验

【解析】根据《建筑地基处理技术规范》（JGJ 79—2012）第 5.2.1 条，深厚软土应设置排水竖井，选项 A 正确；根据第 5.1.5 条，针对堆载预压工程，预压荷载应分级施加，只需确保每一级荷载下地基的稳定性满足要求即可，并没有要求每一级荷载大小都要相等，因此选项 B 错误；根据第 5.1.6 条，对主要以变形控制设计的建筑物，当地基土经预压所完成的变形量和平均固结度满足要求时，方可卸载，但对以地基承载力或抗滑稳定性控制设计的建筑物，应当在地基土强度满足承载力或稳定性要求时，方可卸载，因此选项 C 错误；根据第 5.4.3 条，可采用十字板剪切试验或静力触探检验，因此选项 D 错误。

【考点】堆载预压法加固。

【参考答案】A

59.（2020-A-53）关于堆载预压排水固结法处理地基，下列说法哪些是错误的？（　　）

（A）地层相同，砂井砂料相同，竖向砂井直径越大，砂井纵向通水量越大

（B）砂井砂料相，砂井直径相同，地层渗透性越强，砂井纵向通水量越大

（C）竖向砂井穿透受压土层时，计算点深度越大，土层径向固结度越大

（D）竖向砂井穿透受压土层时，砂井间距越小，竖向平均固结度与径向平均固结度比值越小

【解析】根据《建筑地基处理技术规范》（JGJ 79—2012）5.2.8 条文说明，砂井的纵向通水量公式可知，选项 A 正确，直径越大，通水量越大；选项 B 错误，地层渗透性与砂井通水量无关。由表 5.2.7 可知，土层的径向固结度，与计算点深度无关，因此选项 C 错误；砂井间距越小，径向平均固结度越大，竖向固结度与砂井间距无关，因此，竖向平均固结度与径向平均固结度比值越小，选项 D 正确。

【考点】预压固结地基。

【参考答案】BC

60.（2019-A-18，2014-C-17，2011-C-20，2005-D-22）采用堆载预压法加固地基，按双面排水计算固结时间为 t，则按单面排水达到相同固结度需要的时间是哪一个？（　　）

（A）$4t$　　　　　（B）$2t$　　　　　（C）$t/2$　　　　　（D）$t/4$

【解析】参见土力学教材预压固结相关章节，预压时间与排水距离是平方的关系。

【考点】固结时间。

【参考答案】A

7.4.3 真空预压法

61.（2009−A−56）某围海造地工程，原始地貌为滨海滩涂，淤泥层厚约 28.0m，顶面标高约 0.5m，设计采用真空预压法加固，其中排水板长 18.0m，间距 1.0m，砂垫层厚 0.8m，真空度为 90kPa，预压期为 3 个月，预压完成后填土到场地交工面标高约 5.0m，该场地用 2 年后，实测地面沉降达 100cm 以上，已严重影响道路，管线和建筑物的安全使用，问造成场地工后沉降过大的主要原因有（　　）。

（A）排水固结法处理预压荷载偏小　　　　（B）膜下真空度不够

（C）排水固结处理排水板深度不够　　　　（D）砂垫层厚度不够

【解析】根据《建筑地基处理技术规范》（JGJ 79—2012）5.2.22 条，真空预压的膜下真空度应稳定地保持在 86.7kPa（650mmHg）以上，且应均匀分布，排水竖井深度范围内土层的平均固结度应大于 90%。题目采用 90kPa，所以选项 B 错误。根据 5.2.13 条垫层厚度满足要求，选项 D 错误。本题中排水板下仍有 10m 淤泥层无法有效固结。预压荷载偏小整体固结没有满足工程需求是主要原因。

【考点】真空预压法。

【参考答案】AC

62.（2010−A−21）采用真空预压加固软土地基时，在真空管路中设置止回阀的主要作用是（　　）。

（A）防止地表水从管路中渗入软土地基中　　　　（B）减小真空泵运行时间，以节省电费

（C）避免真空泵停泵后膜内真空度过快降低　　　　（D）维持膜下真空度的稳定，提高预压效果

【解析】根据《建筑地基处理技术规范》（JGJ 79—2012）5.3.11 条文说明，由于各种原因射流真空泵全部停止工作，膜内真空度随之全部卸除，这将直接影响地基预压效果，并延长预压时间，为避免膜内真空度在停泵后很快降低，在真空管路中应设置止回阀和截门。

【考点】止回阀。

【参考答案】C

63.（2012−B−51）采用真空预压法加固软土地基时，下列（　　）措施有利于缩短预压工期。

（A）减小排水板间距　　　　（B）增加排水砂垫层厚度

（C）采用真空堆载联合预压法　　　　（D）在真空管路中设置止回阀和截门

【解析】减少排水板间距可以缩短排水距离从而缩短工期，排水层厚度对于排水速度影响不大所以不能缩短工期。真空堆载预压法比真空法加载大有利于加快排水速度缩短工期。止回阀是保证真空质量的措施，无法缩短预压工期。

【考点】真空预压法固结速率。

【参考答案】AC

64.（2014−A−21）根据《建筑地基处理技术规范》（JGJ 79—2012），采用真空预压法加固软土地基时，下列（　　）的论述是错误的。

（A）膜下真空度应稳定地保持在 86.7kPa 以上，射流真空泵空抽气时应达到 95kPa 以上的真空吸力

（B）密封膜宜铺设三层，热合时宜采用双热合缝的平搭接

（C）真空管路上应设置止回阀和截门，以提高膜下真空度，减少用电量

（D）当建筑物变形有严格要求时，可采用真空—堆载联合预压法，且总压力宜超过建筑物的竖向荷载

【解析】根据《建筑地基处理技术规范》（JGJ 79—2012）5.1.7 条，建筑物对地基变形有严格要求时，可采用真空和堆载联合预压，其总压力宜超过建筑物的竖向荷载，故选项 D 正确。根据 5.3.10 条，真空预压的抽气设备宜采用射流真空泵，真空泵空抽吸力不应低于 95kPa。根据 5.2.22 条，真空预压的膜下真空度应稳定地保持在 86.7kPa，故选项 A 正确。根据 5.3.12 条，密封膜宜铺设三层，密封膜热合时宜采用双热合缝的平搭接，故选项 B 正确。根据 5.3.11 条文说明，避免膜内真空度在停泵后很快降低，在真空管路中应设置止回阀和截门，真空度是没法再提高，选项 C 错误。

【考点】真空预压法加固软土。

【参考答案】C

65.（2016-A-21）根据《建筑地基处理技术规范》（JGJ 79—2012）下列真空预压处理的剖面图中最合理的选项是哪一个？（　　）

（A）由上往下：单层真空膜——砂垫层——波纹管——单层土工布——原土

（B）由上往下：单层真空膜——砂垫层——波纹管——单层真空膜——原土

（C）由上往下：波纹管——单层真空膜——砂垫层——单层真空膜——原土

（D）由上往下：双层真空膜——单层土工布——砂垫层——波纹管——原土

【解析】双层真空膜加单层土工布形成三层结构，满足《建筑地基处理技术规范》（JGJ 79—2012）5.3.12 条第 3 款，上层防老化，土工布防穿刺。砂垫层和波纹管起到排水作用，详见《地基处理手册》第 134 页。

【考点】要求熟悉真空预压法的原理和工艺。

【参考答案】D

66.（2016-A-50）真空预压法处理软弱地基，若要显著提高地基固结速度，以下哪些选项的措施是合理的？（　　）

（A）膜下真空度从 50kPa 增大到 80kPa

（B）当软土层下有厚层透水层时，排水竖井穿透软土层进入透水层

（C）排水竖井的间距从 1.5m 减小到 1.0m

（D）排水砂垫层由中砂改为粗砂

【解析】砂垫层满足规范要求厚度后，再提高物理性质，对于提高排水速度影响不大，所以选项 D 效果不明显。根据《建筑地基基础设计规范》（GB 50007—2011）5.2.22 条文说明，真空预压的效果和膜内真空度大小关系很大，真空度越大预压效果越好。如真空度不高，加上砂井井阻影响，处理效果将受到较大影响。根据国内许多工程经验，膜内真空度一般都能达到 86.7kPa 以上。这也是真空预压应达到的基本真空度，故选项 A 增加真空度符合题意，选项 B 错误，竖井不能进入透水层，选项 C 减少排水井间距从而缩短排水路径等措施均为有效措施。

【考点】对于预压法基本原理的理解。

【参考答案】AC

67.（2017-A-23）预压法处理软弱地基，下列哪个说法是错误的？（　　）

（A）真空预压法加固区地表中心点的侧向位移小于该点的沉降

（B）真空预压法控制真空度的主要目的是防止地基发生失稳破坏

（C）真空预压过程中地基土的孔隙水压力会减小

（D）超载预压可减小地基的次固结变形

【解析】参见《建筑地基处理技术规范》（JGJ 79—2012）5.2.21 条文说明、5.2.22 条文说明、5.2.12 条文说明。

5.2.21 条文说明：在真空预压区边缘，由于真空度会向外部扩散，其加固效果不如中部。

5.2.22 条文说明：真空预压的效果和膜内真空度大小关系很大，真空度越大，预压效果越好。故选项 B 错误。对真空预压工程，在抽真空过程中将产生向内的侧向变形，这是因为抽真空时，孔隙水压力降低，水平方向增加了一个向负压源的压力。

5.2.12 条文说明：预压荷载下地基的变形包括瞬时变形、主固结变形和次固结变形三部分。正常的预压可减小瞬时变形和主固结变形，只有超载预压可减小地基的次固结变形。

【考点】预压法。

【参考答案】B

68.（2019-A-53）软弱地基采用真空预压法处理，以下哪些措施对加速地基固结的效果不显著？（　　）

（A）排水砂垫层的材料由中砂改为粗砂　　　（B）排水砂垫层的厚度由 50cm 改为 60cm

（C）排水竖井的间距减小 20%　　　（D）膜下真空度从 60kPa 增大到 85kPa

【解析】参见《建筑地基处理技术规范》（JGJ 79—2012）5.2.17 条及条文说明。

排水竖井的间距减小，排水竖井的数目增加，能起到加速固结的效果，因此选项C正确；真空预压膜下真空度增加，能直接加速土体内水的流动，从而加速排水固结，选项D正确。

【考点】预压固结。

【参考答案】AB

7.4.4 真空预压法和堆载预压法的对比

■ 加固原理对比

69.（2010-A-56）下列关于堆载预压法和真空预压法加固地基机理的描述，（   ）的说法是正确的。

（A）堆载预压中地基土的总应力增加

（B）真空预压中地基土的总应力不变

（C）采用堆载预压法和真空预压法加固时都要控制加载速率

（D）采用堆载预压法和真空预压法加固时，预压区周围土体侧向位移方向一致

【解析】参见《建筑地基处理技术规范》（JGJ 79—2012）5.2.29条及条文说明。

堆载预压法增加了外部荷载，总应力增加了。真空预压法利用抽真空的方式，总应力不变。所以选项A、B正确。由于真空预压法不需要控制加载速率，所以选项C错误。堆载法土体向外围移动，真空预压法使土体向内侧移动，所以选项D错误

【考点】此题需要比较好的融合力学知识和堆载预压法的原理。理解孔隙水排除的过程及相关知识。

【参考答案】AB

70.（2013-A-18）采用真空-堆载联合预压时，以下（   ）的做法最合理。

（A）先进行真空预压，再进行堆载预压

（B）先进行堆载预压，再进行真空预压

（C）真空预压与堆载预压同时进行

（D）先进行真空预压一段时间后，再同时进行真空和堆载预压

【解析】参见《建筑地基处理技术规范》（JGJ 79—2012）5.3.14条。采用真空和堆载联合预压时，应先抽真空，当真空压力达到设计要求并稳定后，再进行堆载，并继续抽真空。

【考点】真空-堆载联合预压。

【参考答案】D

71.（2013-A-55）下列有关预压法的论述中，（   ）是正确的。

（A）堆载预压和真空预压均属于排水固结

（B）堆载预压使地基土中的总压力增加，真空预压总压力是不变的

（C）真空预压法由于不增加剪应力，地基不会产生剪切破坏，可适用于很软弱的黏土地基

（D）袋装砂井或塑料排水板作用是改善排水条件，加速主固结和次固结

【解析】砂井和塑料排水板有利于加速主固结，对次固结影响较小，选项D错误。根据堆载预压法和真空预压法基本原理知选项A、B、C均正确，请记忆相关选项结论。

【考点】本题目选项A、B、C是很好的归纳，请记忆。主要考查基本原理。

【参考答案】ABC

72.（2014-A-19）比较堆载预压法和真空预压法处理淤泥地基，下列（   ）的说法是正确的。

（A）地基中的孔隙水压力变化规律相同

（B）预压区边缘土体侧向位移方向一致

（C）均需控制加载速率，以防加载过快导致淤泥地基失稳破坏

（D）堆载预压法土体总应力增加，真空预压法总应力不变

【解析】根据《建筑地基处理技术规范》（JGJ 79—2012）5.2.29条及条文说明，堆载预压法实施过程中总应力增加，孔隙水压力消散而使有效应力增加加载预压过程中，土体强度在提高，剪应力也在增大。当剪应力达到土的抗剪强度时，土体发生破坏。真空预压法实施过程中总应力不变，孔隙水压力减

小而使有效应力增加；加载预压过程中，有效应力增量是各向相等的，剪应力不增加，不会引起土体的剪切破坏。

【考点】理解堆载预压法和真空预压法的基本原理。

【参考答案】D

73.（2018－A－56）根据《建筑地基处理技术规范》（JGJ 79—2012），下列关于堆载预压和真空预压设计，说法正确的是哪些？（　　）

（A）当建筑物的荷载超过真空预压的压力，或建筑物对地基变形有严格要求时，可采用真空和堆载联合预压，其总压力宜超过建筑物的竖向荷载

（B）堆载预压的加载速率由地基土体的平均变形速率决定

（C）真空预压时，应该根据地基土的强度确定真空压力，不能采取一次连续抽真空至最大压力的加载方式

（D）软土层中含有较多薄粉砂夹层，当固结速率满足工期要求时，可以不设置排水竖井

【解析】参见《建筑地基处理技术规范》（JGJ 79—2012）5.1.7条、5.2.10条、5.1.5条、5.2.1条。

根据第5.1.7条可知选项A正确。根据第5.2.10条第3项，加载速率应根据地基土的强度确定，选项B错误。根据第5.1.5条可知，对真空预压工程，可采用一次连续抽真空至最大压力的加载方式，因此选项C错误；根据第5.2.1条可知选项D正确。

【考点】堆载预压和真空预压。

【参考答案】AD

7.4.5 砂井

74.（2009－A－29）采用砂井法处理地基时，袋装砂井的主要作用是（　　）。

（A）构成竖向增强体
（B）构成和保持竖向排水通道
（C）增大复合土层的压缩模量
（D）提高复合地基的承载力

【解析】根据砂井法处理地基的原理，为形成排水通道加快孔隙水排出。

【考点】考查砂井法处理地基基本原理。

【参考答案】B

75.（2018－A－19）饱和软土地基，采用预压法进行地基处理时，确定砂井深度可不考虑的因素是下列哪个选项？（　　）

（A）地基土最危险滑移面（对抗滑稳定性控制的工程）

（B）建筑物对沉降量的要求

（C）预压荷载的大小

（D）压缩土层的厚度

【解析】根据《建筑地基处理技术规范》（JGJ 79—2012）第5.2.6条及条文说明，砂井深度与预压荷载无关。

【考点】砂井。

【参考答案】C

76.（2011－A－54）下列关于砂井法和砂桩法的表述，（　　）是正确的。

（A）直径小于300mm的称为砂井，大于300mm的称为砂桩

（B）采用砂井法加固地基需要预压，采用砂桩法加固地基不需要预压

（C）砂井法和砂桩法都具有排水作用

（D）砂井法和砂桩法加固地基的机理相同，所不同的是施工工艺

【解析】砂井主要作用是在处理过程中利于孔隙水排出，需要进行预压。砂桩主要作用是置换作用，但是砂桩也具有排水功能。砂石桩法不需要预压。

【考点】砂井法和砂桩法。

【参考答案】BC

7.5 复合地基设计

7.5.1 基本原理

77.（2009-A-24）下列关于散体材料桩的说法中，不正确的是（　　）。

（A）桩体的承载力主要取决于桩侧土体所能提供的最大侧限力

（B）在荷载的作用下桩体发生膨胀，桩周土进入塑性状态

（C）单桩承载力随桩长的增大而持续增大

（D）散体材料桩不适用于饱和软黏土层中

【解析】参见《建筑地基处理技术规范》（JGJ 79—2012）7.1.5 条第 1 款及条文说明、7.2.1 条第 1 款、7.2.1 条文说明。

7.1.5 条第 1 款及条文说明：散体桩承载力与桩土应力比 n、处理后桩间土承载力 f_{sk} 相关。由于散体桩没有黏结强度，需要依靠桩周土层的约束力，同时对周围土层挤压。同时，根据 7.2.1 条文说明，散体桩进行地基处理，承载力主要依靠桩周摩擦力。因此，选项 A、B 正确。

由于单桩承载力与桩周土提供的侧摩阻力相关，所以在应力传递的过程中会产生折减，当桩长大于一定程度时所单桩桩体提供的承载力和周围土层侧摩阻力相当。增加桩长对提高承载力影响逐渐减小。选项 C 错误。

根据 7.2.1 条第 1 款：振冲碎石桩、沉管砂石桩复合地基适用于挤密处理松散砂土、粉土、粉质黏土、素填土、杂填土等地基，以及用于处理可液化地基。饱和黏土地基，如对变形控制不严格，可采用砂石桩置换处理。选项 D 正确。

【考点】题目考查对于散体桩传力途径的理解。

【参考答案】C

78.（2013-A-56）下列有关复合地基的论述，（　　）是正确的。

（A）复合地基是由天然地基土体和增强体两部分组成的人工地基

（B）形成复合地基的基本条件是天然地基土体和增强体通过变形协调共同承担荷载作用

（C）在已经满足复合地基承载力情况下，增大置换率和增大桩体刚度，可有效减少沉降

（D）深厚软土的水泥土搅拌桩复合地基由建筑物对变形要求确定施工桩长

【解析】根据《建筑地基处理技术规范》（JGJ 79—2012）2.1.2 条、7.1.1 条文说明选项 A、B 正确。控制沉降最有效的方法是增加桩长。增大置换率和增大桩体刚度可以提高承载力。选项 C 错误，选项 D 正确。

【考点】对于复合地基基本概念的考查。

【参考答案】ABD

79.（2014-A-23）根据《建筑地基处理技术规范》（JGJ 79—2012），下列关于地基处理的论述中，（　　）是错误的。

（A）经处理后的地基，基础宽度的地基承载力修正系数应取零

（B）处理后的地基可采用圆弧滑动法验算整体稳定性，其安全系数不应小于 1.3

（C）多桩型复合地基的工作特性是在等变形条件下的增强体和地基土共同承担荷载

（D）多桩型复合地基中的刚性桩布置范围应大于基础范围

【解析】参见《建筑地基处理技术规范》（JGJ 79—2012）3.0.4 条、3.0.7 条、7.9.2 条、7.9.4 条。

（1）根据 3.0.4 条，大面积压实填土地基，基础宽度的地基承载力修正系数应取零；其他处理地基，基础宽度的地基承载力修正系数应取零，故选项 A 正确。

（2）根据 3.0.7 条，处理后地基的整体稳定分析可采用圆弧滑动法，其稳定安全系数不应小于 1.30。选项 B 正确。

（3）根据 7.9.2 条及条文说明，多桩型复合地基的工作特性，是在等变形条件下的增强体和地基土

共同承担荷载，选项 C 正确。

（4）根据 7.9.4 条，多桩型复合地基的布桩宜采用正方形或三角形间隔布置，刚性桩宜在基础范围内布桩，选项 D 错误。

【考点】主要考查对规范条文的理解。

【参考答案】D

80.（2016-A-51）复合地基的增强体穿越了粉质黏土、淤泥质土、粉砂三层土，当水泥掺量不变时，下列哪些桩型桩身强度沿桩长变化不大？（　　　）

　　（A）搅拌桩　　　　　　　（B）注浆钢管桩　　　　　（C）旋喷桩　　　　　　　（D）夯实水泥土桩

【解析】根据《建筑地基处理技术规范》（JGJ 79—2012）7.3.1 条文说明、7.4.1 条文说明，旋喷桩和搅拌桩都是以水泥作为主固化剂与地基土搅拌混合形成固结体，桩身强度受地层情况影响较大，选项 A、C 错误；根据第 7.6.3 条，夯实水泥土桩和注浆钢管桩的施工过程没有周围土层直接参与，桩身强度受地层情况影响不大，选项 B、D 正确。

【考点】复合地基加固原理。

【参考答案】BD

81.（2016-A-56）根据《建筑地基处理技术规范》（JGJ 79—2012）下面关于复合地基处理的说法，哪些是正确的？（　　　）

　　（A）搅拌桩的桩端阻力发挥系数，可取 0.4～0.6，桩长越长，单桩承载力发挥系数越大

　　（B）计算复合地基承载力时，增强体单桩承载力发挥系数取低值时，桩间土承载力发挥系数可取高值

　　（C）采用旋喷桩复合地基时，桩间土越软弱，桩间土承载力发挥系数越大

　　（D）挤土成桩工艺复合地基，其桩间土承载力发挥系数一般大于或等于非挤土成桩工艺

【解析】根据《建筑地基处理技术规范》（JGJ 79—2012）7.1.5 条文说明：

（1）桩端阻力发挥系数 α_p，与增强体的荷载传递性质、增强体长度以及桩土相对刚度密切相关。桩长过长影响桩端承载力发挥时应取较低值，选项 A 错误。

（2）增强体单桩承载力发挥系数取高值时桩间土承载力发挥系数应取低值，反之，增强体单桩承载力发挥系数取低值时桩间土承载力发挥系数应取高值，选项 B 正确，选项 C 错误。

（3）桩间土的承载力发挥和挤土效应、原土的性质有关，挤土成桩工艺将使得桩间土更密实，承载力更高，选项 D 正确。

【考点】规范条文的理解。

【参考答案】BD

82.（2017-A-24）根据《建筑地基处理技术规范》（JGJ 79—2012），以下关于复合地基的选项哪项是正确的？（　　　）

　　（A）相同地质条件下，桩土应力比 n 的取值，碎石桩大于 CFG 桩

　　（B）计算单桩承载力时，桩端阻力发挥系数 α_p 的取值，搅拌桩大于 CFG 桩

　　（C）无地区经验时，桩间土承载力发挥系数 β 的取值，水泥土搅拌桩小于 CFG 桩

　　（D）无地区经验时，单桩承载力发挥系数 λ 的取值，搅拌桩小于 CFG 桩

【解析】参见《建筑地基处理技术规范》（JGJ 79—2012）7.1.5 条及条文说明、7.3.3 条、7.7.2 条。

（1）根据 7.1.5 条：桩土应力比等于单桩承载力特征值比桩间土承载力，由于碎石土桩的刚度小于 CFG 桩，桩的刚度越大，桩承担的力越大，桩间土承担的力越小，则碎石土桩承担的力相对于 CFG 要略小，选项 A 错误。

（2）根据 7.1.5 条文说明，桩端阻力发挥系数 α，与增强体的荷载传递性质、增强体长度以及桩土相对刚度密切相关。桩长过长影响桩端承载力发挥时应取较低值；水泥土搅拌桩的荷载传递受搅拌土的性质影响应取 0.4～0.6；其他情况可取 1.0，选项 B 错误。

（3）根据 7.3.3 条第 2 款，水泥土搅拌桩的桩间土承载力发挥系数对淤泥质土取 0.1～0.4，桩端的端阻力发挥系数取 0.4～0.6，单桩承载力发挥系数取 1.0。第 7.7.2 条第 6 款：CFG 桩的桩间土承载力发挥

165

系数取 0.8～0.9，桩端的端阻力发挥系数取 1.0，单桩承载力发挥系数取 0.8～0.9，选项 C 正确，选项 D 错误。

【考点】复合地基。

83.（2019－A－52）关于加筋垫层作用机理正确的是哪些选项？（   ）

（A）提高地基稳定性　　　　　　　　（B）加快地基土固结

（C）增大地基应力扩散角　　　　　　（D）调整不均匀沉降

【解析】根据《建筑地基处理技术规范》（JGJ 79—2012）4.2.1 条文说明：加筋作用机理主要有：①扩散应力，增大压力扩散角；②降低了下卧土层的压力，约束了地基侧向变形；③调整不均匀沉降；④增大地基稳定性并提高地基承载力。

【考点】加筋垫层的作用机理。

84.（2019－A－54）下列关于荷载作用下不同刚度基础的说法，正确的是哪些选项？（   ）

（A）刚性基础下桩间土比竖向增强体先达到极限状态

（B）柔性基础下竖向增强体比桩间土先达到极限状态

（C）同样荷载、同样地基处理方法下，刚性基础下竖向增强体的发挥度大于柔性基础下竖向增强体的发挥度

（D）同样荷载、同样地基处理方法下，刚性基础下地基的沉降量小于柔性基础下地基的沉降量

【解析】参见《建筑地基处理技术规范》（JGJ 79—2012）7.1.5 条及条文说明：刚性基础下，荷载将向桩体集中，对散体材料桩而言，随着荷载加大，将出现桩头破坏、鼓胀破坏，选项 A 错误，反之可知选项 B 错误；同样荷载，同样地基处理方法下，刚性基础竖向增强体的发挥程度将大于柔性基础，选项 C 正确；沉降量将小于柔性基础，选项 D 正确。

【考点】加筋垫层的作用机理。

85.（2020－A－17）复合地基承载力验算时，不需要进行桩身强度验算的是下列哪个选项？（   ）

（A）水泥土搅拌桩　　　　　　　　　（B）旋喷桩

（C）水泥粉煤灰碎石桩　　　　　　　（D）夯实水泥土桩

【解析】参见《建筑地基处理技术规范》（JGJ 79—2012）7.3.3 条、7.4.3 条、7.7.2 条。

7.3.3 条：条水泥土搅拌桩需要验算桩身强度；7.4.3 条：旋喷桩需要验算桩身强度。7.7.2 条第 6 款，水泥粉煤灰碎石桩桩身强度有验算要求。

【考点】复合地基桩身强度验算。

86.（2020－A－52）根据《建筑地基处理技术规范》（JGJ 79—2012），关于复合地基桩身试块强度取值，下列表述哪些是错误的？（   ）

（A）对水泥土搅拌桩，取与桩身水泥土配比相同的边长 150mm 立方体试块，在标准养护条件下 28d 龄期的抗压强度平均值

（B）对夯实水泥土桩，取与桩身水泥土配比相同的边长 70.7mm 立方体试块，在标准养护条件下 90d 龄期的抗压强度平均值

（C）对旋喷桩，取桩体边长 150mm 立方体试块，在标准养护条件下 90d 龄期的抗压强度平均值

（D）对水泥粉煤灰碎石桩，取桩体边长 150mm 立方体试块，在标准养护条件下 28d 龄期的抗压强度平均值

【解析】参见《建筑地基处理技术规范》（JGJ 79—2012）7.3.3 条、7.1.6 条。

根据 7.3.3 条第 3 款，水泥土搅拌桩应为 70.7mm 立方体，标准条件下养护 90d，因此 A 错误。

根据 7.1.6 条，有黏结强度复合地基增强体桩体试块边长 150mm，标准养护 28d，因此选项 B 错误、选项 C 错误、选项 D 正确。

【考点】有黏结强度复合地基增强体桩身试块强度要求。

【参考答案】ABC

7.5.2 桩土应力比

87.（2010-A-22）在地基处理方案比选时，对搅拌桩复合地基，初步设计采用的桩土应力比取（　　）数值比较合适。

（A）3　　　　　　　（B）10　　　　　　　（C）30　　　　　　　（D）50

【解析】根据《地基处理手册》相关内容，桩土应力比一般取到5~8。初步设计时可以取高值。

【考点】此题为理论与实践相结合，并理解桩土应力比的概念。

【参考答案】B

88.（2011-A-22）刚性基础下，刚性桩复合地基的桩土应力比随着荷载增大而（　　）。

（A）增大　　　　　　（B）减小　　　　　　（C）没有规律　　　　　　（D）不变

【解析】刚性基础下的刚性桩复合基础随荷载的增大桩土应力比增大，由桩承担主要荷载。柔性桩复合地基随荷载的增大桩土应力比减小。

【考点】此知识点为常考点，需记忆。

【参考答案】A

89.（2013-A-21）地质条件相同，复合地基的增强体分别采用：①CFG桩，②水泥土搅拌桩，③碎石桩，当增强体的承载力正常发挥时，三种复合地基的桩土应力比之间为（　　）关系。

（A）①<②<③　　　（B）①>②>③　　　（C）①=②=③　　　（D）①>③>②

【解析】根据《建筑地基处理技术规范》（JGJ 79—2012）相关条文，总结如下：CFG桩强度最高，碎石桩为散体材料，桩强度最小。水泥土搅拌桩有黏结强度，但是整体强度不如CFG桩。

复合地基按桩体刚度分类如下：

①柔性桩：散体材料桩（振冲碎石桩、沉管砂石桩、灰土与土挤密桩、柱锤冲扩桩等）。

②半刚性桩：水泥土搅拌桩、旋喷桩、夯实水泥土桩等。

③刚性桩：混凝土桩、CFG桩、树根桩等。

【考点】桩土应力比。

【参考答案】B

90.（2016-A-19）某独立基础，埋深1.0m，若采用C20素混凝土桩复合地基，桩间土承载力特征值80kPa，按照《建筑地基处理技术规范》（JGJ 79—2012），桩土应力比的最大值接近下列哪个数值？（单桩承载力发挥系数、桩间土承载力发挥系数均为1.0）（　　）

（A）30　　　　　　　（B）60　　　　　　　（C）80　　　　　　　（D）125

【解析】参见《建筑地基处理技术规范》（JGJ 79—2012）7.1.6条。

C20混凝土抗压强度标准值为20N/mm²（20MPa），本题解析近似取平均值等于标准值。

公式（7.1.6-1）：$f_{cu} \geqslant 4\dfrac{\lambda R_a}{A_p}$，$\sigma_p = \dfrac{\lambda R_a}{A_p} \leqslant \dfrac{f_{cu}}{4} = \dfrac{20}{4} = 5\text{N/mm}^2$

根据桩土应力比公式，由于单桩承载力发挥系数、桩间土承载力发挥系数均为1.0，代入公式计算

$n = \dfrac{\sigma_p}{\sigma_s} = 5000/80 = 62.5$。

【考点】理解桩土应力比公式。

【参考答案】B

91.（2019-A-21）复合地基桩土应力比的论述，正确的是哪个选项？（　　）

（A）荷载越大，桩土应力比越大　　　　　（B）桩土模量比越大，桩土应力比越大

（C）置换率越大，桩土应力比越大　　　　　（D）桩间土承载力越大，桩土应力比越大

【解析】参见《建筑地基处理技术规范》（JGJ 79—2012）7.1.5条及条文说明。在复合地基中，桩体

167

和桩间土在刚性基础荷载作用下，基底平面内桩体和桩间土的沉降相同，由于桩体的变形模量 E_p 大于土的变形模量 E_s，根据胡克定律，荷载向桩体集中而在桩间土上的荷载降低，因此，桩土的模量比越大，桩土应力比将越大。

【考点】桩土应力比。

【参考答案】B

92.（2020-A-18）某灰土挤密桩单桩复合地基试验中，测试了桩顶反力和桩间土反力，复合地基载荷试验承压板直径为 1.25m。载荷试验的压力（反力）-沉降曲线见图 7-2。根据试验结果确定的桩土应力比为下列哪个选项？（　　）

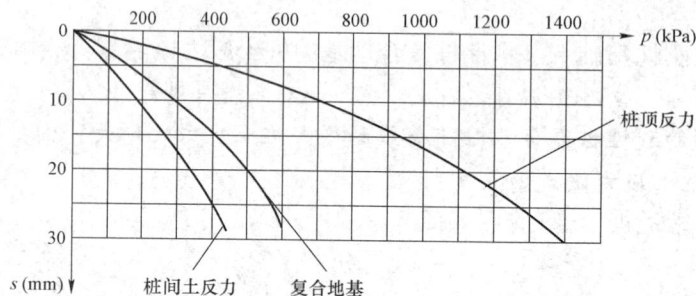

图 7-2

（A）3.0　　　　　　（B）3.5　　　　　　（C）4.0　　　　　　（D）4.5

【解析】根据《建筑地基处理技术规范》（JGJ 79—2012）附录 B.0.10 条，灰土挤密桩取 $s/b=0.008$ 所对应的压力，$s=1.25 \times 0.008 \times 1000\text{mm}=10\text{mm}$，查图可得 $n=700/200=3.5$。

【考点】复合地基静载荷试验。

【参考答案】B

7.5.3　复合土层的压缩模量

93.（2018-A-18）某黏性土场地，地基强度较低，采用振冲法处理，面积置换率为 35%，处理前黏性土的压缩模量为 6MPa，按《建筑地基处理技术规范》（JTG 79—2012）处理后复合土层的压缩模量最接近下列哪个选项？（假设桩土应力比取 4，处理前后桩间土天然地基承载力不变）（　　）

（A）8.1　　　　　　（B）10.2　　　　　　（C）12.3　　　　　　（D）14.4

【解析】参见《建筑地基处理技术规范》（JTG 79—2012）7.1.5 条、7.1.7 条。

$$f_{spk}=[1+m(n-1)]f_{sk}=[1+0.35 \times (4-1)]f_{sk}=2.05f_{sk}$$

$$E_{sp}=E_s\xi=6 \times \frac{2.05f_{sk}}{f_{sk}}=12.3\text{MPa}$$

【考点】复合土层的压缩模量的计算。

【参考答案】C

7.5.4　面积置换率

94.（2019-A-19）某湿陷性黄土地基拟采用灰土挤密桩法处理地基，等边三角形布桩，在满足设计要求情况下比较以下两种方案：方案一，桩径 d 为 0.45m，桩间距 s 为 0.9m；方案二，桩径为 0.50m，面积置换率同方案一，则方案二桩间距 s 最接近下列哪个选项？（　　）

（A）1.15m　　　　　　（B）1.05m　　　　　　（C）1.00m　　　　　　（D）0.95m

【解析】参见《建筑地基处理技术规范》（JGJ 79—2012）7.1.5 条。

根据等边三角形面积置换率公式进行判断，$m=\dfrac{d_1^2}{(1.05s_1)^2}$，若置换率 m 相等，则 $\dfrac{d_1}{s_1}=\dfrac{d_2}{s_2} \Rightarrow s=$

$$\frac{0.5\times0.9}{0.45}=1.0\text{m}$$

【考点】面积置换率。

【参考答案】C

95.（2020-A-19）某场地地层主要为松散的砂土，采用沉管砂石桩进行地基处理，正三角形布桩，桩径为0.8m，不考虑振动下沉密实作用，地基处理前砂土的孔隙比为0.85，要求地基处理后的孔隙比为0.50，计算砂石桩的桩距最接近下列哪个选项？（　　）

（A）1.75m　　　　　（B）1.85m　　　　　（C）1.95m　　　　　（D）2.05m

【解析】根据《建筑地基处理技术规范》（JGJ 79—2012）7.1.5条及土力学原理推导公式：

$$m=\frac{e_0-e_1}{1+e_0}=\frac{0.85-0.5}{1+0.85}=0.189\,2$$

等边三角形布桩　　　　$s=\frac{d}{1.05\sqrt{m}}=1.75\text{m}$

【考点】沉管砂石桩孔隙比与面积置换率的关系。

【参考答案】A

7.5.5 砂石桩、碎石桩

■ 加固原理

96.（2009-A-60）在松砂地基中，挤密碎石桩复合地基中的碎石垫层其主要作用可用下列（　　）来说明。

（A）构成水平排水通道，加速排水固结　　　（B）降低碎石桩桩体中竖向应力

（C）降低桩间土层中竖向应力　　　　　　　（D）减少桩土应力比

【解析】根据《建筑地基处理技术规范》（JGJ 79—2012）7.2.2条及条文说明第7款：垫层起水平排水的作用，有利于施工后加快土层固结；对于独立基础及小基础碎石垫层还可以起到明显的应力扩散作用，降低碎石桩和桩周土的附加应力，减少桩体的侧向变形，从而提高地基承载力，减少地基变形量。因此，碎石垫层的作用除了排水以外，主要作用为降低桩体中竖向应力，增加桩间土竖向应力，使桩土应力比降低，起到受力协调的作用。

【考点】对碎石垫层作用原理的理解。

【参考答案】ABD

97.（2014-A-18）软土场地中，下列（　　）对碎石桩单桩竖向抗压承载力影响最大。

（A）桩周土的水平侧限力　　　　　　（B）桩周土的竖向侧阻力

（C）碎石的粒径　　　　　　　　　　（D）碎石的密实度

【解析】根据《建筑地基处理技术规范》（JGJ 79—2012）7.2.2条文说明，以碎（砂）石桩单桩承载力主要取决于桩周土的侧向压力。

【考点】主要考查对规范条文和散体桩的理解。

【参考答案】A

98.（2019-A-20）振冲碎石桩处理关于桩位布置的做法，错误的是哪个选项？（　　）

（A）布桩范围在基础外缘扩大1排桩

（B）处理液化地基时，桩位布置超出基础外缘的宽度为基底下液化土层厚度1/3

（C）对独立基础，采用矩形布桩

（D）对条形基础，可沿基础轴线单排布桩

【解析】参见《建筑地基处理技术规范》（JGJ 79—2012）7.2.2条。

地基处理范围应根据建筑物的重要性和场地条件确定，宜在基础外缘扩大（1~3）排桩，选项A正确。对可液化地基，在基础外缘扩大宽度不应小于基底下可液化土层厚度的1/2，且不应小于5.0m，选项B错误。桩位布置，对大面积满堂基础和独立基础，可采用三角形、正方形、矩形布桩。对条形基础，

可沿基础轴线采用单排布桩或对称轴线多排布桩，选项 C、D 正确。

【考点】振冲碎石桩。

【参考答案】B

99.（2019-A-56）下列关于砂石桩特性说法错误的是哪些选项？（　　）

（A）饱和软土中置换砂石桩单桩承载力大小主要取决于桩周土的侧限力

（B）砂石桩在饱和软土中容易发生膨胀破坏

（C）均匀地层中桩间土抵抗桩体膨胀能力随深度降低

（D）砂石桩易在地基深部局部软土处发生剪切破坏

【解析】参见《建筑地基处理技术规范》（JGJ 79—2012）7.2.1 条文说明。

碎（砂）石桩单桩承载力主要取决于桩周土的侧限压力，因此选项 A 正确。由于饱和软土桩周土体侧限力较小，在上部荷载作用下，砂石桩容易发生侧向鼓胀破坏，选项 B 正确。均匀地层中，桩间土抵抗桩体膨胀的能力应该随深度增加，深度越大，土体侧向压力越大，约束作用越明显，选项 C 错误。深度局部软土部位，较容易发生整体刺入破坏。

【考点】砂石桩。

【参考答案】CD

■ 施工工序

100.（2009-A-54）对砂土地基，砂石桩的下列施工顺序中，（　　）是合理的。

（A）由外向内　　　　　　　　　　　（B）由内向外

（C）从两侧向中间　　　　　　　　　（D）从一边向另一边

【解析】参见《建筑地基处理技术规范》（JGJ 79—2012）7.2.4 条第 7 款，对砂土地基宜从外围或两侧向中间进行，同时对比。参见《建筑桩基技术规范》（JGJ 94—2008）7.4.4 条预制桩打桩顺序。

【考点】砂石桩的施工顺序。

【参考答案】AC

101.（2010-A-19）下列关于砂石桩施工顺序，（　　）是错误的。

（A）黏性土地基，以一侧向另一侧隔排进行

（B）砂土地基，从中间向外围进行

（C）黏性土地基，从中间向外围进行

（D）临近既有建筑物，应自既有建筑物一侧向外侧进行

【解析】根据《建筑地基处理技术规范》（JGJ 79—2012）7.2.4 条文说明：以挤密为主的砂石桩施工时，应间隔（跳打）进行，并宜由外侧向中间推进；对黏性土地基，砂石桩主要起置换作用，为了保证设计的置换率，宜从中间向外围或隔排施工；在既有建（构）筑物邻近施工时，为了减少对邻近既有建（构）筑物的振动影响，应背离建（构）筑物方向进行。

【考点】砂石桩的施工顺序。

【参考答案】B

■ 间距设置

102.（2009-A-54）某砂土采用 1m 直径振冲碎石桩处理，已知砂土初始孔隙比 $e_0 = 1.0$，最大孔隙比 $e_{max} = 1.1$，最小孔隙比 $e_{min} = 0.7$，则采用正方形布桩时合理桩间距最接近下列哪个选项？（不考虑振动下沉挤密作用）（　　）

（A）1.8m　　　　（B）2.2m　　　　（C）2.6m　　　　（D）3.0m

【解析】参见《建筑地基处理技术规范》（JGJ 79—2012）7.2.2 条公式（7.2.2-2）和公式（7.2.2-3）：

$$e_1 = e_{max} - D_{r1}(e_{max} - e_{min}) = 1.1 - 0.7 \sim 0.85(1.1 - 0.7) = 0.82 \sim 0.76$$

$$s = 0.89\xi d\sqrt{\frac{1 + e_0}{e_0 - e_1}} = 2.96 \sim 2.57m$$

根据题目选项，桩间距采用 2.6m 较为合理。

【考点】振冲碎石桩。

7.5.6　灰土挤密桩

■ 加固原理

103.（2009-A-59）采用土或灰土挤密桩局部处理地基，处理宽度应大于基底一定范围，其主要作用可用下列（　）来解释。

（A）改善应力扩散
（B）防渗隔水
（C）增强地基稳定性
（D）防止基底土产生侧向挤出

【解析】根据《建筑地基处理技术规范》（JGJ 79—2012）7.5.2 条文说明：主要作用在于保证应力扩散，增强地基的稳定性，防止基底下被处理的土层在基础荷载作用下受水浸湿时产生侧向挤出，并使处理与未处理接触面的土体保持稳定。

【考点】主要考查规范条文的理解与应用。

【参考答案】ACD

104.（2014-A-53）根据《建筑地基处理技术规范》（JGJ 79—2012），采用灰土挤密桩加固湿陷性黄土地基时，下列（　）是正确的。

（A）石灰可选用新鲜的消石灰，土料宜选用粉质黏土，灰土的体积比宜为 2:8
（B）处理后的复合地基承载力特征值不宜大于处理前天然地基承载力特征值的 1.4 倍
（C）桩顶应设置褥垫层，厚度可取 500mm，压实系数不应低于 0.95
（D）采用钻孔夯扩法成孔时，桩顶设计标高以上的预留覆土厚度不宜小于 1.2m

【解析】参见《建筑地基处理技术规范》（JGJ 79—2012）7.5.2 条。

（1）根据 7.5.2 条第 6 款：桩孔内的灰土填料，其消石灰与土的体积配合比，宜为 2:8 或 3:7，土料宜选用粉质黏土，石灰可选用新鲜的消石灰，故选项 A 正确。

（2）根据 7.5.2 条第 9 款，灰土挤密桩复合地基承载力特征值，不宜大于处理前天然地基承载力特征值的 2.0 倍，且不宜大于 250kPa，故选项 B 错误。

根据 7.5.2 条第 8 款，桩顶标高以上应设置 300～600mm 厚的褥垫层。垫层材料可根据工程要求采用 2:8 或 3:7 灰土、水泥土等。其压实系数均不应低于 0.95。故选项 C 正确。

根据 7.5.2 条第 2 款，桩顶设计标高以上的预留覆盖土层厚度，宜符合下列规定：

1）沉管成孔不宜小于 0.5m；
2）冲击成孔或钻孔夯扩法成孔不宜小于 1.2m。故选项 D 正确。

【考点】灰土挤密桩加固湿陷性黄土地基。

【参考答案】ACD

■ 施工工序

105.（2009-A-55）根据《建筑地基处理技术规范》（JGJ 79—2012），下列关于灰土挤密桩复合地基设计、施工的叙述中，（　）是正确的。

（A）初步设计按当地经验确定时，灰土挤密桩复合地基承载力特征值不宜大于 200kPa
（B）桩孔内分层回填，分层夯实，桩体内的平均压实系数，不宜小于 0.94
（C）成孔时，当土的含水量低于 12% 时，宜对拟处理范围内土层进行适当增湿
（D）复合地基变形计算时，可采用载荷试验确定的变形模量作为复合土层的压缩模量

【解析】参见《建筑地基处理技术规范》（JGJ 79—2012）7.5.2 条、7.5.3 条、14.2.9 条。

（1）7.5.2 条第 9 款：初步设计时，灰土挤密桩复合地基承载力特征值不宜大于处理前天然地基承载力特征值的 2.0 倍，且不宜大于 250kPa，因此选项 A 错误。

（2）7.5.2 条第 7 款：压实系数最小值不应低于 0.93，因此选项 B 错误。

（3）7.5.3 条第 3 款：选项 C 正确。

（4）14.2.9 条：选项 D 正确。

【考点】灰土挤密桩。

7.5.7 水泥粉煤灰碎石桩（CFG 桩）

■ 加固原理

106.（2010－A－23）CFG 桩施工采用长螺旋成孔、管内泵压混合料成桩时，坍落度宜控制在下列（　　）的范围内。

（A）50～80mm　　　　　　　　　　（B）80～120mm

（C）120～160mm　　　　　　　　　（D）160～200mm

【解析】参见《建筑地基处理技术规范》（JGJ 79—2012）7.7.3 条第 2 款。施工时，按配合比配制混合料；长螺旋钻中心压灌成桩施工的坍落度宜 160～200mm，振动沉管灌注成桩施工的坍落度宜为 30～50mm；振动沉管灌注成桩后桩顶浮浆厚度不宜超过 200mm。

【考点】考查对于规范条文的理解。

【参考答案】D

107.（2012－B－50）当采用水泥粉煤灰碎石桩（CFG）加固地基时，通常会在桩顶与基础之间设置褥垫层，关于褥垫层的作用，下列（　　）的叙述是正确的。

（A）设置褥垫层可使竖向桩土荷载分担比增大

（B）设置褥垫层可使水平向桩土荷载分担比减小

（C）设置褥垫层可减少基础底面的应力集中

（D）设置褥垫层可减少建筑物沉降变形

【解析】根据《建筑地基处理技术规范》（JGJ 79—2012）7.7.2 条文说明第 4 款，褥垫层在复合地基中具有如下的作用：

（1）保证桩、土共同承担荷载，它是水泥粉煤灰碎石桩形成复合地基的重要条件。

（2）通过改变褥垫厚度，调整桩垂直荷载的分担，通常褥垫越薄桩承担的荷载占总荷载的百分比越高。

（3）减少基础底面的应力集中。

（4）调整桩、土水平荷载的分担，褥垫层越厚，土分担的水平荷载占总荷载的百分比越大，桩分担的水平荷载占总荷载的百分比越小。对抗震设防区，不宜采用厚度过薄的褥垫层设计。

（5）褥垫层的设置，可使桩间土承载力充分发挥，作用在桩间土表面的荷载在桩侧的土单元体产生竖向和水平向附加应力，水平向附加应力作用在桩表面具有增大侧阻的作用，在桩端产生的竖向附加应力对提高单桩承载力是有益的。

综合以上，选项 B、C 正确。

【考点】主要考查对规范条文的理解。

【参考答案】BC

108.（2014－A－51）某软土路堤拟采用 CFG 桩复合地基，经验算，最危险滑动面通过 CFG 桩桩身，其整体滑动稳定安全系数不满足要求，下列（　　）方法可显著提高复合地基的整体滑动稳定性。

（A）提高 CFG 桩的混凝土强度等级　　　（B）在 CFG 桩桩身内配置钢筋笼

（C）增加 CFG 桩长　　　　　　　　　　（D）复合地基施工前对软土进行预压处理

【解析】根据《公路路基设计规范》（JTG D30—2015）7.7.7 条、7.7.9 条第 7 款，若要提高复合地基的整体滑动稳定性，可以提高桩体本身的抗剪强度和提高地基的抗剪强度。提高 CFG 桩的混凝土强度等级对桩身抗剪强度提高十分有限，因此选项 A 不能显著提高，不满足题目要求；桩身配筋可以明显提高 CFG 桩体的抗剪强度，选项 B 正确；增加桩长不能提高桩体抗剪强度，选项 C 错误；预压处理可以提高复合地基的抗剪强度，选项 D 正确。增加桩长和提高混凝土强度对增加抗剪强度帮助有限。

【考点】对于基本原理的理解。

【参考答案】BD

109.（2014－A－52）根据《建筑地基处理技术规范》（JGJ 79—2012），对拟建建筑物进行地基处理，下列（　　）的说法是正确的。

（A）确定水泥粉煤灰碎石桩复合地基的设计参数应考虑基础刚度

（B）经处理后的地基，在受力层范围内不应存在软弱下卧层

（C）各种桩型的复合地基竣工验收时，承载力检验均应采用现场载荷试验

（D）地基处理方法比选与上部结构特点相关

【解析】参见《建筑地基处理技术规范》（JGJ 79—2012）3.0.2条、3.0.5条、7.1.3条、7.7.2条。

3.0.2条：在选择地基处理方案时，应考虑上部结构、基础和地基的共同作用，进行多种方案的技术经济比较，选用地基处理或加强上部结构与地基处理相结合的方案。故选项D正确。

3.0.5条：经处理后的地基，当在受力层范围内仍存在软弱下卧层时，应进行软弱下卧层地基承载力验算。故选项B错误。

7.1.3条：复合地基承载力的验收检验应采用复合地基静载荷试验，对有黏结强度的复合地基增强体尚应进行单桩静载荷试验。故选项C正确。

7.7.2条第5款及条文说明，水泥粉煤灰碎石桩可只在基础范围内布桩，并可根据建筑物荷载分布、基础形式和地基土性状，合理确定布桩参数。故选项A正确。

【考点】主要考查对规范条文的理解。

【参考答案】ACD

110.（2017-A-20）某CFG桩单桩复合地基静载试验，试验方法及场地土层条件如图7-3所示，在加载达到复合地基极限承载力时，CFG桩桩身轴力图分布最接近于下列哪个选项？（　　）

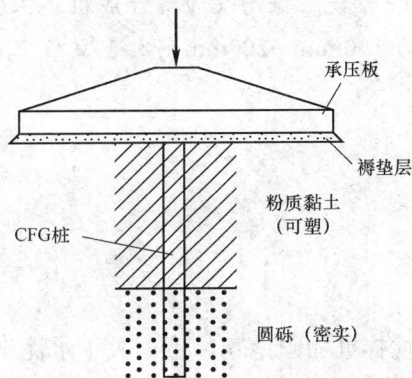

图7-3　试验方法及场地土层条件

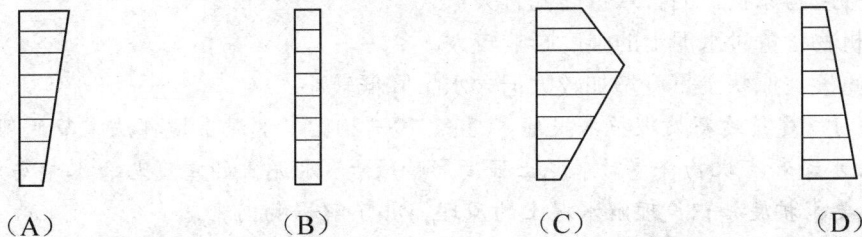

【解析】根据《建筑地基处理技术规范》（JGJ 79—2012）7.7节水泥粉煤灰碎石桩及条文说明（第205页）：CFG桩在施工的时候，复合地基顶上会铺设一定厚度的褥垫层，这个垫层的作用就是让桩间土参与承担上部荷载。在加荷初始阶段，CFG桩身一定区域内会存在一个负摩阻区域，因此桩的最大轴力点不在桩顶，而在中性点处，即中性点的轴力大于桩顶的受力。

【考点】复合地基静载试验。

【参考答案】C

■ 施工规定

111.（2016-A-55）关于水泥粉煤灰碎石桩复合地基的论述，下列哪些说法是错误的？（　　）

（A）水泥粉煤灰碎石桩可仅在基础范围内布桩

（B）当采用长螺旋压灌法施工时，桩身混合料强度不应超过C30

（C）水泥粉煤灰碎石桩不适用于处理液化地基

（D）对噪声或泥浆污染要求严格的场地可优先选用长螺旋中心压灌成桩工艺

【解析】参见《建筑地基处理技术规范》（JGJ 79—2012）7.7.2 条、7.1.6 条、7.7.3 条。

（1）7.7.2 条第 5 款：水泥粉煤灰碎石桩可只在基础范围内布桩，故选项 A 正确。

（2）桩身强度需满足公式 7.1.6，选项 B 错误。

（3）7.7.3 条文说明：水泥粉煤灰碎石桩可以处理液化地基，若地基土为松散的饱和粉土、粉细砂，以消除液化和提高地基承载力为目的，此时应选择振动沉管机施工，选项 C 错误。

（4）根据 7.7.3 条第 1 款第 2 项长螺旋钻中心压灌成桩：适用于黏性土、粉土、砂土和素填土地基，对噪声或泥浆污染要求严格的场地可优先选用，故选项 D 正确。

【考点】CFG 桩施工方法原理及规范条文的理解。

【参考答案】BC

112.（2017–A–56）某地基硬壳层厚约 5m，下有 10m 左右淤泥质土层，再下是较好的黏土层。采用振动沉管法施工的水泥粉煤灰碎石桩加固，以下部黏土层为桩端持力层，下列哪些选项是错误的？（　　）

（A）满堂布桩时，施工顺序应从四周向内推进施工

（B）置换率较高时，应放慢施工速度

（C）遇到淤泥质土时，拔管速度应当加快

（D）振动沉管法的混合料坍落度一般较长螺旋钻中心压灌成桩法的要小

【解析】根据《建筑地基处理技术规范》（JGJ 79—2012）7.7.3 条及条文说明：沉管灌注桩遇淤泥质土，拔管速度应适当减慢，故选项 C 错误。振动沉管灌注成桩施工的坍落度宜为 30mm～50mm；长螺旋钻中心压灌成桩施工的坍落度宜为 160mm～200mm，故选项 D 正确。振动沉管灌注成桩有挤土效应，故选项 B 正确，选项 A 错误。

【考点】沉管法。

【参考答案】AC

7.5.8　水泥土搅拌桩

■ 加固原理

113.（2010–A–52）采用水泥搅拌桩加固地基，下列关于水泥土的表述，（　　）是正确的。

（A）固化剂掺入量对水泥土强度影响较大

（B）水泥土强度与原状土的含水量高低有关

（C）土中有机物含量对水泥土的强度影响较大

（D）水泥土重度比原状土重度增加较大但含水量降低较小

【解析】根据对《建筑地基处理技术规范》（JGJ 79—2012）水泥土搅拌法章节的理解，固化剂的掺入量，原状土的含水量和有机物含量对水泥土强度影响较大。水泥土的重度与含水量与原状土大致相当。

【考点】此题要求扩展知识，理解水泥土的原理，并了解影响因素。

【参考答案】ABC

114.（2011–A–21）某软土地基软土层厚 30m，五层住宅拟采用水泥土搅拌桩复合地基加固，桩长 10m，桩径 600mm，水泥掺入比 18%，置换率 20%，经估算，工后沉降不能满足要求。为了满足控制工后沉降要求，下列（　　）的建议最合理。

（A）增大桩径　　　　　　　　　　（B）增加水泥掺合比

（C）减小桩距　　　　　　　　　　（D）增加桩长

【解析】减小沉降最有效的办法是增加桩长。

【考点】此知识点为常考点，需记忆。

【参考答案】D

115.（2013–A–19）在深厚均质软黏土地基上建一油罐，采用搅拌桩复合地基。原设计工后沉降控制值为 15.0cm。现要求提高设计标准，工后沉降要求小于 8.0cm，下列（　　）思路比较合理。

　　（A）提高复合地基置换率　　　　　　　（B）增加搅拌桩的长度

　　（C）提高搅拌桩的强度　　　　　　　　（D）增大搅拌桩的截面积

【解析】控制沉降的最有效办法是提高桩长，提高承载力最有效的办法是提高置换率。

【考点】此考点是常考点需要记忆。

【参考答案】B

116.（2011-A-53）用水泥土搅拌法加固地基时，下述（　　）的地基土必须通过现场试验确定其适用性。

　　（A）正常固结的淤泥或淤泥质土　　　　（B）有机质含量介于 10%~25% 的泥炭质土

　　（C）塑性指数 $I_p = 19.3$ 的黏土　　　　（D）地下水具有腐蚀性的场地土

【解析】根据《建筑地基处理技术规范》（JGJ 79—2012）7.3.2 条，水泥土搅拌桩用于处理泥炭土、有机质土、pH 值小于 4 的酸性土、塑性指数大于 25 的黏土，或在腐蚀性环境中以及无工程经验的地区使用时，必须通过现场和室内试验确定其适用性。

【考点】地基处理方法适用性考查，规范条文的理解。

【参考答案】BD

117.（2016-A-23）采用水泥搅拌桩加固淤泥时，以下哪个选项对水泥土强度影响最大？（　　）

　　（A）淤泥的含水量　　　　　　　　　　（B）水泥掺入量

　　（C）灰浆泵的注浆压力　　　　　　　　（D）水泥浆的水灰比

【解析】根据《建筑地基处理技术规范》（JGJ—2012）7.3.1 条文说明，水泥土的抗压强度随水泥掺入比的增加而增大，判断选项 B 正确。

【考点】水泥土的配合比试验。

【参考答案】B

118.（2019-A-50）一般黏性土地基中，在其他条件相同情况下，关于水泥土搅拌桩强度影响因素的描述，下列正确的是哪些选项？（　　）

　　（A）水泥掺量越大，搅拌桩强度越高　　（B）水泥强度越高，搅拌桩强度越高

　　（C）土体含水量越高，搅拌桩强度越高　（D）养护湿度越大，搅拌桩强度越高

【解析】参见《建筑地基处理技术规范》（JGJ 79—2012）7.3.1 条文说明。水泥土的抗压强度随其相应的水泥掺入比的增加而增大；水泥强度直接影响水泥土的强度，水泥强度等级提高 10MPa，水泥土强度 f_{cu} 约增大 20%~30%。

【考点】水泥土搅拌桩强度影响因素。

【参考答案】AB

119.（2020-A-50）根据《建筑地基处理技术规范》（JGJ 79—2012），采用水泥土搅拌桩处理地基时，下列哪些选项的情况应通过试验确定处理方法的适用性？（　　）

　　（A）正常固结的淤泥或淤泥质土地基　　（B）泥炭质土地基

　　（C）塑性指数为 20 的黏土地基　　　　（D）腐蚀性为中等的地基

【解析】根据《建筑地基处理技术规范》（JGJ 79—2012）7.3.2 条，水泥土搅拌桩用于处理泥炭土、有机质土、pH 值小于 4 的酸性土、塑性指数大于 25 的黏土，或在腐蚀性环境中以及无工程经验的地区使用时，必须通过现场和室内试验确定其适用性。

【考点】水泥土搅拌桩适用场地环境考察。

【参考答案】BD

■ 复合地基承载力

120.（2012-B-17）采用搅拌桩复合地基加固软土地基，已知软土地基承载力特征值 $f_{sk} = 60$kPa，桩土应力比取 $n = 8.5$，已知搅拌桩面积置换率为 20%，复合地基承载力接近（　　）。

　　（A）120kPa　　　　　（B）150kPa　　　　　（C）180kPa　　　　　（D）200kPa

【解析】根据《建筑地基处理技术规范》（JGJ 79—2012）第 7.1.5 条：

$$f_{\text{spk}} = [1+m(n-1)]f_{\text{sk}} = [1+0.2 \times (8.5-1)] \times 60\text{kPa} = 150\text{kPa}$$

【考点】此题按 2002 版规范出题，新规范中桩体分为是否有黏结强度，搅拌桩具有黏结强度不适用本公式。

【参考答案】B

121.（2013－A－17）采用搅拌桩加固软土形成复合地基时，搅拌桩单桩承载力与以下（　　）无关。

（A）被加固土体的强度 　　　　　　　　（B）桩端土的承载力

（C）搅拌桩的置换率 　　　　　　　　　（D）掺入的水泥量

【解析】根据《建筑地基处理技术规范》（JGJ 79—2012）公式（7.1.5－3）、7.1.6 条，水泥掺入量、桩端承载力和加固体强度影响单桩承载力强度。置换率影响处理地基的承载力。

【考点】主要考查对规范条文的理解。

【参考答案】C

7.5.9 旋喷桩

122.（2016－A－53）均质土层中，在其他条件相同情况下，下述关于旋喷桩成桩直径的表述，哪些选项是正确的？（　　）

（A）喷头提升速度越快，直径越小 　　　（B）入土深度越大，直径越小

（C）土体越软弱，直径越小 　　　　　　（D）水灰比越大，直径越小

【解析】根据《建筑地基处理技术规范》（JGJ 79—2012）7.4.2 条及条文说明：旋喷桩直径的确定是一个复杂的问题，只能采用半经验的方式加以判断。喷射注浆法的加固半径和许多因素有关，其中包括喷射压力、提升速度、被加固土的抗剪强度、喷嘴直径和浆液稠度。加固范围与喷射压力、喷嘴直径成正比，与提升速度、土的抗剪强度和浆液稠度成反比。

【考点】旋喷桩直径影响因素。

【参考答案】AB

7.5.10 高压喷射注浆法

123.（2018－A－21）下列关于高压喷射注浆法论述中，正确的是哪个选项？（　　）

（A）双管法是使用双通道注浆管，喷出 20MPa 的高压空气和 0.7MPa 的水泥浆液，形成加固体

（B）多管法是使用多通道注浆管，先喷出 0.7MPa 空气，再喷出 40MPa 高压水泥浆液和水，并抽出泥浆，形成加固体

（C）单管法是使用 20MPa 高压水喷射切削后，将浆液从管中抽出，再同步喷射水泥浆液，形成加固体

（D）三管法是使用水、气、浆三通道注浆管，先喷出 0.7MPa 空气和 20MPa 的水，再喷出 2～5MPa 水泥浆液，形成加固体

【解析】参见《建筑地基处理技术规范》（JTG 79—2012）第 7.4.8 条及条文说明。

【考点】高压喷射注浆法。

【参考答案】D

7.5.11 多桩复合

124.（2019－A－23）某水泥搅拌桩复合地基，桩径 400mm，桩距 1.20m，正三角形布桩。三桩复合地基载荷试验的圆形承压板直径应取下列哪个选项？（　　）

（A）2.0m 　　　　　（B）2.2m 　　　　　（C）2.4m 　　　　　（D）2.6m

【解析】参见《建筑地基处理技术规范》（JGJ 79—2012）附录 B.0.2 条，多桩复合地基静载荷试验的承压板尺寸，按实际桩数所承担的处理面积确定，$n \cdot \frac{1}{4}\pi D^2 = 3 \times \frac{1}{4}\pi(1.05 \times 1.2)^2$，计算可得 $D = 2.18\text{m}$。

【考点】多桩复合地基静载荷试验。

【参考答案】B

125.（2014-A-24）某场地采用多桩型复合地基，采用增强体1和增强体2，如图7-4所示，当采用多桩（取增强体1和增强体2各两根）复合地基静荷载试验时，载荷板面积取（　　）。

（A）$s_1^2 + s_2^2$　　　　　　　　（B）$2s_1 s_2$

（C）$(s_1 + s_2)^2$　　　　　　　（D）$2s_1^2 + 2s_2^2$

【解析】根据《建筑地基处理技术规范》（JGJ 79—2012）附录B.0.2：多桩复合地基静载荷试验的承压板可用方形或矩形，其尺寸按实际桩数所承担的处理面积确定。在上图中将6颗增强体1连成矩形长为$2s_1$高为$2s_2$，其中则有增强体1两颗，增强体2两颗，满足题目要求为$2s_1 s_2$。

【考点】面积置换得灵活计算。

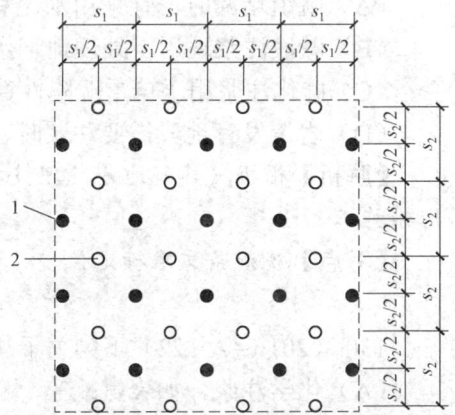

图7-4

【参考答案】B

7.6　碱　液　法

126.（2009-A-22）加固湿陷性黄土地基时，下列（　　）的情况不宜采用碱液法。

（A）拟建设备基础

（B）受水浸湿引起湿陷，并需阻止湿陷发展的既有建筑基础

（C）受油浸引起倾斜的储油罐基础

（D）沉降不均匀的既有设备基础

【解析】根据《建筑地基处理技术规范》（JGJ 79—2002）16.1.2条采用排除法选择C。

【考点】此题出自老规范，最新2012规范已经去掉此条。

【参考答案】C

127.（2011-A-17）采用碱液法中的双液法加固地基时，"双液"是指下列（　　）中的双液。

（A）$Na_2O \cdot nSiO_2$，$CaCl_2$　　　　　　　（B）$NaOH$，$CaCl_2$

（C）$NaOH$，$CaSO_4$　　　　　　　（D）Na_2O，$MgCl_2$

【解析】根据《建筑地基处理技术规范》（JGJ 79—2012）8.2.3条第2款，当100g干土中可溶性和交换性钙镁离子含量大于10mg·eq时，可采用灌注氢氧化钠一种溶液的单液法；其他情况可采用灌注氢氧化钠和氯化钙双液灌注加固。

【考点】碱液法。

【参考答案】B

128.（2011-A-23）根据《建筑地基处理技术规范》（JGJ 79—2012），采用碱液法加固地基，竣工验收工作应在加固施工完毕（　　）后进行。

（A）3～7d　　　　（B）7～10d　　　　（C）14d　　　　（D）28d

【解析】根据《建筑地基处理技术规范》（JGJ 79—2012）8.4.3条文说明：碱液加固后，土体强度有一个增长的过程，故验收工作应在施工完毕28d以后进行。

【考点】主要考查对规范条文的理解。

【参考答案】D

7.7　注　浆　加　固

7.7.1　基本规定

129.（2016-A-20）关于注浆加固的表述，下列哪个选项是错误的？（　　）

（A）隧道堵漏时，宜采用水泥和水玻璃的双液注浆

（B）碱液注浆适用于处理地下水位以上渗透系数为（0.1～2.0）m/d 的湿陷性黄土

（C）硅化注浆用于自重湿陷性黄土地基上既有建筑地基加固时，应沿基础侧向先内排，后外排施工

（D）岩溶发育地段需要注浆时，宜采用水泥砂浆

【解析】根据《建筑地基处理技术规范》（JGJ 79—2012）8.3.2 条第 2 款，应沿基础侧向先外排，后内排施工。

【考点】规范条文准确定位。

【参考答案】C

130.（2016－A－22）下列关于注浆法地基处理的表述，哪个选项是正确的？（　　　）

（A）化学注浆，如聚氨酯等，一般用于止水、防渗、堵漏，不能用于加固地基。

（B）海岸边大体积素混凝土平台基底注浆加固可采用海水制浆。

（C）低渗透性土层中注浆，为减缓凝固时间，可适当增加水玻璃，并以低压、低速注入。

（D）注浆加固体均会产生收缩，降低注浆效果，可适当通过添加适量膨胀剂解决。

【解析】根据《建筑地基处理技术规范》（JGJ 79—2012）8.1.1 条或《地基处理手册》第 365 页，选项 A 错误。由《地基处理手册》第 368 页判断选项 B 正确。

由第 374 页，判断选项 C 错误，水玻璃可以加速凝固。注浆用水是可以饮用的井水、河水等清洁水，沼泽水、海水和工业生活废水等不应采用。选项 B 错误。由于浆液的析水作用，注浆加固体会产生一定程度的收缩，可加入适量的膨胀剂，选项 D 正确。

【考点】对于注浆加固原理及浆材特性的理解。

【参考答案】D

131.（2018－A－22）某非饱和砂性土地基，土的孔隙比为 1，现拟采用注浆法加固地基，要求浆液充填率达到 50%，则平均每立方米土体的浆液注入量最接近哪个选项？（　　　）

（A）0.1m³　　　　　（B）0.25m³　　　　　（C）0.4m³　　　　　（D）0.5m³

【解析】$n = \dfrac{e}{1+e} = \dfrac{1}{1+1} = 0.5$

即土体中孔隙体积为 0.5，浆液填充率需要达到 50%，因此，土体中注浆体积为 0.25。

【考点】主要考查基本土力学公式。

【参考答案】B

132.（2018－A－55）下列关于注浆地基处理效果的论述，正确的是哪些选项？（　　　）

（A）双液注浆与单液注浆相比，可以加快浆液凝结时间，提高注浆效果

（B）影响注浆结石体强度的最主要因素是水泥浆浓度（水灰比）、龄期

（C）劈裂注浆适用于密实砂层，压密注浆适用于松散砂层或黏性土层

（D）渗入灌浆适用于封堵混凝土裂隙，不适用与卵砾石防渗

【解析】地基处理中常见的注浆材料为水泥浆、水玻璃（硅酸钠），双液注浆通常指的就是水泥浆＋水玻璃，浆液凝固时间相比单液水泥浆，无疑要快得多，但相比单液水玻璃，不能直接归结于加快凝结时间，因此，选项 A 叙述欠严谨。渗入灌浆主要是在浆液自重作用下，逐渐渗入裂隙中，主要目的是为了堵漏、防渗、加固以及纠偏等，因此，选项 D 错误。

【考点】主要考查对于规范条文、基本知识的理解与应用。

【参考答案】BC

7.7.2　注浆钢管桩

133.（2018－A－50）根据《建筑地基处理技术规范》（JGJ 79—2012），以下关于注浆钢管桩的规定，哪些是正确的？（　　　）

（A）注浆钢管桩既适用于既有建筑地基的加固补强，也适用于新建工程的地基处理

（B）注浆钢管桩可以用打入或压入法施工，也可以采用机械成孔后植入的方法施工

（C）注浆钢管桩既可以通过底部一次灌浆，也可采用花管多次灌浆

（D）注浆钢管桩可以垂直设置，但不可以像树根桩一样斜桩网状布置

【解析】参见《建筑地基处理技术规范》（JGJ 79—2012）9.1.1 条、9.4.3 条及其条文说明、9.4.5 条。

根据第 9.1.1 条，选项 A 正确；第 9.4.3 条及条文说明，选项 B 错误，规范条文没有提及打入法；第 9.4.5 条第 4 项，选项 C 正确；第 9.1.1 条及条文说明，注浆钢管桩作为微型桩的一种，可以是竖直或倾斜，或排或交叉网状配置，因此选项 D 错误。

【考点】主要考查对于规范条文的理解与应用。

【参考答案】AC

134.（2020-A-22）塑料阀管注浆加固施工过程包括：①插入塑料单向阀管；②注浆；③插入双向密封注浆芯管；④灌入封闭泥浆；⑤钻孔。下列施工顺序正确的是哪个选项？（　　）

（A）⑤④①③②　　（B）⑤④③①②　　（C）⑤②①④③　　（D）⑤③④①②

【解析】根据《既有建筑地基基础加固技术规范》（JGJ 123—2012）11.7.4 条第 5 款，塑料阀管注浆施工，可按下列步骤进行：

（1）钻机与灌浆设备就位；

（2）钻孔；

（3）当钻孔到设计深度后，从钻杆内灌入封闭泥浆，或直接采用封闭泥浆钻孔；

（4）插入塑料单向阀管到设计深度，当注浆孔较深时，阀管中应加入水，以减小阀管插入土层时的弯曲；

（5）待封闭泥浆凝固后，在塑料阀管中插入双向密封注浆芯管，再进行注浆，注浆时，应在设计注浆深度范围内自下而上（或者自上而下）移动注浆芯管；

（6）当使用同一塑料阀管进行反复注浆时，每次注浆完毕后，应用清水冲洗塑料阀管中的残留浆液，对于不宜采用清水冲洗的场地，宜用陶土浆灌满阀管内。

近几年考题已越来越结合现场实际情况，若未找到规范条文，根据现场工程经验，也可直接选出正确答案。

【考点】阀管注浆的施工工艺流程。

【参考答案】A

7.8　既有建筑物的地基处理方法选择

135.（2010-A-17）某厂房（单层、无行车、柱下条形基础）地基经勘查：浅表"硬壳层"厚约 1.0～2.0m；其下为淤泥质土，层厚有变化，平均厚约 15.0m；淤泥质土层下分布可塑粉质黏土，工程性质较好。采用水泥搅拌桩处理后，墙体因地基不均匀沉降产生裂缝，且有不断发展趋势。现拟比选地基再加固处理措施，下列（　　）最有效。

（A）压密注浆法　　　　　　　　　　（B）CFG 桩法

（C）树根桩法　　　　　　　　　　　（D）锚杆静压桩法

【解析】压密注浆法、树根桩法、锚杆静压桩法均可以用于既有建筑地基基础加固。但是压密注浆法有时间要求，不适于不断发展的工程。树根桩法有可能影响已有的水泥土搅拌桩。所以应选锚杆静压桩。

可以参阅《既有建筑地基基础加固技术规范》（JGJ 123—2012）和《地基处理手册》。

【考点】对于常用地基处理方法的应用理解。

【参考答案】D

136.（2011-A-18）某多层工业厂房采用预应力管桩基础，由于地面堆载作用致使厂房基础产生不均匀沉降。拟采用加固措施，下列（　　）最为合适。

（A）振冲碎石桩　　　　　　　　　　（B）水泥粉煤灰碎石桩

（C）锚杆静压桩　　　　　　　　　　（D）压密注浆

【解析】根据《既有建筑地基基础加固技术规范》（JGJ 123—2012）第10.2节，选项A、B不适合建成后工程施工，选项C、D适合既有建筑物施工，而本地基已经为预应力管桩地基，压密灌浆处理效果有限，锚杆静压桩处理效果更好。

【考点】对处理方法应用范围及机理的理解。

【参考答案】C

137.（2013—A—23）某软土地基上建设2～3层别墅（筏板基础、天然地基），结构封顶时变形观测结果显示沉降较大且差异沉降发展较快，需对房屋进行地基基础加固以控制沉降，下列（　　）加固方法最合适。

（A）树根桩法　　　　（B）加深基础法　　　　（C）换填垫层法　　　　（D）增加筏板厚度

【解析】根据《既有建筑地基基础加固技术规范》（JGJ 123—2012）第10.2节，只有树根桩法是对既有建筑物进行加固的方法，其他方法无法实现。

【考点】主要考查对于地基处理方法基本概念的理解。

【参考答案】A

138.（2016—A—18）某12层住宅楼采用筏板基础，基础下土层为：①粉质黏土，厚约2m；②淤泥质土，厚约8m；③可塑～硬塑状粉质黏土，厚约5m。该工程采用了水泥土搅拌桩复合地基，结构封顶后，发现建筑物由于地基发生了整体倾斜，且在持续发展。现拟对该建筑物进行阻倾加固处理，问下列哪个选项最合理？（　　）

（A）锤击管桩法　　　　　　　　（B）锚杆静压桩法
（C）沉管灌注桩法　　　　　　　　（D）长螺旋CFG桩法

【解析】根据《既有建筑地基基础加固技术规范》（JGJ 123—2012）第10.2节：本题为经典考题结论，在课程讲述过程中多次提到。此题为既有建筑的地基处理，只有锚杆静压桩法满足要求。A、C、D选项不适合既有建筑物基底下施工。

【考点】历年真题经典考点，既有建筑物处理方法，同时学习微型桩章节。

【参考答案】B

139.（2017—A—17）树根桩主要施工工序有：①成孔；②下放钢筋笼；③投入碎石和砂混合料；④注浆；⑤埋设注浆管。下列选项中正确的施工顺序是哪一选项？（　　）

（A）①→⑤→④→②→③　　　　（B）①→②→⑤→③→④
（C）①→⑤→②→④→③　　　　（D）①→③→⑤→④→②

【解析】根据《既有建筑地基基础加固技术规范》（JGJ 123—2012）第11.5.3规定先成孔，钢筋笼整根下放，注浆管直插到底，填料注浆。

【考点】树根桩。

【参考答案】B

140.（2017—A—19）下列关于既有建筑地基基础加固措施的叙述中，错误的是哪一选项？（　　）

（A）采用锚杆静压桩进行基础托换时，桩型可采用预制方桩、钢管桩、预制管桩

（B）锚杆静压桩桩尖达到设计深度后，终止压桩力应取设计单桩承载力特征值的1.0倍，且持续时间不少于3min

（C）某建筑物出现了轻微损坏，经查其地基膨胀等级为1级，可采用加宽散水及在周围种植草皮等措施进行保护

（D）基础加深时，宜在加固过程中和使用期间对被加固的建筑物进行监测，直到变形稳定

【解析】根据《既有建筑地基基础加固技术规范》（JGJ 123—2012）11.4.2条第4款、11.4.3条、10.2.4条第1款、12.3.1条：

（1）11.4.2条第4款规定。桩身可采用预制混凝土桩，钢管桩、预制管桩。预制混凝土桩宜采用方形。故选项A正确。

（2）11.4.3 桩尖应达到设计深度，且压桩力不小于设计单桩承载力的1.5倍时的持续时间不少于5min，可终止压桩。选项B错误。

（3）10.2.4 条第 1 款表明选项 C 正确。

（4）12.3.1 条表明选项 D 正确。

【考点】 既有建筑地基基础加固。

【参考答案】 B

141.（2019-A-50）关于锚杆静压桩加固既有建筑的描述，下列正确的是哪些选项？（　　）

（A）基础托换时，桩位应布置在柱或墙正下方

（B）按桩身强度确定设计承载力时，锚杆静压桩可不考虑长细比对强度折减

（C）锚杆静压桩单根桩接头数量不应超过 3 个

（D）锚杆数量与单根锚杆抗拔力乘积不应小于预估压桩力

【解析】 参见《既有建筑地基基础加固技术规范》（JGJ 123—2012）11.4.2 条。

11.4.2 条第 2 款：压桩孔应布置在墙体的内外两侧或柱子四周，因此选项 A 错误。

11.4.2 条第 1 款：锚杆静压桩的单桩竖向承载力可按《建筑桩基技术规范》（JGJ—94）有关规定估算。《建筑桩基技术规范》（JGJ—94）第 5.8.2 条、5.8.4 条规定，按桩身强度确定设计承载力时，应考虑长细比的折减，表 5.8.4-2 的桩身稳定系数即为考虑长细比的折减系数。

【考点】 锚杆静压桩加固。

【参考答案】 CD

142.（2020-B-7）某既有建筑基础采用静压桩加固，根据《既有建筑地基基础加固技术规范》（JGJ 123—2012），以下关于静压桩设计与施工的要求，正确的是哪个选项？（　　）

（A）压桩孔宜布置在墙体的外侧或柱子的一侧

（B）压桩力不得大于该加固部分的结构自重荷载

（C）桩身不宜选用预应力混凝土管桩

（D）桩不宜一次连续压到设计标高，每节桩压入后的停压时间不得少于 2h

【解析】 参见《既有建筑地基基础加固技术规范》（JGJ123—2012）11.4.2 条、11.4.3 条。

（1）11.4.2 条第 2 款，压桩孔应布置在墙体的内外两侧或柱子四周。设计桩数应由上部结构荷载及单桩竖向承载力计算确定；施工时，压桩力不得大于该加固部分的结构自重荷载。故选项 A 错误，选项 B 正确。

（2）11.4.2 条第 4 款，桩身可采用钢筋混凝土桩、钢管桩、预制管桩、型钢等。故选项 C 错误。

（3）11.4.3 条第 2 款，桩应一次连续压到设计标高。当必须中途停压时，桩端应停留在软弱土层中，且停压的间隔时间不宜超过 24h。故选项 D 错误。

【考点】 锚杆静压桩设计规定。

【参考答案】 B

7.9　地基处理后建筑物沉降要求

143.（2010-A-55）根据现行《建筑地基处理技术规范》（JGJ 79—2012），对于建造在处理后的地基上的建筑物，下列（　　）的说法是正确的。

（A）甲级建筑应进行沉降观测

（B）甲级建筑应进行变形验算，乙级建筑可不进行变形验算

（C）位于斜坡上的建筑物应进行稳定性验算

（D）地基承载力特征值不再进行宽度修正，但要做深度修正

【解析】 根据《建筑地基处理技术规范》（JGJ 79—2012），3.0.4 条、3.0.5 条及其条文说明、10.2.7 条，处理地基上的建筑物应在施工期间及使用期间进行沉降观测，直至沉降达到稳定为止。选项 A、C、D 正确。选项 B，乙级建筑也需要。

【考点】 考查对规范条文的理解。

【参考答案】 ACD

144.（2012-B-15）某大型油罐处在厚度为 50m 的均质软黏土地基上，设计采用 15m 长的素混凝土桩复合地基加固，工后沉降控制值为 15.0cm。现要求提高设计标准，工后沉降控制值为 8.0cm，下述思路（　　）条最为合理。

（A）增大素混凝土桩的桩径　　　　　　（B）采用同尺寸的钢筋混凝土桩作为增强体

（C）提高复合地基置换率　　　　　　　（D）增加桩的长度

【解析】控制沉降最有效的方法是增加桩长，提高承载力最有效的方法是提高置换率。

【考点】此考点为常考点，需记忆。

【参考答案】D

145.（2013-A-54）根据《建筑地基处理技术规范》（JGJ 79—2012）、《建筑地基基础设计规范》（GB 50007—2011），对于建造在处理后地基上的建筑物，下列（　　）说法是正确的。

（A）处理后的地基应满足建筑物地基承载力、变形和稳定性要求

（B）经处理后的地基，在受力层范围内不允许存在软弱下卧层

（C）各种桩型的复合地基竣工验收时，承载力检验均应采用现场载荷试验

（D）地基基础设计等级为乙级，体型规则、简单的建筑物，地基处理后可不进行沉降观测

【解析】参见《建筑地基处理技术规范》（JGJ 79—2012）3.0.5 条、7.1.3 条、10.2.7 条。

（1）3.0.5 条：处理后的地基应满足建筑物地基承载力、变形和稳定性的要求，选项 A 正确。同时经处理后的地基，当在受力层范围内仍存在软弱下卧层时，应进行软弱下卧层地基承载力验算。选项 B 错误。

（2）根据第 7.1.3 条：复合地基承载力的验收检验应采用复合地基静载荷试验，复合地基增强体尚应进行单桩静载荷试验。选项 C 正确。

（3）根据 10.2.7 条处理地基上的建筑物应在施工期间及使用期间进行沉降观测，直至沉降达到稳定为止。选项 D 错误，和基础级别无关。

【考点】主要考查对规范条文的理解。

【参考答案】AC

8 边 坡 工 程

8.1 边 坡 概 述

8.1.1 边坡调查内容

1.（2010-B-22）地震烈度 6 度区内，在进行基岩边坡契形体稳定分析调查中，下列（　　）是必须调查的。

（A）各结构面的产状，结构面的组合交线的倾向、倾角、地下水位、地震影响力

（B）各结构面的产状、结构面的组合交线的倾向、倾角、地下水位、各结构面摩擦系数和黏聚力

（C）各结构面产状，结构面的组合交线倾向、倾角、地下水位、锚杆加固力

（D）各结构面产状，结构面的组合交线倾向、倾角、地震影响力、锚杆加固力

【解析】根据边坡的岩土成分，可分为岩质边坡和土质边坡，土质边坡的主要控制因素是土的强度，岩质边坡的主要控制因素一般是岩体的结构面，结构面的调查包括产状、间距、连续性、粗糙程度、张开度和填充情况、渗水性等，选项 B 正确；地震影响力，锚杆加固力不是结构面调查的内容，选项 A、C、D 错误。

【考点】节理裂隙与结构面。

【参考答案】B

8.1.2 边坡计算指标的选择

2.（2009-B-24）在破碎的岩质边坡坡体内有地下水渗流活动，但不易确定渗流方向时，在边坡稳定计算中做了简化假定，采用不同的坡体深度计入地下水渗透力的影响，最安全的是（　　）。

（A）计算下滑力和抗滑力都采用饱和重度

（B）计算下滑力和抗滑力都采用浮重度

（C）计算下滑力用饱和重度，抗滑力用浮重度

（D）计算下滑力用浮重度，计算抗滑力用饱和重度

【解析】根据 $F_s = \dfrac{抗滑力}{滑动力}$ 得到抗滑力越小，滑动力越大，得到的安全系数越小，越安全，所以选项 C 正确。

【考点】边坡的稳定性分析。

【参考答案】C

3.（2017-B-54）根据《建筑边坡工程技术规范》（GB 50330—2013），选择边坡岩土体的力学参数时，下列叙述中哪些选项是正确的？（　　）

（A）计算粉质黏土边坡土压力时，宜选择直剪固结快剪或三轴固结不排水剪切试验指标

（B）计算土质边坡整体稳定性时，对饱和软黏土宜选择直剪快剪、三轴固结不排水剪切试验指标

（C）计算土质边坡局部稳定性时，对砂土宜选择有效应力抗剪强度指标

（D）按水土合算计算土质边坡稳定性时，地下水位以下宜选择土的饱和自重固结不排水抗剪强度指标

【解析】根据《建筑边坡工程技术规范》（GB 50330—2013）4.3.7 条第 3 款，用于土质边坡计算整体稳定、局部稳定和抗滑稳定性时，对一般的黏性土宜选择直剪固结快剪或三轴固结不排水剪，对粉土、

砂土和碎石土宜选择有效应力强度指标；对饱和软黏性土，宜选择直剪快剪、三轴不固结不排水试验或十字板剪切试验。故选项 A 正确，选项 B 错误，选项 C 正确。根据 4.3.5 条，土质边坡按水土合算原则计算时，地下水位以下宜采用土的饱和自重固结不排水抗剪强度指标。故选项 D 正确。

【考点】边坡力学参数的选择。

【参考答案】ACD

4.（2011-B-25）如图 8-1 所示，填土位于土质斜坡上，已知填土的内摩擦角为 27°，斜坡土层的内摩擦角为 20°，验算填土在暴雨工况下沿斜坡面滑动稳定性时，滑面的摩擦角为宜选用（　　）。

（A）填土的内摩擦

（B）斜坡土层的内摩擦

（C）填土的内摩擦与斜坡土层的内摩擦角二者的平均值

（D）斜坡土层的内摩擦角经适当折减后的值

【解析】按不利原则考虑，当有水的情况下，应该对内摩擦角进行适当的折减，当无水情况下，应按照内摩擦角较小值进行稳定性分析。

【考点】边坡的稳定性。

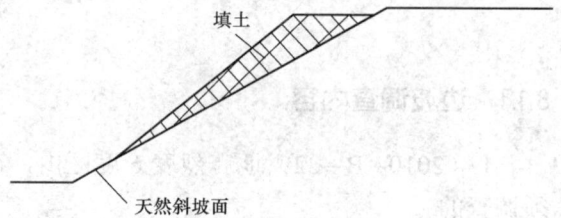

图 8-1　土坡剖面

【参考答案】D

5.（2019-A-03）按《水利水电工程地质勘察规范》（GB 50487—2008），当采用总应力进行稳定性分析时，地基土抗剪强度的标准值取值正确为下列哪个选项？（　　）

（A）对排水条件差的黏性土地基，宜采用慢剪强度

（B）对软土可采用原位十字板剪切强度

（C）对采取了排水措施的薄层黏性土地基，宜采用三轴压缩试验不固结不排水剪切强度

（D）对透水性良好、能自由排水的地基土层，宜采用固结快剪强度

【解析】参见《水利水电工程地质勘察规范》（GB 50487—2008）附录 E.0.2 第 9 条。当采用总应力进行稳定分析时，地基土抗剪强度的标准值应符合下列规定：

（1）对排水条件差的黏性土地基，宜采用饱和快剪强度或三轴压缩试验不固结不排水剪切强度；对软土可采用原位十字板剪切强度。

（2）对上、下土层透水性较好或采取了排水措施的薄层黏性土地基，宜采用饱和固结快剪强度或三轴压缩试验固结不排水剪切强度。

（3）对透水性良好，不易产生孔隙水压力或能自由排水的地基土层，宜采用慢剪强度或三轴压缩试验固结排水剪切强度。

【考点】抗剪强度取值。

【参考答案】B

8.1.3　边坡设计原则

6.（2016-B-15）根据《建筑边坡工程技术规范》（GB 50330—2013），以下边坡工程的设计中哪些不需要进行专门论证？（　　）

（A）坡高 10m 且有外倾软弱结构面的岩质边坡

（B）坡高 30m 稳定性差的土质边坡

（C）采用新技术、新结构的一级边坡工程

（D）边坡潜在滑动面内有重要建筑物的边坡工程

【解析】根据《建筑边坡工程技术规范》（GB 50330—2013）1.0.2 条，《建筑边坡工程技术规范》适用于岩质边坡高度为 30m 以下（含 30m）、土质边坡高度为 15m 以下（含 15m）的建筑边坡工程以及岩石基坑边坡工程。超过上述限定高度的边坡工程或地质和环境条件复杂的边坡工程除应符合本规范的规定外，尚应进行专项设计，采取有效、可靠的加强措施。

【考点】 边坡设计论证范围。

【参考答案】 A

7.（2019-B-54）边坡支护结构设计时，下列哪些选项是必须进行的计算或验算？（　　）

（A）支护桩的抗弯承载力计算
（B）重力式挡墙的地基承载力计算
（C）边坡变形验算
（D）支护结构的稳定性验算

【解析】 参见《建筑边坡工程技术规范》（GB 50330—2013）。

（1）第3.3.6条，边坡支护结构设计时应进行下列计算和验算：

1）边坡支护结构设计时应进行下列计算和验算：支护结构及其基础的抗压、抗弯、抗剪、局部抗压承载力的计算；支护结构基础的地基承载力计算。

2）锚杆锚固体的抗拔承载力及锚杆杆体抗拉承载力的计算。

3）支护结构稳定性验算。

（2）第3.3.7条，边坡支护结构设计时尚应进行下列计算和验算：

1）地下水发育边坡的地下水控制计算；

2）对变形有较高要求的边坡工程还应结合当地经验进行变形验算。

【考点】 边坡支护结构设计原则。

【参考答案】 ABD

8.1.4　边坡滑塌范围估算

8.（2020-B-17）某土质边坡坡高7m，坡顶水平，坡面与水平面夹角为50°，土体的内摩擦角为30°，根据《建筑边坡工程技术规范》（GB 50330—2013），估算边坡坡顶塌滑边缘至坡顶边缘的距离最接近下列哪个选项？（　　）

（A）2.5m　　　　（B）4m　　　　（C）6m　　　　（D）8m

【解析】 参见《建筑边坡工程技术规范》（GB 50330—2013）3.2.3条。

边坡滑塌区的范围为：$L = \dfrac{H}{\tan \theta}$，其中边坡为斜面土质边坡，$\theta = \dfrac{50° + 30°}{2} = 40°$，代入数据得：$L = 8.3$m。

题目所问为坡顶塌滑边缘至坡顶边缘的距离，故：$L' = 8.3\text{m} - \dfrac{7\text{m}}{\tan 50°} = 2.42$m。

【考点】 边坡滑塌区的计算。

【参考答案】 A

8.2　岩 土 压 力

8.2.1　土压力

■ 朗肯土压力

9.（2009-A-34）在外墙面垂直的自身稳定的挡土墙面外10cm，加作了一护面层，如图8-2所示，当护面向外位移时可使间隙土体达到主动状态，间隙充填有以下4种情况：①间隙充填有风干砂土；②充填有含水量为5%的稍湿土；③填充饱和砂土；④水位达到墙高的一半，水位以下为饱和砂土。按照护面上总水平压力的大小次序下列正确的是（　　）。

（A）1＞2＞3＞4　　　　（B）3＞4＞1＞2
（C）3＞4＞2＞1　　　　（D）4＞3＞2＞1

【解析】（1）风干砂土，采用接近干重度的砂土计算主动土压力，土压力比有稳定水位的情况要小，即有稳定水位存在的情

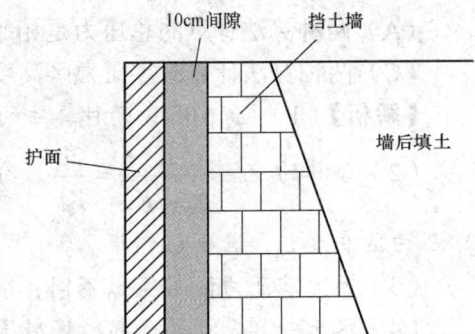

图8-2

况下，土压力采用水土分算，总土压力会较大。

（2）含水量为5%的湿润砂土，由于潮湿，会有毛细力（非饱和土的吸力），产生假黏聚力，使得主动土压力减小，比情况①的土压力还小；

（3）饱和砂土，主动土压力采用水土分算，总压力最大；

（4）水位达到墙高的一半，介于情况③和情况①之间，水土分算的总压力也是介于情况③和情况①之间。

【考点】砂土的主动土压力计算（干重度、饱和状态）、湿润砂土的假黏聚力的概念。

【参考答案】B

10.（2010-B-18）如图8-3所示，某5m高的重力式挡土墙，墙后填土为砂土，如果下面不同含水量的四种情况都达到了主动土压力状态：①风干砂土；②含水量为5%的湿润砂土；③水位与地面齐平，成为饱和砂土；④水位达到墙高的一半，水位以下为饱和砂土。按墙背的水、土总水平压力（$E = E_a + E_w$）大小排序，（ ）是正确的。

（A）①＞②＞③＞④ （B）③＞④＞①＞②
（C）③＞④＞②＞① （D）④＞③＞①＞②

【解析】砂土应采用水土分算计算总的水土压力，按朗肯土压力计算。风干砂土，没有水压力，只有土压力。5%的湿润砂土，砂土的最优含水量为4%～6%之间，其压实密度最大，直立性最好，即土体发生位移最小，对墙体的作用压力最小。水位与地面齐平的饱和砂土，其饱和容重大于干容重，总压力③＞①＞②。浸水一半的砂土，水压力作用的面积小于水位与地面齐平时的水压力，大于风干砂土，则总土压力③＞④＞①。

图8-3

【考点】挡土墙的计算。

【参考答案】B

11.（2010-A-26）在某中粗砂场地开挖基坑，用插入不透水层的地下连续墙截水，当场地墙后地下水位上升时，墙背上收到的主动土压力（前者）和水土总压力（后者）各自的变化规律符合下列（ ）。

（A）两者均变大 （B）前者变小，后者变大
（C）两者均变小 （D）两者均没有变化

【解析】水土分算是计算全部的静水压力，并用浮重度计算土压力；水土合算是采用天然重度或饱和重度计算土压力，不再考虑静水压力，实际上就是水压力也乘以土压力系数（相当于水压力被折减了），水土分算的计算结果大于水土合算的计算结果。中粗砂场地采用水土分算，当水位上升后，墙后土体的重力减小，主动土压力较小，水压力增大，水压力变大的幅度比土压力减小的幅度大，总的水土压力变大。

【考点】水、土压力的计算。

【参考答案】B

12.（2010-B-55）饱和黏性土的不固结不排水强度 $\varphi_u = 0°$，地下水位与地面齐平。用朗肯主动土压力理论进行水土合算及水土分算来计算墙后水土压力，下列（ ）是错误的。

（A）两种算法计算的总压力是相等的 （B）两种算法计算的压力分布是相同的
（C）两种算法计算的零压力区高度 z_0 是相等的 （D）两种算法的主动土压力系数 K_a 是相等的

【解析】（1）$\varphi_0 = 0°$，两种算法的主动土压力系数 $K_a = 1$，选项D正确。

（2）合算的 $Z_0 = \dfrac{2c}{\gamma_{sat} \sqrt{K_a}} = \dfrac{2c}{\gamma_{sat}}$，分算的 $Z_0 = \dfrac{2c}{\gamma' \sqrt{K_a}} = \dfrac{2c}{\gamma'}$，分算厚度零压力区高度 z_0 大于合算厚度零压力区高度 z_0，选项C错误。

（3）因为零压力区高度 z_0 不同，得到两种算法的土压力分布也不同，选项B错误。

（4）水土分算是计算全部的静水压力，并用浮重度计算土压力；水土合算是采用天然重度或饱和重度计算土压力，不再考虑静水压力，实际上就是水压力也乘以土压力系数（相当于水压力被折减了），

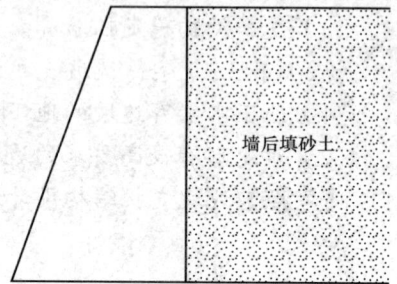

水土分算的计算结果大于水土合算的计算结果。

【考点】土压力的计算。

13. (2016-B-19) 如图 8-4 所示的某开挖土质边坡，边坡中夹有一块孤石（ABC），土层的内摩擦角 $\varphi=20°$，该开挖边坡沿孤石的地面 AB 产生滑移，按朗肯土压力理论，当该土质边坡从 A 点向上产生破裂面 AD 时，其与水平面的夹角 β 最接近于下列哪个选项？（　　）

（A）35°　　　　　　　（B）45°

（C）55°　　　　　　　（D）65°

【解析】土力学基本原理计算，破裂面和水平面的夹角为 45°+

$\dfrac{\varphi}{2}=55°$。

【考点】土压力的破裂角。

图 8-4

14. (2020-B-15) 设一挡土墙体其土压力符合按朗肯理论计算的条件，如被动土压力系数为 4.0，那么主动士压力系数最接近下列哪个选项？（　　）

（A）0.40　　　　（B）0.30　　　　（C）0.25　　　　（D）0.20

【解析】主动土压力系数：$K_a=\tan^2\left(45-\dfrac{\varphi}{2}\right)$

被动土压力系数：$K_p=\tan^2\left(45+\dfrac{\varphi}{2}\right)=4.0\Rightarrow\varphi=2\times(\arctan(\sqrt{4})-45)=36.88$

则 $K_a=\tan^2\left(45-\dfrac{36.88}{2}\right)=0.25$。

【考点】朗肯土压力系数计算。本题也可以根据朗肯主动土压力与被动土压力互为倒数，直接得出主动土压力系数为 $1/4=0.25$。

■ 渗流下土压力

15. (2020-B-16) 设挡土墙本身不透水，墙后填土为无黏性土，因持续降雨墙后土中水位与填土表面平齐。如墙后填土中的水有向下的渗流，那么与无渗流的情况相比，墙背所受土水压力的变化最符合下列哪个选项的表述？（　　）

（A）有效土压力减小，总压力增大　　　　（B）有效土压力减小，总压力减小

（C）有效土压力增大，总压力增大　　　　（D）有效土压力增大，总压力减小

【解析】根据不同的工况，计算其土压力如下：

（1）无渗流情况下：

有效土压力：$E_{a1}=\dfrac{1}{2}\cdot\gamma'\cdot h^2\cdot K_a$

水压力：$E_w=\dfrac{1}{2}\cdot\gamma_w\cdot h^2$

总压力：$E_a=\dfrac{1}{2}\cdot\gamma'h^2\cdot k_a+\dfrac{1}{2}\cdot\gamma_w\cdot h^2$

（2）发生向下的渗流，假设渗透力为 $J=i\cdot\gamma_w$，则水土压力计算如下：

有效土压力：$E_{a1}=\dfrac{1}{2}\cdot(\gamma'+i\cdot\gamma_w)\cdot h^2\cdot K_a$

水压力：$E_w=\dfrac{1}{2}\cdot(\gamma_w-i\cdot\gamma_w)\cdot h^2$

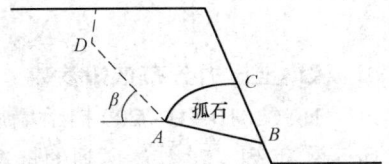

（3）两种工况下的水土压力增量：

$$\Delta E_a = i \cdot \gamma_w \cdot \frac{1}{2} \cdot h^2 \cdot K_a - i \cdot \gamma_w \cdot h^2, \ i \cdot \gamma_w \cdot \frac{1}{2} \cdot h^2 \cdot K_a \ \text{为有效土压力增大值。}$$

朗肯主动土压力系数 K_a 小于1，故总压力减小，有效土压力增大。

【考点】渗流情况下土压力的计算。

【参考答案】D

■ 土压力分布推知参数

16.（2010-B-20）挡土墙后由两层填土组成，按朗肯土压力理论计算的主动土压力的分布如图8-5所示，下列（　）所列的情况与图示土压力分布相符。

　　（A）$c_1 = c_2 = 0$、$\gamma_1 > \gamma_2$、$\varphi_1 = \varphi_2$

　　（B）$c_1 = c_2 = 0$、$\gamma_1 = \gamma_2$、$\varphi_2 > \varphi_1$

　　（C）$c_1 = 0$、$c_2 > 0$、$\gamma_1 = \gamma_2$、$\varphi_1 = \varphi_2$

　　（D）墙后的地下水位在土层的界面处，$c_1 = c_2 = 0$，$\gamma_1 = \gamma_{m2}$、$\varphi_1 = \varphi_2$（γ_{m2} 为下层土的饱和重度）

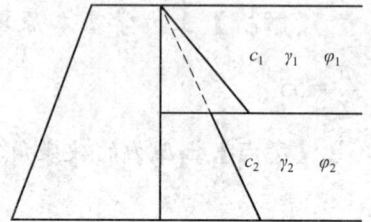

图8-5

【解析】（1）朗肯土压力公式：$e_a = \gamma h K_a - 2c\sqrt{K_a}$

当同时满足 $h=0$，$c=0$，上层土的土压力分布线通过顶点处。

可知 $c_1 = c_2 = 0$，则选项 C 为错误。

（2）当 $c=0$，主动土压力公式为 $e_a = \gamma h K_a$ 土压力分布线的斜率为 γK_a。

在土层的交界处，可知：$\gamma_2 h K_{a2} < \gamma_1 h K_{a1}$ 则有：$K_{a2} < K_{a1}$。

$\varphi_2 > \varphi_1$，由此判断选项 A、D 错误，选项 B 正确。

【考点】土压力。

【参考答案】B

17.（2012-A-25）挡土墙墙背直立、光滑，填土与墙顶平齐。墙后有二层不同的砂土（$c=0$），其重度和内摩擦角分别为 γ_1、φ_1、γ_2、φ_2，主动土压力 p_a 沿墙背的分布形式如图8-6所示。由图可以判断（　）是正确的。

　　（A）$\gamma_1 > \gamma_2$ 　　　　（B）$\gamma_1 < \gamma_2$

　　（C）$\varphi_1 > \varphi_2$ 　　　　（D）$\varphi_1 < \varphi_2$

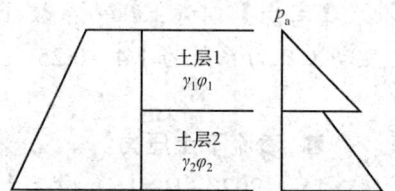

图8-6

【解析】根据砂土的主动土压力公式 $e_a = \gamma h K_a$ 得到：土压力分布的斜率为 $\tan^2\left(45° - \frac{\varphi}{2}\right)\gamma$，在两种土层的交接处可以得到：$\tan^2\left(45° - \frac{\varphi_1}{2}\right)\gamma_1 h_1 > \tan^2\left(45° - \frac{\varphi_2}{2}\right)\gamma_2 h_1 \Rightarrow$

$\tan^2\left(45° - \frac{\varphi_1}{2}\right) > \tan^2\left(45° - \frac{\varphi_2}{2}\right) \Rightarrow \varphi_1 < \varphi_2$。此题若给出斜率大小，则还可以比较得出上下两层土的重度大小。

【考点】土压力的计算。

【参考答案】D

18.（2018-B-54）某重力式挡土墙，按照朗肯土压力理论计算墙后主动土压力，其主动土压力分布如图8-7所示，则下列哪些选项的情况可能存在？（　）

　　（A）当 $\theta_1 = \theta_2 \neq \theta_3$ 时，墙后土体存在内摩擦角不等的三层土，土层分界点为 a 和 b 点

　　（B）当 $\theta_1 = \theta_2 = \theta_3$ 时，墙后填土可能为均质土，墙后地面距挡墙一定距离处存在均匀的条形堆载

　　（C）当 $\theta_1 \neq \theta_2 \neq \theta_3$ 时，墙后土体存在三层土，土层分界点为 a 和 b 点

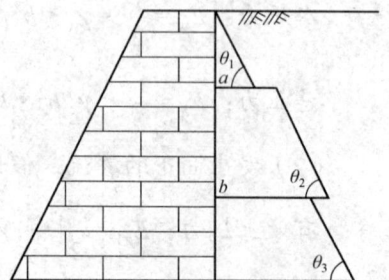

图8-7

（D）当 $\theta_1 \neq \theta_2 = \theta_3$ 时，墙后填土为均质土，墙后地面有均布堆载

【解析】根据 $\gamma h K_a - 2c\sqrt{K_a}$，如果斜率相同，则 γK_a 应相等，对于选项A，当 $\theta_1 = \theta_2 \neq \theta_3$ 时，$\gamma_1 K_{a1} = \gamma_2 K_{a2}$，第一二层为同一层土或者两层不同的土都有可能，因此选项A正确。

同理，如果墙后为均质土，则其斜率应是一样的，条形荷载为局部均布荷载，使得中间一定范围的土压力受到影响，统一增大，因此斜率是不变的，选项B、C是正确。

均质土，斜率是相同的，均布堆载的作用使得整个高度范围的土压力都有相同的增大，增大后斜率依然是一致的，选项D是错误的。

【考点】主要考查朗肯土压力理论计算墙后分层土的主动土压力。

【参考答案】ABC

19.（2020-A-30）某基坑坑壁主要有三种不同的砂土，根据朗肯理论计算的支护结构上的主动土压力分布形式如图8-8所示，关于土层参数 φ_1 和 φ_2 的关系，下列哪个选项是正确的？（　　）

（A）$\varphi_1 = \varphi_2$　　　　　（B）$\varphi_1 > \varphi_2$
（C）$\varphi_1 < \varphi_2$　　　　　（D）不确定

【解析】根据《建筑基坑支护技术规程》（JGJ 120—2012）3.4.2条，基坑侧壁为砂土，则作用其围护结构上的土压力强度为：

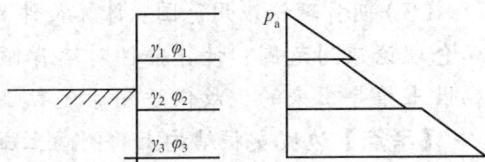
图 8-8

$$p_a = \tan^2\left(45 - \frac{\varphi}{2}\right) \cdot \gamma \cdot h$$

由题干图示，第一层土和第二层土界面处：

$$p_{a1} > p_{a2} \Rightarrow \tan^2\left(45 - \frac{\varphi_1}{2}\right) \cdot \gamma_1 \cdot h_1 > \tan^2\left(45 - \frac{\varphi_2}{2}\right) \cdot \gamma_1 \cdot h_1$$

$$\varphi_1 < \varphi_2$$

【考点】朗肯土压力强度的计算。

【参考答案】C

■ 库仑土压力

20.（2012-A-27）某挡土墙墙背直立、光滑，墙后砂土的内摩擦角为 $\varphi = 29°$，假定墙后砂土处于被动极限状态，滑面与水平面的夹角为 $\beta = 31°$，滑体的重量为 G，相应的被动土压力最接近（　　）。

（A）1.21G　　　　（B）1.52G　　　　（C）1.73G　　　　（D）1.98G

【解析】根据砂土的被动土压力以及力的楔形三角形，得到：$E_p = G\tan(\beta + \varphi) = G\tan(31° + 29°) = 1.73G$

【考点】土压力的计算。

【参考答案】C

21.（2016-B-22）如图8-9所示的挡土墙墙背直立、光滑，墙后砂土处于主动极限状态时，滑裂面与水平面的夹角为 θ，砂土的内摩擦角 $\varphi = 28°$，滑体的自重力为 G，试问主动土压力的值最接近下列哪个选项？（　　）

（A）1.7G　　　　（B）1.3G
（C）0.6G　　　　（D）0.2G

【解析】破裂面和水平面的夹角为：$\theta = 45° + \frac{\varphi}{2} = 45° + 14° = 59°$

楔形体受力计算分析：$E_a = G\tan(\theta - \varphi) = G\tan(59° - 28°) = 0.53G$

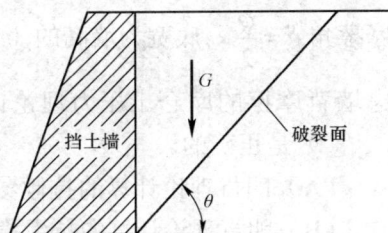
图 8-9

【考点】主动土压力的计算原理。

【参考答案】C

■ 朗肯与库仑土压力比较

22.（2012-A-55）由于朗肯土压力理论和库仑土压力理论分别根据不同的假定条件，以不同的分

析方法计算土压力，计算结果会有所差异，下列（ ）是正确的。

（A）相同条件下朗肯公式计算的主动土压力大于库仑公式

（B）相同条件下库仑公式计算的被动土压力小于朗肯公式

（C）当挡土墙背直立且填土面与挡墙顶平齐时，库仑公式与朗肯公式计算结果是一致的

（D）不能用库仑理论的原公式直接计算黏性土的土压力，而朗肯公式可以直接计算各种土的土压力

【解析】参见《土力学》（清华大学，第二版，李广信）6.5.3。

（1）对于主动土压力，朗肯理论的系数偏大，对于被动土压力，朗肯的系数偏小，库仑理论考虑了墙背与填土的摩擦作用，主动土压力偏小，被动土压力偏大，相同条件下朗肯公式计算的主动土压力大于库仑公式，选项 A 正确，选项 B 错误。

（2）选项 C 应改为：当挡土墙背直立光滑且填土面与挡墙顶平齐时，库仑公式与朗肯公式的计算结果是一致的。

（3）朗肯理论应用范围：计算条件为墙背垂直、光滑、墙后填土面水平，适用于黏性土和无黏性土。库仑理论应用范围：计算条件对墙背倾斜、粗糙、墙后填土面倾斜都无限制。库仑理论数解法是按无黏性土推导出来的，故仅适用于无黏性土；而图解法适用于黏性土和无黏性土。因此选项 D 错误。

【考点】边坡支护结构上的侧向土压力。

【参考答案】AD

23.（2014-B-16）关于计算挡土墙所受的土压力的论述，下列（ ）是错误的。

（A）采用朗肯土压力理论可以计算墙背上各点的土压力强度，但算得的主动土压力偏大

（B）采用库仑土压力求得的是墙背上的总土压力，但算得的被动土压力偏大

（C）朗肯土压力理论假设墙背与填土间的摩擦角 δ 应小于填土层的内摩擦角 φ，且墙背倾角 ε 不大于 $45°-\varphi/2$

（D）库仑土压力理论假设填土为无黏性土，如果倾斜式挡墙的墙背倾角过大，可能会产生第二滑动面

【解析】（1）朗肯理论：朗肯理论计算墙背上各点的土压力强度；假定墙背与土无摩擦角，因此计算所得的主动土压力系数偏大，而被动土压力系数偏小；计算条件为墙背垂直、光滑、墙后填土面水平。适用于黏性土和无黏性土；适用于坦墙土压力计算。

（2）库仑理论：求的是墙背上的总土压力。考虑了墙背与填土的摩擦作用，边界条件是正确的，但却把土体中的滑动面假定为平面，与实际情况和理论不符，导致主动土压力偏小，被动土压力偏大。计算条件对墙背倾斜、粗糙、墙后填土面倾斜都无限制。库仑理论数解法是按无黏性土推导出来的，故仅适用于无黏性土；而图解法适用于黏性土和无黏性土。适用于各种倾斜墙背的陡墙。当用于坦墙土压力计算时，由于坦墙有第一、第二滑裂面，采用库仑理论计算面为第二滑裂面。

【考点】挡土结构物上的土压力。

【参考答案】C

24.（2009-A-64）对于一竖直、填土水平、墙底水平的挡土墙，墙后填土为砂土，墙背与土间的摩擦角 $\delta=\dfrac{\varphi}{2}$，底宽为墙高的 0.6 倍。（1）假定墙背光滑的朗肯土压力理论计算主动土压力；（2）用考虑墙背摩擦的库仑土压力理论计算主动土压力。如用上述两种方法计算的主动土压力相比较，下列（ ）是正确的。

（A）朗肯理论计算的抗倾覆稳定安全系数小

（B）朗肯理论计算的抗滑稳定安全系数较小

（C）朗肯理论计算的墙底压力分布较均匀

（D）朗肯理论计算的墙底压力平均值更大

【解析】（1）根据土压力计算理论，在其他条件相同的情况下，考虑墙背摩擦角越大，主动土压力越小。可知按墙背光滑的朗肯主动土压力大于按不考虑墙背摩擦的库仑主动土压力，仅比较主动土压力，不考虑被动土压力的变化，可知按朗肯理论计算的抗倾覆稳定安全系数、抗滑稳定性安全系数均小于按

库仑理论计算，选项 A、B 正确。

（2）库仑主动土压力方向与作用面夹角等于摩擦角 δ，使得竖直方向的分力比朗肯理论要大，偏心距小，墙底压力分布更均匀，选项 C、D 错误。

【考点】朗肯土压力、库仑土压力理论。

25.（2016-A-25）朗肯土压力的前提条件之一是假设挡土墙墙背光滑，按此理论计算作用在基坑支护结构上的主动土压力理论值与挡土墙墙背有摩擦力的实际值相比，下列哪个说法是正确的？（　　）

（A）偏大　　　　　　　　（B）偏小

（C）相等　　　　　　　　（D）不能确定大小关系

【解析】由图 8-10 可知，朗肯的主动土压力比实际偏大。

【考点】朗肯土压力和实际土压力的大小关系。

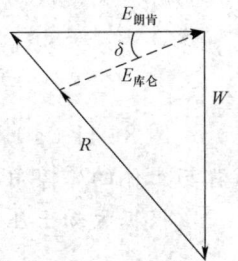

图 8-10

26.（2020-A-28）基坑支护设计中，挡土构件所受土压力一般按朗肯理论计算，不考虑挡土构件与土之间的摩擦。如果考虑二者间的摩擦，挡土构件后的主动土压力与其前的被动土压力均将与朗肯理论计算的值有所不同，关于它们的变化下列说法正确的是哪个选项？（　　）

（A）墙后主动土压力和墙前被动土压力都增大

（B）墙后主动土压力和墙前被动土压力都减小

（C）墙后主动土压力减小，墙前被动土压力增大

（D）墙后主动土压力增大，墙前被动土压力减小

【解析】墙后主动土压力减小，墙前被动土压力增大；考虑挡土构件与土之间的摩擦后，土压力与水平面将呈现夹角 φ，按图形分解法，主动土压力将减小，被动土压力将增大。

【考点】考虑墙背与土相互摩擦力后，土压力大小的定性分析。

■ 土压力的影响因素

27.（2019-B-15）挡墙甲、乙的墙背分别为俯斜和仰斜，关于挡墙所受主动土压力的大小，下列哪个选项的说法是正确的？（　　）

（A）挡墙甲所受主动土压力大于挡墙乙的

（B）挡墙乙所受主动土压力大于挡墙甲的

（C）不确定，需看土的强度参数

（D）如俯斜、仰斜角度的数值大小相同，则两墙所受主动土压力相等

【解析】根据《建筑边坡工程技术规范》（GB 50330—2013）第 11.1.4 条文说明：重力式挡墙形式的选择对挡墙的安全与经济影响较大。在同等条件下，挡墙中主动土压力以仰斜最小，直立居中，俯斜最大，因此仰斜式挡墙较为合理。但不同的墙型往往使挡墙条件（如挡墙高度、填土质量）不同。故重力式挡墙形式应综合考虑多种因素而确定。

另外，根据土压力的定义也可以判断，仰斜式挡土墙墙后填土面为具有一定自稳作用坡面，那么对墙的挤压力就会小，自然土压力也会小。

【考点】重力式挡土墙和土压力的关系。

28.（2019-B-21）下列关于重力式挡土墙压力的说法中哪个选项是正确的？（　　）

（A）当墙背与土体的摩擦角增加时，主动土压力下降，被动土压力也下降

（B）当土的重度增加时，主动土压力增加，被动土压力下降

（C）当内摩擦角增加时，主动土压力增加，被动土压力减小

（D）当黏聚力增加时，主动土压力减小，被动土压力增加

【解析】

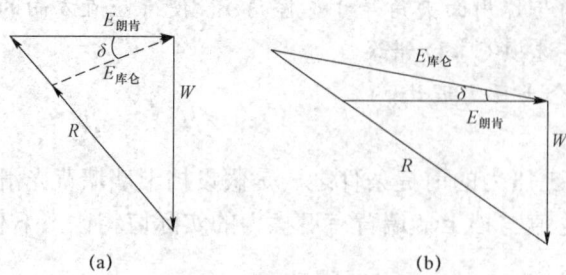

图 8-11

图 8-11（a）为主动土压力的静力平衡三角形，图 8-11（b）为被动土压力的静力平衡三角形，墙背与土体的摩擦角增加时，主动土压力变小，但被动土压力增加，因此选项 A 错误。

根据主动土压力和被动土压力计算公式：

$$e_a = \gamma h K_a - 2c\sqrt{K_a} = \gamma h \cdot \tan^2\left(45° - \frac{\varphi}{2}\right) - 2c \cdot \tan\left(45° - \frac{\varphi}{2}\right)$$

$$e_p = \gamma h K_p + 2c\sqrt{K_p} = \gamma h \cdot \tan^2\left(45° + \frac{\varphi}{2}\right) + 2c \cdot \tan\left(45° + \frac{\varphi}{2}\right)$$

土的重度增加，主动、被动土压力均增加；内摩擦角增加时，主动土压力减小，被动土压力增加。因此选项 B、C 错误。

当黏聚力 c 增加时，主动土压力减小，被动土压力增加，选项 D 正确。

【考点】土压力的影响因素。

【参考答案】D

29.（2020-A-31）在土压平衡盾构的掘进过程中，土仓压力的设置一般可不考虑下列哪个因素？（　　）

（A）隧道埋深　　　　　　　　　　（B）地层及地下水状况

（C）同步注浆压力　　　　　　　　（D）地表环境状况

【解析】土压平衡盾构在掘进过程中，土仓压力主要是与刀盘前面、周边作用于盾构机的水土压力保持平衡，故土仓压力的设置需要考虑竖向、侧向水土压力，因此土仓压力与隧道埋深、地层及地下水状况、同步注浆压力有关，与地表环境状况无关。可参考《铁路隧道设计规范》（TB 10003—2016）附录 J 盾构隧道荷载计算相关规定，加以理解。

【考点】盾构土压力的计算。

【参考答案】D

30.（2020-B-56）下列关于土压力的说法中，哪些是正确的？（　　）

（A）当内摩擦角减小时，主动土压力增大，被动土压力减小

（B）当填土的容重减小时，主动土压力减小，被动土压力减小

（C）当黏聚力减小时，主动土压力减小，被动土压力减小

（D）当考虑挡土墙墙背与土体之间的摩擦时，主动土压力增大，被动土压力减小

【解析】根据《建筑边坡工程技术规范》（GB 50330—2013）6.2 节，主动土压力和被动土压力计算如下：

主动土压力系数 $k_a = \tan^2\left(45° - \frac{\varphi}{2}\right)$；主动土压力强度：$e_a = k_a \cdot \left(\sum \gamma_i \cdot h_i\right) - 2c \cdot \sqrt{k_a}$

被动土压力系数 $k_q = \tan^2\left(45° + \frac{\varphi}{2}\right)$；被动土压力强度：$e_q = k_q \cdot \left(\sum \gamma_i \cdot h_i\right) + 2c \cdot \sqrt{k_a}$

根据以上计算公式，分析各选项如下：

（1）当内摩擦角减小时，主动土压力系数增大，从而主动土压力增大；反之，被动土压力减小，故

选项 A 正确。

（2）当填土的容重减小时，主动土压力强度和被动土压力强度均减小，故选项 B 正确。

（3）当黏聚力减小时，主动土压力强度增大，被动土压力强度减小，故选项 C 错误。

（4）当考虑挡土墙墙背与土体之间的摩擦时，土压力方向将不再是水平方向，此时主动土压力减小，被动土压力增大。

【考点】土压力计算。

【参考答案】AB

■ **折线形墙土压力计算**

31.（2013-B-21）根据《铁路路基支挡结构设计规范》（TB 10025—2019），墙背为折线形的铁路重力式挡土墙，可简化为两直线段计算土压力，其下墙段的土压力的计算可采用下列（　　）方法。

（A）力多边形法　　　　　　　　　（B）第二破裂面法

（C）延长墙背法　　　　　　　　　（D）换算土柱法

【解析】根据《铁路路基支挡结构设计规范》（TB 10025—2019）6.2.1 条第 3 款：墙背为折线形可简化为两直线段计算土压力，其下墙段的土压力，可采用力多边形或延长墙背法计算，选项 A、C 正确。依据 2006 版规范，只有力多边形法，新规范增加了延长墙背法。

【考点】重力式挡土墙的设计荷载。

【参考答案】AC

32.（2016-B-17）如图 8-12 所示的墙背为折线形 ABC 的重力式挡土墙，根据《铁路路基支挡结构设计规范》（TB 10025—2019），可简化为上墙 AB 段和下墙 BC 段两直线段计算土压力，试问下墙 BC 段的土压力计算宜采用下列哪个选项？（　　）

（A）力多边形　　　（B）第二破裂面法

（C）延长墙背法　　　（D）校正墙背法

【解析】根据《铁路路基支挡结构设计规范》（TB 10025—2019）6.2.1 条第 3 款：墙背为折线形可简化为两直线段计算土压力，其下墙段的土压力，可采用力多边形或延长墙背法计算，选项 A、C 正确。依据 2006 版规范，只有力多边形法，新规范增加了延长墙背法。

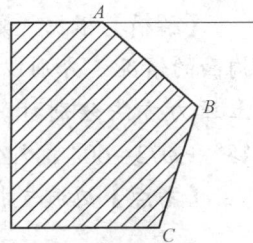
图 8-12

【考点】折线形重力式挡土墙的土压力计算。

【参考答案】AC

■ **坡顶有重要建构筑物条件下的土压力**

33.（2018-B-16）某土质边坡高 12.0m，采用坡面直立的桩板式挡墙支护，坡顶有重要的浅基础多层建筑物，其基础外缘与坡面的水平距离为 10.0m，根据《建筑边坡工程技术规范》（GB 50330—2013），如果已知桩板上的主动土压力合力为 592kN/m，静止土压力合力为 648kN/m，问桩板上的侧向土压力取值为下列哪个选项？（　　）

（A）592kN/m　　　（B）620kN/m　　　（C）648kN/m　　　（D）944kN/m

【解析】根据《建筑边坡工程技术规范》（GB 50330—2013）第 7.2.3 条表 7.2.3，边坡 $H=12.0$m，多层建筑物的基础外缘距离到坡脚线的水平距离 $a=10.0$m，对应 $0.5H \leqslant a \leqslant 1.0H$，则侧向岩土压力 E'_a 取静止土压力合力与主动岩土压力合力和的一半，即 =（592+648）kN/m/2=620kN/m。

【考点】坡顶有重要的建筑物时土压力计算。

【参考答案】B

8.2.2　岩质边坡侧压力

■ **岩质边坡破坏条件**

34.（2013-B-58）下列（　　）是岩质边坡发生倾倒破坏的基本条件。

（A）边坡体为陡倾较薄层的岩体　　　　（B）边坡的岩体较破碎

（C）边坡存在地下水　　　　　　　　（D）边坡的坡度较陡

【解析】倾倒破坏通常发生于层状结构的岩质边坡中，当边坡属于逆向坡或陡倾的顺向坡时，在浅表层经常发生倾倒破坏。陡倾和层薄是岩质边坡发生倾倒的基本条件。

【考点】岩质边坡。

【参考答案】AD

■ 岩质边坡侧压力

35.（2013-B-17）某直立岩质边坡高10m，坡顶上建筑物至坡顶边缘的距离为6.0m。主动土压力为 E_a，静止土压力为 E_0，β_1 为岩质边坡主动岩石压力的修正系数，该边坡支护结构上侧向岩石压力宜取（　　）。

（A）E_a　　　　　（B）E_0　　　　　（C）$\beta_1 E_a$　　　　　（D）$(E_0+E_a)/2$

【解析】根据规范《建筑边坡工程技术规范》（GB 50330—2013）表7.2.3：$a=6.0$m，$H=10$m，$a\geq 0.5H$，对应侧向岩石压力为 E_a。

【考点】边坡工程的设计。

【参考答案】A

36.（2018-B-33）一直立开挖Ⅲ类、坡顶无建筑荷载的永久岩质边坡，自坡顶至坡脚有一倾角为65°的外倾硬性结构面通过，岩体内摩擦角为30°，以外倾硬性结构面计算的侧向岩石压力为500kN/m，以岩体等效内摩擦角计算的侧向土压力为650kN/m。试问，按《建筑边坡工程技术规范》（GB 50330—2013）的规定，边坡支护设计时，侧向岩石压力和破裂角应取下列哪个选项？（　　）

（A）500kN/m，65°　　　　　　　　（B）500kN/m，60°

（C）650kN/m，65°　　　　　　　　（D）650kN/m，60°

【解析】根据《建筑边坡工程技术规范》（GB 50330—2013）第6.3.3条第2款，对于有外倾硬性结构面的情况，分别以外倾硬性结构面的抗剪强度参数按第6.3.1条的方法和以岩体等效内摩擦角按侧向土压力方法分别计算，取两种结果的较大值，即取650kN/m；破裂角按第6.3.3条第1款确定为 $45°+\varphi/2=60°$，外倾结构面倾角为65°，破裂角应取二者中的较小值，即破裂角取60°。

【考点】边坡支护设计时，侧向岩石压力和破裂角。

【参考答案】D

8.3 边坡稳定性分析

8.3.1 圆弧滑动法

37.（2009-A-33）对于同一个均质的黏性土天然土坡，用如图8-13所示各圆对应的假设圆弧裂面验算，下列（　　）的计算安全系数最大。

（A）A 圆弧　　　　（B）B 圆弧

（C）C 圆弧　　　　（D）D 圆弧

【解析】根据《工程地质手册》（第五版）第669页：整体滑动稳定安全系数 $K=\dfrac{W_2d_2+CLR}{W_1d_1}$，其中 W_1 为下滑部分重量，W_2 为阻滑部分重量，d_1 为 W_1 对于通过滑动圆弧中心的铅垂线的力臂，d_2 为 W_2 对于通过滑动圆弧中心的铅垂线的力臂，L 为滑动圆弧的全长，R 为滑动圆弧的半径，c 为滑动圆弧面上的综合单位黏聚力。一般情况下，阻滑部分重量越大，安全系数越大，图中 A 的阻滑段最长，阻滑重量最大，则稳定系数最大。

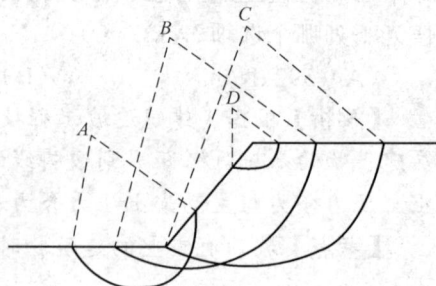

图 8-13

【考点】土坡的稳定性分析。

【参考答案】A

38.（2009-A-62）当如图8-14所示的有软弱黏性土地基的黏土厚心墙堆石坝在坝体竣工时，下列（　　）更危险。

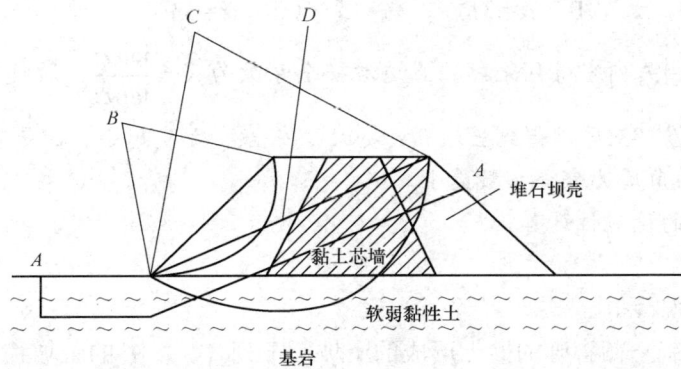

图 8-14

（A）穿过坝基土的复合滑动面　　　　　　　（B）通过堆石坝壳的圆弧滑动面
（C）通过坝基土的圆弧滑动面　　　　　　　（D）直线滑动面

【解析】A、C 滑面通过软弱黏性土层，由于软弱黏性土抗剪强度低，更易发生滑动；B、D 滑面位于坝体内，坝体内土层较好，发生滑动的可能性较低。

【考点】坝体的滑动。

【参考答案】AC

39.（2010-B-17）如图 8-15 所示，用圆弧条分法进行稳定分析时，计算图示的静水位下第 i 土条的滑动力矩，运用下面（　　）与用公式 $W_i' \sin\theta_i \cdot R$ 计算的滑动力距是一致的？（W_i、W_i' 分别表示用饱和重度、浮重度计算的土条自重，P_{w1i}、P_{w2i} 分别表示土条左侧、右侧的水压力，U_i 表示土条底部滑动面上的水压力，R 为滑弧半径）。

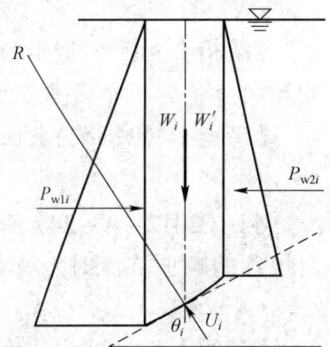

图 8-15

（A）用 W_i 计算滑动力矩，不计 P_{w1i}、P_{w2i} 及 U_i
（B）用 W_i 与 U_i 的差值计算滑动力矩
（C）用 W_i、U_i、P_{w1i}、P_{w2i} 计算的滑动力矩之和
（D）用 W_i 与 $\Delta P_{wi} = (P_{w2i} - P_{w1i})$ 计算的滑动力矩之和

【解析】计算土条重量，应采用浮重度，即扣除浮力，根据浮力的计算原理，浮力等于土条上、下、左、右四个面所受的水压力合力，由于土条顶面齐平水面，因此只需考虑左、右、下三个面的水压力，即为 P_{w1i}、P_{w2i}、U_i，因此选项 C 正确。

【考点】圆弧条分法。

【参考答案】C

8.3.2　直线滑动法

■　土质边坡天然工况

40.（2009-B-25）当填料为（　　）时，填方路堤稳定性分析可采用 $K = \tan\varphi / \tan\alpha$ 公式计算？（注：k 为稳定系数，φ 为内摩擦角，α 为坡面与水平面夹角）

（A）一般黏性土　　　　　　　　　　　　　（B）混碎石黏性土
（C）纯净的中细砂　　　　　　　　　　　　（D）粉土

【解析】根据土力学的知识得到砂土中的稳定性系数用题目中的公式进行计算。

【考点】边坡的稳定性分析。

【参考答案】C

41.（2011-B-20）有一坡度为 1:1.5 的砂土坡，砂土的内摩擦角 $\varphi = 35°$，黏聚力 $c = 0$。当采用直线滑动面法进行稳定分析时，下列（　　）滑动面所对应的安全系数最小。（α 为滑动面与水平地面间的

夹角)

(A) $\alpha=29°$　　　　(B) $\alpha=31°$　　　　(C) $\alpha=33°$　　　　(D) $\alpha=35°$

【解析】根据土力学相关内容得到无黏性土边坡安全系数为 $K=\dfrac{\tan\varphi}{\tan\alpha}$，坡度为 1:1.5 的边坡，换算成坡角得到：$\tan\beta=1:1.5$，$\beta=33.7°$，得到当坡角 α 越大，安全系数 K 越小，但是不能超过坡角 33.7°，所以与坡角最接近的滑动面角度，安全系数最小。

【考点】无黏性土坡的稳定性计算。

【参考答案】C

■ 土质边坡渗流工况

42.（2009-B-26）有一微含砾的砂土形成的土坡，下列（　　）的土坡稳定性最好。

(A) 天然风干状态　　　　　　　　(B) 饱和状态并有地下水向外流出

(C) 天然稍湿状态　　　　　　　　(D) 发生地震

【解析】根据土力学相关知识可知：天然稍湿状态的砂土，由于砂土潮湿，会有毛细力，产生假想黏聚力，对边坡稳定有利，比风干和饱和状态下砂土的稳定性更好。当坡体上还附加有其他的作用力，例如动水压力、地震力、附加荷载等，也要将相应的力考虑进来，均按不利工况考虑。

【考点】边坡的稳定性分析。

【参考答案】C

43.（2011-B-24）当表面相对不透水的边坡被水淹没时，如边坡的滑动面（软弱结构面）的倾角 θ 小于坡角 α 时，则静水压力对边坡稳定的影响为（　　）。

(A) 有利　　　　　(B) 不利　　　　　(C) 无影响　　　　　(D) 不能确定

【解析】对于不透水的边坡，静水压力垂直于坡面，可以分解成两个方向的力，一个是与滑动方向相反的分量，一个是垂直于坡面的法向力，两者都是抗滑力，所以对边坡的稳定有利。

【考点】边坡的稳定性计算。

【参考答案】A

44.（2012-A-24）有一无限长稍密中粗砂组成的边坡，坡角为 25°，中粗砂内摩擦角为 30°，有自坡顶的顺坡渗流时土坡安全系数与无渗流时土坡安全系数之比最接近（　　）。

(A) 0.3　　　　　(B) 0.5　　　　　(C) 0.7　　　　　(D) 0.9

【解析】根据李广信的《土力学》（第 2 版）公式（7-1）和公式（7-4）得到，无黏性土无渗流时土坡安全系数 $K=\dfrac{\tan\varphi}{\tan\beta}$，有渗流的土坡安全系数 $K=\dfrac{\tan\varphi}{\tan\beta}\cdot\dfrac{\gamma'}{\gamma_{sat}}$，其中 $\dfrac{\gamma'}{\gamma_{sat}}\approx0.5$。

【考点】土坡稳定分析。

【参考答案】B

45.（2012-A-28）某均匀砂土边坡，假定该砂土的内摩擦角在干、湿状态下都相同，下列（　　）情况下边坡的稳定安全系数最小。

(A) 砂土处于干燥状态　　　　　　(B) 砂土处于潮湿状态

(C) 有顺坡向地下水渗流的情况　　(D) 边坡被静水浸没的情况

【解析】根据李广信的《土力学》（第 2 版）公式（7-1）和公式（7-4）得到，无黏性土无渗流时土坡安全系数 $K=\dfrac{\tan\varphi}{\tan\beta}$，有渗流的土坡安全系数 $K=\dfrac{\tan\varphi}{\tan\beta}\cdot\dfrac{\gamma'}{\gamma_{sat}}$，其中 $\dfrac{\gamma'}{\gamma_{sat}}\approx0.5$，所以 C 情况安全系数小于 A 情况；对于 D，因为边坡受到静水浸没的情况，所以土体不受渗流力的影响，并假定该砂土的内摩擦角在干、湿状态下都相同，所以 D 情况下与 A 情况下安全系数相等；砂土处于潮湿状态，要考虑黏聚力的影响，所以边坡的稳定安全系数大于 A 情况。

【考点】边坡稳定性分析。

【参考答案】C

46.（2014-B-23）某透水土质岸坡，当高水位快速下降后，岸坡出现失稳，其主要原因最可能是下列（　　）。

（A）土的抗剪强度下降 （B）土的有效应力增加

（C）土的渗透力增加 （D）土的潜蚀作用

【解析】当高水位快速降低后，临水面边坡处水向外渗流，对土骨架的渗透力方向向外，渗透力增加滑动力，减少抗滑力，使边坡安全系数降低；背水面边坡处，浸润线下降，渗透力减小，与高水位比较，抗滑力增加，滑动力减小，安全系数提高。

【考点】土坡稳定性判别。

【参考答案】C

47.（2018-B-21）土石坝渗流计算时，按《碾压式土石坝设计规范》（DL/T 5395—2007）相关要求，对水位组合情况描述不正确的是下列哪个选项？（　　）

（A）上游正常蓄水位与下游相应的最低水位

（B）上游设计洪水位与下游相应的水位

（C）上游校核洪水位与下游的最低水位

（D）库水位降落时对上游坝坡稳定最不利的情况

【解析】根据《碾压式土石坝设计规范》（DL/T 5395—2007）第10.1.2条，选项C错误，应是上游校核洪水位与下游的相应水位。

【考点】主要考查坝体渗流水位组合情况。

【参考答案】C

48.（2019-B-19）某透水路堤土质边坡，当临水面高水位快速下降后，下列哪个选项是正确的？（　　）

（A）临水面边坡渗透力减小 （B）临水面边坡抗滑力不变

（C）背水面边坡滑动力减小 （D）背水面边坡抗滑力减小

【解析】当高水位快速降低后，临水面边坡处水向外渗流，对土骨架的渗透力方向向外，渗透力增加滑动力，减少抗滑力，使边坡安全系数降低；背水面边坡处，浸润线下降，渗透力减小，与高水位比较，抗滑力增加，滑动力减小，安全系数提高。

本题在前几年的考题中多次考查过。

【考点】水位升降对边坡滑动的影响。

【参考答案】C

49.（2011-B-22）对海港防洪堤进行稳定性计算时，下列（　　）的水位高度所对应的安全系数最小。

（A）最高潮位 （B）最低潮位

（C）平均高潮位 （D）平均低潮位

【解析】根据《水运工程地基设计规范》（JTS 147—2017）第6.1.3条，应取对稳定最不利的设计水位。第6.1.3条文说明，将老规范规定的"应按极端低水位计算"修改为"应取对稳定最不利的设计水位"。对于有波浪作用，应考虑不同水位与波浪力的最不利组合。基于此无正确答案。

本题笔者认为可以按照不参考规范的情形来考虑，水位位于低水位，临水面边坡处水向外渗流，对土骨架的渗透力方向向外，渗透力增加滑动力，减少抗滑力，使边坡安全系数降低，选择B。

【考点】海港防洪的稳定性计算。

【参考答案】B

50.（2017-B-63）下列哪些因素是影响无黏性土坡稳定性的主要因素？（　　）

（A）坡高 （B）坡角

（C）坡面是否有地下水溢出 （D）坡面长度

【解析】根据李广信《土力学》（第二版）：$F_s = \dfrac{抗滑力}{滑动力} = \dfrac{R}{T} = \dfrac{W\cos\alpha\tan\varphi}{W\sin\alpha} = \dfrac{\tan\varphi}{\tan\alpha}$，$F_s = \dfrac{\gamma'\cos\alpha\tan\varphi}{\gamma'\sin\alpha + \gamma_w\sin\alpha} =$

$$\frac{\gamma' \cos\alpha \tan\varphi}{\gamma_{sat} \sin\alpha} = \frac{\gamma'}{\gamma_{sat}} \times \frac{\tan\varphi}{\tan\alpha}$$

无黏性土土坡稳定性系数与坡高和坡面长度无关；坡面有渗流，降低稳定性。

【考点】 无黏性土边坡。

【参考答案】 BC

51.（2019-B-16）甲、乙两斜坡几何尺寸相同，甲在干燥环境中，乙完全处于静水中，关于其稳定性系数的大小，下列哪个选项的说法是正确的？

（A）甲斜坡的稳定性系数大于乙斜坡的 　　　（B）两者的稳定性系数相等

（C）乙斜坡的稳定性系数大于甲斜坡的 　　　（D）不确定，需看坡高

【解析】 根据土力学中介绍，无黏性土边坡，在干燥和完全静水中安全系数是相等的，$F_s = \frac{\tan\varphi}{\tan\alpha}$，只要土的内摩擦角和边坡的坡角不变，安全系数就是不变的。

以上分析可能为出题人的本意，但笔者认为本题不够严谨，没有明确边坡土的类别和水上下内摩擦角是否变化，水位之下，土的 c、φ 肯定有下降的，那么抗剪切强度（$\tau_f = \sigma\tan\varphi + c$）随之下降，安全系数也下降。

【考点】 定性分析边坡的稳定性。

【参考答案】 B

52.（2020-B-19）某边坡工程，暴雨过程中，坡体重度增加，假定潜在滑裂面浸水后强度不变，但未出现滑动，坡脚雨水汇集，淹没部分边坡。暴雨前到暴雨过程中（坡脚未被淹没）到坡脚汇水淹没，边坡的安全系数的变化为下列哪个选项？（　　　）

（A）先变大后变小 　　　（B）先变小后变大

（C）一直在变小 　　　（D）先变小然后不变

【解析】 本题目可参考《工程地质手册》（第五版）第 1097 页整体滑动圆弧法进行定性分析，边坡安全系数为抗滑力矩与滑动力矩之比，即：

$$K_s = \frac{c_u \cdot L \cdot R}{w}$$

根据不同工况，分析如下：

（1）暴雨初期，假定潜在滑裂面浸水后强度不变，但坡体重度增加，故安全系数减小。

（2）暴雨过程中，坡脚被水淹没，部分土体将受到浮力作用，自重减小，安全系数增大。

【考点】 边坡安全系数的计算。

【参考答案】 B

■ 岩质边坡

53.（2009-A-61）天然边坡有一危岩需加固，其结构面倾角45°，欲用预应力锚索加固，如果锚索方向竖直。如图 8-16 所示，已知上下接触面间的结构面摩擦角 $\varphi=45°$，黏聚力 $c=35$kPa，锚索施力后，下列（　　　）是正确的。

（A）锚索增加了结构面的抗滑力 ΔR，也增加了滑动力 ΔT，且 $\Delta R = \Delta T$

（B）该危岩的稳定性系数将增大

（C）该危岩的稳定性系数将不变

（D）该危岩的稳定性系数将减少

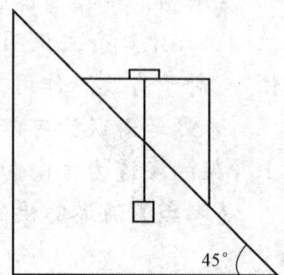

图 8-16

【解析】 $F_s = \frac{抗滑力}{滑动力}$，施加锚索前：

$$F_s = \frac{G\cos45°\tan45° + 35l}{G\sin45°} = 1 + \frac{35l}{G\sin45°}$$

施加锚索后：

$$F_s' = \frac{(G+F_1)\cos45° \times \tan45° + 35l}{(G+F_1)\sin45°} = 1 + \frac{35l}{(G+F_1)\sin45°}$$

所以稳定系数减小，并且$\Delta R = F_1\cos45°\tan45°$，$\Delta T = F_1\sin45°$，$\Delta R = \Delta T$。

上述式中G为滑体自重，F_1为锚索的锚固力。

【考点】 边坡的稳定分析。

54.（2010-B-59）如图8-17所示，倾斜岩面（倾斜角为α）上有一孤立、矩形岩体，宽为b，高为h，岩体与倾斜岩面间的内摩擦角为φ，（$c=0$），则岩体在下列（　　）情况时处于失稳状态？

（A）$\alpha < \varphi$，且$\dfrac{b}{h} > \tan\alpha$

（B）$\alpha < \varphi$，且$\dfrac{b}{h} < \tan\alpha$

（C）$\alpha > \varphi$，且$\dfrac{b}{h} > \tan\alpha$

（D）$\alpha > \varphi$，且$\dfrac{b}{h} < \tan\alpha$

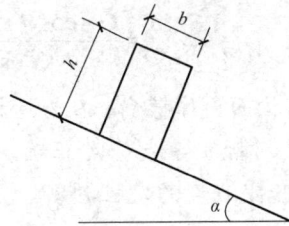

图8-17

【解析】 由题可知，斜坡上的矩形岩石块体，呈现滑动和倾覆两种状态。黏聚力$c=0$时，滑动与否由边坡的倾角和滑动面的内摩擦角控制，其安全系数即$K = \dfrac{抗滑力}{下滑力} = \dfrac{G\cos\alpha\tan\varphi}{G\sin\alpha} = \dfrac{\tan\varphi}{\tan\alpha} < 1$，即$\varphi < \alpha$时，岩体滑动失稳，此时与岩体的尺寸大小无关。在岩体的倾覆状态时，$K = \dfrac{抗倾覆力矩}{倾覆力矩} = $

$\dfrac{G\cos\alpha \times \frac{1}{2}b}{G\sin\alpha \times \frac{1}{2}h} = \dfrac{b}{h \times \tan\alpha} < 1$，即$\dfrac{b}{h} < \tan\alpha$，当$\alpha < \varphi$，且$\dfrac{b}{h} < \tan\alpha$时，重力的作用线落在宽度之外，边坡倾倒。

【考点】 土坡的失稳。

55.（2020-A-43）图8-18为某拟建铁路路基段，岩层产状倾向310°，倾角55°，层间结合差。发育两组构造裂隙：裂隙J1倾向125°，倾角40°，结合差：裂隙J2倾向210°，倾角60°，结合较差。已知路面设计标高210m，请问对该段路堑边坡稳定性评价中正确的有哪几项？（　　）

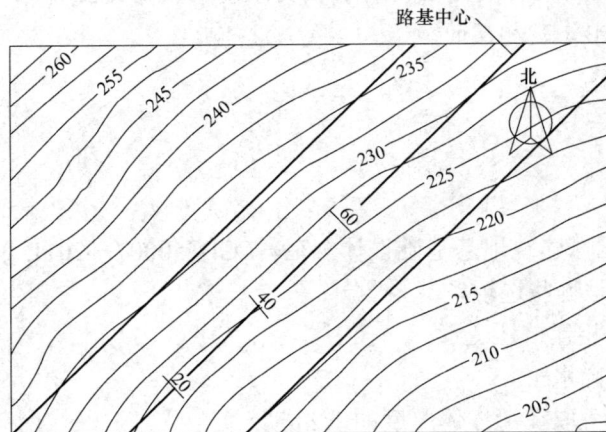

图8-18

（A）左侧边坡稳定性主要受裂隙J1控制　　　　（B）左侧边坡稳定性主要受裂隙J2控制

（C）右侧边坡稳定性主要受裂隙J2控制　　　　（D）右侧边坡稳定性主要受岩层层面控制

【解析】 路堑边坡左侧：岩层和路堑边坡是逆倾，J1和路堑边坡是顺倾；路堑边坡右侧：岩层走向和路堑边坡的坡面走向平行，顺倾。

【考点】边坡稳定性分析。

56.（2020-B-30）某山区三个岩质边坡 A、B、C，坡体物质、坡向及平均坡度（约40°）大致相同，坡内均发育一组倾向坡外的结构面，倾角分别为10°、20°、30°，结构面力学性质基本相同。试判断三个边坡的稳定程度为下列哪个选项？（　　）

（A）A＞B＞C　　　　　　　　　　　　（B）A＞B＜C

（C）A＜B＞C　　　　　　　　　　　　（D）A＜B＜C

【解析】一般情况下，该边坡的稳定性系数可根据黏性土平面滑动模型进行计算，计算公式为：

$$K_s = \frac{G \cdot \cos\theta \cdot \tan\varphi + cL}{G \cdot \sin\theta} = \frac{\tan\varphi}{\tan\theta} + \frac{2c\sin\alpha}{\gamma h \sin(\alpha-\theta)\sin\theta}$$

其中，φ 为结构面内摩擦角；θ 为结构面内摩擦角；α 为坡角；c 为结构面黏聚力；

根据以上公式判断可得选项 A 正确。

【考点】边坡稳定程度的定性判断。

57.（2020-B-33）某岩质边坡中发育 J1、J2、J3 三组裂隙和岩层面 J4 共四组结构面，拟直立切坡，边坡走向116°，且向西南临空。边坡的极射赤平投影如图 8-19 所示（上半球投影），各结构面产状见表 8-1。问哪组结构面是该边坡的控滑结构面？（　　）

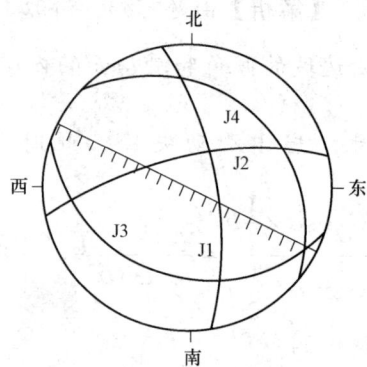

图 8-19

表 8-1　　　　　　　　　　结　构　面　产　状

名称	产状
J1	倾向 260°，倾角 80°
J2	倾向 165°，倾角 75°
J3	倾向 20°，倾角 50°
J4	倾向 225°，倾角 45°

（A）J1　　　　　　（B）J2　　　　　　（C）J3　　　　　　（D）J4

【解析】参见《工程地质手册》（第五版）第1110页。赤平投影，边坡走向116°，且向西南临空。因此倾向206°。对比4组结构面，第4组结构面的倾向225°倾角45°，它和边坡走向接近平行，倾向一致，它的稳定性最差。本题万万不可看图选择，因为本题的投影是上半球投影，书上是下半球投影，得到的图形形态和手册上的形态是相反的。

【考点】边坡稳定性分析。

8.3.3　折线滑动

58.（2020-B-61）根据《建筑地基基础设计规范》（GB 50007—2011），关于滑面为折线形的滑坡推力计算，下列表述正确的是哪些选项？（　　）

（A）不考虑相邻块体的相互挤压变形

（B）剩余下滑力作用方向水平

（C）滑坡推力作用点，可取在滑坡体厚度的1/2处

（D）当滑体有多层滑动面时，可取推力最大的滑动面确定滑坡推力

【解析】根据《建筑地基基础设计规范》（GB 50007—2011）6.4.3条：考虑前一块体的下滑力，则会发生挤压变形。故选项 A 错误。剩余下滑力作用方向与滑面平行，故选项 B 错误。选项 C、D 分别是6.4.3的第1条款和第3条款，选项 C、D 正确。

【考点】滑坡推力。

8.3.4 多种滑动方式对比

59.（2010-B-53）关于边坡稳定分析中的极限平衡法，下列（　　）的说法是正确的。

（A）对于均匀土坡，瑞典条分法计算的安全系数偏大

（B）对于均匀土坡，毕肖普条分法计算的安全系数对一般工程可满足精度要求

（C）对于存在软弱夹层的土坡稳定分析，应当采用考虑软弱夹层的任意滑动面的普遍条分法

（D）推力传递系数法计算的安全系数是偏大的

【解析】边坡分析方法中，其考虑的受力条件越多，则安全系数越大，也越接近实际。土坡稳定性分析常采用圆弧法，岩质边坡分析常采用折线法。传递系数法是假设分条间推力的作用方向为上侧条块滑动的方向，引入条间竖向安全剪力，因此，由传递系数法所得到的安全系数偏大。

常见的边坡分析方法的安全系数从大到小排序：瑞典圆弧法（整体）＜瑞典条分法（简单条分法）＜毕肖普法＜简布法＜二维普赖斯法＜三维普莱斯法，前三种方法的滑动面形式为圆弧，后三种可以为任意滑动面。对于一般工程，圆弧滑动法（包括瑞典圆弧法、条分法、毕肖普法）可以满足工程要求，因毕肖普法会出现数值收敛问题，通常会将瑞典圆弧法和毕肖普法一起计算，各种方法的假设和理论计算可参见相关的研究论文或教材。

（1）瑞典条分法计算因为忽略了条间力，计算的安全系数偏小。选项 A 错误。

（2）参见《建筑边坡设计工程规范》（GB 50330—2013）5.2.3、5.2.4 条文说明及附录 A.0.1。对于均质土坡，一般宜采用圆弧滑动面条分法进行边坡稳定性计算，圆弧滑动面条分法分为瑞典滑弧滑动法和简化毕肖普法，选项 B 正确。

（3）对于存在软弱夹层的土坡稳定分析，应当采用考软弱夹层的任意滑动面的普遍条分法，选项 C 正确。

（4）传递系数法是假设分条间推力的作用方向为上侧条块滑动的方向，引入条间竖向安全剪力，因此，由传递系数法所得到的安全系数偏大 [《公路路基设计规范》（JTG D30—2015）第 7.2.2 条文说明]。选项 D 正确。

【考点】边坡的稳定性。

60.（2013-B-20）根据《建筑边坡工程技术规范》（GB 50330—2013），对下列边坡稳定性分析的论述中，（　　）是错误的。

（A）规模较大的碎裂结构岩质边坡宜采用圆弧滑动法计算

（B）对规模较小、结构面组合关系较复杂的块体滑动破坏，宜采用赤平投影法

（C）在采用折线滑动法进行计算时，当最前部条块稳定性系数不能较好地反映边坡整体稳定性时，可以采用所有条块稳定系数的平均值

（D）对可能产生平面滑动的边坡宜采用平面滑动法进行计算

【解析】参见《建筑边坡工程技术规范》（GB 50330—2013）。

（1）5.2.3 条：计算土质边坡、极软岩边坡、破碎或极破碎岩质边坡的稳定性时，可采用圆弧滑动面，得到选项 A 正确。

（2）5.2.2 条及条文说明：对于边坡规模较小、结构面组合关系较复杂的块体滑动破坏，采用赤平极射投影法及实体比例投影法较为方便，得到选项 B 正确。

（3）应该采用所有条块稳定系数的最小值，这样计算保守，而不是平均值。

（4）5.2.3 条文说明：通过边坡地质结构分析，存在平面滑动可能性的边坡，可采用平面滑动稳定性计算方法计算，得到选项 D 正确。

【考点】边坡的稳定性分析。

61.（2018-B-22）在建筑边坡稳定性分析中，下列哪个选项的叙述不成立？（ ）

（A）纯净的砂土填筑路堤，无地下水作用时路堤的稳定性可采用 $K=\tan\varphi/\tan\alpha$ 进行分析。

（K 为稳定性系数；φ 为土体的内摩擦角；α 为路堤坡面与水平面夹角）

（B）任意情况下，无黏性土坡的滑动面均可假定为直线滑动面

（C）有结构面的岩质边坡，可能形成沿结构面的直线或折线滑动面

（D）在有软弱夹层的情况下，土质边坡可能形成沿结构面的直线、折线滑动面或其他任意形状的滑动面

【解析】根据《土力学》（李广信，第二版）部分浸水坡，可能形成折线滑动面，另外，对于非均匀的无黏性土边坡，还可能发生折线滑动，选项 B 错误；有结构面的岩质边坡，可沿结构面滑动，滑动面根据结构面形状确定，可为直线或折线，选项 C 正确；有软弱夹层时，土质边坡沿着软弱夹层滑动，滑动面形状可以为直线、折线或圆弧等形状，选项 D 正确。根据《土力学》（李广信，第二版）第 257～259 页论述，选项 A 正确。

【考点】主要考查边坡稳定性分析。

【参考答案】B

62.（2019-B-55）关于土坡稳定性的论述中，下列哪些选项是正确的？（ ）

（A）无黏性土坡的稳定性与坡高无关

（B）黏性土坡稳定性与坡高有关

（C）所有土坡均可按圆弧滑面整体稳定性分析方法计算

（D）简单条分法假定不考虑土条件间的作用力

【解析】根据《土力学》（清华大学出版社 第二版）第 258 页、第 262 页：

（1）无黏性土边坡稳定安全系数：$F_s=\dfrac{\tan\varphi}{\tan\alpha}$，与坡高无关，选项 A 正确。

（2）黏性土边坡稳定安全系数：$F_s=\dfrac{\int_A^C \sigma_n\tan\varphi Rdl+c\cdot\overset{\frown}{ACR}}{Wd}$，坡高影响弧长等，因此选项 B 正确。

（3）圆弧滑面整体稳定性计算适用于 $\varphi=0$ 的情况，$F_s=\dfrac{c\cdot\overset{\frown}{ACR}}{Wd}$，无黏性边坡一般采用直线滑动计算，因此选项 C 错误。

（4）简单条分法（瑞典条分法），不考虑条间力，$F_s=\dfrac{\sum(c_il_i+W_i\cos\theta_i\tan\varphi_i)}{\sum W_i\sin\theta_i}$，因此选项 D 正确。

【考点】土坡稳定性计算。

【参考答案】ABD

63.（2020-B-21）根据《建筑边坡工程技术规范》（GB 50330—2013），下列对边坡稳定性分析说法错误的是哪个选项？（ ）

（A）规模较大的碎裂结构岩质边坡宜采用圆弧滑动法计算

（B）对规模较小、结构面组合关系较复杂的块体滑动破坏，宜采用实体比例投影法

（C）对于规模较大，地质结构复杂，宜采用圆弧滑动面进行计算

（D）对可能产生平面滑动的边坡，宜采用平面滑动法计算

【解析】根据《建筑边坡工程技术规范》（GB 50330—2013）：

（1）5.2.2 条及条文说明：对边坡规模较小、结构面组合关系较复杂的块体滑动破坏，采用赤平极射投影法及实体比例投影法较为方便，故选项 B 正确。

（2）5.2.3 条及条文说明：对于均质土体边坡，一般宜采用圆弧滑动面条分法进行边坡稳定性计算。岩质边坡在发育 3 组以上结构面，且不存在优势外倾结构面组的条件下，可以认为岩体为各向同性介质，在斜坡规模相对较大时，其破坏通常按近似圆弧滑面发生，宜采用圆弧滑动面条分法计算。

通过边坡地质结构分析，存在平面滑动可能性的边坡，可采用平面滑动稳定性计算方法计算。对建

筑边坡来说，坡体后缘存在竖向贯通裂缝的情况较少，是否考虑裂隙水压力应视具体情况确定。

对于规模较大，地质结构较复杂，或者可能沿基岩与覆盖层界面滑动的情形，宜采用折线滑动面计算方法进行边坡稳定性计算，故选项 A、D 正确，选项 C 错误。

【考点】边坡稳定性计算方法的选用。

【参考答案】C

64.（2020-B-57）关于土坡稳定性及其验算，下列说法哪些是正确的？（　　）

（A）一般黏性土坡的失稳滑移，破坏滑移面必有一定深度

（B）无黏性土坡的稳定验算也常采用条分法

（C）黏性土坡高度小于一定值时，坡面可以是竖直的

（D）含水但非饱和砂土也可有一定的无支撑自立高度

【解析】（1）对于黏性土坡，由于黏聚力 c 的存在，破坏滑移面必有 $Z_0 = \dfrac{2c}{\gamma \cdot \sqrt{K_a}}$，故选项 A 正确。

（2）根据《建筑边坡工程技术规范》（GB 50330—2013）附录 A.0.1、A.0.2，无黏性土坡的稳定验算一般采用平面滑动法，黏性土坡的稳定性一般采用简化毕肖普法（圆弧滑动条分法）。故选项 B 不正确。

（3）根据太沙基极限平衡理论（$K_S=1$）计算黏性土坡极限高度时 [《工程地质手册》（第五版）第 1097 页]，当 $\beta=90°$ 时，卡尔曼法临界计算高度为：$h_{cr} = \dfrac{4c}{\gamma} \cdot \tan\left(45° + \dfrac{\varphi}{2}\right)$。故选项 C 正确。

（4）砂土黏聚力 $c=0$，临界坡角为 φ 时，不能自立；但是含水但非饱和砂土由于毛细水作用，将产生假黏聚力，从而表现出黏性土的部分属性，也可以产生一定的无支撑自立高度。故选项 D 正确。

【考点】土坡稳定性验算的概念。

【参考答案】ACD

8.4 边坡支护与防护

8.4.1 预应力锚索

■ 基本概念

65.（2011-A-31）边坡采用预应力锚索加固时，下列（　　）的说法是不正确的。

（A）预应力锚索由锚固段、自由段和紧固头三部分组成

（B）锚索与水平面的夹角，以下倾 15°～30° 为宜

（C）预应力锚索只能适用于岩质地层的边坡加固

（D）锚索必须做好防锈、防腐处理

【解析】参见《铁路路基支挡结构设计规范》（TB 10025—2019）。

（1）由 12.2.6 条及 12.3.1 条判断选项 A 正确。此项在 2006 版 12.3.1 条有说明，2019 版取消了此项说明。

（2）根据 12.2.3 条，锚索与水平面的夹角，以下倾为宜，一般在 10°～30° 之间，选项 B 错误。2006 版规范角度为 15°～30°。

（3）根据 12.1.1 条，预应力锚索适用于一般地区和抗震地区的边坡及滑坡，所以选项 C 错误。

（4）根据 12.3.5 条，得到选项 D 正确。

【考点】预应力锚索。

【参考答案】BC

66.（2014-B-15）某锚杆不同状态下主筋应力及锚固段摩擦应力的分布曲线如图 8-20 所示，下列（　　）曲线表示锚杆处于工作状态时锚固段摩擦应力分布。

（A）a　　　　（B）b　　　　（C）c　　　　（D）d

【解析】根据《建筑边坡工程技术规范》8.4.1 条文说明可知：

（1）曲线 a 是锚杆工作阶段锚固段摩擦应力强度分布图。选项 A 正确；

（2）曲线 b 是锚杆应力超过工作阶段变形增大时，锚固段摩擦应力强度分布图。选项 B 错误。

（3）曲线 c 是锚杆工作阶段张拉材料抗拉强度分布图。选项 C 错误。

（4）曲线 d 是锚杆应力超过工作阶段变形增大时，张拉材料抗拉强度分布图。选项 D 错误。

自由段的拉力是相同的，自由段和锚固段交界处，拉力也是相同的，排除选项 B、C。

【考点】锚杆的应力分布。

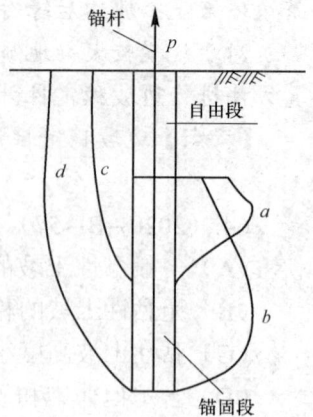

图 8—20

【参考答案】A

67.（2014—B—53）Ⅲ类永久性岩体边坡拟采用喷锚支护，根据《建筑边坡工程技术规范》（GB 50330—2013）的相关规定，下列（　　）是正确的。

（A）系统锚杆采用全长黏结锚杆　　　　　（B）系统锚杆间距为 2.5m

（C）系统锚杆倾角为 15°　　　　　　　　（D）喷射混凝土面板厚度为 100mm

【解析】参见《建筑边坡工程技术规范》（GB 50330—2013）。

（1）10.3.3 条第 2 款：应采用全黏结锚杆，选项 A 正确。

（2）10.3.1 条第 2 款：对于Ⅲ类岩体边坡最大间距不应大于 2m，所以选项 B 错误。

（3）10.3.1 条第 3 款：锚杆的倾角宜采用 10°～20°，所以 15° 满足要求，选项 C 正确。

（4）10.3.2 条第 1 款：Ⅲ类岩体边坡钢筋网喷射混凝土面板厚度不应小于 150mm，所以选项 D 错误。

【考点】岩石锚喷支护的锚杆的构造设计。

【参考答案】AC

■ 土钉和锚杆支护的区别

68.（2011—A—58）下列关于土钉墙支护体系与锚杆支护体系受力特性的描述，（　　）是正确的。

（A）土钉所受拉力沿其整个长度都是变化的，锚杆在自由段上受到的拉力沿长度是不变

（B）土钉墙支护体系与锚杆支护体系的工作机理是相同的

（C）土钉墙支护体系是以土钉和它周围加固了的土体一起作为挡土结构，类似重力挡土墙

（D）将一部分土钉施加预应力就变成了锚杆，从而形成了复合土钉墙

【解析】（1）锚杆的自由段轴力相同，呈矩形分布，锚固段轴力呈三角形分布；土钉全长均为锚固段，轴力呈三角形分布，选项 A 正确。

（2）锚杆有预应力，为主动防护，土钉没有预应力，为被动防护，两者的工作机理不同，因此选项 B 错误。

（3）土钉墙支护体系是以土钉和它周围加固了的土体一起作为挡土结构，类似重力挡土墙，这个是正确的，因此选项 C 正确。

（4）土钉墙可以和预应力锚杆、止水帷幕、微型桩等形成复合土钉墙，但是，因为土钉与锚杆筋材、长度等设计都不相同，不能对土钉施加预应力，预应力锚杆应另外设计，因此选项 D 错误。

【考点】土钉墙与锚杆支护体系。

【参考答案】AC

■ 锚固段长度

69.（2010—B—15）某预应力锚固工程，设计要求的抗拔安全系数为 2.0，锚固体与孔壁的抗剪强度为 0.2MPa，每孔锚索锚固力为 400kN，孔径为 130mm，则锚固段长度最接近（　　）。

（A）12.5m　　　　（B）9.8m　　　　（C）7.6m　　　　（D）4.9m

【解析】根据《铁路路基支挡结构设计规范》（TB 10025—2019）11.2.8 条公式：l=（2×400）/（3.14×0.13×200）m=9.8m。

【考点】锚杆设计。

【参考答案】B

8.4.2 重力式挡土墙

■ **挡土墙的选型**

70.（2018-B-55）重力式挡墙高度均为 5m，在挡土墙设计中，下列哪些选项的结构选型和位置设置合理？（　　）

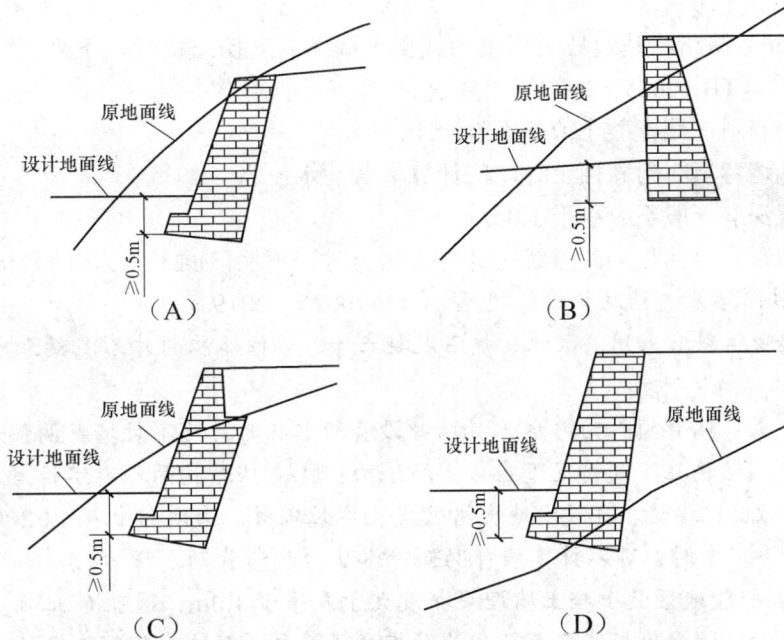

（A）　　　　　　　　　　（B）

（C）　　　　　　　　　　（D）

【解析】选项 B 为俯斜式挡墙，选项 C 为衡重式挡墙，选项 A、D 为仰斜式挡土墙。

俯斜式挡墙通常在地面横坡陡峻时采用，所以选项 B 不合适；衡重式挡墙主要用于地面横坡较陡的路肩墙和路堤墙，由于本题目告诉挡墙高度 5m，一般不考虑衡重式挡墙，选项 C 错误。仰斜墙适用于路堑墙、墙趾处地面平缓的路肩墙或路堤墙，选项 A 为路堑墙，选项 D 为路堤墙且墙趾处地面较为平缓，可以采用仰斜式挡土墙，选项 A、D 正确。

【考点】主要考查重力式挡墙选型设计。

【参考答案】AD

■ **墙后填料的选择**

71.（2016-B-18）根据《铁路路基支挡结构设计规范》（TB 10025—2019），在浸水重力式挡土墙设计时，下列哪种情况可不计墙背动水压力？（　　）

（A）墙背填料为碎石土时　　　　　　（B）墙背填料为细砂土时
（C）墙背填料为粉砂土时　　　　　　（D）墙背填料为细粒土时

【解析】参见《铁路路基支挡结构设计规范》（TB 10025—2019）。

4.2.4 条第 3 款，墙背填料为渗水土且墙身设有泄水孔时，可不计墙身两侧静水压力。4.3.1 条，浸水支挡结构在下列情况下应考虑渗透力：①支挡结构两侧有水位差，并形成贯通渗流。②墙前水位骤降，墙后出现渗流。③浸水地区滑坡发生水位骤降。（2006 版 3.2.3 条文，浸水挡土墙墙背填料为渗水土时，可不计算墙身两侧静水压力和墙背动水压力。）

【考点】浸水重力式挡土墙。

【参考答案】无

■ **抗滑移稳定性**

72.（2012-A-57）重力式挡墙设计工程时，可采取下列（　　）措施提高该挡墙的抗滑移稳定性。

（A）增大挡墙断面尺寸　　　　　　　（B）墙底做成逆坡
（C）直立墙背上做卸荷台　　　　　　（D）基础之下换土做砂石垫层

【解析】根据《建筑地基基础设计规范》（GB 50007—2011）规范 6.7.4 条和 6.7.5 条、《建筑边坡工程技术规范》（GB 50330—2013）11.2.3 及条文说明：当抗滑移稳定性不满足要求时，可采取增大挡墙断面尺寸、墙底做成逆坡、换土做砂石垫层等措施使抗滑移稳定性满足要求；当抗倾覆稳定性不满足要求时，可采取增大挡墙断面尺寸、增长墙趾或改变墙背做法等措施使抗倾覆稳定性满足要求，可以得到选项 A、B、D 正确。

【考点】重力式挡墙的设计计算。

【参考答案】ABD

73.（2014-B-56）铁路路基边坡采用重力式挡土墙作为支挡结构时，下列（　　）符合《铁路路基支挡结构设计规范》（TB 10025—2019）的要求。

（A）挡土墙墙身材料应用混凝土或片石混凝土

（B）浸水挡土墙墙背填料为砂性土时，应计算墙背动水压力

（C）挡土墙埋置深度一般不应小于 1.0m

（D）墙背为折线形且可简化为两直线段计算土压力时，下墙段的土压力可用延长墙背法计算

【解析】参见《铁路路基支挡结构设计规范》（TB 10025—2019）。

（1）6.1.3 条：墙身材料宜采用混凝土、片石混凝土等，单位体积的片石混凝土中片石含量不应超过 20%。选项 A 正确。

（2）4.2.4 条第 3 款：墙背填料为渗水土且墙身设有泄水孔时，可不计墙身两侧静水压力。

4.3.1 条，浸水支挡结构在下列情况下应考虑渗透力：①支挡结构两侧有水位差，并形成贯通渗流。②墙前水位骤降，墙后出现渗流。③浸水地区滑坡发生水位骤降。选项 B 正确。（2006 版 3.2.3 条文，浸水挡土墙墙背填料为渗水土时，可不计算墙身两侧静水压力和墙背动水压力。）

（3）表 6.3.1-1：一般地区最小挡土墙埋置深度大于或等于 1.0m，选项 C 正确。

（4）6.2.1 条第 3 款：墙背为折线形可简化为两直线段计算土压力，其下墙段的土力学，可采用力多边形法或延长墙背法计算，选项 D 正确。（2006 版下墙段只有力多边形法）

【考点】岩石锚喷支护的锚杆的构造设计。

【参考答案】ABCD

■ 抗倾覆稳定性

74.（2019-B-20）砌筑材料相同的两个挡土墙高度分别是 6m 和 4m，无地下水，墙背直立光滑，墙后水平回填同样砂土，则对墙底的倾覆力矩 M_1 和 M_2 的比值最接近下列哪个选项？（　　）

（A）1.50　　　　（B）2.25　　　　（C）3.37　　　　（D）5.06

【解析】

$$M_1 = E_{a1}h_1 = \frac{1}{2}\gamma h_1^2 K_a \times \frac{1}{3}h_1 = \frac{1}{6}\gamma h_1^3 K_a$$

$$M_2 = E_{a2}h_2 = \frac{1}{2}\gamma h_2^2 K_a \times \frac{1}{3}h_2 = \frac{1}{6}\gamma h_2^3 K_a$$

$$\frac{M_1}{M_2} = \frac{\frac{1}{6}\gamma h_1^3 K_a}{\frac{1}{6}\gamma h_2^3 K_a} = \frac{6^3}{4^3} = 3.375$$

【考点】挡土墙倾覆力矩的计算。

【参考答案】C

8.4.3　扶壁式挡土墙

■ 力学模型

75.（2012-A-23）扶壁式挡土墙立板的内力计算，可按下列（　　）种简化模型进行计算。

（A）三边简支，一边自由　　　　（B）二边简支，一边固端，一边自由

（C）三边固端，一边自由　　　　（D）二边固端，一边简支，一边自由

【解析】根据《建筑边坡工程技术规范》（GB 50330—2013）12.2.6 条第 1 款：立板和墙踵板可根据

边坡约束条件按三边固定、一边自由的板或以扶壁为支点的连续板进行计算，得到选项 C 正确。

【考点】扶壁式挡墙的设计计算。

76.（2018—B—56）对于建筑边坡的扶壁式挡墙，下列哪些选项的构件可根据其受力特点简化为一端固定的悬臂结构？（　　）

（A）立板　　　　　　　　（B）墙踵板　　　　　　　（C）墙趾底板　　　　　　（D）扶壁

【解析】根据《建筑边坡工程技术规范》（GB 50330—2013）第 12.2.6 条，可知选项 C、D 正确。

【考点】主要考查边坡扶壁式挡墙。

■ 结构设计

77.（2016—B—16）根据《建筑边坡工程技术规范》（GB 50330—2013），采用扶壁式挡土墙加固边坡时，以下关于挡墙配筋的说法哪个是不合理的？（　　）

（A）立板和扶壁可根据内力大小分段分级配筋

（B）扶壁按悬臂板配筋

（C）墙趾板按悬臂板配筋

（D）立板和扶壁、底板和扶壁之间应根据传力要求设置连接钢筋

【解析】根据《建筑边坡工程技术规范》（GB 50330—2013）12.3.4 条文说明，扶壁式挡墙配筋应根据其受力特点进行设计。立板和墙踵板按板配筋，墙趾板按悬臂板配筋（选项 C 正确），扶壁按倒 T 形悬臂深梁进行配筋（选项 B 错误）。立板与扶壁、底板与扶壁之间根据传力要求计算设计连接钢筋（选项 D 正确）。宜根据立板、墙踵板及扶壁的内力大小分段分级配筋（选项 A 正确）。

【考点】扶壁式挡土墙的配筋。

■ 构造

78.（2019—B—22）建筑边坡扶壁式挡土墙构造设计，下列哪个选项是错误的？（　　）

（A）扶壁式挡墙的沉降缝不宜设置在不同结构单元交接处

（B）当挡墙纵向坡度较大时，在保证地基承载力的前提下可设计成台阶形

（C）当挡墙基础稳定受滑动控制时，宜在墙底下设防滑键

（D）当地基为软土时，可采用复合地基处理措施

【解析】参见《建筑边坡工程技术规范》（GB 50330—2013）。

（1）第 12.3.9 条：悬臂式挡墙和扶壁式挡墙纵向伸缩缝间距宜采用 10m～15m。宜在不同结构单元处和地层性状变化处设置沉降缝，因此选项 A 错误。

（2）第 12.3.6 条：悬臂式挡墙和扶壁式挡墙位于纵向坡度大于 5% 的斜坡时，基底宜做成台阶形。

（3）第 12.3.5 条：当挡墙受滑动稳定控制时，应采取提高抗滑能力的构造措施。宜在墙底下设防滑键。

（4）第 12.3.7 条：对软弱地基或填方地基，当地基承载力不满足设计要求时，应进行地基处理或采用桩基础方案。

【考点】扶壁式挡土墙的构造。

8.4.4　锚杆挡墙

79.（2014—B—17）根据《建筑边坡工程技术规范》（GB 50330—2013）的相关要求，下列关于锚杆挡墙的适用性说法中，（　　）是错误的。

（A）钢筋混凝土装配式锚杆挡土墙适用于填土边坡

（B）现浇钢筋混凝土板肋式锚杆挡土墙适用于挖方边坡

（C）钢筋混凝土格构式锚杆挡土墙适用稳定性差的土质边坡

（D）切坡后可能引发滑坡的边坡宜采用排桩式锚杆挡土墙支护

【解析】参见《建筑边坡工程技术规范》（GB 50330—2013）9.1.1 条文说明。

由第 1 款知，选项 A 正确。由第 2 款知，选项 B 正确。由第 4 款知，钢筋混凝土格构式锚杆挡土墙：墙面垂直型适用于稳定性、整体性较好的 Ⅰ、Ⅱ 类岩质边坡；墙面后仰型可用于各类岩石边坡和稳定性较好的土质边坡。因此选项 C 错误。第 3 款：排桩式锚杆挡土墙适用于边坡稳定性很差、路肩有构筑物等附属荷载地段的边坡。

【考点】锚杆挡墙适用性。

【参考答案】C

8.4.5 桩板墙

80.（2020-B-18）某高速公路工程的一个陡坡路堤段工点，拟采用桩板式挡土墙支挡方案，平面简图如图 8-21 所示。其中，桩为 2m×3m 的矩形截面桩，水平方向桩中心距为 6m，桩间预制混凝土挡土板厚度为 0.5m。试问按照支承在桩上的简支板计算桩间预制混凝土挡土板时，根据《公路路基设计规范》（JTG D30—2015），挡土板计算跨径 L 应采用下列哪个选项的数值？（　　）

（A）4.0m　　　　　（B）4.75m　　　　　（C）5.25m　　　　　（D）6.0m

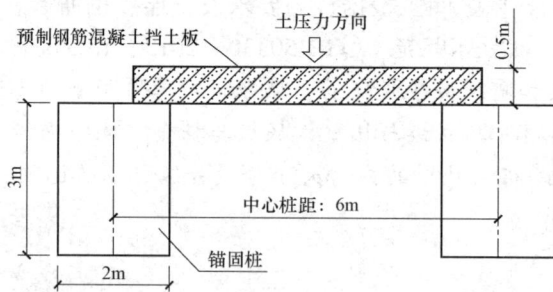

图 8-21

【解析】根据《公路路基设计规范》（JTG D30—2015）附录 H.0.8 条第 6 款，矩形桩的计算跨径为：

$$L = L_0 + 1.5t = 4\text{m} + 1.5 \times 0.5\text{m} = 4.75\text{m}$$

其中：L_0 为矩形桩间的净距。

【考点】预制钢筋混凝土挡板的计算跨径。

【参考答案】B

8.4.6 多种支护方案

■ 支护方案选择

81.（2013-B-55）某高度为 12m 直立红黏土建筑边坡，已经采用"立柱＋预应力锚索＋挡板"进行了加固支护，边坡处于稳定状态；但在次年暴雨期间，坡顶 2m 以下出现渗水现象，且坡顶柏油道路路面开始出现与坡面纵向平行的连通裂缝，设计师提出（　　）处理措施是合适的。

（A）在坡顶紧贴支挡结构后增设一道深 10.0m 的隔水帷幕

（B）在坡面增设长 12m 的泄水孔

（C）在原立柱上增设预应力锚索

（D）在边坡中增设锚杆

【解析】本题中的边坡在暴风雨期间出现渗水和裂隙，所以对边坡最主要的是排水和支护。

【考点】边坡的稳定性。

【参考答案】BCD

82.（2013-B-57）根据《建筑边坡工程技术规范》（GB 50330—2013），下列有关边坡支护形式适用性的论述，（　　）是正确的。

（A）锚杆挡墙不宜在高度较大且无成熟工程经验的新填方边坡中应用

（B）变形有严格要求的边坡和开挖土石方危及边坡稳定性的边坡不宜采用重力式挡墙

（C）扶壁式挡墙在填方高度 10～15m 的边坡中采用是较为经济合理的

（D）采用坡率法时应对边坡环境进行整治

【解析】参见《建筑边坡工程技术规范》（GB 50330—2013）：

（1）9.1.4 条：当新填方边坡高度较大且无成熟的工程经验时，不宜采用锚杆挡墙方案，因此选项 A 正确。

（2）由 11.1.3 条得到选项 B 正确。

（3）由 12.1.2 条得到扶壁式挡墙不宜超过 10m，因此选项 C 错误。

（4）由 14.1.4 条得到选项 D 正确。

【考点】边坡形式综述。

【参考答案】ABD

83.（2020-B-22）根据《建筑边坡工程技术规范》（GB 50330—2013），下列关于边坡支护形式论述错误的是哪个选项？（　　）

（A）在无成熟经验且新填方的边坡中不适宜使用锚杆挡墙

（B）具有腐蚀性的边坡不应采用锚喷支护

（C）重力式挡墙后面的填土采用黏性土作填料时，不宜掺入砂砾和碎石

（D）扶壁式挡墙在填方高度 10m 以下是较为经济合理的

【解析】参见《建筑边坡工程技术规范》（GB 50330—2013）。

（1）9.1.4 条：高度较大的新填方边坡不宜采用锚杆挡墙方案，故选项 A 正确；

（2）10.1.2 条：膨胀性岩质边坡和具有严重腐蚀性的边坡不应采用锚喷支护，故选项 B 正确。

（3）11.3.8 条：当采用黏性土作填料时，宜掺入适量的砂砾或碎石，故选项 C 错误。

（4）12.1.2 条：悬臂式挡墙和扶壁式挡墙适用高度对悬臂式挡墙不宜超过 6m，对扶壁式挡墙不宜超过 10m，故选项 D 说法正确。

【考点】边坡支护形式的相关规定。

【参考答案】C

■ 支护结构设计

84.（2016-B-57）根据《建筑边坡工程技术规范》（GB 50330—2013），边坡支护结构设计时，下列哪些选项是必须进行的计算或验算？（　　）

（A）支护桩的抗弯承载力计算　　　　　　（B）重力式挡墙的地基承载力计算

（C）边坡变形验算　　　　　　　　　　　（D）支护结构的稳定验算

【解析】参见根据《建筑边坡工程技术规范》（GB 50330—2013）。

3.3.6 条，边坡支护结构设计时应进行下列计算和验算：支护结构及其基础的抗压、抗弯、抗剪、局部抗压承载力的计算；支护结构基础的地基承载力计算；锚杆锚固体的抗拔承载力及锚杆杆体抗拉承载力的计算；支护结构稳定性验算。

【考点】边坡支护结构设计计算。

【参考答案】ABD

■ 支护结构施工

85.（2018-B-20）根据《建筑边坡工程技术规范》（GB 50330—2013），下列哪个选项对边坡支护结构的施工技术要求是错误的？（　　）

（A）施工期间可能失稳的板肋式锚杆挡土墙，应采用逆作法进行施工

（B）当地层受扰动导致水土流失危及邻近建筑物时，锚杆成孔可采用泥浆护壁钻孔

（C）当采用锚喷支护Ⅱ类岩质边坡时，可部分采用逆作法进行施工

（D）当填方挡墙墙后地面的横坡坡度大于 1:6 时，应进行地面粗糙处理后再填土

【解析】参见《建筑边坡工程技术规范》（GB 50330—2013）。

由第 9.4.1 条知，选项 A 正确；

由第 8.5.3 条知，在不稳定地层中或地层受扰动导致水土流失会危及邻近建筑物或公用设施的稳定性时，应采用套管护壁钻孔或干钻，选项 B 错误。

由第 10.4.3 条知，选项 C 正确。

由第 11.4.4 条知，选项 D 正确。

【考点】主要考查边坡支护结构的施工技术要求。

【参考答案】B

8.4.7　边坡防护

86.（2010-B-26）在边坡工程中，采用柔性防护网的主要目的为（　　）。

（A）增加边坡的整体稳定性　　　　　　（B）提高边坡排泄地下水的能力

（C）美化边坡景观　　　　　　　　　　（D）防止边坡落石

【解析】柔性防护网分为主动防护和被动防护网，其主要作用就是防止边坡落石，主要防护网是采用钢丝绳、锚杆等采用贴坡的形式包裹住所需防护的边坡；被动防护网一般是采用垂直挂网的形式，并非紧贴边坡，可以离开边坡一定距离，在崩塌落石下坠、飞溅方向设置一个防护网，进行阻挡。

【考点】边坡的防护。

【参考答案】D

87.（2009-B-51）根据《建筑边坡工程技术规范》（GB 50330—2013）的规定，下列（　　）不应采用钢筋混凝土锚喷支护。

（A）膨胀性岩石边坡　　　　　　　　　（B）坡高 10m 的Ⅲ类岩质边坡

（C）坡高 20m 的Ⅱ类岩质边坡　　　　　（D）具有严重腐蚀性地下水的岩质边坡

【解析】根据《建筑边坡工程技术规范》（GB 50330—2013）10.1.2 条：膨胀性岩质边坡和具有严重腐蚀性的边坡不应采用锚喷支护，有深度外倾滑动面或坡体渗水明显的岩质边坡不宜采用锚喷支护，得到选项 A、D 正确。

【考点】岩石锚喷支护的一般规定。

【参考答案】AD

8.4.8　排水设计

88.（2018-A-53）根据《建筑边坡工程技术规范》（GB 50330—2013），以下关于边坡截排水的规定，哪些选项是正确的？（　　）

（A）坡顶截水沟的断面应根据边坡汇水面积、降雨强度等经计算分析后确定

（B）坡体排水可采用仰斜式排水孔，排水孔间距宜为 2～3m，长度应伸至地下水富集部位或穿过潜在滑动面

（C）对于地下水埋藏较浅、渗流量较大的土质边坡，可设置填石盲沟排水，填石盲沟的最小纵坡宜小于 0.5%

（D）截水沟的底宽不宜小于 500mm，沟底纵坡宜大于 0.3%，可采用浆砌块石或现浇混凝土护壁和防渗

【解析】参见《建筑边坡工程技术规范》（GB 50330—2013）。

由第 16.2.2 条知，选项 A 正确；

由 16.3.4 条第 1、3 款知，选项 B 正确。

16.3.3 条文说明：填石渗沟也称为盲沟，一般适用于地下水流量不大，渗沟不长的地段，选项 C 错误。

由 16.2.3 条第 3、4 款知选项 D 正确。

【考点】主要考查边坡截排水的设计规定。

【参考答案】ABD

8.5 边 坡 监 测

8.5.1 边坡加固工程监测

89.（2019-B-18）安全等级为二级的边坡加固工程中，下列哪个选项的监测项目属于选测项？
（　　）
（A）坡顶水平位移与垂直位移　　　　（B）坡顶建筑物、地下管线变形
（C）锚杆拉力　　　　　　　　　　　　（D）地下水、渗水与降雨关系
【解析】根据《建筑边坡工程鉴定与加固技术规范》（GB 50843—2013）第9.2.3条中表9.2.3知（见表8-2），选项D正确。

表 8-2　　　　　　　　　　　　表 9.2.3 边坡加固工程监测项目表

测试项目	测点布置位置	边坡工程安全等级		
		一级	二级	三级
坡顶水平位移和垂直位移	支护结构顶部	应测	应测	应测
地表裂缝	坡顶背后1.0H（岩质）～1.5H（土质）范围内	应测	应测	选测
坡顶建筑物、地下管线变形	建筑物基础、墙面，管线顶面	应测	应测	选测
锚杆拉力	外锚头或锚杆主筋	应测	应测	可不测
支护结构变形	主要受力杆件	应测	选测	可不测
支护结构应力	应力最大处	宜测	宜测	可不测
地下水、渗水与降雨关系	出水点	应测	选测	可不测

注：H为挡墙高度。

【考点】边坡加固工程检测。

【参考答案】D

8.5.2 锚杆挡墙工程监测

90.（2020-B-55）某建筑岩质边坡高20m，岩体类型为Ⅲ类，采用锚杆挡墙进行支护，如发生损坏可能造成人员伤亡，拟对其进行监测，根据《建筑边坡工程技术规范》（GB 50330—2013），应测的项目包括以下哪些选项？（　　）
（A）坡顶水平位移和垂直位移
（B）降雨、洪水与时间关系
（C）锚杆拉力
（D）地下水位
【解析】（1）根据《建筑边坡工程技术规范》（GB 50330—2013）3.2.1条，如发生损害可能造成人员伤亡，则破坏后果属于严重的情况，故其边坡安全等级为二级。
（2）根据《建筑边坡工程技术规范》（GB 50330—2013）19.1.3条，边坡安全等级为二级时，应测项目为：坡顶水平位移和垂直位移、地表裂缝、坡顶建（构）筑物变形、降雨洪水与时间关系。
【考点】边坡安全等级和检测项目。

【参考答案】AB

9 基 坑 工 程

9.1 基 坑 支 护 概 述

9.1.1 支护方案选择

1.（2009-B-49）在其他条件相同的情况下，对于如图 9-1 所示地下连续墙支护的 A、B、C、D 四种平面形状基坑，如它们长边尺寸都相等，下列（　　）形状的基坑安全性较差，需采取加强措施。

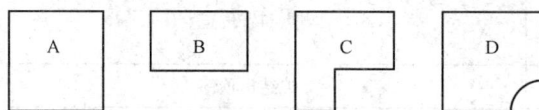

图 9-1

（A）正方形基坑 （B）长方形基坑
（C）有阳角的方形基坑 （D）有局部外凸的方形基础

【解析】根据《基坑工程手册》（第二版）第 190 页，基坑的三维空间效应。

基坑的变形分析是一个典型的三维问题，特别是在基坑的角部有明显的角部效应。但是在实际分析中通常用二维平面来进行简化分析。对于长条形的地铁基坑，采用平面分析是较为准确的，但是对于一般形状的，角部效应较为明显的基坑，基坑的三维变形效应则是不可以忽略的。一般情况下，基坑的平面尺寸越小，基坑中部的变形受到的效应越明显，变形越小。圆形的基坑比方形基坑好，形状规则的基坑比形状不规则的基坑要好，特别是有阳角（外凸角）基坑，由于阳角部位应力集中，非常不利；面积小的基坑比面积大的基坑稳定，因为大面积基坑边长大，特别是长边，如果过长，长边中部变形较大，容易发生变形折断。

【考点】基坑的三维效应。

【参考答案】CD

2.（2011-A-57）地下水位很高的地基，上部为填土，下部为砂、卵石土，再下部为弱透水层。拟开挖一 15m 深基坑。由于基坑周边有重要建筑物，不允许降低地下水位。下列（　　）的支护方案是适用的。

（A）水泥土墙 （B）地下连续墙
（C）土钉墙 （D）排桩，在桩后设置截水帷幕

【解析】参见《建筑基坑支护技术规程》（JGJ 120—2012）表 3.3.2。

（1）重力式水泥挡墙适应于淤泥质土、淤泥基坑，且基坑的深度不宜大于 7m，本基坑深度为 15m，不适合，选项 A 错误。

（2）单一土钉墙适用于地下水位以上或降水的非软土基坑，且基坑深度不宜大于 12m，选项 C 错误。本题不允许人工降水，只能截水，得到选项 B、D 可以截水。

【考点】支护方式的选择。

【参考答案】BD

3.（2013-A-28）某中心城区地铁车站深基坑工程，开挖深度为地表下 20m，其场地地层结构为：地表下 0~18m 为一般黏性土，18~30m 为砂性土，30~45m 为强~中等风化的砂岩。场地地下水主要是上部第四纪地层中的上层滞水和承压水，承压水头埋藏深度为地表下 2m。挡土结构拟采用嵌岩地下

连续墙。关于本基坑的地下水控制，可供选择的方法有以下几种：a 地下连续墙槽段接头处外侧布置一排多头深层搅拌桩；b 基坑内设置降水井；c 坑内布置高压旋喷桩封底。从技术安全性和经济适宜性分析，下列（　　）方案是最合适的。

（A）a+b   （B）b+c
（C）a+c   （D）a、b、c 均不需要

【解析】《建筑基坑支护技术规程》（JGJ 120—2012）表 3.3.2 进行选型：地下连续墙宜同时用作主体地下结构外墙，可同时用于截水。本题主要是对地下水的控制，并不是降水，所以用地下连续墙加深层搅拌桩的方式。

【考点】支护结构的选型。

【参考答案】A

4.（2014-A-30）某基坑深 10m，长方形，平面尺寸为 50m×30m，距离基坑边 4～6m 为 3 层～4 层的天然地基民房。如图 9-2 所示，场地地层从地面起为：①填土层，厚 2m；②淤泥质黏土层，厚 2m；③中砂层，厚 4m；④粉质黏土层，可塑到硬塑。承压水水头位于地面下 1m，按照基坑安全、环境安全、经济合理的原则，下列（　　）的支护方案最合适。

（A）搅拌桩复合土钉支护
（B）钢板桩加锚索支护
（C）搅拌桩重力式挡墙支护
（D）地下连续墙加内支撑支护

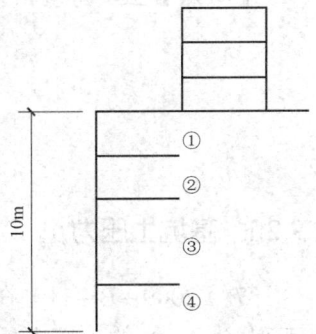

图 9-2

【解析】参见《建筑基坑支护技术规程》（JGJ 120—2012）表 3.32 和条文说明。本题大意为：基坑的深度 10m 范围内有淤泥层、含承压水中砂层，基坑边有天然地基民房。理论上土钉墙位移和沉降较大，当基坑周边变形影响范围内有建筑物时，不适合用土钉墙支护，所以选项 A 不正确；钢板桩加锚索支护属于锚拉式结构，适用于较深的基坑，锚杆不宜在软土层和高水位的碎石土和砂土中，因此选项 B 不正确；重力式挡土墙适合的基坑深度不宜大于 7m，所以选项 C 不正确；地下连续墙加内支撑支护为支撑式结构，易于控制水平变形，并能止水，当基坑较深或基坑周边环境对支护结构的位移要求严格时常采用此方式。

【考点】基坑支护结构的选择。

【参考答案】D

9.1.2 基坑支护结构设计概述

5.（2013-A-60）根据《建筑基坑支护技术规程》（JGJ 120—2012），关于深基坑工程设计，下列（　　）说法是正确的。

（A）基坑支护设计使用期限，即从基坑土方开挖之日起至基坑完成使用功能结束，不应小于一年
（B）基坑支护结构设计必须同时满足承载力极限状态和正常使用极限状态
（C）同样的地质条件下，基坑支护结构的安全等级主要取决于基坑开挖的深度
（D）支护结构的安全等级对设计时支护结构的重要性系数和各种稳定性安全系数的取值有影响

【解析】参见《建筑基坑支护技术规程》（JGJ 120—2012）。

（1）3.1.1 条及条文说明：基坑支护设计应规定其设计使用期限，基坑支护的设计使用年限不应小于一年。基坑支护是为主体结构地下部分施工而采取的临时措施，地下结构施工完成后，基坑支护也就随之完成其用途。所以选项 A 错误。

（2）3.1.4 条第 1 款、第 2 款：基坑支护结构设计必须同时满足承载力极限状态和正常使用极限状态。选项 B 正确。

（3）3.1.3 条：基坑支护结构的安全等级应综合考虑基坑周边环境和地质条件的复杂程度、基坑深度等因素。因此选项 C 错误。

（4）由 3.1.3 条文说明知，选项 D 正确。

【考点】基坑支护技术的设计原则。

【参考答案】BD

6.（2018-A-58）根据《建筑基坑支护技术规程》（JGJ 120—2012），下列哪些选项的内容在基坑设计文件中必须明确给定？（　　）

(A) 支护结构的使用年限　　　　　　(B) 支护结构的水平位移控制值

(C) 基坑周边荷载的限值和范围　　　(D) 内支撑结构拆除的方式

【解析】参见《建筑基坑支护技术规程》（JGJ 120—2012）。

第3.1.1条：基坑支护设计应规定其设计使用年限。

第3.1.8条第1款：基坑支护设计应按要求设定支护结构的水平位移控制值和基坑周边环境的沉降控制值。

第3.1.9条：设计中应提出明确的基坑周边荷载限制值、地下水和地表水控制等基坑使用要求。

【考点】主要考查对于基坑设计文件的熟悉。

【参考答案】ABC

9.2 基坑支护设计与计算

9.2.1 基坑土压力

7.（2009-B-11）在支护桩及连续墙的后面垂直于基坑侧壁的轴线埋设土压力盒，在同样条件下，下列（　　）的土压力最大。

(A) 地下连续墙后　　　　　　(B) 间隔式排桩

(C) 连续密布式排桩　　　　　(D) 间隔式双排桩的前排桩

【解析】土压力的大小根据挡土墙位移而变化，挡土墙稳定性差，位移大时为主动土压力；挡土墙稳定性好，位移小时为静止土压力；静止土压力大于主动土压力。选项A墙后的土压力是静止土压力，其他选项的土压力是主动土压力，静止土压力大于主动土压力。

【考点】挡土结构物上的土压力。

【参考答案】A

8.（2010-A-60）根据《建筑基坑支护技术规程》（JGJ 120—2012）的有关规定，计算作用在支护结构上的土压力时，下列（　　）的说法是正确的。

(A) 对地下水位以下的碎石土应水土分算

(B) 对地下水位以下的黏性土应水土合算

(C) 对于黏性土抗剪强度指标c、φ值采用三轴不固结不排水试验指标

(D) 土压力系数按朗肯土压力理论计算

【解析】参见《建筑基坑支护技术规程》（JGJ 120—2012）。

由3.1.14条第3款得到选项A正确。

根据3.1.14条第2款得到选项B正确。

根据3.1.14条第2款，得到对正常固结和超固结土，土的抗剪强度指标应采用三轴固结不排水指标，对于欠固结土，采用三轴不固结不排水抗剪强度指标，选项C错误。

根据第3.4.2条文说明，选项D正确。

【考点】基坑计算的基本规定。

【参考答案】ABD

9.（2011-B-18）在同样的设计条件下，作用在（　　）基坑支挡结构上的侧向土压力最大。

(A) 土钉墙　　　　　　　　　(B) 悬臂式板桩

(C) 水泥土挡墙　　　　　　　(D) 逆作法施工的刚性地下室外墙

【解析】根据土力学的相关知识，得到当挡土墙的位移较大，接近主动土压力，所以侧向土压力较

小；当挡土墙的位移较小，接近静止土压力，侧向土压力较大。因此在以上四个选项中，选项 D 的位移最小，因此侧向土压力最大。

【考点】挡土墙的土压力。

【参考答案】D

10.（2012-B-20）相同地层条件、周边环境和开挖深度的两个基坑，分别采用钻孔灌注桩排桩悬臂支护结构和钻孔灌注桩排桩加钢筋混凝土内支撑支护结构，支护桩长相同。假设悬臂支护结构和桩撑支护结构支护桩体所受基坑外侧朗肯土压力的计算值和实测值分别为 $P_{理1}$、$P_{实1}$ 和 $P_{理2}$、$P_{实2}$。关于它们的关系，下列（　　）是正确的。

（A）$P_{理1}=P_{理2}$；$P_{实1}<P_{实2}$ 　　　　（B）$P_{理1}>P_{理2}$；$P_{实1}>P_{实2}$

（C）$P_{理1}<P_{理2}$；$P_{实1}<P_{实2}$ 　　　　（D）$P_{理1}=P_{理2}$；$P_{实1}>P_{实2}$

【解析】两种支护结构的土压力都是采用朗肯土压力理论公式进行计算，由于土层和参数都相同，因此土压力的计算值相等，即 $P_{理1}=P_{理2}$；实际上土压力的大小是根据挡土墙位移的变化来确定，位移小的土压力接近静止土压力，静止土压力大于主动土压力。桩-撑支护结构的整体稳定性更好，位移值更小，为静止土压力，所以土压力的值大于由悬臂支护结构产生的主动土压力的值。

【考点】挡土墙土压力的计算。

【参考答案】A

11.（2012-B-21）已知某中砂地层中基坑开挖深度 $H=8.0$m，中砂天然重度 $\gamma=18.0$kN/m³，饱和重度 $\gamma_{sat}=20$kN/m³，内摩擦角 $\varphi=30°$，基坑边坡土体中地下水位至地面距离 4.0m，如图 9-3 所示。作用在基坑底以上支护墙体上的总水压力 P_w 大小是下列（　　）中的数值（单位：kN/m）。

（A）160　　（B）80

（C）40　　（D）20

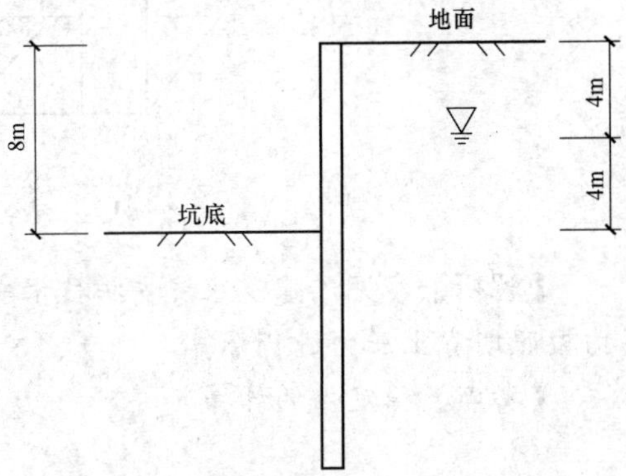

【解析】$P_w=1/2\gamma_w h^2=0.5\times10\times4^2kN/m=80$kN/m，注意题目中要求计算的是总水压力。

【考点】水压力的计算。

图 9-3

【参考答案】B

12.（2012-B-22）在上题基坑工程中，采用疏干排水，当墙后地下水位降至坑底标高时，根据《建筑基坑支护技术规程》（JGJ 120—2012）作用在坑底以上墙体上的总朗肯主动土压力大小最接近下列（　　）中的数值（单位：kN/m）。

（A）213　　（B）197　　（C）106　　（D）48

【解析】根据土压力的计算公式：基坑开挖深度 $H=8.0$m，中砂天然重度 $\gamma=18.0$kN/m³，内摩擦角 $\varphi=30°$。

$$K_a=\left[\tan\left(45°-\frac{30°}{2}\right)\right]^2=\frac{1}{3}$$

$$P=\frac{1}{2}\gamma H^2 K_a=\left(\frac{1}{2}\times18.0\times8^2\times\frac{1}{3}\right)\text{kN/m}=192\text{kN/m}$$

【考点】土压力的计算。

【参考答案】B

13.（2016-A-26）某基坑开挖深度为 8m，支护桩长度为 15m，桩顶位于地表，采用落底式侧向止水帷幕，支护结构长度范围内地层主要为粗砂，墙后地下水埋深为地表下 5m。支护桩主动侧所受到的静水压力的合理大小与下列哪个选项中的数值最接近？（单位：kN/m）（　　）

（A）1000　　（B）750　　（C）500　　（D）400

【解析】 $P_a = (1/2 \times 10 \times 10 \times 10)\text{kN/m} = 500\text{kN/m}$

【考点】 水压力的计算。

【参考答案】 C

14.（2013－A－27）一个软土中的重力式基坑支护结构，如图所示，基坑底处主动土压力及被动土压力强度分别为 p_{a1}、p_{b1}，支护结构底部主动土压力及被动土压力强度为 p_{a2}、p_{b2}，对此支护结构进行稳定分析时，合理的土压力模式选项是（　　）。

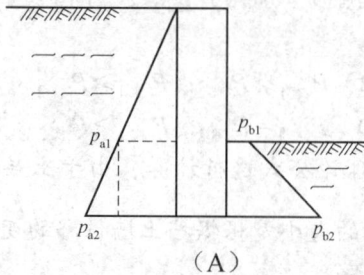

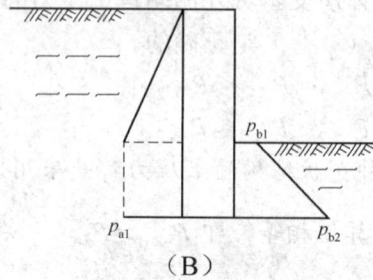

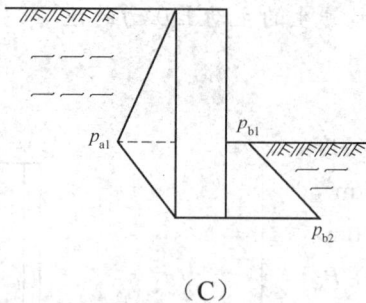

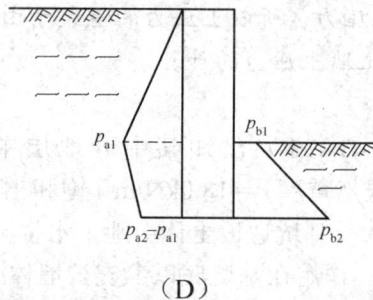

【解析】 参见《建筑基坑支护技术规程》（JGJ 120—2012）4.2 节稳定性的计算，主动与被动土压力均按照朗肯土压力进行计算。

【考点】 稳定性的计算。

【参考答案】 A

9.2.2 土反力

15.（2014－A－61）当采用平面杆系结构弹性支点法对基坑支护结构进行分析计算时，下列关于分布在支护桩上的土反力大小的说法，（　　）是正确的？

（A）与支护桩嵌固段水平位移有关　　　　（B）与基坑底部土性参数有关

（C）与基坑主动土压力系数大小无关　　　（D）计算土抗力最大值应不小于被动土压力

【解析】 参见《建筑基坑支护技术规程》（JGJ 120—2012）。

（1）由公式（4.1.4－1）：$p_s = k_s v + p_{s0}$ 可知，土反力与支护桩嵌固段水平位移有关，选项 A 正确。

（2）根据 4.1.5、4.1.6 条，与基坑底部土性参数有关。选项 B 正确。

（3）根据 4.1.4 条知，初始分布土反力 $p_{s0} = \sigma_{pk} K_{ai} + u_p$，土反力与基坑主动土压力系数有关，选项 C 错误。

（4）由公式（4.1.4－2）得到土反力标准值应小于被动土压力，所以选项 D 错误。

【考点】 支挡结构的稳定性验算。

【参考答案】 AB

9.2.3 等值梁法

16.（2011－A－30）对于单支点的基坑支护结构，在采用等值梁法计算时需要假定等值梁上有一个铰接点。该铰接点一般可近似取在等值梁上的（　　）位置。

（A）主动土压力强度等于被动土压力强度的位置

（B）主动土压力合力等于被动土压力合力的位置

（C）等值梁土剪力为零的位置

（D）基坑底面下 1/4 嵌入深度处

【解析】根据《建筑边坡工程技术规范》（GB 50330—2013）规范 F.0.4−1 条，反弯点（铰接点）的定义为：在坡脚地面以下，主动土压力标准值等于被动土压力标准值的点，此点的弯矩为零。

【考点】土质边坡的等值梁法。

【参考答案】A

17.（2017−A−26）某均质土基坑工程，采用单道支撑板式支护结构（图 9−4）当开挖坑底并达到稳定状态后，下列支护结构弯矩图中哪个选项是合理的？（　　　）

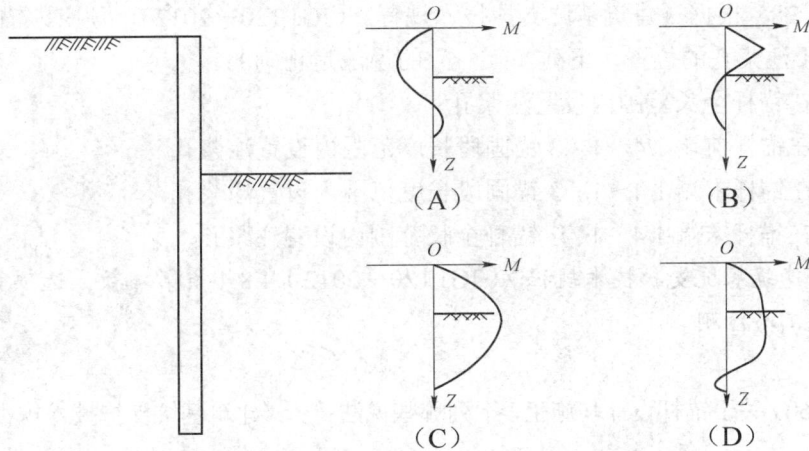

图 9−4

【解析】等值点为主动土压力和被动土压力相等的点，因此其应位于坑底以下，排除答案 B、C，弯矩最大点应该是剪力为零的点，即主动土压力合力和被动土压力合力相等的点，排除答案 A。当然根据基坑真实受力也可以判断上侧的弯矩应为右侧的。

【考点】基坑受力分析。

【参考答案】D

18.（2009−B−52）对于基坑中的支护桩和地下连续墙的内力，下列（　　　）是正确的。

（A）对于单层锚杆情况，主动与被动土压力强度相等的点（$e_a = e_p$）近似作为弯矩零点

（B）对悬臂式桩、墙的总主动与被动土压力相同的点（$\sum E_a = \sum E_p$）是弯矩最大点

（C）对于悬臂式桩、墙总主动与被动土压力差最大的点（$\sum E_a - \sum E_p$）$_{max}$ 是轴力最大点

（D）对悬臂式桩、墙总主动与被动土压力相等的点（$\sum E_a = \sum E_p$）近似为弯矩零点

【解析】《建筑基坑支护技术规程》（JGJ 120—2012）已经删除等值梁法，此部分内容可以参考《基坑支护技术》或者《建筑边坡工程技术规范》（GB 50330—2013）附录 F。

反弯点的定义：在坡脚地面以下，主动土压力标准值等于被动土压力标准值的点，即为土压力零点。

剪力零点，即弯矩最大点，其确定方法是总主动土压力等于总被动土压力的点。

【考点】基坑支护结构的计算。

【参考答案】AB

9.2.4　预应力锚杆

19.（2012−B−58）根据《建筑基坑支护技术规程》（JGJ 120—2012），关于预应力锚杆的张拉与锁定，下列（　　　）是正确的。

（A）锚固段强度大于 15MPa，并达到设计强度等级的 75% 后方可进行张拉

（B）锚杆宜张拉至设计荷载的 0.9～1.0 倍后，再按设计要求锁定

（C）锚杆张拉锁定值宜取锚杆轴向受拉承载力标准值的 0.50～0.65 倍

（D）锚杆张拉控制应力不应超过锚杆受拉承载力标准值的 0.75 倍

【解析】参见《建筑基坑支护技术规程》（JGJ 120—2012）。

（1）4.8.7 条第 1 款：当锚杆固结体的强度达到 15MPa 或设计强度的 75%后，方可进行锚杆的张拉锁定，得到选项 A 错误；

（2）4.8.7 条第 4 款：锁定时的锚杆拉力可取锁定值的 1.1～1.15 倍，选项 B 错误；

（3）4.8.7 条文说明：锚杆张拉锁定时，张拉值大于锚杆轴向拉力标准值，然后将拉力锁定在 1.1～1.15 倍进行锁定，所以选项 C、D 错误。

【考点】锚杆的施工与检测。

【参考答案】无

20.（2014－A－28）根据《建筑基坑支护技术规程》（JGJ 120—2012），预应力锚杆施工采用二次压力注浆工艺时，关于注浆孔的位置，下列（　　）的说法是正确的。

（A）注浆管应在锚杆全长范围内设置注浆孔

（B）注浆管应在锚杆前端 1/4～1／3 锚固段长度范围内设置注浆孔

（C）注浆管应在锚杆末端 1/4～1／3 锚固段长度范围内设置注浆孔

（D）注浆管应在锚杆末端 1/4～1／3 锚杆全长范围内设置注浆孔

【解析】根据《建筑基坑支护技术规程》（JGJ 120—2012）4.8.4 条第 4 款，选项 C 正确。

【考点】锚杆施工与检测。

【参考答案】C

21.（2016－A－60）关于锚杆设计与施工，下列哪些说法符合《建筑基坑支护技术规程》（JGJ 120—2012）的规定？（　　）

（A）土层中锚杆长度不宜小于 11m

（B）土层中锚杆自由段长度不应小于 5m

（C）锚杆注浆固结体强度不宜低于 15MPa

（D）预应力锚杆的张拉锁定应在锚杆固结体强度达到设计强度的 70%后进行

【解析】参见《建筑基坑支护技术规程》（JGJ 120—2012）。

（1）4.7.9 第 2 条款：锚杆自由段的长度不应小于 5m。

（2）第 3 款：土层中的锚杆锚固段长度不宜小于 6m。选项 A、B 正确。

（3）4.7.9 条第 9 款：锚杆注浆应采用水泥浆或水泥砂浆，注浆固结体强度不宜低于 20MPa，故选项 C 错误。

（4）4.8.7 条第 1 款：当锚杆固结体的强度达到 15MPa 或设计强度的 75%后，方可进行锚杆的张拉锁定。故选项 D 错误。

【考点】锚杆设计与施工。

【参考答案】AB

22.（2017－A－27）基坑工程中，有关预应力锚杆受力的指标：①极限抗拔承载力标准值；②轴向拉力标准值；③锁定值；④预张拉值。从大到小顺序应为哪个选项？（　　）

（A）①＞②＞③＞④　　　　　　　　（B）①＞④＞②＞③

（C）①＞③＞②＞④　　　　　　　　（D）①＞②＞④＞③

【解析】参见《建筑基坑支护技术规程》（JGJ 120—2012）。

4.7.2 条：$\frac{R_k}{N_k} \geqslant K_t$ 可知，极限抗拔承载力标准值大于轴向拉力标准值。

4.8.7 条：锁定时的锚杆拉力可取锁定值的 1.1～1.15 倍，可知预应张拉值大于锁定值。

由 4.8.8 条中表 4.8.8 可知，抗拔承载力检测值大于轴向拉力标准值。

【考点】锚杆受力。

【参考答案】B

23.（2017-A-30）基坑工程中锚杆腰梁截面设计时，作用在腰梁的锚杆轴向力荷载应取下列哪个选项？（　　）

（A）锚杆轴力设计值
（B）锚杆轴力标准值
（C）锚杆极限抗拔承载力标准值
（D）锚杆锁定值

【解析】根据《建筑基坑支护技术规程》（JGJ 120—2012）4.7.11条，锚杆腰梁应根据实际约束条件按连续梁或简支梁计算。计算腰梁的内力时，腰梁的荷载应取结构分析时得出的支点力设计值。

【考点】腰梁设计。

【参考答案】A

24.（2017-A-31）根据《建筑基坑支护技术规程》（JGJ 120—2012）的规定，对桩-锚支护结构中的锚杆长度设计和锚杆杆件截面设计，分别采用下列哪个选项中的系数？（　　）

（A）安全系数、安全系数
（B）分项系数、安全系数
（C）安全系数、分项系数
（D）分项系数、分项系数

【解析】参见《建筑基坑支护技术规程》（JGJ 120—2012）4.7.1条、4.7.6条。公式（4.7.2）中的 k_t 为安全系数。4.7.6条中的 N 参照3.1.7条中 γ_0 和 γ_F 采用的是分项系数。

【考点】锚杆设计。

【参考答案】C

25.（2017-A-57）根据《建筑基坑支护技术规程》（JGJ 120—2012）锚杆试验的有关规定，下列哪项选项是正确的？（　　）

（A）锚杆基本试验应采用循环加卸荷载法，每段加卸载稳定后测读锚头位移不应少于3次
（B）锚杆的弹性变形应控制小于自由段长度变形计算值的80%
（C）锚杆验收试验中的最大试验荷载数应取轴向受拉承载力设计值的1.3倍
（D）如果某级荷载作用下锚头位移不收敛，可认为锚杆已经破坏

【解析】参见《建筑基坑支护技术规程》（JGJ 120—2012）。

（1）A.2.3条：锚杆极限抗拔承载力试验宜采用循环加载法；A.2.5条第2款：每级加、卸荷载稳定后，在观测时间内测读锚头位移不应少于3次。故选项A正确。

（2）A.4.6条第2款：在抗拔承载力检测下测得的弹性位移量应大于杆体自由段长度理论弹性伸长量的80%，选项B错误。

（3）A.4.1条：锚杆抗拔承载力检测试验，最大试验荷载不应小于第4.8.8条规定的抗拔承载力检测值。4.8.8条中查表4.8.8，依据支护结构的安全等级不同，抗拔承载力检测值与轴向拉力标准值的比值不同，选项C错误。

（4）A.2.6条：锚杆试验中遇下列情况之一时，应终止继续加载：锚头位移不收敛，可近似认为锚杆已经破坏，选项D正确。

【考点】锚杆试验。

【参考答案】AD

26.（2018-A-27）在均质、一般黏性土深基坑支护工程中采用预应力锚杆，下列关于锚杆非锚固段说法正确的选项是哪个？（　　）

（A）预应力锚杆非锚固段长度与围护桩直径无关
（B）土性越差，非锚固段长度越短
（C）锚杆倾角越大，非锚固段长度越长
（D）同一断面上排锚杆非锚固段长度不小于下排锚杆非锚固段长度

【解析】根据《建筑基坑支护技术规程》（JGJ 120—2012）图4.7.5可知，对于同一断面，上排锚杆非锚固段长度大于下排锚杆非锚固段长度，选项D正确。

由规范第4.7.5条公式可知，非锚固段长度与支护桩直径 d 有关，选项A错误；土性越差，等效内摩擦角越小，理论滑动面与支护桩夹角越大，非锚固段长度越大，选项B错误；锚杆与理论滑动面垂直时的倾角为 α，此时非锚固段长度最短，则倾角大于 α 和小于 α 时，非锚固段长度相同，选项C

错误。

【考点】主要考查对于基坑支护工程中锚杆非锚固段长度公式的理解。

27.（2018－A－30）建筑基坑工程中，关于预应力锚杆锁定时的拉力值，下列选项中哪个正确？（　　）

（A）锚杆的拉力值宜小于锁定值的 0.9 倍　　　（B）锚杆的拉力值宜为锁定值的 1.0 倍

（C）锚杆的拉力值宜为锁定值的 1.1 倍　　　（D）锚杆的拉力值宜为锁定值的 1.5 倍

【解析】根据《建筑基抗支护技术规程》（JGJ 120—2012）第 4.8.7 条第 4 款，锁定时的锚杆拉力值可取锁定值的 1.1～1.15 倍。

【考点】主要考查对于《建筑基抗支护技术规程》（JGJ 120—2012）第 4.8.7 条第 4 款锚杆锁定时的拉力值取值规定的记忆。

【参考答案】C

28.（2019－A－40）某建筑边坡支护体系中的锚杆，主筋采用 3 根直径 22mm 的 HRB400 钢筋，钢筋的屈服强度标准值为 400N/mm²，进行锚杆基本测试时，可施加的最大试验荷载最接近下列哪个选项？（　　）

（A）388kN　　　（B）410kN　　　（C）456kN　　　（D）585kN

【解析】参见《建筑边坡工程技术规范》（GB 50330—2013）C.2.2 条。基本试验时的最大的试验荷载不应超过杆体标准值的 0.85 倍，普通钢筋不应超过其屈服值的 0.90 倍。

参见《混凝土结构设计规范》（GB 50010—2010）（2015 版）A.0.1 表，3 根直径 22mm 的面积：

$$A_s = 1140\text{mm}^2 \leq (0.85 \times 540 \times 1140)\text{kN} = 523.3\text{kN}；\leq (0.90 \times 400 \times 1140)\text{kN} = 410.4\text{kN}$$

此处杆体标准值表述不清晰，应该为杆体极限强度标准值，具体可参考《建筑基坑支护技术规程》（JGJ 120—2012）A.1.7 条。

【考点】锚杆的基本试验。

【参考答案】B

29.（2019－A－59）下列哪些选项会造成预应力锚杆张拉锁定后的预应力损失？（　　）

（A）土体蠕变　　　　　　　　　　（B）钢绞线多余部分采用热切割方法

（C）相邻锚杆施工影响　　　　　　（D）围护结构向坑内水平位移

【解析】根据《建筑基坑支护技术规程》（JGJ 120—2012）第 4.8.7 条文说明：工程实测表明，锚杆张拉锁定后一般预应力损失较大，造成预应力损失的主要因素有土体蠕变、锚头及连接的变形、相邻锚杆影响等。

钢绞线多余部分宜采用冷切割方法切除，采用热切割时，钢绞线过热会使锚具夹片表面硬度降低，造成钢绞线滑动，降低锚杆预应力。

【考点】锚杆张拉锁定。

【参考答案】ABC

30.（2020－A－25）某一级基坑工程锚索试验确定的极限抗拔承载力标准值为 600kN，则根据《建筑坑支护技术规程》（JGJ 120—2012），该锚索锁定时的锚杆拉力可取下列哪个选项？（　　）

（A）100kN　　　（B）200kN　　　（C）300kN　　　（D）400kN

【解析】根据《建筑坑支护技术规程》（JGJ 120—2012）4.7.2 条、4.7.7 条、4.8.7 条第 4 款：

（1）根据 4.7.2 条，基坑等级为一级，则：

$$\frac{R_k}{N_k} \geq K_t = 1.8$$

根据题干已知 $R_k = 600\text{kN}$，则 $N_k \leq 600\text{kN}/1.8 = 333.3\text{kN}$。

（2）根据 4.7.7 条：锚杆锁定值宜取锚杆轴向拉力标准值的 0.75～0.9 倍。

（3）根据 4.8.7 条第 4 款：缺少测试数据时，锁定时的锚杆拉力可取锁定值的 1.1～1.15 倍；

则锁定时的锚杆拉力值为：

$$N = [(0.75 \sim 0.9) \times (0.75 \sim 0.9) \times 333.3]kN = 275 \sim 345kN$$

【考点】锚杆拉力取值的相关规定。

【参考答案】C

31.（2020-A-38）某建筑基坑，支护结构安全等级为一级，采用锚拉式排桩进行支护，若锚杆轴向拉力标准值为400kN，进行锚杆抗拔承载力检测时的最大试验荷载不应小于下列哪个选项？（　　）

（A）400kN　　　　　（B）480kN　　　　　（C）520kN　　　　　（D）560kN

【解析】根据《建筑基坑支护技术规程》（JGJ 120—2012）4.8.8条，抗拔承载力检测值应按表4.8.8确定（见表9-1）。

表9-1　　　　　　　　　　表4.8.8 抗拔承载力检测值

支护结构的安全等级	抗拔承载力检测值与轴向拉力标准值的比值
一级	≥1.4
二级	≥1.3
三级	≥1.2

故本题中进行抗拔承载力检测的最大试验荷载不应小于：

$$400kN \times 1.4 = 560kN$$

【考点】锚杆抗拔承载力检测值的确定。

【参考答案】D

9.2.5　内支撑结构

32.（2009-B-10）下列（　　）的基坑内支撑刚度最大、整体性最好，可最大限度地避免由节点松动而失事？

（A）现浇混凝土桁架支撑架构　　　　　（B）钢桁架结构
（C）钢管平面对撑　　　　　（D）型管平面斜撑

【解析】根据基坑支护相关书籍可知，内支撑可分为钢或混凝土，也有钢和混凝土的组合。

支撑的结构形式（支撑材料的选择）：

（1）支撑结构可采用钢支撑。

优点：自重轻、安装和拆除方便、施工速度快、可以重复利用（环保、绿色），且安装后能立即发挥支撑作用，减少由于时间效应而增加的基坑位移是十分有效的。

缺点：节点构造和安装相对比较复杂，施工质量和水平要求较高。适用于对撑、角撑等平面形状简单的基坑。

（2）支撑结构可采用钢筋混凝土支撑。

优点：刚度大，整体性好，布置灵活，适应于不同形状的基坑，而且不会因节点松动而引起基坑位移，施工质量容易得到保证。

缺点：现场制作和养护时间较长，拆除工程量大，支撑材料不能重复利用。

（3）支撑结构可采用钢支撑与钢筋混凝土支撑的组合。

（4）选型时应考虑的因素：

基坑的平面形状、尺寸和开挖深度；基坑周边环境条件；围护结构（桩、墙）的形式；土方开挖与支撑安装工序；支撑拆除方式；主体结构的设计与施工要求。

【考点】基坑的内支撑。

【参考答案】A

33.（2013-A-29）关于深基坑水平支撑弹性支点刚度系数的大小，下列（　　）的说法是错误的。

（A）与支撑的尺寸和材料性质有关　　　　　（B）与支撑的水平间距无关
（C）与支撑构件的长度成反比　　　　　（D）与支撑腰梁或冠梁的挠度有关

221

【解析】根据《建筑基坑支护技术规程》（JGJ 120—2012）规范表4.1.10和公式（4.1.10），$k_R = \dfrac{\alpha_R E A b_a}{\lambda l_0 s}$，深基坑水平支撑弹性支点刚度系数与支撑的尺寸和材料性质有关，故选项A正确；深基坑水平支撑弹性支点刚度系数与支撑的水平间距成反比的关系，故选项B错误；深基坑水平支撑弹性支点刚度系数与支撑构件的长度成反比，故选项C正确；深基坑水平支撑弹性支点刚度系数与支撑腰梁或冠梁的挠度有关，故选项D正确。

【考点】支护结构的结构分析。

【参考答案】B

34.（2013-A-61）根据《建筑基坑支护技术规程》（JGJ 120—2012），关于在分析计算支撑式挡土结构时采用的平面杆系结构弹性支点法，下列（　　）的说法是正确的。

（A）基坑底面以下的土压力和土的反力均应考虑土的自重作用产生的应力

（B）基坑底面以下某点的土抗力值的大小随挡土结构的位移增加而线性增加，其数值不应小于被动土压力值

（C）多层支撑情况下，最不利作用效应一定发生在基坑开挖至坑底时

（D）支撑连接处可简化为弹性支座，其弹性刚度应满足支撑与挡土结构连接处的变形协调条件

【解析】参见《建筑基坑支护技术规程》（JGJ 120—2012）。

（1）根据4.1.3～4.1.10的条文说明得到选项A正确。

（2）根据4.1.4条和公式（4.1.4-2）得到基坑底面以下某点的土抗力值的大小随挡土结构的位移增加而线性增加，其数值不应大于被动土压力值，选项B错误。

（3）4.1.2条文说明：一般情况下，基坑开挖到基底时受力与变形最大，但有时也会出现开挖中间过程支护结构内力最大，因此选项C错误。

（4）根据4.1.1条文说明，选项D正确。

【考点】支挡式结构的结构分析。

【参考答案】AD

35.（2014-A-57）根据《建筑基坑支护技术规程》（JGJ 120—2012）有关规定，深基坑水平对撑支护结构中关于计算宽度内弹性支点的刚度系数，下列（　　）是正确的。

（A）与支撑的截面尺寸和支撑材料的弹性模量有关

（B）与支撑水平间距无关

（C）与支撑两边基坑土方开挖方式及开挖时间差异有关

（D）同样的条件下，预加轴向压力时钢支撑的刚度系数大于不预加轴向压力的刚度系数

【解析】参见《建筑基坑支护技术规程》（JGJ 120—2012）：

（1）4.1.10条：支撑式支挡结构的弹性支点刚度系数宜通过对内支撑结构整体进行线弹性结构分析得出的支点力与水平位移的关系确定。对水平对撑，当支撑腰梁或冠梁的挠度可忽略不计时，计算宽度内弹性支点刚度系数可按公式（4.1.10）计算，对混凝土支撑和预加轴向压力的钢支撑，支撑松弛系数取1.0，对不预加支撑轴向压力的钢支撑，支撑松弛系数取0.8～1.0，支撑松弛系数与弹性支点刚度系数成正比，故选项D正确。

（2）支撑不动点调整系数与土方开挖及开挖时间差异有关，故选项C正确。

（3）弹性支点刚度系数与支撑水平间距成反比，故选项B错误。

（4）弹性支点刚度系数与支撑的截面尺寸和支撑材料的弹性模量成正比，故选项A正确。

【考点】支挡式结构的分析方法。

【参考答案】ACD

36.（2018-A-61）已知某围护结构采用C30钢筋混凝土支撑，其中某受压支撑截面配筋如图9-5所示，针对图示配筋存在的与相关规范不相符合的地方，下列哪些选项是正确的？（　　）

（A）箍筋直径不符合要求　　　　　　　　（B）纵筋间距不符合要求

（C）未设置复合箍筋　　　　　　　　　　（D）最小配筋率不符合要求

【解析】根据《建筑基坑支护技术规程》（JGJ 120—2012）第 4.9.13 条第 3 款，箍筋直径不宜小于 8mm，间距不宜大于 250mm，选项 A 符合规范要求。支撑构件的纵向钢筋直径不宜小于 16mm，沿截面周边的间距不宜大于 200mm，图中纵筋间距大于 200mm，选项 B 不符合规范要求。

根据《混凝土结构设计规范》（GB 50010—2010）第 9.3.2 条第 4 款，当柱截面短边尺寸大于 400mm 且各边纵向钢筋多于 3 根时，应设置复合箍筋，选项 C 不符合规范要求。

根据《混凝土结构设计规范》（GB 50010—2010）第 8.5.1 条表 8.5.1，配筋率 $\rho=\frac{1809+201}{800\times900}=0.3\%$，全部纵向钢筋最小配筋率为 0.6%，选项 D 不符合规范要求。

【考点】支护内支撑混凝土结构配筋构造规定。

【参考答案】BCD

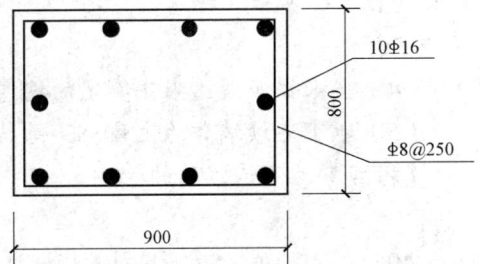

图 9-5

37.（2019-A-28）关于建筑基坑内支撑结构设计，下列哪个说法是错误的？（　　）
（A）水平对撑应按中心受压构件进行计算
（B）竖向斜撑应按偏心受压构件进行计算
（C）腰梁应按以支撑为支座的多跨连续梁计算
（D）水平斜撑应按偏心受压构件进行计算

【解析】根据《建筑基坑支护技术规程》（JGJ 120—2012）第 4.9.5 条：水平对撑与水平斜撑，应按照偏心受压构件进行计算；竖向斜撑应按照偏心受压构件进行计算；腰梁或者冠梁应按以支撑为支座的多跨连续梁计算。

【考点】基坑内支撑设计。

【参考答案】A

38.（2019-A-31）对与竖向斜撑结合的支护排桩（如图 9-6 所示，不考虑桩身自重），还应需要按下列哪种受力类型构件考虑？（　　）
（A）纯弯　　　　　（B）偏压
（C）弯剪　　　　　（D）偏拉

【解析】根据《建筑基坑支护技术规程》（JGJ 120—2012）第 4.9.5 条：水平对撑与水平斜撑，应按照偏心受压构件进行计算；竖向斜撑应按照偏心受压构件进行计算；本图属于竖向斜撑。

本题题干问法有歧义，按照题干意思是桩的受力类型，但从选项来看，应该是问内支撑的受力类型。

【考点】基坑内支撑设计。

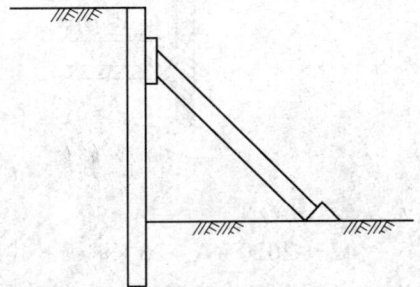

图 9-6

【参考答案】B

9.2.6　地下连续墙

39.（2009-B-14）设计时对地下连续墙墙身结构质量检测，宜优先采用（　　）。
（A）高应变动测法　　　　　　（B）声波透射法
（C）低应变动测法　　　　　　（D）钻芯法

【解析】根据《建筑基坑支护技术规程》（JGJ 120—2012）4.6.16 条：

（1）应进行槽壁垂直度检测，检测数量不得小于同条件下总槽段数的 20%，且不少于 10 幅；当地下连续墙作为主体地下结构构件时，应对每个槽段进行槽壁垂直度检测。

（2）应进行槽底沉渣厚度检测；当地下连续墙作为主体地下结构构件时，应对每个槽段进行槽底沉渣厚度检测。

（3）应采用声波透射法对墙体混凝土质量进行检测，检测墙段数量不宜少于同条件下总墙段数的

20%，且不得少于3幅墙段，每个检测墙段的预埋超声波管数不应少于4个，且宜布置在墙身截面的四边中点处。

（4）当根据声波透射法判定的墙身质量不合格时，应采用钻芯法进行验证。

（5）地下连续墙作为主体地下结构构件时，其质量检测尚应符合相关规范的要求。

【考点】地下连续墙的检测。

【参考答案】B

40.（2017-A-59）下列哪些选项属于地下连续墙的柔性槽段接头？（ ）

（A）圆形锁口管接头
（B）工字形钢接头
（C）楔形接头
（D）十字形穿孔钢板接头

【解析】根据《建筑基坑支护技术规程》（JGJ 120—2012）4.5.9条第1款：地下连续墙宜采用圆形锁口管接头、波纹管接头、楔形接头、工字形钢接头或混凝土预制接头等柔性接头。

【考点】地下连续墙的接头处理。

【参考答案】ABC

41.（2018-A-25）下列关于地连墙与主体结构外墙结合，正确的说法是哪个选项？（ ）

（A）当采用叠合墙形式时，地连墙不承受主体结构自重

（B）当采用复合墙形式时，衬墙不承受永久使用阶段水平荷载作用

（C）当采用单一墙形式时，衬墙不承受永久使用阶段地下水压力

（D）以上说法都不对

【解析】根据《建筑基坑支护技术规程》（JGJ 120—2012）第4.11.3条可知，选项A、B错误，选项C正确，选项D错误。

【考点】主要考查对于《建筑基坑支护技术规程》（JGJ 120—2012）第4.11.3条地下连续墙与地下室外墙三种结合方式的理解。

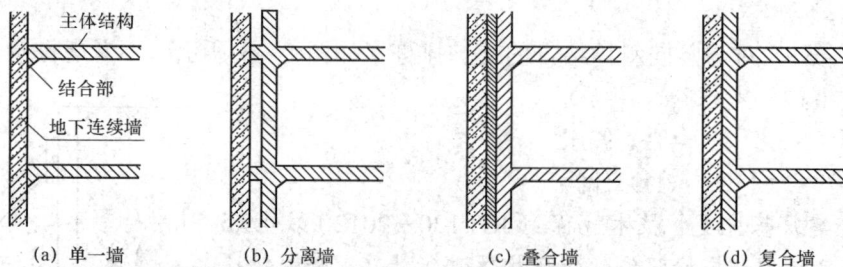

(a) 单一墙 (b) 分离墙 (c) 叠合墙 (d) 复合墙

【参考答案】C

42.（2020-A-26）根据《建筑基坑支护技术规程》（JGJ 120—2012），对一幅6m宽、1m厚地连墙进行水下混凝土浇筑时，每根导管最小初灌量宜为下列哪个选项？（ ）

（A）3m³
（B）6m³
（C）9m³
（D）12m³

【解析】根据《建筑基坑支护技术规程》（JGJ 120—2012）4.6.13条：槽段长度不大于6m时，混凝土宜采用两根导管同时浇筑；槽段长度大于6m时，混凝土宜采用三根导管同时浇筑。每根导管分担的浇筑面积应基本均等。钢筋笼就位后应及时浇筑混凝土。混凝土浇筑过程中，导管埋入混凝土面的深度宜在2.0m～4.0m之间，浇筑液面的上升速度不宜小于3m/h。混凝土浇筑面宜高于地下连续墙设计顶面500mm。

6m宽地下连续墙，采用2根导管灌注，最小初灌量应保证浇筑高度大于2m，故每根导管的最小初灌量为：

$$\frac{6 \times 1 \times 2}{2} m^3 = 6 m^3$$

本题需要对水下混凝土的浇筑施工工艺有一定的了解，水下混凝土的浇筑一般采用导管从桩底（墙底）浇筑，然后一边浇筑混凝土，一边将桩孔（地下连续墙槽段）内的水（泥浆）排出，从而达到水下浇筑成型的目的。最小初灌量，就是保证首次混凝土连续灌注后，导管能埋置于混凝土内一定深度，是

确保成桩质量的关键因素。

【考点】地下连续墙水下混凝土浇筑初灌量的计算。

43.（2020-A-29）主体结构外墙与地下连续墙结合时，下列哪个论述是错误的？（　　）

（A）地下连续墙应进行裂缝宽度验算

（B）对于叠合墙，地下连续墙与衬墙之间结合面应进行抗剪验算

（C）地下连续墙作为主要竖向承重构件时，应按正常使用极限状态验算地下连续墙的竖向承载力

（D）地下连续墙承受竖向荷载时，应按偏心受压构件计算正截面承载力

【解析】（1）参见《建筑基坑支护技术规程》（JGJ 120—2012）4.11.4 条。

第 2 款：地下连续墙应进行裂缝宽度验算。选项 A 正确。

第 3 款：3 地下连续墙作为主要竖向承重构件时，应分别按承载能力极限状态和正常使用极限状态验算地下连续墙的竖向承载力和沉降量，选项 C 错误。

第 4 款：地下连续墙承受竖向荷载时，应按偏心受压构件计算正截面承载力，选项 D 正确。

（2）参见《建筑基坑支护技术规程》（JGJ 120—2012）4.11.3 条。

对于叠合墙，地下连续墙与衬墙之间的结合面应按承受剪力进行连接构造设计，选项 B 正确。

【考点】主体结构外墙与地下连续墙结合的相关概念。

【参考答案】C

9.2.7　重力式水泥土墙

44.（2009-B-16）建筑基坑采用水泥土墙支护形式，其嵌固深度 h_d 和墙体宽度 b 的确定，按《建筑基坑支护技术规程》（JGJ 120—2012）设计时，下列（　　）是正确的。

（A）嵌固深度 h_d 和墙体宽度 b 均按整体稳定计算确定

（B）嵌固深度 h_d 按整体稳定计算确定，墙体宽度 b 按墙体的抗倾覆稳定计算确定

（C）h_d 和 b 均按墙体的抗倾覆稳定计算确定

（D）h_d 按抗倾覆稳定确定，b 按整体稳定计算确定

【解析】根据《建筑基坑支护技术规程》（JGJ 120—2012）6.1.1～6.1.3 条文说明，一般情况下，重力式水泥土墙的嵌固深度满足整体稳定条件时，抗隆起条件也会满足，因此常常是整体稳定性条件决定嵌固深度下限，采用按整体稳定条件确定的嵌固深度，再按墙的抗倾覆条件计算墙宽，选项 B 正确。

【考点】重力式水泥土墙的稳定性与承载力验算。

【参考答案】B

45.（2010-A-59）在某深厚软塑至可塑黏性土场地开挖 5m 的基坑，拟采用水泥土挡墙支护结构，下列（　　）的验算是必须的。

（A）水泥土挡墙抗倾覆　　　　　　　　（B）圆弧滑动整体稳定性

（C）水泥土挡墙正截面的承载力　　　　（D）抗渗透稳定性

【解析】参见《建筑基坑支护技术规程》（JGJ 120—2012）。

（1）根据 4.2.1、4.2.2 条，支挡结构应满足抗倾覆稳定验算，选项 A 正确。

（2）根据 4.2.3 条，支挡结构应进行整体滑动稳定性验算，选项 B 正确。

（3）根据 4.3.2 条，混凝土支护桩应进行正截面和斜截面承载力验算，选项 C 正确。

（4）根据附录 C.0.2，帷幕底端上层为碎石土、砂土或粉土等含水层时，应验算抗渗透稳定性，本题为黏性土，可不进行验算，选项 D 错误。

【考点】水泥土墙的验算。

【参考答案】ABC

46.（2011-A-62）基坑支护的水泥土墙基底为中密细砂，根据抗倾覆稳定条件确定其嵌固深度和墙体厚度时，下列（　　）是需要考虑的因素。

（A）墙体重度　　　　　　　　　　　　（B）墙体水泥土强度

（C）地下水位 （D）墙内外土的重度

【解析】根据《建筑基坑支护技术规程》（JGJ 120—2012）6.1.2 得到：重力式水泥土墙的倾覆稳定的计算公式为 $\dfrac{E_{\mathrm{Pk}}a_{\mathrm{P}}+(G-u_{\mathrm{m}}B)a_{\mathrm{G}}}{E_{\mathrm{ak}}a_{\mathrm{a}}} \geqslant K_{\mathrm{ov}}$，$G$ 为墙体重度，故选项 A 正确；计算主动和被动土压力时需要地下水位和墙内外土的重度，因此选项 C、D 正确。

【考点】重力式水泥土墙的稳定性计算。

【参考答案】ACD

9.2.8 排桩结构设计

47.（2014−A−29）某建筑深基坑工程采用排桩支护结构，桩径为 1.0m，排桩间距为 1.2m。当采用平面杆系结构弹性支点法计算时，单根支护桩上的土反力计算宽度为（　　）。

（A）1.8m （B）1.5m （C）1.2m （D）1.0m

【解析】参见《建筑基坑支护技术规程》（JGJ 120—2012）公式（4.1.7−1）。

当 $d \leqslant 1.0$m 时，$b_0 = 0.9(1.5d+0.5)$

$$b_0 = 0.9(1.5d+0.5) = 0.9(1.5 \times 1.0 + 0.5)\text{m} = 1.8\text{m}$$

计算宽度应取 1.8m。

当 b_0 大于排桩间距时，取排桩间距为 1.2m，此数值应为实际宽度，因此选 A。

【考点】排桩土压力的计算宽度。

【参考答案】A

48.（2019−A−26）某基坑采用悬臂桩支护，桩身承受的弯矩最大的部位是下列哪个选项？（　　）

（A）坑底处 （B）坑底以上某部位
（C）坑底下某部位 （D）不确定，需看土质

【解析】根据力学知识，弯矩最大的点为剪力等于零的点。剪力等于零，即为左右侧的主被动土压力合力应该相等，被动土压力出现在坑底以下，因此本题选择 C。

【考点】基坑悬臂桩的受力特点。

【参考答案】C

49.（2019−A−57）寒冷地区采用桩锚支护体系的基坑工程，下列哪些措施可以减少冻胀对基坑工程稳定性的影响？（　　）

（A）降低地下水位 （B）增加锚杆自由段长度
（C）增大桩间距 （D）提高预应力锚杆的锁定值

【解析】（1）根据《建筑地基基础设计规范》（GB 50007—2011）附录 G，地基土的含水量越高，土体的冻胀作用越强烈，相应冻胀破坏就越严重，降低地下水位可以减小土体的含水量，减少土的冻胀性，选项 A 正确。

（2）增大桩间距，基坑的整体支护刚度就会降低，对基坑的稳定性是不利的，选项 C 错误。

地基土的冻胀会引起预应力锚杆的预应力损失，预应力损失会造成支护结构产生过量的位移，进而可能对基坑的稳定性产生影响。

（3）根据《建筑基坑支护技术规程》（JGJ 120—2012）第 4.7.5 条文说明，锚杆自由段长度越长，预应力损失越小，锚杆越稳定，则基坑越稳定，选项 B 正确。

（4）根据《建筑基坑支护技术规程》（JGJ 120—2012）第 4.8.7 条，提高预应力锚杆的锁定值，可以减小锁定后锚杆的预应力损失，减小对基坑稳定的影响，选项 D 正确。

【考点】基坑支护。

【参考答案】ABD

50.（2016−A−29）关于双排桩的设计计算，下列哪种说法不符合《建筑基坑支护技术规程》（JGJ 120—2012）的规定？（　　）

（A）作用在后排桩上的土压力计算模式与单排桩相同

（B）双排桩应按偏心受压、偏心受拉进行截面承载力验算

（C）作用在前排桩嵌固段上的土反力计算模式与单排桩不相同

（D）前后排桩的差异沉降对双排桩结构的内力、变形影响较大

【解析】参见《建筑基坑支护技术规程》（JGJ 120—2012）。

（1）由 4.12.2 条及条文说明知，选项 A 正确，选项 C 错误。

（2）由 4.12.8 条知，选项 B 正确。

（3）由 4.12.7 条文说明知，选项 D 正确。

【考点】双排桩的设计计算。

【参考答案】C

51.（2020–A–58）根据《建筑基坑支护规程》（JGJ 120—2012），下列关于双排桩支护结构的说法哪些是正确的？（　　　）

（A）桩间土作用在前后排桩上的力相等　　　（B）前后排桩应按偏压、偏拉构件设计

（C）双排桩刚架梁应按深受弯构件设计　　　（D）桩顶与刚架梁连接节点应按刚接设计

【解析】参见《建筑基坑支护规程》（JGJ 120—2012）。

（1）4.12.2 条：前后排桩间土体对桩侧的压力，可按作用在前、后排桩上的压力相对考虑。

（2）4.12.8 条：双排桩应按偏心受压、偏心受拉构件进行支护桩的截面承载力计算，刚架梁应根据其跨高比按普通受弯构件或深受弯构件进行截面承载力计算。故选项 B 正确，选项 C 说法不准确。

（3）4.12.9 条文说明：《建筑基坑支护规程》的双排桩结构是指由相隔一定间距的前、后排桩及桩顶梁构成的刚架结构，桩顶与刚架梁的连接按完全刚接考虑。故选项 D 正确。

【考点】双排支护桩计算规定。

【参考答案】ABD

9.2.9　土钉墙

52.（2016–A–61）根据《建筑基坑支护技术规程》（JGJ 120—2012），土钉墙设计应验算下列哪些内容？（　　　）

（A）整体滑动稳定性验算　　　　　　　　　（B）坑底隆起稳定性验算

（C）水平滑移稳定性验算　　　　　　　　　（D）倾覆稳定性验算

【解析】详见《建筑基坑支护技术规程》（JGJ 120—2012）。

5.1.1 条：土钉墙应按下列规定对基坑开挖的各工况进行整体滑动稳定性验算：1 整体滑动稳定性可采用圆弧滑动条分法进行验算……

5.1.2 条：基坑底面下有软土层的土钉墙结构应进行坑底隆起稳定。

关于抗倾覆和水平滑动验算，基坑作为临时性结构，无需验算，但作为永久性支护，在《铁路路基支挡结构设计规范》中，是需要进行验算的。

【考点】土钉墙。

【参考答案】AB

53.（2017–A–28）基坑支护施工中，关于土钉墙的施工工序，正确的顺序是下列哪个选项？（　　　）
①喷射第一层混凝土面层；②开挖工作面；③土钉施工；④喷射第二层混凝土面层；⑤绑扎钢筋网。
（A）②③①④⑤　　　（B）②①③④⑤　　　（C）③②⑤①④　　　（D）②①③⑤④

【解析】根据《工程地质手册》（第五版）第 1060 页，土钉墙和喷锚支护的施工工序：基坑开挖、喷射第一层混凝土面层（确保坡面稳定，对稳定土层可省略，直接先成孔）成孔、按放土钉（锚杆）、挂网、二次喷射、养护、预应力张拉等。

【考点】土钉墙施工顺序属于基本概念，规范翻不到，需要掌握一些岩土行业基本的知识才能解答。

【参考答案】D

54.（2019–A–70）关于土钉墙支护的质量检测，下列哪些选项是正确的？（　　　）

（A）采用抗拔试验检测承载力的数量不宜少于土钉总数的 0.5%

（B）喷射混凝土面层最小厚度不应小于厚度设计值的80%

（C）土钉位置的允许偏差为孔距的±5%

（D）土钉抗拔承载力检测试验可采用单循环加载法

【解析】参见《建筑基坑支护技术规程》（JGJ 120—2012）。

（1）第5.4.10条：应对土钉的抗拔承载力进行检测，土钉检测数量不宜少于土钉总数的1%；喷射混凝土面层全部检测点的面层厚度平均值不应小于厚度设计值，最小厚度不应小于厚度设计值的80%。因此选项A错误，选项B正确。

（2）第5.4.8条第1款：土钉位置的允许偏差应为100mm，因此选项C错误。

（3）D.0.11条：确定土钉极限抗拔承载力的试验和土钉抗拔承载力检测试验可采用单循环加载法，因此选项D正确。

【考点】土钉墙检测。

【参考答案】BD

9.3　基坑的稳定性

9.3.1　基坑渗流稳定

55.（2009-B-13）如图9-7所示，某采用坑内集水井排水的基坑渗流流网，其中坑底最易发生流土的点位是（　　）。

（A）点 d　　　　　　（B）点 f

（C）点 e　　　　　　（D）点 g

【解析】当渗透力大于有效重度时产生流土。满足这个条件的任何一点均会发生流土，对于本题目中，d 点的渗流长度最短，故水力坡度最大。

【考点】基坑的渗流计算。

【参考答案】A

56.（2012-B-23）某开挖深度为10m的基坑，坑底以下土层均为圆砾层，饱和重度 $\gamma_{sat}=18kN/m^3$，地下水位埋深为1m，侧壁安全等级为一级，拟采用地下连续墙加内撑支护形式。为满足抗渗透稳定性要求，按《建筑基坑支护技术规程》（JGJ 120—2012）的相关要求，地下连续墙的最小嵌固深度最接近（　　）。

（A）9m　　　　　　（B）10m　　　　　　（C）12m　　　　　　（D）13.5m

【解析】根据《建筑基坑支护技术规程》（JGJ 120—2012）附录C.0.2：

（1）安全等级为一级，K_f 不应小于1.6；

（2）$\dfrac{(2l_d+0.8D_1)}{\Delta h \gamma_w} \geqslant K_f$，$\dfrac{[2l_d+0.8\times(10-1)]\times(18-10)}{(10-1)\times10} \geqslant 1.6$，解得 $l_d \geqslant 5.4m$。

【考点】基坑嵌固深度的计算。

【参考答案】A

9.3.2　基坑隆起稳定

57.（2010-A-25）某地铁车站位于深厚的饱和淤泥质黏土层中，该土层属于欠固结土，采取坑内排水措施。进行坑底抗隆起稳定验算，采用水土合算时，选用下列（　　）的抗剪强度最合适。

（A）固结不排水强度

（B）固结快剪强度

（C）排水剪强度

（D）用原位十字板剪切试验确定坑底以下土的不排水强度

【解析】根据《建筑地基基础设计规范》（GB 50007—2011）附录 V，9.1.6 条第 4 款，隆起稳定性验算采用由十字板剪切强度或三轴不固结不排水抗剪强度。

【考点】基坑隆起。

【参考答案】D

58.（2012-B-56）根据《建筑地基基础设计规范》（GB 50007—2011），下列（　　）是可能导致软土深基坑坑底隆起失稳的原因。

（A）支护桩竖向承载力不足　　　　　　　（B）支护桩抗弯刚度不够

（C）坑底软土地基承载力不足　　　　　　（D）坡顶超载过大

【解析】根据《建筑地基基础设计规范》（GB 50007—2011）9.4.6 条文说明第 4 款及附录 V.0.1 进行理解归纳，隆起稳定性验算公式：$K_{\mathrm{d}} = \dfrac{N_{\mathrm{c}}\tau_0 + \gamma t}{\gamma(h+t)+q}$。可知坑底隆起失稳是因为强度稳定性不满足要求，即坑底软土地基承载力不足、地面荷载 q 过大。

【考点】深基坑坑底隆起失稳原因。

【参考答案】CD

59.（2014-A-60）采用桩锚支护型式的建筑基坑，坑底隆起稳定性验算不满足要求时，可采取下列（　　）措施。

（A）增加支护桩的桩径　　　　　　　　　（B）增加支护桩的嵌固深度

（C）增加锚杆长度　　　　　　　　　　　（D）加固坑底土体

【解析】参见《建筑基坑支护技术规程》（JGJ 120—2012）公式（4.2.4-1）：

$$\frac{\gamma_{\mathrm{m2}}l_{\mathrm{d}}N_{\mathrm{q}} + cN_{\mathrm{c}}}{\gamma_{\mathrm{m1}}(h+l_{\mathrm{d}})+q_0} \geqslant K_{\mathrm{b}}$$

（1）增加支护桩的桩径、增加锚杆长度，稳定系数不变，选项 A、C 错误。

（2）增加支护桩的嵌固深度，稳定系数增大，选项 B 正确。

（3）坑底加固，有利，选项 D 正确。

【考点】支挡结构的稳定性验算。

【参考答案】BD

60.（2020-A-57）根据《建筑基坑支护技术规程》（JGJ 120—2012），下列情况中哪些需要进行坑底抗隆起稳定性验算？（　　）

（A）基坑采用悬臂桩支护　　　　　　　　（B）基坑采用地连墙加多排内支撑支护

（C）基坑采用支护板加多排锚杆支护　　　（D）坑底有软土层时的土钉墙支护

【解析】参见《建筑基坑支护技术规程》（JGJ 120—2012）。

（1）4.2.4 条第 3 款：悬臂式支挡结构可不进行抗隆起稳定性验算，故选项 A 错误。

（2）4.2.4 条第 1、2 款：锚拉式支挡结构和支撑式支挡结构，其嵌固深度应满足坑底抗隆起稳定性要求，故选项 B、C 正确。

（3）5.1.2 条：基坑底面下有软土层的土钉墙结构应进行坑底隆起稳定性验算。

【考点】基坑抗隆起验算的相关规定。

【参考答案】BCD

9.3.3　基坑支护结构稳定性验算

61.（2010-A-61）在基坑支护结构设计中，下列关于坑底以下埋深 h_{d} 的确定，（　　）的说法是正确的。

（A）水泥土墙是由抗倾覆稳定决定的

（B）悬臂式地下连续墙与排桩是由墙、桩的抗倾覆稳定决定的

（C）饱和软黏土中多层支撑的连续墙是由坑底抗隆起稳定决定的

（D）饱和砂土中多层支撑的连续墙，坑底以下的埋深是由坑底抗渗透稳定决定的

【解析】参见《建筑基坑支护技术规程》（JGJ 120—2012）。

（1）6.1.1～6.1.3条文说明：一般情况下，当墙的嵌固深度满足整体稳定条件时，抗隆起条件也会满足，因此常常是整体稳定性条件决定嵌固深度下限，选项A错误。

（2）由4.2.1条知，选项B正确。

（3）由4.2.4条知，选项C正确。

（4）附录C，对于深厚的饱和砂土，无论是落底式还是悬挂式多层支撑连续墙，主要问题都是考虑渗透变形的影响。

【考点】基坑支护的计算。

【参考答案】BCD

62.（2013－A－31）关于一般黏性土基坑工程支挡结构稳定性验算，下列（　　）的说法不正确。

（A）桩锚支护结构应进行坑底隆起稳定性验算

（B）悬臂桩支护结构可不进行坑底隆起稳定性验算

（C）当挡土构件底面以下有软弱下卧层时，坑底稳定性的验算部位尚应包括软弱下卧层

（D）多层支点锚拉式支挡结构，当坑底以下为软土时，其嵌固深度应符合以最上层支点为轴心的圆弧滑动稳定性要求

【解析】参见《建筑基坑支护技术规程》（JGJ 120—2012）：

（1）由4.2.4条第1款知，选项A正确。

（2）由4.2.4条第3款知，选项B正确。

（3）由4.2.4条第2款知，故选项C正确。

（4）4.2.5条：锚拉式支挡结构和支撑式支挡结构，当坑底以下为软土时，其嵌固深度应符合以最下层支点为轴心的圆弧滑动稳定性要求，故选项D错误。

【考点】支挡式结构的稳定性验算。

【参考答案】D

63.（2014－A－58）根据《建筑基坑支护技术规程》（JGJ 120—2012）有关规定，关于悬臂式支护桩嵌固深度的计算和设计，下列（　　）是正确的。

（A）应满足绕支护桩底部转动的力矩平衡

（B）应满足整体稳定性验算要求

（C）当支护桩桩端以下存在软弱土层时，必须穿过软弱土层

（D）必须进行隆起稳定性验算

【解析】参见《建筑基坑支护技术规程》（JGJ 120—2012）。

（1）由4.2.1条及条文说明可以得到选项A正确。

（2）由4.2.3条得到选项B正确。

（3）当支护桩桩端以下存在软弱土层时，不一定穿过软弱土层，选项C错误。

（4）4.2.4条第3款：悬臂式支护结构可不进行隆起稳定性验算，所以选项D错误。

【考点】支挡式结构的稳定性分析。

【参考答案】AB

9.4　基坑降水与施工

9.4.1　基坑降水

64.（2009－B－50）用未嵌入下部隔水层的地下连续墙，水泥土墙等悬挂式帷幕，并结合基坑内排水方法，与采用坑外井点人工降低地下水位的方法相比较，下列（　　）的叙述是正确的。

（A）坑内排水有利于减少对周边建筑的影响

（B）坑内排水有利于减少作用于挡土墙上的总水压力

（C）坑内排水有利于基坑底的渗透稳定

（D）坑内排水对地下水资源损失较少

【解析】（1）坑内排水降落漏斗小，降水影响范围小，降低相同水位，抽水量更小，选项A、D正确。

（2）坑内排水主要降低坑内水位，对坑外水位影响小，不利于减少作用于挡土墙上的总水压力，选项B错误。

（3）根据《建筑基坑支护技术规程》（JGJ 120—2012）附录C.0.2悬挂式截水帷幕渗流的流土稳定性计算公式：$\frac{(2l_d+0.8D_1)\gamma'}{\Delta h\gamma_w}\geq K_f$，坑内排水比坑外排水$D_1$更小，$\Delta h$更大，计算得到的流土稳定安全系数更小，选项C错误。

【考点】地下水控制的一般规定。

【参考答案】AD

65.（2009-B-53）根据《建筑基坑支护技术规程》（JGJ 120—2012），下列关于地下水控制的设计与施工要求中，（　　）是正确的。

（A）当因降水而危及周边环境安全时，宜采用截水或回灌方法

（B）当坑底以下含水层渗透性强、厚度较大时，不应单独采用悬挂式截水方案

（C）回灌井与降水井的距离不宜大于6m

（D）当一级真空井点降水不能满足降水深度要求时，可采用多级井点降水方法

【解析】参见《建筑基坑支护技术规程》（JGJ 120—2012）。

（1）由7.1.2条和7.3.25条知，选项A正确。

（2）7.2.3条：当坑底以下含水层渗透性强、厚度较大时，采用悬挂式帷幕，要考虑帷幕底绕流的渗透稳定性要求，不应单独采用悬挂式截水方案，而应采用悬挂+坑内降水的综合方案，选项B正确。

（3）7.3.25条第1款：回灌井与降水井的距离不宜小于6m，所以选项C错误。

（4）由7.3.14条知，选项D正确。

【考点】地下水的控制。

【参考答案】ABD

66.（2012-B-19）在地下水丰富的地层中开挖深基坑，技术上需要同时采用降水井和回灌井，其中回灌井的主要作用是（　　）。

（A）回收地下水资源

（B）加大抽水量以增加水头降低幅度

（C）保持坑外地下水位处于某一动态平衡状态

（D）减少作用在支护结构上的主动土压力

【解析】根据《建筑基坑支护技术规程》（JGJ 120—2012）7.3.25条归纳，回灌方法可以减少地层的变形量，并且回灌水量应根据水位观测孔中的水位变化进行控制和调节，因此可以得到选项C正确。

【考点】基坑降水。

【参考答案】C

67.（2017-A-58）对于基坑工程中采用深井回灌方法减少降水引起的周边环境影响，下列说法中哪项选项是正确的？（　　）

（A）回灌井应布置在降水井外围，回灌井与降水井距离不应超过6m

（B）回灌井应进入稳定含水层中，宜在含水层中全长设置滤管

（C）回灌应采用清水，水质满足环境保护要求

（D）回灌率应根据保护要求，且不应低于90%

【解析】参见《建筑基坑支护技术规程》（JGJ 120—2012）7.3.25条。

（1）第1款：回灌井应布置在降水井外侧，回灌井与降水井的距离不宜小于6m，选项A错误。

（2）第 2 款：回灌井宜进入稳定水面不小于 1m，回灌井过滤器应置于渗透性强的土层中，且宜在透水层全长设置过滤器。选项 B 正确。

（3）第 4 款：回灌用水应采用清水，宜用降水井抽水进行回灌。回灌水质应符合环境保护要求。选项 C 正确。

（4）第 3 款：回灌水量应根据水位观测孔中水位变化进行控制和调节，回灌后的地下水位不应超过降水前的水位。回灌率没有要求。选项 D 错误。

【考点】回灌井。

【参考答案】BC

68.（2018-A-57）下列关于含水层影响半径说法，正确的是哪些选项？（　　）

（A）含水层渗透系数越大，影响半径越大　　　（B）含水层压缩模量越大，影响半径越大

（C）降深越大，影响半径越大　　　（D）含水层导水系数越大，影响半径越大

【解析】主要根据《建筑基坑支护技术规程》（JGJ 120—2012）第 7.3.11 条公式（7.3.11-1）可知，含水层渗透系数越大，影响半径越大，选项 A 正确；降深 s_w 越大，影响半径越大，选项 C 正确；压缩模量越大，含水层越密实，渗透系数越小，影响半径越小，选项 B 错误；导水系数与影响半径无直接关系，选项 D 错误。

【考点】主要考查对于含水层影响半径计算中各参数的理解。

【参考答案】AC

69.（2019-A-25）某基坑场地潜水含水层的渗透系数 $k=10$m/d，潜水含水层厚度为 10m，井水位降深为 8m，含水层的影响半径最接近以下哪个数值？（　　）

（A）220m　　　（B）200m　　　（C）180m　　　（D）160m

【解析】根据《建筑基坑支护技术规程》（JGJ 120—2012）第 7.3.11 条：

$$R = 2s_w\sqrt{kH} = 2\times10\sqrt{10\times10}\,\text{m} = 200\text{m}$$

当井水位降深小于 10m 时，$s_w=10$m。

【考点】基坑降水影响半径。

【参考答案】B

9.4.2 基坑施工

70.（2013-A-30）关于深基坑工程土方的挖运，下列（　　）的说法是错误的。

（A）对于软土基坑，应按分层、对称开挖的原则，限制每层土的开挖厚度，以免对坑内工程造成不利影响

（B）大型内支撑支护结构基坑，可根据内支撑布局和主体结构施工工期要求，采用盆式或岛式等不同开挖方式

（C）长条形软土基坑应采取分区、分段开挖方式，每段开挖到底后应及时检底、封闭、施工地下结构

（D）当基坑某侧的坡顶地面荷载超过设计要求的超载限制时，应采取快速抢运的方式挖去该侧基坑土方

【解析】参见《建筑基坑支护技术规程》（JGJ 120—2012）与《工程地质手册》。

（1）8.1.2 条第 1 款、第 2 款：对于软土基坑，应按分层、对称开挖的原则，限制每层土的开挖厚度，故选项 A 正确。

（2）由 8.1.2 条第 4 款知，选项 C 正确。

（3）8.1.7 条：支护结构或基坑周边环境出现 8.2.23 条规定的报警情况或其他险情时，应立即停止，选项 D 错误。

（4）《工程地质手册》：当基坑开挖深度较大，且直立壁必须加支撑或拉锚时，土方开挖的施工工艺必须与支撑结构形式、平面布置相匹配。如采用周边桁架支撑形式，可采用岛式挖土；当采用十字对

称支撑时，由于支撑设置后会对下层土方开挖的机械产生限制，则可以采用盆式开挖。故选项 B 正确。

【考点】基坑开挖。

【参考答案】D

71.（2019-A-27）下列关于咬合排桩施工顺序正确的选项是哪个？（　　）

（A）B1→B2→B3→A1→A2→A3→A4　　　　（B）A1→B1→A2→B2→A3→B3→A4

（C）A1→A2→B1→B2→A3→A4→B3　　　　（D）A1→A2→B1→A3→B2→A4→B3

【解析】根据《建筑基坑支护技术规程》（JGJ 120—2012）4.4.2 条第 1 款，宜采用间隔成桩的施工顺序。咬合桩是在桩和桩之间形成相互咬合排列的一种基坑围护结构，排列方式为一条不配筋并采用超缓凝混凝土桩和一条钢筋混凝土桩（采用全套管钻机施工）间隔布置。施工时，先施工 A 桩，后施工 B 桩，在 A 桩混凝土初凝前完成 B 桩施工，A 桩、B 桩均采用全套管钻机施工，切割掉相邻 A 桩相交部分的混凝土，从而实现咬合。

$$A_1 \to A_2 \to B_1 \to A_3 \to B_2 \to A_4 \to B_3 \to \cdots \cdots A_n \to B_{n-1}$$

全套管钻孔咬合桩的施工工艺流程如图 9-8 所示。

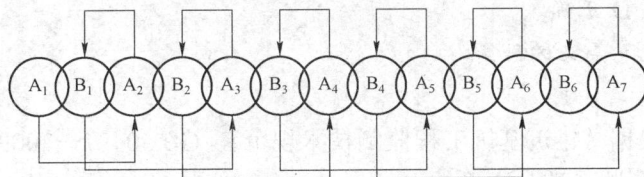

图 9-8　全套管钻孔咬合桩的施工工艺流程图

【考点】咬合桩的施工顺序。

【参考答案】D

9.5　基坑监测

72.（2012-B-60）在基坑各部位外部环境条件相同的情况下，基坑顶部的变形监测点应优先布置在下列（　　）部位。

（A）基坑长边中部　　　（B）阳角部位　　　（C）阴角部位　　　（D）基坑四角

【解析】根据《建筑基坑工程监测技术规范》（GB 50497—2009）5.2.1 条：围护墙或基坑边坡顶部的水平和竖向位移监测点应沿基坑周边布置，周边中部、阳角处应布置监测点。得到选项 A、B 正确，选项 C、D 错误。

【考点】基坑监测。

【参考答案】AB

73.（2014-A-40）关于建筑基坑工程监测点布置，下列（　　）是正确的。

（A）混凝土支撑监测截面宜选择在两支点中部

（B）围护墙的水平位移监测点宜布置在角点处

（C）立柱的内力监测点宜设在坑底以上各层立柱上部的 1/3 部位

（D）坑外水位监测点应沿基坑、被保护对象的周边布置

【解析】参见《建筑基坑工程监测技术规范》（GB 50497—2009）。

（1）5.2.1 条：围护墙或基坑边坡顶部的水平和竖向位移监测点应沿基坑周边布置，周边中部、阳角处应布置监测点。监测点水平间距不宜大于 20m，每边监测点数目不宜少于 3 个。水平和竖向位移监测点宜为共用点，监测点宜设置在围护墙顶或基坑坡顶上。

（2）5.2.4 条第 3 款：钢支撑的监测截面宜选择在两支点间 1/3 部位或支撑的端头；混凝土支撑的监测截面宜选择在两支点间 1/3 部位，并避开节点位置。

（3）5.2.5 条：立柱的竖向位移监测点宜布置在基坑中部、多根支撑交汇处、地质条件复杂处的立柱上。监测点不应少于立柱总根数的 5%，逆作法施工的基坑不应少于 10%，且均不应少于 3 根。立柱的

内力监测点宜布置在受力较大的立柱上，位置宜设在坑底以上各层立柱下部的 1/3 部位。

（4）5.2.11 条第 2 款：基坑外地下水位监测点应沿基坑、被保护对象的周边或在基坑与被保护对象之间布置，监测点间距宜为 20m～50m。相邻建筑、重要的管线或管线密集处应布置水位监测点；当有止水帷幕时，宜布置在止水帷幕的外侧约 2m 处。

【考点】主要考查对规范条文的理解。

【参考答案】D

74.（2014-A-69）建筑基坑工程监测工作应符合下列（　　）要求。

（A）应采用仪器监测与巡视检查相结合的方法

（B）监测点应均匀布置

（C）至少应有 3 个稳定、可靠的点作为变形监测网的基准点

（D）对同一监测项目宜采用相同的观测方法和观测线路

【解析】参见《建筑基坑工程监测技术规范》（GB 50497—2009）。由 4.1.1 条知，选项 A 正确；5.1.1 条：监测点应布置在内力及变形关键特征点上，并应满足监控要求。由 6.1.2 条第 1 款知，选项 C 正确；由 6.1.4 条第 1 款知，选项 D 正确。

【考点】主要考查对规范条文的理解。

【参考答案】ACD

75.（2017-A-60）根据《建筑基坑工程监测技术规范》（GB 50497—2009）的规定，关于建筑基坑监测预警值的设定，下列哪些选项是正确的？（　　）

（A）按基坑开挖影响范围内建筑物的正常使用要求确定

（B）涉及燃气管线的，按压力管线变形要求或燃气主管部门要求确定

（C）由基坑支护设计单位在基坑设计文件中给定

（D）由基坑监测单位确定

【解析】参见《建筑基坑工程监测技术规范》（GB 50497—2009）。

（1）8.0.1 条：基坑工程监测必须确定监测报警值，监测报警值应满足基坑工程设计、地下结构以及周边环境中被保护对象的控制要求。监测报警值由基坑工程设计方确定。

（2）8.0.2 条第 3 款：对周边已有建筑引起的变形不得超过相关技术规范的要求或影响其正常使用。8.0.2 条第 4 款：不得影响周边道路、管线、设施等正常使用。

（3）8.0.5 条：基坑周边环境监测报警值应根据主管部门的要求确定。

【考点】基坑预警值。

【参考答案】ABC

76.（2018-A-39）某一级建筑基坑采用截面尺寸 800mm×700mm 的钢筋混凝土内支撑，混凝土强度等级为 C30，不考虑钢筋抗压作用，内支撑稳定系数按 1.0 考虑，则该内支撑轴力监测报警值设置合理的是下列哪个选项？（　　）

（A）5000kN　　　　（B）6000kN　　　　（C）8000kN　　　　（D）10 000kN

【解析】根据《混凝土结构设计规范》（GB 50010—2010）（2015 版）表 4.1.4-1，C30 混凝土抗压强度设计值为 14.3N/mm²，支撑的轴向压力设计值小于或等于：$(14.3×10^3×0.8×0.7)$ kN＝8008kN。

《建筑基坑工程监测技术规程》（GB 50497—2009）表 8.0.4，一级基坑轴力报警值为构件承载能力设计值的 60%～70%，即报警值为 $(0.6～0.7)×8008$ kN＝$(4804.8～5605.6)$ kN，故选择 A。

【考点】主要考查对于基坑支护内支撑轴力监测报警值的简单计算。

【参考答案】A

77.（2019-A-39）下列关于建筑基坑监测的叙述中，哪个选项是错误的？（　　）

（A）基坑顶部水平位移监测点各边不应少于 3 个

（B）位移观测基准点的数量不应少于 1 点且应设在变形影响范围以外

（C）安全等级为一级的支护结构，应测项目包括支护结构深部水平位移及基坑周边环境的沉降

（D）各安全等级为一级的支护结构，应测项目包括支护结构深部水平位移及基坑周边环境的沉降

【解析】参见《建筑基坑工程监测技术规范》（GB 50497—2009）6.1.2条，每个基坑工程至少应有3个稳定、可靠的点作为基准点。

【考点】基坑监测基准点要求。

【参考答案】B

78.（2020—A—27）某基坑在长边中段支护桩内设测斜孔监测坑壁水平位移，桩长15m。某次监测时，以孔底位移为零，得到自桩顶往下 0m、5m、10m、15m 处的位移测试值分别为 3.1mm、4.2mm、3.2mm、0.0mm（以向坑内为正），随后又通过其他手段测得桩顶的实际水平位移为 5.1mm。试问深 15m 处的实际位移应为下列哪个值？（　　）

（A）—2.0mm　　　（B）0.0mm　　　（C）2.0mm　　　（D）8.0mm

【解析】孔底位移为 0 时，桩顶位移为 3.1mm；当桩顶位移为 5.1mm 时，孔底位移为 5.1mm—3.1mm＝2mm。

【考点】基坑围护桩水平位移监测。

【参考答案】C

79.（2020—A—39）某地铁车站工程，采用内支撑支护，基坑深度 19m，场地条件复杂程度中等，影响区内存在重要地下管线，制定该车站基坑监测方案时，应测项目不包含下列哪个选项？（　　）

（A）支护桩体水平位移　　　（B）支护桩顶竖向位移
（C）立柱结构竖向位移　　　（D）立柱结构水平位移

【解析】（1）根据《建筑基坑支护技术规程》（JGJ 120—2012）3.1.3条及条文说明：基坑周边存在受影响的重要既有住宅、公共建筑、道路或地下管线等时，或因场地的地质条件复杂、缺少同类地质条件下相近基坑深度的经验时，支护结构破坏、基坑失稳或过大变形对人的生命、经济、社会或环境影响很大，安全等级应定为一级。故本工程基坑安全等级确定为一级。

（2）根据《建筑基坑监测技术标准》（GB 50497—2019）4.2.1条监测项目表：支护桩体水平位移、支护桩体竖向位移、立柱结构竖向位移均属于应测项目，立柱结构水平位移不属于应测项目。

【考点】建筑基坑监测。

【参考答案】D

9.6 基坑事故分析

80.（2010—A—27）某基坑深 16.0m，采用排桩支护，三排预应力锚索，桩间采用旋喷桩止水。基坑按设计要求开挖到底，施工过程未发现异常并且桩水平位移也没有超过设计要求，但发现坑边局部地面下沉，初步判断其主要原因是（　　）。

（A）锚索锚固力不足　　　（B）排桩配筋不足
（C）止水帷幕渗漏　　　（D）土方开挖过快

【解析】采用排桩支护，坑边出现局部下沉，通常有两种原因，一种是桩体发生水平位移引起的土体沉降，另一种就是桩体渗水，土体发生固结引起的沉降。此题中锚固力不足、排桩配筋不足、开挖都没有超过设计要求，因此不是位移变形的问题。

【考点】基坑的支护。

【参考答案】C

81.（2011—B—55）有一土钉墙支护的基坑，坑壁土层自上而下为：人工填土—黏质粉土—粉细砂，基坑底部为砂砾石层。在基坑挖到坑底时，由于降雨等原因，墙后地面发生裂缝，墙面开裂，坑壁有坍塌危险。下列（　　）抢险处理措施是合适的。

（A）在坑底墙前堆土　　　（B）在墙后坑外地面挖土卸载
（C）在墙后土层中灌浆加固　　　（D）在墙前坑底砂砾石层中灌浆加固

【解析】注浆加固需要的时间较长，不适合抢险应急处理，因此选项C、D错误；
坑底堆土和坑顶卸载常用于抢险措施，因此选项A、B正确。

【考点】基坑支护措施。

82.（2018-A-26）某基坑桩-混凝土支撑支护结构，支撑的另一侧固定在可假定为不动的主体结构上，支撑上出现如图9-9所示单侧斜向贯通裂缝，下列原因分析中哪个选项是合理的？（　　　）

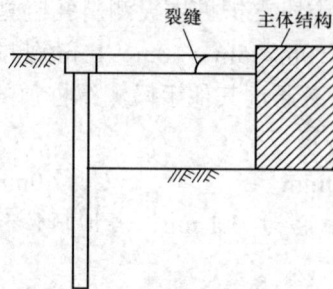

图9-9

（A）支护结构沉降过大　　　　　　　　（B）支撑轴力过大

（C）坑底土体隆起，支护桩上抬过大　　（D）支护结构向坑外侧移过大

【解析】对于此类问题的规律，沉降位移线与裂缝的形式成正交关系；又由于主体结构可假定为不动，所以应该是坑底土体隆起，支桩上抬过大造成裂缝。

裂缝发展规律：向沉降大的一侧倾斜。坑底土体隆起，支护桩上，便会发生如图9-9所示的向右倾斜裂缝。

【考点】主要考查对于沉降裂缝形式与沉降位移关系的理解。

【参考答案】C

10 特 殊 土

10.1 湿陷性黄土

10.1.1 黄土地貌

1.（2016-B-64）根据《铁路工程特殊岩土勘察规程》（TB 10038—2012），下列哪些属于黄土堆积地貌？（　　）

（A）黄土梁　　　　　（B）黄土平原　　　　　（C）黄土河谷　　　　　（D）黄土冲沟

【解析】参见《铁路工程特殊岩土勘察规程》（TB 10038—2012）附录A黄土的地貌类型划分表，选项A、B属于黄土堆积地貌，选项C、D属于黄土侵蚀地貌。故选项A、B正确。

【考点】特殊性岩土。

【参考答案】AB

10.1.2 黄土钻探

2.（2010-B-32）采用黄土薄壁取土器取样的钻孔，钻探时采用（　　）规格（钻头直径）的钻头最合适。

（A）146mm　　　　　（B）127mm　　　　　（C）108mm　　　　　（D）89mm

【解析】参见《建筑工程地质勘探与取样技术规程》（JGJ/T 87—2012）表5.2.2，黄土成孔孔径至少150mm，所以钻头146mm，钻头钻进时周边的土层扰动，成孔直径比钻头直径稍大，选项A正确。

【考点】钻进与取样。

【参考答案】A

10.1.3 黄土的湿陷性

3.（2009-B-21）某湿陷性黄土场地，自量湿陷量的计算值$\Delta_{zs}=315$mm，湿陷量的计算值$\Delta_s=652$mm，根据《湿陷性黄土地区建筑标准》（GB 50025—2018）的规定，该场地湿陷性黄土地基的湿陷等级应为（　　）。

（A）Ⅰ级　　　　　（B）Ⅱ级　　　　　（C）Ⅲ级　　　　　（D）Ⅳ级

【解析】参见《湿陷性黄土地区建筑标准》（GB 50025—2018）表4.4.6中小注：$\Delta_s>600$mm，$\Delta_{zs}>300$mm，可判定为Ⅲ级。

【考点】湿陷性黄土。

【参考答案】C

4.（2017-B-31）湿陷性黄土浸水湿陷的主要原因为下列哪个选项？（　　）

（A）土颗粒间的固化联结键浸水破坏

（B）土颗粒浸水软化

（C）土体浸水收缩

（D）浸水使土地孔隙中气体排出

【解析】参见《工程地质手册》（第五版）第497页。选本质原因，固化联结键构成土骨架具有一定的结构强度，湿陷性黄土在其结构强度未被破坏表现为压缩性低强度高等特性，但当结构性一旦遭受破坏，其力学性质将呈现软化湿陷等性状。

【考点】湿陷性黄土。

5.（2020—B—63）根据《湿陷性黄土地区建筑标准》（GB 50025—2018），湿陷量计算公式 $\Delta_s = \sum_{i=1}^{n} \alpha \beta \delta_{si} h_i$ 中考虑基底下地基土受力状态及地区等因素的修正系数 β 取值，下列哪些选项的说法是错误的？（　　）

（A）基底下 0～5m 深度取 1.5

（B）自重湿陷性黄土场地，基底下 5～10m 深度可取 1.0

（C）非自重湿陷性黄土场地，基底下 5～10m 深度可取工程所在地的 β_0 值且不小于 1.0

（D）非自重湿陷性黄土场地，基底 10m 以下至非湿陷性黄土层顶面范围，取工程所在地的 β_0 值

【解析】参见《湿陷性黄土地区建筑标准》（GB 50025—2018）。

（1）表 4.4.4—1，基底下 0～5m 深度 β 取 1.5，故选项 A 正确。

（2）自重湿陷性黄土场地，基底下 5～10m 深度 β 取所在地区的 β_0，且不小于 1.0，故选项 B 错误。

（3）非自重湿陷性黄土场地，基底下 5～10m 深度 β 取 1.0，故选项 C 错误。

（4）非自重湿陷性黄土场地，基底 10m 以下至非湿陷性黄土层顶面范围，①区②区取 1.0，其他地区取工程所在地的 β_0 值，故选项 D 错误。

【考点】湿陷性黄土的湿陷量。

【参考答案】BCD

10.1.4　室内湿陷试验

6.（2017—A—12）黄土室内湿陷试验的变形稳定标准为下列哪个选项？（　　）

（A）每小时变形不大于 0.005mm　　　　（B）每小时变形不大于 0.01mm

（C）每小时变形不大于 0.02mm　　　　（D）每小时变形不大于 0.05mm

【解析】参见《湿陷性黄土地区建筑标准》（GB 50025—2018）4.3.1 条第 5 款，试样浸水前和浸水后的稳定标准，应为每小时的下沉量不大于 0.01mm。

【考点】湿陷性黄土湿陷试验。

【参考答案】B

7.（2014—B—62）下列关于黄土室内湿陷性试验的论述中，（　　）是正确的。

（A）压缩试验试样浸水前与浸水后的稳定标准是不同的

（B）单线法压缩试验不应少于 5 个环刀试样，而双线法压缩试验只需 2 个

（C）计算上覆土的饱和自重压力时土的饱和度可取 85%

（D）测定湿陷系数的试验压力应为天然状态下的自重压力

【解析】参见《湿陷性黄土地区建筑标准》（GB 50025—2018）。4.3.1 条第 5 款，试样浸水前和浸水后的稳定标准，应为每小时的下沉量不大于 0.01mm，故浸水前后的稳定标准是相同的，选项 A 错误。4.3.4 条第 5 款，单线法压缩试验不应少于 5 个环刀试样。4.3.4 条第 6 款，双线法压缩试验应取 2 个环刀试样，故选项 B 正确。公式（4.3.3—1），试样上覆土的饱和密度公式参数，$S_r = 85\%$，故选项 C 正确。4.3.2 条第 4 款，测定湿陷系数的试验压力应自基础底面，如基底标高不确定时，自地面下 1.5m 算起，基底下 10m 以内的土层应用 200kPa，10m 以下至非湿陷性黄土层顶面，应用其上覆土的饱和自重压力，故选项 D 错误。

【考点】湿陷性黄土。

【参考答案】BC

8.（2017—B—23）关于黄土湿陷试验的变形稳定标准，下列论述中哪个选项是不正确的？（　　）

（A）现场静载荷试验为连续 2h 内每小时的下沉量小于 0.1mm

（B）现场试坑浸水试验停止浸水为最后 5d 的平均湿陷量小于每天 1mm

（C）现场试坑浸水试验终止试验为停止浸水后继续观测不少于 10d，且连续 5d 的平均下沉量不大于

每天 1mm

（D）室内试验为连续 2h 内每小时变形不大于 0.1mm

【解析】参见《湿陷性黄土地区建筑标准》（GB 50025—2018）。6.5.2 条第 4 款，湿陷稳定可停止浸水，稳定标准为最后 5d 的平均湿陷量小于 1mm/d，故选项 B 正确。4.3.7 条第 6 款试坑内停止浸水后，应继续观测不少于 10d，且连续 5d 的平均下沉量不大于 1mm/d，试验终止。选项 C 正确。4.3.6 条第 3 款，现场静载荷试验，当连续 2h 内，每 1h 的下沉量小于 0.10mm 时，认为压板下沉已趋稳定，即可加下一级压力，选项 A 正确。4.3.1 条第 5 款，室内试验试样浸水前和浸水后的稳定标准，应为每小时的下沉量不大于 0.01mm，故选项 D 错误。

【考点】湿陷性黄土湿陷试验。

【参考答案】D

10.1.5　试坑浸水试验

9.（2014-B-63）根据《湿陷性黄土地区建筑标准》（GB 50025—2018），采用试坑浸水试验确定的黄土自重湿陷量的实测值的论述，下列（　　）说法是正确的。

（A）观测自重湿陷的深标点应以试坑中心对称布置

（B）观测自重湿陷的浅标点应由试坑中心向坑边以不少于 3 个方向布置

（C）可停止浸水的湿陷稳定标准不仅与每天的平均湿陷量有关，也与浸水量有关

（D）停止浸水后观测到的下沉量不应计入自重湿陷实测值

【解析】参见《湿陷性黄土地区建筑标准》（GB 50025—2018）。4.3.7 条第 2 款，在坑底中部及其他部位，应对称设置观测自重湿陷的深标点，设置深度及数量宜按各湿陷性黄土层顶面深度及分层数确定，在试坑底部，由中心向坑边以不少于 3 个方向，均匀设置观测自重湿陷的浅标点。故选项 A、B 正确。4.3.7 条第 3 款，稳定标准以最后 5d 的平均湿陷量小于 1mm/d 为准，与浸水量无关，选项 C 错误。4.3.7 条第 6 款，停止浸水后观测到的沉降应计入自重湿陷量实测值，选项 D 错误。

【考点】湿陷性黄土。

【参考答案】AB

10.（2018-B-27）某位于湿陷性黄土地基上大面积筏板基础的基底压力为 320kPa，土的饱和重度为 18kN/m³，当测定其基底下 15m 处黄土的湿陷系数时，其浸水压力宜采用下列哪一选项的数值？（　　）

（A）200kPa　　　　（B）270kPa　　　　（C）320kPa　　　　（D）590kPa

【解析】根据《湿陷性黄土地区建筑标准》（GB 50025—2018）第 4.3.4 条第 4 款，基底压力大于 300kPa 时应采用实际压力。实际压力就是取样点处的饱和自重和基底附加应力之和。大面积荷载从基底起算，其地基中的附加应力就是基底压力，$p=\gamma_{sat}H+p_0=(18\times15+320)$kPa=590kPa。

【考点】湿陷系数的测试压力。

【参考答案】D

10.1.6　湿陷起始压力

11.（2010-B-30）在黄土地基评价时，湿陷起始压力 p_{sh} 可用于（　　）。

（A）评价黄土地基承载力

（B）评价黄土地基的湿陷等级

（C）对非自重湿陷性黄土场地考虑地基处理深度

（D）确定桩基负摩阻力的计算深度

【解析】由《湿陷性黄土地区建筑标准》（GB 50025—2018）6.1.1 条知，选项 C 正确。

【考点】湿陷性黄土。

【参考答案】C

12.（2010-B-60）下列关于黄土湿陷起始压力 p_{sh} 的论述中，（　　）是正确的。

（A）湿陷性黄土浸水饱和开始出现湿陷时的压力

（B）测定自重湿陷系数试验时，需要分级加荷至试样上覆土的饱和自重压力，此时的饱和自重压力即为湿陷起始压力

（C）室内测定湿陷起始压力可选用单线法压缩试验或双线法压缩试验

（D）现场测定湿陷起始压力可选用单线法静载荷试验或双线法静荷载试验

【解析】参见《湿陷性黄土地区建筑标准》（GB 50025—2018）。2.1.7 条，湿陷起始压力为湿陷性黄土浸水饱和，开始出现湿陷时的压力，故选项 A 正确。4.3.4 条第 1 款，测定湿陷起始压力可选用单线法压缩试验或双线法压缩试验，选项 C 正确。4.3.5 条，在现场测定湿陷性黄土的湿陷起始压力，可采用单线法静载荷试验或双线法静荷载试验，选项 D 正确。

饱和自重压力是湿陷性黄土测定自重湿陷系数的最大压力，这个最大压力不是湿陷起始压力，概念偷换，选项 B 不正确。

【考点】湿陷性黄土。

【参考答案】ACD

13.（2012-B-64）关于黄土湿陷起始压力 p_{sh} 的论述中，下列（　　）是正确的。

（A）因为对基底下 10m 以内的土层测定湿陷系数 δ_s 的试验压力一般为 200kPa，所以黄土的湿陷起始压力一般可用 200kPa

（B）对于自重湿陷性黄土，工程上测定地层的湿陷起始压力意义不大

（C）在进行室内湿陷起始压力试验时，单线法应取 2 个环刀试样，双线法应取 4 个环刀试样

（D）湿陷起始压力不论室内试验还是现场试验都可以测定

【解析】参见《湿陷性黄土地区建筑标准》（GB 50025—2018）。4.4.5 条，湿陷起始压力一般取 $p-\delta_s$ 曲线上 $\delta_s=0.015$ 对应的压力，选项 A 错误；4.3.5 条及条文说明，湿陷起始压力是反映非自重湿陷性黄土特征的重要指标，自重湿陷性黄土场地的湿陷起始压力小，无使用意义，选项 B 正确；4.3.4 条，单线法取不少于 5 个环刀样，双线法不少于 2 个环刀样，选项 C 错误；4.3.4 条和 4.3.5 条，现场和室内均可测定湿陷起始压力，选项 D 正确。

【考点】湿陷性黄土。

【参考答案】BD

14.（2013-B-62）下列关于湿陷起始压力的叙述中，（　　）是正确的。

（A）室内试验确定的湿陷起始压力就是湿陷系数为 0.015 时所对应的试验压力

（B）在室内采用单线法压缩试验测定湿陷起始压力时，应不少于 5 个环刀试样

（C）对于自重湿陷性黄土，土样的湿陷起始压力肯定大于其上覆土层的饱和自重压力

（D）对于非自重湿陷性黄土，土样的湿陷起始压力肯定小于其上覆土层的饱和自重压力

【解析】参见《湿陷性黄土地区建筑标准》（GB 50025—2018）。由 4.4.5 条第 2 款知，选项 A 正确。由 4.3.4 条第 5 款知，选项 B 正确。2.1.3 条自重湿陷性黄土的定义：在上覆土的饱和自重压力作用下受水浸湿，产生显著附加下沉的湿陷性黄土称为自重湿陷性黄土。2.1.7 条湿陷起始压力的定义：湿陷性黄土浸水饱和，开始出现湿陷时的压力。结合这 2.1.3 条和 2.1.7 条两个定义中产生的下沉程度，可知自重湿陷性黄土，上覆土饱和自重压力大于它的湿陷起始压力。因此选项 C 错误。同理，依据 2.1.4 条，此时在上覆土的饱和自重作用下，浸水不会发生湿陷，为非自重湿陷性黄土，意味湿陷起始压力大于上覆土饱和自重压力，选项 D 错误。

【考点】湿陷性黄土。

【参考答案】AB

15.（2019-B-64）下列关于测定黄土湿陷起始压力表述正确的是哪些选项？（　　）

（A）测定黄土湿陷起始压力的方法只能采取原状土样进行室内压缩试验

（B）室内试验测定黄土湿陷起始压力的环刀内径不应小于 79.8mm

（C）单线法压缩试验环刀试样不应少于 3 个，双线法环刀试样不应少于 2 个

（D）室内试验测定黄土湿陷起始压力，试样稳定标准为每小时变形量不大于 0.01mm

【解析】参见《湿陷性黄土地区建筑标准》（GB 50025—2018）。4.3.1 条和 4.3.4 条，取一级不扰动土

样做室内压缩试验，可选用单线法压缩试验或双线法压缩试验。4.3.5条，在现场测定湿陷性黄土的湿陷起始压力，可采用单线法静载荷试验或双线法静载荷试验，故选项A错误。4.3.4条第5款，单线法压缩试验不应少于5个环刀试样。4.3.5条第6款，双线法压缩试验应取2个环刀试样，故选项C错误。4.3.1条第5款，试样浸水前和浸水后的稳定标准，应为每小时的下沉量不大于0.01mm，故选项D正确。

《土工试验方法标准》（GB 50123—2019）中环刀内径有61.8mm和79.8mm，高度均为20mm，《工程地质手册》（第五版）第156页，环刀内径为61.8mm（面积3000mm^2）或79.8mm（面积5000mm^2），结合《湿陷性黄土地区建筑标准》4.3.1条第2款，环刀面积不应小于5000mm^2，故测定黄土湿陷起始压力的环刀内径不应小于79.8mm。故选项B正确。

【考点】湿陷性黄土湿陷起始压力。

【参考答案】BD

10.1.7 湿陷性黄土处理措施

16.（2010-B-64）在湿陷性黄土场地进行建设，下列（　　）中的设计原则是正确的。
（A）对甲类建筑物应消除地基的全部湿陷量或采用桩基础穿透全部湿陷性黄土层
（B）应根据湿陷性黄土的特点和工程要求，因地制宜，采取以地基处理为主的综合措施
（C）在使用期内地下水位可能会上升至地基压缩层深度以内的场地不能进行建设
（D）在非自重湿陷性黄土场地，地基内各土层的湿陷起始压力值，均大于其附加应力与上覆土的天然状态下自重压力之和时，该地基可按一般地区的地基设计

【解析】参见《湿陷性黄土地区建筑标准》（GB 50025—2018）。6.1.1条第1款，甲类建筑物应消除地基的全部湿陷量或采用桩基础穿透全部湿陷性黄土层，或将基础设置在非湿陷性黄土层上，故选项A正确。1.0.3条，在湿陷性黄土地区进行建设，应根据湿陷性黄土的特点和工程要求，因地制宜，采取以地基处理为主的综合措施，防止地基湿陷对建筑物产生危害，故选项B正确。5.1.5条，建筑物在使用期间，当湿陷性黄土场地的地下水位有可能上升至地基压缩层的深度以内时，各类建筑的设计措施除应符合本章的规定外，尚应符合本规范附录G的规定。不是不能建设，是得符合相关规定，故选项C错误。5.1.2条第2款，在非自重湿陷性黄土场地，地基内各土层的湿陷起始压力值，均大于其附加压力与上覆土的饱和自重压力之和，故选项D错误。

【考点】湿陷性黄土。

【参考答案】AB

17.（2011-B-33）各级湿陷性黄土地基上的丁类建筑，其地基可不处理，但应采取相应措施，下列（　　）的要求是正确的。
（A）Ⅰ类湿陷性黄土地基上，应采取基本防水措施
（B）Ⅱ类湿陷性黄土地基上，应采取结构措施
（C）Ⅲ类湿陷性黄土地基上，应采取检漏防水措施
（D）Ⅳ类湿陷性黄土地基上，应采取结构措施和基本防水措施

【解析】参见《湿陷性黄土地区建筑标准》（GB 50025—2018）5.1.1条第4款，各级湿陷性黄土地基上的丁类建筑，其地基可不处理，但应采取其他措施。在Ⅰ级湿陷性黄土地基上，应采取基本防水措施；在Ⅱ级湿陷性黄土地基上，应采取结构措施和基本防水措施；在Ⅲ、Ⅳ级湿陷性黄土地基上，应采取结构措施和检漏防水措施。

【考点】湿陷性黄土。

【参考答案】A

18.（2011-B-64）下列（　　）情况下，可不针对地基湿陷性进行处理。
（A）甲类建筑：在非自重湿陷性黄土场地，地基内各土层的湿陷起始压力值均大于其附加压力与上覆土的饱和自重压力之和
（B）乙类建筑：地基湿陷量的计算值小于50mm
（C）丙类建筑：Ⅱ级湿陷性黄土地基

（D）丁类建筑：Ⅰ级湿陷性黄土地基

【解析】参见《湿陷性黄土地区建筑标准》（GB 50025—2018）。6.1.1 条第 1 款，甲类建筑消除地基全部湿陷量的处理厚度，应符合下列要求：在非自重湿陷性黄土场地，应将基础底面以下附加压力与上覆土的饱和自重压力之和大于湿陷起始压力的所有土层进行处理，或处理至地基压缩层的深度止。选项 A 符合该规定，故不需要再进行地基处理。5.1.2 条第 3 款，丙类、丁类建筑地基湿陷量计算值小于或等于 50mm，可按一般地区的规定设计。一般地区的规定设计也就是意味着不需要考虑其湿陷性的特殊性。故选项 B 正确。5.1.1 条第 4 款，丁类可不处理，但应采取基本防水措施，选项 D 正确。表 6.1.5，丙类建筑消除地基部分湿陷量的最小处理厚度，当地基湿陷等级为Ⅱ级时，在非自重湿陷性黄土场地，对单层和多层处理的厚度不同，对自重湿陷性黄土也有最小厚度的规定，故选项 C 错误。

【考点】湿陷性黄土。

【参考答案】ABD

19.（2016－B－27）在自重湿陷性黄土场地施工时，下列哪个临时设施距建筑物外墙的距离不满足《湿陷性黄土地区建筑标准》（GB 50025—2018）的要求？（　　）

（A）搅拌站，10m　　　　　　　　　（B）给、排水管道，12m

（C）淋灰池，15m　　　　　　　　　（D）水池，25m

【解析】参见《湿陷性黄土地区建筑标准》（GB 50025—2018）。表 7.1.5，临时的防洪沟、水池、洗料场和淋灰池等至建筑物外墙的距离，在自重湿陷性黄土场地，不宜小于 25m，故选项 C 错误。临时搅拌站至建筑物外墙的距离，不宜小于 10m。8.2.3 条，临时给、排水管道至建筑物外墙的距离，在自重湿陷性黄土场地，不应小于 10m。

【考点】湿陷性黄土。

【参考答案】C

20.（2016－B－59）对于湿陷性黄土地基上的多层丙类建筑，消除地基部分湿陷量的最小处理厚度，下列哪些说法是正确的？（　　）

（A）当地基湿陷等级为Ⅰ级时，地基处理厚度不应小于 1m，且下部未处理湿陷性黄土层的湿陷起始压力值不宜小于 100kPa

（B）当非自重湿陷性黄土场地为Ⅱ级时，地基处理厚度不宜小于 2m，且下部未处理湿陷性黄土层的湿陷起始压力值不宜小于 100kPa

（C）当非自重湿陷性黄土场地为Ⅲ级时，地基处理厚度不宜小于 3m，且下部未处理湿陷性黄土层的剩余湿陷量不应大于 200mm

（D）当非自重湿陷性黄土场地为Ⅳ级时，地基处理厚度不宜小于 4m，且下部未处理湿陷性黄土层的剩余湿陷量不应大于 300mm

【解析】参见《湿陷性黄土地区建筑标准》（GB 50025—2018）表 6.1.5。丙类建筑消除地基部分湿陷量的最小处理厚度，当地基湿陷等级为Ⅰ级时：对多层建筑，地基处理厚度不应小于 1m，且下部未处理湿陷性黄土层的湿陷起始压力值不宜小于 100kPa。故选项 A 正确。当地基湿陷等级为Ⅱ级时：在非自重湿陷性黄土场地，对多层建筑，地基处理厚度不宜小于 2m，且下部未处理湿陷性黄土层的湿陷起始压力值不宜小于 100kPa。故选项 B 正确。当地基湿陷等级为Ⅲ级或Ⅳ级时，对多层建筑，地基处理厚度分别不应小于 3m（Ⅲ级）或 4m（Ⅳ级），且下部未处理湿陷性黄土层的剩余湿陷量，单层及多层建筑均不应大于 200mm。故选项 C 正确，选项 D 错误。

【考点】湿陷性黄土。

【参考答案】ABC

21.（2017－B－27）黄土地基湿陷量的计算值最大不超过下列哪一选项时，各类建筑物的地基均可按一般地区的规定设计？（　　）

（A）300mm　　　　（B）70mm　　　　（C）50mm　　　　（D）15mm

【解析】《湿陷性黄土地区建筑标准》（GB 50025—2018）5.1.2 条第 3 款，各类建筑物的地基符合下面条件时，可按一般地区的规定设计：丙类、丁类建筑地基湿陷量计算值小于或等于50mm。

【考点】湿陷性黄土。

【参考答案】C

22.（2017-B-34）处理湿陷性黄土地基，下列哪个方法是不正确的？（　　）

（A）强夯法　　　　　　（B）灰土垫层法　　　　（C）振冲碎石桩法　　　　（D）预浸水法

【解析】参见《湿陷性黄土地基处理规范》（GB 50025—2018）表6.1.11。

处理湿陷性黄土地基常用的方法见表10-1。

表10-1　　　　　　　　　　　　表6.1.11 湿陷性黄土地基常用的处理方法

名称	适用范围	可处理的湿陷性黄土层厚度（m）
垫层法	地下水位以上，局部或整片处理	1～3
强夯法	地下水位以上，S_r≤60%的湿陷性黄土，局部或整片处理	3～12
挤密法	地下水位以上，S_r≤65%的湿陷性黄土	5～15
预浸水法	自重湿陷性黄土场地，地基湿陷等级为Ⅲ级或Ⅳ级，可消除地面下6m以下湿陷性黄土层的全部湿陷性	6m以上，尚应采用垫层或其他方法处理
其他方法	经试验研究或工程实践证明行之有效	

【考点】湿陷性黄土的地基处理。

【参考答案】C

23.（2019-B-59）关于湿陷性黄土地区的地基处理措施，下列哪些选项不符合规定？（　　）

（A）甲、乙类建筑应消除地基的部分湿陷量

（B）在自重湿陷黄土场地局部处理地基时，其处理范围每边应超出基础底面宽度的1/4

（C）自重湿陷性黄土场地的乙类建筑，其处理厚度不应小于地基压缩深度的2/3，且下部未处理湿陷性黄土层的湿陷起始压力值不应小于100kPa

（D）非自重湿陷性黄土场地上的丙类多层建筑，地基湿陷等级为Ⅱ级，处理厚度不宜小于2m，且下部未处理湿陷性黄土层的湿陷起始压力值不宜小于100kPa

【解析】参见《湿陷性黄土地区建筑标准》（GB 50025—2018）。6.1.1条，甲类建筑应消除地基的全部湿陷量，乙、丙类建筑应消除地基的部分湿陷量，故选项A错误。6.1.6条第2款，当为局部处理时，其处理范围应大于基础底面的面积。每边应超出基础底面宽度的1/4，并不应小于0.5m。选项B只提及一部分的条件，故选项B错误。6.1.4条第2款，在自重湿陷性黄土场地，不应小于湿陷性土层深度的2/3，且下部未处理湿陷性黄土层的剩余湿陷量不应大于150mm，故选项C错误。表6.1.5，非自重湿陷性黄土场地上的丙类多层建筑，地基湿陷等级为Ⅱ级，理厚度不宜小于2m，且下部未处理湿陷性黄土层的湿陷起始压力值不宜小于100kPa，故选项D正确。

【考点】湿陷性黄土地基处理。

【参考答案】ABC

24.（2020-A-20）根据《湿陷性黄土地区建筑标准》（GB 50025—2018），下列关于湿陷性黄土地基处理说法错误的是哪个选项？（　　）

（A）选择垫层法处理湿陷性黄土地基，不得使用砂、石材料作为填料

（B）厚度大于3m的灰土垫层，3m以下的压实系数λ_c不应小于0.97

（C）采用强夯法处理湿陷性黄土地基，土的天然含水量可低于塑限含水量1%～3%

（D）预浸水法可用于处理自重湿陷性黄土层厚度大于10m、自重湿陷量的计算值不小于500mm的场地

【解析】《湿陷性黄土地区建筑标准》（GB 50025—2018）6.2.3条，厚度大于3m的垫层，基底下3m以内的压实系数λ_c不应小于0.97，3m以下的压实系数λ_c不应小于0.95，故选项B错误。该条文是新旧版本差异的部分。如果考生使用的是老版本，该题就会做错。

【考点】湿陷性黄土。

【参考答案】B

25.（2020-B-60）根据《湿陷性黄土地区建筑标准》（GB 50025—2018），对湿陷性黄土建筑场地，下列关于地基处理范围的说法哪些是正确的？（   ）

（A）自重湿陷性黄土场地应整片处理，非自重湿陷性黄土场地可局部处理

（B）非自重湿陷性黄土场地，按处理土层厚度的 1/2 计算处理范围，超出基础边缘大于 3m 时，可采用 3m

（C）自重湿陷性黄土场地，整片处理超出基础边缘不宜小于处理土层厚度 1/2，且不应小于 2.0m

（D）自重湿陷性黄土场地，基底下湿陷性黄土层厚度大于 20.0m，当整片处理超出基础边缘外宽度大于 6.0m 时，可采用 6.0m

【解析】参见《湿陷性黄土地区建筑标准》（GB 50025—2018）。

（1）6.1.6 条第 1 款，非自重湿陷性黄土场地可采用整片或局部处理地基，自重湿陷性黄土场地应采用整片处理。故选项 A 正确。选项 B 应说明采用整片还是局部处理，并且各自的要求不同，选项 B 错误。

（2）选项 C 是 6.1.6 条第 1 款自重湿陷性黄土场地采用整片处理。6.1.6 条第 3 款的内容，整片处理时，平面处理范围应大于建筑物外墙基础底面。超出建筑物外墙基础外缘的宽度，不宜小于处理土层厚度的 1/2，并不应小于 2.0m，故选项 C 正确，是两个条款的复合命题。

（3）6.1.6 条第 3 款，自重湿陷性黄土场地，大厚度湿陷性黄土地基大于 6.0m 时可采用 6.0m，但应在原防水措施基础上提高等级或采取加强措施，因此选项 D 正确。

【考点】湿陷性黄土的地基处理。

【参考答案】ACD

10.1.8 湿陷性黄土垫层检测

26.（2009-A-38）某黄土场地灰土垫层施工过程中，分层检测灰土压实系数，下列关于环刀取样位置，（   ）说法是正确的。

（A）每层表面以下的 1/3 厚度处　　　（B）每层表面以下的 1/2 厚度处

（C）每层表面以下的 2/3 厚度处　　　（D）每层的层底处

【解析】参见《湿陷性黄土地区建筑标准》（GB 50025—2018）7.2.5 条，施工土（或灰土）垫层进程中，应分层取样检验，并应在每层表面以下的 2/3 厚度处取样检验土（或灰土）的干密度，然后换算为压实系数。

【考点】湿陷性黄土。

【参考答案】C

10.2 填 土

10.2.1 填土稳定性

27.（2009-B-17）据《岩土工程勘察规范》（GB 50021—2001），当填土底面的天然坡度大于（   ）时，应验算其稳定性。

（A）15%　　　　　（B）20%　　　　　（C）25%　　　　　（D）30%

【解析】参见《岩土工程勘察规范》（GB 50021—2001）（2009 版）6.5.5 条第 4 款，当填土底面的天然坡度大于 20% 时，应验算其稳定性。

【考点】填土稳定性。

【参考答案】B

10.2.2 填土均匀性及密实性评价

28.（2012-B-36）碎石填土的均匀性及密实性评价宜采用下列（   ）种测试方法。

（A）静力触探　　　　　（B）轻型动力触探　　　（C）重型动力触探　　　（D）标准贯入试验

【解析】参见《岩土工程勘察规范》(GB 50021—2001)。6.5.3条和6.5.4条及条文说明，轻型动力触探适用于黏性土、粉土素填土，静力触探适用于冲填土和黏性土素填土。10.5.1条，标准贯入试验适用于砂土、粉土和一般黏性土。动力触探适用于粗粒填土。碎石填土是粗粒填土，粒径变化大，选用重型动力触探试验填土的均匀性和密实度评价。

【考点】标准贯入试验和动力触探试验。

【参考答案】C

10.3　膨　胀　岩　土

10.3.1　膨胀土的初判

29.（2009－B－18）据《岩土工程勘察规范》(GB 50021—2001)，具有下列（　　）所示特征的土，可初判为膨胀土。

（A）膨胀率＞2%　　　　　　　　　　　（B）自由膨胀率＞40%

（C）蒙脱石含量≥17%　　　　　　　　　（D）标准吸湿含水率≥4.8%

【解析】参见《岩土工程勘察规范》(GB 50021—2001)(2009版)附录D.0.1，自由膨胀率是初判指标，本题选B。本题需要考生额外思考的是标准吸湿含水率在哪本规范上有，它的作用是什么。此考点极有可能在后续真题中出现。

【考点】膨胀土。

【参考答案】B

10.3.2　膨胀土的特征

30.（2009－B－56）下列（　　）是膨胀土的基本特征。

（A）在天然状态下，膨胀土的含水量和孔隙比都很高

（B）膨胀土的变形或应力对湿度状态的变化特别敏感

（C）膨胀土的裂隙是吸水时形成的

（D）膨胀土同时具有吸水膨胀和失水收缩两种变形特性

【解析】参见《基础工程》(清华大学周景星第三版)第341、342页，在自然状态下，液性指数小于零，呈坚硬或硬塑状态，孔隙比e一般为0.6～1.1，压缩性较低，具有红褐、黄、白等色，因此膨胀土的孔隙比较大，水分的迁移是控制膨胀土胀、缩特性的关键外在因素，只有存在可能产生水分迁移的梯度和进行水分迁移的途径，才有可能引起土的膨胀或收缩。因此天然状态的膨胀土的含水量较高说法不妥，选项A错误，选项B正确。裂隙发育是膨胀土的一个重要特性，土体湿度增加的时候，体积膨胀并形成膨胀压力，土体干燥失水时，体积收缩并形成收缩裂缝，选项C错误。膨胀土是土中黏粒成分主要由亲水性矿物组成，同时具有显著的吸水膨胀和失水收缩两种变形特性的黏性土，选项D正确。

遇到特殊土，优先查找《工程地质手册》，本题也可以从《工程地质手册》(第五版)第553页可获知答案。

【考点】膨胀土的主要特征。

【参考答案】BD

31.（2010－A－61）如图10－1所示为膨胀土试样的膨胀率与压力关系曲线图，根据图示内容判断，（　　）是正确的。

（A）自由膨胀率约为8.4%

（B）50kPa压力下膨胀率约为4%

（C）膨胀力约为110kPa

（D）150kPa压力下的膨胀压力约为110kPa

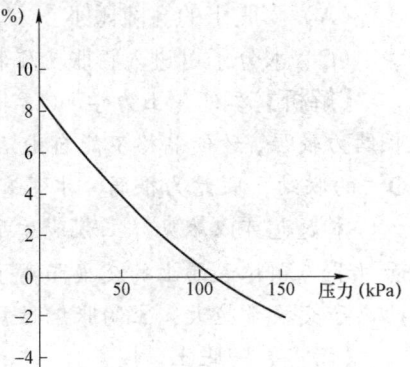

图10－1

【解析】参见《膨胀土地区建筑技术规范》(GB 50112—2013)。2.1.2条，自由膨胀率为烘干松散土样在水中膨胀稳定后，体积增加值与原体积之比，不能由膨胀率试验得出自由膨胀率，选项A错误。条文2.1.3，膨胀率是固结仪中的环刀土样，一定压力下浸水膨胀稳定后，其高度增加值与土样原始高度的比值，由图可以看出，50kPa压力下的膨胀率约为4%，选项B正确。2.1.4条，膨胀力是固结仪中的环刀土样，在体积不变时，浸水膨胀产生的最大内应力，膨胀力是膨胀土自身膨胀的内应力，与外荷载的大小无关，由附录F.0.4第4款，膨胀率与压力曲线和横坐标轴的交点为试样的膨胀力，选项C、D正确。

【考点】膨胀土。

【参考答案】BCD

32.（2013-B-26）下列关于膨胀土的膨胀率与膨胀力论述中，(   )是正确的。

(A) 基底压力越大，膨胀土的膨胀力越大

(B) 100kPa压力下的膨胀率应大于50kPa压力下的膨胀率

(C) 自由膨胀率的大小不仅与土的矿物成分有关，也与土的含水率有关

(D) 同一种土的自由膨胀率越大，意味着膨胀力也越大

【解析】膨胀力与膨胀土的矿物成分和含水量有关，在完全饱和前，含水量越大，膨胀力越小，完全饱和后，膨胀力是定值，与含水量和基底压力无关，选项A错误。参见《膨胀土地区建筑技术规范》(GB 50112—2013)，由附录F.0.4图4可以看出，100kPa下膨胀率小于50kPa下膨胀率，选项B错误。自由膨胀率是用烘干扰动样测定，与含水量无关，选项C错误。自由膨胀率越大，土中亲水性矿物含量越多，相应的在体积不变的情况下，吸水膨胀后产生的内应力越大，选项D正确。

【考点】膨胀土。

【参考答案】D

33.（2014-B-27）若地基土含水量降低，下列(   )类特殊性土将对建筑物产生明显危害。

(A) 湿陷性黄土   (B) 花岗岩类残积土

(C) 盐渍土   (D) 膨胀土

【解析】膨胀土失水时土体收缩开裂，裂缝张开；吸水时，裂缝闭合，都会对建筑物产生危害。

【考点】膨胀土。

【参考答案】D

34.（2014-B-32）在膨胀土地区建设城市轨道交通，采取土试样测得土的自由膨胀率为60%，蒙脱石含量为10%，阳离子交换量为200mmol/kg，该土层的膨胀潜势分类为(   )。

(A) 弱   (B) 中   (C) 强   (D) 不能确定

【解析】参见《膨胀土地区建筑技术规范》(GB 50112—2013)附录A。另外，本题需要额外注意的是附录A的小注，此处可能为后续真题考点。

【考点】膨胀土。

【参考答案】A

35.（2014-B-34）膨胀土遇水膨胀的主要原因为(   )。

(A) 膨胀土的孔隙比小   (B) 膨胀土的黏粒含量较高

(C) 水分子可进入膨胀土矿物晶格构造内部   (D) 膨胀土土粒间的连接遇水膨胀

【解析】参见《土力学》(清华大学李广信第2版)第11~13页：高岭石，晶层之间通过氢键联结，联结力较强，致使晶格不能自由活动，水难以进入晶格之间，故亲水能力差。蒙脱石，晶层之间是O^{2-}对O^{2-}的联结，联结力很弱，水很容易进入晶层之间，故亲水能力强。

本题也可以参见《工程地质手册》(第五版)第555页：黏土矿物中，水分不仅与晶胞离子相结合，而且还与颗粒表面上的交换阳离子相结合。这些离子随与其结合的水分子进入土中，使土发生膨胀，因此离子交换量越大，土的胀缩性就越大。由此可知答案为C。

【考点】膨胀土。

【参考答案】C

36.（2016-B-33）下列矿物中哪一种对膨胀土的胀缩性影响最大？（　　）

（A）蒙脱石钙　　　　（B）蒙脱石钠　　　　（C）伊利石　　　　（D）高岭石

【解析】参见《膨胀土地区建筑技术规范》（GB 50112—2013）3.0.1 条文说明：蒙脱石的含量决定着黏土膨胀潜势，钠蒙脱石比钙蒙脱石具有更大的膨胀潜势。

【考点】膨胀土。

【参考答案】B

37.（2017-B-62）下列关于膨胀土的论述中，哪些是正确的？（　　）

（A）初始含水量与膨胀后含水量差值愈大，土的膨胀量愈小

（B）黏土粒的硅铝分子比的比值愈大，胀缩量愈大

（C）土的孔隙比愈大，浸水膨胀愈小

（D）蒙脱石和伊利石含量越高，胀缩量越大

【解析】《工程地质手册》（第五版）第 555 页，初始含水量与胀后含水量差值愈大，土的膨胀量越大，故选项 A 错误。硅铝分子比的比值愈小，胀缩量愈小，反之亦然。故选项 B 正确。土的密度大，孔隙比就小，浸水膨胀强烈，失水收缩小，反之，孔隙比大，浸水膨胀小，失水收缩大。故选项 C 正确。蒙脱石和伊利石具有较高的亲水性，含量越高胀缩量越大。故选项 D 正确。

【考点】膨胀土。

【参考答案】BCD

38.（2018-B-30）下列哪个选项不符合膨胀土变形特性？（　　）

（A）黏粒含量愈高，比表面积大，胀缩变形就愈小

（B）黏土粒在硅铝分子比 $SiO_2/(Al_2O_3+Fe_2O_3)$ 的比值愈小，其胀缩量就愈小

（C）当土的初始含水量与胀后含水量愈接近，土的膨胀就小，收缩的可能性和收缩值就大

（D）土的密度大，孔隙比就小，浸水膨胀性强，失水收缩小

【解析】根据《工程地质手册》（第五版）第 555 页，黏粒含量愈高，比表面积大，胀缩变形就愈大，故选项 A 错误，选项 B、C、D 均为手册原文，正确。

【考点】膨胀土的性质。

【参考答案】A

39.（2019-B-34）下列关于膨胀土性质和成因表述正确的是哪个选项？（　　）

（A）黏性土的蒙脱石含量和阳离子交换量越大，自由膨胀率越大

（B）钙蒙脱石和钠蒙脱石含量相同的两种膨胀土，前者比后者具有更大的膨胀潜势

（C）膨胀土由坡积、残积形成，没有冲积成因的膨胀土

（D）膨胀土初始含水量与胀后含水量差值越小，膨胀量越大

【解析】参见《膨胀土地区建筑技术规范》（GB 50112—2013）3.0.1 条文说明，钠蒙脱石比钙蒙脱石具有更大的膨胀潜势，故选项 B 错误。《工程地质手册》（第五版）第 555 页和《膨胀土地区建筑技术规范》（GB 50112—2013）附录 A 均表明，离子交换量越大，自由膨胀率越大，膨胀潜势越大，故选项 A 正确。膨胀土初始含水量与胀后含水量差值越小，膨胀量越小，收缩量就越大，故选项 D 错误。《工程地质手册》（第五版）第 555 页，根据资料分析国内外膨胀土的成因多数属残积型、坡积型，其生成一是由基性火成岩或中酸性火成岩风化而成；二是与不同时代的黏土岩、泥岩、页岩的风化密切相关。洪积、冲积或其他成因的膨胀土也有，但其物质来源主要与上述条件有密切联系，故选项 C 错误。

【考点】膨胀土。

【参考答案】A

40.（2020-B-27）下列关于膨胀土性质的表述，错误的是哪个选项？（　　）

（A）蒙脱石含量越高，膨胀性越强

（B）硅铝分子比 $SiO_2/(Al_2O_3+Fe_2O_3)$ 越大，膨胀性越强

（C）黏粒含量越高，胀缩变形越大

（D）密度越大，失水收缩越强

【解析】《工程地质手册》（第五版）第 555 页，土的密度大，孔隙比就小，浸水膨胀强烈，失水收缩小，故选项 D 错误。选项 A、B、C 均是第 555 页的原文。

【考点】膨胀土性质。

【参考答案】D

41.（2020－B－28）根据《铁路工程特殊岩土勘察规程》（TB 10038—2012），下列哪个选项膨胀岩的膨胀性不是由所含亲水矿物吸水膨胀引起的（　　　）。

（A）沉积型泥质膨胀岩
（B）蒙脱石化凝灰岩类膨胀岩
（C）断层泥类膨胀岩
（D）含硬石膏和无水芒硝类膨胀岩

【解析】《铁路工程特殊岩土勘察规程》（TB 10038—2012）5.1.5 条文说明，沉积型泥质膨胀岩、蒙脱石化凝灰岩类膨胀岩和断层泥类膨胀岩的膨胀实质是所含亲水矿物的吸水膨胀。含硬石膏和无水芒硝类膨胀岩则是水化学作用产生的硬石膏→石膏→无水芒硝→芒硝的转化膨胀。

【考点】膨胀岩。

【参考答案】D

10.3.3　膨胀土变形

42.（2010－A－62）下列关于膨胀土的性质，（　　　）是正确的。
（A）当含水量相同时，上覆压力大时膨胀量大，上覆压力小时膨胀量小
（B）当上覆压力相同时，含水量高的膨胀量大，含水量小的膨胀量小
（C）当上覆压力超过膨胀力时土不会产生膨胀，只会出现压缩
（D）常年地下水位以下的膨胀土的膨胀量为零

【解析】参见《膨胀土地区建筑技术规范》（GB 50112—2013）5.2.8 条及条文说明，上覆压力大，压制了膨胀变形量，故膨胀量就小；含水量接近胀后含水量，膨胀量就小，故选项 A、B 错误，选项 C 正确。对于处于地下水位以下的膨胀土而言，膨胀早已发生，在不改变含水量情况下，水位以下的膨胀土不会发生膨胀或收缩，选项 D 正确。

【考点】膨胀土。

【参考答案】CD

43.（2019－B－62）关于膨胀土的性质，下列哪些选项是错误？（　　　）
（A）当含水量一定时，上覆压力大时膨胀量大，上覆压力小时膨胀量小
（B）当上覆压力一定时，含水量高的膨胀量大，含水量小的膨胀量小
（C）当上覆压力超过膨胀力时不会产生膨胀，只会出现压缩
（D）常年地下水位以下的膨胀土的膨胀量为零

【解析】参见《工程地质手册》（第五版）。第 555 页，膨胀土初始含水量与胀后含水量差值越小，膨胀量越小，收缩量就越大，故含水量高的膨胀量小，含水量小的膨胀量高，故选项 B 错误。第 558 页，在相似地质条件下，同一地区的建筑物，其变形幅度是随基底压力和基础埋深的增加而减小。因此上覆压力大时膨胀量小，上覆压力小时膨胀量大，故选项 A 错误。上覆压力超过膨胀力时不会产生膨胀，只会出现压缩，故选项 C 正确。常年地下水位以下的膨胀土，达到了完全饱和，膨胀需要吸水，而饱和土已经无法吸水，也就无法产生膨胀，故选项 D 正确。

【考点】膨胀土。

【参考答案】AB

44.（2010－B－29）下列关于膨胀土胀缩变形的叙述中，（　　　）是错误的。
（A）膨胀土的 SiO_2 含量越高，胀缩量越大
（B）膨胀土的蒙脱石和伊利石含量越高，胀缩量越大
（C）膨胀土的初始含水量越高，其膨胀量越小，而收缩量越大
（D）在其他条件相同的情况下，膨胀土的黏粒含量越高，胀缩变形会越大

【解析】参见《工程地质手册》（第五版）。第 555 页，膨胀土的胀缩变形主要影响因素为：矿物成

分、化学成分、离子交换量、黏粒含量、土体密度或孔隙比、含水量等。对选项 A 争议较大，此处 SiO_2 若为土粒的化学成分式，则选项 A 正确，若其表示二氧化硅矿物，则不正确。手册中是硅铝分子比的比值越小，胀缩量就越小。蒙脱石和伊利石都有更高的亲水性，其含量越大，吸水和失水时产生的胀缩量越大，选项 B 正确。土中的初始含水量越大，膨胀时吸水越少，膨胀量越小，而干燥收缩时，失去的水分越多，收缩量越大，选项 C 正确；黏粒含量越高，比表面积越大，吸水能力越强，胀缩变形越大，选项 D 正确。本题亦可采用排除法。

【考点】膨胀土。

【参考答案】A

45.（2010-B-58）在下列（   ）情况下，膨胀土地基变形量可仅按收缩变形计算确定。

（A）经常受高温作用的地基

（B）经常有水浸湿的地基

（C）地面有覆盖且无蒸发可能时

（D）离地面 1m 处地基土的天然含水量大于 1.2 倍塑限含水量

【解析】参见《膨胀土地区建筑技术规范》（GB 50112—2013）5.2.7 条第 2 款。各种变形的条件是常考知识点。

【考点】膨胀土。

【参考答案】AD

46.（2012-B-61）下列（   ）情况下，膨胀土的变形量可按收缩变形量计算。

（A）游泳池的地基   （B）大气影响急剧层内接近饱和的地基

（C）直接受高温作用的地基   （D）地面有覆盖且无蒸发可能的地基

【解析】参见《膨胀土地区建筑技术规范》（GB 50112—2013）5.2.7 条第 2 款，选项 C 正确。大气影响急剧层地基土饱和，含水量高，地基土在干旱或局部热源、蒸腾量大的树木大量吸取土中水分的情况下，容易发生收缩变形，可按收缩变形计算，选项 B 正确。各种变形的条件是常考知识点。

【考点】膨胀土。

【参考答案】BC

47.（2011-B-62）下列关于膨胀土地基上建筑物变形的说法，（   ）是正确的。

（A）多层房屋比平房容易开裂   （B）建筑物往往建成多年后才出现裂缝

（C）建筑物裂缝多呈正八字形，上窄下宽 （D）地下水位低的比地下水位高的容易开裂

【解析】参见《工程地质手册》（第五版）第 557 页，平房比多层容易开裂，选项 A 错误；建筑物建成后三五年才出现裂缝，选项 B 正确；裂缝呈"倒八字"形，裂缝上宽下窄，选项 C 错误；地下水位高，地基土初始含水量与膨胀后的含水量接近，土的膨胀量小，地下水位低，地基土初始含水量小，遇水后膨胀量大，故低水位比高水位容易开裂，选项 D 正确。

【考点】膨胀土。

【参考答案】BD

48.（2013-A-62）关于膨胀土地区的建筑地基变形量计算，下列（   ）说法是正确的。

（A）地面有覆盖且无蒸发时，可按膨胀变形量计算

（B）当地表下 1m 处地基土的天然含水率接近塑限时，可按胀缩变形量计算

（C）收缩变形计算深度取大气影响深度和浸水影响深度中的大值

（D）膨胀变形量可通过现场浸水载荷试验确定

【解析】参见《膨胀土地区建筑技术规范》（GB 50112—2013）。由 5.2.7 条知，选项 A、B 正确。5.2.9 条，公式（5.2.9）对 n 的定义中有：收缩变形计算深度 z_{sn} 应根据大气影响深度确定，当有热源影响时，可按热源影响深度确定，在计算深度内有稳定地下水位时，可计算至水位以上 3m，选项 C 错误。选项 C 的确定方法依据 5.2.8 条，计算膨胀变形量采用的。附录 C.0.1 现场浸水载荷试验可用于确定膨胀土地基的承载力和浸水时的膨胀变形量，选项 D 正确。

249

【考点】膨胀土。

【参考答案】ABD

49.（2013－B－32）坡度为5°的膨胀土场地，土的塑限为20%，地表下1.0m和2.0m处的天然含水率分别为25%和22%，膨胀土地基的变形量取值为（　　）。

（A）膨胀变形量 　　　　　　　　　　（B）膨胀变形量与收缩变形量之和

（C）膨胀变形量与收缩变形量之大者 　　（D）收缩变形量

【解析】参见《膨胀土地区建筑技术规范》（GB 50112—2013）5.2.7条，地表下1m的含水量为25%，塑限为20%，25%＞20%×1.2＝24%，符合5.2.7条第2款，故选项D正确。

【考点】膨胀土。

【参考答案】D

50.（2016－B－60）对膨胀土地区的建筑进行地基基础设计时，下列哪些说法是正确的？（　　）

（A）地表有覆盖且无蒸发，可按膨胀变形量计算

（B）当地表下1m处地基土的含水量接近液限时，可按胀缩变形量计算

（C）收缩变形量计算深度取大气影响深度和浸水影响深度中的大值

（D）膨胀变形量可通过现场浸水载荷试验确定

【解析】参见《膨胀土地区建筑技术规范》（GB 50112—2013）。5.2.7条，场地天然地表下1m处土的含水量等于或接近最小值或地面有覆盖且无蒸发可能，以及建筑物在使用期间，经常有水浸湿的地基，可按膨胀变形量计算。选项A正确。场地天然地表下1m处土的含水量大于1.2倍塑限含水量或直接受高温作用的地基，可按收缩变形量计算。依据5.2.9条，收缩变形的计算深度应根据大气影响深度确定。当有热源影响时，可按热源影响深度确定。在计算深度内有稳定地下水位时，可计算至水位以上3m，故选项C错误。依据附录C.0.1，现场浸水载荷试验可用于以确定膨胀土地基的承载力和浸水时的膨胀变形量，故选项D正确。

根据《工程地质手册》第469页膨胀土的物理性质，膨胀土的液限一般在50%左右，塑限25%左右，题干为含水量接近液限（50%），大于1.2倍的塑限（30%），故选项B错误。

【考点】膨胀土。

【参考答案】AD

51.（2017－A－62）关于膨胀土地基变形量取值的叙述，下列哪些选项是正确的？（　　）

（A）膨胀变形量应取基础的最大膨胀上升量　（B）收缩变形量应取基础的最小收缩下沉量

（C）胀缩变形量应取基础的最大胀缩变形量　（D）变形差应取相邻两基础的变形量之差

【解析】参见《膨胀土地区建筑技术规范》（GB 50112—2013）5.2.15条。膨胀变形量应取基础的最大膨胀上升量，选项A正确。收缩变形量应取基础的最大收缩下沉量，选项B错误。胀缩变形量应取基础的最大胀缩变形量，选项C正确。变形差应取相邻两基础的变形量之差，选项D正确。

【考点】膨胀土地基变形量。

【参考答案】ACD

52.（2014－B－58）下列（　　）措施能有效减小膨胀土地基对建筑物的损坏。

（A）增加散水宽度 　　　　　　　　　（B）减小建筑物层数

（C）采用灰土对地基进行换填 　　　　　（D）设置沉降缝

【解析】参见《膨胀土地区建筑技术规范》（GB 50112—2013）。5.5.4条，散水最小宽度应按表5.5.4选择，故增加散水宽度有效，选项A正确。膨胀土地基开裂以低层民用建筑较为严重，多层楼房比平房开裂轻，因为多层楼房的荷载大，可以抵抗膨胀变形。5.7.1条，膨胀土地基处理可采用换土、土性改良、砂石或灰土垫层等方法，故采用灰土对地基进行换填有效，选项C正确。5.5.2条，建筑物的下列部位宜设置沉降缝：挖方与填方交界处或地基土显著不均匀处；建筑物平面转折部位、高度或荷重有显著差异部位；建筑结构或基础类型不同部位。故可判别设置沉降缝有效，选项D正确。

【考点】膨胀土。

【参考答案】ACD

53.（2020-B-31）在膨胀土地区建设城市轨道交通工程，测定土的自由膨胀率为60%，阳离子交换量210mmol/kg，蒙脱石含量16%，该土层膨胀潜势等级是下列哪个选项？（　　）

（A）弱　　　　　　　　（B）中　　　　　　　（C）强　　　　　　　　（D）不能确定

【解析】《膨胀土地区建筑技术规范》（GB 50112—2013）附录A，自由膨胀率为60%，阳离子交换量210mmol/kg，膨胀潜势为弱，蒙脱石含量16%，膨胀潜势为中，综合该土层膨胀潜势等级为弱。

【考点】膨胀土。

【参考答案】A

10.3.4　膨胀土地区建（构）筑物

54.（2011-B-34）根据《膨胀土地区建筑技术规范》（GB 50112—2013），在膨胀土地区设计挡土墙，下列（　　）的说法不符合规范规定。

（A）墙背应设置碎石或砂砾石滤水层

（B）墙背填土宜选用非膨胀土及透水性较强的填料

（C）挡土墙的高度不宜大于6m

（D）在满足一定条件情况下，设计可不考虑土的水平膨胀力

【解析】参见《膨胀土地区建筑技术规范》（GB 50112—2013）5.4.3~5.4.5条及条文说明，规范中并未对挡土墙高度做出限制。

【考点】膨胀土。

【参考答案】C

55.（2019-B-32）对于某膨胀土场地的挡土结构，下列有关设计和构造措施哪个选项是正确的？（　　）

（A）挡土结构基础埋深应经稳定性验算确定，基础埋深应在滑动面以下且不应小于1.0m

（B）墙背滤水层的宽度不应小于300mm

（C）高度不大于3m的挡土墙，在采取规定的防排水和构造措施情况下，土压力计算时可不计膨胀力的作用

（D）挡土墙每个12~15m应设置变形缝

【解析】参见《膨胀土地区建筑技术规范》（GB 50112—2013）。5.4.2条，挡土结构基础埋深应由稳定性验算确定，并应埋置在滑动面以下，且不应小于1.5m，故选项A错误。5.4.3条第1款，墙背碎石或砂卵石滤水层的宽度不应小于500mm，故选项B错误。5.4.4条，高度不大于3m的挡土墙，主动土压力宜采用楔体试算法确定。当构造符合本规范第5.4.3条规定时，土压力的计算可不计水平膨胀力的作用，故选项C正确。5.4.3条第3款，挡土墙每隔6~10m和转角部位应设变形缝，故选项D错误。

【考点】膨胀土。

【参考答案】C

56.（2014-B-31）根据《膨胀土地区建筑技术规范》（GB 50112—2013），需要对某膨胀土场地上住宅小区绿化，土的孔隙比为0.96，种植速生树种时，隔离沟与建筑物的最小距离不应小于（　　）。

（A）1m　　　　　　　　（B）3m　　　　　　　（C）5m　　　　　　　　（D）7m

【解析】参见《膨胀土地区建筑技术规范》（GB 50112—2013）5.3.5条第3款：种植桉树、木麻黄、滇杨等速生树种时，应设置隔离沟，沟与建筑物距离不应小于5m。

【考点】膨胀土。

【参考答案】C

57.（2018-A-62）在某膨胀土场地建设校区，该地区土的湿度系数为0.7，设计时下列哪些措施符合《膨胀土地区建筑技术规范》（GB 50112—2013）的相关要求？（　　）

（A）教学楼外墙基础边缘5m范围内不得积水

（B）种植桉树应设置隔离沟，沟与教学楼的距离不应小于4m

（C）管道距教学楼外墙基础边缘的净距不应小于3m

（D）种植低矮、蒸腾量小的树木时，应距教学楼外墙基础边缘不小于 2m

【解析】参见《膨胀土地区建筑技术规范》（GB 50112—2013）。第 5.3.2 条第 6 款，建筑物周围应有良好的排水条件，距教学楼外墙基础边缘 5m 范围内不得积水，故选项 A 正确；第 5.3.5 条第 3 款，在湿度系数小于 0.75 的膨胀土地区，种植桉树，应设置隔离沟，隔离沟距建筑物不应小于 5m，故选项 B 错误；第 5.3.5 条第 2 款，蒸腾量小的树木，应距离建筑物外墙基础不小于 4m，选项 D 错误；选项 C 为 5.3.4 条的原文，故正确。

【考点】膨胀土地区的厂址选择和设计。

【参考答案】AC

58.（2012—B—33）下列关于膨胀土地区的公路路堑边坡设计的说法，（　　）是不正确的。
（A）可采用全封闭的相对保湿防渗措施以防发生浅层破坏
（B）应遵循缓坡率、宽平台、固坡脚的原则
（C）坡高低于 6m、坡率 1:1.75 的边坡都可以不设边坡宽平台
（D）强膨胀土地区坡高 6m、坡率 1:1.75 的边坡设置的边坡宽平台应大于 2m

【解析】参见《公路路基设计规范》（JTG D30—2015），浅层破坏时，宜采用半封闭的相对保湿防渗措施，选项 A 是老版规范的条文，但新版本已经将其删除。《公路路基设计规范》（JTG D30—2015）7.9.7 条第 2 款，选项 B 正确。由表 7.9.7-1 知，选项 C 正确。由表 7.9.7-1 知，强膨胀土的坡高 6m，边坡坡率 1:2.0～1:2.5，平台宽度大于等于 2m，故选项 D 错误。对于单选题而言，选项 D 错误更明显。

【考点】膨胀土边坡处置的方式。

【参考答案】D

59.（2013—A—57）公路隧道穿越膨胀岩地层时，下列（　　）措施是正确的。
（A）隧道支护衬砌宜采用圆形或接近圆形的断面形状
（B）开挖后及时施作初期支护封闭围岩
（C）初期支护刚度不宜过大
（D）初期支护后应立即施筑二次衬砌

【解析】参见《公路隧道设计规范　第一册　土建工程》（JTG 3370.1—2018）。
（1）由 14.2.1 条知，选项 A 正确。
（2）由 14.2.2 条文说明得到选项 B 正确。
（3）由 14.2.2 条文说明得到初期支护刚度小，因此选项 C 正确。
（4）由 14.2.2 条文说明得到二次衬砌需要通过现场试验、测量来确定，故选项 D 错误。

【考点】公路隧道特殊地质地段。

【参考答案】ABC

60.（2014—B—26）下列（　　）种措施不适用于公路膨胀土路堤边坡防护。
（A）植被防护　　　　　　　　　（B）骨架植物
（C）浆砌毛石护面　　　　　　　（D）支撑渗沟加拱形骨架植物

【解析】参见《公路路基设计规范》（JTG D30—2015）。由 7.8.2 条第 7 款、表 7.8.2-2 可知，膨胀土路堤边坡防护措施有：植物、植被防护、骨架植物、支撑渗沟加拱形骨架植物，因此本题选 C。一般来讲，膨胀土的防护采取柔性防护，浆砌毛石属于刚性，不能承受变形，一变形毛石之间的水泥砂浆就裂开了。

【考点】膨胀土。

【参考答案】C

61.（2018—A—60）关于穿越膨胀性岩土的铁路和公路隧道设计，下列哪些选项符合相关规范要求？（　　）
（A）可根据围岩等级分别采用复合式衬砌、喷锚衬砌和整体衬砌结构形式
（B）可采用加密、加长锚杆支护措施，以抵御膨胀压力
（C）隧道支护衬砌应设置仰拱

（D）断面宜采用圆形或接近圆形

【解析】参见《公路隧道设计规范 第一册 土建工程》（JTG 3370.1—2018）。第14.2.3条，膨胀性围岩应采用复合式衬砌，故不分围岩等级均采用复合式衬砌，而喷锚衬砌可作为复合式衬砌的初期支护方式，故选项A错误。第14.2.3条，在膨胀变形较大的地段，可采用双层初期支护，也可在初期支护内采用可缩式钢架，锚杆宜加密加长，长短结合，故选项B正确。第14.2.5条文说明，膨胀性围岩隧道支护衬砌均应设置仰拱，故选项C正确。第14.2.1条，膨胀性围岩隧道支护衬砌形状宜采用圆形或接近圆形的断面，故选项D正确。

【考点】膨胀性围岩隧道支护措施。

【参考答案】BCD

62.（2020-B-25）根据《膨胀土地区建筑技术规范》（GB 50112—2013），在膨胀土地区建设某工程，土的孔隙比为0.91，种植速生树种时，隔离沟与建筑物距离不应小于多少米？（　　）

（A）3　　　　　　　（B）4　　　　　　　（C）5　　　　　　　（D）6

【解析】《膨胀土地区建筑技术规范》（GB 50112—2013）5.3.5条第3款：在湿度系数小于0.75或孔隙比大于0.9的膨胀土地区，种植桉树、木麻黄、滇杨等速生树种时，应设置隔离沟，沟与建筑物距离不应小于5m。

【考点】膨胀土。

10.3.5　膨胀土指标的选择

63.（2019-A-04）某重要工程地基为膨胀土，根据《岩土工程勘察规范》（GB 50021—2001）（2009年版），应采用下列哪个选项确定为地基承载力？（　　）

（A）不浸水载荷试验　　　　　　　（B）浸水载荷试验

（C）饱和状态下的UU试验计算　　　（D）饱和状态下的CU试验计算

【解析】参见《岩土工程勘察规范》（GB 50021—2001）（2009年版）。6.7.8条，一级工程的地基承载力应采用浸水载荷试验方法确定；二级工程宜采用浸水载荷试验；三级工程可采用饱和状态下不固结不排水三轴剪切试验计算或根据已有经验确定。3.1.1条第1款，重要工程为一级工程。故选用浸水载荷试验方法确定地基承载力。

【考点】膨胀土地基承载力。

【参考答案】B

64.（2019-B-25）膨胀土地区某挡土墙高度为2.8m，挡墙设计时，破裂面上的抗剪强度指标应采用下列哪个选项的强度指标？（　　）

（A）固结快剪　　　　　　　　　　（B）饱和状态下的快剪

（C）直剪慢剪　　　　　　　　　　（D）反复直剪

【解析】参见《膨胀土地区建筑技术规范》（GB 50112—2013）5.4.4条，破裂面上的抗剪强度指标应采用饱和快剪强度指标。

【考点】膨胀土。

【参考答案】B

10.4 红 黏 土

10.4.1　红黏土的状态

65.（2009-B-19）某红黏土的含水率试验如下：天然含水率51%，液限80%，塑限48%，该红黏土的状态应为（　　）。

（A）坚硬　　　　（B）硬塑　　　　（C）可塑　　　　（D）软塑

【解析】参见《岩土工程勘察规范》（GB 50021—2001）（2009 版）表 6.2.2。用含水比或液性指数均可计算。红黏土的分类有其特定指标：含水比。$\alpha_w = w/w_L = 0.48/0.8 = 0.6$，查表为硬塑。

【考点】红黏土。

【参考答案】B

10.4.2 红黏土的成分

66.（2019-B-23）下列哪个选项不属于红黏土的主要矿物成分？（　　）

（A）高岭石　　　　　　（B）伊利石　　　　　　（C）蒙脱石　　　　　　（D）绿泥石

【解析】参见《工程地质手册》（第五版）第 525 页表 5-2-2，红黏土主要矿物成分有高岭石、伊利石、绿泥石。

【考点】红黏土。

【参考答案】C

10.4.3 红黏土的性质

67.（2012-B-68）下列关于红黏土的特征表述中，（　　）是正确的。

（A）红黏土具有与膨胀土一样的胀缩性

（B）红黏土由于孔隙比及饱和度都很高，故力学强度较低，压缩性较大

（C）红黏土失水后出现裂隙

（D）红黏土往往有上硬下软的现象

【解析】参见《工程地质手册》（第五版）第 525、526 页。红黏土膨胀量很小，收缩量很大，故选项 A 错误。红黏土有较高的力学强度和较低的压缩性，故选项 B 错误。红黏土失水后含水量小于缩限，土中就开始出现裂缝，红黏土上硬下软，故选项 C、D 正确。

【考点】红黏土。

【参考答案】CD

68.（2013-B-61）下列关于红黏土特征的表述中，（　　）是正确的。

（A）红黏土失水后易出现裂隙　　　　　　（B）红黏土具有与膨胀土一样的胀缩性

（C）红黏土往往有上硬下软的现象　　　　　　（D）红黏土为高塑性的黏土

【解析】参见《工程地质手册》（第五版）第 525、526 页，红黏土的变形以收缩为主。

【考点】红黏土。

【参考答案】ACD

69.（2016-B-58）下列有关红黏土的描述中哪些选项是正确的？（　　）

（A）水平方向的厚度变化不大，勘探点可按常规间距布置

（B）垂直方向状态变化大，上硬下软，地基计算时要进行软弱下卧层验算

（C）常有地裂现象，勘察时应查明其发育特征、成因等

（D）含水比是红黏土重要土性指标

【解析】参见《岩土工程勘察规范》（GB 50021—2001）。6.2.4 条文说明，由于红黏土具有垂直方向状态变化大，水平方向厚度变化大的特点，故勘探工作应采用较密的点距，特别是土岩组合的不均匀地基。故选项 A 错误。6.2.2 条文说明，上硬下软、表面收缩、裂隙发育。6.2.8 条，红黏土的工程地质测绘与调查着重查明的内容有：基础宜浅埋，利用浅部硬壳层，并进行下卧层承载力的验算，故选项 B 正确。6.2.3 条，红黏土的工程地质测绘与调查着重查明的内容有：地裂分布、发育特征及其成因，土体结构特征，土体中裂隙的密度、深度、延展方向及其发育规律。6.2.8 条文说明，地裂是红黏土地区的一种特有的现象，故选项 C 正确。6.2.2 条第 1 款，根据含水比对红黏土状态分类，是红黏土重要土性指标。

【考点】红黏土。

【参考答案】BCD

70.（2017-B-28）红黏土地基满足下列哪个选项时，土体易出现大量裂缝？（　　）

（A）天然含水量高于液限　　　　　　　　（B）天然含水量介于液限和塑限区间

（C）天然含水量介于塑限和缩限区间　　　（D）天然含水量低于缩限

【解析】《工程地质手册》（第五版）第 527 页：红黏土在自然状况下呈致密状，无层理，表部呈坚硬、硬塑状态，失水后含水率低于缩限，土中即开始出现裂缝。

【考点】红黏土。

【参考答案】D

71.（2018－B－62）红黏土复浸水特性为Ⅱ类者，复浸水后一般具有下列哪些特性？（　　）

（A）膨胀循环呈缩势，缩量逐次积累，但缩后土样高度大于原始高度

（B）土的含水率增量微小

（C）土的外形完好

（D）风干复浸水，干缩后形成的团粒不完全分离，土的 I_r 值降低

【解析】根据《工程地质手册》（第五版）第 528 页，膨胀循环呈缩势，缩量逐次积累，但缩后土样高度小于原始高度，故选项 A 错误，选项 B、C、D 均为手册原文，正确。

【考点】红黏土复浸水特征。

【参考答案】BCD

72.（2019－A－62）下列哪些选项可作为直接划分次生红黏土与原生红黏土的因素？（　　）

（A）成因　　　　（B）矿物成分　　　　（C）土中裂隙　　　　（D）液限值

【解析】参见《岩土工程勘察规范》（GB 50021—2001）（2009 年版）。6.2.1 条，颜色为棕红或褐黄，覆盖于碳酸盐岩系之上，其液限大于或等于 50%的高塑性黏土，应判定为原生红黏土。原生红黏土经搬运、沉积后仍保留其基本特征，且其液限大于 45%的黏土，可判定为次生红黏土。6.2.1 条文说明，原生红黏土比较易于判定，次生红黏土则可能具备某种程度的过渡性质。勘察中应通过第四纪地质、地貌的研究，根据红黏土特征保留的程度确定是否判定为次生红黏土。可知原生红黏土在液限值和是否经过搬运沉积等作用这两方面不同。

【考点】红黏土分类。

【参考答案】AD

73.（2020－B－32）对红黏土性质表述错误的是哪个选项？（　　）

（A）具有浸水膨胀、失水收缩的性质

（B）收缩后复浸水膨胀，能否恢复到原位与液限、塑限含水量有关

（C）胀缩性主要表现为失水收缩

（D）复浸水膨胀循环后，缩后土样高度均小于原始高度

【解析】《工程地质手册》（第五版）第 526、528 页，红黏土复浸水分为Ⅰ类和Ⅱ类。划属Ⅰ类者，复水后随含水率增大而解体，胀缩循环呈现胀势，缩后土样高度大于原始高度。划属Ⅱ类者，复水后含水率增量微小，外形完好，胀缩循环呈现缩势量逐次积累，缩后土样高度小于原始高度。选项 D 的错误更显著。虽然选项 A 在某些年份中算错误选项，膨胀量很小，以收缩为主，但是相比较选项 D 而言，选项 A 可以作为正确的选项。

【考点】红黏土特性。

【参考答案】D

10.5　冻　土

10.5.1　多年冻土

■ 多年冻土分类

74.（2019－B－27）某总含水量 34%的多年冻土为粉土，该冻土的类型为下列哪个选项？（　　）

（A）饱冰冻土　　　（B）富冰冻土　　　（C）多冰冻土　　　（D）少冰冻土

【解析】参见《岩土工程勘察规范》（GB 50021—2001）（2009 年版）表 6.6.2，总含水量大于或等于 32%的粉土，其冻土类型为饱冰冻土。

【考点】多年冻土分类。

【参考答案】A

■ 勘探要求

75.（2009－B－20）在某多年冻土地区进行公路路基工程勘探，已知该冻土天然上限深度 6m，下列勘探深度中，（　　）不符合《公路工程地质勘察规范》（JTG C20—2011）的要求。

（A）9.5m　　　　　　　（B）12.5m　　　　　　　（C）15.5m　　　　　　　（D）18.5m

【解析】参见《公路工程地质勘察规范》（JTG C20—2011）8.2.10 条，多年冻土地区路基的勘探深度不应小于 8m，且不应小于 2～3 倍天然上限，即大于 12～18m。

【考点】冻土。

【参考答案】A

76.（2010－B－63）多年冻土区进行工程建设时，下列（　　）符合规范要求。

（A）地基承载力的确定应同时满足保持冻结地基和容许融化地基的要求

（B）重要建筑物选址应避开融区与多年冻土之间的过渡带

（C）对冻土融化有关的不良地质作用调查应该在九月和十月进行

（D）多年冻土地区钻探宜缩短施工时间，宜采用大口径低速钻进

【解析】参见《岩土工程勘察规范》（GB 50021—2001）（2009 版）。6.6.6 条第 1 款，多年冻土的地基承载力，应区别保持冻结地基和容许融化地基，选项 A 错误。6.6.6 条第 2 款，除次要建筑外，应避开饱冰冻土、含土冰层等过渡地段，选项 B 正确。6.6.5 条第 1 款，多年冻土区钻探宜缩短施工时间，采用大口径低速钻进，孔径不低于 108mm，选项 D 正确。6.6.5 条第 7 款，需要查明与不冻土融化有关的不良地质有关的作用时，应在二月至五月进行，其上限深度的勘察应在九月至十月进行，选项 C 错误。

【考点】冻土。

【参考答案】BD

77.（2019－B－60）在多年冻土地区进行勘察时，下列哪些选项说法错误？（　　）

（A）宜采用小口径高速钻进

（B）确定多年冻土上限深度的勘察时间为九月至十月

（C）勘探孔的深度宜超过多年冻土上限深度的 1 倍

（D）对于保持冻结状态设计的地基，勘探孔深度不应小于基底以下 2 倍的基础宽度

【解析】参见《岩土工程勘察规范》（GB 50021—2001）（2009 年版）。6.6.5 条第 1 款，多年冻土地区钻探宜缩短施工时间，宜采用大口径低速钻进，故选项 A 错误。6.6.5 条第 7 款，多年冻土上限深度的勘察时间宜在九、十月份，故选项 B 正确。6.6.4 条第 3 款，无论何种设计原则，勘探孔的深度均宜超过多年冻土上限深度的 1.5 倍，故选项 C 错误。6.6.4 条第 1 款，对保持冻结状态设计的地基，不应小于基底以下 2 倍基础宽度，故选项 D 正确。

【考点】多年冻土。

【参考答案】AC

78.（2020－A－62）根据《岩土工程勘察规范》（GB 50021—2001）（2009 版），多年冻土区的建筑工程，关于其钻探要求，下列哪些选项是错误的？（　　）

（A）松散冻土层中，宜采用快速干钻方法　　　　（B）高含冰黏土层中，应采用慢速干钻方法

（C）护孔管下端应至冻土上限以下 0.5～1.0m　　　（D）从岩管内取芯时，可采用快速泵压法退芯

【解析】参见《建筑工程地质勘探与取样技术规程》（JGJ/T 87—2012）。9.4.1 条第 1 款，松散冻土层宜采用慢速干钻方法，故选项 A 错误。9.4.1 条第 2 款，高寒冰黏土层，应采取快速干钻方法，故选项 B 错误。9.4.1 条第 5 款，护孔管下端应至冻土上限以下 0.5～1.0m，故选项 C 正确。9.4.2 条第 3 款，从岩芯管内取芯时，可采用缓慢泵压法退芯，故选项 D 错误。

【考点】多年冻土钻探。

■ 融沉类别

79.（2010-B-28）某多年冻土地区，一层粉质黏土，塑限含水量 $w_P=18.2\%$，总含水量 $w_0=26.8\%$，平均融沉系数 $\delta_0=5$，判别其融沉类别是（　　）。

（A）不融沉　　　　　　　（B）弱融沉　　　　　　　（C）融沉　　　　　　　（D）强融沉

【解析】参见《岩土工程勘察规范》（GB 50021—2001）（2009 版）表 6.6.2，按黏性土的融沉系数或含水量查表即可确定，融沉类别为融沉。

【考点】冻土。

80.（2018-B-25）某多年冻土，融沉前的孔隙比为 0.87，融沉后的孔隙比为 0.72，其平均融化下沉系数接近于下列哪个选项？（　　）

（A）6%　　　　　　　（B）7%　　　　　　　（C）8%　　　　　　　（D）9%

【解析】根据《岩土工程勘察规范》（GB 50001—2001）（2009 版）第 6.6.2 条，该冻土的平均融化下沉系数 $\delta_0=\dfrac{e_1-e_2}{1+e_1}=\dfrac{0.87-0.72}{1+0.87}=0.08=8.0\%$。

【考点】融沉系数。

81.（2020-B-24）某工程建设在多年冻土区，测得粉质黏土冻土的塑限含水量 28%，总含水量 41%，按《岩土工程勘察规范》（GB 50021—2001）（2009 年版）判别其融沉类别是下列哪个选项？（　　）

（A）不融沉　　　　　　　（B）弱融沉　　　　　　　（C）融沉　　　　　　　（D）强融沉

【解析】根据《岩土工程勘察规范》（GB 50021—2001）（2009 年版）表 6.6.2，粉质黏土属于黏性土，$\omega_p+4=32<\omega=41<\omega_p+15=43$，为融沉。

【考点】多年冻土融沉类别。

■ 多年冻土区路基

82.（2012-B-65）在多年冻土地区修建路堤，下列（　　）的说法是正确的。

（A）路堤的设计应综合考虑地基的融化沉降量和压缩沉降量，路基预留加宽和加高值应按照竣工后的沉降量确定

（B）路基最小填土高度要满足防止冻胀翻浆和保证冻土上限不下降的要求

（C）填挖过渡段、低填方地段在进行换填时，换填厚度应根据基础沉降变形计算确定

（D）根据地下水情况，采取一定措施，排除对路基有害的地下水

【解析】参见《公路路基设计规范》（JTG D30—2015）。由 7.12.2 条第 11 款判别选项 A 正确。由 7.12.2 条第 1 款知，选项 B 正确。7.12.2 条第 6 款，填挖过渡段、低填方地段在进行换填时，换填厚度由热工计算确定，故选项 C 错误。由 7.12.7 条第 1 款，判别选项 D 正确。

【考点】冻土地区修建路堤。

83.（2018-B-61）某公路穿越多年冻土区，下列哪些选项的设计符合要求？（　　）

（A）路基填料宜采用塑性指数大于 12，液限大于 32 的细粒土

（B）多冰冻土地段的路基可按一般路基设计

（C）不稳定多年冻土地段高含冰量冻土路基，宜采用设置工业隔热材料、热棒等措施进行温度控制

（D）采用控制融化速率和允许融化的设计原则时，路堤高度不宜小于 1.5m，但也不宜过高

【解析】参见《公路路基设计规范》（JTG D30—2015）。第 7.12.1 条第 3 款，路基填料不得采用塑性指数大于 12，液限大于 32 的细粒土，故选项 A 错误。7.12.1 条第 5 款，多冰冻土地段的路基可按一般路基设计，故选项 B 正确。选项 C 为第 7.12.2 条第 10 款的原文，故选项 C 正确。选项 D 为第 7.12.2 条

第2款的原文，故选项D正确。

【考点】冻土区公路设计。

10.5.2 季节性冻土

84.（2016-B-3）冻土地基土为粉黏粒含量 16%的中砂，冻前地下水位距离地表 1.4m，天然含水量17%，平均冻胀率3.6%，根据《公路桥涵地基与基础设计规范》（JTG 3363—2019），该地基土的季节性冻胀性属于下列哪个选项？（　　）

（A）不冻胀　　　　　（B）弱冻胀　　　　　（C）冻胀　　　　　（D）强冻胀

【解析】根据《公路桥涵地基与基础设计规范》（JTG 3363—2019），表 E.0.2 粉黏粒含量 16%的中砂，冻前地下水位距离地表 1.4m。新版规范条文中已经修订为冻前地下水位距离设计冻深的最小距离，应该是小于 1m，天然含水量 17%平均冻胀率 3.6%查表可知属于冻胀区。

【考点】季节性冻胀性的确定。

【参考答案】C

85.（2017-B-58）季节性冻土地区，黏性土的冻胀性分类与下列选项中土的哪些因素有关？（　　）

（A）颗粒组成　　　　　（B）矿物成分　　　　　（C）塑限含水量　　　　　（D）冻前天然含水率

【解析】参见《建筑地基基础设计规范》（GB 50007—2011）。附录 G 表 G.0.1，黏性土的冻胀性与冻前天然含水量和塑限含水量有关，选项 C、D 正确。根据表 G.0.1 的注 4~6，冻胀性分类与颗粒组成有关，选项 A 正确。和矿物成分没有直接关系，选项 B 错误。

【考点】季节性冻土。

【参考答案】ACD

86.（2020-B-58）根据《建筑地基基础设计规范》（GB 50007—2011），下列关于季节性冻土地基防冻害措施的说法，哪些选项是正确的？（　　）

（A）建筑基础位于冻胀土层中时，基础埋深宜大于场地冻结深度

（B）地下水位以上的基础，基础侧表面应回填厚度不小于 100mm 不冻胀的中、粗砂

（C）强冻胀性地基上应设置钢筋混凝土圈梁与基础梁

（D）当桩基础承台下存在冻土时，应在承台下预留相当于该土层冻胀量的空隙

【解析】参见《建筑地基基础设计规范》（GB 50007—2011）5.1.8 条、5.1.9 条。

（1）5.1.8 条，季节性冻土地区基础埋置深度宜大于场地冻结深度，选项 A 正确。

（2）5.1.9 条第 1 款，对在地下水位以上的基础，基础侧表面应回填不冻胀的中、粗砂，其厚度不应小于 200mm，选项 B 错误。

（3）5.1.9 条第 4 款，在强冻胀性和特强冻胀性地基上，其基础结构应设置钢筋混凝土圈梁和基础梁，并控制建筑的长高比，选项 C 正确。

（4）5.1.9 条第 5 款，当独立基础连系梁下或桩基础承台下有冻土时，应在梁或承台下留有相当于该土层冻胀量的空隙，选项 D 正确。

【考点】冻土地区基础设计。

【参考答案】ACD

10.6 软　土

10.6.1 基本概念

87.（2009-B-54）在软土地区进行岩土工程勘察，宜采用下列（　　）的原位测试方法。

（A）扁铲试验　　　　　　　　　　　（B）静力触探试验

（C）十字板剪切试验　　　　　　　　（C）重型圆锥动力触探

【解析】根据《岩土工程勘察规范》（GB 50021—2001）6.3.5条，软土原位测试宜采用静力触探试验、旁压试验、十字板剪切试验、扁铲侧胀试验和螺旋板载荷试验。

【考点】原位测试。

【参考答案】ABC

88.（2012—A—44）岩土工程勘察中对饱和软黏土进行原位十字板剪切和室内无侧限抗压强度对比试验，十字板剪切强度与无侧限抗压强度数据不相符的是（　　）。

（A）十字板剪切强度 5kPa，无侧限抗压强度 10kPa

（B）十字板剪切强度 10kPa，无侧限抗压强度 25kPa

（C）十字板剪切强度 15kPa，无侧限抗压强度 25kPa

（D）十字板剪切强度 20kPa，无侧限抗压强度 10kPa

【解析】十字板剪切试验确定的不排水抗剪强度为无侧限抗压强度的一半。

【考点】无侧限抗压强度、十字板剪切试验。

【参考答案】BCD

89.（2020—A—34）某建筑场地设计基本地震加速度为 0.30g，根据历年地震中的破坏实例分析，该场地软土震陷是造成震害的重要原因，试按照《建筑抗震设计规范》（GB 50011—2010）（2016 年版）判断，当饱和粉质黏土（$I_p = 14$）的天然含水量 w_s 为 35% 时，满足下列哪个选项时可判为震陷性软土？（　　）

（A）$w_L = 42\%$、$I_L = 0.85$ 　　　　（B）$w_L = 35\%$、$I_L = 0.85$

（C）$w_L = 35\%$、$I_L = 0.70$ 　　　　（D）$w_L = 42\%$、$I_L = 0.70$

【解析】参见《建筑抗震设计规范》（GB 50011—2010）（2016 年版）4.3.11 条。

地基中软弱黏性土层的震陷判别，可采用下列方法：饱和粉质黏土震陷的危害性和抗震陷措施应根据沉降和横向变形大小等因素综合研究确定，8 度（0.30g）和 9 度时，当塑性指数小于 15 且符合下式规定的饱和粉质黏土可判为震陷性软土。$w_s \geq 0.9w_L$，$I_L \geq 0.75$。

经判断，只有选项 B 满足。

【考点】震陷性软土判别。判别时需要严格按照规范判别，分别判定塑性指数、天然含水量以及液性指数，全部满足时，才可判为震陷性软土。

【参考答案】B

90.（2020—B—62）对软土特性表述正确的是下列哪几项？（　　）

（A）天然含水量大于液限 　　　　　　（B）孔隙比大于 1

（C）不均匀系数大于 10 　　　　　　　（D）仅在缓慢流动的海洋环境下沉积形成

【解析】参见《工程地质手册》（第五版）第 535、536 页。软土是指天然孔隙比大于或等于 1.0，且天然含水量大于液限、具有高压缩性、低强度、高灵敏度、低透水性和高流变性，且在较大地震作用下可能出现震陷的细粒土，故选项 A、B 正确。不均匀系数针对粗粒土的指标，软土是细粒土，不用这个指标，选项 C 错误。软土的成因有滨海沉积、湖泊沉积、河滩沉积和沼泽沉积，因此选项 D 错误。

【考点】软土。

【参考答案】AB

10.6.2 软土区路基

■ 软土区

91.（2016—B—45）根据《铁路路基设计规范》（TB 10001—2016），关于软土地基上路基的设计，下列哪些说法不符合该规范的要求？（　　）

（A）泥炭土地基的总沉降量等于瞬时沉降和主固结沉降之和

（B）路基工后沉降控制标准，路桥过渡段与路基普通段相同

（C）地基沉降计算时，压缩层厚度按附加应力等于 0.1 倍自重应力确定

（D）任一时刻的沉降量计算值等于平均固结度与总沉降计算值的乘积

【解析】虽然题干指定的是《铁路路基设计规范》（TB 10001—2016），但是《公路路基设计规范》（JTG

D30—2015）更符合该题的解答。《公路路基设计规范》（JTG D30—2015）7.7.2 条第 1 款：地基沉降量计算其压缩层厚度按附加应力等于 0.15 倍自重应力确定，故选项 C 错误。7.7.2 条第 5 款，地基的总沉降量（s）计算应包括瞬时沉降（s_d）和主固结沉降（s_c）以及次固结沉降（s_s），对于富含有机质土和泥炭土尚应计算次固结沉降。故选项 A 错误。7.7.2 条第 6 款，任意一时刻的沉降量计算值等于平均固结度与主固结沉降的乘积和瞬时沉降（s_d）以及次固结沉降（s_s）之和，选项 D 错误。《铁路路基设计规范》（TB 10001—2016）表 3.3.6 路桥过渡段和路基普通段不同，故选项 B 错误。《铁路路基设计规范》（TB 10001—2016）3.3.9 条第 1 款，计算深度和铁路类别相关联，故选项 C 错误。

【考点】软土地基的沉降。

【参考答案】ABCD

10.6.3 灵敏性

92.（2018－B－31）港口工程勘察中，测得软土的灵敏度 S_t 为 17，该土的灵敏性分类属于下列哪个选项？（　　）

（A）中灵敏性　　　　　（B）高灵敏性　　　　　（C）极灵敏性　　　　　（D）流性

【解析】根据《工程地质手册》（第五版）第 537 页表 5－3－2，$S_t > 16$，为流性。

【考点】软土的灵敏度。

【参考答案】D

10.7　盐　渍　土

10.7.1　分类

93.（2013－B－34）某硫酸盐渍土场地，每 100g 土中的总含盐量平均值为 2.65g，试判定该土属于（　　）类型的硫酸盐渍土。

（A）弱盐渍土　　　　　（B）中盐渍土　　　　　（C）强盐渍土　　　　　（D）超盐渍土

【解析】参见《岩土工程勘察规范》（GB 50021—2001）（2009 版）表 6.8.2－2，平均含盐量为 2.65%，为强盐渍土。

【考点】盐渍土的分类。

【参考答案】C

94.（2018－B－29）我国滨海盐渍土的盐类成分主要为下列哪个选项？（　　）

（A）硫酸盐类　　　　　（B）氯盐类　　　　　（C）碱性盐类　　　　　（D）亚硫酸盐类

【解析】根据《工程地质手册》（第五版）第 591 页。本题的分类也可以想一下，滨海地区靠近海边，氯化钠最多，自然就是氯盐类。

【考点】盐渍土的盐类成分。

【参考答案】B

10.7.2　勘探要求

95.（2018－A－43）按《盐渍土地区建筑技术规范》（GB/T 50942—2014）要求进行某工程详细勘察时，下列哪些选项是正确的？（　　）

（A）每幢独立建（构）筑物的勘探点不应少于 3 个

（B）取不扰动土试样时，应从地表开始，10m 深度内取样间距为 2.0m，10m 以下为 3.0m

（C）盐渍土物理性质试验时，应分别测定天然状态和洗除易溶盐后的物理性指标

（D）勘察深度范围内有地下水时，应取地下水试样进行室内试验，取样数量每一建筑场地不少于 2 件

【解析】参见《盐渍土地区建筑技术规范》（GB/T 50942—2014）。第 4.1.3 条第 1 款，在详细勘察阶

段，每幢独立建（构）筑物的勘探点不应少于 3 个，故选项 A 正确。第 4.1.4 条第 2 款，10m 深度内取样间距为 1.0～2.0m，10m 以下为 2.0～3.0m，初步勘察取大值，详细勘察时取小值，选项 B 错误。第 4.1.5 条，进行盐渍土物理性质试验时，应分别测定天然状态和洗除易溶盐后的物理性质指标，故选项 C 正确。第 4.1.7 条，取地下水试样室内分析，取样数量为每一建筑场地不少于 3 件，故选项 D 错误。

【考点】盐渍土的详细勘察要点。

10.7.3 盐胀性判断

96.（2019－B－33）某盐渍土建筑场地，室内试验测得盐渍土的膨胀系数为 0.030，硫酸钠含量为 1.0%。该盐渍土的盐胀性分类正确选项是哪一个？（ ）

（A）非盐胀性　　　　（B）弱盐胀性　　　　（C）中盐胀性　　　　（D）强盐胀性

【解析】参见《盐渍土地区建筑技术规范》（GB/T 50942—2014）表 4.3.4，盐胀系数为 0.030，属于中盐胀性，硫酸钠含量为 1.0%，属于弱盐胀性；当盐胀系数和硫酸钠含量两个指标判断的盐胀性不一致时，应以硫酸钠含量为主，故以硫酸钠含量为判断依据，为弱盐胀性。

【考点】盐渍土。

10.7.4 盐渍土特征

97.（2010－B－31）盐渍土的盐胀性主要是由于（ ）易溶盐结晶后体积膨胀造成的。

（A）Na_2SO_4　　　　（B）$MgSO_4$　　　　（C）Na_2SO_3　　　　（D）$CaCO_3$

【解析】参见《工程地质手册》（第五版）第 594 页，盐渍土分为氯盐渍土、硫酸盐渍土、碳酸盐渍土。硫酸盐渍土的盐胀性主要由无水芒硝（Na_2SO_4），吸收 10 个水分子，变成芒硝（$Na_2SO_4 \cdot 10H_2O$），即由易溶盐结晶后体积膨胀造成。

【考点】盐渍土。

98.（2011－B－63）盐渍土具有下列（ ）的特征。

（A）具有溶陷性和膨胀性

（B）具有腐蚀性

（C）易溶盐溶解后，与土体颗粒进行化学反应

（D）盐渍土的力学强度随总含盐量的增加而增加

【解析】参见《工程地质手册》（第五版）第 593～595 页。盐渍土具有溶陷性、盐胀性、腐蚀性，选项 A、B 正确。盐渍土中的可溶盐经水浸泡后溶解、流失，不属于化学反应，选项 C 错误。氯盐渍土的力学强度随总含盐量增大而增大，硫酸盐渍土力学强度随总含盐量增大而减小，选项 D 错误。

【考点】盐渍土。

99.（2012－B－27）下列关于盐渍土含盐类型和含盐量对土的工程性质影响的叙述中，（ ）是正确的。

（A）氯盐渍土的含盐量越高，可塑性越低　　　（B）氯盐渍土的含盐量增大，强度随之降低

（C）硫酸盐渍土的含盐量增大，强度随之增大　　　（D）盐渍土的含盐量越高，起始冻结温度越高

【解析】参见《工程地质手册》（第五版）第 593～595 页，氯盐盐渍土含量增加，当氯盐超过临界溶解含盐量时，氯盐以晶体状态析出，同时对土颗粒产生胶结作用，使土的强度提高，可塑性降低，选项 A 正确，选项 B 错误。硫酸盐渍土强度随含盐量增加而减小，选项 C 错误。含盐量越高，起始冻结温度越低，选项 D 错误。

【考点】盐渍土。

100.（2012-B-35）在盐分含量相同条件时，下列（ ）类盐渍土的溶解度及吸湿性最大。

（A）碳酸盐渍土 　　　　　（B）氯盐渍土 　　　　（C）硫酸盐渍土 　　　　（D）亚硫酸盐渍土

【解析】《工程地质手册》（第五版）第594页和表5-7-4，氯盐渍土含有较多的一价钠离子，水解半径大，水化胀力强，故在其周围形成较厚的水化薄膜，因此使氯盐渍土具有较强的吸湿性。

【考点】盐渍土。

【参考答案】B

101.（2013-B-59）关于盐渍土盐胀性的叙述中，下列（ ）是正确的。

（A）当土中硫酸钠含量不超过1%时，可不考虑盐胀性

（B）盐渍土的盐胀作用与温度关系不大

（C）盐渍土中含有伊利石和蒙脱石，所以才表现出盐胀性

（D）含盐量相同时硫酸盐渍土的盐胀性较氯盐渍土强

【解析】参见《工程地质手册》（第五版）第594页。无水芒硝（Na_2SO_4），在32.4℃以上时为无水晶体，体积较小；当温度下降至32.4℃时，吸收10个水分子的结晶水，成为芒硝（$Na_2SO_4 \cdot 10H_2O$），使体积增大，故选项B和选项C错误，选项D正确。

《盐渍土地区建筑技术规范》（GB/T 50942—2014）4.3.1条，盐渍土地基中硫酸钠含量小于1%，且使用环境条件不变时，可不计盐胀性对建（构）筑物的影响。故选项A正确。

【考点】盐渍土。

【参考答案】AD

102.（2014-B-61）下列关于盐渍土的论述中，（ ）是正确的。

（A）盐渍土的腐蚀性评价以 Cl^-、SO_4^{2-} 作为主要腐蚀性离子

（B）盐渍土在含水量较低且含盐量较高时，其抗剪强度就较低

（C）盐渍土的起始冻结温度不仅与溶液的浓度有关，而且与盐的类型有关

（D）盐渍土的盐胀性主要是由于硫酸钠结晶吸水后体积膨胀造成的

【解析】参见《工程地质手册》（第五版）第594、595页，硫酸盐渍土有较强的腐蚀性，氯盐渍土具有一定的腐蚀性；盐渍土的含水率较低且含盐量较高时其抗剪强度就较高；盐渍土的起始冻结温度随溶液的浓度增大而降低，且与盐的类型有关；盐渍土的盐胀性主要是由于硫酸盐渍土中的无水芒硝吸水变成芒硝，体积增大。

【考点】盐渍土。

【参考答案】ACD

103.（2016-B-63）下列有关盐渍土性质的描述哪些选项是正确的？（ ）

（A）硫酸盐渍土的强度随着总含盐量的增加而减小

（B）氯盐渍土的强度随着总含盐量的增加而增大

（C）氯盐渍土的可塑性随着氯含量的增加而提高

（D）硫酸盐渍土的盐胀作用是由温度变化引起的

【解析】参见《工程地质学》（第五版）第595页，选项A、B、D正确，氯盐渍土的可塑性随着氯含量的增加而减小，选项C错误。

【考点】盐渍土。

【参考答案】ABD

104.（2017-B-25）盐渍土中各种盐类，按其在下列哪个温度水中的溶解度分为易溶盐、中溶盐和难溶盐？（ ）

（A）0℃ 　　　　　　　（B）20℃ 　　　　　（C）35℃ 　　　　　（D）60℃

【解析】《盐渍土地区建筑技术规范》（GB/T 50942—2014）2.1.11条：易溶于水的盐类，主要指氯盐、碳酸钠、碳酸氢钠、硫酸钠、硫酸镁等，在20℃时，其溶解度9%～43%。

【考点】盐渍土溶解度。

【参考答案】B

105.（2017－B－26）下列哪个选项的盐渍土对普通混凝土的腐蚀性最强？（　　）

（A）氯盐渍土　　　　　（B）亚氯盐渍土　　　　　（C）碱性盐渍土　　　　　（D）硫酸盐渍土

【解析】《工程地质手册》（第五版）第594页，对普通混凝土的腐蚀性最强的就是硫酸盐渍土。

【考点】盐渍土腐蚀性。

【参考答案】D

106.（2018－B－26）在盐分含量相同的条件下，下列那个选项的盐渍土的吸湿性最大？（　　）

（A）亚硫酸盐渍土　　　　　（B）硫酸盐渍土　　　　　（C）碱性盐渍土　　　　　（D）氯盐流土

【解析】根据《工程地质手册》（第五版）第594页，氯盐渍土的吸湿性最大，选项D正确。

【考点】盐渍土性质。

【参考答案】D

107.（2019－B－24）下列关于我国盐渍土的说法哪个选项是错误的？（　　）

（A）盐渍土中各种盐类，按其在20℃水中的溶解度分为易、中、难溶盐三类

（B）盐渍土测定天然状态下的比重时，用中性液体的比重瓶法

（C）当盐胀系数和硫酸钠含量两个指标判断的盐胀性不一致时，应以硫酸钠含量为主

（D）盐渍土的强度指标与含盐量无关

【解析】参见《盐渍土地区建筑技术规范》（GB 50942—2014）。2.1.11～2.1.13条，20℃水中的溶解度分为易、中、难溶盐三类，故选项A正确。附录A.0.2，盐渍土应分别测定天然和浸水淋滤后两种状态下的比重。前者用中性液体的比重瓶法测定，后者用蒸馏水的比重瓶法测定，故选项B正确。表4.3.4小注，当盐胀系数和硫酸钠含量两个指标判断的盐胀性不一致时，应以硫酸钠含量为主，故选项C正确。

《工程地质手册》（第五版）第595页，氯盐渍土的力学强度与总含盐量有关，总的趋势是总含盐量增大，强度随之增大。硫酸盐渍土的总含盐量对强度的影响与氯盐渍土相反，即盐渍土的强度随总含盐量增加而减小。故选项D错误。

【考点】盐渍土。

【参考答案】D

108.（2019－A－12）某地段地下水位埋深1.6m，在一次开挖深1.8m基槽的当时和暴晒1～2d后，分别沿槽壁分层取样，测定其含水率随深度变化见表10－2。该地段毛细水强烈上升高度最接近下列哪个数值？（　　）

（A）1.4m　　　　　（B）1.1m　　　　　（C）0.8m　　　　　（D）0.5m

表10－2　　　　　　　　　　　　　　含水率随深度变化情况

深度（m）	天然含水率（%）	暴晒后含水率（%）
0.0	0.5	6.1
0.2	1.2	7.6
0.4	3.2	14.7
0.6	12.4	21.2
0.8	22.0	22.0
1.0	28.2	28.5
1.2	28.3	28.4
1.4	28.4	28.4
1.6	30.0	24.0

【解析】参见《盐渍土地区建筑技术规范》（GB 50942—2014）第90页，天然含水率和暴晒后含水率这两条曲线最上面的交点至地下水位的距离为毛细水强烈上升高度。最上面的第一个交点是在22.0%

的深度, 即 0.8m, 故毛细水强烈上升高度: 1.6m−0.8m=0.8m。

【考点】毛细水强烈上升高度。

【参考答案】C

109.(2020−B−59)下列关于盐渍土的性质, 哪些选项是正确的? ( )

(A)氯盐渍土的塑性指数随着氯离子含量的升高而减小

(B)氯盐渍土的抗剪强度随着含盐量的增加而减小

(C)硫酸盐渍土的抗剪强度随着总含盐量的增加而减小

(D)硫酸盐渍土的孔隙比和密度与温度没有较大关系

【解析】参见《工程地质手册》(第五版)第 595 页。

(1)氯盐渍土的含氯量越高, 液限、塑限和塑性指数越低, 可塑性越低, 选项 A 正确。

(2)氯盐渍土由于氯盐晶粒充填了土颗粒间的空隙, 一般能使土的孔隙比降低, 土的密度、干密度提高。盐渍土的含盐量对抗剪强度影响较大, 当土中含有少量盐分、在一定含水量时, 使黏聚力减小, 内摩擦角降低; 但当盐分增加到一定程度后, 由于盐分结晶, 使黏聚力和当盐渍土的含水量较低且含盐量较高时, 土的抗剪强度就较高, 因此选项 B 错误。

(3)氯盐渍土的力学强度与总含盐量有关, 总的趋势是总含盐量增大, 强度随之增大, 硫酸盐渍土的总含盐量对强度的影响与氯盐渍土相反, 即盐渍土的强度随总含盐量增加而减小, 选项 C 正确。

(4)硫酸盐渍土中硫酸钠含量与温度有关, 硫酸钠在 32.4℃以上, 为无水芒硝, 体积减小, 温度下降到 32.4℃, 吸水变成芒硝, 体积增大, 导致其孔隙比和密度也发生变化, 因此选项 D 错误。

【考点】盐渍土性质。

【参考答案】AC

10.7.5 盐渍土地基处理

110.(2014−B−29)对盐渍岩土进行地基处理时, 下列( )种处理方法不可行。

(A)对以盐胀性为主的盐渍土可采用浸水预溶法进行处理

(B)对硫酸盐渍土可采用渗入氯盐的方法进行处理

(C)对盐渍岩中的蜂窝状溶蚀洞穴可采用抗硫酸盐水泥灌浆处理

(D)不论是溶陷性为主还是盐胀性为主的盐渍土均可采用换土垫层法进行处理

【解析】参见《工程地质手册》(第五版)第 600、601 页。以盐胀性为主的盐渍土, 可用换土垫层法, 设置地面隔热层, 设变形缓冲层、化学处理方法等进行处理, 不包括浸水预溶法, 选项 A 错误。其他各选项可根据这几页内容判别为正确。

【考点】盐渍土。

【参考答案】A

111.(2020−B−64)某盐渍土场地, 拟建建筑物地基基础设计等级为乙级, 根据《盐渍土地区建筑技术规范》(GB/T 50942—2014)计算可知该地基变形量为 167mm。采用下列哪些措施进行处理是经济合理的? ( )

(A)防水措施+地基处理措施+基础措施 (B)防水措施+地基处理措施

(C)防水措施+基础措施 (D)防水措施

【解析】根据《盐渍土地区建筑技术规范》(GB/T 50942—2014)5.1.6 条文说明, 该地基变形量为 167mm, 建筑物类别乙级, 采用防水措施+地基处理措施或防水措施+基础措施。

【考点】盐渍土地区的地基处理措施。

【参考答案】BC

10.8 湿陷性土

10.8.1 湿陷程度

112.（2011-A-04）在某建筑碎石土地基上，采用 $0.5m^2$ 的承压板进行浸水荷载试验，测得 200kPa 压力下的附加湿陷量为 25mm。问该层碎石土的湿陷程度为（   ）。

（A）无湿陷性　　　　　（B）轻微　　　　　（C）中等　　　　　（D）强烈

【解析】根据《岩土工程勘察规范》（GB 50021—2001）（2009 版）6.1.5 条、表 6.1.4（见表 10-3），选项 B 正确。

表 10-3

表 6.1.4 湿陷程度分类

湿陷程度	试验条件	附加湿陷量 ΔF_s（cm）	
		承压板面积 $0.50m^2$	承压板面积 $0.25m^2$
轻微		$1.6 < \Delta F_s \leq 3.2$	$1.1 < \Delta F_s \leq 2.3$
中等		$3.2 < \Delta F_s \leq 7.4$	$2.3 < \Delta F_s \leq 5.3$
强烈		$\Delta F_s > 7.4$	$\Delta F_s > 5.3$

【考点】湿陷程度。

【参考答案】B

10.8.2 湿陷性土的判定

113.（2013-B-24）对于砂土，在 200kPa 压力下浸水载荷试验的附加湿陷量与承压板宽度之比，最小不小于（   ）时，应判定其具有湿陷性。

（A）0.010　　　　　（B）0.015　　　　　（C）0.023　　　　　（D）0.070

【解析】参见《岩土工程勘察规范》（GB 50021—2001）（2009 版）6.1.2 条。

【考点】湿陷性土的判定。

【参考答案】C

10.9 风 化 岩

10.9.1 勘察

114.（2012-A-1）风化岩勘察时，每一风化带采取试样的最少组数不应少于（   ）。

（A）3 组　　　　　（B）6 组　　　　　（C）10 组　　　　　（D）12 组

【解析】参见《岩土工程勘察规范》（GB 50021—2001）（2009 年版）6.9.3 条第 3 款，风化岩和残积土宜在探井中或用双重管、三重管采取试样，每一风化带不应少于 3 组。

【考点】风化岩勘察。

【参考答案】A

10.9.2 风化程度

115.（2014-B-30）根据《岩土工程勘察规范》（GB 50021—2001）（2009 年版），当标准贯入锤击数为 45 击时，花岗岩的风化程度应判定为（   ）。

（A）中风化　　　　　（B）强风化　　　　　（C）全风化　　　　　（D）残积土

【解析】参见《岩土工程勘察规范》（GB 50021—2001）（2009 版）附录 A 表 A.0.3：$N \geqslant 50$ 为强风化，$50 > N \geqslant 30$ 为全风化，$N < 30$ 为残积土。

【考点】岩石的风化程度判别。

【参考答案】C

116.（2016－B－24）根据《岩土工程勘察规范》（GB 50021—2001）（2009 年版）计算花岗岩残积土中细粒土的天然含水量时，土中粒径大于 0.5mm 颗粒吸着水含水量可取下列哪个选项的值？（ ）

（A）0　　　　　　（B）3%　　　　　　（C）5%　　　　　　（D）7%

【解析】参见《岩土工程勘察规范》（GB 50021—2001）6.9.4 条文说明：粒径大于 0.5mm 颗粒吸着水含水量（%），可取 5%。

【考点】花岗岩残积土。

【参考答案】C

10.10　混　合　土

10.10.1　岩土勘察规范中的混合土

117.（2011－A－9）某一土层描述为：黏土与粉砂呈韵律沉积，前者层厚 30～40cm，后者层厚 20～30cm，按现行规范规定，定名最确切的是（ ）。

（A）黏土夹粉砂层　　　　　　　　　　（B）黏土与粉砂互层

（C）黏土夹薄层粉砂　　　　　　　　　（D）黏土混粉砂

【解析】参见《岩土工程勘察规范》（GB 50021—2001）3.3.6 条，由题意知黏土为厚层，粉砂为薄层，薄层与厚层的厚度比为 2/3:3/4，大于 1/3，宜定名为"互层"，因此定名为黏土与粉砂互层。

如果薄层与厚层的厚度比 1/10:1/3，宜定为"夹层"，即黏土夹粉砂层。

如果薄层与厚层的厚度比小于 1/10，且多次出现时，宜定名为"夹薄层"，即黏土夹薄层粉砂。

依据《岩土工程勘察规范》（GB 50021—2001）6.4.1 条，由细颗粒土和粗颗粒土混杂且缺乏中间粒径的土应定名为混合土。因此题意中描述的土不能以混合土去命名，因此选项 D 错误。6.4.1 条描述了混合土的命名原则。注意，依据 3.3.6 条第 3 款，对混合土，应冠以主要含有土类命名。

【考点】（1）土的命名除了依据颗粒级配或塑性指数外，还应符合条文 3.3.6 的规定，此处应结合条文 3.3.6 的条文说明进行学习。

（2）掌握混合土的命名，结合《岩土工程勘察规范》（GB 50021—2001）6.4.1 条进行学习。

【参考答案】B

118.（2018－A－41）某混合土勘察时，下列哪几项做法是符合规范要求的？（ ）

（A）除采用钻孔外，还布置了部分探井

（B）布置了现场静载试验，其承压板采用边长为 1.0m 的方形板

（C）采用动力触探试验并用探井验证

（D）布置了一定量的颗粒分析试验并要求每个样品数量不少于 500g

【解析】参见《岩土工程勘察规范》（GB 50021—2001）（2009 年版）第 6.4.2 条。第 3 款：勘探点的间距和勘探孔的深度满足第 4 章的要求，并适当加深加密，所以钻孔是必备的。第 4 款：应有一定量的探井，所以选项 A 正确。第 4 款：采取大体积土试样进行颗粒分析试验，但选项 D 中样品数量不小于 500g，这是室内试验中小样品的要求，不符合大体积的要求，所以选项 D 错误。第 5 款，对粗粒混合土，宜采用动力触探试验，并布置一定数量的钻孔或探井检验。注意，有考友会有一个疑问：此条款只针对粗粒混合土，题干是混合土，混合土中还有细粒混合土，那么细粒混合土采用动力触探试验合适吗？《工程地质手册》第五版第 604 页，动力触探适用于粗粒粒径较小的混合土，静力触探适用于含细粒为主的混合土。因此选项 C 错误。第 6 款，载荷试验的承压板面积应大于试验土层最大粒径的 5 倍，且不应小于 $0.5m^2$。按照题干中承压板边长 1m 来反算，其最大粒径为 200mm，严格意义上来说，碎石土中完全

可以有粒径大于200mm的，但是工程实际情况来看，很少有最大粒径大于200mm的，大多数是角砾、卵石居多，所以选项B正确。

【考点】混合土勘察。

119.（2018-B-32）下列哪个选项不是影响混合土物理力学性质的主要因素？（　　　）

(A) 粗粒的矿物成分　　　　　　　　(B) 粗、细颗粒含量的比例

(C) 粗粒粒径大小及其相互接触关系　(D) 细粒土的状态

【解析】根据《工程地质手册》（第五版）第603页，混合土因其成分复杂多变，各种成分粒径相差悬殊，故其性质变化很大。混合土的性质主要决定于土中的粗、细颗粒含量的比例，粗粒的大小及其相互接触关系和细粒土的状态。

【考点】混合土性质影响因素。

120.（2020-A-4）某土样，粒径大于20mm的颗粒含量为65%，粒径小于0.075mm的颗粒含量为30%，按《岩土工程勘察规范》（GB 50021—2001）（2009版）的要求，该土定名为下列哪个选项？（　　　）

(A) 卵石（碎石）　(B) 圆砾（角砾）　(C) 黏性土　(D) 混合土

【解析】参见《岩土工程勘察规范》（GB 50021—2001）（2009版）。3.3.2条，粒径大于20mm的颗粒含量为65%，为碎石土中的卵石（碎石），粒径小于0.075mm的颗粒含量为30%。结合6.4.1条，当碎石土中粒径小于0.075mm的细粒土质量超过总质量的25%时，应定名为粗粒混合土。

【考点】土的命名。

10.10.2　水运规范中的混合土

121.（2012-B-37）经筛分，某花岗岩风化残积土中大于2mm的颗粒质量占总质量的百分比为25%，根据《水运工程岩土勘察规范》（JTS 133—2013），该土的定名应为（　　　）。

(A) 黏性土　(B) 砂质黏性土　(C) 砾质黏性土　(D) 砂混黏土

【解析】参见《水运工程岩土勘察规范》（JTS 133—2013）4.2.8条。花岗岩残积土应为花岗岩风化的最终产物，并残留在原地未经搬运，除石英外其他矿物均已变为土状的土，根据大于2mm的颗粒含量分为黏性土、砂质黏性土和砾质黏性土，见表10-4。

表10-4　大于2mm颗粒百分含量的土分类

名称	黏性土	砂质黏性土	砾质黏性土
大于2mm颗粒百分含量 X（%）	$X<5$	$5≤X≤20$	$X>20$

所以本题选择C。

对于选项D，由《水运工程岩土勘察规范》（JTS 133—2013）可知：由粗细两类土呈混合状态存在，具有粒径级配不连续、中间粒组颗粒含量极少、级配曲线中间段极为平缓等特征的土应定名为混合土。定名的时候应将主要土类别在名称前部，次要土列在名称后部，中间以"混"字联结。由条文4.2.6.2第（2）款：黏性土的质量大于10%且小于或等于总质量的40%时定名为砂或碎石混黏性土。因此选项D错误。

【考点】

（1）土的分类。学习此处应先学好清华大学李广信《土力学》（2版）1.5.3；《建筑地基基础设计规范》（GB 50007—2011）分类法，这样再去学习勘察规范中的土的分类就会很顺利，因此是学会一点，就掌握了一片知识。关联规范知识点：①《建筑地基基础设计规范》（GB 50007—2011）条文4.1。②《岩土工程勘察规范》（GB 50021—2001）3.3节。③《公路工程地质勘查规范》（JTG C20—2011）3.3节。④《公路桥涵地基与基础设计规范》（JTG 3363—2019）4.1节。⑤《水运工程岩土勘察规范》（JTS

133—2013）4.2 节。

（2）掌握混合土的命名，结合《岩土工程勘察规范》（GB 50021—2001）6.4 节进行学习。

（3）掌握花岗岩残积土，结合《岩土工程勘察规范》（GB 50021—2001）6.9 节进行学习。

【参考答案】C

122.（2014－A－1）某港口岩土工程勘察，有一粉质黏土和粉砂成层状交替分布的土层，粉质黏土平均层厚 40cm，粉砂平均层厚 5cm，按《水运工程岩土勘察规范》（JTS 133—2013），该层土应定名为（　　）。

（A）互层土　　　　　　（B）夹层土　　　　　（C）间层土　　　　　（D）混层土

【解析】参见《水运工程岩土勘察规范》（JTS 133—2013）4.2.7 条及其条文说明：层状构造土定名时应将厚层土列在名称前部，薄层土列在名称后部，根据两类土的厚度比可分为下列三类：

（1）互层土。具互层构造，两类土层厚度相差不大，厚度比一般大于 1:3。

（2）夹层土。具夹层构造，两类土层厚度相差较大，厚度比 1:3～1:10。

（3）间层土。常呈黏性土间极薄层粉砂的特点，厚度比小于 1:10。层状构造土定名实例如：互层土的粉质黏土与粉砂互层，夹层土的粉质黏土夹粉砂；间层土的黏土间粉砂等。

本题中薄层土粉砂平均厚度 5cm，厚层土粉质黏土平均层厚 40cm，厚度比为 1:8，因此属于夹层土。

【考点】土的命名，应结合《岩土工程勘察规范》（GB 50021—2001）3.3.6 条进行相关知识学习。

【参考答案】B

123.（2017－A－2）现场描述某层土由黏性土和砂混合组成，室内土工试验测得其中黏性土含量（质量）为 35%。根据《水运工程岩土勘察规范》（JTS 133—2013），该层土的定名应为下列哪个选项？（　　）

（A）砂夹黏性土　　　　（B）砂混黏性土　　　　（C）砂间黏性土　　　　（D）砂和黏性土互层

【解析】《水运工程岩土勘察规范》（JTS 133—2013）4.2.6.2 条，黏性土和砂或碎石的混合土可分为黏性土混砂或碎石、砂或碎石混黏性土。黏性土的质量大于 10% 且小于或等于总质量的 40% 时定名为砂或碎石混黏性土。

【考点】混合土。

【参考答案】B

10.11　污　染　土

124.（2013－B－64）下列关于建筑场地污染土勘察的叙述中，（　　）是正确的。

（A）勘探点布置时近污染源处宜密，远污染源处宜疏

（B）确定污染土和非污染土界限时，取土间距不宜大于 1m

（C）同一钻孔内采取不同深度的地下水样时，应采取严格的隔离措施

（D）根据污染土的颜色、状态、气味可确定污染对土的工程特性的影响程度

【解析】参见《岩土工程勘察规范》（GB 50021—2001）（2009 版）6.10.7 条、6.10.8 条。勘探点布置时近污染源处宜密，远污染源处宜疏，确定污染土和非污染土界限时，取土间距不宜大于 1m；同一钻孔内采取不同深度的地下水样时，应采取严格的隔离措施，选项 A、B、C 正确。根据 6.10.12 条，选项 D 错误。

【考点】污染土。

【参考答案】ABC

125.（2014－A－2）某化工车间，建设前场地土的压缩模量为 12MPa，车间运行若干年后，场地土的压缩模量降低到 9MPa。根据《岩土工程勘察规范》（GB 50021—2001）（2009 年版），该场地的污染对场地土的压缩模量的影响程度为（　　）。

（A）轻微　　　　　　（B）中等　　　　　（C）大　　　　　（D）强

【解析】参见《岩土工程勘察规范》（GB 50021—2001）6.10.12 条。压缩模量属于变形指标，且指标变化率为 $1-9/12=0.25$，查表 6.10.12，可判别污染对土的工程特性的污染程度为中等。

【考点】污染土。

【参考答案】B

126.（2018-B-24）某场地局部区域土体受到工业废水、废渣的污染，此污染土的重度为 18.0kN/m³，压缩模量为 6.0MPa；周围未污染区土体的重度为 19.5kN/m³，压缩模量为 9.0MPa。则此污染对土的工程特性的影响程度判定为下列哪个选项？（　　）

（A）无影响　　　　　　（B）影响轻微　　　　　（C）影响中等　　　　　（D）影响大

【解析】根据《岩土工程勘察规范》（GB 50001—2001）（2009 版）第 6.10.2 条，采用强度、变形、渗透等工程特性指标变化率进行评价，重度不在所列指标范围，所以采用压缩模量的变化率。压缩模量的工程特性指标变化率为（9.0-6.0）/9.0＝33.3%，查表 6.10.2，影响程度为大，选项 D 正确。

【考点】污染土影响程度评价。

【参考答案】D

127.（2020-B-26）下列关于污染土地基处理说法错误的是哪个选项？（　　）

（A）在酸或硫酸盐介质作用下不应采用灰土垫层、石灰桩和灰土桩

（B）污染土或地下水对混凝土的腐蚀性等级为强腐蚀、中等腐蚀时，不宜采用以水泥作固化剂的深层搅拌桩

（C）地下水 pH 值小于 4.5 或地面上有大量酸性介质作用时，宜采用灰岩碎石桩加固

（D）污染土或地下水的 pH 值大于 9 时，不宜采用硅化加固法

【解析】《工程地质手册》（第五版）第 615 页，地下水 pH 值小于 4.5 或地面上有大量酸性介质作用时，不宜采用含碳酸盐的砂桩或碎石桩；灰岩就是碳酸盐的一种，因此选项 C 错误。其他选项均是第 615 页的原文。

【考点】污染土地基处理。

【参考答案】C

10.12　特殊土综合题

128.（2016-B-23）关于特殊土的有关特性表述，下列哪个选项是错误的？（　　）

（A）膨胀土地区建筑物墙体破坏时常见"倒八字"形裂缝

（B）红黏土的特征多表现为上软下硬，裂缝发育

（C）冻土在冻结状态时承载力较高，融化后承载力降低

（D）人工填土若含有对基础有腐蚀性的工业废料时，不宜作为天然地基

【解析】参见《膨胀土地区建筑技术规范》（GB 50112—2013）4.3.3 条第 4 款：选项 A 正确。

　　参见《工程地质手册》（第五版）第 526 页，红黏土的特征多表现为上硬下软，裂缝发育，选项 B 错误。

　　参见《工程地质手册》（第五版）第 587 页，冻土在冻结状态时承载力较高，融化后承载力降低，选项 C 正确。

　　《岩土工程勘察规范》（GB 50021—2001）6.5.5 条第 2 款，对基础有腐蚀性的工业废料组成的杂填土，不宜作为天然地基，选项 D 正确。

【考点】特殊土。

【参考答案】B

129.（2014-B-28）根据《岩土工程勘察规范》（GB 50021—2001）（2009 年版），下列关于特殊岩土取样间距的要求中，（　　）是不正确的。

（A）对于膨胀土，在大气影响深度范围内，取样间距可为 2.0m

（B）对于湿陷性黄土，在探井中取样时，竖向间距宜为 1.0m

（C）对于盐渍土，初勘时在 0～5m 范围内采取扰动样的间距宜 1.0m

（D）对于盐渍土，详勘时在 0～5m 范围内采取扰动样的间距宜 0.5m

【解析】参见《岩土工程勘察规范》（GB 50021—2001）（2009版）。6.7.4条第3款，在大气影响深度内，每个控制性勘探孔均应采取Ⅰ、Ⅱ级土试样，取样间距不应大于1.0m，故选项A错误。采取岩土试样宜在干旱季节进行，对用于测定含盐离子的扰动土取样宜符合表6.8.4，对于盐渍土，初勘时在0～5m范围内采取扰动样的间距宜1.0m；对于盐渍土，详勘时在0～5m范围内采取扰动样的间距宜为0.5m，故选项C、D正确。

参见《湿陷性黄土地区建筑标准》（GB 50025—2018）4.1.9条第3款，在探井中取样，竖向间距宜为1.0m，选项B正确。

【考点】特殊岩土取样。

【参考答案】A

130.（2016-B-28）下面对特殊土的论述中，哪个选项是不正确的？（   ）

（A）硫酸盐渍土的盐胀性主要是由土中含有Na_2SO_4引起的

（B）土体中若不含水就不可能发生冻胀

（C）膨胀土之所以具有膨胀性是因为土中含有大量亲水性矿物

（D）风成黄土中粉粒含量高是其具有湿陷性的主要原因

【解析】参见《工程地质手册》（第五版）第594页，硫酸钠结晶形成$Na_2SO_4 \cdot 10H_2O$，体积膨胀，选项A正确。土体发生冻胀的原因是土中的液态水冻结成固态水，发生了体积膨胀，因此选项B正确。

参见《膨胀土地区建筑技术规范》（GB 50112—2013）2.1.1条，选项C正确。风成黄土具有湿陷性的主要原因是结构性和欠压密性，故选项D错误。

【考点】特殊土。

【参考答案】D

131.（2016-B-62）下列哪些土层的定名是正确的？（   ）

（A）颜色为棕红或褐黄，覆盖于碳酸岩系之上，其液限大于或等于50%的高塑性黏土称为原生红黏土

（B）天然孔隙比大于或等于1.0，且天然含水量小于液限的细粒土称为软土

（C）易溶盐含量大于0.3%，且具有溶陷、盐胀、腐蚀等特性的土称为盐渍土

（D）由细粒土和粗粒土混杂且缺乏中间粒径的土称为混合土

【解析】参见《岩土工程勘察规范》（GB 50021—2001）。6.2.1条，颜色为棕红或褐黄，覆盖于碳酸盐岩系之上，其液限大于或等于50%的高塑性黏土，应判定为原生红黏土，故选项A正确。6.3.1条，天然孔隙比大于或等于1.0，且天然含水量大于液限的细粒土应判定为软土，故选项B错误。6.8.1条，岩土中易溶盐含量大于0.3%，并具有溶陷、盐胀、腐蚀等工程特性时，应判定为盐渍岩土，故选项C正确。6.4.1条，由细粒土和粗粒土混杂且缺乏中间粒径的土应定名为混合土，故选项D正确。

【考点】特殊性岩土。

【参考答案】ACD

132.（2017-B-64）在公路特殊性岩土场地详勘时，对取样勘探点在地表附近的取样间距要求不大于0.5m的为下列哪几类？（   ）

（A）湿陷性黄土   （B）季节性冻土   （C）膨胀性岩土   （D）盐渍土

【解析】参见《公路工程地质勘察规范》（JTG C20—2011）：

（1）8.1.6条湿陷性黄土竖向间距为1.0m，选项A错误。

（2）8.1.9条膨胀土（岩）原状样应从地面以下1m开始采取。在大气影响层深度范围内，取样间距为1.0m；在大气影响层深度以下，取样间距不宜大于2.0m，故选项C错误。

（3）8.2.10条季节性冻土层中的取样间距宜为0.5m，多年冻土层中取样间距不应大于1.0m，故选项B正确。

（4）8.4.7条盐渍土取样应自地表往下1m以内逐段连续采集深度是0.25m，1m以下的取样间距是0.5m，故选项D正确。

【考点】特殊性岩土取样。

133.（2018-B-58）下列有关特殊性岩土的表述中，哪些选项是正确的？（　　　　）

（A）膨胀土地基和季节性冻土地基上建筑物开裂情况比较类似

（B）红黏土的变形以膨胀为主

（C）不论是室内压缩试验还是现场静载荷试验，测定湿陷性黄土的湿陷起始压力均可采为用单线法或双线法

（D）当利用填土作为地基时，宜采取一定的建筑和结构措施，以改善填土地基不均匀沉降的适应能力

【解析】膨胀土的膨胀（上）收缩（下）与季节性冻土的冻胀（上）融陷（下）是一致的，周期往复，造成建筑物开裂，故选项 A 正确。

《岩土工程勘察规范》（GB 50021—2001）（2009 年版）第 6.2.6 条文说明，红黏土变形以收缩为主，膨胀性很小，选项 B 错误。

《湿陷性黄土地区建筑标准》（GB 50025—2018）第 4.3.4、4.3.5 条，两种方法均可测试出湿陷起始压力，而且均可以采用单线和双线法，故选项 C 正确。

《工程地质手册》（第五版）第 552 页，填土地基的利用，选项 D 为手册原文，故选项 D 正确。

【考点】特殊土。

11 不良地质作用

11.1 岩　溶

11.1.1 岩溶勘察

1.（2010-B-33）根据《岩土工程勘察规范》（GB 50021—2001）（2009 年版）岩溶场地施工勘察阶段，对于大直径嵌岩桩勘探点应逐桩布置，桩端以下勘探深度至少应达到下列（　　）的要求。

（A）3 倍桩径且不小于 5m
（B）4 倍桩径且不小于 8m
（C）5 倍桩径且不小于 12m
（D）大于 8m，与桩径无关

【解析】根据《岩土工程勘察规范》（GB 50021—2001）（2009 版）5.1.6 条，本题选择 A。本题是原文条文，定位正确了即可答对。

【考点】勘探点、勘探线的布置以及钻孔深度的要求。

【参考答案】A

2.（2010-A-10）下列对岩溶钻孔见洞隙率表述最确切的是哪个选项？（　　）

（A）分子为见洞隙钻孔数量，分母为全部钻孔总数
（B）分子为见洞隙钻孔数量，分母为见可溶岩钻孔总数
（C）分子为见洞隙钻孔进尺之和，分母为全部钻孔进尺之和
（D）分子为见洞隙钻孔进尺之和，分母为可溶岩钻探进尺之和

【解析】参见《工程地质手册》（第五版）第 637 页表 6-2-1，或者《地基基础设计规范》（GB 50007—2011）6.6.2 条文说明，钻孔见洞隙率=（见洞隙钻孔数量/钻孔总数）×100%。

【考点】岩溶。

【参考答案】A

11.1.2 岩溶发育程度

3.（2009-B-58）在其他条件均相同的情况下，下列关于岩溶发育程度与地层岩性关系的说法，（　　）是正确的。

（A）岩溶在石灰岩地层中的发育速度小于白云岩地层
（B）厚层可溶岩岩溶发育比薄层可溶岩强烈
（C）可溶岩含杂质越多，岩溶发育越强烈
（D）结晶颗粒粗大的可溶岩较结晶颗粒细小的可溶岩岩溶发育更易

【解析】鉴于《工程地质手册》（第五版）对此简化，详细参见《工程地质手册》（第四版）第 525 页，质纯而厚的岩层，岩溶发育强烈，含泥质或其他杂质的岩层，岩溶发育较弱，选项 B 正确，选项 C 错误。结晶粗大的岩石岩溶较为发育，结晶细小的岩石，岩溶发育较弱，选项 D 正确。石灰岩（又叫灰岩）、白云岩均属于碳酸盐，不同类型的碳酸盐岩，其溶解度相差甚大，直接影响岩石的溶蚀强度和溶蚀速度。碳酸盐类的溶蚀性由强到弱的顺序：灰岩＞云灰岩＞泥灰岩＞方解石＞大理岩＞泥质灰岩＞灰云岩＞泥质灰岩＞白云岩＞泥质白云岩，可见在石灰岩地层中发育速度大于白云岩地层，选项 A 错误。

【考点】岩溶。

【参考答案】BD

4.（2011-B-58）下列关于地质构造对岩溶发育的影响的说法中，（　　）是正确的。

（A）向斜轴部比背斜轴部的岩溶要发育 （B）压性断裂区比张性断裂区的岩溶要发育
（C）岩层倾角陡比岩层倾角缓岩溶要发育 （D）新构造运动对近期岩溶发育影响最大

【解析】背斜轴部受张力作用，岩性脆弱，垂直裂隙发育最强烈，形成岩溶水的通道，地下水沿通道下渗，然后向两翼运动，形成漏斗、落水洞、竖井等垂直洞穴；向斜轴部为地下水汇水地带，沿轴向流通，形成水平溶洞或暗河，因此向斜轴部要比背斜轴部岩溶发育，选项 A 正确。裂隙张开度对岩溶发育的影响非常大，张性断裂更容易发育岩溶，选项 B 错误。岩层倾角越大，地下水的水力梯度也越大，地下水排泄通道越通畅，流速也越大，可带来的 CO_2 量也越大，促进了 CO_2 对可溶性岩石的溶蚀作用，故而岩层倾角陡比岩层倾角缓岩溶要发育，选项 C 正确。新构造运动对近期岩溶发育影响最大，主要是由于新构造运动既有断裂变动，也有褶皱变形，断裂变动的活跃性及其分布的普遍性，在我国，新构造运动在大陆部分以垂直升降运动为主，上升地区的面积占我国陆地领域的80%，且愈到后期隆起范围愈扩大，垂直升降运动影响到岩溶溶蚀作用，表现在溶蚀基准面的变化，故新构造运动对岩溶作用影响最大，起到控制作用，选项 D 正确。

【考点】岩溶。

【参考答案】ACD

5.（2012－B－31）一般在有地表水垂直渗入与地下水交汇地带，岩溶发育更强烈些，其原因主要是（ ）。（其他条件相同时）
（A）不同成分水质混合后，会产生一定量的 CO_2，使岩溶增强
（B）不同成分的地下水浸泡后，使岩石可溶性增加
（C）地下水交汇后，使岩溶作用时间增强
（D）地下水交汇后，使机械侵蚀作用强度加大

【解析】由于混合溶蚀效应，不同水分水混合后，其溶解能力有所增强，侵蚀性增大。

【考点】岩溶。

【参考答案】A

6.（2013－B－28）同样条件下，下列（ ）的岩石溶蚀速度最快。
（A）石膏 （B）岩盐 （C）石灰岩 （D）白云岩

【解析】鉴于《工程地质手册》（第五版）对此简化，详细参见《工程地质手册》（第四版）第 525 页，岩溶溶蚀速度大小排名：卤素类岩石（岩盐）＞硫酸类岩石（石膏、芒硝）＞碳酸类岩石（石灰岩、白云岩）。泥灰岩为介于盐酸盐和黏土岩间的过渡岩类。

【考点】岩溶。

【参考答案】B

7.（2019－B－31）某岩溶场地面积约 $2km^2$，地表调查发现 5 处直径 0.5～0.9m 的塌陷坑。场地内钻孔 30 个，总进尺 1000m，钻孔抽水试验测得单位涌水量 0.3～0.6L/m·s，则场地岩溶发育等级为下列哪个选项？（ ）
（A）强烈发育 （B）中等发育 （C）弱发育 （D）不发育

【解析】参见《工程地质手册》（第五版）第 637 页表 6－2－2，地表岩溶发育密度 2.5 个/km^2，单位涌水量 0.3～0.6L/m·s，在 0.1～1L/m·s 之间，线岩溶率和遇洞隙率条件不足，无法计算，对比表得知为中等发育。

【考点】岩溶发育。

【参考答案】B

8.（2019－B－58）下列哪些选项是岩溶强发育的岩溶场地条件？（ ）
（A）地表较多塌陷、漏斗 （B）溶槽、石芽密布
（C）地下有暗河 （D）钻孔见洞率为 24%

【解析】参见《工程地质手册》第五版第 637 页表 6－2－1 或《建筑地基基础设计规范》（GB 50007—2011）表 6.6.2，地表有较多岩溶塌陷、漏斗、洼地、泉眼；溶沟、溶槽、石芽密布，相邻钻孔间存在临空面且基岩面高差大于 5m；地下有暗河、伏流；钻孔见洞隙率大于30%或线岩溶率大于20%；溶槽

或串珠状竖向溶洞发育深度达 20m 以上。对比，只有选项 D 不符合，选项 D 为中等发育。

【考点】岩溶发育。

【参考答案】ABC

9.（2020—B—34）南方某地白云岩分布区发育一系列不对称向斜。向斜核部（Ⅰ）与向斜较陡一翼（Ⅱ）和很缓一翼（Ⅲ）中，仅考虑褶皱因素，岩溶发育相对强烈程度的顺序是下列哪个选项（　　）。

（A）Ⅰ＞Ⅱ＞Ⅲ　　　　（B）Ⅰ＞Ⅲ＞Ⅱ　　　　（C）Ⅲ＞Ⅱ＞Ⅰ　　　　（D）Ⅲ＞Ⅰ＞Ⅱ

【解析】《工程地质手册》（第五版）第 636 页，褶皱轴部一般岩溶较发育。在单斜地层中，岩溶一般顺层面发育。在不对称褶曲中，陡的一翼岩溶较缓的一翼发育。

【考点】岩溶发育。

【参考答案】A

11.1.3　岩溶形成

10.（2011—B—27）一个地区的岩溶形态规模较大，水平溶洞和暗河发育，这类岩溶最可能是在下列（　　）种地壳运动中形成的。

（A）地壳上升　　　　（B）地壳下降　　　　（C）地壳间歇性下降　　　　（D）地壳相对稳定

【解析】《工程地质手册》（第五版）第 637 页，岩溶与新构造运动的关系：地壳强烈上升地区，岩溶以垂直方向发育为主；地壳相对稳定地区，岩溶以水平方向发育为主；地壳下降地区，既有水平发育又有垂直发育，岩溶发育较为复杂。

【考点】岩溶。

【参考答案】D

11.1.4　岩溶渗漏

11.（2011—B—31）当水库存在下列（　　）条件时，可判断水库存在岩溶渗漏。

（A）水库周边有可靠的非岩溶化的地层封闭

（B）水库邻谷的常年地表水或地下水位高于水库正常设计蓄水位

（C）河间地块地下水分水岭水位低于水库正常蓄水位，库内外有岩溶水力联系

（D）经连通试验证实，水库没有向邻谷或下游河湾排泄

【解析】参见《水利水电工程地质勘察规范》（GB 50487—2008）。根据附录 C.0.3 第 1 款第 1 条，选项 A 不存在。根据第 4 条，选项 B 不存在。根据第 2 款第 1 条，选项 C 存在。选项 D 显然不存在。

【考点】岩溶。

【参考答案】C

11.1.5　岩溶稳定性

12.（2009—A—41）根据《岩土工程勘察规范》（GB 50021—2001）（2009 年版），对岩溶地区的二、三级工程基础底面与洞体顶板间岩土层厚度虽然小于独立基础宽度的 3 倍或条形基础宽度的 6 倍，但当符合下列（　　）时可不考虑岩溶稳定性的不利影响。

（A）岩溶漏斗被密实的沉积物充填且无被水冲蚀的可能

（B）洞室岩体基本质量等级为Ⅰ级、Ⅱ级，顶板岩石厚度小于洞跨

（C）基础底面小于洞的平面尺寸

（D）宽度小于 1.0m 的竖向洞隙近旁的地段

【解析】参见《岩土工程勘察规范》（GB 50021—2001）（2009 年版）5.1.10 条。

【考点】岩溶。

【参考答案】AD

13.（2009—B—57）某多层住宅楼，拟采用埋深为 2.0m 的独立基础，场地表层为 2.0m 厚的红黏土，以下为薄层岩体裂隙发育的石灰岩，基础底面下 14.0～15.5m 处有一溶洞，下列（　　）为适宜本场地

洞穴稳定性评价方法。

（A）潜洞顶板坍塌自行填塞洞体估算法　　（B）溶洞顶板按抗弯、抗剪验算法

（C）溶洞顶板按冲切验算法　　　　　　　（D）根据当地经验按工程类比法

【解析】参见《工程地质手册》（第五版）第643、644页，根据题目已知条件，可采用按坍落填塞洞体所需厚度计算方法，也可采用当地经验工程类比法。

【考点】岩溶。

【参考答案】AD

14.（2011－B－60）在一岩溶发育的场地拟建一栋八层住宅楼，下列（　　）情况可不考虑对地基稳定性的影响。

（A）溶洞被密实的碎石土充填满，地下水位基本不变化

（B）基础底面以下为软弱土层，条形基础宽度5倍深度内的岩土交界面处的地下水位随场地临近河流水位变化而变化

（C）洞体为基本质量等级Ⅰ级岩体，顶板岩石厚度大于洞跨

（D）基础底面以下土层厚度大于独立基础宽度的3倍，且不具备形成土洞或其他地面变形的条件

【解析】参见《岩土工程勘察规范》（GB 50021—2001）（2009年版）5.1.10条。

【考点】岩溶。

【参考答案】ACD

15.（2013－B－63）关于人工长期降低岩溶地下水位引起的岩溶地区地表塌陷，下列（　　）说法是正确的。

（A）塌陷多分布在土层较厚，且土颗粒较细的地段

（B）塌陷多分布在溶蚀洼地等地形低洼处

（C）塌陷多分布在河床两侧

（D）塌陷多分布在断裂带及褶皱轴部

【解析】参见《工程地质手册》（第五版）第650页，塌陷多分布在土层较薄且土粒较粗的地段，选项A错误。其他都是手册中的原文，塌陷多分布在溶蚀洼地等地形低洼处，塌陷多分布在河床两侧，塌陷多分布在断裂带及褶皱轴部。

【考点】岩溶。

【参考答案】BCD

16.（2018－B－60）下列哪些选项的岩溶场地条件需要考虑岩溶对建筑地基稳定性的影响？（　　）

（A）洞体岩体的基本质量等级为Ⅳ级，基础底面尺寸大于溶洞的平面尺寸，并具有足够的支承长度

（B）洞体岩体的基本质量等级为Ⅰ级，溶洞的顶板岩石厚度与洞跨之比为0.9

（C）地基基础设计等级为乙级且荷载较小的建筑，尽管岩溶强发育，但基础底面以下的土层厚度大于独立基础宽度的3倍，且不具备形成土洞的条件

（D）地基基础设计等级为丙级且荷载较小的建筑，基础底面与洞体顶板间土层厚度小于独立基础宽度的3倍，洞隙或岩溶漏斗被沉积物填满，其承载力特征值为160kPa，且无被水冲蚀的可能

【解析】根据《岩土工程勘察规范》（GB 50021—2001）（2009版）第5.1.9、5.1.10条结合《工程地质手册》（第五版）第642页，选项A不满足5.1.10条的前提条件，并且洞体岩体的基本质量等级为Ⅳ级，应考虑岩溶对地基稳定性的影响，故选项A需要考虑岩溶的影响，选项A正确。选项B不满足顶板岩石厚度大于或等于洞的跨度，故选项B需要考虑岩溶影响，选项B正确。

《地基基础设计规范》（GB 50007—2011）6.6.6条，地基基础设计等级为丙级且荷载较小的建筑物，当基础底面以下的土层厚度大于独立基础宽度的3倍或条形基础宽度的6倍，且不具备形成土洞或其他地面变形的条件时可以不考虑岩溶对地基稳定性的影响，但选项C为乙级，故需考虑岩溶影响，选项C正确；选项D为《地基基础设计规范》（GB 50007—2011）6.6.6条第2款的原文，故选项D不需要考虑岩溶影响，选项D错误。

【考点】岩溶影响评价。

17.（2019-B-03）建筑物柱基平面尺寸 3m×3m，埋深 2m，内部发育有一溶洞，其与基础的相对关系如图 11-1 所示，当溶洞的跨度 L 最大值接近下列何值时，可不考虑岩溶对地基稳定性的影响？（　　）

（A）2m　　　　　　　　（B）3m

（C）4m　　　　　　　　（D）5m

【解析】参见《岩土工程勘察规范》（GB 50021—2001）（2009 年版）5.1.10 条，根据图示，基底下的土层厚度是 5m，小于 3 倍的基础宽度（9m），因此符合 5.1.10 条的第 2 款的第 3 项，洞体较小，基础底面大于洞的平面尺寸，故洞的跨度小于基础宽度 3m，参照答案，仅选项 A 符合。

【考点】岩溶稳定性。

【参考答案】A

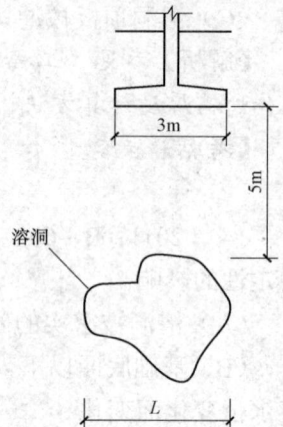

图 11-1

11.1.6　土洞

18.（2011-B-28）地下水强烈地活动于岩土交界处的岩溶地区，在地下水作用下很容易形成下列（　　）的岩溶形态。

（A）溶洞　　　　　（B）土洞　　　　　（C）溶沟　　　　　（D）溶槽

【解析】参见《工程地质手册》（第五版）第 647 页，地下水位在岩土交界处附近作频繁升降运动时，由于水对土层的潜蚀作用，易产生土洞和塌陷。

【考点】土洞。

【参考答案】B

19.（2011-B-59）在岩溶地区，下列（　　）符合土洞发育规律。

（A）颗粒细、黏性大的土层容易形成土洞

（B）土洞发育区与岩溶发育区存在因果关系

（C）土洞发育地段，其下伏岩层中一定有岩溶水通道

（D）人工急剧降低地下水位会加剧土洞的发育

【解析】参见《工程地质手册》（第五版）第 647、648 页。土洞与下伏基岩中岩溶发育的关系：土洞是岩溶作用的产物，它的分布同样受到控制岩溶发育的岩性、岩溶水和地质构造等因素的控制，土洞发育区通常是岩溶发育区，选项 B 正确；土颗粒沿岩溶洞隙被地下水带走形成土洞，因此土洞发育地段，其下伏岩层中一定有岩溶水通道，选项 C 正确；土洞的发展和塌陷的发生，往往与人工抽吸地下水有关，人工急剧降低地下水位，使得地下水动力条件改变，使原来被堵塞的洞隙及与其相连的下部排水通道复活，重新成为地下水集中活动的地段，使得土洞快速发育，选项 D 正确；当上覆有容易被冲蚀的土体（亲水、易湿化、抗冲蚀力弱的松软土层），容易形成土洞，选项 A 错误。

【考点】土洞。

【参考答案】BCD

20.（2013-B-30）在地下水强烈活动于岩土交界面的岩洞地区，由地下水作用形成土洞的主要原因是（　　）。

（A）溶蚀　　　　　（B）潜蚀　　　　　（C）湿陷　　　　　（D）胀缩

【解析】参见《工程地质手册》（第五版）第 647 页，在地下水强烈活动于岩土交界面的岩洞地区，由于水对土层的潜蚀作用，易产生土洞和塌陷。

【考点】土洞。

【参考答案】B

21.（2017-B-30）土洞形成的过程中，水起的主要作用为下列哪个选项？（　　）

（A）水的渗透作用　　　（B）水的冲刷作用　　　（C）水的潜蚀作用　　　（D）水的软化作用

【解析】参见《工程地质手册》（第五版）第 647 页，地表水冲蚀，地下水潜蚀。

【考点】土洞的形成。

【参考答案】C

22．（2018－B－63）下列关于岩溶的论述中，哪些选项是正确的？（　　）

（A）水平岩层较倾斜岩层发育　　　　　　（B）土洞不一定能发展成地表塌陷

（C）土洞发育区下伏岩层中不一定有水的通道　　（D）地下水是岩溶发育的必要条件

【解析】参见《工程地质手册》（第五版）。第 636 页，岩层产状方面，倾斜岩层比水平岩层更发育，故选项 A 错误；第 646、647 页，并不是所有的土洞都能发展到地表塌陷，土洞的发展离不开地下水，故选项 B、D 正确，选项 C 错误。

【考点】岩溶、土洞。

【参考答案】BD

23．（2020－B－29）由地下水作用形成的土洞大部分分布在下列哪个位置？（　　）

（A）高水位以上　　　　　　　　　　　　（B）高水位与平水位之间

（C）低水位附近　　　　　　　　　　　　（D）低水位以下

【解析】《工程地质手册》（第五版）第 647 页，由地下水形成的土洞大部分分布在高水位与平水位之间。在高水位以上和低水位以下，土洞少见。

【考点】土洞。

【参考答案】B

11.2　采　空　区

11.2.1　采空区稳定性评价

24．（2011－B－57）在采空区进行工程建设时，下列（　　）地段不宜作为建筑场地。

（A）地表移动活跃的地段　　　　　　　　（B）倾角大于 55°的厚矿层露头地段

（C）采空区采深采厚比大于 30 的地段　　　（D）采深小，上覆岩层极坚硬地段

【解析】参见《岩土工程勘察规范》（GB 50021—2001）（2009 版）。由 5.5.5 条第 1 款知，选项 A、B 不适宜；由 5.5.5 条第 2 款知，选项 D 应评价适宜性；由 5.5.7 条知，选项 C 在一定条件下可不评价稳定性。

【考点】（小煤窑）采空区的稳定评价与变形控制措施。

【参考答案】AB

11.2.2　采空区分带

25．（2016－B－25）采空区顶部岩层由于变形程度不同，在垂直方向上通常会形成三个不同分带，下列有关三个分带自上而下的次序哪一个选项是正确的？（　　）

（A）冒落带、弯曲带、裂隙带

（B）弯曲带、裂隙带、冒落带

（C）裂隙带、弯曲带、冒落带

（D）冒落带、裂隙带、弯曲带

【解析】参见《煤矿采空区岩土工程勘察规范》（GB 51044—2014）2.1.26 条、2.1.27 条、2.1.28 条及图 11-2，采空区顶部岩层由于变形程度不同，在垂直方向上通常会形成三个不同分带，三个分带自上而下的次序为弯曲带、裂隙带、冒落带。该规范虽然已经删除，但是分带次序还是需要掌握的。

【考点】采空区。

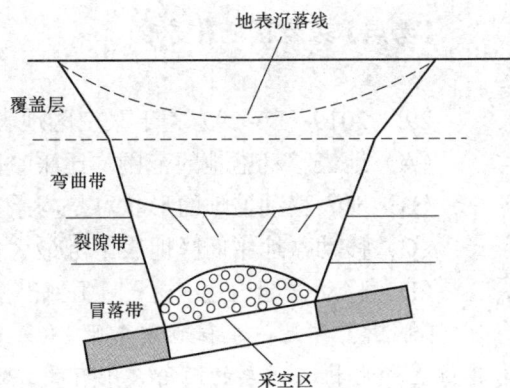

图 11-2

【参考答案】B

11.2.3 移动盆地

26.（2009-B-22）下列关于采空区移动盆地的说法中，（　　）是错误的。
（A）移动盆地都直接位于与采空区面积相等的正上方
（B）移动盆地的面积一般比采空区的面积大
（C）移动盆地内的地表移动有垂直移动和水平移动
（D）开采深度增大，地表移动盆地的范围也增大

【解析】 参见《工程地质手册》（第五版）第 695、696 页。地表移动盆地比采空区大得多，选项 A 错误，选项 B 正确。地表变形分为两种移动和三种变形，两种移动是垂直移动和水平移动，三种变形是倾斜、弯曲和水平变形，选项 C 正确。矿层埋深越大（即开采深度越大），变形发展到地表所需的时间越长，地表变形值越小，变形比较平缓均匀，但地表移动盆地的范围越大，选项 D 正确。

【考点】 采空区和移动盆地。

【参考答案】A

27.（2010-B-62）下列关于采空区地表移动盆地的特征，（　　）是正确的。
（A）地表移动盆地的范围总是比采空区面积大
（B）地表移动盆地的形状总是对称于采空区
（C）移动盆地中间区地表下沉最大
（D）移动盆地内边缘产生压缩变形，外边缘区域产生拉伸变形

【解析】 参见《工程地质手册》（第五版）第 695、696 页，地表移动盆地的范围比采空区大得多，其位置和形状与矿层的倾角大小有关，不一定总是对称采空区，选项 A 正确，选项 B 错误；中间区位于采空区正上方，地表下沉均匀，但下沉值最大，选项 C 正确；内边缘区多发生压缩变形，外边缘区多发生拉伸变形，选项 D 正确。

【考点】 采空区和移动盆地。

【参考答案】ACD

11.2.4 采空区地表变形

28.（2017-B-60）下列影响采空区地表变形的诸因素中，哪些选项是促进地表变形值增大的因素？（　　）
（A）矿层厚度大
（B）矿层倾角大
（C）矿层埋深大
（D）矿层上覆岩层厚度大

【解析】《工程地质手册》（第五版）第 698 页，矿层厚度大，采空的空间大，会促使地表的变形值增大。故选项 A 正确。矿层埋深大，变形发展到地表所需时间越长，地表变形值越小，故选项 C 错误。矿层上覆岩层厚度大，若岩层强度高，产生地表变形所需的采空面积要大，破坏时间要长；若厚层岩层的塑性大，则可以缓冲或掩盖矿层破坏带来的影响，故选项 D 错误。矿层倾角大，水平移动值增大，故选项 B 正确。

【考点】 采空区地表变形。

【参考答案】AB

29.（2019-B-29）关于采空区地表移动盆地的特征，下列哪个说法是错误的？（　　）
（A）地表移动盆地的范围均比采空区面积大得多
（B）地表移动盆地的形状总是与采空区对称
（C）移动盆地中间区地表下沉最大
（D）移动盆地内边缘区产生压缩变形，外边缘区产生拉伸变形

【解析】 参见《工程地质手册》（第五版）第 695 页，地表移动盆地的范围要比采空区面积大得多，其位置和形状与矿层的倾角大小有关，故选项 A 正确。矿层倾角平缓时，地表移动盆地位于采空区的正上方，形状对称于采空区；矿层倾角较大时，盆地在沿矿层走向方向仍对称于采空区，而沿倾向方向，

移动盆地与采空区的关系是非对称的，并随着倾角的增大，盆地中心越向倾向方向偏移，故选项B错误。

参见《工程地质手册》第五版第696页。中间区：位于采空区的正上方，地表下沉均匀，但地表下沉值最大；地面平坦，一般不出现裂缝，故选项C正确。内边缘区：位于采空区外侧上方，地表下沉不均匀，地面向盆地中心倾斜，呈凹形；产生压缩变形，地面一般不出现明显裂缝。外边缘区：位于采空区外侧矿层上方，地表下沉不均匀，地面向盆地中心倾斜，呈凸形；产生拉伸变形，当拉伸变形值超过一定数值后，地表产生张裂缝，故选项D正确。

【考点】采空区变形。

【参考答案】B

11.3 崩 塌

11.3.1 崩塌形成条件

30.（2009-B-23）关于崩塌形成的条件，下列（ ）是错误的。

（A）高陡斜坡易形成崩塌

（B）软岩强度低，易风化，最易形成崩塌

（C）岩石不利结构面倾向临空面时，易沿结构面形成崩塌

（D）昼夜温差变化大，危岩易产生崩塌

【解析】参见《岩土工程勘察规范》（GB 50021—2001）（2009版）5.3.3条文说明，软岩是无法形成崩塌。

【考点】崩塌。

【参考答案】B

31.（2016-B-26）在高陡的岩石边坡上，下列条件中哪个选项容易形成崩塌？（ ）

（A）硬质岩石，软弱结构面外倾

（B）软质岩石，软弱结构面外倾

（C）软质岩石，软弱结构面内倾

（D）硬质岩石，软弱结构面内倾

【解析】《铁路工程不良地质勘察规程》（TB 10027—2012，J 1407—2012）5.3.2条文说明第2款，当岩层倾向临空面时，陡峻边坡可能发生大规模滑移式崩塌。

《岩土工程勘察规范》（GB 50021—2001）5.3.3条文说明，岩层的各种结构面，包括层面、裂隙面、断层面等都是抗剪性较低的、对边坡稳定不利的软弱结构面。当这些不利结构面倾向临空面时，被切割的不稳定岩块易沿结构面发生崩塌。

【考点】崩塌。

【参考答案】A

11.3.2 崩塌的分类

32.（2016-A-6）某拟建铁路线路路过软硬岩层相间、地形坡度约60°的边坡坡脚，坡体中竖向裂隙发育，有倾向临空面的结构面，预测坡体发生崩塌破坏时，最可能是下列哪种形式？（ ）

（A）拉裂式 （B）错断式 （C）滑移式 （D）鼓胀式

【解析】《铁路工程不良地质勘察规程》（TB 10027—2012，J 1407—2012）5.3.2条文说明第2款，滑移式崩塌岩性多为软硬相间的岩层，地形陡坡通常大于55°，有倾向临空面的结构面，滑移面主要受剪切力。

【考点】滑坡、危岩与崩塌。

【参考答案】C

11.3.3 危岩

33.（2012-B-25）公路边坡岩体较完整，但其上部有局部悬空的岩石而且可能成为危岩时，下列（ ）工程措施是不宜采用的。

（A）钢筋混凝土立柱支撑　　　　　　　　（B）浆砌片石支顶

（C）柔性网防护　　　　　　　　　　　　（D）喷射混凝土防护

【解析】 参见《公路路基设计规范》（JTG D30—2015）。7.3.3、7.3.4 及其条文说明：对规模较小的危岩可采取清除、支挡、挂网喷锚等处理措施，也可以采取柔性防护系统或拦石墙、落石槽等构筑物；对路基有危害的危岩体，应清除或采取支撑、预应力锚固等措施。7.3.2 条及其条文说明：表述为对于在边坡上局部悬空的岩石，但岩体较完整，有可能成为危岩，可视情况采用钢筋混凝土立柱、浆砌片石支顶或柔性防护系统。

【考点】 危岩的处理。

【参考答案】D

34.（2014—B—59）某铁路岩质边坡，岩体较完整，但其上部局部悬空处发育有危石。防治时可选用下列（　　）工程措施。

（A）浆砌片石支顶　　　　　　　　　　　（B）钢筋混凝土立柱支顶

（C）预应力锚杆加固　　　　　　　　　　（D）喷射混凝土防护

【解析】 参见《公路路基设计规范》（JTG D30—2015）7.3.3 条～7.3.5 条，对岩体较完整、有可能形成危石的，可采用主动防护系统，视具体情况采用钢筋混凝土立柱支顶、浆砌片石支顶、预应力锚杆加固或柔性防护系统。此题是 2012—B—25 单选题改版为多选题。

【考点】 公路路基设计规范。

【参考答案】ABC

35.（2017—B—59）下列选项中哪些方法或工程措施可用于小型危岩的防治？（　　）

（A）拦石网　　　　　（B）锚固　　　　　（C）支撑　　　　　　　　（D）裂缝面压力注浆

【解析】《公路路基设计规范》（JTG D30—2015）7.3.3 条：规模较小的危岩崩塌体可采取清除、支挡、挂网锚喷等处理措施，也可采用柔性防护系统或设置拦石墙、落石槽等构造物。拦石墙与落石槽宜配合使用。

《工程地质手册》（第五版）第 558 页，对小型崩塌，在危岩的下部修筑支柱、支墙，亦可将易崩塌体用锚索、锚杆与斜坡稳定部分联固。

【考点】 小型危岩防治。

【参考答案】ABC

11.4　滑　　坡

11.4.1　滑坡的成因

36.（2017—B—33）下列哪一选项是推移式滑坡的主要诱发因素？（　　）

（A）坡体上方卸载　　　　　　　　　　　（B）坡脚挖方或河流冲刷坡脚

（C）坡脚地表积水下渗　　　　　　　　　（D）坡体上方堆载

【解析】 选项 A 有利于稳定，选项 B、C 是牵引式滑坡的诱发因素。

根据《工程地质手册》第五版第 652 页，滑坡按滑动性质划分为：牵引式滑坡、推移式滑坡、混合式滑坡。推移式滑坡分定义如下：上部岩层滑动挤压下部产生变形，滑动速度较快，多呈楔形环谷外貌，滑体表面波状起伏，多见于有堆积物分布的斜坡地段。

【考点】 滑坡。

【参考答案】D

37.（2019—B—57）土质边坡在暴雨期间或过后易发生滑坡，下列哪些选项的因素与暴雨诱发滑坡有关？（　　）

（A）土体基质吸力增加　　　　　　　　　（B）坡体内渗透力增大

（C）土体孔隙水压力升高　　　　　　　　（D）土体抗剪强度降低

【解析】降水渗入坡体内并在滑带聚集，软化了滑带岩土，增高了地下水位和滑带土的孔隙水压力，减小其抗剪切强度和阻滑力；滑体饱水增大滑体重力和下滑力，已经开裂的坡体裂缝中灌水还会产生静水压力。

坡内水位增高，会产生顺坡的渗流，增大了渗透力，增加了坡体下滑的危险性。

【考点】滑坡产生的原因。

【参考答案】BCD

11.4.2 滑坡的特征

38.（2013-B-33）正在活动的整体滑坡，剪切裂缝多出现在滑坡体的（　　）部位。
（A）滑坡体前缘　　　　（B）滑坡体中间　　　　（C）滑坡体两侧　　　　（D）滑坡体后缘

【解析】参见《工程地质手册》（第五版）第655页，滑坡裂缝按受力状态分为下列四种：① 拉张裂缝：位于滑坡体上部，多呈弧形，与滑坡壁方向大致平行。通常将其最外一条（即滑坡周界的裂缝）称滑坡主裂缝。② 剪切裂缝：位于滑坡体中部的两侧，此裂缝的两侧常伴有羽毛状裂缝。③ 鼓胀裂缝：位于滑坡体下部，其方向垂直于滑动方向。④ 扇形裂缝：位于滑坡体中下部，尤以滑舌部分为多，呈放射状。

【考点】滑坡。

【参考答案】C

39.（2016-A-62）下列地貌特征中，初步判断哪些属于稳定的滑坡地貌特征？（　　）
（A）坡体后壁较高，长满草木　　　　　　（B）坡体前缘较陡，受河水侧蚀常有坍塌发生
（C）坡体平台面积不大，有后倾现象　　　（D）坡体前缘较缓，两侧河谷下切到基岩

【解析】详见《工程地质手册》（第五版）第664页，表6-3-15。坡体后壁较高，长满草木，滑坡体前缘较缓。两侧河谷下切到基岩，是相对稳定的滑坡地貌特征，故选项A、D正确。坡体平台面积不大，有后倾现象，坡体前缘较陡，受河水侧蚀常有坍塌发生，这些是不稳定的滑坡地貌特征。选项B、C为不稳定的滑坡地貌特征。

【考点】滑坡地貌特征。

【参考答案】AD

40.（2014-B-24）一般情况下，在滑坡形成过程中最早出现的是下列（　　）种变形裂缝。
（A）前缘的鼓胀裂隙　　　　　　　　（B）后缘的拉张裂隙
（C）两侧的剪切裂隙　　　　　　　　（D）中前部的扇形裂隙

【解析】根据《建筑边坡工程技术规范》（GB 50330—2013）表17.1.5，弱变形阶段，滑坡后缘最早出现张拉裂缝，裂缝断续分布，其他地段均无明显异常。

【考点】滑坡的稳定性。

【参考答案】B

41.（2017-B-24）滑坡的发展过程通常可分为蠕滑、滑动、剧滑和稳定四个阶段。但由于条件不同，有些滑坡发展阶段不明显。下列滑坡中，哪个选项的滑坡最不易出现明显的剧滑阶段？（　　）
（A）滑体沿圆弧形面滑移的土质滑坡
（B）滑面为平面，无明显抗滑段的岩质顺层滑坡
（C）滑面总体倾角较平缓，且抗滑段较长的堆积层滑坡
（D）楔形体滑坡

【解析】是否剧滑，关键在于判断加速度。总体倾角较缓，下滑力小，抗滑长度大，抗滑力则大，加速度最小。

【考点】滑坡。

【参考答案】C

42.（2018-B-34）某土质滑坡后缘地表拉张裂缝多而宽且贯通，滑坡两侧刚出现少量雁行羽状剪切裂缝。该滑坡处于下列选项的哪一阶段？（　　）

（A）弱变形阶段　　　　　（B）强变形阶段　　　　（C）滑动阶段　　　　（D）稳定阶段

【解析】根据《工程地质手册》（第五版），滑坡发育过程划分为三个阶段，蠕动变形、滑动破坏和渐趋稳定阶段。蠕动变形阶段随着渗水作用加强，变形较弱变形阶段进一步发展，裂缝加宽，滑坡体两侧开始出现羽毛状剪切裂缝，随着变形进一步发展后缘裂缝不断扩大，两侧羽毛状剪切裂缝贯通并撕开，这时滑动面已经完全形成，滑坡体开始向下滑动。这个阶段称为强变形阶段。

另外，也可参见《建筑边坡工程技术规范》（GB 50330—2013）表 17.1.5，题干的描述与表内强变形阶段相符，故为强变形阶段。

【考点】主要考查土质滑坡按照裂缝的形态划分发育阶段。

【参考答案】B

11.4.3　滑坡区钻探

43.（2011-B-61）滑坡钻探为获取较高的岩芯采取率，宜采用下列（　　）钻进方法。

（A）冲击钻进　　　　（B）冲洗钻进　　　　（C）无泵反循环钻进　　　　（D）干钻

【解析】参见《铁路工程不良地质勘察规范》（TB 10027—2012）4.4.4 条，冲击钻进和冲洗钻进均不能用于滑坡勘察。

【考点】滑坡的勘察。

【参考答案】CD

44.（2013-A-10）根据《公路工程地质勘察规范》（JTG C20—2011）规定，钻探中发现滑动面（带）迹象时，钻探回次进尺最大不得大于（　　）。

（A）0.3m　　　　（B）0.5m　　　　（C）0.7m　　　　（D）1.0m

【解析】参见《公路工程地质勘察规范》（JTS C20—2011）7.2.9 条。

【考点】勘探点精度和钻孔回次进尺的要求。

【参考答案】A

11.4.4　滑坡区选线

45.（2011-B-23）在铁路选线遇到滑坡时，（　　）是错误的。

（A）对于性质复杂的大型滑坡，线路应尽量绕避

（B）对于性质简单的中型滑坡，线路可不绕避

（C）线路必须通过滑坡时，宜从滑坡体中部通过

（D）线路通过稳定滑坡下缘时，宜采用路堤形式

【解析】参见《铁路不良地质勘察规范》（TB 10027—2012）4.2.1 条及条文说明，选项 A、B 正确。有利于滑坡和错落稳定及线路安全的部位是指在滑坡和错落的下部抗滑段填方增加抗滑力，或在滑坡和错落的上部主推力段挖方减少下推力，所以线路可以采取上挖下填的方式通过滑坡，不宜在滑坡体的中部通过，选项 C 错误，选项 D 正确。

【考点】滑坡的选线与防治措施。

【参考答案】C

11.4.5　滑面力学参数

46.（2010-B-25）评价目前正处于滑动阶段的滑坡，其滑带土为黏性土，当取样进行直剪试验时，宜采用（　　）方法。

（A）快剪　　　　（B）固结快剪　　　　（C）慢剪　　　　（D）多次剪切

【解析】参见《岩土工程勘察规范》（GB 50021—2001）（2009 版）5.2.7 条及条文说明：可对滑带土作重塑土或原状土多次重复剪，求取抗剪强度。

【考点】滑坡。

【参考答案】D

47.（2012-B-62）下列关于用反算法求取滑动面抗剪强度参数的表述，（　　）是正确的？

（A）反算法求解滑动面 c 值或 φ 值，其必要条件是恢复滑动前的滑坡断面

（B）用一个断面反算法，总是假定 $c=0$，求综合 φ

（C）对于首次滑动的滑坡，反算求出的指标值可用于评价滑动后的滑坡稳定性

（D）当有挡墙因滑坡而破坏时，反算中应包括其可能的最大抗力

【解析】反算法的基本原理是视滑坡将要滑动而未滑动的瞬间，坡体处于极限平衡状态。根据试验成果及经验数据，先确定一个比较稳定的值，反求另一值。首次滑动的滑坡，极限平衡断面是滑坡刚要开始滑动的状态，此时的整个滑动土的强度未达到残余强度，因此反算求出的参数高于残余强度指标参数；当有建筑物时，在计算中应包括建筑物可能的最大抗力。

【考点】滑坡。

【参考答案】AD

48.（2016-B-32）对近期发生的滑坡进行稳定性验算时，滑面的抗剪强度宜采用下列哪一种直剪试验方法取得的值？（　　）

（A）慢剪　　　　　　（B）快剪　　　　　　（C）固结快剪　　　　　　（D）多次重复剪

【解析】参见《岩土工程勘察规范》（GB 50021—2001）5.2.7 条，采用室内、野外滑面重合剪，滑带宜作重塑土或原状土多次剪试验，并求出多次剪和残余剪的抗剪强度。

【考点】滑坡。

【参考答案】D

49.（2016-B-34）滑坡稳定性计算时，下列哪一种滑带土的抗剪强度适用于采取综合黏聚力法？（　　）

（A）以碎石土为主　　　　　　　　　　（B）以较均匀的饱和黏性土为主

（C）以砂类土为主　　　　　　　　　　（D）以黏性土和碎石土组成的混合土

【解析】参见《工程地质手册》（第五版）第 669 页，综合单位黏聚力法适用于土质均一，滑带饱水且难以排出（特别是黏性土为主所组成的滑动带）的情况。

【考点】滑坡。

【参考答案】B

11.4.6 滑坡稳定性

50.（2009-B-27）当采用不平衡推力传递法进行滑坡稳定性计算时，下列（　　）的说法是不正确的。

（A）当滑坡体内地下水位形成统一水面时，应计入水压力

（B）用反演法求取强度参数时，对暂时稳定的滑坡稳定系数可取 0.95~1.0

（C）滑坡推力作用点可取在滑体厚度 1/2 处

（D）作用于某一滑块滑动分力与滑动方向相反时，该分力可取负值

【解析】参见《岩土工程勘察规范》（GB 50021—2001）（2009 版）。根据 5.2.8 条及其条文说明：选项 A、D 正确。根据 5.2.7 条及条文说明，选项 B 错误。

根据《建筑地基基础设计规范》（GB 50007—2011）6.4.3 条第 4 款，选项 C 正确。

【考点】滑坡推力计算与滑坡稳定。

【参考答案】B

51.（2010-B-23）下列关于滑坡稳定性验算的表述中，（　　）不正确。

（A）滑坡稳定性验算时，除应验算整体稳定性外，必要时还应验算局部稳定性

（B）滑坡推力计算也可以作为稳定性的定量评价

（C）滑坡安全系数应根据滑坡的研究程度和滑坡的危害程度综合确定

（D）滑坡安全系数在考虑地震、暴雨附加影响时应适当增大

【解析】参见《岩土工程勘察规范》（GB 50021—2001）（2009 版）。5.2.8 条第 5 款：选项 A 正确；

根据5.2.8条及其条文说明（211页最下一行）：选项 B 正确；根据5.2.9条及其条文说明，选项 C 正确；滑坡的安全系数在暴雨、地震等特殊工况时应适当降低，选项 D 错误。

【考点】滑坡推力计算与滑坡稳定。

【参考答案】D

52.（2012-A-54）牵引式滑坡一般都有主滑段、牵引段和抗滑段，相应地有主滑段滑动面、牵引段滑动面和抗滑段滑动面。下列（　　）的说法是正确的。

（A）牵引段大主应力 σ_1 是该段土体自重应力，小主应力 σ_3 为水平压应力

（B）抗滑段大主应力 σ_1 平行于主滑段滑面，小主应力 σ_3 与 σ_1 垂直

（C）牵引段破裂面与水平面的夹角为 $45° - \varphi/2$，φ 为牵引段土体的内摩擦角

（D）抗滑段破裂面 σ_1 与夹角为 $45° + \varphi_1/2$，φ_1 为抗滑段土体的内摩擦角

【解析】如图11-3三段式滑坡及其应力场，可知：

主滑段：一般为纯剪切破坏。

牵引段：一般为张扭性主动破坏，最大主应力 σ_1 是土体的重力，最小主应力 σ_3 为水平压应力，发生主动破坏，滑裂面与水平面的夹角为 $45° + \dfrac{\varphi}{2}$。

抗滑段：一般为压扭性被动破坏，最大主压力 σ_1 平行于滑面，最小主应力 σ_3 与 σ_1 垂直，发生被动破坏，滑裂面与水平面的夹角为 $45° - \dfrac{\varphi}{2}$。

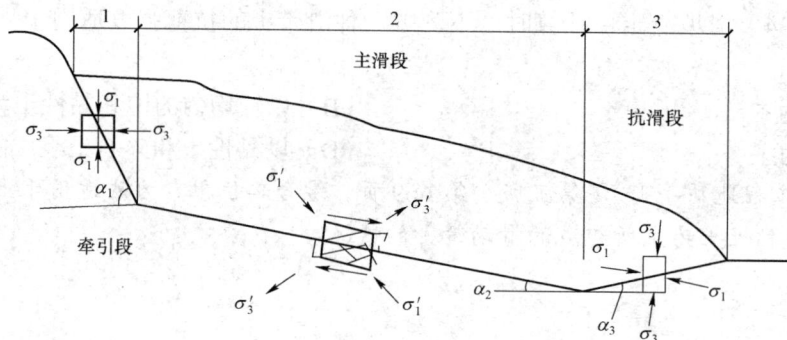

图11-3

【考点】滑坡。

【参考答案】AB

53.（2012-B-66）关于计算滑坡推力的传递系数法，下列（　　）叙述是不正确的。

（A）依据每个条块静力平衡关系建立公式，但没有考虑力矩平衡

（B）相邻条块滑面之间的夹角大小对滑坡推力计算结果影响不大

（C）划分条块时需要考虑地面线的几何形状特征

（D）所得到的滑坡推力方向是水平的

【解析】参见《建筑地基基础设计规范》（GB 50007—2011）。根据6.4.3条，由传递系数法公式可知，传递系数只考虑了静力平衡，没有考虑力矩的平衡，选项 A 正确；滑面间的夹角对计算传递系数影响较大，选项 B 错误；划分条块考虑的是滑动面的几何特征，而不是地面线的形状，选项 C 错误；滑坡推力的方向与滑动面平行，不一定是水平的，选项 D 错误。

【考点】滑坡推力计算与滑坡稳定。

【参考答案】BCD

54.（2013-B-60）滑坡稳定性计算常用的方法有瑞典圆弧法、瑞典条分法、毕肖普法及简布法，下列关于这些方法的论述中，（　　）是正确的。

（A）瑞典圆弧法仅适用于 $\varphi = 0$ 的均质黏性土坡

（B）简布法仅适用于圆弧滑动面的稳定性计算

（C）毕肖普法和简布法计算的稳定系数比较接近

（D）瑞典条分法不仅满足滑动土体整体力矩平衡条件，也满足条块间的静力平衡条件

【解析】（1）根据土力学知识，选项 A 正确；

（2）简布法适应于任何滑动面的稳定性计算，选项 B 错误；

（3）毕肖普法和简布法计算的稳定系数比较接近，选项 C 正确；

（4）瑞典条分法计算时忽略了条间力，只考虑土体的整体力矩平衡条件，所以不能满足条块间的静力平衡条件，所以选项 D 错误。

【考点】滑坡稳定性的计算方法。

【参考答案】AC

55.（2014-B-60）下列关于滑坡体受力分析的叙述中，（　　　）是错误的。

（A）滑坡滑动的原因一定是滑坡体上任何部位的滑动力都大于抗滑力

（B）地震力仅作为滑动力考虑

（C）对反翘的抗滑段，若地下水位上升到滑面以上，滑面处的静水压力为全部转化为滑动力

（D）在主滑段进行削方减载，目的是在抗滑力不变的情况下减小滑动力

【解析】根据《工程地质手册》（第五版）第 671、672 页，滑坡滑动的原因是滑坡体最后一个条块的剩余下滑力大于 0，滑动力大于抗滑力，选项 A 错误；地震力一般作为不利情况考虑，选项 B 正确。反翘的抗滑段，地下水上升至滑面以上时，滑面处的静水压力一部分转化为滑动力，一部分转化为抗滑力，选项 C 错误。主滑段进行削方减载减小滑体自重，减小下滑力，但抗滑力也减小了，选项 D 错误。并不是所有的滑坡都可以削方减载，比如牵引式滑坡或滑带土具有卸荷膨胀性的滑坡，不能削方减载。

【考点】滑坡。

【参考答案】ACD

56.（2017-B-18）一个粉质黏土的压实填方路堤建于硬塑状黏性土①地基上，其下为淤泥质土薄夹层②，再下层为深厚中密细砂层③，如图 11-4 所示，判断下面哪个选项的滑裂面是最可能滑裂面。（　　　）

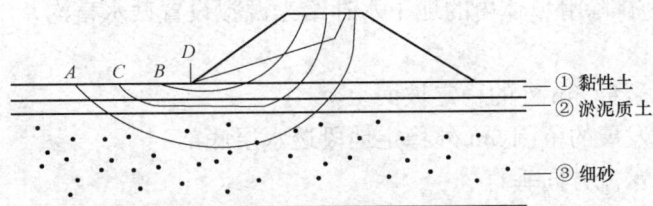

图 11-4

（A）下部达到细砂层③的圆弧滑裂面　　　　（B）只通过黏性土①的圆弧滑裂面

（C）通过淤泥质土薄夹层②的折线滑裂面　　（D）只通过路堤的折线滑裂面

【解析】题目提示路堤已压实，即不考虑其滑动；细砂层属于无黏性土，其滑动面的形状一般为直线型；由于②软弱淤泥质土，在路堤重力作用下，很易产生剪切破坏，因此其滑裂面容易通过淤泥质土产生破坏。

【考点】滑裂面的形状，无黏性土一般容易发生直线滑动，且滑动位置深度较浅，而黏性土一般发生的深层滑动，其形状接近于圆弧面。

【参考答案】C

57.（2018-B-23）关于滑坡的描述，下列哪个选项是错误的？（　　　）

（A）滑坡体厚度为 10m 时可判定为中层滑坡

（B）通常滑坡的鼓胀裂缝出现于滑坡体下部，且平行于滑动方向

（C）滑体具有多层滑动面时，应分别计算各滑动面的滑坡推力，并取最大的推力作为设计控制值

（D）采用传递系数法计算滑坡推力，若出现某条块的剩余下滑力为负值时，则说明这条块的滑体是基本稳定的

【解析】根据《工程地质手册》（第五版）第 652 页，按滑坡体厚度分类，滑坡体厚度在 10m 与 25m 之间为中层滑坡，故选项 A 正确。第 655 页，鼓胀裂缝位于滑坡体下部，方向垂直于滑动方向，选项 B 错误；第 672 页，选项 C 正确。第 673 页，选项 D 正确。选项 C 和选项 D 是常考选项。

【考点】滑坡。

【参考答案】B

58.（2019-B-28）采用传递系数法计算滑坡推力时，下列哪个选项是错误的？（   ）

（A）应选择平行于滑动方向的，具有代表性的断面计算，一般不少于 2~3 个断面，且应有一个主断面

（B）滑坡推力作用点可取在滑体厚度的二分之一处

（C）当滑坡具有多层滑动面（带）时，应取最深的滑动面（带）的抗剪强度

（D）应采用试验和反算，并结合当地经验，合理地确定滑动面（带）的抗剪强度

【解析】参见《建筑地基基础设计规范》（GB 50007—2011）6.4.3 条。

（1）根据 6.4.3 第 2 条款，选择平行于滑动方向的几个具有代表性的断面计算，计算断面一般不少于 2 个断面（《工程地质手册》第五版第 672 页写的是不宜少于 3 条断面），其中应有一个是滑动主断面。故选项 A 正确。

（2）根据 6.4.3 第 4 条款，滑坡推力作用点可取在滑体厚度的二分之一处，故选项 B 正确。

（3）根据 6.4.3 第 1 条款，当滑体有多层滑动面（带）时，可取推力最大的滑动面（带）确定滑坡推力，也就是说选取推力最大的滑动面的抗剪强度，故选项 C 错误。

（4）根据 6.4.3 第 6 条款，根据土（岩）的性质和当地经验，可采用试验和滑坡反算相结合的方法，合理地确定滑动面上的抗剪强度，故选项 D 正确。

【考点】滑坡推力。

【参考答案】C

11.4.7 滑坡治理

59.（2009-B-60）为排除滑坡体内的地下水补给来源拟设置截水盲沟，（   ）的盲沟布置方式是合理的。

（A）布置在滑坡后缘裂缝 5m 外的稳定坡面上

（B）布置在滑坡可能发展的范围 5m 外稳定地段透水层底部

（C）截水盲沟与地下水流方向垂直

（D）截水盲沟与地下水流方向一致

【解析】参见《公路路基设计手册》第 249 页，截水盲沟是一种地下排水通道，常设置在滑坡后缘 5m 以外的稳定地段，宜与水流向垂直，便于汇水。

本题也可依据《建筑边坡工程技术规范》（GB 50330—2013）第 16.2.3 条规定找到答案。

【考点】滑坡的选线与防治措施。

【参考答案】ABC

60.（2012-B-29）关于滑坡治理中抗滑桩的设计，下列（   ）说法是正确的。

（A）作用在抗滑桩上的下滑力作用点位于滑面以上三分之二滑体厚度处

（B）抗滑桩竖向主筋应全部通长配筋

（C）抗滑桩一般选择矩形断面主要是为了施工方便

（D）对同一抗滑桩由悬臂式变更为在桩顶增加预应力锚索后，嵌固深度可以减小

【解析】参见《铁路路基支挡结构设计规范》（TB 10025—2019）。根据 13.2.7 条文说明，抗滑桩可以分成矩形、梯形和三角形的分布，其作用点也不相同，所以选项 A 错误。根据 13.1.2 条文说明，抗滑桩的截面形式为矩形主要是从经济合理和施工方便考虑，选项 C 错误。根据 10.2.10 条抗滑桩锚固深度的计算，应根据地基的横向容许承载力确定，当桩顶增加预应力锚索后，增加了横向抗滑力，可以减少嵌固深度，选项 D 正确。也可参照《公路路基设计规范》（JTG D30—2015）5.7.3 条文说明，增加预应力锚

索，增加了横向抗滑力，可以减小桩的嵌固深度。

参照《公路路基设计规范》（JTG D30—2015）5.7.4 条，抗滑桩纵向受力钢筋应设置截断点，并非全长通长配筋，所以选项 B 错误。

【考点】抗滑桩。

【参考答案】D

61.（2012-B-32）抗滑桩与高层建筑桩基相比，一般情况下，下列（　　）表述是错误的。

（A）桩基承受垂直荷载为主，抗滑桩承受水平荷载为主

（B）桩基设计要计桩侧摩阻力，抗滑桩不计桩侧摩阻力

（C）桩基桩身主要按受压构件设计，抗滑桩桩身主要按受弯构件设计

（D）两种桩对桩顶位移的要求基本一样

【解析】参见《铁路路基支挡结构设计规范》（TB 10025—2019）13.1.1 条、13.1.2 条及条文说明、13.2.1 条、13.2.10 条、13.2.11 条文说明。

根据 13.1.1 条和 13.1.2 条及条文说明，抗滑桩主要考虑水平荷载，以滑坡推力为主，因此选项 A 正确。

根据 13.2.1 条，抗滑桩根据地基的横向容许承载力确定锚固深度，不考虑桩身重力、桩侧摩阻力、黏聚力和桩底反力，因此选项 B 正确。

根据 13.2.10 条，抗滑桩承载能力极限状态设计包括抗弯和抗剪等。因此选项 C 正确。

根据 13.2.11 条文说明，抗滑桩一般允许有较大的变形，但是高层建筑桩基的桩顶位移控制较为严格，故选项 D 错误。

【考点】抗滑桩。

【参考答案】D

62.（2014-B-18）铁路路基支挡结构采用抗滑桩，根据《铁路路基支挡结构设计规范》（TB 10025—2019），关于作用在抗滑桩上滑坡推力的说法，下列（　　）是错误的。

（A）滑坡推力计算时采用的滑带土的强度指标，可采用试验资料或用反算值以及经验数据等综合分析确定

（B）在计算滑坡推力时，假定滑坡体沿滑动面均匀下滑

（C）当滑体为砾石类土或块石类土时，下滑力计算时应采用梯形分布

（D）滑坡推力计算时，可通过加大自重产生的下滑力或折减滑面的抗剪强度来增大安全度

【解析】根据《铁路路基支挡结构设计规范》（TB 10025—2019）13.2.7 条文说明，当滑体为砾石类土或块石类土时，下滑力计算时应采用三角形分布，因此选项 C 错误。其他选项可以从滑坡的传递系数法相关的理论上获知是正确的。

【考点】抗滑桩的计算。

【参考答案】C

63.（2014-B-21）根据《公路路基设计规范》（JTG D30—2015）的相关要求，对边坡锚固进行稳定计算有两种简化方法，第一种是锚固作用力简化为作用于坡面上的一个集中力，第二个是锚固作用力简化为作用于滑面上的一个集中力。这两种计算方法对边坡锚固稳定安全系数计算结果的影响分析，下列（　　）是不正确的。

（A）应取两种计算方法的锚固边坡稳定安全系数的小值作为锚固边坡的稳定安全系数

（B）当滑面为不规则面、滑面强度有差异时，两种计算方法计算结果不同

（C）当滑面为单一滑面（平面滑动面）、滑动面强度相同时，两种方法的计算结果相同

（D）第一种方法计算的锚固边坡稳定安全系数比第二种要大

【解析】根据新版《公路路基设计规范》（JTG D30—2015）5.5.3 条，对锚固边坡进行稳定性计算时，锚固作用力可简化为作用在滑面上的一个集中力。新版本明确使用一种简化方法。故本题无法使用新版本规范作答。以下解答仍然按照老版本解答。

对边坡锚固进行稳定计算有两种简化方法，取两种计算方法的锚固边坡稳定安全系数的小值作为锚

固边坡的稳定安全系数。当滑面为不规则面、滑面强度有差异时，两种计算方法计算结果差异大，当滑面为单一滑面（平面滑动面）、滑动面强度相同时，两种方法的计算结果相同，得到选项 A、B、C 正确。第一种方法计算的锚固边坡稳定安全系数不一定比第二种要大。

【考点】边坡的锚固。

【参考答案】D

64.（2016－B－29）关于滑坡治理设计，下列哪种说法是错误的？（　　）

（A）当滑体有多层潜在滑动面时应取最深层滑动面确定滑坡推力

（B）可根据不同验算断面的滑坡推力设计相应的抗滑结构

（C）滑坡推力作用点可取滑体厚度的二分之一处

（D）锚索抗滑桩的主筋不应采用单面配筋

【解析】参见《建筑地基基础设计规范》（GB 50007—2011）6.4.3 条，根据第 1 款，当滑体有多层滑动面（带）时，可取推力最大的滑动面（带）确定滑坡推力，故选项 A 错误。根据第 2 款，根据不同断面的推力设计相应的抗滑结构，故选项 B 正确。

根据第 4 款，滑坡推力作用点，可取在滑体厚度的 1/2 处，故选项 C 正确。

【考点】滑坡。

【参考答案】A

65.（2016－B－30）增大抗滑桩的嵌固深度，主要是为了满足下列哪一项要求？（　　）

（A）抗弯曲　　　　　　（B）抗剪切　　　　　　（C）抗倾覆　　　　　　（D）抗拉拔

【解析】滑坡推力计算接近滑坡的实际情况，并预测到滑坡可能扩大的范围，留有一定的安全储备，桩被剪断和被弯而拉断的情况是较少发生的，但是桩的埋深不足和桩前滑床抗力不足而引起桩身倾斜过大甚至倾倒的情况多有发生，因此增大抗滑桩的嵌固深度，主要是为了满足抗倾覆。

【考点】滑坡。

【参考答案】C

66.（2017－B－15）某铁路路堑边坡修建于大型堆石土堆积体，采用如图所示的抗滑桩支护，桩的悬臂段长 8m，试问作用在桩上的滑坡推力的分布形式宜选用下列图 11－5 中哪个图形？（　　）

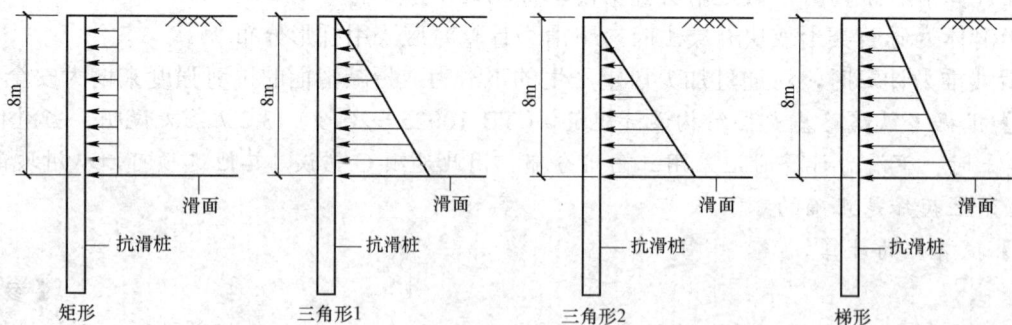

图 11－5

（A）矩形　　　　　　（B）三角形 1　　　　　　（C）三角形 2　　　　　　（D）梯形

【解析】根据《铁路路基支挡结构设计规范》（TB 10025—2019）13.2.7 条文及条文说明，滑体为堆石体，下滑力采用三角形分布。《建筑边坡工程技术规范》（GB 50330—2013）和此规范叙述是一致的，《建筑地基基础设计规范》（GB 50007—2011）中滑坡推力位于滑块的中点。

【考点】滑坡推力。

【参考答案】B

67.（2016－B－20）采用抗滑桩治理铁路滑坡时，以下哪个选项不符合《铁路路基支挡结构设计规范》（TB 10025—2019）相关要求？（　　）

（A）作用于抗滑桩的外力包括滑坡推力、桩前滑体抗力和锚固段地层的抗力

（B）滑动面以上的桩身内力应根据滑坡推力和桩前滑体抗力计算

(C) 抗滑桩桩底支撑可采用固定端

(D) 抗滑桩锚固深度的计算, 应根据地基的横向容许承载力确定

【解析】根据《铁路路基支挡结构设计规范》(TB 10025—2019) 13.2.1条, 作用于抗滑桩的外力, 应计算滑坡推力 (包括地震地区的地震力)、桩前滑体抗力 (滑动面以上桩前滑体对桩的反力) 和锚固段地层的抗力, 故选项 A 正确。

根据《公路路基设计规范》(JTG D30—2015) 5.7.5条第6款, 滑动面以上的桩身内力应根据滑坡推力和桩前滑体抗力计算, 故选项 B 正确。

根据《公路路基设计规范》(JTG D30—2015) 5.7.5条第4款, 桩底支撑宜选用自由端, 嵌入岩石较深时可选用自由端或铰支, 故选项 C 错误。

根据《铁路路基支挡结构设计规范》(TB 10025—2015) 13.2.9条, 抗滑桩锚固深度的计算, 应根据地基的横向容许承载力确定, 故选项 D 正确。

【考点】抗滑桩。

【参考答案】C

68. (2018-B-59) 对于滑坡防治, 下列哪些选项是正确的? (   )

(A) 滑坡地段应设置排水系统

(B) 根据滑坡推力的大小、方向及作用点选择抗滑结构

(C) 在保证卸荷区上方及两侧岩土稳定的情况下, 可在滑体被动区取土

(D) 可在滑体的阻滑区段增加竖向荷载

【解析】根据《工程地质手册》(第五版) 第673页, 滑坡的防治原则和措施, 选项 A、B、D 正确; 被动区不可取土, 相当于抗滑段减载, 故选项 C 错误。

【考点】滑坡防治。

【参考答案】ABD

69. (2019-B-56) 工程滑坡防治应针对性地选择一种或者多种有效措施, 制定合理的方案。下列哪些措施是正确的? (   )

(A) 采取有效的地表截排水和地下排水措施   (B) 结合滑坡的特性, 采取合理的支挡结构

(C) 在滑坡的抗滑段采取刷方减载   (D) 采用加筋土反压及加强反压区地下水引排

【解析】参见《建筑边坡工程技术规范》(GB 50330—2013) 第17.2.1条。

(1) 排水: 根据工程地质、水文地质、暴雨、洪水和防治方案等条件, 采取有效的地表排水和地下排水措施。

(2) 支挡: 滑坡整治时应根据滑坡稳定性、滑坡推力和岩土性状等因素, 按本规范表 3.1.4 选用支挡结构类型。

(3) 减载: 刷方减载应在滑坡的主滑段实施。

(4) 反压: 反压填方应设置在滑坡前缘抗滑段区域, 可采用土石回填或加筋土反压以提高滑坡的稳定性; 同时应加强反压区地下水引排。

工程滑坡防治基本原则: 做好排水、上卸下挡。

【考点】滑坡治理原则。

【参考答案】ABD

70. (2020-B-53) 针对某潜在工程滑坡进行治理时, 下列哪些措施是合理的? (   )

(A) 在滑坡后缘外设置截水沟、滑坡体上设分级排水沟, 并在坡体设置排水盲沟或排水孔

(B) 设置穿过潜在滑带的抗滑桩, 并在滑坡前缘采用碎石土反压

(C) 在潜在滑动带下段采用高压旋喷注浆形成连续截水帷幕

(D) 对坡面裂缝进行封堵, 表层种植灌木

【解析】根据《建筑地基基础设计规范》(GB 50007—2011) 6.4.2条, 排水应设置排水沟以防止地面水浸入滑坡地段, 必要时尚应采取防渗措施。在地下水影响较大的情况下, 应根据地质条件, 设置地下排水系统, 故选项 A 正确。选项 B 属于支挡和反压措施, 选项 B 正确。选项 C 将会引起滑动带下段的

抗滑段积水引起抗剪强度指标降低和水压力增大，不利于滑坡治理，选项C错误。选项D是防止坡面水灌入土体，种植灌木防护坡面表层及蒸发水分，选项D正确。

【考点】滑坡治理。

【参考答案】ABD

71.（2020-B-54）某公路以挖方路基形式通过大型老滑坡前缘，路堑边坡高 15m，坡率 1:0.75，开挖后在降雨影响下边坡顶部产生贯通圆弧张拉裂缝，以下哪些选项的处理措施是合理的？（　　）

（A）反压回填　　　　　　　　　　（B）坡脚附近放缓坡率

（C）设置仰斜式排水孔　　　　　　（D）加强支挡措施

【解析】该路堑边坡是在大型的老滑坡前缘开挖形成的边坡，在降雨条件下产生了张拉裂缝，可以分析出该滑动是开挖的坡体在降雨作用下产生了滑动，不是老滑坡产生的滑动而引起的路堑边坡发生的滑动。因此排水是必要的，坡体不稳定，加强支挡，或者在路堑边坡采用反压回填的治理措施，但此举不利于路基的实施，反压回填是应急措施，后续公路的路线将会因此而发生改变。选项B错误在坡脚附近放缓坡率，相当于在老滑坡的前缘需要开挖更多的土体，此举将会诱发老滑坡的二次滑坡，不宜采取该措施。

【考点】滑坡治理。

【参考答案】CD

11.4.8　滑坡监测

72.（2010-A-69）在滑坡监测中，根据孔内测斜结果可判断（　　）的滑坡特征。

（A）滑动面深度　　　（B）滑动方向　　　（C）滑动速率　　　（D）剩余下滑力大小

【解析】滑坡监测常用方法有：变形监测、位移监测、地应力监测、地温监测、地下水监测、钻孔监测等。钻孔监测是对钻孔的倾斜-深度曲线、位移-深度曲线、位移-历时曲线等进行分析，确定滑坡的特征，选项A、B、C正确。剩余下滑力通常是通过数值计算的方法来搜索最大下滑力的滑动面进行设计，选项D错误。

【考点】滑坡的选线与防治措施。

【参考答案】ABC

11.5　泥　石　流

11.5.1　泥石流勘察

73.（2009-B-59）下列（　　）的勘察方法不适用泥石流勘察。

（A）勘探、物探　　　　　　　　　（B）室内试验，现场测试

（C）地下水长期观测和水质分析　　（D）工程地质测绘和调查

【解析】参见《岩土工程勘察规范》（GB 50021—2001）（2009 年版）5.4.3 条，泥石流的勘察应以工程地质测绘和调查为主，当需要对泥石流采取防治措施时，可以进行勘探和测试。地下水长期观测多用于地面沉降的预防分析。

【考点】泥石流的勘察要求。

【参考答案】BC

11.5.2　泥石流特征

74.（2010-B-24）在下列关于泥石流扇与洪积扇的区别的表述中，（　　）是不正确的。

（A）泥石流扇堆积物无分选，而洪积扇堆积物有一定分选

（B）泥石流扇堆积物有层次，而洪积扇堆积物无层次

（C）泥石流扇堆积物的石块具有棱角，而洪积扇堆积物碎屑有一定磨圆度

（D）泥石流扇堆积物的工程性质差异大，而洪积扇堆积物的工程性质相对差异较小

【解析】泥石流来势凶猛，来得快去得也快，泥石流扇形成快速，直接将山顶残坡积物快速冲刷下来，该类物质一般堆积无分选、无层次、堆积物差异大，而且由于搬运时间短，堆积物的石块具有棱角；洪积扇形成时间较长，一般有一定分选、堆积有一定层次，堆积物相对差异较小，洪积碎屑经过较长时间搬运有一定的磨圆度，因此选项 A、C、D 正确，选项 B 错误。

【考点】泥石流。

75.（2012-B-67）下列（　　）是黏性泥石流的基本特性。

（A）密度较大　　　　　　　　　　　（B）水是搬运介质

（C）泥石流整体呈等速流动　　　　　（D）基本发生在高频泥石流沟谷

【解析】参见《工程地质手册》（第五版）第 684、685 页，黏性泥石流含大量黏性土的泥石流或泥流，黏性大，固体物质约占 40%～60%，最高达 80%，水不是搬运介质而是组成物质，石块呈悬浮状态，选项 A 正确，选项 B 错误。

根据《铁路工程不良地质勘察规范》（TB 10027—2012）附录表 C.0.1-5，黏性泥石流呈层流状，固、液两相物质呈整体等速运动，选项 C 正确；高频和低频是泥石流按爆发频率的分类，黏性泥石流在两种地区均可能发生，选项 D 错误。

【考点】泥石流。

76.（2016-B-61）根据《铁路工程不良地质勘察规程》（TB 10027—2012），稀性泥石流具备下列哪些特征？（　　）

（A）呈紊流状态　　　　　　　　　　（B）漂石、块石呈悬浮状

（C）流体物质流动过程呈垂直交换特征　（D）阵性流不明显，偶有股流或散流

【解析】参见《铁路工程不良地质勘察规程》（TB 10027—2012）附录 C 表 C.0.1-5，稀性泥石流的流态特征，呈紊流状态。漂块石流速慢于浆体流速，呈滚动或跃移前进。具有垂直交换特征。阵性流不明显，偶有股流或散流。

【考点】泥石流。

77.（2017-B-61）下列哪些选项可以作为已经发生过泥石流的识别依据？（　　）

（A）冲沟中游沟身常不对称，凹岸与凸岸相差较大

（B）沟槽经常被大量松散物质堵塞，形成跌水

（C）堆积扇上地层具有明显的分选层次

（D）堆积的石块棱角明显，粒径悬殊

【解析】参见《工程地质手册》（第五版）第 693 页泥石流沟的识别。堆积的石块无方向性，无明显的分选层次。选项 C 错误，其他选项均可在原文找到。

【考点】泥石流识别。

78.（2019-B-61）关于高频泥石流流域和发育特征表述错误的是下列哪些选项？（　　）

（A）固体物质主要来源于沟谷的滑坡和崩塌

（B）不良地质发育严重的沟谷多发生稀性泥石流

（C）流域岸边岩层破碎，风化强烈，山体稳定性差

（D）黏性泥石流沟中下游沟床坡度不大于 4%

【解析】参见《岩土工程勘察规范》（GB 50021—2001）（2009 年版）附录 C.0.1。高频率泥石流固体物质主要来源于沟谷的滑坡、崩塌，故选项 A 正确。滑坡崩塌严重的沟谷多发生黏性泥石流，故选项 B 错误。多位于强烈抬升区，岩层破碎，风化强烈，山体稳定性差，故选项 C 正确。黏性泥石流沟中下游沟床坡度大于 4%，故选项 D 错误。

【考点】泥石流。

11.5.3 泥石流分类

79.（2010-B-34）某泥石流流体密度为 $\rho_c = 1.8 \times 10^3 kg/m^3$，堆积物呈舌状，按《铁路工程不良地质勘察规程》（TB 10027—2012）的分类标准，该泥石流可判为（　　）。

（A）稀性水石流　　　　（B）稀性泥石流　　　（C）稀性泥流　　　（D）黏性泥石流

【解析】参见《铁路工程不良地质勘察规范》（TB 10027—2012）附录表 C.0.1-5。根据题目条件可判别为黏性泥流或黏性泥石流。

【考点】泥石流。

【参考答案】D

80.（2011-B-29）按《岩土工程勘察规范》（GB 50021—2001）（2009 年版）相关规定，对于高频率泥石流沟谷，泥石流的固体物质一次冲出量为 $3 \times 10^4 m^3$ 时，属于下列（　　）类型的泥石流。

（A）I_1 类　　　　（B）I_2 类　　　（C）II_1 类　　　（D）II_3 类

【解析】参见《岩土工程勘察规范》（GB 50021—2001）（2009 版）附录 C.0.1，选项 B 正确。

【考点】泥石流。

【参考答案】B

81.（2012-B-30）在泥石流勘察中，泥石流流体密度的含义是指下列（　　）。

（A）泥石流流体质量和泥石流固体部分体积的比值

（B）泥石流流体质量和泥石流体积的比值

（C）泥石流固体部分质量和泥石流体积的比值

（D）泥石流固体质量和泥石流固体部分体积的比值

【解析】参见《公路工程地质勘察规范》（JTG C20—2011）7.4.10 及条文说明，选项 B 正确。

【考点】泥石流。

【参考答案】B

82.（2018-B-28）某泥石流暴发周期 5 年以内，泥石流堆积新鲜，泥石流严重程度为严重，流域面积 $6km^2$，固体物质一次冲出量 $8 \times 10^4 m^3$，堆积区面积大于 $1km^2$，请判断该泥石流的类别为下列哪个选项？（　　）

（A）I_1　　　　（B）I_2　　　（C）II_1　　　（D）II_2

【解析】根据《岩土工程勘察规范》（GB 50001—2001）（2009 版）附录 C，泥石流暴发周期在 5 年以内，属于 I 类高频率泥石流沟谷，再根据流域面积和固体物质一次冲出量、堆积区面积，可确定为 I_1 型泥石流。此附录表很重要。选择题和案例题均出现真题。

【考点】泥石流的分类。

【参考答案】A

11.5.4 泥石流的防治

83.（2012-B-26）高速公路穿越泥石流地区时，下列防治措施中（　　）是不宜采用的。

（A）修建桥梁跨越泥石流沟　　　　（B）修建涵洞让泥石流通过

（C）泥石流沟谷的上游修建拦挡坝　　　（D）修建格栅坝拦截小型泥石流

【解析】参见《公路路基设计规范》（JTG D30—2015）。根据 7.5.2 条，选项 A、C、D 正确；根据 7.5.2 条第 3 款，泥石流地段不宜采用涵洞。涵洞跨度小、净空低、泄流纵坡较缓、流程较长、周边阻力较大、渲泄泥石流能力较差，易堵淤，难抢险，选项 B 错误。

【考点】泥石流地区选线和防治措施。

【参考答案】B

84.（2014-B-64）公路通过泥石流地区时，可采取跨越、排导和拦截等措施，下列（　　）属于跨越措施。

（A）桥隧　　　　　（B）过水路面　　　　（C）渡槽　　　　（D）格栅坝

【解析】参见《公路路基设计规范》（JTG D30—2015）。根据7.5.2条，桥梁、隧道和过水路面属于跨越措施；根据7.5.3条，渡槽属于排导措施；根据7.5.4条，格栅坝属于拦截措施。

【考点】公路泥石流防治措施。

【参考答案】AB

11.6 地面沉降

11.6.1 沉降原因

85.（2011-B-30）常年抽汲地下水造成的大面积地面沉降，主要是由于下列（　）的原因造成的。

（A）水土流失

（B）欠压密土的自重固结

（C）长期渗透力对地层施加的附加荷载

（D）地下水位下降使土层有效自重应力增大，所产生的附加荷载使土层固结

【解析】参见《工程地质手册》（第五版）第713页，水位下降导致土层粒间有效应力增大而导致地层压密，抽水过程中，总应力保持不变，孔隙水压力减小，有效应力增大，引起土层固结。本题选择D。

【考点】地面沉降的特征与防治。

【参考答案】D

86.（2012-B-63）下列有关大范围地面沉降的表述中，（　）是正确的。

（A）发生地面沉降的区域，仅存在一处沉降中心

（B）发生地面沉降的区域，必然存在厚层第四纪堆积物

（C）在大范围、密集的高层建筑区域内，严格控制建筑容积率是防治地面沉降的有效措施

（D）对含水层进行回灌后，沉降了的地面基本上就能完全复原

【解析】参见《工程地质手册》（第五版）第715页，地面沉降发生范围很大，且存在一处或多处沉降中心，选项A错误。地面沉降发生以后，即使消除了沉降的原因，沉降了的地面也不可能完全恢复，对含水层回灌，只能恢复土层颗粒间有效应力变化引起的弹性变形部分，选项D错误。根据第575页，地面沉降发生的范围局限于存在厚层第四纪堆积物的平原、盆地、河口三角洲或滨海地带，选项B正确。根据第580页，在高层建筑密集区域内应控制建筑容积率，选项C正确。

【考点】地面沉降的特征与防治。

【参考答案】BC

87.（2013-B-27）如图11-6所示的地层剖面，初始潜水位与承压水头高度同为水位1，由于抽取地下承压水使承压水头高度下降到水位2，这时出现明显地面沉降。下列（　）的地层对地面沉降贡献最大（不考虑地下水越流）。

（A）潜水含水层　　　（B）潜水含水层+隔水层

（C）隔水层　　　　　（D）承压含水层

【解析】潜水含水层：由于抽水前后潜水位均未变，因此潜水含水层有效应力没变，不产生沉降。隔水层：隔水层由于不透水，有效应力按上覆土层的饱和自重计算，降水对其没有影响。承压含水层：承压水头降低，承压水层有效应力增加，产生沉降。由以上可知，选项D正确。

【考点】地下水的分类与特性。

【参考答案】D

图11-6

88.（2020-A-41）在覆盖型岩溶发育区，易发生地面塌陷的是下列哪

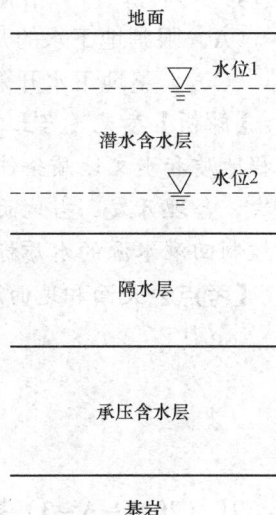

些地带？（　　）

（A）断裂交叉地带

（B）第四系及岩溶地下水水位变化较大的地带

（C）溶洞埋藏浅，顶板基岩较完整的地带

（D）地下水流速最大地带

【解析】根据《工程地质手册》（第五版）第650页：

（1）塌陷多分布在断裂带及褶皱轴部；

（2）塌陷多分布在溶蚀洼地等地形低洼处；

（3）塌陷多分布在河床两侧；

（4）塌陷多分布在土层较薄且土颗粒较粗的地段。

降深增大，水动力条件急剧改变，水对土体潜蚀力增强，地表塌陷坑数量增多，规模增大。因此选项A和选项B正确。

选项C中埋深浅，顶板基岩较完整，不易发生地面塌陷。

选项D中表述并不完整，大流速只是一个条件，同时还受水力坡度的影响以及径流方向，但是不需要最大的流速地带。

【考点】地面塌陷。

【参考答案】AB

11.6.2 有效应力原理

89．（2009－A－9）对土体施加围压 σ_3，再施加偏压力 $\sigma_1-\sigma_3$，在偏压力作用下，土体产生孔隙水压力增量 Δu，由偏压引起的有效应力增量应为（　　）。

（A）$\Delta\sigma_1'=\sigma_1-\sigma_3-\Delta u$；$\Delta\sigma_3'=-\Delta u$

（B）$\Delta\sigma_1'=\sigma_1-\Delta u$；$\Delta\sigma_3'=\sigma_3-\Delta u$

（C）$\Delta\sigma_1'=\sigma_1-\sigma_3-\Delta u$；$\Delta\sigma_3'=\Delta u$

（D）$\Delta\sigma_1'=\Delta u$；$\Delta\sigma_3'=-\Delta u$

【解析】根据有效应力原理，有效应力 $\sigma'=\sigma-u$，施加偏差应力 $\Delta\sigma=\sigma_1-\sigma_3$ 以后，最主应力为 σ_1，最大主应力增量 $\sigma_1-\sigma_3$，但孔隙水压力增量 Δu，则最大主应力的有效应力增量 $\Delta\sigma_1'=\sigma_1-\sigma_3-\Delta u$；最小主应力 σ_3 保持不变，孔隙水压力增量 Δu，最小主应力的有效应力变化量 $\Delta\sigma_3'=-\Delta u$。

【考点】土的抗剪强度。

【参考答案】A

11.6.3 沉降的防治

90．（2014－A－62）某地区由于长期开采地下水，发生大面积地面沉降，根据工程地质和水文地质条件，下列（　　）措施是可采用的控制措施。

（A）限制地下水的开采量

（B）向含水层进行人工补给

（C）调整地下水开采层次，进行合理开采

（D）对地面沉降区土体进行注浆加固

【解析】参见《岩土工程勘察规范》（GB 50021—2001）5.6.5条，对已发生地面沉降的地区，可根据工程地质和水文地质条件，建议采用下列控制和治理方案：①减少地下水开采量和水位降深，调整开采层次，合理开发，当地面沉降发生剧烈时，应暂时停止开采地下水。②对地下水进行人工补给，回灌时应控制回灌水源的水质标准，以防止地下水被污染。③限制工程建设中的人工降低地下水位。

【考点】大面积地面沉降。

【参考答案】ABC

11.7 活 动 断 裂

91．（2017－A－3）某全新活动断裂在全新世有过微弱活动，测得其平均活动速率 $v=0.05\text{mm/a}$，该断裂所处区域历史地震震级为5级。根据《岩土工程勘察规范》（GB 50021—2001）（2009版）该活动断

裂的分级应为下列哪个选项?(　　　)

(A) Ⅰ级　　　　　　(B) Ⅱ级　　　　　　(C) Ⅲ级　　　　　　(D) Ⅳ级

【解析】根据《岩土工程勘察规范》(GB 50021—2001)(2009 版)表 5.8.3, $v=0.05\text{mm/a}<0.1\text{mm/a}$,区域历史地震震级为 5 级,查表为 Ⅲ级。

【考点】活动断裂分级。

【参考答案】C

12 地 下 水

12.1 地下水分类和特性

12.1.1 水的分类

1.（2012－A－45）下列（　　）形态的地下水不能传递静水压力。

（A）强结合水　　　（B）弱结合水　　　（C）重力水　　　　　（D）毛细管水

【解析】参见清华大学李广信《土力学》（2版）1.2.2节土中水，见表12－1。

表 12－1　　　　　　　　　　　　　土中水存在形式及特点

存在形式		特点
结晶水		矿物内部的水
结合水	强结合水	受颗粒表面电场作用力吸引而包围在颗粒四周，不传递静水压力，不能任意流动的水
	弱结合水	
自由水	重力水	不受颗粒电场引力作用的孔隙水，可以传递静水压力
	毛细水	

【考点】土中水的存在形式及每种形式的特点。

【参考答案】AB

2.（2019－A－7）如图12－1所示，泉水出露处的地下水下列哪一类？（　　）

（A）上层潜水　　　（B）包气带水

（C）潜水　　　　　（D）承压水

【解析】顶板为隔水层，故中间的含水层为承压含水层，由于断层错动到导致承压含水层中的地下水沿着断裂带向上排泄，形成泉眼。故该处泉水出露的地下水是承压水。

【考点】泉水的形成条件与地下水的分类。

【参考答案】D

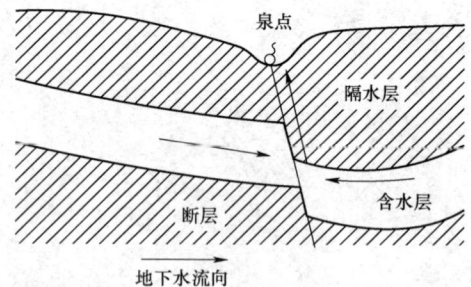

图 12－1

12.1.2 水的特性

3.（2011－A－46）下列关于毛细水的说法，（　　）是正确的。

（A）毛细水上升是因为表面张力导致的

（B）毛细水不能传递静水压力

（C）细粒土的毛细水最大上升高度大于粗粒土

（D）毛细水是包气带中局部隔水层积聚的具有自由水面的重力水

【解析】参见清华大学李广信《土力学》（2版）1.2.2节土中水和《工程地质手册》（第四版）第976页第九章第一篇地下水的类型及其特征、中国建筑工业出版社张忠苗《工程地质学》7.2地下水的分类。

毛细管水：由于毛细管力支持充填在岩土细小孔隙中的水称为毛细管水，又称为毛细水。它同时受毛细管力（表面张力）和重力的作用，当毛细管力大于水的重力时，毛细管水就上升。毛细水能垂直上下运动，能传递静水压力。

选项 A：在毛细管周壁，水膜与空气的分界处存在着表面张力 T，水膜表面张力 T 的作用方向与毛细管壁成夹角 α，由于表面张力的作用，毛细管水内的水被提升到自由水面以上高度 h_c 处，因此选项 A 正确。

选项 B：毛细水和重力水又称为结合水，均不能抗剪切，但可以传递静水压力，因此选项 B 错误。

选项 C：毛细水上升高度 $h_c = \dfrac{2T\cos\alpha}{r\gamma_w}$，其中水膜的张力 T 与温度有关，水膜表面张力 T 的作用方向与毛细管壁成夹角 α 的大小与颗粒成分和水的性质有关。r 是毛细血管的半径，γ_w 为水的重度。由公式可知，毛细水升高 h_c 与毛细管半径 r 成反比。显然土颗粒的直径越小，孔隙的直径（毛细管的直径）越细，则毛细水的上升高度越大。不同土类，土中的毛细水升高很不相同，大致范围可以参见清华大学李广信《土力学》（2 版）表 1-7，因此选项 C 正确。

选项 D：包气带中局部隔水层积聚的具有自由水面的重力水称为上层滞水，因此选项 D 错误。

【考点】（1）土中水存在的形式及每种形式的特点。

（2）埋藏和运移在地表以下土层及岩石孔隙中的水称为地下水。根据地下水的埋藏条件，可以把地下水划分为包气带水、潜水和承压水。其中包气带水主要有土壤水和上层滞水。

【参考答案】AC

4.（2013-A-44）在以下对承压水特征的描述中，（　　）是正确的。

（A）承压水一定是充满在两个不透水层（或弱透水层）之间的地下水

（B）承压水的分布区和补给区是一致的

（C）承压水水面非自由面

（D）承压含水层的厚度随降水季节变化而变化

【解析】地表以下两个稳定隔水层之间的重力水称为承压水，具有一定压力，人工开凿后可能自流到地表，因为有隔水顶板的存在，承压水不受气候的影响，比较稳定，不易受污染，补给区与分布区不一致。

【考点】地下水的分类和特性。

【参考答案】AC

5.（2020-A-11）对承压水头含义表述正确的是下列哪个选项？（　　）

（A）承压含水层顶面至潜水水位面的垂直距离

（B）承压含水层顶面至测压管稳定水位面的垂直距离

（C）承压含水层底面与隔水层顶面的垂直距离

（D）承压含水层底面至承压静止水位面的垂直距离

【解析】参见水文地质学教材，承压含水层顶界面到测压水位面的垂直距离叫作该点处承压水的承压水头。判断是否是承压含水层，是看水位是否高于隔水层顶面。

【考点】承压水头。

【参考答案】B

12.1.3　水的补给关系

6.（2011-A-11）从图 12-2 中潜水等水位线判断，河流和潜水间补给关系正确的是（　　）。

（A）河流补给两侧潜水　　　　　　（B）两侧潜水均补给河流

（C）左侧潜水补给河流，河流补给右侧潜水　　（D）右侧潜水补给河流，河流补给左侧潜水

【解析】潜水水流方向垂直于等水位线，且由高水位向低水位流动（作图如图 12-3 所示），沿着水流方向依次是右侧潜水补给河流，河流补给左侧潜水。

【考点】地下水的分类和特性。

【参考答案】D

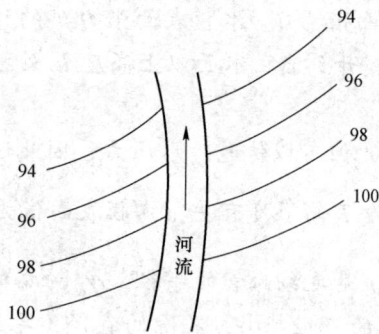

图 12-2

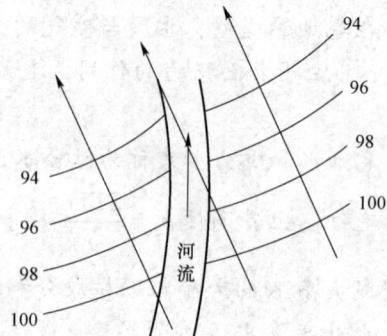

图 12-3

12.1.4 地下水的流向

7.（2014-A-6）关于潜水地下水流向的判定，下列说法正确的是（　　）。

（A）从三角形分布的三个钻孔中测定水位，按从高到低连线方向

（B）从多个钻孔测定地下水位确定其等水位线，按其由高到低垂线方向

（C）从带多个观测孔的抽水试验中测定水位，按主孔与最深水位孔连线方向

（D）从带多个观测孔的压水试验中测定水量，按主孔与最大水量孔连线方向

【解析】参见《岩土工程勘察规范》（GB 50021—2001）（2009 年版）7.2.4 条、《工程地质手册》（第五版）第 1230 页。

垂直于等水位线并指向水位降低的方向为地下水流向。

【考点】地下水流向的测定。

【参考答案】B

8.（2018-A-3）下列几种布置方法中，测定地下水流速最合理的是哪一项？（　　）

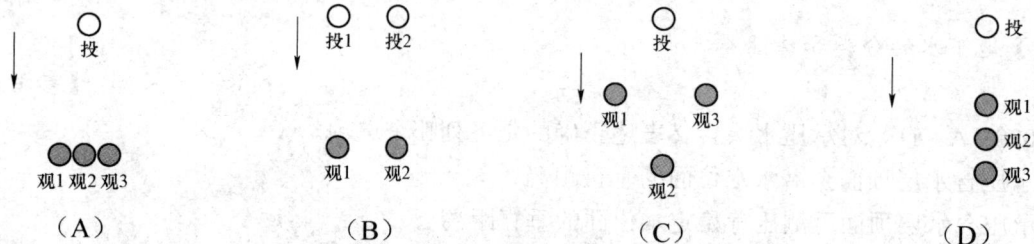

注：○投—投剂孔；● 观—观测孔；——→地下水流向。

【解析】参见《工程地质手册》（第五版）第 1230 页图 9-3-2。指示剂投放孔得在上游，观测孔在下游，并在观测孔两侧 0.5～1.0m 各布置一个辅助观测孔。一般有一个指示剂投放孔。根据表 9-3-1 可知，投放孔和主观测孔的间距至少是主、辅观测孔间距的 4～5 倍，根据这些条件对比四个选项的图，选项 A 符合。

【考点】指示剂确定地下水流向。

【参考答案】A

12.2 水 文 地 质 试 验

12.2.1 抽水试验

9.（2012-A-41）通过单孔抽水试验，可以求得下列（　　）水文地质参数。

（A）渗透系数　　　　　（B）越流系数　　　　（C）释水系数　　　　　（D）导水系数

【解析】参见《岩土工程勘察规范》（GB 50021—2001）（2009 年版）附录 E.0.1。

【考点】水文地质试验。

【参考答案】ACD

10.（2013—A—1）某次抽水试验，抽水量保持不变，观测地下水位变化，则可认定该项抽水试验属于（　　）。

（A）完整井抽水试验　　　　　　　　（B）非完整井抽水试验

（C）稳定流抽水试验　　　　　　　　（D）非稳定流抽水试验

【解析】参见《水利水电钻孔抽水试验规程》（SL 320—2005）（2009 年版）2.1.3 条、2.1.4 条。

【考点】抽水试验。

【参考答案】D

11.（2013—A—4）为工程降水需要做的抽水试验，其最大降深选用最合适的是（　　）。

（A）工程所需的最大降水深度

（B）静水位和含水层顶板间的距离

（C）设计动水位

（D）完整井取含水层厚度，非完整井取 1～2 倍的试验段厚度

【解析】参见《岩土工程勘察规范》（GB 50021—2001）（2009 版）7.2.5 条第 2 款。抽水试验宜二次降深，最大降深应接近工程设计所需的地下水位降深的标高。

【考点】抽水试验。

【参考答案】A

12.（2014—A—3）在粉细砂含水层中进行抽水试验，最适合的抽水孔过滤器是下列（　　）。

（A）骨架过滤器　　（B）缠丝过滤器　　（C）包网过滤器　　（D）用沉淀管替代

【解析】参见《供水水文地质勘察规范》（GB 50027—2001）5.3.1 条。抽水孔过滤器的类型根据不同含水层的性质，可按表 5.3.1（见表 12-2）采用。抽水试验的观测孔宜采用包网过滤器。

表 12-2　　　　　　表 5.3.1 抽水孔过滤器的类型选择

含水层	抽水孔过滤器类型
具有裂缝、溶洞（其中有大量填充物）的基岩	骨架过滤器、缠丝过滤器或填砾过滤器
卵（碎）石、圆（角）砾	缠丝过滤器或填砾过滤器
粗砂、中砂	缠丝过滤器或填砾过滤器
细砂、粉砂	缠丝过滤器或包网过滤器

注：基岩含水层、当裂隙、溶洞（其中很少充填物）稳定时，可不设置过滤器

【考点】抽水试验。

【参考答案】C

13.（2014—A—7）在带多个观测孔的抽水试验中，要求抽水孔与最近的观测孔的距离不宜小于含水层厚度，其主要原因是下列（　　）。

（A）减少水力坡度对计算参数的影响　　（B）避免三维流所造成的水头损失

（C）保证观测孔中有足够的水位降深　　（D）提高水量和时间关系曲线的精度

【解析】参见《地下水资源勘察规范》（ST 454—2010）附录 F1.3 第 4 条：距抽水孔最近的第一个观测孔，应避开三维流的影响，其距离不宜小于含水层的厚度。

参见《水利水电工程钻孔抽水试验规程》（ST 320—2005）3.2.4 条文说明：观测孔至抽水孔的距离主要是根据三个方面的影响因素确定的：①裴布依公式。②当含水层渗透性能良好，在进行强烈抽水时，抽水孔及其附近的一定范围内都会产生紊流，而裴布依公式没有考虑地下水产生紊流时造成的水头损失。③裴布依公式也没有考虑钻孔附近的三维流场所造成的水头损失。

【考点】抽水试验。

【参考答案】B

12.2.2 水压力监测

14.（2016-A-40）某水井采用固定振弦式孔隙水压力计观测水位，压力计初始频率为 $f_0=3000\text{Hz}$，当日实测频率为 $f_1=3050\text{Hz}$，已知其压力计的标定系数为 $k=5.25\times10^{-5}\text{kPa/Hz}^2$，若不考虑温度变化影响，则当日测得水位累计变化值为下列哪个选项？（   ）

（A）水位下降 1.6m　　　（B）水位上升 1.6m　　　（C）水位下降 1.3m　　　（D）水位上升 1.3m

【解析】振弦式孔隙水压力计的原理是弦长增加了，频率减少。频率增加意味着弦长减小，水压力减小。实测频率比初始频率增加，故水压力减小。

根据《工程地质手册》（第五版）第 1202 页，$u=k(f_0^2-f_1^2)=5.25\times10^{-5}\times(3000^2-3050^2)\text{kPa}=-15.88\text{kPa}$，得到水位下降 1.6m。

【考点】振弦式水压计工作原理及公式计算。

【参考答案】A

12.2.3 孔隙水压力

15.（2017-A-8）需测定软黏土中的孔隙水压力时，不宜采用下列哪种测压计？（   ）

（A）气动测压计　　　（B）立管式测压计　　　（C）水压式测压计　　　（D）电测式测压计

【解析】根据《岩土工程勘察规范》（GB 50021—2001）（2009 版）附录 E.0.2，立管式测压计适用于渗透系数大于 10^{-4}cm/s（土力学中的细砂、粉砂的数量级）的土层，软黏土的渗透系数小于它，不适用。

【考点】孔隙水压力测试。

【参考答案】B

16.（2017-A-42）围压和偏应力共同作用产生的孔隙水压力可表示为 $\Delta u=B[\Delta\sigma_3+A(\Delta\sigma_2-\Delta\sigma_3)]$，下列关于孔隙水压力系数 A、B 的说法中，哪些选项是正确的？（   ）

（A）孔隙水压力系数 A 反映土的剪胀（剪缩）性

（B）剪缩时 A 值为负，剪胀时 A 值为正

（C）孔隙水压力系数 B 反映了土体的饱和程度

（D）对于完全饱和的土，$B=1$；对干土，$B=0$

【解析】根据土力学教材孔压系数 A 可反映土体在剪切过程中的胀缩特性，故选项 A 正确。剪缩时 A 值为正，剪胀时 A 值为负，故选项 B 错误。饱和土样.孔压系数 $B=1.0$。干土 $B=0$，选项 D 正确。B 就是各向等压条件下的孔压系数，它表示的是单位球应力增量引起的超静孔隙水压力增量。孔压系数 B 主要与土的饱和度有关的。

【考点】孔隙水压力。

【参考答案】ACD

12.3　水　土　腐　蚀　性

12.3.1 地下水和土对混凝土的腐蚀性

17.（2009-A-43）在其他腐蚀条件相同的情况下，关于地下水对混凝土结构腐蚀性的评价中，下列（   ）的说法是正确的。

（A）常年位于地下水中的混凝土结构比处于干湿交替带的腐蚀程度高

（B）在直接临水条件下，位于湿润区的混凝土结构比位于干旱区的腐蚀程度高

（C）位于冻结段的混凝土结构比处于不冻段混凝土结构的腐蚀程度高

（D）位于强透水层中的混凝土结构比位于弱透水层中的腐蚀程度高

【解析】参见《岩土工程勘察规范》（GB 50021—2001）（2009 年版）12.2.2 条及条文说明、表 12.2.2。

【考点】水、土的腐蚀性评价。

18.（2010－A－13）对需要分析侵蚀性二氧化碳的水试样，现场取样后，应即加入下列（　　）种化学物质。

（A）漂白剂　　　　　　（B）生石灰　　　　　　（C）石膏粉　　　　　　（D）大理石粉

【解析】参见《工程地质手册》（第五版）第1219页表9－2－14。

【考点】水、土的腐蚀性评价。

19.（2011－A－6）关于受地层渗透性影响，地下水对混凝土结构腐蚀性评价的说法，下列（　　）是错误的。（选项中除比较条件外，其余条件均相同）

（A）强透水层中的地下水比弱透水层中的地下水腐蚀性强

（B）水中侵蚀性CO_2含量越高，腐蚀性越强

（C）水中重碳酸根离子HCO_3^-含量越高，腐蚀性越强

（D）水的pH值越低，腐蚀性越强

【解析】参见《岩土工程勘察规范》（GB 50021—2001）（2009年版）表12.2.2。

【考点】水、土的腐蚀性评价。

20.（2016－A－3）岩土工程勘察时评价土对混凝土结构腐蚀性时，指标Mg^{2+}的单位是下列哪一选项？（　　）

（A）mg/L　　　　　　（B）mg/kg　　　　　　（C）mmol/L　　　　　　（D）%

【解析】参见《岩土工程勘察规范》（GB 50021—2001）表12.2.1注3。

【考点】水和土的腐蚀性评价。

21.（2016－A－45）在港口工程地质勘察中，需对水土进行腐蚀性评价，下列有关取样的说法哪些不符合《水运工程岩土勘察规范》（JTS 133—2013）的规定？（　　）

（A）每个工程场地均应取水试样或土试样进行腐蚀性指标的测试

（B）试样应在混凝土结构和钢结构所处位置采取，每个场地不少于2件

（C）当土中盐类成分和含量分布不均时，要分层取样，每层不少于2件

（D）地下水位以下为渗透系数小于1.1×10^{-6}cm/s的黏性土时应加取土试样

【解析】参见《水运工程岩土勘察规范》（JTS 133—2013）第10.0.3条：地下水试样在混凝土结构和钢结构所在位置采取，每个场地不少于3件；当土中盐类成分和含量分布不均匀时分层取样，每层不少于3件；因此选项B、C不符合规范的规定。选项A、D未明确提及选项，但可以通过《岩土工程勘察规范》（GB 50021—2001）来获知答案。根据《岩土工程勘察规范》（GB 50021—2001）12.1.1条，当有足够经验或充分资料，认定工程场地的土或水（地下水或地表水）对建筑材料为微腐蚀性时，可不取样进行腐蚀性评价，选项A错误。用排除法，可以得出选项D正确，但未找到具体条文。

【考点】水和土的腐蚀性评价。

12.3.2　土对钢结构的腐蚀性

22.（2014－A－46）下列关于土对钢结构腐蚀性评价的说法中，（　　）是正确的。

（A）氧化还原电位越高，腐蚀性越强　　　　　　（B）视电阻率越高，腐蚀性越强

（C）极化电流密度越大，腐蚀性越强　　　　　　（D）质量损失越高，腐蚀性越强

【解析】参见《岩土工程勘察规范》（GB 50021—2001）（2009版）表12.2.5：氧化还原电位越低，腐蚀性越强，选项A错误；视电阻率越低，腐蚀性越强，选项B错误；极化电流密度越大，腐蚀性越强，选项C正确；质量损失越高，腐蚀性越强，选项D正确。

【考点】土对钢结构的腐蚀性。

【参考答案】CD

23.（2017-B-32）关于土对钢结构的腐蚀性评价中，下列哪个说法是错误的？（　　）

（A）pH 值大小与腐蚀性强弱呈反比　　　　　（B）氧化还原电位大小与腐蚀性强弱呈反比

（C）视电阻率大小与腐蚀性强弱呈正比　　　　（D）极化电流密度大小与腐蚀性强弱呈正比

【解析】pH 值越小腐蚀性越强；氧化还原电位越小则腐蚀越强；视电阻率越小腐蚀性越强；极化电流密度越小腐蚀越弱。

【考点】土的腐蚀性。

【参考答案】C

12.4　地　下　水　的　作　用

12.4.1　土的渗透系数

24.（2009-A-44）土层的渗透系数 k 受下列（　　）的因素影响。

（A）土的孔隙比　　　（B）渗透水头压力　　　（C）渗透水的补给　　　（D）渗透水的温度

【解析】土体的渗透系数受土颗粒的粒径大小和级配、孔隙比、饱和度、温度和土的结构构造有关，孔隙比越小，渗透系数越小，选项 A 正确；温度影响水的动力黏滞系数，温度升高，水的黏滞性下降，渗透系数增大，选项 D 正确；渗透水头压力只是渗流发生的驱动能，是渗流发生的条件，渗透水的补给不影响渗透系数，选项 B、C 错误。

【考点】渗透系数的影响因素。

【参考答案】AD

25.（2010-A-11）反映岩土渗透性大小的吕荣值可由下列（　　）的试验方法测得。

（A）压水试验　　　　　　　　　　　　　　（B）抽水试验

（C）注水试验　　　　　　　　　　　　　　（D）室内变水头渗透试验

【解析】参见《工程地质手册》（第五版）第 1246 页。

【考点】水文地质试验。

【参考答案】A

26.（2016-A-8）土层的渗透系数不受下列哪个因素影响？（　　）

（A）黏粒含量　　　（B）渗透水的温度　　　（C）土的孔隙率　　　（D）压力水头

【解析】参见清华大学李广信《土力学》（2 版）第 56 页，影响渗透系数的因素：土体性质和水性质，其中土体性质包括：颗粒大小与级配、孔隙比、矿物成分、结构、饱和度；水的性质主要是由于温度引起的黏滞性不同。

【考点】渗流。

【参考答案】D

27.（2020-A-8）松散层中施工供水井，井中滤水管外须回填砾石层，填砾层渗透系数 $K_填$ 与含水层渗透系数 $K_含$ 关系正确的是下列哪个选项？（　　）

（A）$K_填 > K_含$

（B）$K_填 < K_含$

（C）潜水含水层井中 $K_填 > K_含$，承压含水层井中 $K_填 < K_含$

（D）潜水含水层井中 $K_填 < K_含$，承压含水层井中 $K_填 > K_含$

【解析】参见《供水水文地质勘察规范》（GB 50027—2001）表 5.3.1，含水层砂层、基岩层都使用填砾石，砾石的渗透系数大于砂层和基岩层。含水层只和介质有关，和潜水承压含水层无关。

【考点】渗透系数。

【参考答案】A

12.4.2 单位渗透力

28. (2010-A-6) 某场地地表水体水深 3.0m，其下粉质黏土层厚度 7.0m，粉质黏土层下为砂卵石层，承压水头 12.0m，则粉质黏土层单位渗透力大小最接近（　　　）。

(A) 2.86kN/m³　　(B) 4.29kN/m³　　(C) 7.14kN/m³　　(D) 10.00kN/m³

【解析】渗透力计算公式：$j = \gamma_w i = 10 \times \dfrac{12-10}{7}$ kN/m³ = 2.86kN/m³。

【考点】渗透力。

【参考答案】A

29. (2011-B-26) 水库堆积土库岸在库水位消落时的地下水平均水利梯度为 0.32，岸坡稳定性分析时，单位体积土体沿渗流方向所受到的渗透力的估值最接近（　　　）。

(A) 0.32kN/m³　　(B) 0.96kN/m³　　(C) 2.10kN/m³　　(D) 3.20kN/m³

【解析】渗透力计算公式：$j = \gamma_w i = 10 \times 0.32$ kN/m³ = 3.2kN/m³。

【考点】渗透力。

【参考答案】D

30. (2016-A-9) 某土层的天然重度为 18.5kN/m³，饱和重度为 19kN/m³，问该土层的流土临界水力比降为下列何值？（水的重度按 10kN/m³ 考虑）（　　　）

(A) 0.85　　(B) 0.9　　(C) 1.02　　(D) 1.42

【解析】参见清华大学李广信《土力学》(2 版) 第 72 页，临界水力坡降：$i_{cr} = \dfrac{\gamma'}{\gamma_w} = \dfrac{9}{10} = 0.9$。

【考点】渗流。

【参考答案】B

12.4.3 流网

31. (2012-B-57) 假定某砂性地层基坑开挖降水过程中土体中的稳定渗流是二维渗流，可用流网表示。关于组成流网的流线和等势线，下列（　　　）说法是正确的。

(A) 流线与等势线恒成正交

(B) 基坑坡顶和坑底线均为流线

(C) 流线是流函数的等值线，等势线是水头函数的等值线

(D) 基坑下部不透水层边界线系流线

【解析】根据《土力学》(清华大学李广信编)：

(1) 由流线和等势线所组成的曲线正交网格称为流网，流线与等势线必须正交。选项 A 正确。

(2) 当地下水位与基坑顶地面齐平时，基坑坡顶和坑底线均为等势线，而非流线。选项 B 错误。

(3) 流线表示水质点的运动路线，等势线是渗流场中势能或测管水头的等值线。选项 C 正确。

(4) 不透水层面是一条边界流线，选项 D 正确。

【考点】组成流网的流线和等势线。

【参考答案】ACD

32. (2013-B-16) 某均质土石坝稳定渗流期的流网如图 12-4 所示，问点 b 的孔隙水压力为（　　　）。

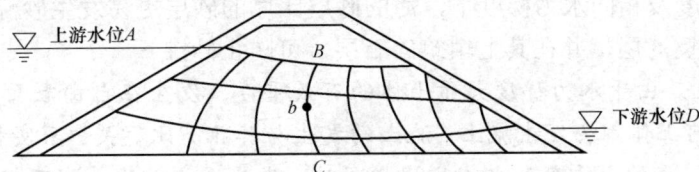

图 12-4

(A) 点 A 与点 b 的水头压力　　　　　　(B) 点 B 与点 b 的水头压力

（C）点 b 与点 C 的水头压力 （D）点 b 与点 D 的水头压力

【解析】根据流网的性质，同一条等势线上水头相等的原则，点 B、b、C 三点的总水头相等，为点 A 经渗流损失后到达点 B 的水头。点 B 的压力水头为 0，位置水头为 BC，点 b 的位置水头为 bC，压力水头为 Bb，点 C 的位置水头为 0，压力水头为 BC。

【考点】流网。

【参考答案】B

33.（2018－A－45）关于地下水运动，下列说法正确的是哪些选项？（ ）

（A）渗流场中水头值相等的点构成的面为等水头面

（B）等水头面是平面，不可以是曲面

（C）流线与迹线不同，是表示同一时刻不同液流质点的连线，且各质点的渗透速度矢量均和该线垂直

（D）在均质各向同性含水层中，等水头线与流线正交

【解析】参见土力学教材渗流章节，等水头面是渗流场中水头值相等的点所构成的面，选项 A 正确。等水头面可以是平面也可以是曲面，选项 B 错误。流线是同一时刻不同质点的连线，且各质点的渗透速度矢量和流线相切，迹线是同一质点运动的运动轨迹，选项 C 错误。各向同性渗流场中，由等水头线和流线所构成的正交网格叫流网，选项 D 正确。

【考点】渗流场。

【参考答案】AD

34.（2020－A－45）潜水位等值线图上，等水位线由密变疏可能的原因是下列哪些选项？（ ）

（A）含水层颗粒由细变粗 （B）地下水渗流方向有地表河水补给

（C）含水层下部有天窗，潜水补给承压水 （D）含水层厚度增大

【解析】等水位线由密变疏，说明水力梯度减小。根据达西定律连续性方程，$q=vA=kiA$，q 不变，i 减小，则渗透系数 k 增大或断面面积 A 增大，即含水层厚度增大，选 AD。选项 B，渗流方向有补给，补给量一致，等势线间距不变。选项 C，有天窗，潜水水位下降幅度快，等水位线变密。

【考点】达西定律。

【参考答案】AD

12.4.4 渗透变形

35.（2010－A－41）地下水对岩土的作用评价中，下列（ ）属于水的力学作用。

（A）渗流 （B）融陷 （C）突涌 （D）崩解

【解析】在水头差的作用下，渗流和突涌均为渗流破坏的形式，融陷和崩解为特殊性岩土浸水条件下的破坏。

【考点】渗透变形。

【参考答案】AC

36.（2010－B－56）挡水的土工结构物下游地面可能会发生流土，对于砂土则可称为"砂沸"，下列关于砂沸发生条件，（ ）是正确的。

（A）当砂土中向上的水力梯度大于或等于流土的临界水力梯度时，就会发生砂沸

（B）在相同饱和重度和相同水力梯度下，粉细砂比中粗砂更容易发生砂沸

（C）在相同饱和重度及相同水力梯度下，薄的砂层比厚的砂层更易发生砂沸

（D）在砂层上设置反滤层，并在其上填筑碎石层，可防止砂沸

【解析】流土的产生是由于水力梯度大于土体的有效重度，发生在自由表面处的一种渗透变形。只要水力梯度足够大，任何土体都会发生流土。流土的发生与其孔隙比有关，密实程度越大，孔隙比越小，发生流土的可能性越小。当饱和重度和水力梯度相同时，发生流土的难易程度相同，与其他因素无关。设置反滤层和填筑碎石，有利于增大密实度，提高临界水力梯度，消除自由界面，从而可防止流土的产生。

注：管涌是级配较好的砂土，由于渗流作用，小颗粒在大颗粒间移动被带出，掏空土体，进而发生坍塌。管涌只发生在不均匀的砂类土、碎石类土中，只要土体条件允许（细粒土可以在粗粒土间移动），任何水力梯度都可能使其发生管涌。

【考点】流土。

【参考答案】AD

37.（2011-A-29）在卵石层上的新填砂土层中灌水稳定下渗，地下水位较深，有可能产生（ ）的效果。

（A）降低砂土的有效应力　　　　（B）增加砂土的重力

（C）增加土的基质吸力　　　　　（D）产生管涌

【解析】（1）根据土力学的相关知识，灌水会引起向下的渗流力，增加砂土的有效应力，因此选项A错误。

（2）灌水使砂土湿度增加，因此会增加土的重量，因此选项B正确。

（3）基质吸力随着含水率的增加而降低，所以选项C错误。

（4）由于砂土的有效应力增加，不会产生管涌，所以选项D错误。

【考点】渗流下引起的土的变化。

【参考答案】B

38.（2011-B-56）根据《水利水电工程地质勘察规范》（GB 50487—2008），下列（ ）属于土的渗透变形。

（A）流土　　　（B）突涌　　　（C）管涌　　　（D）振动液化

【解析】参见《水利水电工程地质勘察规范》（GB 50487—2008）附录G。突涌只是一种静力平衡问题，不发生渗流，无土颗粒在孔隙中流动。

【考点】渗透变形。

【参考答案】AC

39.（2013-A-12）渗流作用可能产生流土或管涌现象，仅从土质条件判断，下列（ ）种类型的土最容易产生管涌破坏。

（A）缺乏中间粒径的砂砾石，细粒含量为25%

（B）缺乏中间粒径的砂砾石，细粒含量为35%

（C）不均匀系数小于10的均匀砂土

（D）不均匀系数大于10的砂砾石，细粒含量为25%

【解析】缺乏中间粒径的砂砾石，级配不连续，如不均匀系数大于10，细粒含量大于35%为流土型，细粒含量小于25%为管涌型，细粒含量在25%~35%之间为过渡型，选项A、B错误。不均匀系数$C_u<10$的均质砂土，无渗流发生的孔隙通道，只会发生流土，选项C错误。不均匀系数$C_u>10$，为级配不连续的砂砾石，细粒含量为25%，最容易发生管涌，选项D正确。

【考点】渗透变形。

【参考答案】D

40.（2017-A-41）下列关于管涌和流土的论述中哪些选项是正确的？（ ）

（A）管涌是一种渐进性质的破坏

（B）管涌只发生在渗流溢出处，不会出现在土体内部

（C）流土是一种突变性质的破坏

（D）向上的渗流可能会产生流土破坏

【解析】根据土力学教材中流土和管涌的对比，发生管涌破坏一般有个随时间逐步发展的过程，是一种渐进性质的破坏，故选项A正确。管涌通常发生在一定级配的无黏性土中。发生的部位可以在渗流逸出处，也可以在土体内部，故选项B错误。在自下而上的渗流逸出处，任何土，包括黏性土或无黏性土，只要满足渗透坡降大于临界水力坡降这一水力条件，均会发生流土。

305

【考点】流土和管涌。

【参考答案】ACD

41.（2020-A-9）某场地级配连续砂砾石层的不均匀系数大于10，细颗粒含量小于35%。根据《岩土工程勘察规范》（GB 50021—2001）（2009年版），在渗流作用下，该土层最有可能发生的渗透变形类型是下列哪个选项？（　　）

（A）潜蚀　　　　　　　（B）流砂　　　　　　（C）管涌　　　　　　（D）流土

【解析】《土力学》（清华第二版）第二章土的渗透性和渗流问题表2-6，砂砾石层的不均匀系数大于10，细颗粒含量小于35%，最可能发生管涌。

本题也可以根据《水利水电工程地质勘察规范》（GB 50487—2008）附录G.0.5，也可得到该土层条件最可能发生的渗透变形是管涌。

虽然本题是要求根据《岩土工程勘察规范》（GB 50021—2001）（2009年版），但是规范中并没有该题的答案。涉及渗流的规范以土力学和《水利水电工程地质勘察规范》为最主要。

【考点】渗透变形。

【参考答案】C

13 地 震 工 程

13.1 抗震设防基本概念

13.1.1 地震烈度和地震作用

1.（2009-B-29）我国建筑抗震设防的目标是"三个水准"，下列（　　）的说法不符合规范。

（A）抗震设防"三个水准"是"小震不坏，大震不倒"的具体化

（B）在遭遇众值烈度时，结构可以视为弹性体系

（C）在遭遇基本烈度时，建筑处于正常使用状态

（D）在遭遇罕遇烈度时，结构有较大的但又是有限的非弹性变形

【解析】根据《建筑抗震设计规范》（GB 50011—2010）（2016 年版）1.0.1 条文说明：

（1）抗震设防三个水准目标，即"小震不坏、中震可修、大震不倒"的具体化，选项 A 正确。

（2）遭遇第一水准烈度——众值烈度时，建筑物处于正常使用状态，从结构抗震分析角度，可以视为弹性体系，选项 B 正确。

（3）遭遇第二水准烈度——基本烈度（设防地震）影响时，结构进入非弹性工作阶段，但非弹性变形或结构体系的损坏控制在可修复的范围，选项 C 错误。

（4）遭遇第三水准烈度——最大预估烈度（罕遇地震）时，结构有较大的非弹性变形，但应控制在规定的范围内，以免倒塌。选项 D 正确。

【考点】抗震设防"三个水准"。

【参考答案】C

2.（2010-A-32）下列关于抗震设防基本概念，（　　）的说法是不正确的。

（A）抗震设防要求就是建设工程抵御地震破坏的准则和在一定风险下抗震设计采用的地震烈度或者地震动参数

（B）按照给定的地震烈度或地震动参数对建设工程进行抗震设防设计，可以理解为该建设工程在一定时期内存在着一定的抗震风险概率

（C）罕遇地震烈度和多遇地震烈度相比，他们的设计基准期是不同的

（D）超越概率就是场地可能遭遇大于或等于给定的地震烈度或地震动参数的概率

【解析】根据《建筑抗震设计规范》（GB 50011—2010）（2016 年版）3.10.3 条文说明：结构抗震设计的基准期是抗震规范确定地震作用取值时选用的统计时间参数，也取为 50 年，即地震发生的超越概率是按 50 年统计的，多遇地震的理论重现期 50 年，设防地震是 475 年，罕遇地震随烈度高度而有所区别，7 度约 1600 年，9 度约 2400 年。

【考点】考查抗震设防的基本概念。

【参考答案】C

3.（2011-A-32）下列（　　）是不符合《建筑抗震设计规范》（GB 50011—2010）中有关抗震设防的基本思路和原则的。

（A）抗震设防是以现有的科学水平和经济条件为前提的

（B）以"小震不坏、中震可修、大震不倒"三个水准目标为抗震设防目标

（C）以承载力验算作为第一阶段设计和以弹塑性变形验算作为第二阶段设计来实现设防目标

（D）对已编制抗震设防区划的城市，可按批准的抗震设防烈度或设计地震动参数进行抗震设防

【解析】参见《建筑抗震设计规范》（GB 50011—2010）（2016 年版）第 1.0.1、1.0.4 条。

为贯彻执行国家有关建筑工程、防震减灾的法律法规并实行以预防为主的方针，使建筑经抗震设防后，减轻建筑的地震破坏，避免人员伤亡，减少经济损失，制定本规范。

按本规范进行抗震设计的建筑，其基本的抗震设防目标是：当遭受低于本地区抗震设防烈度的多遇地震影响时，主体结构不受损坏或不需修理可继续使用；当遭受相当于本地区抗震设防烈度的设防地震影响时，可能发生损坏，但经一般性修理仍可继续使用；当遭受高于本地区抗震设防烈度的罕遇地震影响时，不致倒塌或发生危及生命的严重破坏。使用功能或其他方面有专门要求的建筑，当采用抗震性能化设计时，具有更具体或更高的抗震设防目标。选项 A、B、C 正确。

抗震设防烈度必须按国家规定的权限审批、颁发的文件（图件）确定。选项 D 错误。

【考点】建筑抗震设防的基本思路和原则。

【参考答案】D

4.（2011-A-33）根据《建筑抗震设计规范》（GB 50011—2010），下列有关抗震设防的说法中，（ ）是错误的。

（A）多遇地震烈度对应于地震发生概率统计分析的"众值烈度"

（B）取 50 年超越概率 10% 的地震烈度为"抗震设防烈度"

（C）罕遇地震烈度比基本烈度普遍高一度半

（D）处于抗震设防地区的所有新建建筑工程均须进行抗震设计

【解析】根据《建筑抗震设计规范》（GB 50011—2010）（2016 年版）1.0.1 条文说明：

（1）50 年内超越概率约为 63.2% 的地震设防烈度为"众值烈度"，故选项 A 正确。

（2）比众值烈度高 1.5 度左右，其 50 年内超越概率为 10% 的地震设防烈度为"基本烈度"，故选项 B 正确。

（3）比基本烈度高 1 度左右，其 50 年内超越概率为 2%~3% 的地震设防烈度为"罕遇烈度"，故选项 C 错误。

根据《建筑抗震设计规范》（GB 50011—2010）（2016 年版）1.0.2 可知，处于抗震设防地区的所有新建建筑工程均须进行抗震设计，故选项 D 正确。

【考点】建筑抗震设防的基本知识。

【参考答案】C

5.（2011-A-35）按照《建筑抗震设计规范》（GB 50011—2010）选择建筑场地时，（ ）的表述是正确的。

（A）对抗震有利地段，可不采取抗震措施

（B）对抗震一般地段，可采取一般抗震措施

（C）对抗震不利地段，当无法避开时应采取有效措施

（D）对抗震危险地段，必须采取有效措施

【解析】根据《建筑抗震设计规范》（GB 50011—2010）（2016 年版）3.3.1 条可知，选择建筑场地时，应根据工程需要和地震活动情况、工程地质和地震地质的有关资料，对抗震有利、一般、不利和危险地段做出综合评价。对不利地段，应提出避开要求；当无法避开时应采取有效的措施。对危险地段，严禁建造甲、乙类的建筑，不应建造丙类的建筑。

【考点】建筑场地的选择。

【参考答案】C

6.（2011-A-64）在下列有关抗震设防的说法中，（ ）是符合规定的。

（A）抗震设防烈度是一个地区的设防依据，不能随意提高或降低

（B）抗震设防标准是一种衡量对建筑抗震能力要求高低的综合尺度

（C）抗震设防标准主要取决于建筑抗震设防类别的不同

（D）《建筑抗震设计规范》（GB 50011—2010）规定的设防标准是最低的要求，具体工程的设防标准可按业主要求提高

【解析】（1）根据《建筑抗震设计规范》（GB 50011—2010）（2016年版）2.1.1条，抗震设防烈度是按国家规定的权限批准作为一个地区抗震设防依据的地震烈度。一般情况，取50年内超越概率10%的地震烈度，不能随意提高或降低，选项A正确。

（2）抗震设防标准是衡量抗震设防要求高低的尺度，由抗震设防烈度或设计地震动参数及建筑抗震设防类别确定，选项B、D正确。

（3）抗震设防标准的确定除了建筑的设防类别以外，还与建筑的结构形式、设防烈度有关系，故选项C错误。

【考点】抗震设防知识点。

【参考答案】ABD

7.（2012-A-32）根据《建筑抗震设计规范》（GB 50011—2010），下列（　　）是我国建筑抗震设防三个水准的准确称谓。

（A）小震、中震、大震
（B）多遇地震、设防地震、罕遇地震
（C）近震、中远震、远震
（D）众值烈度、基本烈度、设防烈度

【解析】根据《建筑抗震设计规范》（GB 50011—2010）（2016年版）1.0.1条文说明进行理解：

选项A，"小震不坏、中震可修、大震不倒"，是抗震设防的三个水准目标；

选项B，"多遇地震、设防地震、罕遇地震"，是抗震设防三个水准的称谓；

选项C，"近震、中远震、远震"，是震中距远近的划分，用于地震分组；

选项D，"众值烈度、基本烈度、设防烈度"，是三个水准对应的地震烈度。

【考点】《建筑抗震设计规范》抗震设防三个水准称谓。

【参考答案】B

8.（2014-A-33）关于建筑抗震设计的叙述中，下列（　　）的说法是正确的。

（A）设计地震分组的第一组、第二组和第三组分别对应抗震设防的三个地震烈度水准
（B）抗震设防烈度为7度区所对应的设计地震基本加速度为0.10g
（C）设计特征周期可根据《中国地震动参数区划图》查取
（D）50年设计基准期超越概率10%的地震加速度为设计基本地震加速度

【解析】根据《建筑抗震设计规范》（GB 50011—2010）（2016年版），地震动水准和地震烈度二者的划分条件不同：设计地震分组是根据震源机制、震级大小和震中距大小进行划分的，而三个地震烈度水准是依据超越概率描述地震动地面运动水平的，选项A错误。由表3.2.2可知，抗震设防烈度为7度区所对应的设计地震基本加速度为0.10g或0.15g，故选项B错。

由《中国地震动参数区划图》可以查取反应谱特征周期，再根据场地类别等条件进行调整后才能得到抗震设计周期。选项C错误。

【考点】建筑抗震设计的基本知识。

【参考答案】D

9.（2014-A-68）某平坦稳定的中硬场地，拟新建一般的居民小区，研究显示50年内场地地面峰值加速度与超越概率关系见表13-1，结合《建筑抗震设计规范》（GB 50011—2010），下列针对该场地的说法中，（　　）是不正确的。

表13-1　　　　　　　　　　50年内场地地面峰值加速度与超越概率关系

峰值加速度	0.07g	0.10g	0.20g	0.40g
超越概率（%）	63	50	10	2

（A）该场地峰值加速度为0.07g地震的理论重现期约为475年
（B）今后50年内，场地遭受峰值加速度为0.10g地震的可能性为50%
（C）可按照抗震设防烈度8度（0.20g）的相关要求进行结构抗震设计
（D）遭遇峰值加速度为0.40g地震时，抗震设防目标为损坏控制在可修范围

【解析】参见《建筑抗震设计规范》（GB 50011—2010）3.1.1 条、2.1.6 条、1.0.1 条。

（1）根据题中表 13-1 中显示，场地峰值加速度为 0.07g 的超越概率为 63%，根据规范 3.1.1 条知道，50 年超越概率为 63% 的地震，重现期为 50 年，选项 A 错误。

（2）由表 13-1 可知，选项 B 正确。

（3）由规范 2.1.6 条可知，50 年设计基准期超越概率 10% 的地震加速度的设计取值，再查表 13-1，可知，其峰值加速度为 0.20g。选项 C 正确。

（4）峰值加速度为 0.40g 地震，超越概率为 2%，由规范 1.0.1 条可知，50 年超越概率为 2%～3% 的地震烈度，取为第三水准烈度，称为"罕遇地震"。当遭受高于本地区抗震设防烈度的罕遇地震影响时，不致倒塌或发生危及生命的严重破坏。选项 D 错误。

【考点】建筑抗震的相关知识。

【参考答案】AD

10.（2016-A-63）下列哪些选项可以表征建筑所在地区遭受地震的影响？（　　）

（A）设计基本地震加速度　　　　　　　　（B）特征周期

（C）地震影响系数　　　　　　　　　　　（D）场地类别

【解析】题目中问的是建筑所在地区遭受地震的影响，重点在地区二字，反应的是地震动大区划，区划地震动参数用设计基本地震加速度和特征周期来表征，故选项 A、B 正确。选项 C，地震动影响系数，是特指建筑所遭受的地震影响，不符合题目要求。选项 D，场地类别，其范围比地震区划要小，也不符合题目要求。

【考点】地震影响。

【参考答案】AB

11.（2012-A-61）关于地震烈度，下列（　　）说法是正确的。

（A）50 年内超越概率约为 63% 的地震烈度称为众值烈度

（B）50 年内超越概率为 2%～3% 的地震烈度也可称为最大预估烈度

（C）一般情况下，50 年内超越概率为 10% 的地震烈度作为抗震设防烈度

（D）抗震设防烈度是一个地区设防的最低烈度，设计中可根据业主要求提高

【解析】根据《建筑抗震设计规范》（GB 50011—2010）（2016 年版）1.0.1 条文说明：根据地震发生概率的统计分析：50 年内超越概率约为 63% 的地震烈度称为"众值烈度"，比基本烈度约低一度半，规范取为第一水准烈度——众值烈度（多遇地震）；50 年超越概率为 10% 的地震烈度称为"基本烈度"，规范取为第二水准烈度——基本烈度（设防地震）；50 年超越概率为 2%～3% 的地震烈度称为"罕遇烈度"，规范取为第三水准烈度——最大预估烈度（罕遇地震）。判断选项 A、B、C 正确。

根据 2.1.1 条及条文说明：按国家规定的权限批准作为一个地区抗震设防依据的地震烈度。一般情况，取 50 年内超越概率 10% 的地震烈度（基本烈度）。抗震设防烈度是一个地区的设防依据，不能随意提高或降低。选项 D 错误。

【考点】地震烈度。

【参考答案】ABC

12.（2013-A-35）根据《建筑抗震设计规范》（GB 50011—2010），下列（　　）说法不正确。

（A）众值烈度对应于"多遇地震"　　　　　（B）基本烈度对应于"设防地震"

（C）最大预估烈度对应于"罕遇地震"　　　（D）抗震设防烈度等同于基本烈度

【解析】根据《建筑抗震设计规范》（GB 50011—2010）（2016 年版）1.0.1 条文说明可知，选项 A、B、C 正确。

抗震设防烈度指按国家规定的权限批准作为一个地区抗震设防依据的地震烈度。一般情况，取 50 年内超越概率 10% 的地震烈度。基本烈度指一个地区在一定时期内在一般场地条件下可能遭遇到的最大地震烈度由此可见，抗震设防烈度与基本烈度不等同，故选项 D 不正确。

【考点】考查抗震的基本概念。

【参考答案】D

13. （2016-A-37）抗震设防烈度是指50年内超越概率为下列哪一项时的地震烈度？（　　）

（A）2% 　　　　　　（B）3% 　　　　　　（C）10% 　　　　　　（D）63%

【解析】根据《建筑抗震设计规范》（GB 50011—2010）（2016年版）1.0.1条文说明：

基本烈度大体为在设计基准期超越概率为10%的地震烈度。一般情况下，抗震设防烈度可采用中国地震参数区划图的地震基本烈度。

【考点】抗震设防烈度的定义。

【参考答案】C

14. （2018-A-34）某建筑场地地震基本烈度为7度，则其第三水准烈度为下列哪一项？（　　）

（A）7度弱 　　　　（B）7度强 　　　　（C）8度弱 　　　　（D）8度强

【解析】根据《建筑抗震设计规范》（GB 50011—2010）（2016年版）第1.0.1条条文说明，罕遇地震（大震）：6度时为7度强，7度时为8度强，8度时为9度弱，9度时为9度强。

【考点】地震动水准相关知识。

【参考答案】D

15. （2019-A-35）下列关于地震工程的基本概念说法正确的选项是哪个？（　　）

（A）建筑的抗震设防标准不能根据甲方要求提高

（B）抗震设防烈度是一个地区的设防依据，可根据工程需要予以提高

（C）设计基本地震加速度是指50年设计基准期超越概率63%的地震加速度的设计值

（D）抗震设防分类中的丙类是标准设防类的简称

【解析】（1）设防标准和设防烈度是两个不同概念，设防标准可以根据需要适当提高，设防烈度不能，选项A、B错误。

（2）根据《建筑抗震设计规范》（GB 50011—2010）（2016年版）2.1.6条：设计基本地震加速度为50年设计基准期超越概率10%的地震加速度的设计取值，选项C错误。

（3）根据《建筑工程抗震设防分类标准》（GB 50223—2008）3.0.2条，标准设防类：指大量的除1、2、4款以外按标准要求进行设防的建筑，简称丙类。选项D正确。

【考点】抗震基本概念。

【参考答案】D

13.1.2　地震影响系数

16. （2009-B-30）下列（　　）与确定建筑结构的地震影响系数无关。

（A）场地类别和设计地震分组

（B）结构自震周期和阻尼比

（C）50年地震基准期的超越概率为10%的地震加速度

（D）建筑结构的抗震设防类别

【解析】根据《建筑抗震设计规范》（GB 50011—2010）（2016年版）5.1.4条，建筑结构的地震影响系数应根据烈度、场地类别、设计地震分组和结构自振周期以及阻尼比确定。与建筑结构的抗震设防类别无关，选项D错误。

【考点】建筑结构地震影响系数。

【参考答案】D

17. （2010-A-37）下列关于建筑抗震地震影响系数的阐述，（　　）是正确的。

（A）地震影响系数的大小，与抗震设防烈度和场地类别无关

（B）在同一个场地上，相邻两个自振周期相差较大的高层建筑住宅，其抗震设计采用的地震影响系数不相同

（C）地震影响系数的计量单位是 m^2/s

（D）水平地震影响系数最大值只与抗震设防烈度有关

【解析】根据《建筑抗震设计规范》（GB 50011—2010）（2016年版）5.1.5条可知：

（1）地震影响系数与抗震设防烈度和场地类别有关，故选项 A 错误。

（2）地震影响系数与结构自振周期有关，故选项 B 正确。

（3）地震影响系数无单位，故选项 C 错误。

（4）根据表 5.1.4－1，水平地震影响系数最大值与抗震设防烈度和地震类别有关，故选项 D 错误。

【考点】考查对地震影响系数曲线的理解和掌握。

【参考答案】B

18.（2009－B－62）对于结构自振周期大于特征周期的某高耸建筑物来说，在确定地震影响系数时，假设其他条件都相同，下列（　　）是正确的。

（A）设计地震分组第一组的地震影响系数总是比第二组的地震影响系数大

（B）Ⅱ类场地的地震影响系数总是比Ⅲ类场地的地震影响系数大

（C）结构自振周期越大，地震影响系数越小

（D）阻尼比越大，曲线下降段的衰减指数就越小

【解析】根据《建筑抗震设计规范》（GB 50011—2010）（2016 年版）5.1.4 条、5.1.5 条。建筑结构的地震影响系数应根据烈度、场地类别、设计地震分组和结构自振周期和阻尼比确定。建筑结构地震影响系数曲线如图 13－1 所示。

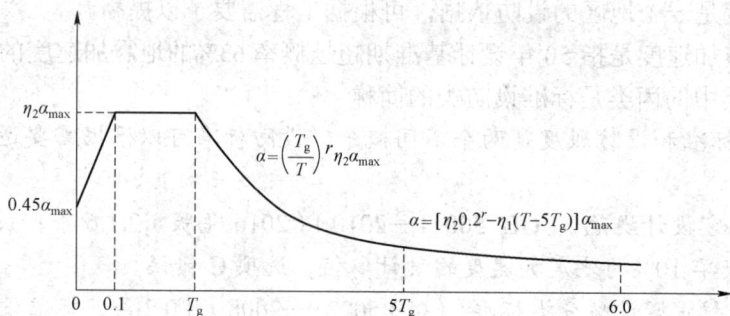

图 13－1

按图 13－1 进行分析：

结构自振周期 T 大于特征周期 T_g，按曲线下降段：$\alpha = \left(\dfrac{T_g}{T}\right)^\gamma \eta_2 \alpha_{max}$。可知：结构自振周期 T 越大，地震影响系数 α 越小，选项 C 正确。

由曲线下降段的衰减指数：$\gamma = 0.9 + \dfrac{0.05 - \zeta}{0.3 + 6\zeta}$ 可知，阻尼比 ζ 越大，曲线下降段的衰减指数 γ 就越小，选项 D 正确。

根据规范表 5.1.4－2，可知设计地震分组第一组比第二组的特征周期小，Ⅱ类场地比Ⅲ类场地的特征周期小，特征周期 T_g 越小，地震影响系数 α 越小，选项 A、B 错误。

【考点】地震影响系数的确定。

【参考答案】CD

19.（2010－A－35）按《建筑抗震设计规范》（GB 50011—2010）规定，抗震设计使用的地震影响系数曲线下降段起点对应的周期值为下列（　　）。

（A）地震活动周期　　　（B）结构自振周期　　　（C）设计特征周期　　　（D）地基固有周期

【解析】根据《建筑抗震设计规范》（GB 50011—2010）（2016 年版）图 5.1.5 可知，地震影响系数曲线下降段起点对应的周期值为设计特征周期 T_g。

【考点】考查对地震影响系数曲线的理解和掌握。

【参考答案】C

20.（2012－A－34）已知建筑结构的自振周期大于特征周期（$T > T_g$），在确定地震影响系数时，下列说法中，（　　）是不正确的。

（A）土层等效剪切波速越大，地震影响系数就越小

（B）设计地震近震的地震影响系数比设计地震远震的地震影响系数大

（C）罕遇地震作用的地震影响系数比多遇地震作用的地震影响系数大

（D）水平地震影响系数比竖向地震影响系数大

【解析】参见《建筑抗震设计规范》（GB 50011—2010）（2016 年版）5.1.4 条。一般来说，土层等效剪切波速越大，土质越好，场地条件越好，特征周期 T_g 越小。结构自震周期 T 大于设计特征周期 T_g，按曲线下降段计算结构地震影响系数：

$$\alpha = \begin{cases} \left(\dfrac{T_g}{T}\right)^\gamma \eta_2 \alpha_{\max}, & T_g \leqslant T \leqslant 5T_g \\ [\eta_2 0.2^\gamma - \eta_1(T - 5T_g)]\alpha_{\max}, & 5T_g \leqslant T < 6.0 \end{cases}$$

可知，设计特征周期 T_g 越小，结构抗震影响系数 α 越小，选项 A 正确。

设计抗震分组与震源机制、震级大小和震中距远近都有关，仅凭震中距远近无法判别设计地震分组，因而也无法判别地震影响系数的大小，选项 B 错误。

罕遇地震特征周期 T_g 越大，结构地震影响系数 α 越大，选项 C 正确。

根据 5.3.1 条，竖向地震影响系数最大值 $\alpha_{\max}$，可取水平地震影响系数最大值的 65%，可知水平地震影响系数比竖向地震影响系数更大，选项 D 正确。

【考点】地震影响系数。

【参考答案】B

21.（2012-A-33）根据《建筑抗震设计规范》（GB 50011—2010），建筑结构的阻尼比在 0.05～0.10 范围内。其他条件相同的情况下，下列关于地震影响系数曲线的说法中，（ ）是不正确的。

（A）阻尼比越大，阻尼调整系数就越小

（B）阻尼比越大，曲线下降段的衰减指数就越小

（C）阻尼比越大，地震影响系数就越小

（D）在曲线的水平段（0.1s<T<T_g），地震影响系数与阻尼比无关

【解析】参见《建筑抗震设计规范》（GB 50011—2010）（2016 年版）5.1.5 条。

阻尼调整系数：$\eta_2 = 1 + \dfrac{0.05 - \xi}{0.08 + 1.6\xi}$，阻尼比 ξ 越大，阻尼调整系数 η_2 越小，选项 A 正确。

曲线下降段的衰减指数：$\gamma = 0.9 + \dfrac{0.05 - \xi}{0.3 + 6\xi}$，阻尼比 ξ 越大，衰减指数 γ 越小，选项 B 正确。

阻尼比 ξ 越大，指数 γ、η_1、η_2 均减小，根据地震系数影响曲线，可判别地震影响系数 α 越小，选项 C 正确。

曲线水平段，$\alpha = \eta_2 \alpha_{\max}$，$\eta_2$ 与阻尼比有关，故选项 D 错误。

【考点】《建筑抗震设计规范》地震影响系数曲线。

【参考答案】D

22.（2016-A-67）根据《建筑抗震设计规范》（GB 50011—2010），关于建筑结构的地震影响系数，下列哪些说法是正确的？（ ）

（A）与地震烈度有关 （B）与震中距无关

（C）与拟建场地所处的抗震地段类别有关 （D）与建筑所在的场地类别无关

【解析】根据《建筑抗震设计规范》（GB 50011—2010）（2016 年版）5.1.4 条关于地震影响系数的描述。选项 A、C 是正确的，设计地震分组实际上是用来表征地震震级及震中距影响的一个参量，所以跟震中距是有关系的。

【考点】地震影响系数。

【参考答案】AC

23.（2016-A-68）下列关于地震影响系数说法正确的是哪些选项？（ ）

（A）抗震设防烈度越大，地震影响系数越大

（B）自振周期为特征周期时，地震影响系数取最大值

（C）竖向地震影响系数一般比水平地震影响系数大

（D）地震影响系数曲线是一条有两个下降段和一个水平段的曲线

【解析】根据《建筑抗震设计规范》（GB 50011—2010）（2016 年版）5.1.4 条，建筑结构的地震影响系数应根据烈度、场地类别、设计地震分组和结构自振周期以及阻尼比确定。根据表 5.1.4-1 描述，抗震设防烈度越大，地震影响系数越大，选项 A 是正确的。

对于选项 B，当自振周期为特征周期时，地震影响系数处于曲线最高的水平段，是最大值。选项 C 竖向要比水平向小，一般是 0.65 倍。选项 D 错误，实际上还有一个上升段。

【考点】地震影响系数。

【参考答案】AB

24.（2017-A-67）对于抗震设防类别为丙类的建筑物，当拟建场地条件符合下列哪些选项时，其水平地震影响系数应适当增大？（　　）

（A）位于河岸边缘

（B）位于边坡坡顶边缘

（C）地基液化等级为中等

（D）地基土为软弱土

【解析】参见《建筑抗震设计规范》（GB 50011—2010）（2016 年版）4.1.8 条：当需要在条状突出的山嘴、高耸孤立的山丘、非岩石和强风化岩石的陡坡、河岸和边坡边缘等不利地段建造丙类及丙类以上建筑时，除保证其在地震作用下的稳定性外，尚应估计不利地段对设计地震动参数可能产生的放大作用，其水平地震影响系数最大值应乘以增大系数。

【考点】水平地震影响系数。

【参考答案】AB

25.（2017-A-68）下列关于局部地形条件对于地震反应影响的描述中，正确的是下列哪几项？（　　）

（A）高突地形高度越大，影响越大

（B）场地离高突地形边缘距离越大，影响越大

（C）边坡越陡，影响越大

（D）局部突出台地边缘的侧向平均坡降越大，影响越大

【解析】参见《建筑抗震设计规范》（GB 50011—2010）（2016 年版）4.1.8 条文说明：①高突地形距离基准面的高度愈大，高处的反应愈强烈；②离陡坎和边坡顶部边缘的距离愈大，反应相对减小；④高突地形顶面愈开阔，远离边缘的中心部位的反应是明显减小的；⑤边坡愈陡，其顶部的放大效应相应加大。选项 B 错误，场地离高突地形边缘距离越大，影响越小。

【考点】地震反应影响。

【参考答案】ACD

26.（2016-A-36）某地区场地土的类型包括岩石、中硬土和软弱土三类。根据地震记录统计得到不同场地条件的地震反应谱曲线如图所示（结构阻尼比均为 0.05，震级和震中距大致相同），试问图 13-2 中曲线①、②、③分别对应了下列哪个选项场地土条件的反应谱？（　　）

（A）岩石、中硬土、软弱土

（B）岩石、软弱土、中硬土

（C）中硬土、软弱土、岩石

（D）软弱土、中硬土、岩石

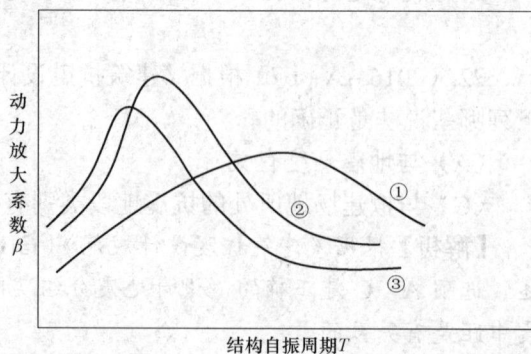

图 13-2

【解析】地震动力放大系数和结构自振周期的关系，注意是自振周期，不是特征周期。场地土质松软，长周期结构反应较大，β 谱曲线峰值右移；场地土质坚硬，短周期结构反应较大，β 谱曲线峰值左移，周期越长，长周期地震动力放大系数大的，很明显是软弱土，中硬土的动力放大系数比岩石大。

【考点】地震反应谱。

27.（2019-A-34）建筑结构的地震影响系数应根据下列哪项因素确定？（　　）

（A）抗震设防烈度、场地类别、设计地震分组、结构自振周期、高宽比、地震动峰值加速度

（B）抗震设防烈度、场地类别、设计地震分组、结构自振周期、阻尼比、地震动峰值加速度

（C）抗震设防烈度、地段类别、设计地震分组、结构自振周期、阻尼比、地震动峰值加速度

（D）抗震设防烈度、地段类别、设计地震分组、结构自振周期、高宽比、地震动峰值加速度

【解析】根据《建筑抗震设计规范》（GB 50011—2010）（2016年版）5.1.4条以及5.1.5条：影响地震影响系数的因素主要有抗震设防烈度、场地类别、设计地震分组、结构自振周期、阻尼比、地震动峰值加速度。

【考点】地震影响系数。

28.（2020-A-63）已知某建筑结构的自振周期大于场地特征周期，在确定地震影响系数时，假设其他条件相同，下列哪些说法是正确的？（　　）

（A）结构自振周期越大，地震影响系数越小

（B）位于Ⅱ类场地时的地震影响系数比位于Ⅲ类场地时的地震影响系数大

（C）罕遇地震作用的水平影响系数比多遇地震作用的水平影响系数大

（D）阻尼比越大，地震影响系数曲线下降段的衰减指数就越大

【解析】参见《建筑抗震设计规范》（GB 50011—2010）（2016年版）5.1.5条。

（1）自振周期大于特征周期时，地震影响系数曲线为曲线下降段和直线下降段，地震影响系数均随着自振周期的增大变小，故选项A正确。

（2）Ⅱ类场地的特征周期比Ⅲ类场地的特征周期小，曲线下降段与直线下降段，地震影响系数均随着特征周期的增大而增大，故选项B错误。

（3）罕遇地震的影响系数最大值比多遇地震的影响系数最大值大的多，经地震影响系数曲线计算后，罕遇地震的影响系数比多遇地震的影响系数大，选项C正确。

（4）由曲线下降段的衰减指数计算式可以得出，随着阻尼比的增大，衰减指数减小，故选项D错误。

【考点】地震影响系数曲线。

13.1.3　地震反应谱曲线

29.（2019-A-32）关于地震反应谱曲线说法正确的是哪个选项？（　　）

（A）它表示场地上不同自振周期的结构对特定地震的反应

（B）它表示不同场地上特定自振周期的结构对特定地震的反应

（C）它表示场地上特定自振周期的结构对不同地震的反应

（D）它表示场地上特定自振周期的结构对特定地震的反应

【解析】从各行业抗震规范可以看出，地震反应谱的横坐标为结构的自振周期，纵坐标为结构的最大加速反应，故地震反应谱表示场地上不同自振周期的结构对特定地震的反应。因此本题选A。

【考点】地震反应谱。

13.1.4　地震动参数

30.（2019-A-64）下列关于局部突出地形对地震动参数放大作用的说法，哪些选项是正确的？（　　）

（A）高突地形距离基准面的高度愈大，高出的反应愈强烈

（B）高突地形顶面愈开阔，中心部位的反应是明显增大的

（C）建筑物离陡坎和边坡顶部边缘的距离愈大，反应相对减小

（D）边坡愈陡，其顶部的放大效应相应加大

【解析】 参见《建筑抗震设计规范》（GB 50011—2010）（2016 年版）4.1.8 条及条文说明：①高突地形距离基准面的高度愈大，高处的反应愈强烈；②离陡坎和边坡顶部边缘的距离愈大，反应相对减小；③从岩土构成方面看，在同样地形条件下，土质结构的反应比岩质结构大；④高突地形顶面愈开阔，远离边缘的中心部位的反应是明显减小的；⑤边坡愈陡，其顶部的放大效应相应加大。因此本题选 A、C、D。

【考点】 局部突出地形地震动效应增大。

【参考答案】 ACD

13.1.5 地震动参数区划图

31.（2010−A−63）根据《中国地震动参数区划图》（GB 18306—2015），下列（ ）的说法是正确的。

（A）地震动参数指的是地震动峰值加速度和地震动反应谱特征周期

（B）地震动峰值加速度指的是与地震动加速度反应谱最大值相应的水平加速度

（C）地震动反应谱特征周期指的是地震动加速度反应谱开始下降点对应的周期

（D）地震动峰值加速度与《建筑抗震设计规范》（GB 50011—2010）中的地震影响系数最大值是一样的

【解析】 根据《中国地震动参数区划图》（GB 18306—2015）2.1～2.3 条对各参数定义可知，选项 A、B、C 均正确。

地震动峰值加速度与地震影响系数最大值不同，首先描述对象不同，地震影响系数是用来描述构筑物所受地震作用大小的数值，本身是没有单位的，地震动峰值加速度是用来描述地面运动强烈程度的，地面受到地震波影响，不同时刻有不同的加速度值，其最大的加速度值称为峰值加速度，单位为 m/s^2。其次，两者数值上也不相同，差一个动力放大系数 2.25。因此，选项 D 错误。

【考点】 考查对各种与抗震有关的名词术语。

【参考答案】 ABC

32.（2011−A−63）根据《中国地震动参数区划图》（GB 18306—2015），下列（ ）的说法是符合规定的。

（A）《区划图》以地震动参数为指标，将国土划分为不同抗震设防要求的区域

（B）《区划图》的场地条件为平坦稳定的一般场地

（C）《区划图》的比例尺为 1:300 万，必要时可以放大使用

（D）位于地震动参数区划分界线附近的建设工程的抗震设防要求需做专门研究

【解析】 根据《中国地震动参数区划图》（GB 18306—2015）第 3.3 条，以地震动参数为指标，将国土划分为不同抗震设防要求的区域。选项 A 正确。

根据规范《中国地震动参数区划图》（GB 18306—2001）3.3 条可知，《中国地震动峰值加速度区划图》和《中国地震动反应谱特征周期区划图》的场地条件为平坦稳定的一般（中硬）场地。选项 B 正确。

根据《中国地震动参数区划图》（GB 18306—2001）第 4.2 条可知，比例尺为 1:400，且不应放大使用。选项 C 错误。

根据《中国地震动参数区划图》（GB 18306—2015）第 6.1.2 条可知，图 A.1 分区界线附近的基本地震动峰值加速度应按就高原则或专门研究确定。选项 D 正确。

【考点】《中国地震动参数区划图》知识。本题目由老规范命题，新规范中的删除了部分规定，需注意。

【参考答案】 ABD

33.（2014−A−35）根据《中国地震动参数区划图》（GB 18306—2015），下列（ ）符合要求。

（A）中国地震动峰值加速度区划图的比例尺为 1:400，允许放大使用

（B）中国地震动反应谱特征周期区划图的比例尺为 1:400，可放大使用

（C）位于地震动参数区划分界线附近的扩建工程不应直接采用本标准，应做专门研究

（D）核电站可直接采用本标准

【解析】由《中国地震动参数区划图》（GB 18306—2001）第 4.2 条可知，中国地震动峰值加速度区划图、中国地震动反应谱特征周期区划图的比例尺为 1:400 万，不应该放大，故选项 A、B 错误。

由《中国地震动参数区划图》（GB 18306—2001）4.3 条 b）可知，位于地震动参数区划分界线附近的新建、扩建、改建建设工程的抗震设防要求不应直接采用本标准，需做专门研究，故选项 C 正确。

由《中国地震动参数区划图》（GB 18306—2001）4.3 条 a）可知，抗震设防要求高于本地震动参数区划图抗震设防要求的重大工程、可能发生严重次生灾害的工程、核电站和其他有特殊要求的核设施建设工程的抗震设防要求不应直接采用本标准，需做专门研究，故选项 D 错误。

【考点】《中国地震动参数区划图》的使用规定。注意，2014 年考题采用的是老规范，新规无此内容。

【参考答案】C

13.2 剪切波速和场地类别的确定

13.2.1 剪切波速

34.（2009-B-31）只有满足（　　），按剪切波速传播时间计算的等效剪切波速 v_{se} 的值与按厚度加权平均值计算的平均剪切波速 v_{sm} 值才是相等的。

（A）覆盖层正好是 20m

（B）覆盖层厚度范围内，土层剪切波速随深度呈线性增加

（C）计算深度范围内的各土层剪切波速都相同

（D）计算深度范围内，各土层厚度相同

【解析】根据《建筑抗震设计规范》（GB 50011—2010）（2016 年版）4.1.5 条，按剪切波速传播时间计算的等效剪切波速为：$v_{se} = d_0 / \sum_{i=1}^{n}(d_i / v_i)$；按厚度加权平均值计算的平均剪切波速为：$v_{sm} = \sum v_{si} h_i / \sum h_i$。只有当计算深度范围内的各土层剪切波速都相同时，两者计算值才相等，选项 C 正确。

【考点】按剪切波速传播时间计算的等效剪切波速和按厚度加权平均值计算的平均剪切波速。

【参考答案】C

35.（2010-A-68）下列关于建筑抗震场地土剪切波速的表述，（　　）的说法符合《建筑抗震设计规范》（GB 50011—2010）的规定。

（A）场地土等效剪切波速的计算深度取值与地基基础方案无关

（B）计算等效剪切波速时，对剪切波速大于 500m/s 的土层，剪切波速取 500m/s

（C）在任何情况下，等效剪切波速计算深度不大于 20m

（D）场地土等效剪切波速的计算和场地覆盖层厚度无关

【解析】根据《建筑抗震设计规范》（GB 50011—2010）（2016 年版）4.1.5 条：场地土等效剪切波速的计算深度取覆盖层厚度与 20m 的较小值，与地基基础方案无关，故选项 A、C 正确，选项 D 错误。

计算等效剪切波速时，对剪切波速大于 500m/s 的土层，剪切波速按实际取值，故选项 B 错误。

【考点】考查土层剪切波速的计算规则。

【参考答案】AC

36.（2010-A-66）在抗震设计中进行波速测试，得到的土层剪切波速可用于（　　）。

（A）确定水平地震影响系数最大值　　　　（B）确定液化土特征深度

（C）确定覆盖层厚度　　　　　　　　　　（D）确定场地类别

【解析】参见《建筑抗震设计规范》（GB 50011—2010）（2016 年版）。

（1）根据表 5.1.4-1 可知，水平地震影响系数最大值与地震烈度、地震类型和设计基本地震加速度

有关，故选项 A 错误。

（2）根据表 4.3.3 可知，液化土的特征深度与地震烈度和土的性质有关，故选项 B 不正确。

（3）根据表 4.1.3 及表 4.1.6 可知，土层剪切波速可用于确定覆盖层厚度和场地类别，故选项 C、D 正确。

【考点】考查土层剪切波速。

【参考答案】CD

37.（2011－A－34）根据《建筑抗震设计规范》（GB 50011—2010）计算等效剪切波速时，下列（　　）不符合规范规定。

（A）等效剪切波速的计算深度不大于 20m

（B）等效剪切波速的计算深度有可能小于覆盖层厚度

（C）等效剪切波速取计算深度范围内各土层剪切波速倒数的厚度加权平均值的倒数

（D）等效剪切波速与计算深度范围内各土层的厚度及该土层所处的深度有关

【解析】参见《建筑抗震设计规范》（GB 50011—2010）（2016 年版）4.1.5 条。

场地土等效剪切波速的计算深度取覆盖层厚度与 20m 的较小值，故选项 A、B 正确。

由等效剪切波速计算公式（4.1.5－1）：$v_{se} = \dfrac{d_0}{\sum\limits_{i=1}^{n} \dfrac{d_i}{v_{si}}}$ 可知，选项 C 正确。

由公式（4.1.5－1）可知，等效剪切波速与计算深度范围内各土层的厚度有关，与深度无关。选项 D 错误。

【考点】场地土剪切波速的相关知识。

【参考答案】D

38.（2017－A－37）某土层实测剪切波速为 550m/s，其土的类型属于下列哪一项？（　　）

（A）坚硬土　　　　（B）中硬士　　　　（C）中软土　　　　（D）软弱土

【解析】根据《建筑抗震设计规范》（GB 50011—2010）（2016 年版）表 4.1.3，550m/s 位于 500～800m/s 区间，为坚硬土。

【考点】土的类别。

【参考答案】A

39.（2016－A－35）地震产生的横波、纵波和面波，若将其传播速度分别表示为 v_r、v_p、v_s，下列哪个选项表示的大小关系是正确的？（　　）

（A）$v_p > v_s > v_r$　　　（B）$v_p > v_r > v_s$　　　（C）$v_r > v_p > v_s$　　　（D）$v_r > v_s > v_p$

【解析】纵波波速最快，横波波速其次，最慢的面波。

【考点】横波、纵波和面波。

【参考答案】B

40.（2018－A－33）下列关于地震波的描述，哪个选项是错误的？（　　）

（A）纵波传播速度最快，能在固体、液体或气体中传播，但对地面破坏性相对较弱

（B）横波传播速度仅次于纵波，只能在固体中传递，对地面产生的破坏性最强

（C）面波是纵波与横波在地表相遇后激发产生的混合波，既能沿地球表面传播，也能穿越岩层介质在地球内部传播

（D）面波是弹性波，只能沿地球表面传播，振幅随深度增加而逐渐减小至零

【解析】（1）纵波称为 P 波，又称压缩波，质点震动方向与波的传播方向一致，其特点为周期短、振幅小、波长短、波速最快，能引起地面上下颠簸（竖向振动），可以在固体和液体或气体中传播。

（2）横波称 S 波，又称剪切波，质点震动方向与波传播方向垂直，其特点为周期长、振幅大、波速比 P 波慢，引起地面水平晃动，对地面产生的破坏较强。

（3）面波是体波（即纵波和横波）在地表面或地下弹性分界面相遇激发的混合波，包括瑞雷波和勒夫波。面波振幅大、周期长，理论上只在地表附近传播，离开弹性界面迅速衰减，振幅随深度的增加迅

速减小，传播速度最小，速度约为横波的 90%，面波比体波衰减慢，能传播到很远的地方，既有上下颠动，又有水平晃动，能量比体波大，对建筑物和地表破坏最大。

综上所述，选项 B、C 均有不妥的地方，考虑到如果震源较深，震级较小，面波就不太发育的因素，同时，选项 C、D 明确相悖的观点，单选的答案唯一性原则，选项 C 错的更离谱，故选 C。

【考点】地震波的分类及特征。

【参考答案】C

13.2.2　场地覆盖层厚度

41.（2012－A－62）根据《建筑抗震设计规范》（GB 50011—2010），下列有关场地覆盖层厚度的说法，（　　）是不正确的。

（A）在所有的情况下，覆盖层厚度以下各层岩土的剪切波速均不得小于 500m/s

（B）在有些情况下，覆盖层厚度以下各层岩土的剪切波速可以小于 500m/s

（C）在特殊情况下，覆盖层厚度范围内测得的土层剪切波速可能大于 500m/s

（D）当遇到剪切波速大于 500m/s 的土层就可以将该土层的层面深度确定为覆盖层厚度

【解析】参见《建筑抗震设计规范》（GB 50011—2010）（2016 年版）4.1.4 条。

当按第 2 款确定覆盖层厚度时，覆盖层厚度以下土层剪切波速只要大于 400m/s 即可，可以小于 500m/s。判断选项 A 错误，选项 B 正确。

根据第 1 款理解，在含有较多软弱夹层的岩石地基，可能会出现覆盖层厚度范围内的等效剪切波速也大于 500m/s，选项 C 正确。

根据第 1 款，遇到剪切波速大于 500m/s 的土层，且其下各层岩土剪切波速均不小于 500m/s，才能确定为覆盖层厚度，选项 D 错误。

【考点】《建筑抗震设计规范》场地覆盖层厚度。

【参考答案】AD

42.（2013－A－33）某场地地层为：埋深 0～2m 为黏土，2～15m 为淤泥质黏土，15～20m 为粉质黏土，20～25m 为密实状熔结凝灰岩，25～30m 为硬塑状黏性土，之下为较破碎软质页岩。其中有部分钻孔发现深度 10m 处有 2m 厚的花岗岩滚石，则该场地覆盖层厚度应取（　　）。

（A）30m　　　　　　（B）28m　　　　　　（C）25m　　　　　　（D）20m

【解析】根据《建筑抗震设计规范》（GB 50011—2010）（2016 年版）4.1.3 条、4.1.4 条。

由表 4.1.3 条可知，硬塑状黏性土 $v_s<500$m/s，较破碎软质页岩 $v_s>500$m/s，故场地覆盖层厚度应取 30m。

由第 4.1.4 条第 4 款可知，土层中的密实状熔结凝灰岩属于火山岩硬夹层，应视为刚体，其厚度 5m 应从覆盖土层中扣除。但花岗岩滚石应视为同层土层，其厚度不予扣除。故该场地覆盖层厚度为 30m－5m＝25m。

【考点】考查场地覆盖层厚度的确定方法。

【参考答案】C

13.2.3　场地类别

43.（2009－B－33）某工程场地勘察钻探揭示基岩埋深 68m，剪切波速见表 13－2，该建筑场地类别应属于下列（　　）的类别。

表 13－2　　　　　　　　　　　　　　　某工程场地勘察情况

深度（m）	剪切波速（m/s）
0～2	100
2～5	200
5～10	300

续表

深度（m）	剪切波速（m/s）
10～15	350
15～68	400

（A）Ⅰ类 （B）Ⅱ类 （C）Ⅲ类 （D）Ⅳ类

【解析】 根据《建筑抗震设计规范》（GB 50011—2010）（2016 年版）4.1.4 条、4.1.5 条：覆盖土层厚度为 68m，取计算深度为 20.0m。

计算等效剪切波速：$v_{se} = \dfrac{d_0}{\sum_{i=1}^{n}(d_i/v_{si})} = \dfrac{20}{\dfrac{2}{100}+\dfrac{3}{200}+\dfrac{5}{300}+\dfrac{5}{350}+\dfrac{5}{400}}$ m/s = 254.9m/s

查表判别场地类别为Ⅱ类。

【考点】 建筑场地类别判断。

【参考答案】B

44.（2013-A-65）场地类别不同可能影响到下列（　　）。

（A）地震影响系数　（B）特征周期　（C）设计地震分组　（D）地基土阻尼比

【解析】 参见《建筑抗震设计规范》（GB 50011—2010）（2016 年版）5.1.4 条。建筑结构的地震影响系数应根据烈度、场地类别、设计地震分组和结构自振周期以及阻尼比确定。特征周期应根据场地类别和设计地震分组采用。故选项 A、B 正确。设计地震分组与震源机制、震级大小以及震中距远近有关，与场地类别无关，故选项 C 不正确。

阻尼比与场地类别无关，故选项 D 不正确。

【考点】 考查场地类别的应用。

【参考答案】AB

45.（2013-A-63）根据《建筑抗震设计规范》（GB 50011—2010），关于场地类别的叙述，（　　）是正确的。

（A）场地类别用以反映不同场地条件对基岩地震动的综合放大效应

（B）场地类别的划分要依据场地覆盖层厚度和场地土层软硬程度这两个因素

（C）场地挖填方施工不会改变建筑场地类别

（D）已知各地基土层的层底深度和剪切波速就可以划分建筑场地类别

【解析】 场地类别指根据场地覆盖层厚度和场地土刚度等因素，按有关规定对建设场地所做的分类。用以反映不同场地条件对基岩地震震动的综合放大效应，故选项 A 正确。

根据《建筑抗震设计规范》（GB 50011—2010）（2016 年版）第 4.1.6 条，建筑的场地类别，应根据土层等效剪切波速和场地覆盖层厚度按表 4.1.6 划分，故选项 B 正确。

场地挖填方施工会改变场地覆盖层厚度，从而使场地类别改变，故选项 C 错误。

已知各地基土层的层底深度和剪切波速可确定场地覆盖层厚度并求出土层等效剪切波速，从而确定场地类别，故选项 D 正确。

【考点】 考查建筑的场地类别有关概念。

【参考答案】ABD

46.（2017-A-33）场地具有下列哪个选项的地质、地形、地貌条件时，应划分为对建筑抗震的危险地段？（　　）

（A）突出的山嘴和高耸孤立的山丘　（B）非岩质的陡坡和河岸的边缘

（C）有液化土的古河道　（D）发震断裂带上可能发生地表位错的部位

【解析】 根据《建筑抗震设计规范》（GB 50011—2010）（2016 年版）表 4.1.1，地震时可能发生滑坡、崩塌、地陷、地裂、泥石流等及发震断裂带上可能发生地表位错的部位，为抗震危险地段。

【考点】抗震危险地段的划分。

13.2.4 设计特征周期

47.（2009-B-34）下列（　　）的场地条件是确定建筑的设计特征周期的依据。

（A）设计地震分组和抗震设防烈度　　　（B）场地类别和建筑场地阻尼比

（C）抗震设防烈度和场地类别　　　　　（D）设计地震分组和场地类别

【解析】根据《建筑抗震设计规范》（GB 50011—2010）（2016年版）表 5.1.4-2 可知，设计地震分组和场地类别是确定建筑的设计特征周期的依据。

【考点】确定建筑的设计特征周期的依据。

48.（2010-A-33）有甲、乙、丙、丁四个场地，地震烈度和设计地震分组都相同，它们的等效剪切波速 v_{se} 和场地覆盖层厚度见表13-3。比较各场地的特征周期 T_g，（　　）是正确的。

表13-3　　　　　　　　各场地等效剪切波速 v_{se} 和场地覆盖层厚度

场地	v_{se}（m/s）	覆盖层厚度（m）
甲	400	90
乙	300	60
丙	200	40
丁	100	10

（A）各场地的 T_g 值都不相等　　　　（B）有两个场地的 T_g 值相同

（C）有三个场地的 T_g 值相等　　　　（D）四个场地的 T_g 值都相等

【解析】根据《建筑抗震设计规范》（GB 50011—2010）（2016年版）4.1.6 条可知，甲、乙、丙、丁均为Ⅱ类场地；根据表 5.1.4-2 可知，在设计地震分组和场地类别均相同的情况下，甲、乙、丙、丁的特征周期值 T_g 相同。

【考点】考查特征周期的确定方法。

49.（2012-A-60）在确定地震影响的特征周期时，下列（　　）的说法是正确的。

（A）地震烈度越高，地震影响的特征周期就越大

（B）土层等效剪切波速越小，地震影响的特征周期就越大

（C）震中距越大，地震影响的特征周期就越小

（D）计算罕遇地震对建筑结构的作用时，地震影响的特征周期应增加

【解析】参见《建筑抗震设计规范》（GB 50011—2010）（2016年版）5.1.4 条。

特征周期与场地类别和设计地震分组有关，与地震烈度无关，选项 A 错误。

土层等效剪切波速越小，场地条件越差，特征周期越大，选项 B 正确。

设计地震分组与震源机制、震级大小和震中距远近都有关，仅凭震中距远近无法判别设计地震分组，也就无法判别特征周期的大小，选项 C 错误。

计算罕遇地震作用时，特征周期应增加 0.05s，选项 D 正确。

【考点】《建筑抗震设计规范》地震影响的特征周期。

50.（2013-A-32）根据《建筑抗震设计规范》（GB 50011—2010），关于特征周期的确定，下列（　　）的表述是正确的。

（A）与地震震级有关　　　　　　　　　（B）与地震烈度有关

（C）与结构自振周期有关　　　　　　　（D）与场地类别有关

【解析】根据《建筑抗震设计规范》（GB 50011—2010）（2016年版）5.1.4条，特征周期应根据场地类别和设计地震分组按表5.1.4-2采用，查表时参考场地类别和地震分组，计算罕遇地震作用时，特征周期应增加0.05s。

【考点】考查特征周期确定的依据。

【参考答案】D

51.（2013-A-37）地震经验表明，对宏观烈度和地质情况相似的柔性建筑，通常是大震级、远震中距情况下的震害要比中、小震级近震中距的情况重得多。下列（　　）是导致该现象发生的最主要原因。

（A）震中距越远，地震动峰值加速度越小　　　（B）震中距越远，地震动持续时间越长
（C）震中距越远，地震动的长周期分量越显著　　（D）震中距越远，地面运动振幅越小

【解析】地震波在由震源向外扩散传播时短周期分量衰减快而长周期分量衰减慢，一般情况下，低层结构周期小，高层建筑周期大，处于大震级远离震中的高耸建筑物的震害比中小震级近震中距的情况严重的多。例如，汶川地震时，地震波传到北京时体波已经几乎没有了，只剩下短周期的低频面波，高耸建筑物受长周期（低频）的影响较大，而低矮建筑受短周期（高频）的影响较大。所以，北京CBD震感强烈，北京大学却没什么感觉。随着城市化进程不断推进，楼房越来越多，也会感受到更多原来感受不到的远震。此外，长周期地震波在软土地基中放大较多，与长周期柔性结构产生共振现象。

【考点】考查地震的基本概念。

【参考答案】C

52.（2016-A-64）按《建筑抗震设计规范》（GB 50011—2010），当结构自振周期不可能小于T_g（T_g为特征周期），也不可能大于$5T_g$时，增大建筑结构的哪些选项可以减小地震作用？（　　）

（A）阻尼比　　　（B）自振周期　　　（C）刚度　　　（D）自重

【解析】根据《建筑抗震设计规范》（GB 50011—2010）（2016年版）5.1.5条可知：地震影响系数在T_g和$5T_g$之间，根据T_g和$5T_g$之间的曲线下降段函数可知，选项A增大可以减小水平影响系数，符合要求。选项B自振周期增大也可以减小水平影响系数符合要求。加大结构的刚度，会减小结构的自振周期，会加大结构的地震作用，故选项C错误。同样的影响系数情况下，自重越大，地震作用越大，故选项D错误

【考点】地震作用。

【参考答案】AB

53.（2017-A-32）设计特征周期应根据建筑所在地的设计地震分组和场地类别确定。对Ⅱ类场地，下列哪个选项的数值组合分别对应了设计地震分组第一组、第二组和第三组的设计特征周期(s)？（　　）

（A）0.15，0.20，0.25　　　（B）0.25，0.30，0.35
（C）0.35，0.40，0.45　　　（D）0.40，0.45，0.50

【解析】根据《建筑抗震设计规范》（GB 50011—2010）（2016年版），表5.1.4-2，Ⅱ类场地设计地震分组第一组、第二组和第三组的设计特征周期分别为0.35s、0.4s和0.45s。

【考点】特征周期。

【参考答案】C

54.（2020-A-35）某场地类别为Ⅳ类，查《中国地震动参数区划图》（GB 18306—2015），在Ⅱ类场地条件下的基本地震动加速度反应谱特征周期分区值为0.40s,问该场地在罕遇地震时加速度反应谱特征周期最接近下列哪个选项？（　　）

（A）0.45s　　　（B）0.55s　　　（C）0.75s　　　（D）0.80s

【解析】参见《中国地震动参数区划图》（GB 18306—2015）8.2条表1、7.2.2条。

场地类别为Ⅳ类时，其特征周期为0.75s,再考虑7.2.2条，罕遇地震时，特征周期增加值不小于0.05s,故特征周期值不宜小于0.80s,故选D。

【考点】特征周期确定。特征周期应首先按照场地类别进行调整，再考虑罕遇地震特征周期增加值

不宜小于0.05s的规定。

【参考答案】D

13.3 发 震 断 裂

13.3.1 地震勘察

55.（2009-B-63）在地震区进行场地岩土工程勘察时，下列（　　）是勘察报告中应包括的与建筑抗震有关的内容。

（A）划分对建筑有利、不利和危险地段　　（B）提供建筑抗震设防类别

（C）提供建筑场地类别　　（D）进行天然地基和基础的抗震承载力验算

【解析】根据《建筑抗震设计规范》（GB 50011—2010）（2016年版）4.1.9条，场地岩土工程勘察应根据实际需要划分的对建筑有利、一般、不利和危险的地段，提供建筑的场地类别和岩土地震稳定性（含滑坡、崩塌、液化和震陷特性）评价，对需要采用时程分析法补充计算的建筑，尚应根据设计要求提供土层剖面、场地覆盖层厚度和有关的动力参数。

【考点】地震区场地岩土工程勘察。

【参考答案】AC

56.（2010-A-67）按照《建筑抗震设计规范》（GB 50011—2010）选择建设场地时，下列（　　）属于抗震危险地段。

（A）可能发生地陷的地段　　（B）液化指数等于12的地段

（C）可能发生地裂的地段　　（D）高耸孤立的山丘

【解析】根据《建筑抗震设计规范》（GB 50011—2010）（2016年版）表4.1.1，危险地段为地震时可能发生滑坡、崩塌、地陷、地裂、泥石流等及发震断裂带上可能发生地表错位的部位，故选项A、C正确。

【考点】考查对建筑抗震有利、一般、不利和危险地段的划分。

【参考答案】AC

13.3.2 发震断裂

57.（2009-A-4）存在可能影响工程稳定性的发震断裂，关于建筑物最小避让距离的说法中，下列（　　）是正确的。

（A）抗震设防烈度是8度，建筑物设防类别为丙类，最小避让距离150m

（B）抗震设防烈度是8度，建筑物设防类别为乙类，最小避让距离300m

（C）抗震设防烈度是9度，建筑物设防类别为丙类，最小避让距离300m

（D）抗震设防烈度是9度，建筑物设防类别为乙类，最小避让距离400m

【解析】根据《建筑抗震设计规范》（GB 50011—2010）（2016年版）表4.1.7，判别选项D正确。

【考点】发震断裂避让距离。

【参考答案】D

58.（2011-A-65）当符合下列（　　）的情况时，可忽略发震断裂错动对地面建筑的影响。

（A）10万年以来未曾活动过的断裂

（B）抗震设防烈度小于8度

（C）抗震设防烈度9度，隐伏断裂的土层覆盖厚度大于60m

（D）丙、丁类建筑

【解析】参见《建筑抗震设计规范》（GB 50011—2010）（2016年版）4.1.7条。

对符合下列规定之一的情况，可忽略发震断裂错动对地面建筑的影响：

（1）抗震设防烈度小于8度。

（2）非全新世活动断裂（全新世约1.0万年，晚更新世约10万年）。

（3）抗震设防烈度为8度和9度时，隐伏断裂的土层覆盖厚度分别大于60m和90m。

故选项A、B正确。

【考点】建筑场地内的发震断裂。

【参考答案】AB

59.（2012-A-31）对于抗震设防类别为乙类的建筑物，下列选项中（　　）不符合《建筑抗震设计规范》（GB 50011—2010）的要求。

（A）在抗震设防烈度为7度的地区，基岩埋深50m，建筑物位于发震断裂带上

（B）在抗震设防烈度为8度的地区，基岩埋深70m，建筑物位于发震断裂带上

（C）在抗震设防烈度为9度的地区，基岩埋深70m，建筑物距发震断裂的水平距离为300m

（D）在抗震设防烈度为9度的地区，基岩埋深100m，建筑物距发震断裂的水平距离为300m

【解析】根据《建筑抗震设计规范》（GB 50011—2010）（2016年版）表4.1.7，选项A、B、D正确。

乙类的建筑物，9度地区，要忽略发震断裂影响，要么基岩埋深大于90m，要么建筑物距发震断裂的最小避让距离为400m，选项C错误。

【考点】《建筑抗震设计规范》中抗震设防类别。

【参考答案】C

60.（2013-A-66）拟建场地有发震断裂通过时，在按高于本地区抗震设防烈度一度的要求采取抗震措施并提高基础和上部结构整体性的条件下，下列（　　）情况和做法不满足《建筑抗震设计规范》（GB 50011—2010）的规定。

（A）在抗震设防烈度为8度地区，上覆土层覆盖厚度为50m，单栋6层乙类建筑物距离主断裂带150m

（B）在抗震设防烈度为8度地区，上覆土层覆盖厚度为50m，单栋8层丙类建筑物距离主断裂带150m

（C）在抗震设防烈度为9度地区，上覆土层覆盖厚度为80m，单栋2层乙类建筑物距离主断裂带150m

（D）在抗震设防烈度为9度地区，上覆土层覆盖厚度为80m，单栋2层丙类建筑物距离主断裂带150m

【解析】参见《建筑抗震设计规范》（GB 50011—2010）4.1.7条。

对于乙类建筑，抗震设防烈度为8度地区，其发震断裂的最小避让距离为200m，故选项A不满足规定；抗震设防烈度为9度地区，其发震断裂的最小避让距离为400m，故选项C不满足规定。

对于丙类建筑，抗震设防烈度为8度地区，其发震断裂的最小避让距离为100m，故选项B满足规定；抗震设防烈度为8度地区，其发震断裂的最小避让距离为200m，选项D虽在避让范围内，但根据规定低于三层的丙类建筑，已按高于本地区抗震设防烈度一度的要求采取抗震措施，并提高基础和上部结构的整体性，可在避让范围内建造，故选项D满足规定。

【考点】考查场地内存在发震断裂时，对断裂的工程影响进行评价的规定。

【参考答案】AC

61.（2017-A-35）位于抗震设防烈度为8度区，抗震设防类别为丙类的建筑物，其拟建场地内存在一条最晚活动时间为Q_3的活动断裂，这建筑物应采取下列哪种应对措施？（　　）

（A）可忽略断裂错动的影响　　　　　　（B）拟建建筑物避让该断裂的距离不小于100m

（C）拟建建筑物避让该断裂的距离不小于200m　　（D）提高一度采取抗震措施

【解析】根据《建筑抗震设计规范》（GB 50011—2010）（2016年版）4.1.7条：断裂最晚活动时间为Q_3的活动断裂，Q_3为更新世，非全新世Q_4，可忽略新断裂错动的影响。

【考点】发震断裂避让距离。

【参考答案】A

62.（2020-A-33）根据《建筑抗震设计规范》（GB 50011—2010）（2016年版），当符合下列哪个选项的情况时，可忽略发震断裂错动对地面建筑的影响？（　　）

（A）设计地震分组为第一组

（B）抗震设防烈度为 8 度，隐伏断裂的土层覆盖厚度为 50m

（C）更新统 Q_3 活动断裂

（D）丙类建筑

【解析】参见《建筑抗震设计规范》（GB 50011—2010）（2016 年版）4.1.7 条第 1 款。

对符合下列规定之一的情况，可忽略发震断裂错动对地面建筑的影响：

（1）抗震设防烈度小于 8 度；

（2）非全新世活动断裂；

（3）抗震设防烈度为 8 度和 9 度时，隐伏断裂的土层覆盖厚度分别大于 60m 和 90m。

更新统 Q_3 活动断裂满足非全新世活动断裂，故不用考虑发震断裂错动对地面建筑的影响。

【考点】发震断裂。满足规范规定的情况时，可以不考虑发震断裂影响，否则，应考虑避让措施。

【参考答案】C

13.4 液 化

13.4.1 砂土液化原理

63.（2009－B－64）关于饱和砂土的液化机理，下列（   ）是正确的。

（A）如果振动作用的强度不足以破坏砂土的结构，液化不发生

（B）如果振动作用的强度足以破坏砂土结构，液化也不一定发生

（C）砂土液化时，砂土的有效内摩擦角将降低到零

（D）砂土液化以后，砂土将变得更松散

【解析】参见《土力学》教材：

饱和砂土液化需要同时满足 2 个基本条件：

（1）振动足以使土体的结构发生破坏（即振动荷载较大或砂土的结构强度较小）。

（2）土体的结构发生破坏后，土颗粒移动趋势不是松胀，而是压密。（密砂结构破坏时会松胀，不易发生震动液化），故选项 A、B 正确。

砂土液化是因为振动产生超孔隙水压力。当孔隙水压力等于总应力时，有效应力为 0，总应力内摩擦角为 0°，但有效内摩擦角不会为 0°，选项 C 错误。

当砂土液化以后，超孔隙水压力消散，砂土变密实，选项 D 错误。

【考点】液化机理。

【参考答案】AB

64.（2012－A－29）用于液化判别的黏粒含量应采用下列（   ）种溶液作为分散剂直接测定。

（A）硅酸钠　　　　（B）六偏磷酸钠　　　　（C）酸性硝酸银　　　　（D）酸性氯化钡

【解析】根据《建筑抗震设计规范》（GB 50011—2010）（2016 年版）4.3.3 条，用于液化判别的黏粒含量应采用六偏磷酸钠作为分散剂直接测定。

【考点】《建筑抗震设计规范》液化。

【参考答案】B

65.（2014－A－34）在其他条件相同的情况下，关于砂土液化可能性的叙述，下列（   ）是不正确的。

（A）颗粒磨圆度越好，液化可能性越大　　　（B）排水条件越好，液化可能性越大

（C）震动时间越长，液化可能性越大　　　　（D）上覆土层越薄，液化可能性越大

【解析】颗粒的磨圆度越好，颗粒间的咬合力就越小，振动时易离析液化。故选项 A 正确。

颗粒直径较细、渗透系数较小的松散土中，细、粉砂容易发生液化，颗粒极径较大的砾石、卵石，由于渗透系数较大，孔隙水消散的很快，积水很少，因此很难发生液化，故选项 B 错误。

震动的时间越长，土的结构越易被破坏，液化的可能性越大，故选项 C 正确。

根据《建筑抗震设计规范》（GB 50011—2010）（2016 年版）4.3.3 条第 3 款，上覆土层厚度越薄，液化的影响越大，故选项 D 正确。

【考点】砂土液化的影响因素。

【参考答案】B

66.（2019－A－65）影响饱和粉土地震液化的主要因素有下列哪些选项？（ ）

（A）土的灵敏度 　　　　　　　　　　　（B）地震烈度的大小

（C）土的黏粒含量 　　　　　　　　　　（D）土的承载力

【解析】根据《建筑抗震设计规范》（GB 50011—2010）（2016 年版）第 4.3.3 条及 4.3.4 条：影响饱和粉土地震液化的主要因素主要有地震烈度的大小以及土的黏粒含量。

【考点】饱和粉土液化。

【参考答案】BC

67.（2020－A－66）可液化地基的震陷量与下列哪些因素有关？（ ）

（A）液化土的密度 　　　　　　　　　　（B）场地覆盖层厚度

（C）建筑物上部结构形式 　　　　　　　（D）基底压力

【解析】参见《建筑抗震设计规范》（GB 50011—2010）（2016 年版）4.3.6 条文说明：

液化的危害主要来自震陷，特别是不均匀震陷。震陷量主要决定于土层的液化程度和上部结构的荷载……依据实测震陷、振动台试验以及有限元法对一系列典型液化地基计算得出的震陷变化规律，发现震陷量取决于液化土的密度（或承载力）、基底压力、基底宽度、液化层底面和顶面的位置和地震震级等因素。

【考点】影响震陷量的因素。

【参考答案】AD

13.4.2 建筑砂土液化判别及工程措施

■ 液化判别

68.（2011－A－37）某建筑场地位于地震烈度 7 度区的冲洪积平原，设计基准期内年平均地下水位埋深 2m，地表以下由 4 层土层构成（见表 13-4），问按照《建筑抗震设计规范》（GB 50011—2010）进行液化初判，下列（ ）是正确的。

表 13－4　　　　　　　　　　　　　　土层特征

土层编号	土名	层底埋深（m）	性质简述
①	粉土	5	Q_4 黏粒含量 8%
②	粉细砂	10	Q_3
③	粉土	15	黏粒含量 9%
④	粉土	50	黏粒含量 6%

（A）①层粉土不液化 　　　　　　　　　（B）②层粉细砂可能液化

（C）③层粉土不液化 　　　　　　　　　（D）④层粉土可能液化

【解析】参见《建筑抗震设计规范》（GB 50011—2010）（2016 年版）4.3.3 条。

当地质年代为第四纪晚更新世 Q_3 及其以前时，7 度、8 度时可判为不液化，冲洪积平原，地层按年代沉积，③层④层土比②层土地质年代更老，故②③④层都不液化，选项 C 正确。

根据 4.3.3 条第 2 款，粉土层黏粒含量小于 10%，应初判为液化，故选项 A 错误。

【考点】地基液化判别。

【参考答案】C

69.（2011－A－67）地震烈度 7 度区，某建筑场地存在液化粉土，分布较平坦且均匀，按照《建筑抗震设计规范》（GB 50011—2010）的规定，下列（　　）情况可以采用不消除液化沉陷的地基抗液化措施。

（A）地基液化等级严重，建筑设防类别为丙类

（B）地基液化等级中等，建筑设防类别为丙类

（C）地基液化等级中等，建筑设防类别为乙类

（D）地基液化等级严重，建筑设防类别为丁类

【解析】参见《建筑抗震设计规范》（GB 50011—2010）（2016 年版）表 4.3.6。

液化严重的丙类建筑地基，需要全部消除液化沉陷或部分消除液化沉陷且对基础和上部结构处理，选项 A 错误。

液化中等的丙类建筑地基，需要对基础和上部结构处理，或采取更高要求的抗液化措施，不必消除液化沉陷，选项 B 正确。

液化中等的乙类建筑地基，需要全部消除液化沉陷或部分消除液化沉陷且对基础和上部结构处理，选项 C 错误。

液化严重的丁类建筑地基，需要对基础和上部结构处理，或其他经济的措施，不必消除液化沉陷，选项 D 正确。

【考点】地基抗液化措施。

【参考答案】BD

70.（2011-A-68）浅埋天然地基的建筑，对于饱和砂土和饱和粉土地基的液化可能性考虑，下列（　　）说法是正确的。

（A）上覆非液化土层厚度越大，液化可能性就越小

（B）基础埋置深度越小，液化可能性就越大

（C）地下水埋深越浅，液化可能性就越大

（D）同样的标贯击数实测值，粉土的液化可能性比砂土大

【解析】参见《建筑抗震设计规范》（GB 50011—2010）（2016 年版）4.3.3 条、4.3.4 条。

根据 4.3.3 条，浅埋天然地基的建筑，当上覆非液化土层厚度和地下水位深度符合下列条件之一时，可不考虑液化影响：

$$d_u > d_0 + d_b - 2$$
$$d_w > d_0 + d_b - 3$$
$$d_u + d_w > 1.5d_0 + 2d_b - 4.5$$

基础埋置深度 d_b 越大，上覆盖非液化土层厚度 d_u 越小，地下水位深度 d_w 越小，液化的可能性越大；反之液化可能性越小，故选项 A、C 正确，选项 B 错误。

由第 4.3.4 条可知，在地面下 20m 深度范围内，液化判别标准贯入锤击数临界值可按下式计算：

$$N_{cr} = N_0 \beta [\ln(0.6d_s + 1.5) - 0.1d_w] \sqrt{\frac{3}{\rho_c}}$$ 可知，粉土黏粒含量越大，标贯临界值越小，液化可能性比砂土小，故选项 D 错误。

【考点】地基液化判别。

【参考答案】AC

71.（2013-A-36）拟建场地地基液化等级为中等时，下列（　　）措施尚不满足《建筑抗震设计规范》（GB 50011—2010）的规定。

（A）抗震设防类别为乙类的建筑物采用桩基础，桩端深入液化深度以下稳定土层中足够长度

（B）抗震设防类别为丙类的建筑物采取部分消除地基液化沉陷的措施，且对基础和上部结构进行处理

（C）抗震设防类别为丁类的建筑物不采取消除液化措施

（D）抗震设防类别为乙类的建筑物进行地基处理，处理后的地基液化指数小于5

【解析】参见《建筑抗震设计规范》（GB 50011—2010）（2016年版）4.3.6条、4.3.7条、4.3.8条。

根据表4.3.6和4.3.8条第1款，对于地基的液化等级为中等的乙类建筑物应全部消除液化沉陷或部分消除液化沉陷且对基础和上部结构处理，而选项D仅采取了部分消除液化沉陷的措施并未对基础和上部结构处理，故选项D不正确。

根据表4.3.6、4.3.7条，选项A、B、C均满足或超过规定要求。

【考点】地基的抗液化措施。

【参考答案】D

72.（2013-A-64）基础埋置深度不超过2m的天然地基上的建筑，若所处地区抗震设防烈度为7度，地基土由上向下为非液化土层和可能液化的砂土层，依据《建筑抗震设计规范》（GB 50011—2010）当上覆非液化土层厚度和地下水位深度处于图13-3中Ⅰ、Ⅱ、Ⅲ、和Ⅳ区中的（　　）区时可不考虑砂土液化对建筑的影响。

（A）Ⅰ区　　　　　　　　（B）Ⅱ区

（C）Ⅲ区　　　　　　　　（D）Ⅳ区

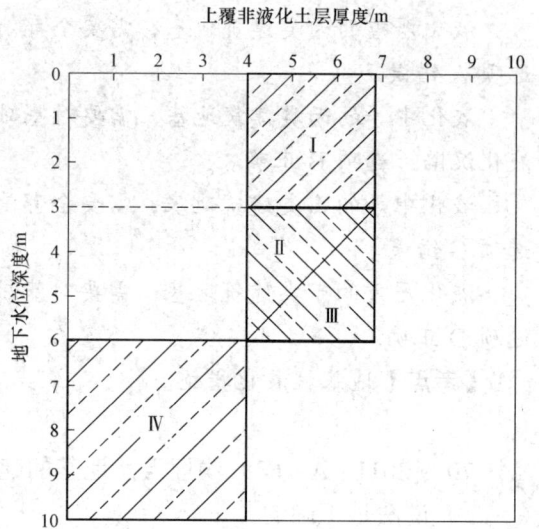

图 13-3

【解析】参见《建筑抗震设计规范》（GB 50011—2010）（2016年版）4.3.3条。

根据第3款，浅埋天然地基的建筑，当上覆非液化土层厚度和地下水位深度符合下列条件之一时，可不考虑液化影响：

$$d_u > d_0 + d_b - 2m = 7m + 2m - 2m = 7m$$

$$d_w > d_0 + d_b - 3m = 7m + 2m - 3m = 6m$$

$$d_u + d_w > 1.5d_0 + 2d_b - 4.5m = 1.5 \times 7m + 2 \times 2m - 4.5m = 10m$$

Ⅲ区 $d_u + d_w > 10m$，故选项C正确；Ⅳ区 $d_w > 6m$，故选项D正确。

【考点】液化初判。

【参考答案】CD

73.（2013-A-67）按照《建筑抗震设计规范》（GB 50011—2010），对于可液化土的液化判别，下列（　　）说法是不正确的。

（A）抗震设防烈度为8度的地区，粉土的黏粒含量为15%时可判为不液化土

（B）抗震设防烈度为8度的地区，拟建8层民用住宅采用桩基础，采用标准贯入试验法判别地基土的液化情况时，可只判别地面下15m范围内土的液化

（C）当饱和土经杆长修正的标准贯入锤击数小于或等于液化判别标准贯入锤击数临界值时，应判为液化土

（D）勘察未见地下水时，不需要进行液化判别

【解析】参见《建筑抗震设计规范》（GB 50011—2010）（2016年版）4.3.3条、4.3.4条。

由第4.3.3条第2款可知，抗震设防烈度为8度的地区，粉土的黏粒含量不小于13%时，可判为不液化土，故选项A正确。

由第4.3.4条可知，由于桩基础属于深基础，不满足第4.2.1条之规定，故应判别地面下20m范围内土的液化，故选项B不正确。

由第4.3.4条可知，当饱和土标准贯入锤击数（未经杆长修正）小于或等于液化判别标准贯入锤击数临界值时，应判为液化土，故选项C不正确。

由第4.3.3条可知，地下水位深度 d_w 宜按设计基准期内年平均最高水位采用，也可按近期内年最高水位采用，故不能因勘察未见地下水从而确定不需要进行液化判别，故选项D不正确。

【考点】液化的初判和复判。

【参考答案】BCD

74.（2014—A—32）根据《建筑抗震设计规范》（GB 50011—2010）的规定，在深厚第四系覆盖层地区，对于可液化土的液化判别，下列（　　）是不正确的。

（A）抗震设防烈度为 8 度的地区，饱和粉土的黏粒含量为 15% 时可判为不液化土

（B）抗震设防烈度为 8 度的地区，拟建 8 层民用住宅采用桩基础，采用标准贯入试验法判别地基土的液化情况时，可只判别地面下 15m 范围内土的液化

（C）当饱和砂土未经杆长修正的标准贯入锤击数小于或等于液化判别标准贯入锤击数临界值时，应判为液化土

（D）勘察未见地下水时，应按设计基准期内年平均最高水位进行液化判别

【解析】根据《建筑抗震设计规范》（GB 50011—2010）（2016 年版）4.3.3 条第 2 款可知，抗震设防烈度为 8 度的地区，粉土的黏粒（粒径小于 0.005mm 的颗粒）含量百分率不小于 13 时，可判为不液化土。选项 A 正确。

根据 4.3.4 条，由于桩基础是深基础，应采用标准贯入试验判别法判别地面下 20m 范围内土的液化，选项 B 错误。当饱和土标准贯入锤击数（未经杆长修正）小于或等于液化判别标准贯入锤击数临界值时，应判为液化土，选项 C 正确。

根据 4.3.3 条，地下水位深度，宜按设计基准期内年平均最高水位采用，也可按近期内年最高水位采用，选项 D 正确。

【考点】液化的初判和复判。

【参考答案】B

75.（2016—A—65）按《建筑抗震设计规范》（GB 50011—2010），影响液化判别标准贯入击数临界值的因素有下列哪些选项？（　　）

（A）设计地震分组 　　　　　　　　（B）可液化土层厚度

（C）标贯试验深度 　　　　　　　　（D）场地地下水位

【解析】根据《建筑抗震设计规范》（GB 50011—2010）（2016 年版）公式（4.3.4）可知：影响因素包括液化判别标准贯入锤击数基准值，设计基本地震加速度、饱和土标准贯入点深度、地下水位和设计地震分组。

【考点】标准贯入击数临界值。

【参考答案】ACD

76.（2017—A—63）对饱和砂土和饱和粉土进行液化判别时，在同一标准贯入试验深度和地下水位的条件下，如果砂土和粉土的实测标准贯入锤击数相同，下列哪些选项的说法是正确的？（　　）

（A）粉细砂比粉土更容易液化

（B）黏粒含量较多的砂土较容易液化

（C）平均粒径 d_{50} 为 0.1~0.20mm 的砂土较不易液化

（D）粉土中黏粒含量越多就越不易液化

【解析】根据《建筑抗震设计规范》（GB 50011—2010）（2016 年版）4.3.4 条，黏粒含量越多，黏结力越大，越不易液化。故选项 A 正确、选项 B 错误、选项 D 正确。对于选项 C，由于实测标贯锤击数都相同，只需要比较砂土和粉土的临界值的大小，根据公式（4.3.4）可知，锤击数基准值、贯入深度值、地下水位值都一样。主要比较黏粒含量百分率，而与平均粒径无关，公式中已经说明，砂土的黏粒含量百分率是取 3，而粉土的黏粒含量百分率是大于或等于 3，所以粉土的临界值小于砂土。所以粉土较不易液化。故选项 C 错误。

【考点】液化判别。

【参考答案】AD

77.（2018—A—65）在其他条件相同的情况下，根据标准贯入试验击数进行液化判定，下列哪些选项的表述是正确的？（　　）

（A）地下水埋深越小，液化指数越高 （B）粉土比砂土液化严重

（C）上覆非液化土层越厚，液化程度越轻 （D）粉土黏粒含量越高，液化程度越严重

【解析】参见《建筑抗震设计规范》（GB 50011—2010）（2016 年版）4.3.4 条、4.3.5 条，根据临界锤击数和液化指数计算公式，地下水位埋深越小，临界值越大，相应液化指数越高，选项 A 正确；粉土中黏粒含量比砂土高，相同情况，液化程度比砂土轻，选项 B、D 错误；上覆非液化土层越厚，公式（4.3.3-1）越容易满足，即越不容易液化，选项 C 正确。

【考点】对液化判别公式的理解。

【参考答案】AC

■ **工程措施**

78.（2014-A-56）某松散粉土可液化地基，液化土层厚度 8m，其下卧为中密砂卵石层。若需消除其液化并需将地基承载力特征值提高到 300kPa，下列（　　）处理方法可作为选用方案。

（A）旋喷桩复合地基 （B）砂石桩+水泥粉煤灰碎石桩多桩型复合地基

（C）水泥土搅拌桩复合地基 （D）柱锤冲扩桩复合地基

【解析】根据《建筑抗震设计规范》（GB 50011—2010）（2016 年版）4.3.7 条第 3 款，可液化地基可采用加密法（如振冲、振动加密、挤密碎石桩、强夯等）加固。处理液化地基的处理方法机理为挤密作用或加密作用。

【考点】液化地基处理方法。

【参考答案】BD

79.（2014-A-63）下列（　　）措施可以全部或部分消除地基液化。

（A）钻孔灌注桩 （B）挤密碎石桩

（C）强夯 （D）长螺旋施工水泥粉煤灰碎石桩

【解析】根据《建筑抗震设计规范》（GB 50011—2010）（2016 年版）4.3.7 条第 3 条，可液化地基可采用加密法（如振冲、振动加密、挤密碎石桩、强夯等）加固。

【考点】液化地基处理方法。

【参考答案】BC

80.（2017-A-64）为了全部消除建筑地基液化沉陷，采取下列哪些选项的措施是符合《建筑抗震设计规范》（GB 50011—2010）的要求的？（　　）

（A）采用桩基时，桩端伸入液化深度以下的土层中的长度不小于 0.5m

（B）采用深基础时，基础底面应埋入液化深度以下的稳定土层中，其深度不应小于 0.5m

（C）采用加密法或换土法处理时，处理宽度应超出基础边缘以外 1.0m

（D）采用强夯加固时，应处理至液化深度下界

【解析】参见《建筑抗震设计规范》（GB 50011—2010）（2016 年版）4.3.7 条。

采用桩基时，桩端伸入液化深度以下稳定土层中的长度，应按计算确定，且对碎石土，砾、粗、中砂，坚硬黏性土和密实粉土尚不应小于 0.8m，对其他非岩石土尚不宜小于 1.5m，故选项 A 错误。采用深基础时，基础底面应埋入液化深度以下的稳定土层中，其深度不应小于 0.5m，选项 B 正确。采用加密法或换土法处理时，在基础边缘以外的处理宽度，应超过基础底面下处理深度的 1/2 且不小于基础宽度的 1/5，选项 C 错误。采用加密法（如振冲、振动加密、挤密碎石桩、强夯等）加固时，应处理至液化深度下界，故选项 D 正确。

【考点】抗液化措施。

【参考答案】BD

81.（2017-A-66）下列哪些方法可以全部消除建筑地基液化？（　　）

（A）挤密碎石桩 （B）强夯

（C）原地面以上增加大面积填土 （D）长螺旋施工的 CFG 桩复合地基

【解析】根据《建筑抗震设计规范》（GB 50011—2010）（2016 年版）4.3.3 条、4.3.7 条，采用加密法（如振冲、振动加密、挤密碎石桩、强夯等），增加上覆非液化土层的厚度可全部消除地基液化。

【考点】液化地基处理方法。

82.（2018－A－63）下列哪些选项为全部消除建筑物地基液化沉陷的措施？（　　）

（A）采用桩基时，桩端深入液化深度以下稳定土层中的长度应按计算确定，且对碎石土、砾、粗、中砂，坚硬黏性土和密实粉土尚不应小于0.5m，对其他非岩石土尚不应小于1.5m

（B）采用深基础时，基础底面应埋入液化深度以下的稳定土层中，其深度不应小于0.5m

（C）采用加密法和换土法处理时，在基础边缘以外的处理宽度不应小于0.5m

（D）用非液化土替换全部液化土层

【解析】参见《建筑抗震设计规范》（GB 50011—2010）（2016年版）第4.3.7条全部消除地基液化沉陷的措施。

第1款，采用桩基时，桩端伸入液化深度以下稳定土层中的长度（不包括桩尖部分），应按计算确定，且对碎石土，砾、粗、中砂，坚硬黏性土和密实粉土尚不应小于0.8m，对其他非岩石土尚不宜小于1.5m，选项A错误。

第2款，采用深基础时，基础底面应埋入液化深度以下的稳定土层中，其深度不应小于0.5m，选项B正确。

第5款，采用加密法或换土法处理时，在基础边缘以外的处理宽度，应超过基础底面下处理深度的1/2且不小于基础宽度的1/5，选项C错误。

第4款，用非液化土替换全部液化土层，或增加上覆非液化土层的厚度，选项D正确。

【考点】全部消除地基液化沉陷措施。

83.（2020－A－64）为了部分消除地基液化沉陷，下列哪些选项的措施不符合《建筑抗震设计规范》（GB 50011—2010）（2016年版）的要求？（　　）

（A）处理深度应使处理后的地基液化指数减小，其值不应大于6

（B）采用振冲或挤密碎石桩加固后，桩间土的标准贯入锤击数不宜小于液化判别标准贯入锤击数临界值

（C）采用加密法处理时，基础边缘以外的处理宽度，应超过基础底面下处理深度的1/2，且不小于基础宽度的1/5

（D）减小原地面上大面积覆土厚度

【解析】参见《建筑抗震设计规范》（GB 50011—2010）（2016年版）4.3.8条，部分消除地基液化沉陷的措施，应符合下列要求：

（1）处理深度应使处理后的地基液化指数减少，其值不宜大于5；大面积筏基、箱基的中心区域，处理后的液化指数可比上述规定降低1；对独立基础和条形基础，尚不应小于基础底面下液化土特征深度和基础宽度的较大值。故选项A错误。

（2）采用振冲或挤密碎石桩加固后，桩间土的标准贯入锤击数不宜小于按本规范第4.3.4条规定的液化判别标准贯入锤击数临界值。故选项B正确。

（3）基础边缘以外的处理宽度，应符合本规范第4.3.7条5款的要求（采用加密法或换土法处理时，在基础边缘以外的处理宽度，应超过基础底面下处理深度的1/2且不小于基础宽度的1/5）。故选项C正确。

（4）采取减小液化震陷的其他方法，如增厚上覆非液化土层的厚度和改善周边的排水条件等。故选项D错误。

【考点】部分消除地基液化沉陷的措施。

■ **液化地基抗震设计**

84.（2019－A－67）对存在液化土层的低承台桩基进行抗震验算时，下列哪些说法是正确的？（　　）

（A）承台埋深较浅时，不宜计入承台周围土的抗力或刚性地坪对水平地震作用的分担作用

（B）根据地震反应分析与振动台试验，地面加速度最大时刻，液化土层尚未充分液化，土刚度比未液化时下降，需进行折减

（C）当挤土桩的平均桩距及桩数满足一定要求时，可计入打桩对土的加密作用及桩身对液化土变形限制的有利影响

（D）当进行挤土桩处理后，单桩承载力可不折减，但对桩尖持力层做强度校核时，桩群外侧的应力扩散角应取零

【解析】参见《建筑抗震设计规范》（GB 50011—2010）（2016 年版）第 4.4.3 条及条文说明。

根据第 1 款，承台埋深较浅时，不宜计入承台周围土的抗力或刚性地坪对水平地震作用的分担作用。选项 A 正确。

根据第 3 款，打入式预制桩及其他挤土桩，当平均桩距为桩径的 2.5～4 倍，且桩数不少于 5×5 时，可计入打桩对土的加密作用及桩身对液化土变形限制的有利影响。当打桩后桩间土的标准贯入锤击数值达到不液化的要求时，单桩承载力可不折减，但对桩尖持力层作强度校核时，桩群外侧的应力扩散角应取为零，选项 C 正确。只有达到不液化条件，单桩承载力才可不折减，选项 D 错误。

根据条文说明第 2 款，根据地震反应分析与振动台试验，地面加速度最大时刻出现在液化土的孔压比为小于 1（常为 0.5～0.6）时，此时土尚未充分液化，只是刚度比未液化时下降很多，因此对液化土的刚度作折减，选项 B 正确。

【考点】桩基抗震验算。

【参考答案】ABC

13.4.3　水利水电工程液化判别

85.（2009－B－32）在水利水电工程中，土的液化判别工作可分为初判和复判两个阶段，下列（　　　）的说法是不正确的。

（A）土的颗粒太粗（粒径大于 5mm 颗粒的含量大于某个界限值）或太细（颗粒小于 0.005mm 颗粒的含量大于某个界限值），在初判时都有可能判定为不液化

（B）饱和土可以采用剪切波速进行液化初判

（C）饱和少黏性土也可以采用室内的物理性质试验进行液化复判

（D）所有饱和无黏性土和少黏性土的液化判定都必须进行初判和复判

【解析】参见《水利水电工程地质勘察规范》（GB 50487—2008）附录 P。

根据附录 P.0.3 条第 2、3 款判别选项 A 正确。

根据附录 P.0.3 条第 5 款判别选项 B 正确。

根据附录 P.0.4 条第 2、3 款，饱和少黏性土可采用相对密度复判法、相对含水率或液性指数复判法，选项 C 正确。

根据附录 P.0.2 条，对初判可能发生液化的土层，才进行复判，不是所有都必须进行初判和复判，选项 D 错误。

【考点】液化判别。

【参考答案】D

86.（2009－B－65）在采用标准贯入试验进一步判别地面下 20m 深度范围内的土层液化时，下列（　　　）的说法是正确的。

（A）地震烈度越高，液化判别标准贯入锤击数临界值也就越大

（B）设计近震场地的标贯锤击数临界值总是比设计远震的临界值更大

（C）标准贯入锤击数临界值总是随地下水位深度的增大而减少

（D）标准贯入锤击数临界值总随标贯深度增大而增大

【解析】根据《水利水电工程地质勘察规范》（GB 50487—2008）附录公式（P.0.4－3）：

$$N_{cr} = N_0[0.9 + 0.1(d_s - d_w)]\sqrt{\frac{3\%}{\rho_c}}$$

由以上公式分析可知：

地震烈度越高，N_0 越大，N_{cr} 越大，选项 A 正确。

d_w 越大，N_{cr} 越小，选项 C 正确。

d_s 越大，N_{cr} 越大，选项 D 正确。

根据表 P.0.4－1 可知，远震的临界值要比近震的临界值大，选项 B 错误。

【考点】液化复判标贯锤击数临界值的影响因素。

【参考答案】ACD

87.（2014－A－66）根据《水利水电工程地质勘察规范》（GB 50487—2008），判别饱和少黏性土液化时，可采用下列（　　）指标。

（A）剪切波速
（B）标准贯入试验锤击数
（C）液性指数
（D）颗粒粒径 d_{10}

【解析】根据《水利水电工程地质勘察规范》（GB 50487—2008）附录 P 可知，饱和少黏性土液化的初步判别要采用剪切波速，复判时应采用标准贯入试验锤击数、液性指数，故选项 A、B、C 正确。

【考点】饱和少黏性土液化的判别指标。

【参考答案】ABC

88.（2017－A－65）按照《水利水电工程地质勘察规范》（GB 50487—2008），当采用标准贯入锤击数法进行土的地震液化复判时，下列哪些选项的说法是正确的？（　　）

（A）实测标准贯入锤击数应先进行钻杆长度校正
（B）实测标准贯入锤击数应按工程正常运用时的贯入点深度和地下水位深度进行校正
（C）液化判别标准贯入锤击数临界值与标准贯入试验时的贯入点深度和地下水位深度无直接关系
（D）标准贯入锤击法适用于标准贯入点在地面以下 20m 以内的深度

【解析】参见《水利水电工程地质勘察规范》（GB 50487—2008）附录 P。

根据附录 P.0.4 条 1 款：校正后标准贯入锤击数和实测标准贯入锤击数均不进行钻杆长度校正，选项 A 错误。

根据附录 P.0.4 条：当标准贯入试验贯入点深度和地下水位在试验地面以下的深度，不同于工程正常运用时，实测标准贯入锤击数应按式（P.0.4－2）进行校正，并应以校正后的标准贯入锤击数 N 作为复判依据，选项 B 正确。

根据附录公式（P.0.4－3）可以看出，标准贯入临界值同地下水位深度有直接关系，选项 C 错误。

根据附录 P.0.4 条 1 款：公式（P.0.4－3）只适用于标准贯入点地面以下 15m 以内的深度，大于 15m 的深度内有饱和砂或饱和少黏性土，需要进行地震液化判别时，可采用其他方法判定，选项 D 错误。

【考点】液化复判。

【参考答案】BC

89.（2020－A－32）根据《水利水电工程地质勘察规范》（GB 50487—2008），当采用标准贯入锤击数法进行土的地震液化复判时，下列哪个选项是正确的？（　　）

（A）取实测标准贯入锤击数与标准贯入锤击数临界值比较判别是否为液化土
（B）标准贯入锤击数临界值公式中地下水位为标准贯入试验时的地下水位
（C）标准贯入锤击数临界值公式适用于标准贯入点在地面以下 20m 以内的深度
（D）实测标准贯入锤击数不应进行杆长校正

【解析】参见《水利水电工程地质勘察规范》（GB 50487—2008）附录 P.0.4 条。

复判时，应取工程正常运用时的标准贯入锤击数与标准贯入锤击数临界值进行比较，故选项 A 错误。

标准贯入锤击数临界值公式中的地下水位应为工程正常运用时的地下水位，故选项 B 错误。

标准贯入锤击数临界值公式适用于标准贯入点在地面以下 15m 以内的深度，故选项 C 错误。

实测标准贯入锤击数不应进行杆长校正，故选项 D 正确。

【考点】液化判别。《水利水电工程地质勘察规范》（GB 50487—2008）中的液化判别要对标准贯入实测值进行工程正常运用时状况的修正，用修正后的标准贯入锤击数进行液化复判。

【参考答案】D

13.4.4 公路工程液化判别与处理

■ 液化判别

90.（2010-A-65）按照《公路工程抗震规范》（JTG B02—2013），通过标准贯入试验进一步判定土层是否液化时，修正液化临界标准贯入锤击数 N_{cr} 与下列（　　）的因素有关。

（A）水平地震系数　　　　　　　　　（B）标准贯入锤击数的修正系数

（C）地下水位深度　　　　　　　　　（D）液化抵抗系数

【解析】根据《公路工程抗震规范》（JTG B02—2013）第 4.3.3 条标准贯入复判计算公式可知，N_{cr} 与 N_0、d_w、d_s、ρ_c 等有关；根据表 4.3.3 知，N_{cr} 与地震动峰值加速度有关，即与水平地震系数有关，故选项 A、C 正确。

液化复判采用标准贯入锤击数的实测值，不需经过修正或折减，故选项 B、D 错误。

【考点】液化复判。

【参考答案】AC

91.（2013-A-34）某公路桥位于砂土场地，基础埋深为 2.0m，上覆非液化土层厚度为 7m，地下水埋深为 5.0m，地震烈度为 8 度，该场地地震液化初步判定结果为（　　）。

（A）不液化土　　　　　　　　　　　（B）不考虑液化影响

（C）考虑液化影响，需进一步液化判别　　（D）条件不足，无法判别

【解析】参见《公路工程抗震规范》（JTG B02—2013）4.3.2 条。

查表 4.3.2，可知 $d_0=8$m。

$d_u=5$m$<d_0+d_b-2$m$=8$m$+2$m-2m$=8$m

$d_w=7$m$\leqslant d_0+d_b-3$m$=8$m$+2$m-3m$=7$m

$d_u+d_w=5$m$+7$m$=12$m$>1.5d_0+2d_b-4.5$m$=1.5\times8$m$+2\times2$m-4.5m$=11.5$m

故可不考虑液化影响。

【考点】液化初判。

【参考答案】B

92.（2014-A-67）某高速公路桥梁地基内有液化土层，根据《公路工程抗震规范》（JTG B02—2013），验算其承载力时，下列（　　）的说法是正确的。

（A）采用桩基时，液化土层的桩侧摩阻力应折减

（B）采用桩基时，液化土层的内摩擦角不用折减

（C）采用天然地基时，计算液化土层以下地基承载力应计入液化土层及以上土层重力

（D）采用天然地基时，液化土层以上的中密碎石土的地基承载力宜提高

【解析】参见《公路工程抗震规范》（JTG B02—2013）4.4.2 条、4.2.4 条。

根据 4.4.2 条：采用桩基且地基内具有液化土层时，液化土层的承载力（包括桩侧摩阻力）、土抗力（地基系数）、内摩擦角和黏聚力等应进行折减。故选项 A 正确，选项 B 错误。

根据 4.2.4 条：液化土层及以上土层不应按 4.2.2 规定再进行提高。计算液化土层以下地基承载力时，应计入液化土层及以上土层重力。故选项 C 正确，选项 D 错误。

【考点】公路工程地基液化时的承载力确定原则。

【参考答案】AC

93.（2016-A-66）按《公路工程地质勘察规范》（JTG C20—2011）采用标准贯入试验进行饱和砂土液化判别时，则需要下列哪些参数？（　　）

（A）砂土的黏粒含量　　（B）抗剪强度指标　　（C）抗震设防烈度　　（D）地下水位深度

【解析】根据《公路工程地质勘察规范》（JTG C20—2011）公式（7.11.8）可知标准贯入点处土的总

上覆压力、地下水位深度、标准贯入点深度、黏粒含量修正系数、黏粒含量百分率、水平地震系数、抗震设防烈度等。

【考点】公路工程液化复判。

【参考答案】ACD

94.（2016—A—33）按《公路工程抗震规范》（JTG B02—2013）进一步进行液化判别时，采用的标准贯入击数是下列哪一个选项？（　　）

（A）实测值 　　　　　　　　　　　　　（B）经杆长修正后的值

（C）经上覆土总压力影响修正后的值 　　（D）经杆长和地下水影响修正后的值

【解析】根据《公路工程抗震规范》（JTG B02—2013）4.4.3条，采用饱和土标准贯入锤击数（未经杆长修正），即实测值。

【考点】标准贯入临界数的确定。

【参考答案】A

95.（2019—A—02）某公路工程，其地表下 20m 范围内土层的液化指数为 16，根据《公路工程地质勘察规范》（JTG C20—2011），该地基的液化等级为下列哪个选项？（　　）

（A）轻微　　　　　（B）中等　　　　　（C）严重　　　　　（D）不液化

【解析】参见《公路工程地质勘察规范》（JTG C20—2011）表 7.11.9，判别深度为 20m 时的液化指数为 16，液化等级为中等。

【考点】液化等级。

【参考答案】B

■ 液化处理

96.（2019—A—66）某一级公路桥梁地基内存在液化土层，下列哪些参数在使用时应进行折减？（　　）

（A）桩侧摩阻力　　（B）孔隙比　　　　（C）地基系数　　　　（D）黏聚力

【解析】参见《公路工程抗震规范》（JTG B02—2013）第 4.4.2 条：桩侧摩阻力、地基系数、内摩擦角和黏聚力应折减。

【考点】液化地基参数折减。

【参考答案】ACD

13.4.5 建筑水利公路液化判别对比

97.（2019—A—68）采用标准贯入试验进行砂土液化复判时，下列说法中正确的选项有哪些？（　　）

（A）按照《建筑抗震设计规范》（GB 50011—2010）（2016 年版）进行液化复判时，必须对饱和土的实测标准贯入锤击数进行杆长修正

（B）按照《水利水电工程地质勘察规范》（GB 50487—2008）进行液化复判时，对标准贯入点的深度有一定要求

（C）按照《公路工程抗震规范》（JTG B02—2013）进行液化复判时，标准贯入锤击数临界值与场地设计基本地震动峰值加速度无关

（D）按照以上三类规范进行液化复判时，均涉及黏粒含量

【解析】按照《建筑抗震设计规范》（GB 50011—2010）（2016 年版）4.3.4条，液化复判不经杆长修正，选项 A 错误；按照《水利水电工程地质勘察规范》（GB 50487—2008）附录 P.0.4 条，选项 B 正确；按照《公路工程抗震规范》（JTG B02—2013）4.3.3条，选项 C 错误；三本规范都涉及黏粒含量，选项 D 正确。

【考点】液化复判。

【参考答案】BD

13.5 抗震设计

13.5.1 抗震设计原则

98.（2010－A－34）计算地震作用和进行结构抗震验算时，下列（　　）的说法是不符合《建筑抗震设计规范》（GB 50011—2010）规定的。

（A）结构总水平地震作用标准值和总竖向地震作用标准值都是将结构等效总重力荷载分别乘以相应的地震影响系数最大值

（B）竖向地震影响系数最大值小于水平地震影响系数最大值

（C）建筑结构应进行多遇地震作用下的内力和变形分析。此时，可以假定结构与构件处于弹性工作状态

（D）对于有可能导致地震时产生严重破坏的建筑结构等部位，应进行罕遇地震作用下的弹塑性变形分析

【解析】 参见《建筑抗震设计规范》（GB 50011—2010）（2016 年版）5.2.1 条、5.3.1 条、3.6.1 条、3.6.2 条。

根据第 5.2.1 条，$F_{EK} = a_1 G_{eq}$，即结构总水平地震作用标准值对于相应与结构基本自振周期的水平地震影响系数乘以结构等效总重力荷载，故选项 A 错误。

根据 5.3.1 条，竖向地震影响系数最大值 α_{Vmax} 取水平地震影响系数最大值的 65%，故选项 B 正确。

根据 3.6.1 条、3.6.2 条，可知选项 C、D 正确。

【考点】 考查地震作用计算和结构分析方法。

【参考答案】 A

99.（2010－A－36）下列关于建筑抗震设计的说法，（　　）是正确的。

（A）用多遇地震作用计算结构的弹性位移和结构内力，进行截面承载力验算

（B）用设防地震作用计算结构的弹性位移和结构内力，进行截面承载力验算

（C）用罕遇地震作用计算结构的弹性位移和结构内力，进行截面承载力验算

（D）抗震设计指抗震计算，不包括抗震措施

【解析】 参见《建筑抗震设计规范》（GB 50011—2010）（2016 年版）1.0.1 条文说明、5.1.6 条及条文说明。

多遇地震时，建筑处于正常使用状态，从结构抗震分析角度，可视为弹性体系，采用弹性反应谱进行弹性分析，用多遇地震作用计算结构的弹性位移和结构内力，并进行截面抗震验算，故选项 A 正确。

设防地震和罕遇地震作用时，结构进入非弹性工作阶段，故选项 B、C 错误。

抗震设计应包括抗震概念设计、抗震计算和抗震措施，故选项 D 错误。

【考点】 抗震设计。

【参考答案】 A

100.（2011－A－36）某建筑物坐落在性质截然不同的地基上，按照《建筑抗震设计规范》（GB 50011—2010）的规定进行地基基础设计时，下列（　　）是正确的。

（A）同一结构单元可以设置在性质截然不同的地基上，但应采取有效措施

（B）同一结构单元不宜部分采用天然地基部分采用桩基

（C）差异沉降满足设计要求时，不分缝的主楼和裙楼可以设置在性质截然不同的地基上

（D）当同一结构单元必须采用不同类型基础形式和埋深时，只控制好最终沉降量即可

【解析】 参见《建筑抗震设计规范》（GB 50011—2010）（2016 年版）3.3.4 条。

根据第 1 款，同一结构单元的基础不宜设置在性质截然不同的地基上，选项 A、C 错误。

根据第 2 款，同一结构单元不宜部分采用天然地基部分采用桩基，选项 B 正确。

采用不同类型的基础形式和埋深时，应控制好差异沉降，而不是最终沉降，选项 D 错误。

【考点】地基基础设计基本规定。

101.（2012－A－63）根据《建筑抗震设计规范》（GB 50011—2010），地震区的地基和基础设计，应符合下列（　　）的要求。

（A）同一结构单元的基础不宜设置在性质截然不同的地基上

（B）同一结构单元不宜部分采用天然地基，部分采用桩基

（C）同一结构单元不允许采用不同基础类型或显著不同的基础埋深

（D）当地基土为软弱黏性土、液化土、新近填土或严重不均匀土时，应采取相应的措施

【解析】参见《建筑抗震设计规范》（GB 50011—2010）（2016年版）3.3.4条。

地基和基础设计应符合下列要求：

（1）同一结构单元的基础不宜设置在性质截然不同的地基上。

（2）同一结构单元不宜部分采用天然地基部分采用桩基；当采用不同基础类型或基础埋深显著不同时，应根据地震时两部分地基基础的沉降差异，在基础、上部结构的相关部位采取相应措施。

（3）地基为软弱黏性土、液化土、新近填土或严重不均匀土时，应根据地震时地基不均匀沉降和其他不利影响，采取相应的措施。

【考点】地基基础设计基本规定。

102.（2012－A－64）某场地位于山前河流冲洪积平原上，土层变化较大，性质不均匀，局部分布有软弱土和液化土，个别地段边坡在地震时可能发生滑坡，下列（　　）的考虑是合理的。

（A）该场地属于对抗震不利和危险地段，不宜建造工程，应予避开

（B）根据工程需要进一步划分对建筑抗震有利、一般、不利和危险地段，并做综合评价

（C）严禁建造丙类和丙类以上的建筑

（D）对地震时可能发生滑坡的地段，应进行专门的地震稳定性评价

【解析】根据《建筑抗震设计规范》（GB 50011—2010）（2016年版）表4.1.1，判别该场地属于对抗震不利和危险地段。根据3.3.1条，对不利地段，应提出避开要求；当无法避开时应采取有效措施。对危险地段，严禁建造甲、乙类的建筑，不应建造丙类的建筑。选项A、C错误。

根据3.3.1条，选择建筑场地时，应根据工程需要进一步划分对建筑抗震有利、一般、不利和危险地段，并做综合评价，选项B正确。

对地震时可能发生滑坡的地段，应进行专门的地震稳定性评价，选项D正确。

【考点】《建筑抗震设计规范》场地抗震。

103.（2014－A－37）某建筑场地类别为Ⅲ类，设计基本地震加速度为0.15g，按照《建筑抗震设计规范》（GB 50011—2010）的规定，除规范另有规定外，对建筑物采取抗震构造措施时，宜符合下列（　　）的要求。

（A）按抗震设防烈度7度（0.10g）时抗震设防类别建筑的要求

（B）按抗震设防烈度7度（0.15g）时抗震设防类别建筑的要求

（C）按抗震设防烈度8度（0.20g）时抗震设防类别建筑的要求

（D）按抗震设防烈度7度（0.30g）时抗震设防类别建筑的要求

【解析】根据《建筑抗震设计规范》（GB 50011—2010）（2016年版）3.3.3条，建筑场地为Ⅲ、Ⅳ类时，对设计基本地震加速度为0.15g和0.30g的地区，除本规范另有规定外，宜分别按抗震设防烈度8度（0.20g）和9度（0.40g）时各抗震设防类别建筑的要求采取抗震构造措施。

【考点】Ⅲ、Ⅳ类场地的抗震构造措施要求。

104.（2016－A－32）下列哪种说法不符合《建筑抗震设计规范》（GB 50011—2010）的规定？（　　）

（A）同一结构单元的基础不宜设置在性质截然不同的地基上

（B）同一结构单元不允许部分采用天然地基部分采用桩基

（C）处于液化土中的桩基承台周围，宜用密实干土填筑夯实

（D）天然地基基础抗震验算时，应采用地震作用效应标准组合

【解析】参见《建筑抗震设计规范》（GB 50011—2010）（2016年版）3.3.4条、4.4.4条、4.2.2条。

根据3.3.4条第1款，同一结构单元的基础不宜设置在性质截然不同的地基上，选项A正确。

根据3.3.4条第2款，同一结构单元不宜部分采用天然地基部分采用桩基，选项B错误。

根据4.4.4条，处于液化土中的桩基承台周围，宜用密实干土填筑夯实，选项C正确。

根据4.2.2条，天然地基基础抗震验算时，应采用地震作用效应标准组合，且地基抗震承载力应取地基承载力特征值乘以地基抗震承载力调整系数计算，选项D正确。

【考点】地基抗震相关规定。

【参考答案】B

105.（2018-A-64）下列关于建筑场地地震效应及抗震设计的描述，正确的是哪几项？（　　）

（A）饱和砂土和粉土，当实测标准贯入击数小于液化判别标准贯入击数临界值时，应判定为液化土

（B）对于饱和的中、粗砂和砾砂土，可不进行液化判别

（C）非液化土中低承台桩基抗震验算时，其单桩竖向和水平向抗震承载力特征值可比非抗震设计值提高25%

（D）地基液化等级为中等的丁类设防建筑，可不采取抗液化措施

【解析】根据《建筑抗震设计规范》（GB 50011—2010）（2016年版）第4.3.4条，选项A正确，选项B错误；根据第4.4.2条第1款，选项C正确；根据第4.3.6条表4.3.6，选项D正确。

【考点】液化判别及抗液化措施。

【参考答案】ACD

106.（2019-A-33）地基土抗震容许承载力调整系数 K 与下列哪项因素无关？（　　）

（A）岩土性状 　　　　　　　　　　（B）岩土类别

（C）场地类别 　　　　　　　　　　（D）地基承载力基本容许值

【解析】根据《建筑抗震设计规范》（GB 50011—2010）（2016年版）4.2.3条以及表4.2.3，影响抗震容许承载力调整系数 K 的因素有地基土的性状、类别，以及地基承载力基本容许值。

【考点】地基土抗震容许承载力调整。

【参考答案】C

13.5.2 地震作用下竖向承载力

107.（2009-B-67）验算天然地基地震作用下的竖向承载力时，下列（　　）是正确的。

（A）基础底面压力按地震作用效应标准组合并采用"拟静力"法计算

（B）抗震承载力特征值较静力荷载下承载力特征值有所降低

（C）地震作用下结构可靠度容许有一定程度降低

（D）对于多层砌体房屋，在地震作用下基础底面不宜出现零应力区

【解析】参见《建筑抗震设计规范》（GB 50011—2010）（2016年版）4.2.4条文说明、4.2.3、4.2.2条文说明、4.2.4条。

根据4.2.4条文说明：地基基础的抗震验算，一般采用所谓"拟静力法"，此法假定地震作用如同静力，然后在这种条件下验算地基和基础的承载力和稳定性，选项A正确。

根据4.2.3条：$f_{aE}=\zeta_a f_a$，$\zeta_a \geqslant 1$，抗震承载力特征值较静力荷载下承载力特征值不会降低，选项B错误。

根据4.2.2条文说明：在天然地震抗震验算中，对地基土承载力特征值调整系数的规定，主要参考国内外资料和相关规范的规定，考虑了地基土在有限次循环动力作用下强度一般较静强度提高和地震作用下结构可靠度容许有一定程度降低这两个因素，选项C正确。

根据4.2.4条：高宽比大于4的高层建筑，在地震作用下基础底面不宜出现脱离区（零应力区）；其

他建筑，基础底面与地基土之间脱离区（零应力区）面积不应超过基础底面面积的15%，选项D错误。

【考点】地基抗震相关知识。

108.（2011－A－66）地震烈度7度区，地面下无液化土层，采用低承台桩基，承台周围无软土（$f_{ak}>120kPa$），按照《建筑抗震设计规范》（GB 50011—2010）的规定，下列（　　）的情况可以不进行桩基抗震承载力验算。

（A）一般的单层厂房　　　　　　　　　（B）28层框剪结构办公楼

（C）7层（高度21m）框架办公楼　　　（D）33层核心筒框架结构高层住宅

【解析】根据《建筑抗震设计规范》（GB 50011—2010）（2016年版）4.4.1条可知，承受竖向荷载为主的低承台桩基，当地面下无液化土层，且桩承台周围无淤泥、淤泥质土和地基承载力特征值不大于100kPa的填土时，7度和8度时的下列建筑可不进行桩基抗震承载力验算：

（1）一般的单层厂房和单层空旷房屋；

（2）不超过8层且高度在24m以下的一般民用框架房屋；

（3）基础荷载与（2）项相当的多层框架厂房和多层混凝土抗震墙房屋。

【考点】桩基抗震承载力验算条件。

109.（2014－A－65）在抗震防烈度为8度的地区，下列（　　）可不进行天然地基及基础的抗震承载力验算。

（A）一般的单层厂房

（B）规范规定可不进行上部结构抗震验算的建筑

（C）9层的一般民用框架结构房屋

（D）地基为松散砂土层的2层框架结构民用建筑

【解析】参见《建筑抗震设计规范》（GB 50011—2010）（2016年版）4.2.1条。

根据4.2.1条第1款、4.2.1条第2款，《建筑抗震设计规范》规定可不进行上部结构抗震验算的建筑，一般的单层厂房和单层空旷房屋，不进行天然地基及基础的抗震承载力验算。选项A、B正确。

根据4.2.1条第3款：不超过8层且高度在24m以下的一般民用框架和框架－抗震墙房屋，不进行天然地基及基础的抗震承载力验算。9层的一般框架结构房屋应该进行天然地基及基础的抗震承载力验算。选项C错误。

地基主要受力层范围内不存在软弱黏性土层的建筑，可不进行天然地基及基础的抗震承载力验算，松散砂土层承载力一般不大于100kPa，属于软弱土层。选项D错误。

【考点】天然地基及基础的抗震承载力验算。

110.（2017－B－10）某公路桥梁拟采用摩擦型钻孔灌注桩，地层为稍密至中密碎石土。静载试验确定的单桩竖向容许承载力为3000kN，按照《公路工程抗震规范》（JTG B02—2013）进行抗震验算时的单桩竖向容许承载力可采用下列哪个值？（　　）

（A）3000kN　　　（B）3750kN　　　（C）3900kN　　　（D）4500kN

【解析】根据《公路工程抗震规范》（JTG B02—2013）第4.4.1条，非液化地基的桩基，进行抗震验算时，柱桩的地基抗震容许承载力调整系数可取1.5，摩擦桩的地基抗震容许承载力调整系数可根据地基土类别按表4.2.2取值。采用荷载试验确定单桩竖向承载力时，单桩竖向承载力可提高50%，桩基的单桩水平承载力可提高25%。

按照规范原文的表述，摩擦桩按照表4.4.2取值，即3000kN×1.3＝3900kN；但是规范又补充载荷试验确定，增大1.5倍，即为：3000kN×1.5＝4500kN。本题是摩擦桩＋载荷试验，笔者认为采用后者计算，因为规范载荷试验单独列举，应该是包括了所有桩型，只要采用载荷试验，应该按照此执行。

【考点】单桩抗震承载力。

111.（2018-A-36）某建筑工程采用天然地基，地基土为稍密的细砂，经深宽修正后其地基承载力特征值为180kPa，则在地震作用效应标准组合情况下，基础边缘最大压力允许值为列哪个选项？（　　）

（A）180kPa　　　　　　（B）198kPa　　　　　　（C）238kPa　　　　　　（D）270kPa

【解析】参见《建筑抗震设计规范》（GB 50011—2010）（2016年版）4.2.3条、4.2.4条。查规范表4.2.3得：

$\xi=1.1$，$p_{max}\leq1.2f_{aE}=1.2\times1.1\times180kPa=237.6kPa$，取$p_{max}\leq238kPa$。题目中明确时基础边缘的最大压力允许值，暗示偏心荷载下的最大压力，不要忘记乘以1.2倍。

【考点】地震作用下地基承载力的修正。

【参考答案】C

112.（2018-A-67）验算建筑物天然地基的抗震承载力时，正确的做法是下列哪几项？（　　）

（A）地基主要受力层范围内不存在软弱土层的8层不超过24m的框架住宅可不验算

（B）采用地震作用效应标准组合

（C）地基抗震承载力可取大于深宽修正后的地基承载力特征值

（D）地震作用标准组合的基础边缘最大压力可控制在1.5倍基础底面平均压力内

【解析】根据《建筑抗震设计规范》（GB 50011—2010）（2016年版）第4.2.1条第2款3项，选项A正确；根据第4.2.2条，选项B正确；根据地基抗震承载力调整系数根据表4.2.3可知，其大于或等于1，故调整后的抗震承载力大于或等于经深宽修正后的地基承载力特征值，选项C正确；根据第4.2.4条，最大边缘压力控制在1.2倍平均压力内，选项D错误。

【考点】地基及基础抗震验算。

【参考答案】ABC

113.（2019-A-37）某3层建筑，验算天然地基地震作用下的竖向承载力时，下列哪个说法是正确的？（　　）

（A）按地震作用效应标准组合的基础底面平均压力可适当大于地基抗震承载力

（B）按地震作用效应标准组合的基础边缘最大压力不应大于1.25倍地基抗震承载力

（C）在地震作用下基础底面不宜出现零压力区

（D）在地震作用下基础底面与地基土之间零应力区面积不应超过基础底面面积的15%

【解析】参见《建筑抗震设计规范》（GB 50011—2010）（2016年版）4.2.4条。

高宽比大于4的高层建筑，在地震作用下基础底面不宜出现脱离区（零应力区）；其他建筑，基础底面与地基土之间脱离区（零应力区）面积不应超过基础底面面积的15%。3层建筑，不会是高层建筑，所以允许存在零应力区，选项C错误，选项D正确。

地震作用效应标准组合的基地平均压力不能大于地基抗震承载力，选项A错误。

地震作用效应标准组合的基础边缘最大压力不应大于1.2倍地基抗震承载力，选项B错误。

【考点】天然地基抗震承载力验算及规定。

【参考答案】D

114.（2020-B-50）存在液化土层时，下列哪些说法符合《建筑抗震设计规范》（GB 50011—2010）（2016年版）有关桩基设计的规定（　　）。

（A）6~8度设防时，一般的单层厂房可不进行桩基抗震承载力验算

（B）承台埋深较浅时，不宜计入刚性地坪对水平地震作用的分担作用

（C）打入式预制桩基础均可计入打桩对土的挤密作用及桩身对液化土变形限制的有利影响

（D）当打桩后桩间土的标准贯入锤击数值达到不液化的要求时，单桩承载力可不折减

【解析】参见《建筑抗震设计规范》（GB 50011—2010）（2016年版）4.4.1条、4.4.3条。

根据4.4.1条，受竖向荷载为主的低承台桩基，当地面下无液化土层，且桩承台周围无淤泥、淤泥质土和地基承载力特征值不大于100kPa的填土时，6~8度时的一般的单层厂房和单层空旷房屋，可不进行桩基抗震承载力验算，故选项A说法不准确。

根据4.4.3条第1款，承台埋深较浅时，不宜计入承台周围土的抗力或刚性地坪对水平地震作用的

分担作用，故选项 B 正确。

根据 4.4.3 条第 3 款，当平均桩距为 2.5～4 倍桩径且桩数不少于 5×5 时，可计入打桩对土的加密作用及桩身对液化土变形限制的有利影响故选项 C 说法不准确；当打桩后桩间土的标准贯入锤击数值达到不液化的要求时，单桩承载力可不折减，故选项 D 正确。

【考点】抗震条件下，桩基的计算。

【参考答案】BD

115.（2020－B－52）下列关于桩基抗震设计的说法中，哪些符合《建筑抗震设计规范》（GB 5011—2010）（2016 年版）的规定？（　　　）

（A）非液化土中低桩承台条件下，单桩的竖向和水平向抗震承载力特征值，可均比非抗震设计时提高 25%

（B）非液化土中低桩承台条件下，可由承台正面填土与桩基共同承担水平地震作用，并可计入承台底面与地基土间的摩擦力

（C）液化土和震陷软土中桩的配筋范围，应自桩顶至液化深度以下符合全部消除液化沉陷所要求的深度

（D）在液化侧向扩展的地段，应考虑土流动时的侧向作用力，且承受侧向推力的面积应按边桩外缘间的宽度计算

【解析】参见《建筑抗震设计规范》（GB 5011—2010）（2016 年版）4.4.2 条、4.4.5 条、4.4.6 条。

（1）根据 4.4.2 条第 1 款：

单桩的竖向和水平向抗震承载力特征值，可均比非抗震设计时提高 25%，故选项 A 正确；

当承台周围的回填土夯实至干密度不小于现行国家标准《建筑地基基础设计规范》（GB 50007）对填土的要求时，可由承台正面填土与桩共同承担水平地震作用，但不应计入承台底面与地基土间的摩擦力，故选项 B 错误。

（2）根据 4.4.5 条：液化土和震陷软土中桩的配筋范围，应自桩顶至液化深度以下符合全部消除液化沉陷所要求深度，其纵向钢筋应与桩顶部相同，箍筋应加粗和加密，故选项 C 正确。

（3）根据 4.4.6 条：在有液化侧向扩展的地段，桩基除应满足本节中的其他规定外，尚应考虑土流动时的侧向作用力，且承受侧向推力的面积应按边桩外缘间的宽度计算，故选项 D 正确。

【考点】抗震条件下桩基计算的相关规定。

【参考答案】ACD

13.5.3　水平地震作用

116.（2016－A－34，2017－A－34）根据《建筑抗震设计规范》（GB 50011—2010）的规定，结构的水平地震作用标准值 $F_{EK} = \alpha_1 G_{eq}$，下列哪个选项对 α_1 的解释是正确的？（　　　）

（A）地震动峰值加速度

（B）设计基本地震加速度

（C）相应于结构基本自振周期的水平地震影响系数

（D）水平地震影响系数最大值乘以阻尼调整系数

【解析】根据《建筑抗震设计规范》（GB 50011—2010）（2016 年版）5.2.1 节中对公式（5.2.1－1）中 α_1 的解释：相应于结构基本自振周期的水平地震影响系数。

【考点】水平地震作用。

【参考答案】C

13.5.4　水工建筑物抗震设计

117.（2010－A－64）对于水工建筑物的抗震设计来说，关于地震作用，下列（　　　）的说法是不正确的。

（A）一般情况下，水工建筑物可只考虑水平向地震作用

（B）设计烈度为9度的1级土石坝应同时计入水平向和竖向地震作用

（C）各类土石坝，混凝土重力坝的主体部分都应同时考虑顺河流方向和垂直河流方向的水平向地震作用

（D）当同时计算反相正交方向地震的作用效应时，总的地震作用效应可将不同方向的地震作用效应直接相加并乘以遇合系数

【解析】参见《水电工程水工建筑物抗震设计规范》（NB 35047—2015）5.1.1条、5.1.2条、5.1.4条、5.1.7条。

（1）根据第5.1.1条，一般情况下，除渡槽外的水工建筑物可只考虑水平向地震作用，选项A正确。

（2）根据第5.1.2条，设计烈度为Ⅷ、Ⅸ度的1、2级下列水工建筑物：土石坝、重力坝等挡水建筑物，长悬臂、大跨度或高耸的水工混凝土结构，应同时计入水平向和竖向地震作用，选项B正确。

（3）根据第5.1.4条，对于水平向地震作用，一般情况下土石坝、混凝土重力坝，在抗震设计中可只计入顺河流方向的水平向地震作用。两岸陡坡上的重力坝段，宜计入垂直河流方向的水平向地震作用；重要的土石坝，宜专门研究垂直河流方向的水平向地震作用，选项C错误。

（4）根据第5.1.7条，当采用振型分解法同时计算相互正交方向地震的作用效应时，总的地震作用效应可取各相互正交方向地震作用效应的平方总和的方根值，选项D错误。

【考点】考查水工建筑物的抗震设计中关于地震作用的计算规则。

【参考答案】CD

118.（2013－A－68）对于各类水工建筑物抗震设计的考虑，下列（　　）说法是符合《水电工程水工建筑物抗震设计规范》（NB 35047—2015）的。

（A）一般采用基本烈度作为设计烈度

（B）抗震设防类为甲类的水工建筑物，比基本烈度提高2度作为设计烈度

（C）施工期短暂时可不与地震作用组合

（D）空库期可不与地震作用组合

【解析】参见《水电工程水工建筑物抗震设计规范》（NB 35047—2015）3.0.2条。

（1）根据第1款：对依据《中国地震动参数区划图》（GB 18306）确定其设防水准的水工建筑物，对一般工程应取该图中其场址所在地区的地震动峰值加速度的分区值，按场地类别调整后，作为设计水平向地震动峰值加速度代表值，将与之对应的地震基本烈度作为设计烈度；对其中工程抗震设防类别为甲类的水工建筑物，应在基本烈度基础上提高1度作为设计烈度，设计水平向地震动峰值加速度代表值相应增加1倍。选项A正确，选项B错误。

（2）根据第6款：施工期的短暂状况，可不与地震作用组合，选项C正确。

（3）本题按照老规范《水工建筑物抗震设计规范》（DL 5073—2000）（已废止）命题，老规范1.0.6条第5款：空库时，如需要考虑地震作用，可将设计地震加速度代表值减半进行抗震设计，选项D错误。新规范无此条文。

【考点】水工建筑物抗震设计的基本规定。

【参考答案】AC

119.（2014－A－36）某土石坝坝址的勘察资料见表13－5，拟将场地土层开挖15m深度后建造土石坝。按照《水电工程水工建筑物抗震设计规范》（NB 35047—2015）的规定，该工程场地土类型属于（　　）。

表13－5　　　　　　　　　　某土石坝坝址勘察资料

岩土名称	层顶埋深	实测剪切波速（m/s）
粉土	0	140
中砂	15	280
安山岩	30	700

（A）软弱场地土　　（B）中软场地土　　（C）中硬场地土　　（D）坚硬场地土

【解析】根据《水电工程水工建筑物抗震设计规范》（NB 35047—2015）4.1.2条，覆盖层厚度为30m，建基面深度为15m，d_0的取值与《建筑抗震设计规范》（GB 50011—2010）协调，取地面下20m，建基面下的d_0只有5m，即5m的中砂，其等效剪切波速为280m/s，查表4.1.2，中硬场地土，故选项C正确。

【考点】场地类别的划分依据。

【参考答案】C

120.（2014-A-64）按《水电工程水工建筑物抗震设计规范》（NB 35047—2015），进行水工建筑物抗震计算时，下列（　　）的做法是正确的。

（A）采用地震作用与水库最高蓄水位的组合　　（B）一般情况下采用的上游水位为正常蓄水位

（C）对土石坝上游坝坡采用最不利的常遇水位　　（D）采用地震作用与水库的死水位的组合

【解析】参见《水电工程水工建筑物抗震设计规范》5.4.1条、5.4.2条。

（1）根据5.4.1条，一般情况下，水工建筑物作抗震计算时的上游水位可采用正常蓄水位，多年调节水库经论证后可采用低于正常蓄水位的上游水位。

（2）根据5.4.2条，土石坝的上游坝坡，应根据运用条件选用对坝坡抗震稳定最不利的常遇水位进行抗震计算。需要时应将地震作用和常遇的库水降落工况相组合。

【考点】水工建筑物抗震计算中对于水位的要求。

【参考答案】BC

121.（2018-A-66）关于土石坝抗震稳定计算，下列哪些选项的做法符合《水电工程水工建筑物抗震设计规范》（NB 35047—2015）？（　　）

（A）设计烈度为Ⅶ度，坝高160m，同时采用拟静力法和有限元法进行综合分析

（B）覆盖层厚度为50m，同时采用拟静力法和有限元法进行综合分析

（C）采用圆弧法进行拟静力法抗震稳定计算时，不考虑条间作用力的影响

（D）采用有限元法进行土石坝抗震计算时，宜按照材料的非线性动应力-动应变关系，进行动力分析

【解析】根据《水电工程水工建筑抗震设计规范》（NB 35047—2015）第6.1.2条，选项A、B正确；根据第6.1.3条，采用拟静力法计算抗震稳定性时，应采用计及条间力的圆弧法，选项C错误；根据第6.1.6条第2、3款，按照材料的非线性动应力-动应变关系进行地震反应分析，选项D正确。

【考点】土石坝抗震稳定计算的规定。

【参考答案】ABD

122.（2018-A-68）按照《水电工程水工建筑物抗震设计规范》（NB 35047—2015）进行土石坝抗震设计时，下列抗震措施正确的是哪些选项？（　　）

（A）强震区土石坝采用直线形坝轴线

（B）可选用均匀的中砂作为强震区筑坝材料

（C）设计烈度为Ⅷ度时，堆石坝防渗体可采用刚性心墙的形式

（D）设计烈度为Ⅷ度时，坡脚可采取铺盖或压重措施

【解析】参见《水电工程水工建筑物据震设计规范》（NB 35047—2015）6.2.1条、6.2.6条、6.2.2条、6.2.4条。

（1）根据第6.2.1条，强震区修建土石坝，宜采用直线或向上游弯曲的坝轴线，不宜采用向下游弯曲、折线形或S形的坝轴线，选项A正确。

（2）根据第6.2.6条，应选用抗震性能和渗透稳定性较好且级配良好的土石料筑坝。均匀的中砂、细砂及粉土不宜作为强震区筑坝材料，选项B错误。

（3）根据第6.2.2条，设计烈度为Ⅷ、Ⅸ度时，宜选用堆石坝，防渗体不宜采用刚性心墙的形式。选用均质坝时，应设置内部排水系统，降低浸润线，选项C错误。

（4）根据第6.2.4条，设计烈度为Ⅷ、Ⅸ度时，宜加宽坝顶，放缓上部坝坡。坡脚可采取铺盖或压重措施，上部坝坡可采用浆砌块石护坡，上部坝坡内可采用钢筋、土工合成材料或混凝土框架等加固措

施，选项 D 正确。

【考点】土石坝抗震设计。

【参考答案】AD

123.（2019－A－63）采用拟静力法对土石坝进行抗震稳定计算时应符合下列哪些选项的要求？
（　　　）

（A）Ⅰ级土石坝宜采用动力试验测定土体的动态抗剪强度

（B）对于薄心墙坝应采用简化毕肖法计算

（C）瑞典圆弧法不宜用于计算均质坝

（D）对于设计烈度为Ⅷ度，高度 80m 的土石坝，除采用拟静力法进行计算外，应同时对坝体和坝基进行动力分析，综合判定抗震安全性

【解析】参见《水电工程水工建筑物抗震设计规范》（NB 35047—2015）6.1.5 条、附录 A、6.1.10 条、6.1.2 条。

根据 6.1.5 条，1、2 级土石坝宜采用动力试验测定土体的动态抗剪强度，选项 A 正确；

根据 6.1.3 条，对于薄心墙坝，可采用滑楔法计算，选项 B 错误；

根据附录 A 以及 6.1.10 条，瑞典圆弧法适用于计算均质坝，只是规范对于毕肖普法和瑞典圆弧法给定了不同的安全系数，选项 C 错误；

根据 6.1.2 条对于设计烈度为Ⅷ度，高度 80m 的土石坝（大于 70m），除采用拟静力法进行计算外，应同时对坝体和坝基进行动力分析，综合判定抗震安全性。

【考点】土石坝抗震稳定性分析。

【参考答案】AD

124.（2020－A－37）根据《水电工程水工建筑物抗震设计规范》（NB 35047—2015），对于地基中的软弱黏土层，可根据建筑物的类型和具体情况，采用以下抗震措施，其中错误的是下列哪个选项？（　　　）

（A）砂井排水　　　　　（B）振冲碎石桩　　　　　（C）预压加固　　　　　（D）修建挡土墙

【解析】参见《水电工程水工建筑物抗震设计规范》（NB 35047—2015）4.2.9 条。

地基中的软弱黏土层，可根据建筑物的类型和具体情况，选择采用以下抗震措施：

（1）挖除或置换地基中的软弱黏土；

（2）预压加固；

（3）压重和砂井排水、塑料排水板；

（4）桩基或振冲碎石桩等复合地基。

【考点】软弱黏土层的抗震措施。

【参考答案】D

125.（2020－A－67）一般情况下，水工建筑物在进行抗震计算时应考虑下列哪些地震作用？（　　　）

（A）地震动土压力　　　　　　　　　　　　（B）地震动水压力

（C）地震动渗透压力　　　　　　　　　　　（D）建筑物自重和其上荷重所产生的地震惯性力

【解析】参见《水电工程水工建筑物抗震设计规范》（NB 35047—2015）5.2.1 条。

一般情况下，水工建筑物抗震计算应考虑的地震作用为：建筑物自重和其上的荷重所产生的地震惯性力，地震动土压力和地震动水压力，并应考虑地震动孔隙水压力。

【考点】水工建筑物地震作用。

【参考答案】ABD

126.（2020－A－68）根据《水电工程水工建筑物抗震设计规范》（NB 35047—2015）关于土石坝抗震设计，下列说法哪些是正确的？（　　　）

（A）对于需要测定土体动态抗剪强度的土石坝，当动力试验给出的动剪强度大于相应的静态强度时，采用拟静力法计算地震作用时，应取动剪强度值

（B）土石坝采用拟静力法进行抗震稳定计算时，对于 1、2 级土石坝，宜通过动力试验测定土体的动态抗剪强度

（C）材料的动力试验用料应具有代表性

（D）对于黏性土和紧密砂砾石等非液化土在无动力试验资料时，可采用静态有效抗剪强度指标

【解析】参见《水电工程水工建筑物抗震设计规范》（NB 35047—2015）6.1.5 条、6.1.7 条。

根据 6.1.5 条，土石坝采用拟静力法计算地震作用效应并进行抗震稳定计算时，1、2 级土石坝，宜通过动力实验测定土体的动态抗剪强度。当动力试验给出的动态强度高于相应的静态强度时，应取静态强度值。黏性土和紧密砂砾石等非液化土在无动力试验资料时，可采用静态有效抗剪强度指标，对堆石、砂砾石等粗粒无黏性土，宜采用考虑围压影响的非线性静态抗剪强度指标。选项 A 错误，选项 B 正确，选项 D 正确。

根据 6.1.7 条，材料动力试验用料应具有代表性，试验条件应能反映坝体和坝基土体密度状态和固结应力状态。故选项 C 正确。

【考点】土石坝抗震设计参数。

【参考答案】BCD

13.5.5　公路桥梁抗震

127.（2012-A-59）关于公路桥梁抗震设防分类的确定，下列（　　）是符合规范规定的。

（A）三级公路单跨跨径为 200m 的特大桥，定为 B 类

（B）高速公路单跨跨径为 50m 的大桥，定为 B 类

（C）二级公路单跨跨径为 80m 的特大桥，定为 B 类

（D）四级公路单跨跨径为 100m 的特大桥，定为 A 类

【解析】参见《公路工程抗震规范》（JTG B02—2013）表 3.1.1 桥梁抗震设防类别（见表 13-6）。

表 13-6　　　　　　　　　　　　　桥梁抗震设防类别

桥梁抗震设防类别	适用范围
A 类	单跨跨径超过 150m 的特大桥
B 类	单跨跨径不超过 150m 的高速公路、一级公路上的桥梁，单跨跨径不超过 150m 的二级公路上的特大桥、大桥
C 类	二级公路上的中桥、小桥，单跨跨径不超过 150m 的三、四级公路上的特大桥、大桥
D 类	三、四级公路上的中桥、小桥

【考点】《公路工程抗震规范》公路桥梁抗震设防分类。

【参考答案】BC

128.（2018-A-32）根据《公路工程抗震规范》（JTG B02—2013）的有关规定，下列阐述错误的是哪个选项？（　　）

（A）当路线难以避开不稳定的悬崖峭壁地段时，宜采用隧道方案

（B）当路线必须平行于发震断裂带布设时，宜布设在断裂带的上盘

（C）当路线必须穿过发震断裂带时，宜布设在破碎带较窄的部位

（D）不宜在地形陡峭、岩体风化、裂缝发育的山体修建大跨度傍山隧道

【解析】根据《公路工程抗震规范》（JTG B02—2013）第 3.6.7 条，选项 A 正确；根据第 3.6.2 条，必须平行于发震断裂带布设时，宜布设在断裂带的下盘，故选项 B 错误，选项 C 正确；根据第 3.6.6 条，选项 D 正确。

【考点】公路选线原则。

【参考答案】B

129.（2018-A-37）某公路路堤，高度 10m，在进行抗震稳定性验算时，下列说法中哪个选项是正确的？（　　）

（A）应考虑垂直路线走向的水平地震作用和竖向地震作用

（B）应考虑平行路线走向的水平地震作用和竖向地震作用

（C）只考虑垂直路线走向的水平地震作用

（D）只考虑竖向地震作用

【解析】根据《公路工程抗震规范》（JTG B02—2013）第 8.2.3 条，本题情况属于规范中其余情况，只需考虑垂直路线走向的水平地震作用。

【考点】公路路堤地震作用验算。

【参考答案】C

130.（2019—A—36）按静力法计算公路挡土墙的水平地震作用时，下列哪个选项是错误的？（　　　）

（A）综合影响系数取值与挡土墙的结构形式相关

（B）抗震重要性修正系数与公路等级和构筑物重要程度相关

（C）水平向设计基本地震动峰值加速度与地震基本烈度相关

（D）计算挡墙底面地震荷载作用时，水平地震作用分布系数取 1.8

【解析】根据《公路工程抗震规范》（JTG B02—2013）7.2.3 条：计算挡墙底面地震荷载作用时，水平地震作用分布系数取 1.0。

【考点】公路挡土墙地震作用计算。

【参考答案】D

13.5.6 抗震措施

131.（2012—A—30）某地区设计地震基本加速度为 0.15g，建筑场地类别为Ⅲ类，当规范无其他特别规定时，宜按下列（　　　）抗震设防烈度（设计基本地震加速度）对建筑采取抗震构造措施。

（A）7 度（0.10g）　　　（B）7 度（0.15g）　　　（C）8 度（0.20g）　　　（D）8 度（0.30g）

【解析】根据《建筑抗震设计规范》（GB 50011—2010）（2016 年版）3.3.3 条，建筑场地类别为Ⅲ、Ⅳ类时，对设计基本地震加速度为 0.15g 和 0.30g 的地区，除《建筑抗震设计规范》另有规定外，宜分别按抗震设防烈度 8 度（0.20g）和 9 度（0.40g）时各抗震设防类别建筑的要求采取抗震构造措施。

【考点】《建筑抗震设计规范》抗震设防烈度。

【参考答案】C

132.（2017—A—36）建筑设计中，抗震措施不包括下列哪项内容？（　　　）

（A）加设基础圈梁　　　　　　　　　（B）内力调整措施

（C）地震作用计算　　　　　　　　　（D）增强上部结构刚度

【解析】地震作用计算不是抗震措施，选项 C 错误。

【考点】抗震措施。

【参考答案】C

133.（2020—A—65）按照《公路工程抗震规范》（JTG B02—2013）的规定，在发震断层及其临近地段进行布设路线和选择隧址时，下列哪些做法是正确的？（　　　）

（A）路线宜布置在破碎带较窄的部位

（B）路线宜布设在断层的上盘上

（C）线路设计宜采用低填浅挖方案

（D）在液化土地区，线路宜选择在上覆层较厚处通过，并宜设置高路堤

【解析】参见《公路工程抗震规范》（JTG B02—2013）3.6.2 条、3.6.10 条。

根据 3.6.2 条，路线布设应远离发震断裂带。必须穿过时，宜布设在破碎带较窄的部位；必须平行于发震断裂布设时，宜布设在断裂带的下盘，并宜有对应的修复预案和保通预案。故选项 A 正确，选项 B 错误。

根据 3.6.10 条，液化土和软土地区，路线宜选择在上覆层较厚处通过，并宜设置低路堤。选项 D 错误，选项 C 正确。

【考点】公路选址抗震措施。

【参考答案】AC

14 线 路 工 程

14.1 路 基 工 程

14.1.1 路基基本组成及基本设计原则

■ **路基基床材料**

1.（2010-B-54）在饱和软黏土地基中的工程，下列关于抗剪强度选取的说法，（　　）是正确的。

（A）快速填筑路基的地基稳定分析使用地基土的不排水抗剪强度

（B）快速开挖的基坑支护结构上的土压力计算可使用地基土的固结不排水抗剪强度

（C）快速修建的建筑物地基承载力特征值采用不排水抗剪强度

（D）大面积预压渗流固结处理以后的地基上的快速填筑填方路基稳定分析可用固结排水抗剪强度

【解析】（1）依据《公路桥涵地基与基础设计规范》（JTG 3363—2019）第 4.3.5 条、《铁路工程特殊岩土勘察规程》（TB 10038—2012）6.2.4 条文说明：快速填筑的路基、快速修建的建筑物地基，其承载力计算采用地基土的不排水抗剪强度计算。因此选项 A、C 正确。

（2）《建筑基坑支护技术规范》（JGJ 120—2012）第 3.1.14 条：饱和软黏土地基的基坑土压力计算可采用三轴固结不排水抗剪切强度指标或者直剪固结快剪强度指标。因此选项 B 正确。

（3）预压渗流固结后，已经完成了固结排水，应采用固结排水抗剪强度，选项 D 错误。

【考点】 土的抗剪强度。

【参考答案】ABC

2.（2016-B-56）根据《铁路路基设计规范》（TB 10001—2016），下列哪些选项符合铁路路基基床填料的选用要求？（　　）

（A）Ⅰ级铁路的基床底层填料应选用 A、B 组填料，否则应采取土质改良或加固措施

（B）Ⅱ级铁路的基床底层填料应选用 A、B 组填料，若选用 C 组填料时，其塑性指数不得大于 12，液限不得大于 31%，否则应采取土质改良或加固措施

（C）基床表层选用砾石类土作为填料时，应采用孔隙率和地基系数作为压实控制指标

（D）基床表层选用改良土作为填料时，应采用压实系数和地基系数作为压实控制指标

【解析】（1）根据《铁路路基设计规范》（TB 10001—2005）规定，基床填料主要依据铁路等级Ⅰ、Ⅱ级不同选用不同的填料，而《铁路路基设计规范》（TB 10001—2016）则更加详细，结合铁路等级与设计速度不同而选用填料类别。

（2）根据《铁路路基设计规范》（TB 10001—2016）表 6.3.2，将新旧规范进行对比分析，可将铁路等级Ⅰ对应客货共线铁路设计速度大于 120km/h，可选用砾石类、碎石类及砂类土中的 A、B 组填料或化学改良土。铁路等级Ⅱ对应客货共线铁路设计速度小于或等于 120km/h，可选用砾石类、碎石类及砂类土中的 A、B、C1、C2 组填料或化学改良土。故选项 A 对，选项 B 错。

（3）根据《铁路路基设计规范》（TB 10001—2016）6.5.1 条第 1 款，无砟轨道铁路、高速铁路及重载铁路采用砾石类应采用压实系数、地基系数、动态变形模量作为控制指标；其余铁路采用砾石类应采用压实系数、地基系数作为控制指标。故选项 C 错。

（4）根据《铁路路基设计规范》（TB 10001—2016）6.5.1 条第 2 款，化学改良土应采用压实系数及 7d 饱和无侧限抗压强度作为控制指标。故选项 D 错。

新旧规范对于基床填料的选用及填料粒组的定义已经截然不同，此题原采用旧规范作答，现采用新

规范作答已经不太合适，仅供参考。

【考点】铁路路基基床填料。

■ **基础埋深**

3.（2016－B－2）某大桥墩台位于河床之上，河床土质为碎石类土，河床自然演变冲刷深度1.0m，一般冲刷深度1.2m，局部冲刷深度0.8m，根据《公路桥涵地基与基础设计规范》（JTG 3363—2019），墩台基础基底埋深安全值最小选择下列何值？（　　　）

（A）1.2m　　　　　　（B）1.8m　　　　　　（C）2.6m　　　　　　（D）3.0m

【解析】根据《公路桥涵地基与基础设计规范》（JTG 3363—2019）表5.1.1可以知道，总冲刷深度为1m＋1.2m＋0.8m＝3m。对于大桥来说可以用表格中0和5m的数值进行差值计算得到安全埋深为1.8m，答案选择B。

【考点】墩台基础基底埋深的确定。

【参考答案】B

■ **路基设计原则**

4.（2011－B－15）新建高铁填方路基设计时，控制性的路基变形是（　　　）。

（A）差异沉降量　　　　（B）最终沉降量　　　　（C）工后沉降量　　　　（D）侧向位移量

【解析】根据《铁路路基设计规范》（TB 10001—2016）3.3.6条，得到填方路基设计时，控制性的路基变形是工后沉降量。

【考点】路基设计。

【参考答案】C

5.（2013－B－54）根据《公路路基设计规范》（JTG D30—2015），下列有关路基的规定，（　　　）是正确的。

（A）对填方路基，应优先选用粗粒土作为填料。液限大于50%，塑性指数大于26的细粒土，不得直接作为填料

（B）对于挖方路基，当路堑边坡有地下水渗出时，应设置渗沟和仰斜式排水孔

（C）路基处于填挖交接处时，对挖方区路床0.80m范围内土体应超挖回填碾压

（D）高填方路堤的堤身稳定性可采用简化Bishop法计算，稳定安全系数宜取1.2

【解析】参见《公路路基设计规范》（JTG D30—2015）3.3.3条、3.4.5条、3.5.3条、3.6.9条、表3.6.11。

（1）依据3.3.3条第1款、第4款可知选项A正确。

（2）依据3.4.5条可知选项B正确。

（3）依据3.5.3条可知选项C错误。选项C原为2004版规范原文，现有规范已经进行了修改。

（4）依据3.6.9条及表3.6.11，路堤的堤身稳定性可采用简化Bishop法计算，其稳定安全系数依据工况及公路等级选择。选项D错误。

【考点】公路路基。

【参考答案】AB

6.（2013－B－6）某河滨路堤，设计水位标高20m，壅水高1m，波浪侵袭高度0.3m，斜水流局部冲高0.5m，河床淤积影响高度0.2m，根据《铁路路基设计规范》（TB 10001—2016），该路堤设计路肩高程应不低于（　　　）。

（A）21.7m　　　　　　（B）22.0m　　　　　　（C）22.2m　　　　　　（D）22.5m

【解析】参见《铁路路基设计规范》（TB 10001—2016）3.1.2条、3.1.9条。

路肩高程＝1/100设计水位＋壅水高＋波浪侵袭高与斜水流局部冲高二者中的较大值
　　　　　＋河床淤积影响高度＋0.5m
　　　　＝20m＋1m＋0.5m＋0.2m＋0.5m＝22.2m

【考点】考查路堤设计路肩高程的计算。

【参考答案】C

7.（2020-A-49）根据《铁路路基支挡结构设计规范》（TB 10025—2019）进行铁路挡土墙设计时，下列哪些选项中的力为特殊力（　　　）。

（A）波浪力　　　　　　（B）冰压力　　　　　　（C）地震力　　　　　　（D）施工荷载

【解析】参见《铁路路基支挡结构设计规范》（TB 10025—2019）4.1.1 条表 4.1.1。特殊力包括偶然荷载中的地震力、冲击力等，以及可变荷载中的施工及临时荷载等。波浪力、冰压力属于附加力中的可变荷载。

【考点】铁路规范系中主力、附加力以及特殊力的范畴。

【参考答案】CD

8.（2020-A-56）据《公路路基设计规范》（JIG D30—2015），某二级公路地基上对原有路基拓宽时，措施合适的是下列哪些选项？（　　　）

（A）当相邻软土地基采用排水固结法处理且沉降已稳定时，拓宽路基采用与原地基相同地基处理方法和施工参数

（B）当采用排水固结法处理时，拓宽路基先降低地下水位排水清淤

（C）当路基填筑高度不满足规范要求时，应增设排水垫层

（D）对拓路基增强补压

【解析】（1）根据《公路路基设计规范》（JIG D30—2015）6.3.2 条，拓宽改建公路路基高程应满足规范第 3.1.3 条的要求，但路基填筑高度不满足《公路路基设计规范》3.3.2 条的要求时，应采取增设排水垫层或地下排水渗沟等措施处理，故选项 C 正确。

（2）根据《公路路基设计规范》（JIG D30—2015）6.3.3 条：拓宽路基的地基处理、路基基底处理、路基填料的最小强度和压实度等应满足改建后相应等级公路的技术要求，二级公路改建时，可根据需要进行增强补压。故选项 A、B 错误，选项 D 正确。

【考点】公路路基拓宽的地基处理规定。

【参考答案】CD

14.1.2　路基支挡与加固

■ 概述

9.（2020-B-20）关于铁路路基支挡结构，说法错误的是哪个选项？（　　　）

（A）路肩挡土墙墙顶高出地面 2m 且连续长度大于 10m 时应设置防护栏杆

（B）挡土墙应采用总安全系数法进行抗滑动稳定性检算

（C）地震区铁路路堑支挡结构宜采用重力式挡土墙、桩板式挡土墙等结构形式

（D）钢筋混凝土构件应按容许应力法进行偏心验算

【解析】参见《铁路路基设计规范》（TB 10001—2016）11.1.4 条、11.2.2 条、11.3.4 条、11.2.4 条。

（1）根据 11.1.4 条，高出地面 2m 且连续长度大于 10m 时，应设置防护栏杆，选项 A 正确。

（2）根据 11.2.2 条，挡土墙应采用总安全系数法，选项 B 正确。

（3）根据 11.3.4 条，地震地区铁路路堑设置支挡结构时宜选择桩板式挡土墙、预应力锚索、重力式挡土墙等结构形式，铁路路堤设置支挡结构时宜选择悬臂式挡土墙、板桩式挡土墙、加筋土挡土墙、抗滑桩、重力式挡土墙等结构形式，选项 C 正确。

（4）根据 11.2.4 条第 1 款，钢筋混凝土构件宜按《混凝土结构设计规范》（GB 50010）进行抗弯、抗剪、抗拉、抗压、抗扭、挠度和裂缝宽度等验算，荷载分项系数应按《铁路路基支挡结构设计规范》（TB 10025）的规定取值，故选项 D 错误。

【考点】铁路路基支挡结构的计算规定。

【参考答案】D

■ 土钉墙

10.（2017-B-21）按照《铁路路基支挡结构设计规范》（TB 10025—2019），下列哪个选项中的地段最适合采用土钉墙？（　　　）

（A）中等腐蚀性土层地段 （B）硬塑状残积黏性土地段

（C）膨胀土地段 （D）松散的砂土地段

【解析】根据《铁路路基支挡结构设计规范》（TB 10025—2019）10.1.1 条，土钉墙适用于一般地区和地震地区土质及破碎软弱岩质路堑地段，有腐蚀性地层、膨胀土地段、松散的土质边坡以及地下水较发育地段，不宜采用土钉墙，因此选项 A、C、D 均不适合。

【考点】土钉墙。

【参考答案】B

■ 加筋土挡土墙

11.（2009—A—35）在选择加筋土挡墙的拉筋材料时，下列（　）是拉筋不需要的性能。

（A）抗拉强度大 （B）与填料之间有足够的摩擦力

（C）有较好的耐久性 （D）有较大的延伸率

【解析】根据《铁路路基支挡结构设计规范》（TB 10025—2019）5.4.3 条得到拉筋要有低延伸率，所以选 D。

【考点】加筋土挡土墙。

【参考答案】D

12.（2010—B—16）下列（　）中的土不得用于加筋土挡墙的填料。

（A）砂土 （B）块石土 （C）砾石土 （D）碎石土

【解析】根据《铁路路基支挡结构设计规范》（TB 10025—2019）第 8.3.5 条，填料应分层填筑压实，填料压实标准应符合现行《铁路路基设计规范》（TB 10001—2016）。填料与筋带直接接触部分不应含有尖锐棱角的块体，填料中最大粒径不应大于 10cm，且不应大于单层填料压实厚度的 1/3。

【考点】加筋挡土墙。

【参考答案】B

■ 无肋柱锚杆挡墙

13.（2016—B—21）某 10m 高的铁路路堑岩质边坡，拟采用现浇无肋柱锚杆挡墙，其墙面板的内力宜按下列哪个选项计算？（　）

（A）单向板 （B）简支板 （C）连续梁 （D）简支梁

【解析】《铁路路基支挡结构设计规范》（TB 10025—2005）6.2.6 条：现场灌筑的无肋柱式锚杆挡土墙，其墙面板的内力可分别沿竖直方向和水平方向取单位宽度按连续梁计算。故选项 C 正确。

参见《铁路路基支挡结构设计规范》（TB 10025—2019）。依据 11.1.1 条，锚杆挡土墙形式分为肋板式、板壁式、格构式、柱板式，已经取消"无肋柱式"结构形式。根据 11.2.3 条，可以近似认为板壁式锚杆挡土墙，为锚杆为支点的连续梁。依据第 11.2.5 条第 2 款，当锚杆为两层时采用简支梁计算，超过两层时应按连续梁计算。

【考点】无肋柱锚杆挡墙。

【参考答案】C

■ 抗滑桩

14.（2018—B—18）拟采用抗滑桩治理某铁路滑坡时，下列哪个选项对抗滑桩设计可不考虑？（　）

（A）桩身内力 （B）抗滑桩桩端的极限端阻力

（C）滑坡推力 （D）抗滑桩的嵌固深度

【解析】根据《铁路路基支挡结构设计规范》（TB 10025—2019）第 13.2.1 条，锚固段抗力应以地层水平抗力为主，设计时可不计桩身重力、桩侧摩阻力、黏聚力和桩底反力（即桩端阻力），所以选项 B 不考虑。

【考点】主要考查抗滑桩治理滑坡时设计要素。

【参考答案】B

14.1.3 路基防护与排水

■ 路基防护

15.（2009−A−37）坡率为 1:2 的稳定的土质路基边坡，按《公路路基设计规范》（JTG D30—2015），公路路基坡面防护最适合（　　）。

（A）植物防护

（B）锚杆网格喷浆混凝土防护

（C）预应力锚索混凝土框架植被防护

（D）对坡面全封闭的抹面防护

【解析】根据《公路路基设计规范》（JTG D30—2015）表 5.2.1，植物防护（优先选择）可用于坡率不陡于 1:1 的土质边坡防护，得到选项 A 合适。

【考点】路基防护与支挡。

【参考答案】A

16.（2009−A−63）软土地区修建公路路基路堤采用反压护道措施，下列（　　）是正确的。

（A）反压护道应与路堤同时填筑

（B）路堤两侧反压护道的宽度必须相等

（C）路堤两侧反压护道的高度越高越有利

（D）采用反压护道的主要作用是保证路堤稳定性

【解析】反压护道指的是为防止软弱地基产生剪切、滑移，保证路基稳定，对积水路段和填土高度超过临界高度路段在路堤一侧或两侧填筑起反压作用的具有一定宽度和厚度的土体。反压护道应与路堤同时填筑。

根据《公路路基设计规范》（JTG D30—2015）7.7.5 条第 5 款：反压护道可在路堤的一侧或两侧设置，其高度不宜超过路堤高度的 1/2，其宽度应通过稳定计算确定。

【考点】反压护道。

【参考答案】AD

17.（2011−B−53）在软弱地基上修建的土质路堤，采用下列（　　）的工程措施可加强软土地基的稳定性。

（A）在路堤坡脚增设反压护道

（B）加大路堤坡角

（C）增加填筑体的密实度

（D）对软弱地基进行加固处理

【解析】根据规范《公路路基设计规范》（JTG D30—2015）7.7.4 条、7.7.5 条得到选项 A、D 正确。

【考点】软土路堤加固措施。

【参考答案】AD

18.（2013−B−23）下列关于柔性网边坡防护的叙述中，（　　）是错误的。

（A）采用柔性网防护解决不了边坡的整体稳定性问题

（B）采用柔性网对边坡进行防护的主要原因是其具有很好的透水性

（C）柔性网分主动型和被动型两种

（D）柔性网主要适用于岩质边坡的防护

【解析】根据《公路路基设计规范》（JTG D30—2015）7.3.3 条第 4 款及条文说明：选项 A、C、D 均正确。柔性防护系统分为主动和被动，主动由系统锚杆和防护网组成，被动由拦截网组成，柔性网防护和透水性无关。

【考点】柔性防护网。

【参考答案】B

19.（2014−B−19）根据《铁路路基设计规范》（TB 10001—2016），对沿河铁路冲刷防护工程设计的说法中，下列（　　）是错误的。

（A）防护工程基底应埋设在冲刷深度以下不小于 1.0m 或嵌入基岩内

（B）冲刷防护工程应与上下游岸坡平顺连接，端部嵌入岸壁足够深度

（C）防护工程顶面高程，应为设计水位加壅水高再加 0.5m

（D）在流速为 4～8m/s 的河段，主流冲刷的路堤边坡，可采用 0.3～0.6m 厚度的浆砌片石护坡

【解析】此题原依据《铁路路基设计规范》（TB 10001—2005）作答。

选项 B 与选项 C 均为旧规范知识。

《铁路路基设计规范》（TB 10001—2005）10.3.4 条：冲刷防护工程应与上下游岸坡平顺连接、端部嵌入岸壁足够深度，以防止恶化上下游的水文条件。故选项 B 正确。10.3.3 条：冲刷防护工程顶面高程，应为设计水位加波浪侵袭高加壅水高加 0.5m，所以选项 C 错误，选择 C。

选项 A、D 新旧规范均有涉及。

根据《铁路路基设计规范》（TB 10001—2016）12.4.5 条第 1 款：用于河流冲刷或岸坡的护坡，应埋设在冲刷深度以下不小于 1.0m 或嵌入基岩内不小于 0.2m。根据 12.4.5 条文说明：地基要埋置在冲刷深度线以下不小于 1.0m 或嵌入基岩内。选项 A 正确。

根据《铁路路基设计规范》（TB 10001—2016）12.4.2 条第 2 款：浆砌片石或混凝土护坡用于受主流冲刷、流速不大于 8m/s，波浪作用强烈的地段。根据 12.4.4 条：浆砌片石护坡厚度不宜小于 0.3m。选项 D 正确。

【考点】路基支挡及防护。

【参考答案】C

20.（2018－B－15）某铁路土质路堤边坡坡高 6m，拟采用浆砌片石骨架护坡。以下拟定的几项护坡设计内容，哪个选项不满足规范要求？（　　）

（A）设单级边坡，坡率 1:0.75

（B）采用浆砌片石砌筑方格型骨架，骨架间距 3m

（C）骨架内种植草灌防护其坡面

（D）骨架嵌入边坡的深度为 0.5m

【解析】根据《铁路路基设计规范》（TB 10001—2016）第 12.3.4 条，选项 A 错误；根据第 12.3.3 条及 12.3.5 条，选项 B、C、D 正确。

【考点】主要考查铁路土质路堤边坡设计要求。

【参考答案】A

21.（2018－B－57）根据《公路路基设计规范》（JTG D30—2015），公路边坡的坡面采用工程防护时，以下哪些选项是不对的？（　　）

（A）边坡坡率为 1:1.5 的土质边坡采用干砌片石护坡

（B）边坡坡率为 1:0.5 的土质边坡采用喷混植生护坡

（C）边坡坡率为 1:0.5 的易风化剥落的岩石边坡采用护面墙护坡

（D）边坡坡率为 1:0.5 的高速公路岩石边坡采用喷射混凝土护坡

【解析】根据《公路路基设计规范》（JTG D30—2015）表 5.2.1，选项 B、D 错误，干砌片石护坡可用于坡率不陡于 1:1.25 的土质边坡或者岩质边坡防护，选项 A 是正确的，选项 C 正确。

【考点】主要考查边坡坡面工程防护。

【参考答案】BD

22.（2017－B－57）某公路路基的下边坡处于沿河地段，河水最大流速为 5.2m/s，为防止河流冲刷路基边坡，提出了如下的防护方案，下列哪些方案是可以采用的？（　　）

（A）植被护坡　　　　　（B）浆砌片石护坡　　　　（C）土工膜袋护坡　　　　（D）浸水挡土墙护坡

【解析】根据《公路路基设计规范》（JTG D30—2015）第 5.3.1 条表 5.3.1（见表 14－1）：流速 5.2m/s，选砌石或混凝土护坡、或浸水挡墙。

表 14－1　　　　　　　　　　表 5.3.1　冲刷防护工程类型及适用条件

防护类型	适用条件
植物防护	可用于允许流速为 1.2～1.8m/s、水流方向与公路路线近似平行、不受洪水主流冲刷的季节性水流冲刷地段防护。经常浸水或长期浸水的路堤边坡，不宜采用
砌石或混凝土护坡	可用于允许流速为 2～8m/s 的路堤边坡防护

防护类型		适用条件
土工织物软体沉排、土工膜袋		可用于允许流速为 2～3m/s 的沿河路基冲刷防护
石笼防护		可用于允许流速为 4～5m/s 的沿河路堤坡脚或河岸防护
浸水挡墙		可用于允许流速为 5～8m/s 的峡谷急流和水流冲刷严重的河段
护坦防护		可用于沿河路基挡土墙或护坡的局部冲刷深度过大、深基础施工不便的路段
抛石防护		可用于经常浸水且水深较大的路基边坡或坡脚以及挡土墙、护坡的基础防护
排桩防护		可用于局部冲刷深度过大的河湾或宽浅性河流的防护
导流	丁坝	可用于宽浅性河段，保护河岸或路基不受水流直接冲蚀而产生破坏
	顺坝	可用于河床断面较窄、基础地质条件较差的河岸或沿河路基防护，以调整流水曲度和改善流态

【考点】冲刷边坡防护。

【参考答案】BD

■ 路基排水

23.（2017-B-20）对铁路路基有危害的地面水，应采取措施拦截引排至路基范围以外。下面哪项措施不符合规范要求？（　　）

（A）在路堤天然护道外，设置单侧或双侧排水沟

（B）对于路堑，应于路肩两侧设置侧沟

（C）天沟直接向路堑侧沟排水时，应设置急流槽连接天沟和侧沟，并在急流槽出口处设置消能池

（D）路堑地段侧沟的纵坡应不小于 2%，沟底宽不小于 0.8m

【解析】根据《铁路路基设计规范》（TB 10001—2016）13.2.9 条：排水沟应设置在天然护道外，可根据地势情况等单侧或双侧布置。选项 A 正确

根据 13.2.10 条第 1 款：路肩外侧应设置侧沟。选项 B 正确

根据 13.2.10 条第 7 款：天沟水不应排至路堑侧沟。当受地形限制，需要将天沟水通过急流槽（吊沟）或急流管引入侧沟排出时，应根据流量调整侧沟尺寸，并对进出口进行加固和消能等处理，设置排水墙。选项 C 正确

根据 13.2.5 条：沟底纵坡不宜小于 0.2%，且 2016 版对沟底宽度没有明确要求。选项 D 错误。

【考点】铁路路基排水。

【参考答案】D

24.（2019-B-17）关于路基排水，下列哪个选项的说法是正确的？（　　）

（A）边沟沟底纵坡应大于路线纵坡，困难情况下可适当增加纵坡

（B）路堑边坡截水沟应设置在坡口 5m 以外，岩坡面顺接至路堑边沟

（C）暗沟沟底纵坡不宜小于 5%，出水口应与地表水排水沟顺接

（D）仰斜式排水孔的仰角不宜小于 6°，水流宜引入路堑边沟

【解析】参见《公路路基设计规范》（JTG D30—2015）4.2.4 条、4.2.5 条、4.3.4 条、4.3.6 条。

第 4.2.4 条：边沟沟底纵坡宜与路线纵坡一致，困难情况下，可减小至 0.1%，因此选项 A 错误。

第 4.2.5 条：挖方路基的堑顶截水沟应设置在坡口 5m 以外，截水沟的水流应排至路界之外，不宜引入路堑边沟，因此选项 B 错误。

第 4.3.4 条：暗沟、暗管沟底的纵坡不宜小于 1.0%，出水口处应加大纵坡，并高出地表排水沟常水位 0.2m 以上，因此选项 C 错误。

第 4.3.6 条：仰斜式排水孔的仰角不宜小于 6°，因此选项 D 正确。

【考点】路基排水。

【参考答案】D

14.1.4 特殊路基防护

■ 防护措施

25.（2018-B-17）根据《公路路基设计规范》（JTG D30—2015），当公路路基经过特殊土地段时，以下哪个选项是错误的？（　　）

（A）公路经过红黏土地层时，路堑边坡设计应遵循"缓坡率、固坡脚"的原则，同时加强排水措施

（B）公路通过膨胀土地段时，路基设计应以防水、控湿、防风化为主，应对路堑路床 0.8m 范围内的膨胀土进行超挖，换填级配良好的砂砾石

（C）公路通过不稳定多年冻土区时，路堤填料的取土坑应选择饱冰、富冰的冻土地段

（D）滨海软土区路基外海侧坡面应采用块石护坡，坡底部应设置抛石棱体

【解析】根据《公路路基设计规范》（JTG D30—2015）第7.8.5条第2、3款，路堑边坡设计应遵循"放缓坡率、加宽平台、加固坡脚"的原则。路堑边坡应设置完善的路基地表和地下排水系统，故选项A正确；根据第7.9.1条第5条款，膨胀土地区路基设计应以防水、控湿、防风化为主。根据7.9.7条第3条款，一般处理 0.8m 深，对于强膨胀土地区，加深至 1.0～1.5m，选项B正确；根据第7.12.8条第3款，饱冰、富冰冻土及含土冰层地段不得取土，故选项C错误。根据第7.17.5条第1、3款，选项D正确。

【考点】特殊土地区的路基设计。

【参考答案】C

14.2 隧 道 工 程

14.2.1 隧道分类

26.（2020-A-15）根据《铁路隧道设计规范》（TB 10003—2016），全长 5km 的铁路隧道属于下列哪种类型的隧道？（　　）

（A）特长隧道　　　　（B）长隧道　　　　（C）中长隧道　　　　（D）短隧道

【解析】根据《铁路隧道设计规范》（TB 10003—2016）1.0.5 条，隧道按其长度分类见表14-2。

表 14-2　　　　　　　　　　　　　　　隧 道 按 长 度 分 类

短隧道	$L \leqslant 500\text{m}$
中长隧道	$500\text{m} < L \leqslant 3000\text{m}$
长隧道	$3000\text{m} < L \leqslant 10\,000\text{m}$
特长隧道	$L > 10\,000\text{m}$

题干中隧道长度 5km，属于长隧道。

【考点】隧道类型的判断，属于概念题，找到规范条文，即可直接作答。

【参考答案】B

■ 浅埋隧道

27.（2014-A-59）对穿越基本稳定的山体的铁路隧道，按照《铁路隧道设计规范》（TB 10003—2016），在初步判断是否属于浅埋隧道时，应考虑下列（　　）因素。

（A）覆盖层厚度　　　　　　　　　　（B）围岩等级

（C）地表是否平坦　　　　　　　　　（D）地下水位埋深

【解析】根据《铁路隧道设计规范》（TB 10003—2016）5.1.6 条得到选项A、B、C正确。

【考点】隧道的荷载作用。

【参考答案】ABC

28.（2016-A-59）根据《铁路隧道设计规范》（TB 10003—2005），下列哪些情况下铁路隧道，经初步判断可不按浅埋隧道设计？（　　）

（A）围岩为中风化泥岩，节理发育，覆盖层厚度为9m的单线隧道

（B）围岩为微风化片麻岩，节理不发育，覆盖层厚度为9m的双线隧道

（C）围岩为离石黄土，覆盖层厚度为16m的单线隧道

（D）围岩为一般黏性土，覆盖层厚度为16m的双线隧道

【解析】详见《铁路隧道设计规范》（TB 10003—2005）表4.1.4，中风化泥岩，节理发育是Ⅳ级围岩，单线隧道，则覆盖层为9m，小于10～14m的限定厚度，应按照浅埋隧道设计。故选项A不正确。微风化片麻岩，节理不发育是Ⅰ级围岩，不符合浅埋隧道设计的条件，故选项B正确。离石黄土地质年代是Q_2，查表为Ⅳ级围岩，单线隧道，查表覆盖层厚度16m大于10～14m的限定厚度，不符合浅埋隧道设计的条件，故选项C正确。一般黏性土为Ⅴ级围岩，双线隧道，查表4.1.4，16m小于30～35m的限定厚度，符合浅埋隧道设计的条件，故选项D不正确。

若采用《铁路隧道设计规范》（TB 10003—2016），应先将单线隧道改为坑道宽度4m，双线隧道改为坑道宽度8m。

（1）选项A：中风化泥岩，节理发育是Ⅳ级围岩。$h=0.45×2^{s-1}[1+i(B-5)]=0.45×2^3×[1+0.2×(4-5)]=2.88m$

$9>2.5×h=2.5×2.88m=7.2m$，非浅埋隧道。

（2）选项B微风化片麻岩，节理不发育是Ⅰ级围岩，$h=0.45×2^{s-1}[1+i(B-5)]=0.45×2^0×[1+0.1×(8-5)]m=0.585m$

$9>2.5×h=2.5×0.585m=7.2m$，非浅埋隧道。

（3）选项C离石黄土地质年代是Q_2，查表为Ⅳ级围岩。

$16>2.5×h=2.5×2.88m=7.2m$，非浅埋隧道。

（4）选项D一般黏性土为Ⅴ级围岩。$h=0.45×2^{s-1}[1+i(B-5)]=0.45×2^4×[1+0.1×(8-5)]m=9.36m$

$16<2.5×h=2.5×9.36m=23.4m$，浅埋隧道。

依据新规范作答，答案为ABC。

【考点】浅埋隧道的判定。

【参考答案】ABC

■ 深埋隧道

29.（2016-A-27）对于深埋单线公路隧道，关于隧道垂直均匀分布的松散围岩压力q值的大小，下列哪种说法是正确的？（　　）

（A）隧道埋深越深，q值越大　　　（B）隧道围岩强度越高，q值越大

（C）隧道开挖宽度越大，q值越大　　　（D）隧道开挖高度越大，q值越大

【解析】依据规范《铁路隧道设计规范》（TB 10003—2016）垂直均布压力按式（D.0.1）计算。

$$q=\gamma h$$
$$h=0.45×2^{s-1}\omega$$
$$\omega=1+i(B-5)$$

式中　q——垂直均布压力（kN/m^2）；

γ——围岩重度（kN/m^3）；

s——围岩级别；

ω——宽度影响系数；

B——隧道宽度（m）；

i——隧道宽度每缩减1m时的围岩压力增减率，以$B=5m$的围岩垂直均布压力为准，当$B<5m$时，取$i=0.2$；$B>5m$时，取$i=0.1$。

【考点】松散围压压力。

【参考答案】C

■ 瓦斯隧道

30.（2016-A-30）瓦斯地层的铁路隧道衬砌设计时，应采取防瓦斯措施，下列措施中哪个选项不满足规范要求？（　　）

（A）不宜采用有仰拱的封闭式衬砌

（B）应采用复合式衬砌，初期支护喷射混凝土厚度不应小于 15cm，二次衬砌模筑混凝土厚度不应小于 40cm

（C）衬砌施工缝隙应严密封填

（D）向衬砌背后压注水泥砂浆，加强封闭

【解析】参见《铁路隧道设计规范》（TB 10003—2016）12.3.7 条及条文说明。

12.3.7 条：瓦斯隧道应采用复合式衬砌，二次衬砌厚度不应小于 40cm。施工缝、变形缝应采用气密性处理措施。

12.3.7 条文说明：含瓦斯地层的隧道，一般采用有仰拱的封闭式衬砌或复合衬砌，以混凝土整体模筑，并提高混凝土的密实性和抗渗性，以防瓦斯逸出。向衬砌背后压注水泥砂浆及其他化学浆液，使衬砌背后形成一个帷幕，以隔绝瓦斯的通路，也是常用的封闭堵塞措施之一。因此选项 A 错误。

【考点】瓦斯地层的铁路隧道衬砌设计，这类题很简单，只要定位规范后，很快就可以得出正确答案。

【参考答案】A

31.（2016-A-46）对于特殊工程隧道穿越单煤层时的绝对瓦斯涌出量，下列哪些说法是正确的？（　　）

（A）与煤层厚度是正相关关系

（B）与隧道穿越煤层的长度、宽度相关

（C）与煤层的水分、灰分含量呈负相关关系

（D）与隧道温度无关

【解析】参见《铁路工程不良地质勘查规程》（TB 10027—2012　J 1407—2012）附录 F。

【考点】绝对瓦斯涌出量，此考点很偏，很难定位。

【参考答案】ABD

■ 岩爆隧道

32.（2018-A-31）某公路隧道采用钻爆法施工，施工期遭遇Ⅲ级岩爆，下列哪项施工措施不能有效防治岩爆？（　　）

（A）采用短进尺掘进，每次进尺不超过 2～2.5m

（B）减少药量，增加爆破频率和光面爆破效果，以便施加初期支护及时封闭围岩

（C）采用钻孔应力解除法，提前释放局部应力

（D）洞室开挖后及时进行挂网喷锚支护

【解析】参见《公路隧道设计规范》（JTG D70—2004）14.7.1 条文说明、14.7.2 条。

第 14.7.1 条文说明：岩爆地段采用钻爆法施工时，应短进尺掘进，减少药量和增加爆破频率，控制光面爆破效果，以减少围岩表层应力集中现象。注意：此处规范描述错误，同样长度的情况下，短进尺掘进，必然得增加爆破的频率，故选项 B 错误；对于Ⅲ级岩爆，一般进尺控制在2m 以内，故选项 A 错误；可采取超前钻应力解除、松动爆破或震动爆破等方法，必要时可以向岩体注入高压水，以降低岩体强度，故选项 C 正确；第 14.7.2 条，岩爆地段开挖后，应及时进行挂网喷锚支护，故选项 D 正确。

依据《公路隧道设计规范》（JTG 3370.1—2018）条文说明：在Ⅲ级岩爆严重地段，采用分部或超前导洞开挖，限制开挖规模，减缓施工进度，采取短进尺、周边密孔、多循环、及时支护、超前应力解除改变围岩应力条件等综合措施。与原规范相比，描述简略，此题已不适合采用新规范作答。

【考点】岩爆。

【参考答案】AB

33.（2020-A-61）山岭围岩硐室开凿过程中，下列现象相互对比，哪些可以初步判断硐室处于高应力地区？（　　）

（A）围岩产生岩爆、剥离　　　　　　　（B）隧道收敛变形大

（C）围岩渗水　　　　　　　　　　　　（D）节理面内有夹泥现象

【解析】依据《公路工程地质勘察规范》（JTG C20—2011）附录D，硬质岩的围岩产生岩爆、剥离掉块；软质岩开挖过程中洞壁岩体位移显著，持续时间长。故选项A、B正确，选项C、D错误。选项C、D是一般地应力地区可以呈现的现象。

【考点】高地应力。

【参考答案】AB

14.2.2 隧道围岩及压力

■ 隧洞围岩

34.（2010-A-29）在其他条件相同的情况下，下列（　　）地段的隧洞围岩相对最稳定。

（A）隧洞的洞口地段　　　　　　　　　（B）隧洞的弯段

（C）隧洞的平直洞段　　　　　　　　　（D）隧洞交叉洞段

【解析】参见《铁路工程地质手册》、《岩土工程勘察规范》（GB 50021—2001）（2009版）、《铁路隧道设计规范》（TB 10003—2016）等资料关于隧道及地下洞室相关内容。在进行隧道勘察时，需要对隧洞的洞口地段、弯段、交叉洞段进行重点勘察，而在隧洞的平直洞段，其围岩应力相对稳定。

【考点】隧洞围岩。

【参考答案】C

35.（2010-A-30）在地下洞室选址区内，岩体中的水平应力值较大，测得最大主应力方向为南北方向。地下厂房长轴方向为下列（　　）时，最不利于厂房侧岩壁的岩体稳定。

（A）地下厂房长轴方向为东西方向　　　（B）地下厂房长轴方向为北东方向

（C）地下厂房长轴方向为南北方向　　　（D）地下厂房长轴方向为北西方向

【解析】根据《铁路工程地质勘察规范》（TB 10012—2007）4.3.1条第7款：隧道宜避开高应力区，不能避开时，洞轴宜平行最大主应力方向。由此可见，最不利的方向应为垂直于最大主应力方向。这样可以减小围岩压力，有利于洞体结构的稳定，可以降低支护成本，提高安全性。

【考点】地下洞室。

【参考答案】A

36.（2011-A-59）当进行地下洞室工程勘察时，对下列（　　）的洞段要给予高度重视。

（A）隧洞进出口段　　　　　　　　　　（B）缓倾角围岩段

（C）隧洞上覆岩体最厚的洞段　　　　　（D）围岩中存在节理裂隙的洞段

【解析】参见《铁路工程地质手册》第562页，一般隧道洞口处的地质条件较差，岩层破碎、松散、风化较严重，当开挖进洞时，破坏了山体原有的平衡，极易产生坍塌、顺层滑动、古滑坡复活等现象，不少洞口需延长或接长明洞，给施工、运营造成一定的困难。故《铁路隧道设计规范》（TB 10003—2016）规定："一般情况，隧道宜早进洞、晚出洞"。可见隧道进出口段应重点勘察，选项A正确；缓倾角围岩段地质结构易产生偏压，应重点勘察，选项B正确；隧道上覆岩体最厚的洞段属深埋隧道，由于塌落拱的效应，这时围压并不会随埋深按比例增加，而深埋段岩体质量较好，选项C错误；围岩节理裂隙发育在隧道工程常见，不可避免，不是重点勘察部位，断层带部位才是重点勘察部位。

【考点】地下洞室工程勘察。

【参考答案】AB

■ 围岩压力

37.（2016-A-57）关于散体围岩压力的普氏计算方法，其理论假设包括下列哪些内容？（　　）

（A）岩体由于节理的切割，开挖后形成松散岩体，但仍具有一定的黏结力

（B）硐室开挖后，硐顶岩体将形成一自然平衡拱，作用在硐顶的围岩压力仅是自然平衡拱内的岩体

自重

（C）形成碉顶岩体既能承受压应力又能承受拉应力

（D）表征岩体强度的坚固系数应结合现场地下水的渗透情况，岩体的完整性等进行修正

【解析】详见岩石力学教材。

（1）目前关于推求压力拱形状方面有着不同的假设。由于假设不同，所求出的山岩压力也就不同。过去常常采用普氏压力拱理论。普氏认为，岩体内总是有许多大大小小的裂隙、层理、节理等软弱结构面的。由于这些纵横交错的软弱面，将岩体割裂成各种大小的块体，这就破坏了岩石的整体性，造成松动，被软弱面割裂而成的岩块与整个地层相比起来它们的几何尺寸较小。因此，可以把洞室周围的岩石看作是没有黏聚力的大块散粒体。但是，实际上岩石是有黏聚力的。因此，就用增大内摩擦系数的方法来补偿这一因素，这个增大了的内摩擦系数称为岩石的坚固系数。选项 A 正确。

（2）由于假定岩体为散粒体，它的抗拉、抗弯能力很小，因而自然可以推论，洞室顶部上形成的压力拱，其最稳定的条件是沿着拱的切线方向仅仅作用有压力，选项 C 不正确。

（3）这个理论是由普罗托耶科诺夫提出的，又称为普氏理论。该理论认为：洞室开挖以后，如不及时支护，洞顶岩体将不断跨落而形成一个拱形，又称塌落拱。最初这个拱形是不稳定的，如果洞侧壁稳定，则拱高随塌落不断增高；反之，如侧壁也不稳定，则拱跨和拱高同时增大。当洞的埋深较大时，塌落拱不会无限发展，最终将在围岩中形成一个自然平衡拱，这时，作用于支护衬砌上的围岩压力就是平衡拱与衬砌间破碎岩体的重量，与拱外岩体无关。选项 B 正确。

（4）采用坚固系数来表征岩体的强度，在实际应用中，还需要考虑岩体的完整性和地下水的影响。选项 D 正确。

【考点】普氏计算方法，在规范查阅不到，需要到大学教材中查阅。

【参考答案】ABD

38.（2017－A－61）在岩层中开挖铁路隧道，下列说法中哪些选项是正确的？（　　）

（A）围岩压力是隧道开挖后，因围岩松动而作用于支护结构上的压力

（B）围岩压力是隧道开挖后，因围岩变形而作用于衬砌结构上的压力

（C）围岩压力是围岩岩体中的地应力

（D）在Ⅳ级围岩中其他条件相同的情况下，支护结构的刚度越大，其上的围岩压力越大

【解析】根据《铁路隧道设计规范》（TB 10003—2016）2.1.10 条围岩压力定义：隧道开挖后，因围岩变形或松弛等原因，作用于支护或衬砌结构上的压力。选项 A、B 正确。

地应力指自然条件下，由于受自重和构造运动作用，在岩体中形成的应力，围岩压力不等于地应力。选项 C 错误。

由附录 D 计算公式可知，隧道垂直均布压力与围岩重度、隧道宽度、围岩级别等有关，与支护刚度无关。选项 D 错误。

【考点】围岩压力。

【参考答案】AB

39.（2018－A－28）修建于 V 级围岩中的深埋公路隧道，下列哪个选项是长期作用于隧道上的主要荷载？（　　）

（A）围岩产生的形变压力　　　　　　　　（B）围岩产生的松散压力

（C）支护结构的自重力　　　　　　　　　（D）混凝土收缩和徐变产生的压力

【解析】《公路隧道设计规范》（JTG 3370.1—2018）6.2.2 条：深埋隧道的围岩压力为松散荷载。

【考点】荷载。

【参考答案】B

40.（2019－A－29）某场地地势低洼，铺设钢筋混凝土排水管道后将底面填筑到设计高程。如只考虑填土自重，而管道在投入使用后其所受土的竖向压力与上覆土自重相比以下哪种说法是正确的？（　　）

（A）大于上覆土重　　　　　　　　　　　（B）小于上覆土重

（C）等于上覆土重   （D）不确定，需看填土厚度

【解析】涵管的埋设方式参见李广信《土力学》（第二版）附录 V（图 14-1）。

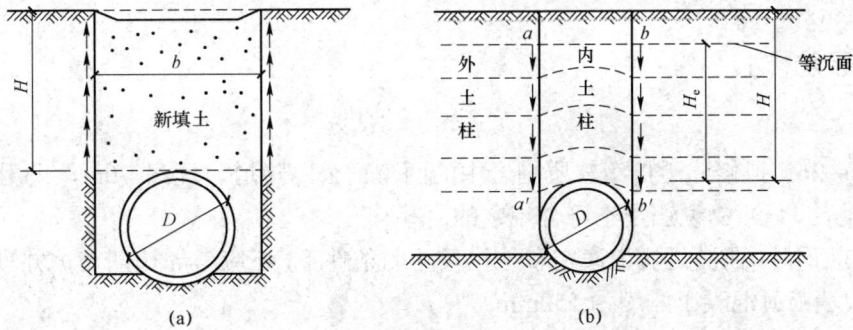

图 14-1 附录图 V-1 涵管的埋置方式
(a)沟埋式；(b)上埋式

题目中所述即为上埋式，管道直径（或宽度）以外的填土厚度大于管顶填土厚度，且填土的压缩性又较刚性管本身的压缩性大得多，因而使得直接位于涵管上部土柱的沉降量小于涵管以外土柱的沉降量。土柱界面（aa'、bb'）产生向下的摩擦力，从而使得作用于管顶上的竖直土压力 σ_z，一般大于管上回填土柱的重量，即：

$$\sigma_z > \gamma H$$

【考点】地下硐室垂直土压力。

【参考答案】A

41.（2019-A-58）关于作用在公路隧道支护结构上的围岩压力，下列哪些说法是正确的？（ ）
（A）围岩压力包括松散荷载、形变压力、膨胀压力、冲击压力、构造应力等
（B）浅埋隧道围岩压力受隧道埋深、地形条件及地表环境影响
（C）深埋隧道开挖宽度越大，围岩压力值越大
（D）用普氏理论计算围岩压力的前提条件是围岩接近松散体，洞室开挖后，洞顶岩体能够形成一自然平衡拱

【解析】参见《公路隧道设计规范 第一册 土建工程》（JTG 3370.1—2018）2.1.19～2.1.21 条、6.1.2 条、6.2.2 条。

根据第 2.1.19～2.1.21 条，松散压力：因围岩松动而作用在衬砌结构上的压力；变形压力：因围岩变形作用于衬砌结构上的压力；围压压力：是变形压力和松散压力的统称，因此选项 A 有误。

根据 6.1.2 条，应根据隧道所处的地形、地质条件、埋置深度、支护条件、施工方法、相邻隧道间距等因素确定围岩压力，可按释放荷载或松散荷载计算，因此选项 B 正确。

根据 6.2.2 条，$q=\gamma h$，$h=0.45\times 2^{s-1}\omega$，$\omega=1+i(B-5)$，深埋隧道压力 q 和宽度 B 成正向变化，因此选项 C 正确。

根据岩体力学教材，普氏理论适用于深埋洞室的松动围压压力计算，假定：洞室开挖后，洞顶部分岩体塌落，最终上部岩体将形成一个自然平衡拱，作用在洞顶的围压压力仅是压力拱内的岩体自重，因此选项 D 正确。

【考点】围岩压力。

【参考答案】BCD

42.（2020-A-60）下列选项中，哪些是盾构法隧道衬砌计算变形和内力时应考虑的水平向压力？
（ ）
（A）土层主动士压力   （B）地下水压力
（C）土体弹性抗力   （D）地面超载引起的附加水平侧压力

【解析】（1）根据《铁路隧道设计规范》（TB 10003—2016）附录 J.0.1～J.0.2，选项 B、C、D 正确；
（2）根据《铁路隧道设计规范》（TB 10003—2016）附录 J.0.3，水平地层压力应按照静止土压力计

算，故选项 A 错误。

【考点】盾构隧道荷载计算规定。

【参考答案】BCD

14.2.3　隧道衬砌及防排水

■ 隧道衬砌

43.（2013－A－26）拟修建于Ⅳ级软质围岩中的两车道公路隧道，埋深 70m，采用复合式衬砌。对于初期支护，下列（　　）的说法是不符合规定的。

（A）确定开挖断面时，在满足隧道净空和结构尺寸的条件下，还应考虑初期支护并预留变形量 80mm

（B）拱部和边墙喷射混凝土厚度为 150mm

（C）按承载能力设计时，初期支护的允许洞周水平相对收敛值可选用 1.2%

（D）初期支护应按荷载结构法进行设计

【解析】参见《公路隧道设计规范》（JTG 3370.1—2018）表 8.4.1、附录 P.0.1，9.2.9 条、9.2.5 条。

（1）根据表 8.4.1，Ⅳ级围岩两车道隧道预留变形量为 50～80cm。选项 A 正确。

（2）依据附录 P.0.1，得到拱部和边墙喷射混凝土厚度为 12～20cm，选项 B 正确。

（3）依据 9.2.9 条，按承载能力设计时，复合式衬砌初期支护的变形量不应超过设计预留变形量。新规范取消了允许洞周水平相对收敛值，改用预留变形量来控制隧道初期支护变形大小。即采用旧规范作答，选项 C 正确，采用新规范作答，选项 C 错误。

（4）依据 9.2.5 条，应按工程类比法设计，选项 D 错误。

【考点】公路隧道衬砌。

【参考答案】CD

44.（2013－A－25）对于铁路隧道洞门结构形式，下列（　　）的说法不符合《铁路隧道设计规范》（TB 10003—2016）要求。

（A）在采用斜交洞门时，其端墙与线路中线的交角不应大于 45°

（B）设有运营通风的隧道，洞门结构形式应结合通风设施一并考虑

（C）位于城镇、风景区、车站附近的洞门，宜考虑建筑景观及环境协调要求

（D）有条件时，可采用斜切式洞门结构

【解析】本题原为采用《铁路隧道设计规范》（TB 10003—2005）版本作答。

依据 6.0.2 条第 1 款，在采用斜交洞门时，其端墙与线路中线的交角不应小于 45°，所以选项 A 错误。

依据 6.0.2 条第 2 款，选项 B 正确。

依据 6.0.2 条第 3 款，选项 C 正确。

依据 6.0.2 条第 4 款，选项 D 正确。

若根据《铁路隧道设计规范》（TB 10003—2016）：

（1）7.1.3 条：洞口设计应与自然环境相协调，位于城镇、风景区、车站附近的洞门，宜进行景观设计。选项 C 正确。

（2）7.1.1 条第 1 款：洞门不应大面积开挖边仰坡，有条件时，尽量采用不刷仰坡进洞方案。7.2.1 条文说明：为了不刷仰坡，不破坏山体原有平衡，设计了紧贴地形的斜切式洞口等。7.2.3 条文说明：只有高宽比协调的隧道，采用斜切式洞口时方能体现美观大方的优点。选项 D 正确。

（3）2016 版规范对选项 B 没有直接回应，结合 3.1.1 条：隧道勘察设计应综合考虑线路设计标准、环境保护、运营养护、防灾救援等方面的因素，综合确定隧道位置、结构形式、施工方法、建设工期、工期投资等，保证隧道工程的安全、可靠、耐久。7.1.1 条文说明：合理选择洞口的位置，是保护环境和保证顺利施工、安全运营及节省工程造价的重要条件。综合判断可认为选项 B 正确。

（4）选项 A 在新规范中无对应内容。

【考点】铁路隧道的洞门和洞口段的设计。

【参考答案】A

45.（2013－A－59）在铁路隧道工程施工中，当隧道拱部局部坍塌或超挖时，下列（　　）的材料可用于回填。

（A）混凝土　　　　　（B）喷射混凝土　　　　　（C）片石混凝土　　　　　（D）浆砌片石

【解析】根据《铁路隧道设计规范》（TB 10003—2016）8.2.9条，隧道超挖部分应采用同级混凝土回填，选项A、B正确。

【考点】隧道衬砌。

【参考答案】AB

46.（2014－A－26）对于隧道仰拱和底板的施工，下列（　　）不符合《铁路隧道设计规范》（TB 10003—2016）的要求。

（A）仰拱或底板施作前，必须将隧底虚渣、积水等清除干净，超挖部分采用片石混凝土回填与找平

（B）为保持洞室稳定，仰拱或底板要及时封闭

（C）仰拱应超前拱墙衬砌施作，超前距离宜保持3倍以上衬砌循环作业长度

（D）在仰拱或底板施工缝、变形缝处应按相关工艺规定作防水处理

【解析】参见《铁路隧道设计规范》（TB 10003—2016）8.2.5条。

（1）根据8.2.5条，仰拱或底板施作前，应将隧底虚渣、杂物、积水等清除干净，超挖部分应采用同级混凝土回填，所以选项A错误。

（2）根据8.2.5条文说明，选项B正确。

（3）根据8.2.5条，仰拱应超前拱墙衬砌施作，超前距离宜保持2倍以上衬砌循环作业长度，选项C错误。

（4）根据8.2.5条，选项D正确。

【考点】铁路隧道衬砌。

【参考答案】AC

47.（2014－A－27）铁路隧道复合式衬砌的初期支护，宜采用喷锚支护，其基层平整度应符合（　　）。（D为初期支护基层相邻两凸面凹进去的深度；L为基层两凸面的距离）

（A）$D/L \leq 1/2$　　　（B）$D/L \leq 1/6$　　　（C）$D/L \geq 1/6$　　　（D）$D/L \geq 1/2$

【解析】根据《铁路隧道设计规范》（TB 10003—2005）7.2.1条第2款，复合式衬砌的初期支护，宜采用喷锚支护，其基层平整度应符合$D/L \leq 1/6$，选项B正确。

《铁路隧道设计规范》（TB 10003—2016）新版规范已经取消此规定。对于隧道内防水层平整度有此类要求：$D/L \leq 1/10$，D为基面相邻两凸面间凹进去的深度；L为基面相邻两凸面间的距离，且$L \leq 1m$。

【考点】铁路隧道衬砌复合式衬砌的设计。

【参考答案】B

48.（2014－A－31）在Ⅳ级围岩地段修建两车道小净距公路隧道时，下列（　　）不符合《公路隧道设计规范》（JTG 3370.1—2018）的要求。

（A）应综合隧道地质和进出口地形条件以及使用要求确定最小净间距

（B）最小净间距小于6m时可用系统锚杆加固中间岩柱，大于6m时可用水平对拉锚杆取代

（C）施工过程应遵循"少扰动、快加固、勤量测、早封闭"的原则，以确保中间岩柱的稳定

（D）应优先选用复合式衬砌，可采用小导管注浆作为超前支护措施

【解析】参见《公路隧道设计规范》（JTG 3370.1—2018）11.2.1条及条文说明、表P.0.4、11.2.2条第1款。

根据11.2.1条及条文说明可综合判断选项A正确。

根据表P.0.4：6m以下，对拉锚杆；6m以上，加长系统锚杆。所以选项B错误。

新规范已无选项C的明确规定。

根据11.2.2条第1款及条文说明综合确定选项D正确。

【考点】铁路隧道衬砌。

【参考答案】BC

49.（2016－A－58）影响地下硐室支护结构刚度的因素有下列哪些选项？（　　　）

（A）支护体所使用的材料　　　　　　　　（B）硐室的截面尺寸

（C）支护结构形式　　　　　　　　　　　（D）硐室的埋置深度

【解析】详见中国隧道及地下工程修建技术教材以及《公路隧道设计规范》（JTG 3370.1—2018）8.1.2条，隧道衬砌设计应综合考虑围岩地质条件、断面形状、支护结构、施工条件等，充分利用围岩的自承能力。衬砌应有足够的强度、稳定性和耐久性，保证隧道长期安全使用。

【考点】地下硐室支护结构刚度。

【参考答案】ABC

50.（2017－A－29）在Ⅳ级围岩中修建两车道的一级公路隧道时，对于隧道永久性支护衬砌设计，提出了如下的四个比选方案，其中哪个方案满足规范要求？（　　　）

（A）采用喷锚衬砌，喷射混凝土厚度50mm

（B）采用等截面的整体式衬砌，并设置与拱圈厚度相同的仰拱，以便封闭围岩

（C）采用复合式衬砌，初期支护的拱部和边墙喷10cm厚的混凝土，锚杆长度2.5m

（D）采用复合式衬砌，二次衬砌采用35cm厚的模筑混凝土，仰拱与拱墙厚度相同

【解析】参见《公路隧道设计规范》（JTG 3370.1—2018）8.1.1条、表 P.0.1。

8.1.1条：高速公路、一级公路、二级公路的隧道应采用复合式衬砌。故选项A、B错误。

根据表 P.0.1，复合式衬砌，初期支护的拱部和边墙喷12～20cm厚的混凝土，二次衬砌拱、墙混凝土厚为35～40cm。选项C错误。选项D正确。

【考点】隧道衬砌设计。

【参考答案】D

51.（2018－A－29）某铁路一段棚式明洞采用T形截面盖板以防落石，内边墙采用钢筋混凝土墙式构件，外侧支撑采用柱式结构。下列哪个选项不满足《铁路隧道设计规范》（TB 10003—2016）的要求？（　　　）

（A）外侧基础深度在路基面以下3.0m，设置横向拉杆、纵撑与横撑

（B）内边墙衬砌设计考虑了围岩的弹性反力作用时，其背部超挖部位用砂石回填

（C）当有落石危害需验算冲击力时，对于明洞顶回填土压力计算，可只计洞顶设计填土重力（不包括坍方堆积土石重力）和落石冲击力的影响

（D）明洞顶部回填土的厚度2.0m，坡率1:1.5

【解析】参见《铁路隧道设计规范》（TB 10003—2016）第8.4.3条、8.4.5条、5.1.5条、8.4.4条。

根据8.4.3条第2款，外边墙基础深度超过路基面以下3m时，宜设置横向拉杆或采用锚杆锚固于稳定的岩层内；若为棚洞的立柱，宜加设纵撑与横撑，故选项A正确。

根据第8.4.5条第1款，衬砌设计考虑了围岩的弹性反力作用时，边墙背后超挖部分应用混凝土或水泥砂浆砌片石回填，不应使用砂石回填，故选项B错误。

根据第5.1.5条第1款，明洞顶回填土压力计算，当有落石危害需验算冲击力时，可只计洞顶设计填土重力（不包括坍方堆积体土石重力）和落石冲击力的影响，故选项C正确。

根据第8.4.4条，为防御一般的落石、崩塌而设的明洞，回填土的厚度不宜小于2.0m，坡度在1:1.5～1:5，故选项D正确。

扩展：规范编写是按照章节混编，但复习时却得按照支护形式从原则、荷载选择、稳定性、支护措施这条路线执行。

【考点】明洞设计。

【参考答案】B

52.（2019－A－30）下列关于锚喷衬砌中锚杆对隧道围岩稳定性作用错误的选择是哪个？（　　　）

（A）悬吊作用　　　　（B）组合拱作用　　　　（C）挤压加固作用　　　　（D）注浆加固作用

【解析】根据《公路隧道设计规范》（JTG 3370.1—2018）第8.2条文说明：锚杆支护是喷锚支护的组成部分，是锚固在岩体内部的杆状体，通过锚入岩体内部的钢筋与岩体融为一体，达到改善围岩的力学性能、调整

围岩的受力状态、抑制围岩变形、实现加固围岩、维护围岩稳定的目的。利用锚杆的悬吊作用、组合拱作用、减跨作用、挤压加固作用（图14-2～图14-4），将围岩中的节理、裂隙窜成一体，提高围岩的整体性。

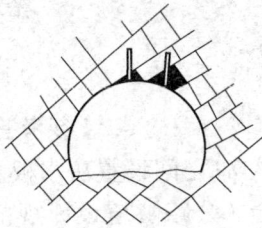

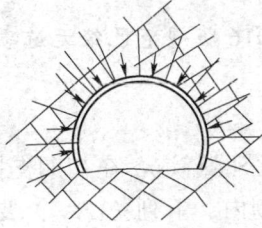

图14-2 悬吊作用　　　　图14-3 组合拱作用　　　　图14-4 挤压加固作用

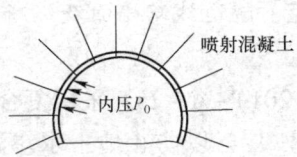

【考点】喷锚支护中锚杆的作用。

【参考答案】D

53.（2019-A-61）关于铁路和公路隧道的衬砌设计，下列哪些选项是不符合规定的？（　　　）

（A）衬砌结构的形式，可通过工程类比和结构计算确定

（B）Ⅱ级围岩中的公路隧道可采用钢筋混凝土结构

（C）有明显偏压的地段，抗偏压衬砌可采用钢筋混凝土结构

（D）Ⅱ级围岩铁路隧道，在确定开挖断面时，可不考虑预留围岩变形量

【解析】（1）参见《铁路隧道设计规范》（TB 10003—2016）第8.1.1条～8.2.3条。

8.1.1条：衬砌结构的形式及尺寸，可根据围岩级别、工程地质及水文地质条件、埋置深度、环保要求、结构工作特点，结合施工方法及施工条件等，通过工程类比和结构计算确定，因此选项A叙述正确。

8.1.2条：因地形或地质构造等引起有明显偏压的地段，应采用偏压衬砌，Ⅳ、Ⅴ级围岩的偏压衬砌应采用钢筋混凝土结构，因此选项C叙述错误。

8.2.3条：复合式衬砌各级围岩隧道预留变形量值可根据围岩级别、开挖跨度、埋置深度、施工方法和支护条件，采用工程类比法确定，因此选项D叙述错误。

（2）参见《公路隧道设计规范　第一册　土建工程》（JTG 3370.1—2018）第8.1.1条及条文说明、8.4.1条。

8.1.1条及条文说明：高速公路、一级公路、二级公路的隧道应采用复合式衬砌；三级及三级以下公路隧道，在Ⅳ～Ⅵ级围岩条件下，隧道洞口段应采用复合式衬砌或整体式衬砌，在Ⅰ～Ⅲ级围岩洞身段可采用喷锚衬砌。

8.4.1条：复合式衬砌中初期支护宜采用喷射混凝土、锚杆、钢筋网和钢架等支护单独或组合使用。二次衬砌应采用模筑混凝土或模筑钢筋混凝土衬砌结构，因此选项B叙述正确。

【考点】衬砌设计。

【参考答案】CD

■ 隧道防排水

54.（2012-B-24）隧道衬砌外排水设施通常不包括下列（　　　）。

（A）纵向排水盲管　　　（B）环向导水盲管　　　（C）横向排水盲管　　　（D）竖向盲管

【解析】参见《公路隧道设计规范　第一册　土建工程》（JTG 3370.1—2018）10.3.5条第2款或《铁路隧道设计规范》（TB 10003—2016）10.3.2条。

【考点】排水设施。

【参考答案】C

55.（2013-A-58）对于铁路隧道的防排水设计，采用下列（　　　）措施是较为适宜的。

（A）地下水发育的长隧道纵向坡度应设置为单面坡

（B）隧道衬砌可采用厚度不小于30cm的防水混凝土

（C）隧道纵向坡度不宜小于0.3%

（D）在隧道两侧设置排水沟

【解析】参见《铁路隧道设计规范》（TB 10003—2016）3.3.2条、10.3.4条、13.2.3条。

根据 3.3.2 条第 1 款：地下水发育的 3000m 及以上隧道宜采用人字坡，选项 A 错误。

根据 3.3.2 条第 1 款：隧道内的坡度不宜小于 0.3%，选项 C 正确。

根据 10.3.4 条第 2 款，得到选项 D 正确。

根据 13.2.3 条第 2 款，选项 B 正确；2016 版规范已经无选项 B 的规定。

【考点】隧道线路平面及纵断面和排水。

【参考答案】CD

56.（2014-A-25）采用复合式衬砌的公路隧道，在初期支护和二次衬砌之间设置防水板及无纺布组成的防水层，以防止地下水渗漏进入衬砌内。下列（　　　）要求不符合《公路隧道设计规范》（JTG 3370.1—2018）的规定。

（A）无纺布的密度不小于 $300g/m^2$

（B）防水板接缝搭接长度不小于 100mm

（C）在施工期遇到无地下水地段也应设置防水层

（D）二次衬砌的混凝土应满足抗渗要求，有冻害地段的地区，其抗渗等级应不低于 S6

【解析】参见《公路隧道设计规范》（JTG 3370.1—2018）10.2.2 条、10.2.3 条、10.5.1 条。

根据 10.2.2 条，无纺布密度不小于 $300g/m^2$，符合规范。选项 A 正确。

根据 10.2.2 条，防水板接缝搭接长度不小于 100mm，符合规范。选项 B 正确。

根据新规范无选项 C 的明确规定。

根据 10.2.3 条，抗渗等级不宜小于 P8；根据 10.5.1 条，寒冷地区混凝土抗渗等级可适当提高。所以选项 D 不符合规范要求。

【考点】公路隧道的防水要求。

【参考答案】CD

57.（2016-A-31）在含水砂层中采用暗挖法开挖公路隧道，下列哪项施工措施是不合适的？（　　　）

（A）从地表沿隧道周边向围岩中注浆加固　　（B）设置排水坑道或排水钻孔

（C）设置深井降低地下水位　　（D）采用模筑混凝土作为初期支护

【解析】参见《公路隧道设计规范》（JTG 3370.1—2018）第 13.1.1 条、8.4.1 条。

根据 13.1.1 条，辅助工程措施有：超前管棚、超前小导管、超前钻孔注浆等，涌水处理方式有：超前钻孔排水、泄水洞排水、井点降水等，因此选项 A、B、C 正确。

根据第 8.4.1 条，当采用复合式衬砌，初期支护有：喷射混凝土、锚杆、钢筋网和钢架等，二次衬砌有：模筑混凝土或模筑钢筋混凝土衬砌结构，因此推断选项 D 错误，不是作为初期支护。

【考点】暗挖法公路隧道。

【参考答案】D

58.（2017-A-25）关于某铁路隧道围岩内地下水发育，下列防排水措施中哪项措施不满足规范要求？（　　　）

（A）隧道二次衬砌采用厚度为 30cm 的防水抗渗混凝土

（B）在复合衬砌初期支护与二次衬砌之间铺设防水板，并设系统盲管

（C）在隧道内紧靠两侧边墙设置与线路坡度一致的纵向排水沟

（D）水沟靠道床侧墙体预留孔径为 8cm 的泄水孔，间距 500cm

【解析】参见《铁路隧道设计规范》（TB 10003—2005、J 449—2005）13.2.3、13.3.3 条。

根据 13.2.3 条第 3 款，复合衬砌初期支护与二次衬砌之间应铺设防水板，并设系统盲管（沟），故选项 B 正确。

根据 13.2.3 条第 2 款，防水混凝土结构的厚度不应小于 30cm，故选项 A 正确。

根据 13.3.3 条，隧道内设置排水沟的坡度应与线路坡度一致，故选项 C 正确。水沟靠道床侧墙体应留泄水孔。泄水孔孔径应为 4~10cm，间距 100~300cm。选项 D 错误。

按照《铁路隧道设计规范》（TB 10003—2016）10.3.4 条，选项 C 正确。选项 A、B、D 并无明文规定。

【考点】隧道防排水措施。

【参考答案】D

59.（2018-A-59）某高速铁路上拟修建一座 3.6km 长的隧道，围岩地下水发育，下列有关隧道防排水设计，哪些选项不符合《铁路隧道设计规范》（TB 10003—2016）的要求？（ ）

（A）隧道内的纵坡设计为单面坡，坡度 0.3%

（B）隧道拱墙为一级防水，隧底结构为二级防水

（C）隧道衬砌采用防渗混凝土，抗渗等级 P8

（D）隧道衬砌施工缝、变形缝应采用相应防水措施

【解析】参见《铁路隧道设计规范》（TB 10003—2016）1.0.5、3.3.2 条、10.1.3 条、10.2.2 条。

根据 1.0.5 条，3.6km 的隧道属于长隧道，再根据第 3.3.2 条，地下水发育的 3000m 及以上隧道采用人字坡，坡度不小于 0.3%，故选项 A 错误；

根据第 10.1.3 条，高速铁路隧道拱墙为一级防水，隧道底部结构采用二级防水标准，故选项 B 正确；

根据第 10.2.2 条第 1 款，地下水发育地段的隧道防渗混凝土抗渗等级为不低于 P10，故选项 C 错误；

根据第 10.2.2 条第 3 款，防水等级为一、二级的隧道衬砌施工缝、变形缝应按表 10.2.2 选用防水措施，故选项 D 正确。

扩展：通过本题可以发现此类题的出题套路，给定实际工程来判定隧道级别，并将规范中的关键词融入实际工程的描述中让考生判断，此类题属于规范条文前后呼应的综合题。

【考点】隧道级别、防水等级、防水措施。

【参考答案】AC

60.（2020-A-59）根据《铁路隧道设计规范》（TB 10003—2016），下列选项中哪些是二级防水适用范围？（ ）

（A）隧底结构   （B）电气化变压器室   （C）逃逸通道   （D）电力变电所洞室

【解析】根据《铁路隧道设计规范》（TB 10003—2016）10.1.2 条、10.1.3 条及条文说明：隧底结构、电气化的变压器室为二级防水适用范围；逃逸通道为三级防水适用范围；电力变电所洞室为一级防水适用范围；

【考点】铁路隧道防水相关规定。

【参考答案】AB

14.3　线　路　选　择

14.3.1　按照工程地质条件选线

61.（2014-A-41）铁路增建第二条线时，就工程地质条件而言，选线合理的是下列（ ）。

（A）泥石流地段宜选在既有线下游一侧

（B）水库坍岸地段宜选在水库一侧

（C）路堑边坡坍塌变形地段宜选在有病害的一侧

（D）河谷地段宜选在地形平坦的宽谷一侧

【解析】参见《铁路工程地质勘察规范》（TB 10012—2007、J124—2007）8.2.3 条、7.3.4 条。

根据 8.2.3 条第 4 款，泥石流地段宜选在既有线下游一侧，可知选项 A 正确。

根据 8.2.3 条第 2 款，路堑边坡坍塌变形地段如采用清方刷坡等工程进行根除病害时，第二线可选在有病害的一侧；路堑边坡坍塌变形地段选在有病害的一侧，是有前提条件的，前提是采用清方刷坡等工程，故选项 C 错误。

根据 8.2.3 条第 9 款，水库坍岸地段不宜选在靠水库的一侧。故选项 B 错误。

根据 7.3.4 条第 1 款，河谷线路应选择在地形平坦的宽谷阶地一侧，地形平坦的宽谷有利于线路布设，故选项 D 正确。

【考点】铁路工程地质勘察。

【参考答案】AD

15 检测工程

15.1 高应变法与低应变法

15.1.1 高应变法

■ 高应变法设备及安装

1.（2009-A-26）用高应变法检测桩直径为700mm，桩长为28m的钢筋混凝土灌注桩的承载力，预估该桩的极限承载力为5000kN，在进行高应变法检测时，宜选用的锤重是（　　）。

（A）25kN　　　　　（B）40kN　　　　　（C）75kN　　　　　（D）100kN

【解析】根据规范《建筑基桩检测技术规范》（JGJ 106—2014）9.2.5条，采用高应变法进行承载力检测时，锤的重量与单桩竖向抗压承载力特征值的比值不得小于0.02，锤的重量≥0.5×5000kN×0.02＝50kN。

根据9.2.6条，当作为承载力检测的灌注桩桩径大于600mm或混凝土桩桩长大于30m时，尚应对桩径或桩长增加引起的桩－锤匹配能力下降进行补偿，在符合《建筑基桩检测技术规范》（JGJ 106—2014）第9.2.5条规定的前提下进一步提高检测用锤的重量。

【考点】此题考查对规范原文的理解，按2003版规范出题，2014版规范对此条进行了修改。请对比其变化。

【参考答案】C

2.（2012-B-38）在采用高应变法对预制混凝土方桩进行竖向抗压承载力检测时，加速度传感器和应变式力传感器投影到桩截面上的安装位置，下列（　　）是最优的。

□为加速度传感器　　　■为应变式力传感器

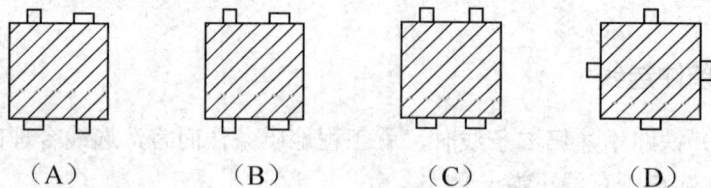

（A）　　　　　（B）　　　　　（C）　　　　　（D）

【解析】参见《建筑基桩检测技术规范》（JGJ 106—2014）附录F。

【考点】主要考查对规范条文的理解。

【参考答案】A

3.（2014-A-38）高应变检测单桩承载力时，力传感器直接测到的是（　　）。

（A）传感器安装面处的应变　　　　　（B）传感器安装面处的应力

（C）桩顶部的锤击力　　　　　（D）桩头附近的应力

【解析】根据《建筑基桩检测技术规范》（JGJ 106—2014）第9.3.2条文说明，应变式传感器直接测到的是其安装面上的应变。

【考点】主要考查对规范条文的理解。

【参考答案】A

■ 高应变法适用性

4.（2010-A-40）下列（　　）类桩不适宜采用高应变法检测基桩竖向抗压承载力。

（A）混凝土预制桩　　　　　（B）打入式钢管桩

（C）中等直径混凝土灌注桩　　　　　　　　（D）大直径扩底桩

【解析】根据《建筑基桩检测技术规范》（JGJ 106—2014）9.1.1 条及条文说明：对于大直径扩底桩和预估 $Q-S$ 曲线具有缓变型特征的大直径灌注桩，不宜采用高应变法进行竖向抗压承载力检测。除嵌入基岩的大直径桩和摩擦型大直径桩外，大直径灌注桩、扩底桩（墩）由于桩端尺寸效应明显，通常其静载 $Q-S$ 曲线表现为缓变型，端阻力发挥所需的位移很大。

【考点】此题考查对规范条文的理解与熟悉度。

【参考答案】D

■ 高应变曲线分析

5.（2013-A-39）某高应变实测桩身两侧力时程曲线如图 15-1 所示，出现该类情况最可能的原因是（　　）。

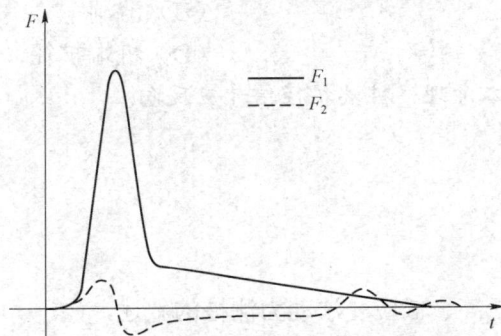

图 15-1　某高应变实测桩身两侧力时程曲线

（A）锤击偏心　　　　　　　　　　　　　　（B）传感器安装处混凝土开裂
（C）加速度传感器松动　　　　　　　　　　（D）力传感器松动

【解析】根据《建筑基桩检测技术规范》（JGJ 106—2014）9.4.2 条，严重锤击偏心，两侧力信号幅值相差超过 1 倍，选择 A。

【考点】主要考查对规范条文的理解。

【参考答案】A

15.1.2　低应变法

6.（2009-A-66）采用低应变法检测钢筋混凝土桩的桩身完整性时，下列对测量传感器安装描述中，（　　）是正确的。
（A）传感器安装应与桩顶面垂直
（B）实心桩的传感器安装位置为桩中心
（C）空心桩的传感器安装在桩壁厚的 1/2 处
（D）传感器安装位置应位于钢筋笼的主筋处

【解析】根据《建筑基桩检测技术规范》（JGJ 106—2003）8.3.3 条，传感器安装应与桩顶面垂直，实心桩的激振点位置应选择在桩中心，测量传感器安装位置宜为距桩中心 2/3 半径处；空心桩的激振点与测量传感器安装位置宜在同一水平面上，且与桩中心连线形成的夹角宜为 90°，激振点和测量传感器安装位置宜为桩壁厚的 1/2 处。

【考点】本题根据 2003 版规范出题，考查对规范条文的理解，根据 2014 年版规范 8.3.3 条无法判断选项 B、C。

【参考答案】AC

7.（2011-A-69）下列关于低应变法测桩的说法，（　　）是正确的。
（A）检测实心桩时，激振点应选择在离桩中心 2/3 半径处
（B）检测空心桩时，激振点和传感器宜在同一水平面上，且与桩中心连线的夹角宜为 90°
（C）传感器的安装应与桩顶面垂直

（D）瞬态激振法检测时，应采用重锤狠击的方式获取桩身上部缺陷反射信号

【解析】根据《建筑基桩检测技术规范》（JGJ 106—2014）8.3.4条第1款：实心桩的激振点位置应选择在桩中心，实心桩的传感器安装位置为距桩中心2/3半径处；空心桩的激振点与测量传感器安装位置宜在同一水平面上且与桩中心连线的夹角宜为90°，选项A错误、选项B正确。根据8.3.3条第1款：传感器的安装应与桩顶面垂直，判别选项C正确；根据8.3.3条第4款：瞬态激振法检测，应选择合适重量的激振力锤和软硬适宜的锤垫，选项D错误。

【考点】考查规范条文。

【参考答案】BC

8.（2020-A-69）某嵌岩桩采用低应变检测时，发现桩底时域反射信号为单一反射波且与锤击脉冲信号同向，判断桩底可能存在下列哪些情况？（　　　）

（A）沉渣　　　　　　　　　　　　　　　（B）溶洞
（C）软弱夹层　　　　　　　　　　　　　（D）桩端扩径

【解析】根据低应变检测基本原理，桩端扩径信号应反向。

【考点】低应变检测。

【参考答案】ABC

15.1.3　高、低应变对比

9.（2010-A-70）下列关于高、低应变法动力测桩的叙述，（　　　）的说法是正确的。
（A）两者均采用一维应力波理论分析计算桩—土系统响应
（B）两者均可检测桩身结构的完整性
（C）两者均要求在检测前凿除灌注桩桩顶破碎层
（D）两者均只实测速度（或加速度）信号

【解析】高、低应变法都是基于一维弹性应力波理论来分析应力波在杆件中的传播特性，高应变法可以测桩身的完整性和承载力，低应变法只能测桩身的完整性。高、低应变法测试前均需清除桩顶的破碎层，保证应力波的传播。所以选项A、B、C正确。高应变法需综合位移、速度、加速度等多因素，低应变法测试波速或加速度。所以选项D错误。

【考点】需要增加扩展知识可以查阅《地基处理手册》等相关章节。

【参考答案】ABC

10.（2014-A-70）下列关于高、低应变法测桩的叙述中，（　　　）是正确的。
（A）低应变法可以判断桩身结构的完整性
（B）低应变法动荷载能使土体产生塑性位移
（C）高应变法只能测定单桩承载力
（D）高应变法检测桩承载力时要求桩土间产生相对位移

【解析】根据《建筑基桩检测技术规范》（JGJ 106—2014）8.1.1条，低应变法适用于检测混凝土桩的桩身完整性，判定桩身缺陷的程度及位置。桩的有效检测桩长范围应通过现场试验确定。根据9.1.1条，高应变法适用于检测基桩的竖向抗压承载力和桩身完整性；监测预制桩打入时的桩身应力和锤击能量传递比，为选择沉桩工艺参数及桩长提供依据。对于大直径扩底桩和预估$Q-s$曲线具有缓变型特征的大直径灌注桩，不宜采用本方法进行竖向抗压承载力检测。可知低应变法可以检测桩身完整性，高应变法可以判定单桩竖向抗压承载力是否满足设计要求、检测桩身缺陷及其位置、判断桩身完整性等，故选项A正确、选项C错误。低应变试验应变小，不能使土体产生塑性位移；高应变试验要使桩土之间的产生塑性变形，故选项B错误、选项D正确。

【考点】主要考查对规范条文的理解，同时理解高应变和低应变的基本原理。

【参考答案】AD

15.2 静载荷试验

11.（2010-A-39）下列关于建筑基桩检测的要求，（　　）是正确的。

（A）采用压重平台提供单桩竖向抗压静载试验的反力时，压重施加于地基土上的压应力应大于地基承载力特征值的 2.0 倍

（B）单孔钻芯检测发现桩身混凝土质量问题时，宜在同一基桩增加钻孔验证

（C）受检桩的混凝土强度达到设计强度的 70% 时即可进行钻芯法检测

（D）单桩竖向抗压静载试验的加载量不应小于设计要求的单桩极限承载力标准值的 2.0 倍

【解析】根据《建筑基桩检测技术规范》（JGJ 106—2014）4.1.3 条，工程桩验收检测时，加载量不应小于设计及要求的单桩承载力特征值的 2.0 倍，故选项 D 错误；根据 4.2.2 条，加载反力装置提供的反力不得小于最大加载值的 1.2 倍，故选项 A 错误；根据 3.2.5 条，当采用钻芯法检测时，受剪桩的混凝土龄期应达到 28d，故选项 C 错误；根据 3.3.4 条，选项 B 正确。

【考点】考查对规范条文的理解与熟悉程度。

【参考答案】B

12.（2011-A-16）编制桩的静载荷试验方案时，由最大试验荷载产生的桩身内力应小于桩身混凝土的抗压强度，验算时桩身混凝土的强度应取用下列（　　）的数值。

（A）混凝土抗压强度的设计值　　　　（B）混凝土抗压强度的标准值

（C）混凝土棱柱体抗压强度平均值　　（D）混凝土立方体抗压强度平均值

【解析】根据《建筑基桩检测技术规范》（JGJ 106—2014）4.1.3 条及条文说明：加载至破坏，单桩承载力达到极限值，桩身材料达到极限值，即达到混凝土抗压强度的标准值。

【考点】桩基检测。

【参考答案】B

13.（2011-A-40）某钻孔灌注桩竖向抗压静载荷试验的 p-s 曲线如图所示，此曲线反映的情况最可能是下列（　　）因素造成的。

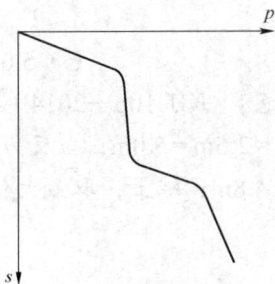

图 15-2　某钻孔灌注桩竖向抗压静载荷试验 p-s 曲线

（A）桩侧负摩阻力　　　　　　　　　（B）桩体扩径

（C）桩底沉渣过厚　　　　　　　　　（D）桩身强度过低

【解析】在两个缓降段之间有一个陡降段，主要是由于桩底沉渣造成的。

【考点】对 p-s 曲线的理解。

【参考答案】C

14.（2012-B-70）桩的水平变形系数计算公式为 $\alpha=\left(\dfrac{mb_0}{EI}\right)^{1/5}$，关于公式中各因子的单位，下列（　　）是正确的。

（A）桩的水平变形系数 α 没有单位

（B）地基土水平抗力系数的比例系数 m 的单位为 kN/m^3

（C）桩身计算宽度 b_0 的单位为 m

（D）桩身抗弯刚度 EI 的单位为 kN·m²

【解析】根据《建筑基桩检测技术规范》（JGJ 106—2014）6.4.1 条：α 单位为 m⁻¹，m 的单位为 kN/m⁴，b_0 单位为 m，EI 单位为 kN·m²

【考点】主要考查对规范条文的细节。

【参考答案】CD

15.（2013－A－38）依据《建筑基桩检测技术规范》（JGJ 106—2014），单桩水平静载试验，采用单向多循环加载法。每一级恒、零载的累计持续时间为（　　）。

（A）6min　　　　　（B）10min　　　　　（C）20min　　　　　（D）30min

【解析】根据《建筑基桩检测技术规范》（JGJ 106—2014）6.3.2 条计算如下：

$$（恒载 4min + 停 2min）×5 次 = 30min$$

【考点】主要考查对规范条文的理解与应用。

【参考答案】D

16.（2017－A－70）某建筑基桩进行单桩竖向抗压静载荷试验，试桩为扩底灌注桩，桩径为 1000mm，扩底直径 2200mm，锚桩采用 4 根 900mm 直径灌注桩，则下列关于试桩与锚桩、基准桩之间中心距设计正确的是哪些选项？（　　）

（A）试桩与锚桩中心距为 4m　　　　　　　（B）试桩与基准桩中心距为 4.2m

（C）基准桩与锚桩中心距为 4m　　　　　　（D）试桩与锚桩、基准桩中心距均为 4.2m

【解析】根据《建筑基桩检测技术规范》（JGJ 106—2014）4.2.6 条，当试桩或锚桩为扩底桩时，试桩与锚桩的中心距不应小于 2 倍扩大端直径，即 4.4m，故选项 A、D 错误。试桩和基准桩中心距大于或等于 4D 且不小于 2m，即大于或等于 4m。基准桩和锚桩中心距大于或等于 4D 且不小于 2m，即大于或等于 4m。选项 B、C 正确。

【考点】抗压静载试验。

【参考答案】BC

17.（2019－A－38）某建筑工程场地基桩为单排扩底灌注桩，桩身直径为 1.2m，扩底直径为 2.5m，工程检测时采用锚桩反力梁法进行单桩竖向抗压承载力检测，符合规定的试桩与锚桩之间的中心距离最小不应小于下列哪个选项？（　　）

（A）3.6m　　　　　（B）4.8m　　　　　（C）5.0m　　　　　（D）7.5m

【解析】参见《建筑基桩检测技术规范》（JGJ 106—2014）4.2.6 条及表 4.2.6。试桩与锚桩的中心距不应小于 2 倍扩大端直径，即不应小于 2×2.5m＝5.0m；当反力装置采用锚桩横梁时，应大于或等于 4D 且大于 2.0m，取二者大值 4D＝4×1.2m＝4.8m；综上，取最大值 5.0m。

【考点】单桩竖向抗压试验。

【参考答案】C

18.（2020－A－40）某工程采用桩基础，每个柱下承台布置 1～3 根桩，承载力校测时进行了 3 根单桩抗压静载试验，三根试验桩的单桩竖向抗压极限承载力分别可取 1500kN，1650N 和 1560N，试按照《建筑基桩检测技术规范》（JGJ 106—2014）确定该工程的单桩竖向抗压承载力特征值最接近下列哪个选项？（　　）

（A）750kN　　　　　（B）780kN　　　　　（C）1500kN　　　　　（D）1570kN

【解析】根据《建筑基桩检测技术规范》（JGJ 106—2014）4.4.3 条：试验桩数量小于 3 根或桩基承台下的桩数不大于 3 根时，应取低值。故本题干的竖向抗压极限承载力取最小值 1500kN，其承载力特征值为 1500kN/2＝750kN。

【考点】单桩静载试验数据的确定。

【参考答案】A

15.3　钻　芯　法

15.3.1　基桩质量

19.（2011−A−39）采用钻芯法检测建筑基桩质量，但芯样试件的尺寸偏差为下列（　　）时，试件不得用作抗压强度试验。

（A）试件端面与轴线的不垂直度不超过 2°

（B）试件端面的不平整度在 100mm 长度内不超过 0.1mm

（C）沿试件高度任一直径与平均直径相差不大于 2mm

（D）芯样试件平均直径小于 2 倍表观混凝土粗骨料最大粒径

【解析】根据《建筑基桩检测技术规范》（JGJ 106—2014）附录 E.0.5，当表观混凝土粗骨料最大粒径大于芯样试件平均直径 0.5 倍时，不得用作抗压或单轴抗压强度试验。

【考点】考查对规范原文的理解。

【参考答案】D

20.（2012−B−69）采用钻芯法检测建筑基桩质量，当芯样试件不能满足平整度及垂直度要求时，可采用某些材料在专用补平机上补平。关于补平厚度的要求，下列（　　）是正确的。

（A）采用硫磺补平厚度不宜大于 1.5mm　　（B）采用硫磺胶泥补平厚度不宜大于 3mm

（C）采用水泥净浆补平厚度不宜大于 5mm　　（D）采用水泥砂浆补平厚度不宜大于 10mm

【解析】根据《建筑基桩检测技术规范》（JGJ 106—2014）附录 E.0.2，用水泥砂浆、水泥净浆、硫磺胶泥或硫磺等材料在专用补平装置上补平，水泥砂浆或水泥净浆的补平厚度不宜大于 5mm，硫磺胶泥或硫磺的补平厚度不宜大于 1.5mm。

【考点】主要考查对规范条文的理解。

【参考答案】AC

21.（2013−A−69）按照《建筑基桩检测技术规范》（JGJ 106—2014），下列关于灌注桩钻芯法检测开始时间的说法中，（　　）是正确的。

（A）受检桩的混凝土龄期达到 28d　　（B）预留同条件养护试块强度达到设计强度

（C）受检桩混凝土强度达到设计强度的 70%　　（D）受检桩混凝土强度大于 15MPa

【解析】根据《建筑基桩检测技术规范》（JGJ 106—2014）3.2.5 条，当采用钻芯法检测时，受检桩的混凝土龄期应达到 28d 或受检桩同条件养护试件强度应达到设计强度要求，并非 70%，选项 B 正确，选项 C 错误。

【考点】主要考查对规范条文的理解。

【参考答案】AB

15.3.2　钻芯法试件

22.（2014−A−39）某大直径桩采用钻芯法检测时，在桩身共钻有两孔，在某深度发现有缺陷现象，检测人员在两个钻孔相同深度各采取了 3 块混凝土芯样试件，得到该深度处的两个抗压强度代表值，则该桩在该深度的芯样试件抗压强度代表值由下列（　　）方法确定。

（A）取两个抗压强度代表值的最小值　　（B）取两个抗压强度代表值的平均值

（C）取所有 6 件试件抗压强度的最小值　　（D）取两组试件抗压强度最小值的平均值

【解析】根据《建筑基桩检测技术规范》（JGJ 106—2014）7.6.1 条，每根受检桩混凝土芯样试件抗压强度的确定应符合下列规定：

（1）一组 3 块试件强度值的平均值，作为该组混凝土芯样试件抗压强度检测值；

（2）同一受检桩同一深度部位有两组或两组以上混凝土芯样试件抗压强度检测值时，取其平均值作为该桩该深度处混凝土芯样试件抗压强度检测值；

（3）取同一受检桩不同深度位置的混凝土芯样试件抗压强度检测值中的最小值，作为该桩混凝土芯样试件抗压强度检测值。

【考点】主要考查对规范条文的理解。

【参考答案】B

23.（2018—A—40）当采用钻孔取芯法对桩身质量进行检测时，下列说法正确的是哪个选项？（　　）

（A）混凝土芯样破坏荷载与其面积比为该样混凝土立方体抗压强度值

（B）桩底岩芯破坏荷载与其面积比为岩石抗压强度标准值

（C）桩底岩石芯样高径比为 2.0 时不能用于单轴抗压强度试验

（D）芯样端面硫磺胶泥补平厚度不宜超过 1.5mm

【解析】根据《建筑基桩检测技术规范》（JGJ 106—2014）第 7.5.3 条，混凝土芯样破坏荷载与其面积比为该混凝土芯样试件抗压强度值，而非立方体抗压强度值，选项 A 错误；根据附录 E.0.5 条第 3 款，岩石芯样高度小于 2.0d 或大于 2.5d 时，不得用作单轴抗压强度试验，选项 C 错误；根据附录 E.0.2 条第 2 款，硫磺胶泥或硫磺的补平厚度不宜大于 1.5mm，选项 D 正确。

根据《建筑地基基础设计规范》（GB 50007—2011）5.2.6 条以及附录 J，岩石抗压强度标准值应根据试验结果得到，选项 B 错误。

【考点】钻孔取芯法。

【参考答案】D

24.（2018—A—70）钻芯法检测桩身质量时，当锯切后的芯样试件存在轻微不能满足平整度或垂直度要求时，可采用下列哪些材料补平处理？（　　）

（A）水泥砂浆　　　　（B）水泥净浆　　　　（C）硫磺　　　　（D）聚氯乙烯

【解析】根据《建筑基桩检测技术规范》（JGJ 106—2014）附录 E.0.2 条第 2 款可知，选项 A、B、C 正确。

【考点】主要考查对于规范条文的理解与应用。

【参考答案】ABC

15.4　声　波　法

25.（2013—A—40）声波透射法和低应变法两种基桩检测方法所采用的波均为机械波，其传播方式和传播媒介也完全相同。对同一根混凝土桩，声波透射法测出的波速 v 与低应变法测出的波速 c 是（　　）关系。

（A）$v>c$　　　　（B）$v<c$　　　　（C）$v=c$　　　　（D）不能肯定

【解析】检测中常用到的三种方法高应变、低应变、声波透射法之间波速关系为：高应变＜低应变＜声波透射法。

【考点】此题需要根据知识点进行知识扩充。

【参考答案】A

26.（2013—A—70，2018—A—69）超声波在传播过程中碰到混凝土内部缺陷时，超声波仪上会出现（　　）变化。

（A）波形畸变　　　　（B）声速提高　　　　（C）声时增加　　　　（D）振幅增加

【解析】由于混凝土本身为由碎石、砂子、水泥等组成的非均匀各向异性复合材料，并具有多孔性和黏弹塑性，超声波在其中传播会产生复杂的反射、折射与透射等现象，其能量衰减很大，尤其是高频成分。经过叠加干扰后主要体现在接收声波畸形、声时增加、声速和振幅下降等特点。

【考点】主要对超声波探测基本原理的考查。

【参考答案】AC

27.（2016—A—70）采用声波透射法检测桩身完整性时，降低超声波的频率会导致下列哪些结果？（　　）

（A）增大超声波的传播距离 （B）降低超声波的传播距离
（C）提高对缺陷的分辨能力 （D）降低对缺陷的分辨能力

【解析】根据规范《建筑基桩检测技术规范》（JGJ 106—2014）第 10.2.1 条文说明：频率越高对缺陷的分辨率越高，有效测距变小，反之，分辨率降低，测距增加。

【考点】对声波特性的理解。

【参考答案】AD

28.（2020－A－70）根据《建筑基桩检测技术规范》（JGJ 106—2014），采用声波透射法进行基桩检测时，下列说法哪些是正确的？（   ）

（A）声波透射法可用于混凝土灌注桩的桩身完整性检测，判定桩身缺的位置、范围及推定桩身混凝土强度

（B）选配换能器时，在保证有一定的接收灵敏度的前提下，原则上应尽可能选择较高频率的换能器

（C）对于只预埋 2 根声测管的基桩，仅有 1 个检测剖面，该检测剖面可代表基桩的全部横截面

（D）声测管管材可选用钢管、镀锌管及 PVC 管等

【解析】参见《建筑基桩检测技术规范》（JGJ 106—2014）10.1.1 条、10.2.1 条、10.3.2 条、10.3.1 条。

（1）根据 10.1.1 条，声波透射法适用于混凝土灌注桩的桩身完整性检测，判定桩身缺陷的位置、范围和程度。对于桩径小于 0.6m 的桩，不宜采用声波透射法进行桩身完整性检测。选项 A 说法不准确。

（2）根据 10.2.1 条，换能器的谐振频率越高，对缺陷的分辨率越高，但高频声波在介质中衰减快，有效测距变小。选配换能器时，在保证有一定的接收灵敏度的前提下，原则上尽可能选择较高频率的换能器。选项 B 正确。

（3）根据 10.3.2 条，选项 C 正确。

（4）根据 10.3.1 条，声测管管壁太薄或材质较软时，混凝土灌注后的径向压力可能会使声测管产生过大的径向变形，影响换能器正常升降，甚至导致试验无法进行，因此要求声测管有一定的径向刚度，如采用钢管、镀锌管等管材，不宜采用 PVC 管，选项 D 错误。

【考点】声测管相关规定。

【参考答案】BC

15.5 地 基 检 测

15.5.1 检测方法

29.（2012－B－53）根据《建筑地基处理技术规范》（JGJ 9—2012），下列（   ）现场测试方法适用于深层搅拌法的质量检测。

（A）静力触探试验 （B）平板载荷试验
（C）标准贯入试验 （D）取芯法

【解析】根据《建筑基桩检测技术规范》（JGJ 106—2014）7.3.7 条知，可采用静载荷试验和钻芯法来检测水泥土搅拌法的质量。

【考点】主要考查对规范条文的理解。

【参考答案】BD

30.（2012－B－54）根据《建筑地基处理技术规范》（JGJ 79—2012），采用强夯碎石墩加固饱和软土地基，对该地基进行质量检验时，应该做下列（   ）检验。

（A）单墩载荷试验

（B）桩间土在置换前后的标准贯入试验

（C）桩间土在置换前后的含水量、孔隙比、c、ϕ 值等物理力学指标变化的室内试验

（D）碎石墩密度随深度的变化

【解析】根据《建筑地基处理技术规范》（JGJ 79—2012）6.3.13 条，强夯处理后的地基竣工验收，

承载力检验应根据静载荷试验、其他原位测试和室内土工试验等方法综合确定。强夯置换后的地基竣工验收，除应采用单墩静载荷试验进行承载力检验外，尚应采用动力触探等查明置换墩底情况及密度随深度的变化情况。

【考点】主要考查对规范条文的理解。

【参考答案】AD

31.（2013－A－53）采用水泥粉煤灰碎石桩处理松散砂土地基，下列（　　）方法适合于复合地基桩间土承载力检测。

（A）静力触探试验

（B）载荷试验

（C）十字板剪切试验

（D）面波试验

【解析】根据《建筑地基检测技术规范》（JGJ 340—2015）第 4.1.1 条、9.1.1 条、10.1.1 条、14.1.1 条可知：十字板剪切试验适用于软土地基，面波试验主要进行地质调查。静力触探和载荷试验适用于砂土地基。

【考点】此题目主要知识点在勘察专业里，需了解各检测试验的应用范围。审题时应灵活对待。

【参考答案】AB

32.（2016－A－54）下列哪些地基处理方法的处理效果可采用静力触探检验？（　　）

（A）旋喷桩桩身强度

（B）灰土换填

（C）填石强夯置换

（D）堆载预压

【解析】参见《建筑地基处理技术规范》（JGJ 79—2012）4.4.1 条、5.4.3 条、6.3.13 条、7.4.9 条。

（1）根据 4.4.1 条，对粉质黏土、灰土、砂石、粉煤灰垫层的施工质量可选用环刀取样、静力触探、轻型动力触探或标准贯入试验等方法进行检验。故选项 B 正确。

（2）根据 5.4.3 条，预压地基原位试验可采用十字板剪切试验或静力触探，检验深度不应小于设计处理深度。故选项 D 正确。

（3）根据 6.3.13 条，强夯处理后的地基竣工验收，承载力检验应根据静载荷试验、其他原位测试和室内土工试验等方法综合确定。强夯置换后的地基竣工验收，除应采用单墩静载荷试验进行承载力检验外，尚应采用动力触探等查明置换墩着底情况及密度随深度的变化情况。故选项 C 错误。

（4）根据 7.4.9 条，旋喷桩可根据工程要求和当地经验采用开挖检查、钻孔取芯，标准贯入试验、动力触探和静载荷试验等方法进行检验。故选项 A 错误。

【考点】条文理解，快速准确找到条文。

【参考答案】BD

15.5.2　检测基本原理

33.（2010－A－51）某软土地基采用水泥搅拌桩复合地基加固，搅拌桩直径为 600mm，桩中心间距为 1.2m，正方形布置，按《建筑地基处理技术规范》（JGJ 79—2012）进行复合地基载荷试验，下列关于试验要点的说法，（　　）是正确的。

（A）按四根桩复合地基，承压板尺寸应采用 1.8m×1.8m

（B）试验前应防止地基土扰动，承压板底面下宜铺设粗砂垫层

（C）试验最大加载压力不应小于设计压力值的 2 倍

（D）当压力～沉降曲线时平缓的光滑曲线时，复合地基承载力特征值可取承压板沉降量与宽度之比 0.015 所对应的压力

【解析】根据《建筑地基处理技术规范》（JGJ 79—2012）附录 B 中 B.0.2 条、B.0.3 条、B.0.5 条、B.0.6 条、B.0.10 条。

【考点】复合地基载荷试验。

【参考答案】BC

34.（2011－A－70）在对某场地素土挤密桩桩身检测时，发现大部分压实系数都未达到设计要求，下列（　　）可造成此种情况。

（A）土料含水量偏大 （B）击实试验的最大干密度偏小

（C）夯实遍数偏少 （D）土料含水量偏小

【解析】压实系数与含水量和压实功有关，在最优含水量的情况下才能满足压实系数的要求，同时若夯实遍数变少，压实功不能达到要求也无法满足压实功的要求。

【考点】考查对压实系数概念的理解。

【参考答案】ACD

35．（2017－A－54）按照《建筑地基处理技术规范》（JGJ 79—2012），关于处理后地基静载试验，下列哪项说法是错误的？（ ）

（A）单桩复合地基静载试验可测定承压板下应力主要影响范围内复合土层的承载力和压缩模量

（B）黏土地基上的刚性桩复合地基，极限荷载为 Q_u，压力－沉降曲线呈缓变型，静载试验承压板边长 2.5m，沉降 25mm 对应的压力 Q_s 小于 $0.5Q_u$，则承载力特征值取 Q_s

（C）极限荷载为 Q_u，比例界限对应的荷载 Q_b 值等于 $0.6Q_u$，则承载力特征值取 Q_b

（D）通过静载试验可确定强夯处理后地基承压板应力主要影响范围内土层的承载力和变形模量

【解析】参见《建筑地基处理技术规范》（JGJ 79—2012）附录 A.0.1 条、A.0.7 条。

【考点】静载试验。

【参考答案】ABC

36．（2016－A－39）对水泥粉煤灰碎石桩复合地基进行验收检测时，按照《建筑地基处理技术规范》（JGJ 79—2012），下述检测要求中哪项不正确？（ ）

（A）应分别进行复合地基静载试验和单桩静载试验

（B）复合地基静载试验数量每个单体工程小应少于 3 点

（C）承载力检测数量为总桩数的 0.5%～1%

（D）桩身完整性检测数量不少于总桩数的 10%

【解析】根据《建筑地基处理技术规范》（JGJ 79—2012）7.7.4 条第 2～4 款，综合判断选项 C 错误，不应少于总桩数 1%。

【考点】条文理解，快速准确找到条文。

【参考答案】C

37．（2016－A－52）按照《建筑地基处理技术规范》（JGJ 79—2012），关于地基处理效果的检验，下列哪些说法是正确的？（ ）

（A）堆载预压后的地基，可进行十字板剪切试验或静力触探试验

（B）压实地基，静载试验荷载板面积 0.5m²

（C）水泥粉煤灰碎石桩复合地基，应进行单桩静载荷试验，加载量不小于承载力特征值的 2 倍

（D）对换填垫层地基，应检测压实系数。

【解析】根据《建筑地基处理技术规范》（JGJ 79—2012）5.4.3 条，堆载预压后的地基检验，原位试验可采用十字板剪切试验或静力触探，检验深度不应小于设计处理深度。故选项 A 正确。根据 A.0.2 条，平板静载荷试验采用的压板面积应按需检验土层的厚度确定，且不应小于 1.0m²，故选项 B 错误。根据 C.0.9 条，最大加载量不应小于设计单桩承载力特征值的 2 倍。故选项 C 正确。根据 4.2.4 条，垫层的压实标准可按表 4.2.4 选用。矿渣垫层的压实系数可根据满足承载力设计要求的试验结果，按最后两遍压实的压陷差确定。故选项 D 正确。

【考点】条文理解，快速准确找到条文。

【参考答案】ACD

38．（2019－A－69）下列关于建筑地基承载力检测的说法，哪些选项是正确的？（ ）

（A）换填垫层和压实地基的静载荷试验的压板面积不应小于 0.5m²

（B）强夯地基静载荷试验的压板面积不宜小于 2.0m²

（C）单桩复合地基静载荷试验的承压板可用方形，面积为一根桩承担的处理面积

（D）多桩复合地基静载荷试验的承压板可采用矩形，其尺寸按实际桩数承担的处理面积确定

【解析】参见《建筑地基处理技术规范》（JGJ 79—2012）附录 A.0.2 条，压板面积不应小于 1.0m²，对于夯实地基，不宜小于 2.0m²，选项 A 错误，选项 B 正确；根据附录 B.0.2 条，单桩复合地基静载荷试验的承压板可用圆形或方形，面积为一根桩承担的处理面积，多桩复合地基静载荷试验的承压板可用方形或矩形，其尺寸按实际桩数所承担的处理面积确定，因此选项 C、D 均正确。

【考点】复合地基承载力试验。

【参考答案】BCD

39.（2020−A−54）根据《建筑地基处理技术规范》（JDJ 79—2012）的规定，关于垫层法处理后的质量检验，下列哪些选项是正确的？（ ）

（A）采用重型击实试验指标时，粉质黏土、灰土换填垫层的压实系数应不小于 0.94

（B）采用轻型击实试验确定压实系数时，粉质黏土、灰土、粉煤灰等材料要求的最大干密度比重型击实试验的小

（C）垫层的施工质量检验应分层进行，对碎石垫层的施工质量可采用重型动力触探试验进行检验

（D）竣工验收应采用静载荷试验检验垫层承载力

【解析】根据《建筑地基处理技术规范》（JGJ 79—2012）表 4.2.4，采用重型击实试验时，对粉质黏土、灰土、粉煤灰及其他材料压实压实标准应为 $\lambda_c \geq 0.94$，比轻型击实试验压实系数低，因此，选项 B 错误，其余均正确。

【考点】垫层处理压实标准。

【参考答案】ACD

15.5.3 检验时间

40.（2012−B−40）复合地基竣工验收时，承载力检验常采用复合地基静载荷试验，下列（ ）种因素不是确定承载力检验前的休止时间的主要因素。

（A）桩身强度   （B）桩身施工质量
（C）桩周土的强度恢复情况   （D）桩周土中的孔隙水压力消散情况

【解析】根据《建筑基桩检测技术规范》（JGJ 106—2014）3.2.5 条条文说明：通过规范理解休止时间与桩身强度（混凝土龄期 28d）和桩周土的情况有关，与桩身施工质量无关。

【考点】主要考查对规范条文的理解。

【参考答案】B

41.（2012−B−49）根据《建筑地基处理技术规范》（JGJ 79—2012），地基处理施工结束后，应间隔一定时间方可进行地基和加固体的质量检验，有关间隔时间长短的比较，下列（ ）不合理。

（A）振冲桩处理粉土地基＞砂石桩处理砂土地基

（B）水泥土搅拌桩承载力检测＞振冲桩处理粉土地基

（C）砂石桩处理砂土地基＞硅酸钠溶液灌注加固地基

（D）硅酸钠溶液灌注加固地基＞水泥土搅拌桩承载力检测

【解析】根据《建筑地基处理技术规范》（JGJ79—2012）7.2.5 条、7.3.7 条、8.4.2 条，振冲桩处理粉土地基时间间隔 14d，砂石桩处理砂土时间间隔 7d，水泥土搅拌桩承载力检测时间间隔 28d，硅酸钠溶液灌注加固地基时间间隔 7～14d。

【考点】主要考查对规范条文的理解。

【参考答案】CD

15.6 检测方法的选择

15.6.1 桩身完整性

42.（2011−A−38）下列（ ）可以用于直接检测桩身完整性。

（A）低应变动测法　　　　　　　　　　（B）钻芯法
（C）声波透射法　　　　　　　　　　　（D）高应变法

【解析】根据《建筑基桩检测技术规范》（JGJ 106—2014）7.1.1 条，钻心法适用于检测混凝土灌注桩的桩长、桩身混凝土强度、桩底沉渣厚度和桩身完整性，判定或鉴别桩端持力层岩土性状。由于本题目要求直接方法，其他选项均为间接方法。

【考点】此题目需要在熟悉规范的基础上认真审题。

43.（2016－A－38）某工程采用钻孔灌注桩基础，桩基设计等级乙级。该工程总桩数为 100 根，柱下承台矩形布桩，每个承台下设置 4 根桩，按《建筑基桩检测技术规范》（JGJ 106—2014）制定检测方案时，桩身完整性检测的数量应不少于几根？（　　　）

（A）10 根　　　　　（B）20 根　　　　　（C）25 根　　　　　（D）30 根

【解析】根据《建筑基桩检测技术规范》（JGJ 106—2014）3.3.3 条第 1 款，其他桩基工程，检测数量不应少于总桩数的 20%，且不应少于 10 根，100 根×20%＝20 根；根据 3.3.3 条第 2 款：除符合 3.3.3 条第 1 款规定外，每个柱下承台检测桩数不应少于 1 根。

本工程共（100/4）个＝25 个承台，检测数不少于 25 根。因此检测数量不少于 25 根。

【考点】条文理解，快速准确找到条文。

44.（2016－A－69）某根桩检测时，判断其桩身完整性类别为 I 类，则下列说法中正确的是哪些选项？（　　　）

（A）若对该桩进行抗压静载试验，肯定不会出现桩身结构破坏
（B）无须进行静载试验，该桩的单桩承载力一定满足设计要求
（C）该桩的桩身不存在不利缺陷，结构完整
（D）该桩的桩身结构能够保证上部结构荷载沿桩身正常向下传递

【解析】根据《建筑基桩检测技术规范》（JGJ 106—2014）3.5.1 条及条文说明，桩身结构承载力不仅与桩身完整性有关，也与混凝土强度有关，故选项 A、B 错误，综合判断选项 C、D 正确。

【考点】对规范条文的理解。

45.（2017－A－69）需要检测混凝土灌注桩桩身缺陷及其位置，下列哪些方法可以达到此目的？（　　　）

（A）单桩水平静载试验　　　　　　　　（B）低应变法
（C）高应变法　　　　　　　　　　　　（D）声波透射法

【解析】根据《建筑基桩检测技术规范》（JGJ 106—2014）表 3.1.1，桩身缺陷及位置检测方法有低应变、高应变和声波透射法。故选 BCD。单桩水平静载荷确定单桩水平临界荷载和极限承载力以及桩身弯矩，无法确定桩身缺陷。

【考点】桩的检测。

15.6.2　桩身混凝土强度

46.（2012－B－39）下列（　　　）种检测方法适宜检测桩身混凝土强度。

（A）单桩竖向抗压静载试验　　　　　　（B）声波透射法
（C）高应变法　　　　　　　　　　　　（D）钻芯法

【解析】根据《建筑基桩检测技术规范》（JGJ 106—2014）7.1.1 条，钻芯法适用于检测混凝土灌注桩的桩长、桩身混凝土强度、桩底沉渣厚度和桩身完整性。当采用钻芯法判定或鉴别桩端持力层岩土性状时，钻探深度应满足设计要求。其他方法无法检测桩身混凝土强度。

【考点】主要考查对规范条文的理解。

16 其他规范考点

16.1 碾压式土石坝

16.1.1 浸润线

1.（2009-A-30）如图16-1所示的土石坝体内的浸润线形态分析结果，它应该属于（ ）坝型。

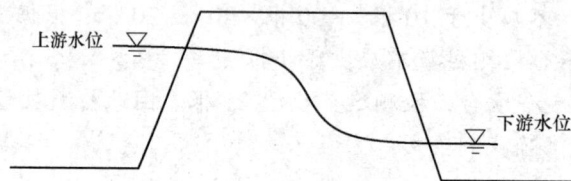

图16-1 土石坝体内的浸润线形态分析结果

（A）均质土坝
（B）斜墙防渗堆石坝
（C）心墙防渗堆石坝
（D）面板堆石坝

【解析】防渗体的作用是防渗，降低坝体浸润线、降低渗透坡降和控制渗流量。所以在布置了防渗体的位置，浸润线会有突降。

【考点】土石坝的防渗体。

【参考答案】C

2.（2009-A-31）如图16-2所示的均质土坝的坝体浸润线，则应该是（ ）中的排水形式。

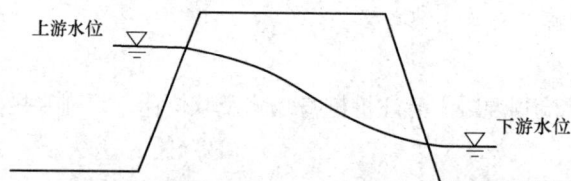

图16-2 均质土坝的坝体浸润线

（A）棱体排水　　　　（B）褥垫排水　　　　（C）无排水　　　　（D）贴坡排水

【解析】本题浸润线无突变，所以未设置排水体。

【考点】土石坝的防渗体。

【参考答案】C

3.（2011-B-54）土筑堤坝在最高洪水位下，由于堤身浸润线抬高，背水坡面有水浸出，形成"散浸"。下列（ ）的工程措施对治理"散浸"是有效的。

（A）在堤坝的迎水坡面上铺设隔水土工膜
（B）在堤坝的背水坡面上铺设隔水土工膜
（C）在下游堤身底部设置排水设施
（D）在上游堤身前抛掷堆石

【解析】治理"散浸"最有效的方法是降低浸润线防渗，通常的方法是采用"上游挡，下游排"，上层设置防渗帷幕，铺设土工膜，下游设置排水体等，所以选择AC。

【考点】浸润线防渗。

【参考答案】AC

4.（2017-B-19）图 16-3 为一个均质土坝的坝体浸润线，它是下列哪个选项中的排水形式引起的？
（　　）

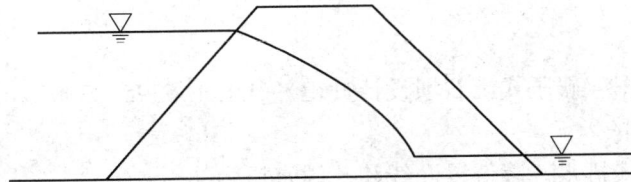

图 16-3　某均质土坝的坝体浸润线

（A）棱体排水　　　　（B）褥垫排水　　　　（C）直立排水　　　　（D）贴坡排水

【解析】参见《碾压式土石坝设计规范》（DL/T 5395—2007）7.7.7～7.7.9 条及条文说明。均质土坝排水形式见图 16-4。

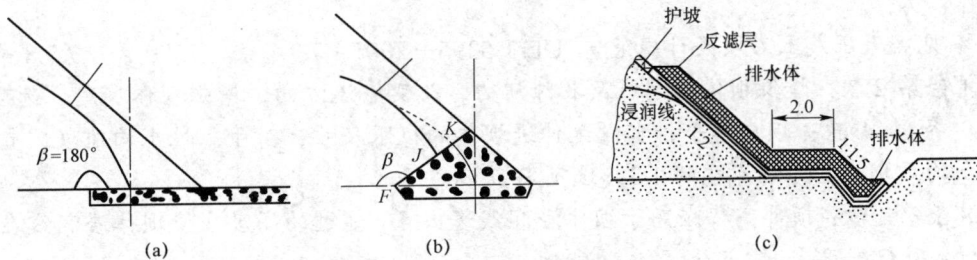

图 16-4　均质土坝排水形式
(a) 褥垫式排水体；(b) 棱体式排水体；(c) 贴坡式排水

褥垫排水层是深入坝体内部，可降低坝体浸润线，属于水平排水方式；棱柱体排水能够降低浸润线，但是其下段不应该是直线的；贴坡式排水可降低坝体浸润线，但坡面处浸润线应与坡面相交。

【考点】坝体排水浸润线的形式。

【参考答案】B

16.1.2　坝体排水

5.（2010-B-19）在水工土石坝设计中，下列（　　）是错误的。

（A）心墙用于堆石坝的防渗

（B）混凝土面板堆石坝中的面板主要用于上游护坡

（C）在分区布置的堆石坝中，渗透系数小的材料布置在上游，渗透系数大的布置在下游

（D）棱柱体排水可降低土石坝的浸润线

【解析】根据《碾压式土石坝设计规范》（DL/T 5395—2007）7.7 节和 7.8 节及条文说明，水工建筑物防渗中，"上挡下排"是防渗的主要方法。通常在上游铺设土工布，设置防渗帷幕，坝体上游设置斜墙，中间设置心墙等，在下游设置排水体，如褥垫式排水体、棱体式排水体、贴坡式排水体等。混凝土面板坝中的面板主要作用是用于防渗，其次是用于护坡，护坡时一般用于上游，即上挡下排。

褥垫式排水和棱柱式排水均可以降低浸润线，但贴坡式排水不能降低浸润线。

【考点】坝体排水和护坡。

【参考答案】B

6.（2011-A-28）在深厚砂石层地基上修建砂石坝，需设置地下垂直混凝土防渗墙和坝体堆石棱体排水，下列几种布置方案中（　　）是合理的。

（A）防渗墙和排水体都设置在坝体上游

（B）防渗墙和排水体都设置在坝体下游

（C）防渗墙设置在坝体上游，排水体设置在坝体下游

（D）防渗墙设置在坝体下游，排水体设置在坝体上游

【解析】根据《碾压式土石坝设计规范》（DL/T 5395—2007）7.1.4 条和 7.7 节得到土石坝防渗的基

本措施是"上游挡，下游排"，防渗墙是"挡"，可设置在坝体的上游，排水体是"排"，可设置在坝体的下游。

【考点】砂石坝防排水。

【参考答案】C

7.（2013-B-22）根据《碾压式土石坝设计规范》（DL/T 5395—2007），下列关于坝体排水设置的论述中，（　　）是不正确的。

（A）土石坝应设置坝体排水，降低浸润线和孔隙水压力

（B）坝内水平排水伸进坝体的极限尺寸，对于黏性土均质坝为坝底宽的 1/2，砂性土均质坝为坝底宽的1/3

（C）贴坡排水体的顶部高程应与坝顶高程一致

（D）均质坝和下游坝壳用弱透水材料填筑的土石坝，宜优先选用坝内竖式排水，其底部可用褥垫排水将渗水引出

【解析】参见《碾压式土石坝设计规范》（DL/T 5395—2007）7.7.1 条、7.7.9 条、7.7.8 条、7.7.5 条。

（1）7.7.1 条第 2 款：降低坝体浸润线及孔隙压力，改变渗流方向，增强坝体稳定。选项 A 正确。

（2）7.7.9 条第 4 款：坝内水平排水设施伸进坝体的极限尺寸，对于黏性土均质坝，宜为坝底宽的1/2；对砂性土均质坝，宜为坝底宽的 1/3。选项 B 正确。

（3）7.7.8 条第 1 款：顶部高程应高于坝体浸润线逸出点，超过的高度应使坝体浸润线在该地区的冻结深度以下。选项 C 错误。

（4）7.7.5 条：对均质坝和下游坝壳用弱透水材料填筑的土石坝，宜优先采用能有效地降低坝体浸润线的坝内竖式排水，其底部可用水平排水体将渗水引出坝外。选项 D 正确。

【考点】坝体排水。

【参考答案】C

8.（2017-B-17）图 16-5 为一粉质黏土均质土坝的下游棱体排水，其反滤层的材料从左向右 1→2→3 依次应符合下面哪个选项？（　　）

（A）砂→砾→碎石 （B）碎石→砾→砂

（C）砾→砂→碎石 （D）碎石→砂→砾

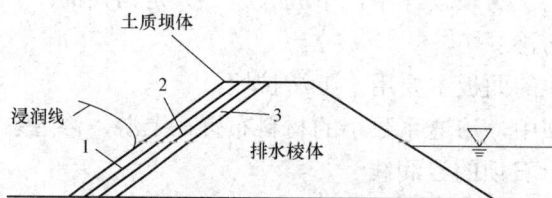

图 16-5 某粉质黏土均质土坝的下游棱体排水

【解析】根据《碾压式土石坝设计规范》（DL/T 5395—2007）7.1.4 条，防渗体在上游面时，坝体渗透性宜从上游至下游逐步增大；防渗体在中间时，坝体渗透性宜向上、下游逐步增大。

【考点】棱体排水。

【参考答案】A

9.（2017-B-55）根据《碾压式土石坝设计规范》（DL/T 5395—2007）相关要求，下列关于坝体排水的设置中，哪些表述是正确的？（　　）

（A）土石坝的排水设置应能保护坝坡土，防止其冻胀破坏

（B）对于均质坝，不可以将竖向排水做成向上游或下游倾斜的形式

（C）设置竖式排水的目的是使透过坝体的水通过它排至下游，防止渗透水在坝坡溢出

（D）设置贴坡排水体的目的是防止坝坡土发生渗透破坏，并有效地降低浸润线

【解析】参见《碾压式土石坝设计规范》（DL/T 5395—2007）7.7.1 条、7.7.5 条及其条文说明、7.7.8 条文说明。

依据 7.7.1 条，在下列情况下土石坝应设置不同形式的坝体排水设施：防止渗流逸出处的渗透破坏；降低坝体浸润线及孔隙压力，改变渗流方向，增强坝体稳定；保护坝坡土，防止其冻胀破坏。故选项 A 正确。

依据 7.7.5 条，对均质坝和下游坝壳用弱透水材料填筑的土石坝，宜优先采用能有效地降低坝体浸润线的坝内竖式排水，故选项 B 错误。

依据 7.7.5 条文说明，设置竖式排水的目的，使透过坝体的水通过它排至下游，保持坝体干燥，有效地降低坝体的浸润线，并防止渗透水在坝坡逸出，故选项 C 正确。

依据 7.7.8 条文说明，贴坡排水体不能有效地降低浸润线，故选项 D 错误。

【考点】坝体排水。

【参考答案】AC

10.（2019-B-53）以下关于坝内水平排水设计哪些选项是正确的？（ ）

（A）排水层中每层料的最小厚度应满足反滤层最小厚度要求

（B）网状排水带中的横向排水带宽度不应小于 0.5m，坡度不宜超过 1.0%

（C）采用排水管对渗流量较大的坝体排水时，管径不得小于 0.2m，坡度不大于 5%

（D）对于黏性土或者砂性土均质坝，坝内水平排水设施伸进坝体的极限尺寸，为坝底宽的 1/3

【解析】根据《碾压式土石坝设计规范》（DL/T 5395—2007）第 7.7.9 条：

（1）坝内水平排水设计应遵守下列规定：由砂、卵砾石组成的褥垫排水层的厚度和伸入坝体内的深度应根据渗流计算确定，排水层中每层料的最小厚度应满足反滤层最小厚度的要求。

（2）网状排水带中的纵向（平行坝轴线）排水带的厚度、宽度及伸入坝体内的深度应根据渗流计算确定。网状排水带中的横向排水带的宽度不应小于 0.5m，其坡度不宜超过 1%，或按不产生接触冲刷的要求确定。

（3）当渗流量很大，增大排水带尺寸不合理时，可采用排水管，管周围应设反滤层。其管径应由计算确定，但不得小于 0.2m，管的坡度不得大于 5%。

（4）坝内水平排水设施伸进坝体的极限尺寸，对于黏性土均质坝，宜为坝底宽的 1/2；对砂性土均质坝，宜为坝底宽的 1/3；对于土质防渗体分区坝，宜与防渗体下游的反滤层相连接。

【考点】土石坝的水平排水。

【参考答案】ABC

16.1.3 力学参数指标的选择

11.（2010-B-57）对于黏土厚心墙堆石坝，在不同工况下进行稳定性分析时应采用不同的强度指标，下列（ ）是正确的。

（A）施工期黏性土可采用不固结不排水（UU）强度指标，用总应力法进行稳定分析

（B）稳定渗流期对黏性土可采用固结排水试验（CD）强度指标，用有效应力法进行稳定分析

（C）在水库水位降落期，对于黏性土应采用不固结不排水（UU）强度指标，用总应力法进行稳定性分析

（D）对于粗粒土，在任何工况下都应采用固结排水试验（CD）强度指标进行稳定性分析

【解析】由《碾压式土石坝设计规范》（DL/T 5395—2007）附录 E 查表 E.1 可知，施工期黏性土可采用总应力法 UU 试验；稳定渗流期和水位降落期黏性土可采用有效应力法 CD 试验；水位降落期黏性土可采用总应力法 CU 试验；对于粗粒土，其排水条件良好，一律采用 CD 试验。

【考点】土压力的计算。

【参考答案】ABD

16.1.4 防渗体填筑材料

12.（2012-A-21）某碾压式土石坝，坝高 50m，根据《碾压式土石坝设计规范》（DL/T 5395—2007），下列（ ）种黏性土可以作为坝的防渗体填筑料。

（A）分散性黏土   （B）膨胀土

（C）红黏土   （D）塑性指数大于 20 和液限大于 40% 的冲积黏土

【解析】参见《碾压式土石坝设计规范》（DL/T 5395—2007）4.0.2 条、6.1.5 条、6.1.6 条。

4.0.2 条：50m 为中坝。

6.1.5 条：以下几种黏性土作为坝的防渗体填筑料时，应进行专门论证。①塑性指数大于 20 和液限大于 40% 的冲积黏土；②膨胀土；③开挖、压实困难的干硬黏土；④冻土；⑤分散性黏土。

6.1.6 条：红黏土可用作坝的防渗体。用于高坝时，应对其压缩性进行论证，故红黏土可以作为坝体防渗体填筑料。

【考点】防渗体填筑料。

【参考答案】C

13.（2012-A-56）土石坝防渗采用碾压黏土心墙，下列防渗土料碾压后的（   ）指标（性质）满足《碾压式土石坝设计规范》（DL/T 5395—2007）中的相关要求。

（A）渗透系数为 $1 \times 10^{-6} cm/s$ （B）水溶盐含量为 5%

（C）有机质含量为 1%   （D）有较好的塑性和渗透稳定性

【解析】根据《碾压式土石坝设计规范》（DL/T 5395—2007），6.1.4 条可以得到选项 A、C、D 正确。水溶盐含量不大于 3%，选项 B 错误。

【考点】碾压式土石坝。

【参考答案】ACD

14.（2013-B-15）根据《碾压式土石坝设计规范》（DL/T 5395—2007）的规定，土石坝的防渗心墙的土料选择，以下（   ）是不合适的。

（A）防渗土料的渗透系数不大于 $1.0 \times 10^{-5} cm/s$

（B）水溶盐含量和有机质含量两者均不大于 5%

（C）有较好的塑性和渗透稳定性

（D）浸水与失水时体积变化较小

【解析】根据《碾压式土石坝设计规范》（DL/T 5395—2007）6.1.4 条，选项 A、C 和 D 正确。水溶盐含量不大于 3%，心墙的有机质含量不大于 2%，选项 B 错误。

【考点】土石坝的防渗心墙的土料选择。

【参考答案】B

15.（2014-B-57）在某一地区欲建一高 100m 的土石坝，下列（   ）不宜直接作为该坝的防渗体材料。

（A）膨胀土

（B）压实困难的干硬性黏土

（C）塑性指数小于 20 和液限小于 40% 的冲积黏土

（D）红黏土

【解析】参见《碾压式土石坝设计规范》（DL/T 5395—2007）6.1.5 条、6.1.6 条。

6.1.5 条：膨胀土、压实困难的干硬性黏土，不宜直接采用。塑性指数小于 20 和液限大于 40% 的冲积黏土，可直接采用，选项 A、B 正确，选项 C 错误。

6.1.6 条：红黏土用于高坝时，不宜直接采用，选项 D 正确。

【考点】碾压式土石坝的防渗体材料的选用。

【参考答案】ABD

16.（2018-B-19）根据《碾压式土石坝设计规范》（DL/T 5395—2007），下列不同土体作为坝体防渗体填筑料，描述不正确的是下列哪个选项？（   ）

（A）人工掺和砾石土，最大粒径不宜大于 150mm

（B）膨胀土作为土石坝防渗料时，无须控制其填筑含水量

（C）含有可压碎的风化岩石的砾石土可以作为防渗体填料

（D）湿陷性黄土作为防渗体时，应具有适当的填筑含水率与压实密度，同时做好反滤

【解析】参见《碾压式土石坝设计规范》（DL/T 5395—2007）6.1.7～6.1.10条。

第6.1.10条：用膨胀土作为土石坝防渗料时，填筑含水量应采用最优含水率的湿侧，故选项B错误。

第6.1.8条：用于填筑防渗体的砾石土（包括人工掺合砾石土），粒径大于5mm的颗粒含量不宜超过50%，最大粒径不宜大于150mm。故选项A正确。

第6.1.9条：当采用含有可压碎的风化岩石或含有软岩的砾石土作防渗料时，应按碾压后的级配状况确定其物理力学性质和参数。故选项C正确。

第6.1.7条：湿陷性黄土或黄土状土，作为土石坝的防渗体时，应具有适当的填筑含水率与压实密度，并应注意做好反滤。选项D正确。

【考点】主要考查碾压式土石坝坝体防渗体填筑料。

【参考答案】B

16.1.5 土石坝渗流控制

17.（2012－A－22）某土石坝坝高70m，坝基为砂砾石，其厚度为8.0m，该坝对渗漏量损失要求较高，根据《碾压式土石坝设计规范》（DL/T 5395—2007），下列（　　）渗流控制形式最合适。

（A）上游设防渗铺盖　　　　　　　　（B）下游设水平排水垫层
（C）明挖回填黏土截水槽　　　　　　（D）混凝土防渗墙

【解析】参见《碾压式土石坝设计规范》（DL/T 5395—2007）8.3.4条、8.3.2条、8.3.6条。

8.3.4条：对于渗流量损失要求较高的中、高坝体应采用垂直防渗措施。

8.3.2条：明挖回填黏土截水槽、混凝土防渗墙属于垂直防渗措施。

8.3.6条：砂砾层深度在20m以内时，可采用明挖回填黏土截水槽。

【考点】渗流控制形式。

【参考答案】C

18.（2014－B－22）土石坝的坝基防渗稳定处理措施中，下列（　　）是不合理的。

（A）灌浆帷幕　　　　　　　　　　　（B）下游水平排水垫层
（C）上游砂石垫层　　　　　　　　　（D）下游透水盖重

【解析】根据《碾压式土石坝设计规范》（DL/T 5395—2007）8.3.2条，砂砾石坝基渗流控制可选择以下形式：垂直防渗。明挖回填截水槽、混凝土防渗墙、灌浆帷幕、上述两种或两种以上形式的组合；上游防渗铺盖，下游排水设施及盖重。水平排水垫层、反滤排水沟、排水减压井、下游透水盖重。得到选项A、B、D正确，所以选C。

【考点】砂砾石坝基的渗流控制。

【参考答案】C

19.（2014－B－54）土石坝采用混凝土防渗墙进行坝基防渗处理，下列（　　）可以延长防渗墙的使用年限。

（A）减小防渗墙的渗透系数　　　　　（B）减小渗透坡降
（C）减小混凝土中水泥用量　　　　　（D）增加墙厚

【解析】根据《碾压式土石坝设计规范》（DL/T 5395—2007）8.3.8条文说明，延长年限，就有必要降低渗透系数、渗透坡降和增大墙的厚度，这种趋势对实际工作有指导意义，得到选项A、B、D正确。

【考点】砂砾石坝基的渗流控制。

【参考答案】ABD

20.（2014－B－20）关于土石坝反滤层的说法中，下列（　　）是错误的。

（A）反滤层的渗透性应大于被保护土，并能通畅排出渗透水流
（B）下游坝壳与断层带、破碎带等接触部位，宜设置反滤层
（C）设置合理的下游反滤层可以使坝体防渗体裂缝自愈
（D）防渗体下游反滤层材料的级配、层数和厚度相对于上游反滤层可简化

【解析】参见《碾压式土石坝设计规范》（DL/T 5395—2007）7.6.2 条、7.6.4～7.6.6 条。

7.6.2 条：坝的反滤层应符合下列要求：使被保护土不发生渗透变形。渗透性大于被保护土，能通畅地排出渗透水流。不致被细粒土淤塞失效。选项 A 正确。

7.6.4 条：非均质坝的坝壳内的各土层之间，宜满足反滤准则；下游坝壳与透水坝基的接触区，与岩基中发育的断层、破碎带和强风化带的接触部位，如不满足反滤准则，应设反滤层。选项 B 正确。

7.6.5 条：在防渗体出现裂缝的情况下，土颗粒不应被带出反滤层，裂缝可自行愈合。得到选项 C 正确。

7.6.6 条：防渗体上游反滤层材料的级配、层数和厚度相对于下游反滤层可简化。因此选项 D 错误。

【考点】反滤层、垫层和过滤层。

【参考答案】D

21.（2013-B-56）根据《碾压式土石坝设计规范》（DL/T 5395—2007），对土石坝坝基采用混凝土防渗墙进行处理时，下列（　　）是合适的。

（A）用于防渗墙的混凝土内可掺黏土、粉煤灰等外加刑，并有足够的抗渗性和耐久性

（B）高坝坝基深砂砾石层的混凝土防渗墙，应验算墙身强度

（C）混凝土防渗插入坝体土质防渗体高度应不低于 1.0m

（D）混凝土防渗墙嵌入基岩宜大于 0.5m

【解析】参见《碾压式土石坝设计规范》（DL/T 5395—2007）8.3.8 条。

当混凝土防渗墙与土体为插入式连接方式时，混凝土防渗墙顶应作成光滑的楔形，插入土质防渗体高度宜为 1/10 坝高，高坝可适当降低，或根据渗流计算确定，低坝不应低于 2m。在墙顶宜设填筑含水率略大于最优含水率的高塑性土区。

墙底一般宜嵌入弱风化基岩 0.5～1.0m。对风化较深或断层破碎带应根据其性状及坝高予以适当加深。

高坝坝基深砂砾石层的混凝土防渗墙，应进行应力应变分析，并据此确定混凝土的强度等级。

混凝土防渗墙除应具有所要求的强度外，还应有足够的抗渗性和耐久性。在混凝土内可掺黏土、粉煤灰及其他外加剂。

【考点】碾压式土石坝的防渗墙。

【参考答案】ABD

22.（2017-B-56）对土石坝进行渗流计算时，以下哪些选项是正确的？（　　）

（A）应确定坝体浸润线的位置，绘制坝体内等势线分布图

（B）应确定坝基与坝体的渗流量

（C）计算坝体渗透流量时宜采用土层渗透系数的小值平均值

（D）对于双层结构地基，如果下卧土大于 8.0m，且其渗透系数小于上覆土层渗透系数的 2.0 倍时，该层可视为相对不透水层

【解析】参见《碾压式土石坝设计规范》（DL/T 5395—2007）10.1.1 条、10.1.3 条、10.1.7 条。

10.1.1 条：土石坝渗流计算包括的内容有①确定坝体浸润线及其下游逸出点的位置，绘制坝体及坝基内的等势线分布图或流网图；②确定坝体与坝基的渗流量。故选项 A、B 正确。

10.1.3 条：计算渗透流量时宜采用土层渗透系数的大值平均值，计算水位降落时的浸润线宜用小值平均值。故选项 C 错误。

10.1.7 条：应为双层结构坝基，下卧土层较厚，渗透系数小于上覆土层的 1/100，可视为不透水层。故选项 D 错误。

【考点】土石坝。

【参考答案】AB

16.1.6 土石坝稳定性

23.（2016-B-53）根据《碾压式土石坝设计规范》（DL/T 5395—2007）进行坝坡和坝基稳定性计

算时，以下哪些选项是正确的？（　　　）

（A）分均质坝的稳定安全系数等值线的轨迹会出现若干区域，每个区域都有一个低值

（B）厚心墙坝宜采用条分法，计算条块间作用力

（C）对于有软弱夹层、薄心墙坝坡稳定分析可采用满足力和力矩平衡的摩根斯顿－普赖斯等方法

（D）对层状土的坝基稳定安全系数计算时，在不同的圆弧滑动面上计算，即可找到最小稳定安全系数

【解析】参见《碾压式土石坝设计规范》（DL/T 5395—2007）10.3.10条。坝坡抗滑稳定计算应采用刚体极限平衡法。对于均质坝、厚斜墙或厚心墙坝，可采用计及条块间作用力的简化毕肖普法；每个潜在滑面均对应一个稳定系数，故每个区域都有一个低值。故选项A、B正确。对于有软弱夹层、薄斜墙坝、薄心墙坝及任何坝型的坝坡稳定分析，可采用满足力和力矩平衡的摩根斯顿－普赖斯等方法。故选项C正确。非均质坝体和坝基的抗滑稳定计算应考虑稳定安全系数分布的多极值特性。滑动破坏面应在不同的土层进行分析比较，直到求得抗滑稳定安全性最小时为止。故选项D错误。

【考点】坝坡和坝基稳定性计算。

【参考答案】ABC

24.（2017－B－18）一个粉质黏土的压实填方路堤建于硬塑状黏性土①地基上，其下为淤泥质土薄夹层②，再下层为深厚中密细砂层③，如图16－6所示，判断下面哪个选项的滑裂面是最可能滑裂面？（　　　）

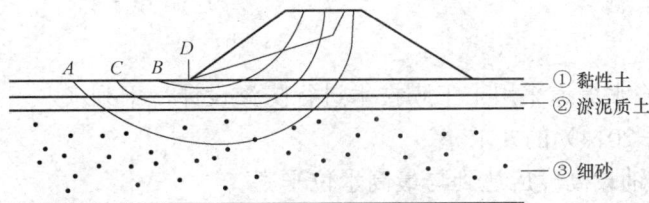

图16－6

（A）下部达到细砂层③的圆弧滑裂面　　　　（B）只通过黏性土①的圆弧滑裂面

（C）通过淤泥质土薄夹层②的折线滑裂面　　　（D）只通过路堤的折线滑裂面

【解析】题目提示路堤已压实，即不考虑其滑动；细砂层属于无黏性土，其滑动面的形状一般为直线型；由于②软弱淤泥质土，在路堤重力作用下，很易产生剪切破坏，因此其滑裂面容易通过淤泥质土产生破坏。

【考点】滑裂面的形状，无黏性土一般容易发生直线滑动，且滑动位置深度较浅，而黏性土一般发生的深层滑动，其形状接近于圆弧面。

【参考答案】C

16.1.7　土石坝坝基处理

25.（2013－B－53）某建在灰岩地基上的高土石坝，已知坝基透水性较大，进行坝基处理时，下列（　　　）是合理的。

（A）大面积溶蚀未形成溶洞的可做铺盖防渗

（B）浅层的溶洞应采用灌浆方法处理

（C）深层的溶洞较发育时，应作帷幕灌浆，同时还应进行固结灌浆处理

（D）当采用灌浆方法处理岩溶时，应采用化学灌浆或超细水泥灌浆

【解析】根据《碾压式土石坝设计规范》（DL/T 5395—2007）8.4.2条，可选以下方法处理：

（1）大面积溶蚀未形成溶洞的可做铺盖防渗。

（2）浅层的溶洞宜挖除或只挖除洞内的破碎岩石和充填物，用浆砌石或混凝土堵塞。

（3）深层的溶洞，可采用灌浆方法处理，或做混凝土防渗墙。

（4）防渗体下游宜做排水设施。

（5）库岸边处可做防渗措施隔离。

（6）有高流速地下水时，宜采用模袋灌浆技术。

（7）也可采用以上数项措施综合处理。

根据《碾压式土石坝设计规范》（DL/T 5395—2007）8.4.4条，基岩一般可采用水泥灌浆，特殊需要时经论证可采用超细水泥灌浆或化学灌浆。

【考点】 土石坝的溶洞处理。

【参考答案】AC

16.2　土 工 合 成 材 料

26.（2009-A-32）根据《土工合成材料应用技术规范》（GB 50290—2014）加筋土工合成材料的容许抗拉强度 T_a 与其拉伸试验强度的关系 $T_a = \dfrac{T}{F_{iD} F_{CR} F_{CD} F_{bD}}$ 的分母依次为：铺设时抗拔破坏影响系数、材料蠕变影响系数、化学剂破坏影响系数、生物破坏影响系数。当无经验时，其数值可采用（　　）。

（A）1.3～1.6　　　　　　　（B）1.6～2.5　　　　　　　（C）2.5～5.0　　　　　　　（D）5.0～7.5

【解析】 根据《土工合成材料应用技术规范》（GB 50290—2014）3.1.4条，无经验时，宜采用2.5～5.0。

【考点】 土工合成材料。

【参考答案】C

27.（2009-A-36）输水渠道采用土工膜技术进行防渗设计，下列（　　）符合《土工合成材料应用技术规范》（GB 50290—2014）的要求。

（A）渠道边坡土工膜铺设高度应达到与最高水位平齐

（B）在季节冻土地区对防渗结构可不再采取防冻措施

（C）土工膜厚度不应小于0.25mm

（D）防渗结构中的下垫层材料应选用渗透性较好的碎石

【解析】 参见《土工合成材料应用技术规范》（GB 50290—2014）5.3.3条、5.2.4条。

由5.3.3条第2款得到渠道边坡土工膜铺设高度应达到与最高水位以上并有一定的标高。

由5.3.3条第3款得到在季节冻土地区对防渗结构应采取防冻措施。

由5.2.4条得到下垫层材料可采用压实细粒土、土工织物、土工网、土工格栅等，选项D错误。

【考点】 土工合成材料的防渗。

【参考答案】C

28.（2011-B-21）下列（　　）土工合成材料不适合用于增强土体的加筋。

（A）塑料土工格栅　　　　　　　　（B）塑料排水带（板）

（C）土工带　　　　　　　　　　　（D）土工布

【解析】 根据《土工合成材料应用技术规范》（GB/T 50290—2014）7.1.2条，用作加筋材的土工合成材料按不同结构需要可分为：土工格栅、土工织物、土工带和土工格室等，塑料排水带不适合用于增强土体的加筋，选项B正确。

【考点】 土工合成材料。

【参考答案】B

29.（2012-A-58）根据《土工合成材料应用技术规范》（GB 50290—2014），当采用土工膜或复合土工膜作为路基防渗隔离层时，可以起到（　　）作用。

（A）防止软土路基下陷　　　　　　（B）防止路基翻浆冒泥

（C）防止地基土盐渍化　　　　　　（D）防止地面水浸入膨胀土地基

【解析】 根据《土工合成材料应用技术规范》（GB 50290—2014）第5.4.1条，作为路基防渗隔离层，防止路基翻浆冒泥、防治盐渍化和防止地面水浸入膨胀土及湿陷性黄土路基采用的土工膜或复合土工膜，应置于路基的防渗透隔离的适当位置，同时截断侧面来水，并应设置封闭和排水系统。

【考点】工程防渗设计与施工。

30.（2016-B-55）土工织物作路堤坡面反滤材料时，下列哪些选项是正确的？（　　）

（A）土工织物在坡顶部和底部应锚固

（B）土工织物应进行堵淤试验

（C）当坡体为细粒土时，可采用土工膜作为反滤材料

（D）当坡体为细粒土时，可采用土工格栅作为反滤材料

【解析】参见《土工合成材料应用技术规范》（GB/T 50290—2014）4.3.2条、4.2.4条、4.2.6条。

4.3.2条第3款：坡面上铺设宜自下而上进行。在顶部和底部应予固定，故选项A正确。

4.2.4条第2款：应以现场土料作试样和拟选土工织物进行淤堵试验，得到的梯度比，故选项B正确。

4.2.6条：反滤材料应满足保土性、透水性和防堵性。应确定土工织物的等效孔径、被保护土的渗透系数和特征粒径等指标。

【考点】反滤材料土工织物。

31.（2017-B-22）某小型土坝下游面棱体式排水采用土工织物做反滤材料，根据《土工合成材料应用技术规范》（GB/T 50290—2014），下列哪个选项的做法是正确的？（其中，O_{95}为土工织物的等效孔径，d_{85}为被保护土的特征粒径。）（　　）

（A）采用的土工织物渗透系数和被保护土的渗透系数相接近

（B）淤堵实验的梯度比控制在 GR≤5

（C）O_{95}/d_{85} 的比值采用 5 以上

（D）铺设土工织物时，在顶部和底部应予固定，坡面上应设防滑钉

【解析】参见《土工合成材料应用技术规范》（GB/T 50290—2014）4.2.2条、4.2.3条、4.3.2条。

4.2.2条：O_{95}/d_{85}的比值B由多个因素综合确定。故选项C错误。

4.2.3条：土工织物的垂直渗透系数大于被保护土的10倍。故选项A错误。

4.2.4条：淤堵实验的梯度比控制在 GR≤3。故选项B错误。

4.3.2条：坡面上铺设宜自下而上进行。在顶部和底部应予固定；坡面上应设防滑钉，并应随铺随压重。选项D正确。

【考点】土工织物。

32.（2017-B-53）在软黏土地基上修建填方路堤，用聚丙烯双向土工格栅加固地基。实测的格栅拉力随时间变化示意图如图16-7所示。其施工期以后格栅的拉力减小，可能是下面哪些选项的原因？（　　）

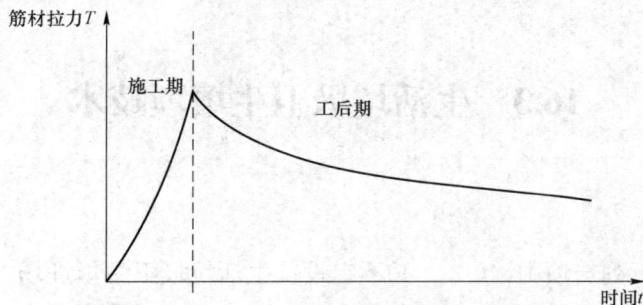

图16-7　实测的格栅拉力随时间变化示意

（A）筋材的蠕变大于土的蠕变　　　　　（B）土工格栅上覆填土发生了差异沉降

（C）软黏土地基随时间的固结　　　　　（D）路基上车辆的反复荷载

【解析】施工前后格栅拉力的减小，主要是由于工后不均匀沉降增加，造成格栅应力松弛，拉力减小，一般筋材的蠕变小于土的蠕变。

【考点】土工格栅。

【参考答案】BC

33.（2018-A-23）根据《土工合成材料应用技术规范》（GB/T 50290—2014），土工织物用作反滤和排水时，下列说法正确的选项是哪个？（ ）

（A）用作反滤作用的无纺土工织物单位面积质量不应小于 $300g/m^2$

（B）土工织物应符合防堵性、防渗性和耐久性设计要求

（C）土工织物的保土性与土的不均匀系数无关

（D）土工织物的导水率与法向压力下土工织物的厚度无关

【解析】参见《土工合成衬料应用技术规范》（GB/T 50290—2014）4.1.5 条、4.2.1 条、4.2.7 条。

根据第 4.1.5 条，选项 A 正确。

根据第 4.2.1 条，用作反滤和排水的土工织物应满足透水性的要求，而不是防渗性；织物孔径应与被保护土粒径相匹配，防止骨架颗粒流失引起渗透变形。因此选项 B、C 均错误。

根据第 4.2.7 条第 2 款，根据计算公式可知，土工织物的导水率与法向应力下土工织物的厚度有关，因此选项 D 错误。

【考点】土工织物的特性。

【参考答案】A

34.（2020-A-51）某永久填方边坡工程采用复合土工排水体在坡体深部形成排水盲沟，根据《土工合成材料应用技术规范》（GB 50290—2014），下列关于该土工材料性能的说法，哪些是错误的？（ ）

（A）排水体的孔径应小于被保护土最小颗粒的粒径

（B）排水体的透水性应能保证渗透水通畅流过

（C）排水体仅考虑排水作用，不应考虑边坡抗滑稳定性作用

（D）排水体在上覆填料荷载作用下不应有变形

【解析】参见《土工合成材料应用技术规范》（GB 50290—2014）4.2.2 条、4.2.1～4.2.6 条文说明、4.2.9 条。

（1）4.2.2 条：被保护土中小于该粒径的土粒质量占总土粒质量的 85%，并非最小颗粒直径，故选项 A 错误。

（2）4.2.1～4.2.6 条文说明：反滤准则是一切排水材料应满足的条件，它保证材料在允许顺畅排水的同时，土体中的骨架颗粒不随水流流失，又在长期工作中不因土粒堵塞而失效，从而确保有水流通过的土体保持渗流稳定，故选项 B 正确。

（3）4.2.9 条，土工织物滤层用于坡面是应进行抗滑稳定性验算，故选项 C 错误。

选项 D 错误，规范中无此要求。

【考点】土工材料性能要求。

【参考答案】ACD

16.3 生活垃圾卫生填埋技术

16.3.1 选址

35.（2009-A-65）下列选项中，（ ）不宜设置生活垃圾卫生填埋场。

（A）季节冻土地区　　　　　　　　（B）尚未开采的地下蕴矿区

（C）湿陷性黄土地区　　　　　　　　（D）洪泛区

【解析】根据《生活垃圾卫生填埋处理技术规范》（GB 50869—2013）4.0.2 条可知：在尚未开采的地下蕴矿区、洪泛区等不宜设置生活垃圾卫生填埋场。

【考点】生活垃圾卫生填埋场的选址。

【参考答案】BD

36.（2014-B-33）下列（ ）为不宜设置垃圾填埋场的场地。

（A）岩溶发育场地

（B）夏季主导风向下风向场地

（C）库容仅能保证填埋场使用年限在 12 年左右的场地

（D）人口密度及征地费用较低的场地

【解析】根据 2004 年旧版《生活垃圾卫生填埋技术规范》（GB 50869）4.0.2 条第 6 款，填埋场不应设在下列地区：活动的坍塌地带，尚未开采的地下蕴矿区、灰岩坑及溶岩洞区。故选择选项 A。如果按照 2013 年新版规范的 4.0.2，此题没有答案。

【考点】垃圾填埋场的场地选择。

【参考答案】A

16.3.2 防渗

37.（2011-B-17）垃圾卫生填埋场底部的排水防渗层的主要结构自上而下的排列顺序，（　　）是正确的。

（A）砂石排水导流层——黏土防渗层——土工膜

（B）砂石排水导流层——土工膜——黏土防渗层

（C）土工膜——砂石排水导流层——黏土防渗层

（D）黏土防渗层——土工膜——砂石排水导流层

【解析】根据《生活垃圾卫生填埋技术规范》（GB 50869—2013）8.2.4～8.2.6 条，选项 B 正确。

【考点】排水防渗。

【参考答案】B

16.3.3 地基处理要求

38.（2020-A-55）根据《生活垃圾卫生填处理技术规程》（GB 50869—2013），下列关于生活垃圾填埋场库区地基处理的方法，哪些选项是正确的？（　　）

（A）地基应满足地基承载力要求

（B）地基变形应满足防渗膜拉伸变形要求

（C）地基承载力应满足每层垃圾摊铺厚度要求

（D）地基变形应满足渗滤液收管变形要求

【解析】根据《生活垃圾卫生填处理技术规程》（GB 50869—2013）6.1.4 条，填埋库区地基应进行承载力计算及最大堆高验算，故选项 A 正确。

根据《生活垃圾卫生填处理技术规程》（GB 50869—2013）6.1.5 条，应防止地基沉降造成防渗衬里材料和渗沥液收集管的拉伸破坏，应对填埋库区地基进行地基沉降及不均匀沉降计算。

【考点】生活垃圾填埋场库区地基处理。

【参考答案】ABD

16.4　水利水电工程地质勘察

16.4.1 选址

39.（2010-A-12）某峡谷坝址区，场地覆盖层厚度为 30m，欲建坝高 60m。根据《水利水电工程地质勘察规范》（GB 50487—2008），在可行性研究阶段，该峡谷区坝址钻孔进入基岩的深度应不小于（　　）的要求。

（A）10m　　　　　　　（B）30m　　　　　　　（C）50m　　　　　　　（D）60m

【解析】参见《水利水电工程地质勘察规范》（GB 50487—2008）表 5.4.2。

【考点】勘探点、勘探线以及钻孔孔深的要求。

16.4.2 勘探孔深

40.（2016-A-13）某水电工程土石坝初步设计阶段勘察，拟建坝高45m，下伏基岩埋深40m。根据《水利水电工程地质勘察规范》（GB 50487—2008），坝基勘察孔进入基岩的最小深度是下列哪个选项？（　　）

　（A）5m　　　　　　　（B）10m　　　　　　　（C）20m　　　　　　　（D）30m

【解析】参见《水利水电工程地质勘察规范》（GB 50487—2008）6.3.2第3条第4项，可判定选项B正确。

【考点】水利水电工程地质勘察规范。

16.4.3 岩体和结构面抗剪断强度

41.（2013-A-46）在水利水电工程地质勘察中，有关岩体和结构面抗剪断强度的取值，下列（　　）说法是正确的。

　（A）混凝土坝基础和岩石间抗剪断强度参数按峰值强度的平均值取值
　（B）岩体抗剪断强度参数按峰值强度的大值平均值取值
　（C）硬性结构面抗剪断强度参数按峰值强度的大值平均值取值
　（D）软弱结构面抗剪断强度参数按峰值强度的小值平均值取值

【解析】参见《水利水电工程地质勘察规范》（GB 50487—2008）附录E。由附录E.0.4条第4款，选项A正确；由附录E.0.4条第5款，选项B错误；由附录E.0.5条第1款，选项C错误；由附录E.0.5条第2款，选项D正确。

【考点】岩体和结构面抗剪断强度。

16.4.4 水库浸没

42.（2017-A-9）水利水电工程中，下列关于水库浸没的说法哪个是错误的？（　　）

　（A）浸没评价按初判、复判两阶段进行
　（B）渠道周围地下水位高于渠道设计水位的地段，可初判为不可能浸没地段
　（C）初判时，浸没地下水埋深临界值是土的毛管水上升高度与安全超高值之和
　（D）预测蓄水后地下水埋深值大于浸没地下水埋深临界值时，应判定为浸没区

【解析】根据《水利水电工程地质勘察规范》（GB 50487—2008）附录D，预测的蓄水后地下水埋深值小于临界值时，该地区应判定为浸没区。

【考点】水库浸没。

16.4.5 岩爆

43.（2011-A-60）开挖深埋的隧道或洞室时，有时会遇到岩爆，除了地应力较高外，下列（　　）中的因素容易引起岩爆。

　（A）抗压强度低的岩石　　　　　　　　（B）富含水的岩石
　（C）质地坚硬、性脆的岩石　　　　　　（D）开挖断面不规则的部位

【解析】参见《水利水电工程地质勘察规范》（GB 50487—2008）附录Q.0.1：岩体同时具备高地应力、岩质硬脆、完整性好～较好，无地下水的洞段，可初步判别为易产生岩爆。选项A、B错误，选项C正确；开挖断面不规则的部位，容易造成应力集中，易引起岩爆，选项D正确。

【考点】地下洞室工程勘察。

【参考答案】CD

44.（2016-A-7）水利水电工程中，下列关于岩爆的说法哪个是错误的？（　　）

（A）岩体具备高地应力、岩质硬脆，完整性好、无地下水涌出段易发生岩爆

（B）岩石强度应力比越小，岩爆强度越大

（C）深埋隧道比浅埋隧道易产生岩爆

（D）最大主应力与岩体主节理面夹角大小和岩爆强度正相关

【解析】 参见《水利水电工程地质勘察规范》（GB 50487—2008）附录 Q。

由附录 Q.0.1 判定选项 A 正确。依据附录 Q 表格 Q.0.2 岩爆分级及判别，可知岩石强度应力比越小，岩爆强度越大，选项 B 正确。依据附录 Q.0.1 条文说明可知，最大主应力与岩体节理（裂隙）的夹角与岩爆关系密切，在其他条件相同情况下，夹角越小，岩爆越强烈。当夹角小于 20° 时可能发生强烈或极强烈岩爆，当夹角大于 50° 时可能发生轻微岩爆，选项 D 错误。

【考点】 岩爆。岩爆产生于具有大量弹射应变能储备的硬质脆性岩体。由于采掘活动，使地下洞室和坑道发生地应力局部集中，在围岩应力作用下产生张、剪脆性破坏，在消耗部分弹性应变能的同时，剩余能量转化为动能，使洞壁附近的围岩变成岩块（片）隔离母体，获得弹射能量，向凌空方向猛烈抛（弹、散）射。岩爆发生的条件是：岩体经受过较强的地应力作用；围岩内储存较大的弹性应变能；埋藏位置具有较紧密的围限条件；机械开挖造成应力的突然释放。为此，应利用钻屑法、地球物理法、位移测试法、水分法、温度变化法等多种方法进行预测预报，合理选择洞轴线和洞室断面形状，施工中采取超前应力解除、喷水或钻孔注水软化围岩，减少岩体暴露的时间和面积的扩展并及时支护围岩等措施，可有效防治岩爆及其危害。

【参考答案】D

16.4.6 地基土渗透系数

45.（2012-A-11）水利水电工程地质勘察中，关于地基土渗透系数标准值的取值方法，（　　）是错误的。

（A）用于人工降低地下水位及排水计算时，应采用抽水试验的小值平均值

（B）用于水库渗流量计算时，应采用抽水试验的大值平均值

（C）用于浸没区预测时，应采用抽水试验的大值平均值

（D）用于供水计算时，应采用抽水试验的小值平均值

【解析】 参见《水利水电工程地质勘察规范》（GB 50487—2008）附录 E.0.2 条第 5 款，浸没区预测，应采用平均值，因此本题选择 C。

【考点】 水利水电工程地质勘察。

【参考答案】C

16.5 城市轨道交通勘察

16.5.1 勘察

46.（2014-A-9）在城市轨道交通详细勘察阶段，下列有关地下区间勘察工作布置的说法中，（　　）是不符合规范要求的。

（A）对复杂场地，地下区间勘探点间距宜为 10~30m

（B）区间勘探点宜在隧道结构中心线上布设

（C）控制性勘探孔的数量不应少于勘探总点数的 1/3

（D）对非岩石地区，控制性勘探孔进入结构底板以下不应小于隧道直径（宽度）的 3 倍

【解析】 参见《城市轨道交通岩土工程勘察规范》（GB 50307—2012）7.3.3~7.3.5 条。

表 7.3.3：地下区间复杂场地条件下，勘探点间距为 10~30m。选项 A 正确。

7.3.4 条第 4 款：区间勘探点宜在隧道结构外侧 3~5m 的位置交叉布置。选项 B 错误。

7.3.6 条：地下工程控制性勘探孔的数量不应少于勘探点总数的 1/3，判别选项 C 正确。

7.3.5 条第 3 款：非岩石地区，控制性勘探孔进入结构底板以下不应小于 3 倍隧道直径。选项 D 正确。

【考点】公路工程初步勘察。

【参考答案】B

47.（2017-A-1）对轨道交通地下区间详细勘察时勘探点布置最合适是下列哪一项？（　　）

（A）沿隧道结构轮廓线布置

（B）沿隧道结构外侧一定范围内布置

（C）沿隧道结构内侧一定范围内布置

（D）沿隧道中心线布置

【解析】《城市轨道交通岩土工程勘察规范》（GB 50307—2012）7.3.4-4 区间勘探点宜在隧道结构外侧 3~5m 的位置交叉布置。

【考点】轨道交通地下区间详勘布置。

【参考答案】B

48.（2017-A-11）根据《城市轨道交通岩土工程勘察规范》（GB 50307—2012），下列关于岩石风化的说法中哪项是错误的？（　　）

（A）岩体压缩波波速相同时，硬质岩岩体比软质岩岩体往往风化程度高

（B）泥岩和半成岩，可不进行风化程度划分

（C）岩石风化程度除可根据波速比、风化系数等划分外，也可根据经验划分

（D）强风化岩石无法测取风化系数

【解析】根据《城市轨道交通岩土工程勘察规范》（GB 50307—2012）附录 B 及小注，强风化岩石的风化系数小于 0.4，故它是可以测取风化系数的。

【考点】岩石风化。

【参考答案】D

16.5.2 有机质含量测试

49.（2014-A-8）在城市轨道交通岩土工程勘察中，有机质含量是用下列（　　）温度下的灼失量来测定的。

（A）70℃　　　　　　（B）110℃　　　　　　（C）330℃　　　　　　（D）550℃

【解析】参见《城市轨道交通岩土工程勘察规范》（GB 50307—2012），4.2.3 表注：有机质含量 w_u 为 550℃ 时的灼失量。

【考点】有机土。

【参考答案】D

16.5.3 地温测试

50.（2013-A-2）地温测试采用贯入法试验时，要求温度传感器插入试验深度后静止一定时间才能进行测试，其主要目的是？（　　）

（A）减少传感器在土层初始环境中波动的影响

（B）减少贯入过程中产生的热量对测温结果的影响

（C）减少土层经扰动后固结对测温结果的影响

（D）减少地下水位恢复过程对测温结果的影响

【解析】参见《城市轨道交通岩土工程勘察规范》（GB 50307—2012），15.12.5 及条文说明，贯入法测温静置目的是减少贯入过程中产生热量对测温结果影响，对比试验表明，其对结果影响比较明显。

【考点】地温测试。

【参考答案】B

16.5.4 地铁施工工法

51.（2009-B-12）关于城市地铁施工方法，下列说法中，（　　）是不正确。

（A）城区内区间的隧道宜采用暗挖法

（B）郊区的车站可采用明挖法

（C）在城市市区内的道路交叉口采用盖挖逆筑法

（D）竖井施工可采用暗挖法

【解析】因为竖井是地表进入地下的通道，因此如果采用暗挖法是无法进行竖井施工的。

【考点】地铁的施工方法。

【参考答案】D

52.（2009-B-15）根据《地下铁道工程施工验收规范》（GB/T 50299—2018），在采用暗挖法施工时，对地下铁道施工断面，下列（　　）是错误的。

（A）可以欠挖

（B）允许少量超挖

（C）在硬岩中允许超挖量要小一些

（D）在土质隧道中比岩质隧道中允许超挖量要小一些

【解析】根据《地下铁道工程施工验收规范》（GB/T 50299—2018），7.5.14 得到隧道应按设计尺寸严格控制开挖断面，不得欠挖，允许超挖。本规范已经从列表中剔除。

【考点】地下铁道的施工。

【参考答案】A

53.（2010-A-28）某地铁盾构拟穿过滨海别墅群，别墅为 3~4 层天然地基的建筑，其地基持力层主要为渗透系数较大的冲洪积厚砂层，基础底面到盾构顶板的距离约为 6.0~10.0m，采用下列（　　）方案最安全可行。

（A）采用敞开式盾构法施工　　　　　（B）采用挤压式盾构法施工

（C）采用土压平衡式盾构施工　　　　（D）采用气压盾构施工

【解析】采用土压平衡盾构对已有建筑物影响较小，其他形式对建筑物影响较大。

【考点】盾构施工。

【参考答案】C

54.（2010-A-31）在地铁线路施工中，与盾构法相比，表述浅埋暗挖法（矿山法）的特点，（　　）是正确的。

（A）浅埋暗挖法施工更安全

（B）浅埋暗挖法更适用于隧道断面变化和线路转折的情况

（C）浅埋暗挖法应全断面开挖施工

（D）浅埋暗挖法更适用于周边环境对施工有严格要求的情况

【解析】（1）浅埋暗挖法是由传统矿山法改进而来，结合了新奥法的部分优点，其造价低、施工灵活方便，适用性较强。

（2）盾构法的特点是施工安全、对环境影响小，但是由于其设备庞大、调试时间长，不太适合地层变化大、软硬差异明显的地段，以及断面变化和线路弯曲度较大的拐角处。

【考点】浅埋暗挖法。

【参考答案】B

55.（2010-A-58）关于目前我国城市地铁车站常用的施工方法，下列（　　）施工方法是合理和常用的。

（A）明挖法　　　　（B）盖挖法　　　　（C）浅埋暗挖法　　　　（D）盾构法

【解析】参见地铁施工相关书籍：

（1）明挖法：地铁工程施工时，从地面向下分层、分段依次开挖，直至达到结构要求的尺寸和高程，然后在基坑中进行主体结构施工和防水作业，最后回填恢复地面。

（2）盖挖法：由地面向下开挖至一定深度后，将顶部封闭，其余的下部工程在封闭的顶盖下进行施工。主体结构可以顺作，也可以逆作。在城市繁忙地带修建地铁车站时，往往占用道路，影响交通当地铁车站设在主干道上，而交通不能中断，且需要确保一定交通流量要求时，可选用盖挖法。

（3）埋暗挖法：在距离地表较近的地下进行地铁暗挖施工的一种方法。在城镇软弱围岩地层中，在浅埋条件下修建地下工程，以改造地质条件为前提，以控制地表沉降为重点，以格栅（或其他钢结构）和喷锚作为初期支护手段，按照十八字原则进行施工，称之为浅埋暗挖法。

王梦恕院士提出了"管超前、严注浆、短开挖、强支护、快封闭、勤量测"18字方针，突出时空效应对防塌的重要作用，提出在软弱地层快速施工的理念。由此形成了浅埋暗挖法，创立了适用于软弱地层的地下工程设计、施工方法。

（4）盾构法：暗挖法施工中的一种全机械化施工方法。它是将盾构机械在地中推进，通过盾构外壳和管片支承四周围岩防止发生往隧道内的坍塌。同时在开挖面前方用切削装置进行土体开挖，通过出土机械运出洞外，靠千斤顶在后部加压顶进，并拼装预制混凝土管片，形成隧道结构的一种机械化施工方法。

【考点】地铁施工方法。

【参考答案】ABC

56.（2011-A-25）如图16-8所示，在均匀黏性土地基中采用明挖施工、平面上为弯段的某地铁线路。采用分段开槽、浇注的地下连续墙加内支撑支护，没有设置连续腰梁。结果开挖到全段接近设计坑底高程时支护结构破坏，基坑失事。在按平面应变条件设计的情况下，最可能发生的情况是（　　）。

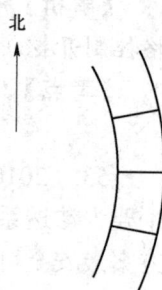

图16-8

（A）东侧连续墙先破坏
（B）西侧连续墙先破坏
（C）两侧发生相同的位移，同时破坏
（D）无法判断

【解析】根据土压力的相关知识，在线路弯段，由于土压力产生纵向拉力，使得线路拉直，拉直过程中西侧连续墙受拉，东侧连续墙受压。由于该地下墙没有设置连续的横向腰梁，不能承担拉力，只能承担压力，故受拉一侧先破坏，即西侧连续墙先破坏。类似于木桶没加箍一样，一灌水就散。

【考点】基坑的支护。

【参考答案】B

57.（2011-A-26）下列关于新奥法的说法，（　　）是正确的。

（A）支护结构承受全部荷载　　　　　　（B）围岩只传递荷载
（C）围岩不承受荷载　　　　　　　　　（D）围岩与支护结构共同承受荷载

【解析】根据相关知识：新奥法充分发挥围岩自稳能力，使围岩成为支护结构的一部分，即围岩与支护结构共同作用，新奥法要求，围岩开挖后，应立即进行初期的喷锚支护，以充分发挥围岩的自稳能力。

新奥法遵循：少扰动、早喷锚、勤测量、早封闭。

【考点】新奥法施工。

【参考答案】D

58.（2011-B-19）拟建的地铁线路从下方穿越正在运行的另一条地铁，上下两条地铁间垂直净距2.8m，为粉土地层，无地下水影响。下列（　　）的施工方法是适用的。

（A）暗挖法　　　　　（B）冻结法　　　　　（C）明挖法　　　　　（D）逆作法

【解析】根据《城市轨道交通岩土工程勘察规范》（GB 50307—2012）9.3.2、9.6.4条得到选项A正确；无地下水影响，不能使用冻结法，因此选项B错误；拟建的地铁线路从下方穿越正在运行的另一条地铁，因此不能采用明挖法和逆作法，所以选项C、D错误。

【考点】地铁的施工。

59.（2011-B-18）关于隧道新奥法的设计施工，下列（　　）说法是正确的。

（A）支护体系设计时不考虑围岩的自承能力

（B）支护体系设计时应考虑围岩的自承能力

（C）隧道开挖后经监测围岩充分松动变形后再衬砌支护

（D）隧道开挖后经监测围岩压力充分释放后再衬砌支护

【解析】根据相关知识：新奥法充分发挥围岩自稳能力，使围岩成为支护结构的一部分，即围岩与支护结构共同作用，新奥法要求，围岩开挖后，应立即进行初期的喷锚支护，以充分发挥围岩的自稳能力。

新奥法遵循：少扰动、早喷锚、勤测量、早封闭。

【考点】新奥法施工。

60.（2012-B-59）盾构法隧道的衬砌管片作为隧道施工的支护结构，在施工阶段其主要作用包括（　　）。

（A）保护开挖面以防止土体变形、坍塌

（B）承受盾构推进时千斤顶顶力及其他施工荷载

（C）隔离地下有害气体

（D）防渗作用

【解析】根据《地下铁道》教程：盾构管片是为了及时支护、防止土体塌落，同时也承受的千斤顶的推进反力，一般来说，管片间并没有封闭，不能防渗和隔气体。

【考点】盾构法。

61.（2016-A-28）关于地铁施工中常用的盾构法，下列哪种说法是错误的？（　　）

（A）盾构法施工是一种暗挖施工工法

（B）盾构法包括泥水平衡式盾构法和土压平衡式盾构法

（C）盾构施工过程中必要时可采用人工开挖方法开挖土体

（D）盾构机由切口环和支撑环两部分组成

【解析】根据《城市轨道交通岩土工程勘察规范》（GB 50307—2012）第9.4条文说明，盾构法是以盾构机为施工机械在地面以下暗挖修筑隧道的一种施工方法，选项A正确。盾构机械根据前端的构造形式和开挖方式的不同可分为全面开放型、部分开放型、密闭型和混合型。全面开放型盾构包括人工开挖式、半机械开挖式和机械开挖式，密闭型包括泥水平衡盾构和土压平衡盾构，选项B、C正确。盾构机的组成包括三部分，前部的切口环，中部的支撑环以及后部的盾尾，选项D错误。

【考点】盾构法施工。

62.（2019-A-60）盾构机推进过程中可能会引起地表产生较大的变形，其原因是下列哪些选项？（　　）

（A）盾构机开挖面出土量过大，出现超挖

（B）管片脱出盾尾时，衬砌背后未能适时同步注浆

（C）盾构机发生前端栽头、低头

（D）盾构工作井位移过大

【解析】根据《城市轨道交通工程监测技术规范》（GB 50911—2013）第5.3.3条文说明：盾构施工时导致地表变形的因素很多，是一个综合性的技术问题。具体来说引起地层变位有以下8个方面的因素：开挖面土体的移动、降水、土体挤入盾尾空隙、盾构姿态的改变、外壳移动与地层间的摩擦和剪切作用、土体由于施工引起的固结、水土压力作用下隧道管片产生的变形，以及随盾构推进而移动的正面障碍物

使地层在盾构通过后产生空隙又未能及时注浆。盾构施工引起地表沉降发展的过程及不同阶段见表 16-1 所示。

表 16-1　　　　　　　　　　　　　盾构施工引起地表沉降发展阶段

	阶段	产生沉降原因
I	先期隆起或沉降	开挖面前方滑裂面以远土体因地下水位下降而导致土体固结沉降。正前方土体受压致密，孔压消散，土体压缩模量增大
II	盾构到达时沉降	周围土体因开挖卸荷（应力释放）导致弹性或弹塑性变形的发生。开挖面设定压力过大时产生隆起
III	盾构通过时沉降	推进时盾壳和土层间的摩擦剪切力导致土体向盾尾空隙后移、仰头或叩头时纠偏。此时周边土体超孔隙水压力达到最大，推进速度和管背注浆对其也有影响
IV	盾尾空隙沉降	尾部空隙导致围岩松动、沉降
V	长期延续沉降	围岩蠕变而产生的塑性变形，包括超孔隙水压消散引起的主固结沉降和土体骨架蠕变引起的次固结沉降

【考点】盾构施工。

【参考答案】ABC

16.5.5　地下工程抢险

63.（2011-A-27）在具有高承压水头的细砂层中用冻结法支护开挖隧道的旁通道，由于工作失误，致使冻土融化，承压水携带大量砂粒涌入已经衬砌完成的隧道，周围地面急剧下沉，此时最快捷、最有效的抢险措施应是（　　）。

（A）堵溃口

（B）对流砂段地基进行水泥灌浆

（C）从隧道内向外抽水

（D）封堵已经塌陷的隧道两端，向其中回灌高压水

【解析】具体详见《岩土工程 50 讲》。可以采取以下措施：封堵隧道，向隧道内灌水，保持隧道内外水土压力的平衡；减轻地面附加荷载，减轻对地面的冲击振动；防止外来水进入事故区段；稳定土体，减少土体扰动范围；全面管制。

【考点】地下工程抢险。

【参考答案】D

17 法律法规考点

17.1 《中华人民共和国招标投标法》

1.（2009-A-68）以下关于招标代理机构的表述中，下列（　　）是正确的。

（A）招标代理机构是行政主管部门所属的专门负责招标代理工作的机构

（B）应当在招标人委托的范围内办理招标事宜

（C）应具备经国家建设行政主管部门认定的资格

（D）建筑行政主管部门有权为招标人指定招标代理机构

【解析】参见《中华人民共和国招标投标法》。由第十二条知，选项 D 错误；由第十三条知，选项 A 错误；由第十四条知，选项 C 正确；由第十五条知，选项 B 正确。

【考点】《中华人民共和国招标投标法》。

【参考答案】BC

2.（2009-B-69）根据《中华人民共和国招标投标法》，下列（　　）是正确的。

（A）招标人将必须进行的招标项目以其他方式规避招标的，责令限期改正，可以处项目合同金额千分之五以上千分之十以下的罚款

（B）投标人相互串通投标的，中标无效，处中标项目金额的千分之五以上千分之十以下罚款

（C）中标人将中标项目转让他人的，转让、分包无效。处转让分包项目金额的千分之五以上千分之十以下罚款

（D）中标人不按照与招标人订立的合同履行义务，情节严重的，取消其一至二年内参加依法必须进行招标的项目的投标资格并予以公告

【解析】参见《中华人民共和国招标投标法》。由第四十九条知，选项 A 正确；由第五十三条知，选项 B 正确；由第五十八条知，选项 C 正确；由第六十条知，选项 D 错误。

【考点】《中华人民共和国招标投标法》。

【参考答案】ABC

3.（2010-B-37）根据《中华人民共和国招标投标法》，下列关于中标的说法，（　　）是正确的。

（A）招标人和中标人应当自中标通知书发出之日起三十日内，按照招标文件和中标人的投标文件订立书面合同

（B）依法必须进行招标的项目，招标人和中标人应担自中标通知书发出之日起十五日内，按照招标文件和中标人的投标文件订立书面合同

（C）招标人和中标人应当自中标通知书收到之日起三十日内，按照招标文件和中标人的投标文件订立书面合同

（D）招标人和中标人应当自中标通知书收到之日起十五日内，按照招标文件和中标人的投标文件订立书面合同

【解析】参见《中华人民共和国招标投标法》第四十六条，选项 A 正确。

【考点】《中华人民共和国招标投标法》。

【参考答案】A

4.（2010-B-67）在招标投标活动中，下列（　　）情形会导致中标无效。

（A）投标人以向评标委员会成员行贿的手段谋取中标的

（B）招标人与投标人就投标价格、投标方案等实质性内容进行谈判的

（C）依法必须进行招标的项目的招标人向他人透露已获取招标文件的潜在投标人的名称、数量的

（D）招标人与中标人不按照招标文件和中标人的投标文件订立合同的

【解析】参见《中华人民共和国招标投标法》。由第五十二条知，选项C正确；由第五十三条知，选项A正确；由第五十五条知，选项B正确；由第五十九条知，选项D错误。

【考点】《中华人民共和国招标投标法》。

【参考答案】ABC

5.（2011-B-37）根据《中华人民共和国招标投标法》，对于违反本法规定，相关责任人应承担的法律责任，下列（　　）是错误的。

（A）招标人向他人透露已获取招标文件的潜在投标人的名称及数量的，给予警告，可以并处一万元以上十万元以下的罚款

（B）投标人以向招标人或者评标委员会成员行贿的手段谋取中标的，中标无效，处中标项目金额千分之五以上千分之十以下的罚款

（C）投标人以他人名义投标骗取中标的，中标无效；给招标人造成损失的，依法承担赔偿责任；构成犯罪的，依法追究刑事责任

（D）中标人将中标项目肢解后分别转让给他人的，转让无效，处转让项目金额百分之一以上百分之三以下的罚款

【解析】参见《中华人民共和国招标投标法》。由第五十二条知，选项A正确；由第五十三条知，选项B正确；由第五十四条知，选项C正确；由第五十八条知，选项D错误。

【考点】《中华人民共和国招标投标法》。

【参考答案】D

6.（2011-B-40）由两个以上勘察单位组成的联合体投标，应按（　　）确定资质等级。

（A）按照资质等级最高的勘察单位　　　　（B）按照资质等级最低的勘察单位

（C）根据各自承担的项目等级　　　　（D）按照招标文件的要求

【解析】参见《中华人民共和国招标投标法》第三十一条，本题选B。

【考点】《中华人民共和国招标投标法》。

【参考答案】B

7.（2011-B-68）下列关于公开招标和邀请招标的说法，（　　）是正确的。

（A）公开招标，是指招标人以招标公告的方式邀请不特定的法人或者其他组织投标

（B）邀请招标，是指招标人以投标邀请书的方式邀请特定的法人或者其他组织投标

（C）国家重点项目不适宜公开招标的，经国务院发展计划部门批准，可以进行邀请招标

（D）关系社会公共利益、公众安全的基础设施项目必须进行公开招标

【解析】参见《中华人民共和国招标投标法》。由第十条知，选项A、B正确；由第十一条知，选项C错误；由第三条知，选项D错误。

【考点】《中华人民共和国招标投标法》。

【参考答案】ABC

8.（2012-A-40）招标代理机构违反《中华人民共和国招标投标法》规定，泄漏应当保密的与招标投标活动有关的情况和资料的，或者与招标人、投标人串通损害国家利益、社会公共利益或者其他合法权益的，下列（　　）的处罚是错误的。

（A）处五万元以上二十五万元以下的罚款

（B）对单位直接负责的主管人员和其他直接责任人员处单位罚款数额百分之十以上百分之二十以下的罚款

（C）有违法所得的，并处没收违法所得，情节严重的，暂停直至取消招标代理资格

（D）构成犯罪的，依法追究刑事责任；给他人造成损失的，依法承担赔偿责任

【解析】参见《中华人民共和国招标投标法》第五十条。

【考点】《中华人民共和国招标投标法》。

【参考答案】B

9.（2013-B-68）下列关于开标的说法，（　　）是正确的？

（A）在投标截止日期后，按规定时间、地点，由招标人主持开标会议

（B）招标人在招标文件要求提交投标文件的截止时间前收到的所有投标文件，开标时都应当当众予以拆封、宣读

（C）邀请所有投标人到场后方可开标

（D）开标过程应当记录，并存档备查

【解析】参见《中华人民共和国招标投标法》。由第三十四条知，选项A错误；由第三十五条知，选项B、D正确；选项C无规定，错误。

【考点】《中华人民共和国招标投标法》。

【参考答案】BD

10.（2016-B-36）公开招标是指下列哪个选项？（　　）

（A）招标人以招标公告的方式邀请特定的法人或其他组织投标

（B）招标人以招标公告的方式邀请不特定的法人或其他组织投标

（C）招标人以投标邀请书的方式邀请特定的法人或其他组织投标

（D）招标人以投标邀请书的方式邀请不特定的法人或其他组织投标

【解析】参见《中华人民共和国招标投标法》，依据第十条，选项B正确。

【考点】《中华人民共和国招标投标法》。

【参考答案】B

11.（2016-B-39）根据《中华人民共和国招投标法》，关于联合体投标，下列哪个选项是错误的？（　　）

（A）由同一专业的单位组成的联合体，按照资质等级较低的单位确定资质等级

（B）联合体各方应当签订共同投标协议，明确约定各方拟承担的工作和责任

（C）联合体中标的，联合体各方应分别与招标人签订合同

（D）招标人不得强制投标人组成联合体共同投标，不得限制投标人之间的竞争

【解析】参见《中华人民共和国招标投标法》。依据第三十一条，选项A、B、D正确，选项C错误。

【考点】《中华人民共和国招标投标法》。

【参考答案】C

12.（2014-B-38）下列关于招标代理机构的说法，（　　）不符合《中华人民共和国招标投标法》的规定。

（A）从事工程建设项目招标代理业务资格由国务院或省、自治区、直辖市人民政府的建设行政主管部门认定

（B）从事工程建设项目招标代理资格认定具体办法由国务院建设行政主管部门会同国务院有关部门制定

（C）从事其他招标代理业务的招标代理机构，其资格认定的主管部门由省、自治区、直辖市人民政府规定

（D）招标代理机构与行政机关和其他国家机关不得存在隶属关系或者其他利益关系

【解析】参见《中华人民共和国招标投标法》第十四条，选项C错误。

【考点】《中华人民共和国招标投标法》。

【参考答案】C

13.（2017-B-65）为了在招标投标活动中遵循公开、公平、公正和诚实信用的原则，规定下列哪些做法是不正确的？（　　）

（A）招标时，招标人设有标底的，标底应公开

（B）开标应公开进行，由工作人员当众拆封所有投标文件，并宣读投标人名称、投标价格等

（C）开标时，招标人应公开评标委员会成员名单

（D）评标委员会应公开评审意见与推荐情况

【解析】根据《中华人民共和国招投标法》第二十六条、三十六条、三十七条和四十四条。

【考点】《中华人民共和国招标投标法》。

【参考答案】ACD

14. (2017-B-70) 投标人有下列哪些违法行为，中标无效，可处中标项目金额千分之五以上千分之十以下的罚款？（　　）

（A）投标人未按照招标文件要求编制投标文件

（B）投标人相互串通投标报价

（C）投标人向招标人行贿谋取中标

（D）投标人以他人名义投标

【解析】根据《中华人民共和国招投标法》第五十三条和第五十四条。

【考点】《中华人民共和国招标投标法》。

【参考答案】BCD

15. (2018-B-39) 根据《中华人民共和国招标投标法》的有关规定，下面关于开标的说法哪个是错误的？（　　）

（A）开标时，由投标人或者其推选的代表检查投标文件的密封情况，也可以由招标人委托的公证机构检查并公证；在投标截止日期后，按规定时间、地点，由招标人主持开标会议

（B）经确认无误后，由工作人员当众拆封，宣读投标人名称、投标价格和投标文件的其他主要内容

（C）招标人在招标文件要求提交投标文件的截止时间前收到的所有投标文件，所有受邀投标人到场后方可开标，开标时都应当当众予以拆封、宣读

（D）开标过程应当记录，并存档备查

【解析】根据《中华人民共和国招标投标法》第三十五、三十六条，选项A、B、D正确，选项C错误。

【考点】《中华人民共和国招标投标法》。

【参考答案】C

17.2 《工程建设项目招标范围和规模标准规定》

16. (2010-B-70) 下列依法必须进行招标的项目中，（　　）应公开招标。

（A）基础设施项目

（B）全部使用国有资金投资的项目

（C）国有资金投资占控股或者主导地位的项目

（D）使用国际组织贷款资金的项目

【解析】参见《工程建设项目招标范围和规模标准规定》第九条，选项B、C正确。

【考点】工程建设项目招标范围和规模标准规定。

【参考答案】BC

17.3 《工程建设项目施工招标投标办法》

17. (2019-A-66) 招标人有下列哪些行为并影响中标结果的，应判为中标无效？（　　）

（A）排斥潜在投标人

（B）向他人透露已获取招标文件的潜在投标人的名称、数量

（C）强制要求投标人组成的联合共同投标的

（D）在确定中标人前，招标人与投标人就投标价格进行谈判

【解析】参见《工程建设项目施工招标投标办法》。

第七十条：招标人以不合理的条件限制或者排斥潜在投标人的，对潜在投标人实行歧视待遇的，强制要求投标人组成联合体共同投标的，或者限制投标人之间竞争的，有关行政监督部门责令改正，可处一万元以上五万元以下罚款。因此选项A、C错误。

第七十一条：依法必须进行招标项目的招标人向他人透露已获取招标文件的潜在投标人的名称、数量或者可能影响公平竞争的有关招标投标的其他情况的，或者泄露标底的，有关行政监督部门给予警告，可以并处一万元以上十万元以下的罚款；对单位直接负责的主管人员和其他直接责任人员依法给予处分；构成犯罪的，依法追究刑事责任。

前款所列行为影响中标结果，中标无效。

【考点】《工程建设项目施工招标投标办法》。

【参考答案】BD

17.4　《勘察设计注册工程师管理规定》

18.（2009-A-69）注册土木工程师（岩土）的执业范围包括（　　）。

（A）建筑工程施工管理　　　　　　　　（B）本专业工程招标、采购、咨询

（C）本专业工程设计　　　　　　　　　（D）对岩土工程施工进行指导和监督

【解析】参见《勘察设计注册工程师管理规定》第十九条，选项B、C、D正确。

【考点】《勘察设计注册工程师管理规定》。

【参考答案】BCD

19.（2011-B-35）根据《勘察设计注册工程师管理规定》（建设部令137号），下列（　　）不属于注册工程师的义务。

（A）保证执业活动成果的质量，并承担相应责任

（B）接受继续教育，提高执业水准

（C）对侵犯本人权利的行为进行申诉

（D）保守在执业中知悉的他人技术秘密

【解析】参见《勘察设计注册工程师管理规定》。由第二十六条知，选项C错误；由第二十七条知，选项A、B、D正确，本题选C。

【考点】《勘察设计注册工程师管理规定》。

【参考答案】C

20.（2012-A-37）根据《勘察设计注册工程师管理规定》，下列（　　）是正确的。

（A）注册工程师实行注册执业管理制度。取得资格证书的人员，可以以注册工程师的名义执业

（B）建设主管部门在收到申请人的申请材料后，应当即时做出是否受理的决定，并向申请人出具书面凭证

（C）申请材料不齐全或者不符合法定形式的，应当在10日内一次性告知申请人需要补正的全部内容

（D）注册证书和执业印章是注册工程师的执业凭证，由注册工程师本人保管、使用。注册证书和执业印章的有效期为2年

【解析】参见《勘察设计注册工程师管理规定》。由第六条知，选项A错误；由第八条知，选项B正确，选项C错误；由第十条知，选项D错误。

【考点】《勘察设计注册工程师管理规定》。

【参考答案】B

21.（2013-B-40）下列关于注册工程师继续教育的说法，（　　）是错误的。

（A）注册工程师在每一注册期内应达到国务院建设行政主管部门规定的本专业继续教育要求

（B）继续教育作为注册工程师逾期初始注册、延续注册和重新申请注册的条件

（C）继续教育按照注册工程师专业类别设置，分为必修课和选修课

（D）继续教育每注册期不少于40学时

【解析】参见《勘察设计注册工程师管理规定》：继续教育每注册期不少于60学时。

【考点】《勘察设计注册工程师管理规定》。

【参考答案】D

22.（2014-B-69）下列（　　）的说法符合《勘察设计注册工程师管理规定》。

（A）取得资格证书的人员，必须经过注册方能以注册工程师的名义执业

（B）注册土木工程师（岩土）的注册受理和审批，由省、自治区、直辖市人民政府建设主管部门负责

（C）注册证书和执业印章是注册工程师的执业凭证，由注册工程师本人保管、使用，注册证书和执业印章的有效期为 2 年

（D）不具有完全民事行为能力的，负责审批的部门应当办理注销手续，收回注册证书和执业印章或者公告其注册证书和执业印章作废

【解析】参见《勘察设计注册工程师管理规定》第六条、第七条、第十条、第十五条。

【考点】《勘察设计注册工程师管理规定》。

【参考答案】AD

23.（2017-B-67）勘察设计人员以欺骗、贿赂等不正当手段取得注册证书的，可能承担的责任和受到的处罚包括下列哪几项？（　　）

（A）被撤销注册

（B）5 年内不可再次申请注册

（C）被县级以上人民政府建设主管部门或者有关部门处以罚款

（D）构成犯罪的，被依法追究刑事责任

【解析】参见《勘察设计注册工程师管理规定》第二十九条。

【考点】《勘察设计注册工程师管理规定》。

【参考答案】ACD

24.（2020-B-67）下列哪些选项符合《勘察设计注册工程师管理规定》建设部令第 137 号，关于注册工程师应当履行的义务？（　　）

（A）接受继续教育，努力提高执业水准

（B）不得涂改、出租、出借或者以其他形式非法转让注册证书或者执业印章

（C）在本专业规定的执业范围和聘用单位业务范围内从事执业活动

（D）未经注册的建设工程勘察、设计人员，不得以注册执业人员的名义从事建设工程勘察、设计活动

【解析】根据《勘察设计注册工程师管理规定》（建设部令第 137 号）第二十七条，注册工程师应当履行下列义务：

（一）遵守法律、法规和有关规定；

（二）执行工程建设标准规范；

（三）保证执业活动成果的质量，并承担相应责任；

（四）接受继续教育，努力提高执业水准；

（五）在本人执业活动所形成的勘察、设计文件上签字、加盖执业印章；

（六）保守在执业中知悉的国家秘密和他人的商业、技术机密；

（七）不得涂改、出租、出借或者以其他形式非法转让注册证书或者执业印章；

（八）不得同时在两个或者两个以上单位受聘或者执业；

（九）在本专业规定的执业范围和聘用单位业务范围内从事执业活动；

（十）协助注册管理机构完成相关工作。

【考点】《勘察设计注册工程师执业管理规定》。

【参考答案】ABC

17.5 《建设工程质量检测管理办法》

25.（2009-A-70）根据《建筑工程质量检测管理办法》的规定，检测机构有下列（　　）行为时，被处以 1 万元以上 3 万元以下罚款。

（A）使用不符合条件的检测人员

（B）伪造检测数据，出具虚假检测报告

（C）未按规定上报发现的违法违规行为和检测不合格事项的

（D）转包检测业务

【解析】参见《建设工程质量检测管理办法》。由第二十九条知，选项 A、C、D 正确；由第三十条知，选项 B 错误。

【考点】《建设工程质量检测管理办法》。

【参考答案】ACD

26.（2012-A-66）根据建设部令第 141 号：《建设工程质量检测管理办法》规定，检测机构资质按照其承担的检测业务内容分为（　　）。

（A）专项检测机构资质　　　　　　　　（B）特种检测机构资质

（C）见证取样检测机构资质　　　　　　（D）评估取样检测机构资质

【解析】参见《建设工程质量检测管理办法》第四条。

【考点】《建设工程质量检测管理办法》。

【参考答案】AC

27.（2013-B-66）下列（　　）行为违反了《建设工程质量检测管理办法》相关规定。

（A）委托未取得相应资质的检测机构进行检测的

（B）明示或暗示检测机构出具虚假检测报告，篡改或伪造检测报告的

（C）未按规定在检测报告上签字盖章的

（D）送检试样弄虚作假的

【解析】参见《建设工程质量检测管理办法》第三十一条。

【考点】《建设工程质量检测管理办法》。

【参考答案】ABD

28.（2014-B-39）按《建设工程质量检测管理办法》的规定，下列（　　）选项不在见证取样检测范围。

（A）桩身完整性检测　　　　　　　　　（B）简易土工试验

（C）混凝土、砂浆强度检验　　　　　　（D）预应力钢绞线、锚夹具检验

【解析】参见《建设工程质量检测管理办法》附件一。

【考点】《建设工程质量检测管理办法》。

【参考答案】A

29.（2018-B-68）根据《建设工程质量检测管理办法》（建设部令第 141 号），建设主管部门实施监督检查时，有权采取下列哪几项措施？（　　）

（A）要求检测机构或者委托方提供相关的文件和资料

（B）进入检测机构的工作场地（包括施工现场）进行抽查

（C）组织进行比对试验以验证检测机构的检测能力

（D）发现有不符合国家有关法律法规和工程建设标准要求的检测行为时，责令改正，并处 1 万元以上 3 万元以下的罚款

【解析】根据《建设工程质量检测管理办法》（建设部令第 141 号）第二十二条，选项 A、B、C 正确，选项 D 错误。

【考点】《建设工程质量检测管理办法》。

【参考答案】ABC

17.6　地质灾害危险性评估

30.（2009-B-28）某拟建电力工程场地，属于较重要建筑项目，地质灾害发育中等，地形地貌复杂，岩土体工程地质性质较差，破坏地质环境的人类活动较强烈，则本场地地质灾害危险性评估分级应

为（　　　）。

（A）一级　　　　　　（B）二级　　　　　　（C）三级　　　　　　（D）二级或三级

【解析】参见《工程地质手册》（第五版）第624页，建设项目重要性为较重要项目，地质环境条件复杂程度为复杂，根据表6-1-1，危险性评价分级为一级。

【考点】地质灾害危险性评估。

【参考答案】A

31.（2009-B-61）在进行山区工程建设的地质灾害危险性评估时，应特别注意下列（　　　）的地质现象。

（A）崩塌

（B）泥石流

（C）软硬不均的地基

（D）位于地下水溢出带附近工程建成后可能处于浸湿状态的斜坡

【解析】参见《工程地质手册》（第五版）第623、624页，山区地质灾害评估的内容有崩塌、滑坡、泥石流、地面塌陷、地裂缝、地面沉降、潜在的不稳定斜坡等。

【考点】地质灾害危险性评估。

【参考答案】ABD

32.（2010-B-27）因建设大型水利工程需要，某村庄拟整体搬迁至长江一高阶地处。拟建场地平坦，上部地层主要为约20m厚、可塑至硬塑状态的粉质黏土，未见地下水，下伏基岩为泥岩，无活动断裂从场地通过，工程建设前对该场地进行地质灾害危险性评估，根据《地质灾害危险性评估技术要求（试行）》（国土资发〔2004〕69号），该场地地质灾害危险性评估分级是（　　　）。

（A）一级

（B）二级

（C）三级

（D）资料不够，难以确定等级

【解析】参见《工程地质手册》（第五版）第624页，建设项目重要性为较重要项目，地质环境条件复杂程度分类为简单，危险性评估等级为三级。

【考点】地质灾害危险性评估。

【参考答案】C

33.（2012-B-28）地质灾害危险性评估的灾种不包括下列（　　　）。

（A）地面沉降　　　（B）地面塌陷　　　（C）地裂缝　　　（D）地震

【解析】参见《地质灾害危险性评估技术要求》（DZ/T 0286—2015）第4.1.2条，或者参见《工程地质手册》（第五版）第623、624页。

【考点】地质灾害危险性评估。

【参考答案】D

34.（2019-B-63）下列选项中不属于地质灾害危险性评估分级划分指标的是哪些？（　　　）

（A）地震灾害险情　　　　　　（B）地质灾害灾情

（C）建设项目重要性　　　　　　（D）地质环境条件复杂程度

【解析】参见《地质灾害危险性评估规范》（DZ/T 0286—2015）。由4.3.8条可知，地质灾害危险性评估分级根据地质环境复杂程度与建设项目重要性划分。

地质灾害危险性评估分级见表17-1。

表17-1　　　　　　　　　　　　　地质灾害危险性评估分级

建设项目重要性	地质环境条件复杂程度		
	复杂	中等	简单
重要	一级	一级	二级
较重要	一级	二级	三级
一般	二级	三级	三级

【考点】地质灾害危险性评估。

17.7 建设投资

35.（2009-B-35）下列（   ）不属于建设投资中工程建设其他费用。

（A）预备费
（B）勘察设计费
（C）土地使用费
（D）工程保险费

【解析】建设投资中工程建设其他费用包含土地使用费、与项目建设有关的其他费用、与未来企业生产经营有关的其他费用，不包含预备费。

【考点】建设工程项目总投资构成。

【参考答案】A

36.（2010-B-68）下列（   ）属于建设投资中工程建设其他费用。

（A）涨价预备费
（B）农用土地征用费
（C）工程监理费
（D）设备购置费

【解析】农用土地征用费和工程监理费属于工程建设其他费用，涨价预备费为预备费，设备购置费为工程费用。

【考点】工程建设其他费用。

【参考答案】BC

37.（2009-B-36）下列（   ）不属于建设工程项目可行性研究的基本内容。

（A）投资估算
（B）市场分析和预测
（C）环境影响评估
（D）施工图设计

【解析】施工图设计不属于建设工程项目可行性研究的基本内容，建设工程项目的步骤一般为项目建议书、立项、可行性研究、初步设计、施工图设计。

【考点】建设工程项目可行性研究的基本内容。

【参考答案】D

38.（2011-B-38）下列（   ）属于建筑安装工程费用项目的全部构成。

（A）直接费、间接费、措施费、设备购置费
（B）直接费、间接费、措施费、利润
（C）直接费、间接费、利润、税金
（D）直接费、间接费、措施费、工程建设其他费用

【解析】建筑安装工程费用包括直接费、间接费、利润、税金。

【考点】建筑安装工程费用构成。

【参考答案】C

39.（2012-A-65）下列（   ）不属于建筑安装工程费中的直接费。

（A）土地使用费　　（B）施工降水费　　（C）建设期利息　　（D）勘察设计费

【解析】土地使用费、建设期利息、勘察设计费属于工程建设其他费用，不属于建筑安装工程费；施工降水费属于建筑安装工程费中的直接费。

【考点】建筑安装工程费。

【参考答案】ACD

40.（2016-B-37）建筑安装工程费用项目组成中，企业管理费是指建筑安装企业组织施工生产和经营管理所需的费用，下列费用哪项不属于企业管理费？（   ）

（A）固定资产使用费
（B）差旅交通费
（C）职工教育经费
（D）社会保障费

【解析】社会保障费属于规费。

【考点】建筑安装工程费用项目构成。

【参考答案】D

41.（2014－B－66）下列（　　）费用属于建筑安装工程费用组成中的间接费用。

（A）施工机械使用费　　　　　　　　（B）养老保险费

（C）职工教育经费　　　　　　　　　（D）工程排污费

【解析】施工机械使用费属于直接费，工程排污费属于间接费中的规费，养老保险费属于规费中的社会保障费，职工教育经费属于间接费中的企业管理费。

【考点】建筑安装工程费用组成。

【参考答案】BCD

42.（2017－B－35）安全施工所需费用属于下列建筑安装工程费用项目构成中的哪一项？（　　）

（A）直接工程费　　　（B）措施费　　　（C）规费　　　（D）企业管理费

【解析】由表17－2建筑安装工程费用项目组成可知，选项A正确。

表 17－2　　　　　　　　建筑安装工程费用项目组成（按费用构成要素划分）

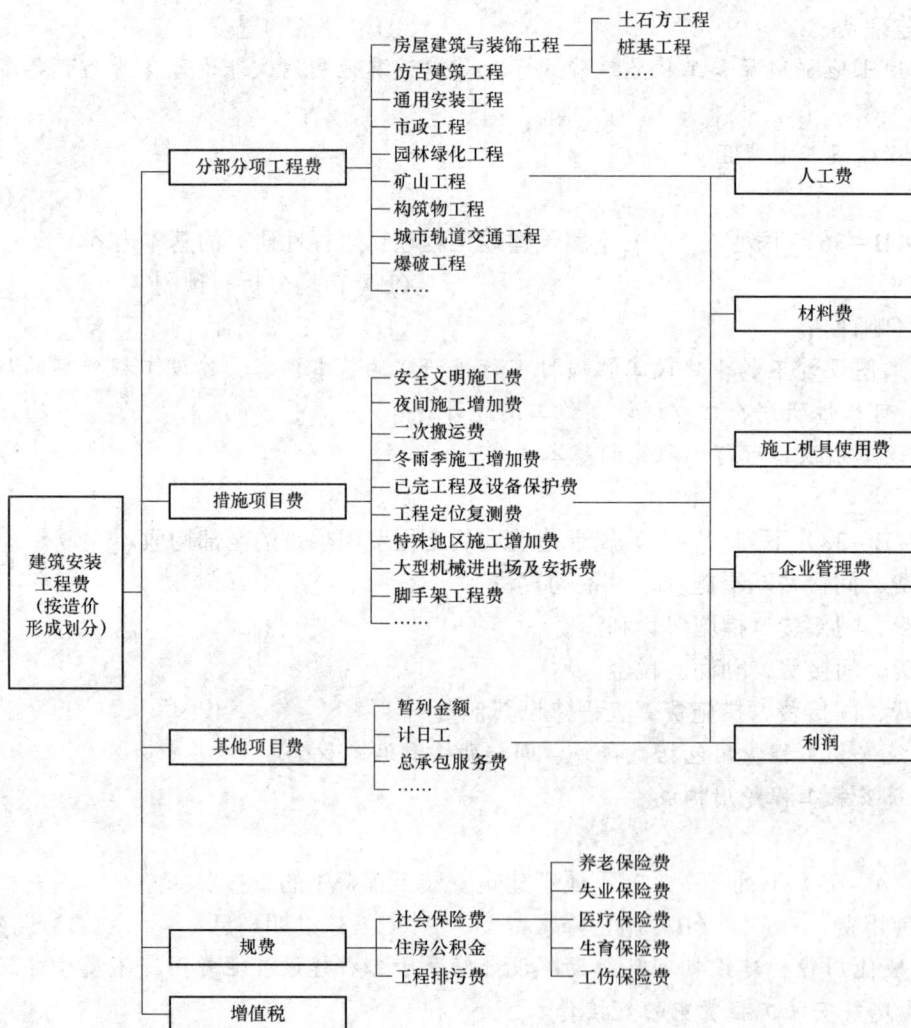

【考点】法规。

【参考答案】B

17.8　工程勘察收费标准

43.（2009－B－37）某建筑工程勘察 1 号孔深度为 10m，地层为：0～2m 为含硬质杂质小于或等于 10%的填土；2～8m 为细砂；8～10m 为卵石（粒径小于或等于 50mm 的颗粒大于 50%）。0～10m 跟管钻进,孔口高程50m,钻探时气温30℃,按2002年收费标准计算钻孔的实物工作收费额,其结果为(   )。

(A)1208元   (B)1812元   (C)1932.8元   (D)2053.6元

【解析】参见《工程勘察收费标准》3.3中表3.3-2,实务工作收费额。

[2×46+6×117+2×207]元×1.5=1812元。

【考点】工程勘察收费标准。

【参考答案】B

44.(2010-B-35)某岩土工程勘察项目地处海拔2500m地区,进行成图比例为1:2000的带状工程地质测绘,测绘面积为1.2km²,作业时气温-15℃,问该工程地质测绘实物工作收费最接近(   )中的值(2002年勘察设计收费标准收费基价5100元/km²)。

(A)6100元   (B)8000元   (C)9800元   (D)10 500元

【解析】根据《工程勘察设计收费标准》(2002年修订本)1.0.8~1.0.10条进行判别:

(1)海拔2500m,取高程附加调整系数1.1;

(2)气温-15℃,取气温附加调整系数1.2;

(3)根据表3.2-2,带状工程地质测绘,取附加调整系数1.3;

(4)根据1.0.8条,计算总附加调整系数为:1.1+1.2+1.3-3+1=1.6;

(5)最后,计算收费为:5100元/km²×1.2km²×1.6=9792元。

【考点】工程勘察设计收费标准。

【参考答案】C

45.(2011-B-39)按照《工程勘察收费标准》(2002年修订本)计算勘察费时,当附加调整系数为两个以上时,应按(   )确定总附加调整系数。

(A)附加调整系数连乘

(B)附加调整系数连加

(C)附加调整系数相加,减去附加调整系数的个数,加上定值1

(D)附加调整系数相加,减去附加调整系数的个数

【解析】参见《工程勘察收费标准》(2002年修订本)1.0.8条。附加调整系数为两个或者两个以上的,附加调整系数不能连乘,将各附加调整系数相加,减去附加调整系数的个数,加上定值1,作为附加调整系数值。

【考点】工程勘察收费标准。

【参考答案】C

17.9 建设工程委托监理合同

46.(2009-B-38)据《建设工程委托监理合同(示范文本)》在监理业务范围内,监理单位聘用专家咨询时所发生的费用由(   )支付。

(A)监理单位   (B)建设单位

(C)施工单位   (D)监理单位与施工单位协商确定

【解析】参见《建设工程委托监理合同(示范文本)》第四十四条。

【考点】《建设工程委托监理合同(示范文本)》。

【参考答案】A

17.10 《实施工程建设强制性标准监督规定》

47.(2009-B-39)下列(   )单位应当对工程建设强制标准负责解释。

(A)工程建设设计单位   (B)工程建设标准批准部门

(C)施工图设计文件审查单位   (D)省级以上建设行政主管部门

【解析】参见《实施工程建设强制性标准监督规定》第十二条。

【考点】《实施工程建设强制性标准监督规定》。

【参考答案】B

48.（2012－A－69）工程建设标准批准部门应当对工程项目执行强制性标准情况进行监督检查，监督检查的方式有（　　）。

（A）重点检查　　　　　　（B）专项检查　　　　　　（C）自行检查　　　　　　（D）抽查

【解析】参见《实施工程建设强制性标准监督规定》第九条。

【考点】《实施工程建设强制性标准监督规定》。

【参考答案】ABD

49.（2014－B－40）下列（　　）不属于工程建设强制性标准监督检查的内容。

（A）有关工程技术人员是否熟悉、掌握强制性标准

（B）工程项目的规划、勘察、设计、施工、验收是否符合强制性标准的规定

（C）工程项目的安全、质量是否符合强制性标准的规定

（D）工程技术人员是否参加过强制性标准的培训

【解析】参见《实施工程建设强制性标准监督规定》第十条。

【考点】《实施工程建设强制性标准监督规定》。

【参考答案】D

17.11　建设工程勘察合同

50.（2009－B－40）在建设工程勘察合同履行过程中，下列关于发包人对承包人进行检查的做法中，符合法律规定的是（　　）。

（A）发包人需经承包人同意方可进行检查

（B）发包人在不妨碍承包人正常工作的情况下可随时进行检查

（C）发包人可随时进行检查

（D）发包人只能在隐蔽工程隐蔽前进行检查

【解析】参见《中华人民共和国合同法》第二百七十七条。

【考点】实施工程建设强制性标准监督规定。

【参考答案】B

51.（2009－B－70）下列（　　）属于《建设工程勘察合同（示范文本）》中规定的发包人的责任。

（A）提供勘察范围内地下埋藏物的有关资料

（B）以书面形式明确勘察任务及技术要求

（C）提出增减勘察量的意见

（D）青苗相对赔偿

【解析】参见《建设工程勘察合同（二）》第七条。

【考点】建设工程勘察合同。

【参考答案】ABD

17.12　《建设工程质量管理条例》

52.（2009－B－68）根据《建设工程质量管理条例》的罚则，下列（　　）是正确的。

（A）施工单位在施工中偷工减料的，使用不合格建筑材料、建筑配件和设备的责令改正，处以 10 万元以上 20 万元以下罚款

（B）勘察单位未按照工程建筑强制性标准进行勘察的，处 10 万元以上 30 万元以下罚款

（C）工程监理单位将不合格工程，建筑材料按合格签字，处 50 万元以上 100 万元以下罚款

（D）设计单位将承担的设计项目转包或违法分包的，责令改正，没收违法所得，处设计费1倍以上2倍以下罚款

【解析】参见《建设工程质量管理条例》。由第六十四条知，选项A错误；由第六十三条知，选项B正确；由第六十七条知，选项C正确；由第六十二条知，选项D错误。

【考点】《建设工程质量管理条例》。

【参考答案】BC

53.（2010-B-39）勘察单位未按工程建设强制性标准进行勘察的，应责令改正，并接受下列（　　）种处罚。

（A）处10万元以上30万元以下的罚款　　（B）处50万元以上100万元以下的罚款
（C）处勘察费25%以上50%以下的罚款　　（D）处勘察费1倍以上2倍以下的罚款

【解析】参见《建设工程质量管理条例》第六十三条，选项A正确。

【考点】《建设工程质量管理条例》。

【参考答案】A

54.（2010-B-69）违反《建设工程质量管理条例》，对下列（　　）行为应责令改正，并处10万元以上30万元以下的罚款。

（A）设计单位未根据勘察成果文件进行工程设计的
（B）勘察单位超越本单位资质等级承揽工程的
（C）设计单位指定建筑材料生产厂或供应商的
（D）设计单位允许个人以本单位名义承揽工程的

【解析】参见《建设工程质量管理条例》第六十三条，选项A、C正确。

【考点】《建设工程质量管理条例》。

【参考答案】AC

55.（2011-B-67）根据国务院《建设工程质量管理条例》，下列有关施工单位的质量责任和义务，（　　）是正确的。

（A）总承包单位依法将建设工程分包给其他单位的，分包单位应当按照分包合同的约定对其分包工程的质量向总包单位负责，总包单位与分包单位对分包工程的质量承担连带责任
（B）涉及结构安全的检测试样，应当由施工单位在现场取样后，直接送有资质的单位进行检测
（C）隐蔽工程在隐蔽前，施工单位应当通知建设单位和建设工程质量监督机构
（D）施工单位应当依法取得相应等级的资质证书，当其他单位以本单位的名义投标时，该单位也应当具备相应等级的资质证书

【解析】参见《建设工程质量管理条例》。由第二十七条知，选项A正确；由第三十一条知，选项B错误；由第三十条知，选项C正确；由第二十五条知，选项D错误。

【考点】《建设工程质量管理条例》。

【参考答案】AC

56.（2011-B-70）下列（　　）属于设计单位的质量责任和义务。

（A）注册执业人员应在设计文件上签字
（B）当勘察成果文件不满足设计要求时，可进行必要的修改使其满足工程建设强制性标准的要求
（C）在设计文件中明确设备生产厂和供应商
（D）参与建设工程质量事故分析

【解析】参见《建设工程质量管理条例》。由第十九条知，选项A正确；由第二十一条知，选项B错误；由第二十二条知，选项C错误；由第二十四条知，选项D正确。

【考点】《建设工程质量管理条例》。

【参考答案】AD

57.（2012-A-38）在正常使用条件下，下列关于建设工程的最低保修期限说法，（　　）是错误的。

（A）电气管线、给排水管道、设备安装和装修工程，为3年

（B）屋面防水工程、有防水要求的卫生间、房间和外墙面的防渗漏，为5年

（C）供热与供冷系统，为2个采暖期、供冷期

（D）建设工程的保修期，自竣工验收合格之日起计算

【解析】参见《建设工程质量管理条例》第四十条。

【考点】《建设工程质量管理条例》。

【参考答案】A

58.（2012－A－70）建设单位收到建设工程竣工报告后，应当组织设计、施工、工程监理等有关单位进行竣工验收。建设工程竣工验收应当具备下列（　　）条件。

（A）完成建设工程设计和合同约定的各项内容

（B）有施工单位签署的工程保修书

（C）有工程使用的主要建筑材料、建筑构配件和设备的进场试验报告

（D）有勘察、设计、施工、工程监理等单位分别提交的质量合格文件

【解析】参见《建设工程质量管理条例》第十六条。

【考点】《建设工程质量管理条例》。

【参考答案】ABC

59.（2017－B－37）勘察设计单位违反工程建设强制性标准造成工程质量事故的，按下列哪个选项处理是正确的？（　　）

（A）按照《中华人民共和国建筑法》有关规定，对事故责任单位和责任人进行处罚

（B）按照《中华人民共和国合同法》有关规定，对事故责任单位和责任人进行处罚

（C）按照《建设工程质量管理条例》有关规定，对事故责任单位和责任人进行处罚

（D）按照《中华人民共和国招标投标法》有关规定，对事故责任单位和责任人进行处罚

【解析】根据《建设工程质量管理条例》第六十三条，选C。

【考点】《建筑工程质量管理条例》。

【参考答案】C

60.（2017－B－38）按照《建设工程质量管理条例》，以下关于建设单位的质量责任和义务的条例中，哪个选项是错误的？（　　）

（A）建设工程发包单位不得迫使承包方以低于成本的价格竞标，不得任意压缩合理工期

（B）建设单位不得明示或暗示设计单位或施工单位违反工程建设强制性标准，降低建设工程质量

（C）涉及建筑主体和承重结构变动的装修工程，建设单位应当要求装修单位提出加固方案，没有加固方案的不得施工

（D）建设单位应当将施工图提交相关单位审查，施工图设计文件未经审查批准的，不得使用

【解析】参见《建设工程质量管理条例》第十五条。

【考点】《建设工程质量管理条例》。

【参考答案】C

61.（2018－B－37）根据《建设工程质量管理条例》有关规定，下列哪个说法是错误的？（　　）

（A）建设工程质量监督管理，可以由建设行政主管部门或者其他有关部门委托的建设工程质量监督机构具体实施

（B）从事房屋建筑工程和市政基础设施工程质量监督的机构，必须按照国家有关规定经国务院建设行政主管部门或者省、自治区、直辖市人民政府建设行政主管部门考核

（C）从事专业建设工程质量监督的机构，必须按照国家有关规定经县级以上地方人民政府建设行政主管部门考核

（D）建设工程质量监督机构经考核合格后，方可实施质量监督

【解析】根据《建设工程质量管理条例》第四十六条，选项A、B、D正确，选项C错误。

【考点】《建设工程质量管理条例》。

【参考答案】C

62.（2019-B-40）违反的规定，建设单位有下列行为之一的，责令限期改正，处 20 万元以上 50 万元以下的罚款，下列选项中哪个行为不适用该处罚规定？（   ）

（A）未按照法律、法规和工程建设强制性标准进行勘察、设计

（B）对勘察、设计、施工、工程监理等单位提出不符合安全生产法律、法规和强制性标准固定的要求的

（C）要求施工单位压缩合同约定的工期的

（D）将拆除工程发包给不具有相应资质等级的施工单位的

【解析】参见《建设工程安全管理条例》第五十五条：

违反本条例的规定，建设单位有下列行为之一的，责令限期改正，处 20 万元以上 50 万元以下的罚款；造成重大安全事故，构成犯罪的，对直接责任人员，依照刑法有关规定追究刑事责任；造成损失的，依法承担赔偿责任。

（一）对勘察、设计、施工、工程监理等单位提出不符合安全生产法律、法规和强制性标准规定的要求的；

（二）要求施工单位压缩合同约定的工期的；

（三）将拆除工程发包给不具有相应资质等级的施工单位的。

【考点】《建设工程安全管理条例》。

【参考答案】A

17.13 《注册土木工程师（岩土）执业及管理工作暂行规定》

63.（2010-B-36）关于注册土木工程师（岩土）的执业，下列（   ）不符合《注册土木工程师（岩土）执业及管理工作暂行规定》。

（A）岩土工程勘察过程中，提供的正式土工试验成果可不需要注册土木工程师（岩土）签章

（B）过渡期间，暂未聘用注册土木工程师（岩土），但持有工程勘察乙级资质的单位，提交的乙级勘察项目的技术文件，可不必由注册土木工程师（岩土）签章

（C）岩土工程设计文件可由注册土木工程师（岩土）签字，也可由注册结构工程师签字

（D）注册土木工程师（岩土）的执业范围包括环境岩土工程

【解析】参见《注册土木工程师（岩土）执业及管理工作暂行规定》第三章执业管理（四），选项 B 不符合。

【考点】《注册土木工程师（岩土）执业及管理工作暂行规定》。

【参考答案】B

64.（2010-B-65）下列关于注册土木工程师（岩土）执业的说法中，下列（   ）说法不符合《注册土木工程师（岩土）执业及管理工作暂行规定》。

（A）注册土木工程师（岩土）的注册年龄一律不得超过 70 岁

（B）注册土木工程师（岩土）的注册证书和执业印章一般应由本人保管，必要时也可由聘用单位代为保管

（C）过渡期间，未取得注册证书和执业印章的人员，不得从事岩土工程及相关业务活动

（D）注册土木工程师（岩土）可在全国范围内从事岩土工程及相关业务活动

【解析】参见《注册土木工程师（岩土）执业及管理工作暂行规定》。由第二条知，选项 D 正确；由第三条第八款知，选项 B 错误；由第三条第十一款知，选项 A 错误；由第四条知，选项 C 错误。

【考点】《注册土木工程师（岩土）执业及管理工作暂行规定》。

【参考答案】ABC

65.（2013-B-39）《注册土木工程师（岩土）执业及管理工作暂行规定》规定，注册土木工程师（岩土）在执业过程中，应及时、独立地在规定的岩土工程技术文件上签章。下列（   ）岩土工程技术文件不包括在内。

（A）岩土工程勘察成果报告书责任页

（B）土工试验报告书责任页

（C）岩土工程咨询项目咨询报告书责任页

（D）施工图审查报告书责任页

【解析】 参见《注册土木工程师（岩土）执业及管理工作暂行规定》附件1注册土木工程师（岩土）签章文件目录（试行）。

【考点】《注册土木工程师（岩土）执业及管理工作暂行规定》。

【参考答案】B

66.（2013－B－65）根据《注册土木工程师（岩土）执业及管理工作暂行规定》，下列（　　）说法是正确的。

（A）自2009年9月1日起，凡《工程勘察资质标准》规定的甲级、乙级岩土工程项目，统一实施注册土木工程师（岩土）执业制度

（B）注册土木工程师（岩土）可在规定的执业范围内，以注册土木工程师（岩土）的名义从事岩土工程及相关业务

（C）自2012年9月1日起，甲、乙级岩土工程的项目负责人须由本单位聘用的注册土木工程师（岩土）承担

（D）《工程勘察资质标准》规定的丙级岩土工程项目不实施注册土木工程师（岩土）执业制度

【解析】 参见《注册土木工程师（岩土）执业及管理工作暂行规定》：第一（一）条，A正确；第三（二）条，B正确；第三（三）条，C正确；第一（二）条，D错误。

【考点】《注册土木工程师（岩土）执业及管理工作暂行规定》。

【参考答案】ABC

67.（2014－B－70）下列（　　）的说法符合《注册土木工程师（岩土）执业及管理工作暂行规定》的要求。

（A）凡未经注册土木工程师（岩土）签章的技术文件，不得作为岩土工程项目实施的依据

（B）注册土木工程师（岩土）执行制度可实行待审、代签制度

（C）在规定的执业范围内，甲、乙级岩土工程的项目负责人须由本单位聘用的注册土木工程师（岩土）承担

（D）注册土木工程师（岩土）在执业过程中，有权拒绝在不合格或有弄虚作假内容的技术文件上签章，聘用单位不得强迫注册土木工程师（岩土）在工程技术文件上签章

【解析】 参见《注册土木工程师（岩土）执业及管理工作暂行规定》第三（四）条，第三（三）条，第三（七）条。

【考点】《注册土木工程师（岩土）执业及管理工作暂行规定》。

【参考答案】ACD

68.（2018－B－67）根据《注册土木工程师（岩土）执业及管理工作暂行规定》，下列哪些说法是正确的？（　　）

（A）注册土木工程师（岩土）必须受聘并注册于一个建设工程勘察、设计、检测、施工、监理、施工图审查、招标代理、造价咨询等单位方能执业

（B）注册土木工程师（岩土）可在规定的执业范围内，以注册土木工程师（岩土）的名义只能在注册单位所在地从事相关执业活动

（C）注册土木工程师（岩土）执业制度不实行代审、代签制度。在规定执业范围内，甲、乙级岩土工程的项目负责人须由本单位聘用的注册土木工程师（岩土）承担

（D）注册土木工程师（岩土）应在规定的技术文件上签字并加盖执业印章。凡未经注册土木工程师（岩土）签章的技术文件，不得作为岩土工程项目实施的依据

【解析】 根据《注册土木工程师（岩土）执业及管理工作暂行规定》第三部分，选项A、C、D正确，选项B错误。

【考点】《注册土木工程师（岩土）执业及管理工作暂行规定》。

69.（2019-B-70）根据《注册土木工程师（岩土）执业及管理工作暂行规定》（建设部建市〔2009〕105号），下列哪些选项不符合《注册土木工程师（岩土）执业管理规定要求》？（   ）

（A）注册土木工程师（岩土）必须受聘并注册与一个建设工程勘察、设计、检测、施工、监理、施工图审查、招标代理、造价咨询等单位方能执业

（B）注册土木工程师（岩土）可以注册土木工程师（岩土）的名义在全国范围内从事相关专业活动，其执业范围不受其聘用单位的业务范围限制

（C）注册土木工程师（岩土）在执业过程中，应及时、独立地在规定的岩土工程技术文件上签章，聘用单位不得强迫注册土木工程师（岩土）在工程技术文件中签章

（D）注册土木工程师（岩土）注册年龄不允许超过70岁

【解析】参见《注册土木工程师（岩土）执业及管理工作暂行规定》。

注册土木工程师（岩土）必须受聘并注册于一个具有建设工程勘察、设计、检测、施工、监理、施工图审查、招标代理、造价咨询等单位并与其签订聘用合同后方能执业。因此选项A正确。

注册土木工程师（岩土）可在本办法规定的执业范围内，以注册土木工程师（岩土）的名义在全国范围内从事执业活动。

注册土木工程师（岩土）执业范围不得超越其聘用单位的业务范围，当与其聘用单位的业务范围不符时，个人执业范围应服从聘用单位的业务范围。因此选项B错误。

注册土木工程师（岩土）在执业过程中，应及时、独立地在规定的岩土工程技术文件上签署，有权拒绝在不合格或有弄虚作假内容的技术文件上签署。聘用单位不得强迫注册土木工程师（岩土）在工程技术文件上签署。因此选项C正确。

注册土木工程师（岩土）注册年龄一般不得超过70岁。对超过70岁的注册土木工程师（岩土），注册部门原则上不再办理延续注册手续。个别年龄达到70岁，但身体状况良好、能完全胜任工作的注册土木工程师（岩土），由本人自愿提出申请，经省级以上建设行政主管部门批准，可以继续受聘执业。因此选项D错误。

【考点】《注册土木工程师（岩土）执业及管理工作暂行规定》。

17.14 《中华人民共和国建筑法》

70.（2010-B-38）承包单位将承包的工程转包，且由于转包工程不符合规定的质量标准造成的损失，应按下列（   ）承担赔偿责任。

（A）只由承包单位承担赔偿责任

（B）只由接受转包的单位承担赔偿责任

（C）承包单位与接受转包的单位承担连带赔偿责任

（D）建设单位、承包单位与接受转包的单位承担连带赔偿责任

【解析】参见《中华人民共和国建筑法》第六十七条，选项C正确。

【考点】《中华人民共和国建筑法》。

71.（2010-B-40）根据《中华人民共和国建筑法》，有关建筑安全生产管理的规定，下列（   ）是错误的。

（A）建设单位应当向建筑施工企业提供与施工现场相关的地下管线资料，建筑施工企业应当采取措施加以保护

（B）建筑施工企业的最高管理者对本企业的安全生产负法律责任，项目经理对所承担的项目的安全生产负责

（C）建筑施工企业应当建立健全的劳动安全生产教育培训制度，未经安全生产教育培训的人员，不

得上岗作业

（D）建筑施工企业必须为从事危险作业的职工办理意外伤害保险，支付保险费

【解析】参见《中华人民共和国建筑法》。

（1）根据第四十条，选项 A 正确；

（2）根据第四十六条，选项 C 正确；

（3）根据第四十四、四十五条，建筑施工企业的法定代表人对本企业的安全生产负责，而不是最高管理者；施工现场安全由建筑施工企业负责，而不是项目经理负责，选项 B 错误；

（4）根据第四十八条，严格来说，应该判别选项 D 错误，应为"鼓励"，而不是"必须"。

【考点】《中华人民共和国建筑法》。

【参考答案】BD

72.（2011－B－65）根据《中华人民共和国建筑法》，有关建筑工程安全生产管理的规定，（   ）是正确的。

（A）工程施工需要临时占用规划批准范围以外场地的，施工单位应当按照国家有关规定办理申请批准手续

（B）施工单位应当加强对职工安全生产的教育培训，未经安全生产教育培训的人员，不得上岗作业

（C）工程实行施工总承包管理的，各分项工程的施工现场安全由各分包单位负责，总包单位负责协调管理

（D）施工中发生事故时，建筑施工企业应当采取紧急措施减少人员伤亡和事故损失，并按照国家有关规定及时向有关部门报告

【解析】参见《中华人民共和国建筑法》第四十二条、第四十六条、第四十五条、第五十一条。选项 A、C 错误；选项 B、D 正确。

【考点】《中华人民共和国建筑法》。

【参考答案】BD

73.（2011－B－66）根据《中华人民共和国建筑法》，建筑工程施工需要申领许可证时，需具备（   ）条件。

（A）在城市规划区内的建筑工程，已经取得规划许可证

（B）已经确定建筑施工企业

（C）施工设备和人员已经进驻现场

（D）场地已经完成"三通一平"（即通路、通水、通电，场地已经平整）

【解析】参见《中华人民共和国建筑法》第八条。

【考点】《中华人民共和国建筑法》。

【参考答案】AB

74.（2013－B－69）据《中华人民共和国建筑法》，建筑工程实行质量保修制度。下列（   ）工程属于保修范围。

（A）地基基础工程   （B）主体机构工程

（C）园林绿化工程   （D）供热、供冷工程

【解析】参见《中华人民共和国建筑法》第六十二条。

【考点】《中华人民共和国建筑法》。

【参考答案】ABD

75.（2017－B－36）工程监理人员发现工程设计不符合工程质量标准或合同约定的质量要求时，应按下列哪个选项处理？（   ）

（A）要求设计单位改正   （B）报告建筑主管部门要求设计单位改正

（C）报告建设单位要求设计单位改正   （D）与设计单位协商进行改正

【解析】参见《中华人民共和国建筑法》第三十二条。

【考点】《中华人民共和国建筑法》。

【参考答案】C

76.（2018-B-38）根据《中华人民共和国建筑法》有关规定，下列说法哪个是错误的？（　　）

（A）施工现场安全由建筑施工企业负责。实行施工总承包的，由总承包单位负责。分包单位向总承包单位负责，服从总承包单位对施工现场的安全生产管理

（B）建筑施工企业和作业人员在施工过程中，应当遵守有关安全生产的法律、法规和建筑行业安全规章、规程，不得违章指挥或者违章作业，作业人员有权对影响人身健康的作业程序和作业条件提出改进意见，有权获得安全生产所需的防护用品。作业人员对危及生命安全和人身健康的行为有权提出批评、检举和控告

（C）涉及建筑主体和承重结构变动的装修工程，施工单位应当在施工前委托原设计单位或者具有相应资质条件的设计单位提出设计方案；没有设计方案的，不得施工

（D）房屋拆除应当具备保证安全条件的建筑施工单位承担，由建筑施工单位负责人对安全负责

【解析】参见《中华人民共和国建筑法》。由第四十五条知，选项A正确；由第四十七条知，选项B正确；由第四十九条知，选项C错误，不是施工单位，而是建设单位；由第五十条知，选项D正确。

【考点】《中华人民共和国建筑法》。

【参考答案】C

77.（2019-B-67）关于工程监理单位、监理人员，下列哪些说法是正确的？（　　）

（A）工程监理单位与被监理工程的承包单位以及建筑材料、建筑构配件和设备供应单位不得有隶属关系或者其他利害关系

（B）工程监理单位与承包单位串通，为承包单位谋取非法利益，给建设单位造成损失的，应当与承包单位承担连带赔偿责任

（C）工程监理人员认为工程施工不符合工作设计要求、施工技术标准和合同约定的，有权要求建筑施工企业改正

（D）工程监理人员发现工程设计不符合建筑工程质量标准或者合同约定的质量要求，有权要求设计单位改正

【解析】参见《中华人民共和国建筑法》。

第三十四条：工程监理单位与被监理工程的承包单位以及建筑材料、建筑构配件和设备供应单位不得有隶属关系或者其他利害关系。因此选项A正确。

第三十五条：工程监理单位与承包单位串通，为承包单位谋取非法利益，给建设单位造成损失的，应当与承包单位承担连带赔偿责任。因此选项B正确。

第三十二条：工程监理人员认为工程施工不符合工程设计要求、施工技术标准和合同约定的，有权要求建筑施工企业改正。因此选项C正确。

工程监理人员发现工程设计不符合建筑工程质量标准或者合同约定的质量要求的，应当报告建设单位要求设计单位改正。因此选项D错误。

【考点】《中华人民共和国建筑法》。

【参考答案】ABC

78.（2020-B-38）根据《中华人民共和国建筑法》有关规定，下列哪个说法是错误的（　　）。

（A）按照国务院规定的权限和程序批准开工报告的建筑工程，不再领取施工许可证

（B）建设行政主管部门应当自收到申请之日起十五日内，对符合条件的申请颁发施工许可证

（C）建设单位应当自领取施工许可证之日起三个月内开工

（D）既不开工又不申请延期或者超过延期时限的，施工许可证自行废止

【解析】参见《中华人民共和国建筑法》。

第七条：按照国务院规定的权限和程序批准开工报告的建筑工程，不再领取施工许可证。选项A正确。

第八条：建设行政主管部门应当自收到申请之日起七日内，对符合条件的申请颁发施工许可证。选项B错误。

第九条：建设单位应当自领取施工许可证之日起三个月内开工，既不开工又不申请延期或者超过延

期时限的，施工许可证自行废止。选项C、D正确。

【考点】施工许可的相关规定。

17.15 《中华人民共和国民法典》

79.（2010-B-66）合同中有下列（ ）情形时，合同无效。

（A）以口头形式订立合同 　（B）恶意串通，损害第三人利益

（C）以合法形式掩盖非法目的 　（D）无处分权的人订立合同后取得处分权的

【解析】根据《中华人民共和国民法典》第一百四十三条、一百四十四条、一百四十六条、一百五十三条、一百五十四条，选项B、C正确。

【考点】《中华人民共和国民法典》。

【参考答案】BC

80.（2011-B-36）根据《中华人民共和国民法典》，下列（ ）是错误的。

（A）发包人未按照约定的时间和要求提供原材料、设备场地、资金、技术资料的，承包人可以顺延工期，并有权要求赔偿停工、窝工等损失

（B）发包人未按照约定支付价款的，承包人可以将该工程折价或拍卖，折价或拍卖款优先受偿工程款

（C）发包人可以分别与勘察人和设计人订立勘察和设计承包合同，经发包人同意，勘察人和设计人可以将自己承包的部分工作交由第三人完成

（D）因施工人的原因致使建设工程质量不符合约定的，发包人有权要求施工人在合理期限内无偿修理或者返工、改建

【解析】参见《中华人民共和国民法典》。由第八百零三条选项A正确；由第八百零七条知，选项B错误；由第七百九十一条知，选项C正确；由第八百零一条知，选项D正确。

【考点】《中华人民共和国民法典》。

【参考答案】B

81.（2011-B-69）在建设工程合同履行中，因发包人的原因致使工程中途停建的，下列（ ）属于发包人应承担的责任。

（A）应采取措施弥补或者减少损失

（B）赔偿承包人因此造成停工、窝工的损失

（C）赔偿承包人因此造成机械设备调迁的费用

（D）向承包人支付违约金

【解析】参见《中华人民共和国民法典》第八百零四条，选项A、B、C正确。

【考点】《中华人民共和国民法典》。

【参考答案】ABC

82.（2012-A-35）根据《中华人民共和国民法典》规定，下列（ ）是错误的。

（A）总承包人或者勘察、设计、施工承包人经发包人同意，可以将自己承包的部分工作交由第三人完成

（B）承包人不得将其承包的全部建设工程转包给第三人或者将其承包的全部建设工程肢解以后以分包的名义分别转包给第三人

（C）承包人将工程分包给具备相应资质条件的单位，分包单位可将其承包的工程再分包给具有相应资质条件的单位

（D）建设工程主体结构的施工必须由承包人自行完成

【解析】参见《中华人民共和国民法典》第七百九十一条。

【考点】《中华人民共和国民法典》。

【参考答案】C

83.（2016-B-38）建设工程合同中，下列哪个说法是不正确的？（ ）

（A）发包人可以与总承包人订立建设工程合同，也可以分别与勘察人、设计人、施工人订立勘察、设计、施工承包合同

（B）总承包或者勘察、设计、施工承包人经发包人同意，可以将自己承包的部分工作交由第三人完成

（C）建设工程合同应当采用书面形式

（D）分包单位将其承包的工程可再分包给具有同等资质的单位

【解析】参见《中华人民共和国民法典》。依据第七百九十一条，选项A、B正确，选项D错误；依据第七百八十九条，选项C正确。

【考点】建设工程合同。

【参考答案】D

84.（2016-B-70）根据《中华人民共和国民法典》，下列哪些情形之一时合同无效？（　　　）

（A）恶意串通、损害第三人利益　　　　　（B）损害社会公共利益

（C）当事人依法委托代理人订立的合同　　（D）口头合同

【解析】参见《中华人民共和国民法典》。依据第一百四十三条、一百四十四条、一百四十六条、一百五十三条、一百五十四条，选项A、B正确。

【考点】《中华人民共和国民法典》。

【参考答案】AB

85.（2014-B-68）《中华人民共和国民法典》关于违约责任的说法，下列（　　　）是正确的。

（A）当事人一方不履行合同义务或者履行合同义务不符合约定，在履行义务或采取补救措施后，对方还有其他损失的，应当赔偿损失

（B）当事人一方不履行合同义务或者履行合同义务不符合约定，给对方造成损失的，损失赔偿额应当相当于因违约所造成的损失，包括合同履行后可以获得的利益，但不得超过违反合同一方订立合同时预见或者应当预见到的因违反合同可能造成的损失

（C）当事人可以约定一方违约时应当根据违约情况向对方支付一定数额的违约金，也可以约定因违约产生的损失赔偿额的计算方法

（D）当事人就延迟履行约定违约金的，违约方支付违约金后，不再履行债务

【解析】参见《中华人民共和国民法典》第五百八十三条～第五百八十五条。

【考点】《中华人民共和国民法典》。

【参考答案】ABC

86.（2017-B-68）根据《中华人民共和国民法典》分则"建设工程合同"的规定，以下哪些说法是正确的？（　　　）

（A）隐蔽工程在隐蔽以前，承包人应当通知发包人检查

（B）发包人未按规定的时间和要求提供原材料、场地、资金等，承包人有权要求赔偿损失但工期不能顺延

（C）因发包人的原因致使工程中途停建的，发包人应赔偿承包人的相应损失和实际费用

（D）发包人未按照约定支付工程款，承包人有权将该工程折价卖出以抵扣工程款

【解析】参见《中华人民共和国民法典》第七百九十八条、八百零三条、八百零四条、八百零七条。

【考点】建设工程合同。

【参考答案】AC

87.（2018-B-40）根据《中华人民共和国民法典》中有关要约失效的规定，哪个选项是错误的？（　　　）

（A）拒绝要约的通知达到要约人

（B）要约人依法撤销要约

（C）承诺期限届满，受要约人未作出承诺

（D）受要约人对要约的内容未作出实质性变更

【解析】根据《中华人民共和国民法典》第四百七十八条，选项A、B、C正确，选项D错误。

【考点】《中华人民共和国民法典》。

【参考答案】D

88.（2019-B-68）关于要约生效、要约撤回、要约撤销的说法，下列哪些表述是正确的？（   ）

（A）采用数据电文形式订立合同，收件人指定特定系统接收数据电文的，该数据电文进入该特定系统的时间，视为到达时间，合约生效

（B）未指定特定系统的，该数据电文进入收件人的任何系统，收件人访问时间视为到达时间，要约生效

（C）撤回要约的通知应当在要约到达受要约人之前或者与要约同时到达受要约人

（D）撤销要约的通知应当在受要约人发出承诺通知之后到达受要约人

【解析】参见《中华人民共和国民法典》。

第一百三十七条：以对话方式作出的意思表示，相对人知道其内容时生效。以非对话方式作出的意思表示，到达相对人时生效。以非对话方式作出的采用数据电文形式的意思表示，相对人指定特定系统接收数据电文的，该数据电文进入该特定系统时生效；未指定特定系统的，相对人知道或者应当知道该数据电文进入其系统时生效。当事人对采用数据电文形式的意思表示的生效时间另有约定的，按照其约定。

第一百四十一条：行为人可以撤回意思表示。撤回意思表示的通知应当在意思表示到达相对人前或者与意思表示同时到达相对人。

第四百七十七条：撤销要约的意思表示以对话方式作出的，该意思表示的内容应当在受要约人作出承诺之前为受要约人所知道；撤销要约的意思表示以非对话方式作出的，应当在受要约人作出承诺之前到达受要约人。

【考点】《中华人民共和国民法典》。

【参考答案】AC

89.（2020-B-40）根据《中华人民共和国民法典》有关规定，下列哪个说法是错误的？（   ）

（A）采用合同书形式订立合同，在签字或者盖章之前，当事人一方已经履行主要义务，对方接受的，该合同成立

（B）采用格式条款订立合同的，提供格式条款的一方应当遵循公平原则确定当事人之间的权利和义务，并采取合理的方式提请对方注意免除或者限制其责任的条款，按照对方的要求，对该条款予以说明

（C）对格式条款的理解发生争议的，应当按照通常理解予以解释。对格式条款有两种以上解释的，应当作出有利于提供格式条款一方的解释

（D）格式条款和非格式条款不一致的，应当采用非格式条款

【解析】参见《中华人民共和国民法典》。

第四百九十条：当事人采用合同书形式订立合同的，自当事人均签名、盖章或者按指印时合同成立。在签名、盖章或者按指印之前，当事人一方已经履行主要义务，对方接受时，该合同成立。

第四百九十六条：格式条款是当事人为了重复使用而预先拟定，并在订立合同时未与对方协商的条款。

采用格式条款订立合同的，提供格式条款的一方应当遵循公平原则确定当事人之间的权利和义务，并采取合理的方式提示对方注意免除或者减轻其责任等与对方有重大利害关系的条款，按照对方的要求，对该条款予以说明。提供格式条款的一方未履行提示或者说明义务，致使对方没有注意或者理解与其有重大利害关系的条款的，对方可以主张该条款不成为合同的内容。

第四百九十八条：对格式条款的理解发生争议的，应当按照通常理解予以解释。对格式条款有两种以上解释的，应当作出不利于提供格式条款一方的解释。格式条款和非格式条款不一致的，应当采用非格式条款。

【考点】《中华人民共和国民法典》。

【参考答案】C

17.16　《建设工程安全生产管理条例》

90.（2012-A-36）施工单位对列入建设工程概算的安全作业环境及安全施工措施所需费用，不包含（   ）。

（A）安全防护设施的采购　　　　　　　（B）安全施工措施的落实

（C）安全生产条件的改善　　　　　　　（D）安全生产事故的赔偿

【解析】参见《建筑工程安全生产管理条例》第二十二条。

【考点】《建筑工程安全生产管理条例》。

【参考答案】D

91.（2012－A－68）下列（　　）行为违反了《建设工程安全生产管理条例》。

（A）勘察单位提供的勘察文件不准确，不能满足建设工程安全生产的需要

（B）勘察单位超越资质等级许可的范围承揽工程

（C）勘察单位在勘察作业时，违反操作规程，导致地下管线破坏

（D）施工图设计文件未经审查擅自施工

【解析】参见《建设工程安全生产管理条例》第十二条。

【考点】《建设工程安全生产管理条例》。

【参考答案】AC

92.（2013－B－38）根据《建设工程安全生产管理条例》，关于建设工程安全施工技术交底，下列（　　）是正确的。

（A）建设工程施工前，施工单位负责项目管理的技术人员向施工作业人员交底

（B）建设工程施工前，施工单位负责项目管理的技术人员向专职安全生产管理人员交底

（C）建设工程施工前，施工单位专职安全生产管理人员向施工作业人员交底

（D）建设工程施工前，施工单位负责人向施工作业人员交底

【解析】参见《建设工程安全生产管理条例》第二十七条。

【考点】《建设工程安全生产管理条例》。

【参考答案】A

93.（2013－B－35）下列（　　）的行为违反了《建设工程安全生产管理条例》。

（A）施工图设计文件未经审查批准就使用

（B）建设单位要求压缩合同约定的工期

（C）建设单位将建筑工程肢解发包

（D）未取得施工许可证擅自施工

【解析】参见《建设工程安全生产管理条例》第五十五条。

【考点】《建设工程安全生产管理条例》。

【参考答案】B

94.（2013－B－67）根据《建设工程安全生产管理条例》，施工单位的（　　）人员以应当经建设行政主管部门或者其他有关部门考核合格后方可任职。

（A）现场一般作业人员　　　　　　　　（B）专职安全生产管理人员

（C）项目负责人　　　　　　　　　　　（D）单位主要负责人

【解析】参见《建设工程安全生产管理条例》第三十六条。

【考点】《建设工程安全生产管理条例》。

【参考答案】BCD

95.（2016－B－69）根据《建设工程安全生产管理条例》，下列选项哪些是勘察单位的安全责任？（　　）

（A）提供施工现场及毗邻区域的供水、供电等地下管线资料，并保证资料真实、精确、完整

（B）严格执行操作规程，采取措施保证各类管线安全

（C）严格执行工程建设强制性标准

（D）提供的勘察文件真实、准确

【解析】参见《建设工程安全生产管理条例》第十二条。

【考点】《建设工程安全生产管理条例》。

【参考答案】BCD

96.（2014-B-65）根据《建设工程安全生产管理条例》，下列（　　）是施工单位项目负责人的安全责任。

（A）制定本单位的安全生产责任制度

（B）对建设工程项目的安全施工负责

（C）确保安全生产费的有效使用

（D）将保证安全施工的措施报送建设工程所在地建设行政主管部门

【解析】参见《建设工程安全生产管理条例》第二十一条。

【考点】《建设工程安全生产管理条例》。

【参考答案】BC

97.（2018-B-65）根据《建设工程安全生产管理条例》，施工单位的哪些人员应当经建设行政主管部门或者其他有关部门考核合格后方可任职？（　　）

（A）现场作业人员　　　　　　　　　（B）专职安全生产管理人员

（C）项目负责人　　　　　　　　　　（D）单位主要负责人

【解析】根据《建设工程安全生产管理条例》第三十六条中无选项A。

【考点】《建设工程安全生产管理条例》。

【参考答案】BCD

98.（2018-B-69）根据《建设工程安全生产管理条例》（国务院令第393条）的规定，下列哪几项属于建设单位的安全责任？（　　）

（A）建设单位应当协助施工单位向有关部门查询施工现场及毗邻区域内供水、排水、供电、供气、供热、通信、广播电视等地下管线资料、气象和水文观测资料、相邻建筑物和构筑物、地下工程的有关资料

（B）建设单位不得对勘察、设计、施工、工程监理等单位提出不符合建设工程安全生产法律、法规和强制性标准规定的要求，不得压缩合同约定的工期

（C）建设单位在编制工程概算时，应当确定建设工程安全作业环境及安全施工措施所需费用

（D）建设单位不得明示或者暗示施工单位购买、租赁、使用不符合安全施工要求的安全防护用具、机械设备、施工机具及配件、消防设施和器材

【解析】参见《建设工程安全生产管理条例》（国务院令第393条）。由第六条知，选项A错误；由第七条知，选项B正确；由第八条知，选项C正确；由第九条知，选项D正确。

【考点】《建设工程安全生产管理条例》。

【参考答案】BCD

99.（2019-B-36）下列哪一项不符合规定？（　　）

（A）建设单位应当向施工单位提供供水、排水、供电、供气、通信、广播电视等地下管线资料，气象和水文观测资料，相邻建筑物和构筑物、地下工程的有关资料，并保证资料的真实、准确、完整

（B）勘察单位在勘察作业时，应当严格执行操作规程，采取措施保证各类管线、设施和周边建筑物、构筑物的安全

（C）施工单位应当设立安全生产管理机构，配备专职安全生产管理人员。施工单位的项目负责人负责对安全生产进行现场监督检查

（D）施工单位项目负责人应当由取得相应职业资格的人员担任，对建设工程项目的安全施工负责

【解析】根据《建设工程安全生产管理条例》第六条：建设单位应当向施工单位提供施工现场及毗邻区域内供水、排水、供电、供气、供热、通信、广播电视等地下管线资料，气象和水文观测资料，相邻建筑物和构筑物、地下工程的有关资料，并保证资料的真实、准确、完整。因此选项A正确。

第十二条：勘察单位在勘察作业时，应当严格执行操作规程，采取措施保证各类管线、设施和周边建筑物、构筑物的安全。因此选项B正确。

第二十三条：施工单位应当设立安全生产管理机构，配备专职安全生产管理人员。专职安全生产管理人员负责对安全生产进行现场监督检查。因此选项C正确。

第二十一条：施工单位的项目负责人应当由取得相应执业资格的人员担任，对建设工程项目的安全

施工负责。

【考点】《建设工程安全生产管理条例》。

100.（2019-B-39）关于施工单位现场安全措施，下列说法哪个选项是错误的？（　　）

（A）施工单位应当将施工现场的办公、生活区与作业区分开设置，并保持安全距离

（B）办公、生活区的选址应当符合安全性要求

（C）职工的膳食、饮水、休息场所等应当符合卫生标准

（D）施工单位在保证安全情况下，可在未竣工的建筑物内设置员工集体宿舍

【解析】根据《建设工程安全生产管理条例》第二十九条，施工单位应当将施工现场的办公、生活区与作业区分开设置，并保持安全距离；办公、生活区的选址应当符合安全性要求。职工的膳食、饮水、休息场所等应当符合卫生标准。施工单位不得在尚未竣工的建筑物内设置员工集体宿舍。

【考点】《建设工程安全生产管理条例》。

【参考答案】D

101.（2020-B-68）根据《建设工程安全生产管理条例》有关规定，下列哪些说法是错误的？（　　）

（A）注册执业人员未执行法律、法规和工程建设强制性标准的，责令停止执业1年以上3年以下

（B）情节严重的，吊销执业资格证书，6年内不予注册

（C）造成重大安全事故的，终身不予注册

（D）构成犯罪的，依照刑法有关规定追究刑事责任

【解析】根据《建设工程安全生产管理条例》第七十二条，注册建筑师、注册结构工程师、注册监理工程师等注册执业人员因过错造成质量事故的，责令停业执业1年；造成重大质量事故的，吊销执业资格证书，5年内不予注册；情节特别恶劣的，终身不予注册。

【考点】《建设工程安全生产管理条例》。

【参考答案】AB

17.17 《建筑工程勘察设计资质管理规定》

102.（2016-B-35）根据《建筑工程勘察设计资质管理规定》，下列哪些规定是不正确的？（　　）

（A）企业首次申请、增项申请工程勘察、工程设计资质，其申请资质等级最高不超过乙级，且不考核企业工程勘察、工程设计业绩

（B）企业改制的，改制后不再符合资质标准的，应按其实际达到的资质标准及本规定重新核定

（C）已具备施工资质的企业首次申请同类别或相近类别的工程勘察、工程设计资质的，不得将工程总承包业绩作为工程业绩予以申报

（D）企业在领取新的工程勘察、工程设计资质证书的同时，应当将原资质证书交回原发证机关予以注销

【解析】参见《建筑工程勘察设计资质管理规定》。依据第十七条，选项A正确，选项C错误；依据第十八条，选项B正确；依据第二十条，选项D正确。

【考点】《建筑工程勘察设计资质管理规定》。

【参考答案】C

17.18 《建设工程勘察设计管理条例》

103.（2012-A-39）建设工程勘察、设计注册执业人员和其他专业技术人员未受聘于一个建设工程勘察、设计单位或者同时受聘于两个以上建设工程勘察、设计单位，从事建设工程勘察、设计活动的，对其违法行为的处罚，下列（　　）是错误的。

（A）责令停止违法行为，没收违法所得

（B）处违法所得5倍以上10倍以下的罚款

（C）情节严重的，可以责令停止执行业务或者吊销资格证书

（D）给他人造成损失的，依法承担赔偿责任

【解析】参见《建设工程勘察设计管理条例》第三十七条。

【考点】《建设工程勘察设计管理条例》。

【参考答案】B

104.（2013－B－70）《建设工程勘察设计管理条例》规定，建设工程勘察、设计单位不得将所承揽的建设工程勘察、设计转包。承包方下列（　　）行为属于转包。

（A）承包方将承包的全部建设工程勘察、设计再转让给其他具有相应资质等级的建设工程勘察、设计单位

（B）承包方将承包的建设工程主体部分的勘察、设计转让给其他具有相应资质等级的建设工程勘察、设计单位

（C）承包方将承包的全部建设工程勘察、设计肢解以后以分包的名义分别转给其他具有相应资质等级的建设工程勘察、设计单位

（D）承包方经发包方书面同意后，将建设工程主体部分勘察、设计以外的其他部分转给其他具有相应资质等级的建设工程勘察、设计单位

【解析】参见《建设工程勘察设计管理条例》第十九条。

【考点】《建设工程勘察设计管理条例》。

【参考答案】ABC

105.（2017－B－66）当勘察文件需要修改时，下列哪些单位有权进行修改？（　　）

（A）本项目的勘察单位

（B）本项目的设计单位

（C）本项目的施工图审查单位

（D）经本项目原勘察单位书面同意，由建设单位委托其他具有相应资质的勘察单位

【解析】参见《建设工程勘察设计管理条例》第二十八条。

【考点】勘察变更。

【参考答案】AD

106.（2018－B－36）根据《建设工程勘察设计管理条例》的有关规定，承包方下列哪个行为不属于转包？（　　）

（A）承包方将承包的全部建设工程勘察、设计再转给其他具有相应资质等级的建设工程勘察、设计单位

（B）承包方将承包的建设工程主体部分的勘察、设计转给其他具有相应资质等级的建设工程勘察、设计单位

（C）承包方将承包的全部建设工程勘察、设计肢解以后以分包的名义分别转给其他具有相应资质等级的建设工程勘察、设计单位

（D）承包方经发包方书面同意后，将建设工程主体部分勘察、设计以外的其他部分转给其他具有相应资质等级的建设工程勘察、设计单位

【解析】根据《建设工程勘察设计管理条例》第十九条，只有选项D不属于转包，其他均属于转包。

【考点】《建设工程勘察设计管理条例》。

【参考答案】D

107.（2020－B－37）下列处罚中哪个选项不符合国务院《建设工程勘察设计管理条例》（国务院令　第662号、第687号）的规定？（　　）

（A）未经注册，擅自以注册建设工程勘察、设计人员的名义从事建设工程勘察、设计活动的，责令停止违法行为，没收违法所得，处违法所得2倍以上5倍以下罚款：给他人造成损失的，依法承担赔偿责任

（B）建设工程勘察、设计注册执业人员和其他专业技术人员未受聘于一个建设工程勘察、设计单位或者同时受聘于两个以上建设工程勘察、设计单位，从事建设工程勘察、设计活动的，责令停止违法行为，没收违法所得，处违法所得2倍以上5倍以下的罚款

（C）发包方将建设工程勘察、设计业务发包给不具有相应资质等级的建设工程勘察、设计单位的，责令改正，处 50 万元以上 100 万元以下的罚款

（D）勘察、设计单位未依据项目批准文件，城乡规划及专业规划，国家规定的建设工程勘察、设计深度要求编制建设工程勘察、设计文件的，责令限期改正：逾期不改正的，处 10 万元以上 20 万元以下的罚款

【解析】 参见《建设工程勘察设计管理条例》。

（1）第三十六条，违反本条例规定，未经注册擅自以注册建设工程勘察、设计人员的名义从事建设工程勘察、设计活动的，责令停止违法行为，没收违法所得，处违法所得 2 倍以上 5 倍以下的罚款；给他人造成损失的，依法承担赔偿责任。选项 A 正确。

（2）第三十七条，违反本条例规定，建设工程勘察设计注册执业人员和其他专业技术人员未受聘于一个建设工程勘察、设计单位或者同时受聘于两个以上建设工程勘察、设计单位，从事建设工程勘察、设计活动的，责令停止违法行为，没收违法所得，处违法所得 2 倍以上 5 倍以下的罚款；情节严重的，可以责令停止执行业务或者吊销资格证书，给他人造成损失的，依法承担赔偿责任。选项 B 正确。

（3）第三十八条，违反本条例规定，发包方将工程勘察、设计业务发包给不具有相应资质等级的建设工程勘察、设计单位的，责令改正，处 50 万元以上 100 万元以下的罚款。选项 C 正确。

（4）第四十条，违反本条例规定，勘察、设计单位为依据项目批准文件，城乡规划及专业规划，国家规定的建设工程勘察、设计深度要求编制建设工程勘察、设计文件的，责令限期改正；逾期不改的，处 10 万元以上 30 万元以下的罚款。选项 D 错误。

【考点】《建设工程勘察设计管理条例》。

【参考答案】 D

17.19 《工程勘察资质标准》

108.（2016-B-67）《工程勘察资质标准》规定的甲级、乙级岩土工程项目，下列哪些文件的责任页应由注册土木工程师（岩土）签字并加盖执业印章？（　　）

（A）岩土工程勘察成果报告　　　　　（B）岩土工程勘察补充成果报告

（C）施工图审查合格书　　　　　　　（D）土工试验报告

【解析】 参见《工程勘察资质标准》附件 1。

【考点】《工程勘察资质标准》。

【参考答案】 AB

17.20 《中华人民共和国安全生产法》

109.（2012-A-67）根据《中华人民共和国安全生产法》，下列（　　）是生产经营单位主要负责人的安全生产职责。

（A）建立、健全本单位安全生产责任制

（B）组织制定本单位安全生产规章制度和操作规程

（C）取得特种作业操作资格证书

（D）及时、如实报告生产安全事故

【解析】 参见《中华人民共和国安全生产法》第十七条。

【考点】《中华人民共和国安全生产法》。

【参考答案】 ABD

110.（2013-B-36）根据《中华人民共和国安全生产法》规定，下列（　　）不是生产经营单位主要负责人的安全生产职责。

（A）建立、健全本单位安全生产责任制　　　（B）组织制定本单位安全生产规章制度

（C）编制专项安全施工组织设计　　　　　　（D）督促、检查本单位的安全生产工作

【解析】参见《中华人民共和国安全生产法》第十七条。

【考点】《中华人民共和国安全生产法》。

【参考答案】C

111.（2014－B－35）生产经营单位的主要负责人未履行安全生产管理职责导致发生生产安全事故，受到刑事处罚的，自刑罚执行完毕之日起，至少（　　）内不得担任任何生产经营单位的主要负责人。

（A）三年　　　　　　　　（B）四年　　　　　　　　（C）五年　　　　　　　　（D）六年

【解析】参见《中华人民共和国安全生产法》第八十一条。

【考点】《中华人民共和国安全生产法》。

【参考答案】C

112.（2014－B－36）生产经营单位发生生产安全事故后，事故现场有关人员应当立即报告，下列（　　）是正确的。

（A）立即报告本单位负责人

（B）立即报告建设单位负责人

（C）立即报告监理单位负责人

（D）立即报告安全生产监督管理部门

【解析】参见《中华人民共和国安全生产法》第七十条。

【考点】《中华人民共和国安全生产法》。

【参考答案】A

113.（2016－B－68）根据《中华人民共和国安全生产法》，生产经营单位有下列哪些行为逾期未改正的，责令停产停业整顿，并处五万元以上十万元以下罚款？（　　）

（A）未按规定设置安全生产管理机构或配备安全生产管理人员的

（B）特种作业人员未按规定经专门的安全作业培训并取得相应资格，上岗作业的

（C）未为从业人员提供符合要求的劳动防护用品的

（D）未对安全设备进行定期检测的

【解析】参见《中华人民共和国安全生产法》第九十四条，选项A、B正确。

【考点】《中华人民共和国安全生产法》。

【参考答案】AB

114.（2017－B－69）县级以上人民政府负有建设工程安全生产监督管理职责的部门履行安全监督检查时，有权采取下列哪些措施？（　　）

（A）进入被检查单位施工现场进行检查

（B）重大安全事故隐患排除前或者排除过程中无法保证安全的，责令从危险区域内撤出作业人员或者暂时停止施工

（C）按规定收取监督检查费用

（D）纠正施工中违反安全生产要求的行为

【解析】参见《中华人民共和国安全生产法》第六十二条。

【考点】《中华人民共和国安全生产法》。

【参考答案】ABD

115.（2018－B－35）根据《中华人民共和国安全生产法》规定，关于生产经营单位使用的涉及生命安全、危险性较大的特种设备说法，下列那个选项是错误的？（　　）

（A）生产经营单位使用的涉及生命安全、危险性较大的特种设备，以及危险物品的容器、运输工具，必须按照国家有关规定，由专业生产单位生产

（B）特种设备须经取得专业资质的检测、检验机构检测、检验合格，取得安全使用证或者安全标志，方可投入使用

（C）涉及生命安全、危险性较大的特种设备的目录由省级安全监督管理的部门制定，报国务院批准后执行

（D）检测、检验机构对特种设备检测、检验结果负责

【解析】根据《中华人民共和国安全生产法》第三十四条，选项 A、B、D 正确。根据第三十五条，选项 C 错误。

【考点】《中华人民共和国安全生产法》。

【参考答案】C

116.（2019-B-37）下列说法中哪个选项是错误的？（　　）

（A）生产经营单位必须遵守有关安全生产的法律、法规，建立健全安全生产责任制和安全生产规章制度，改善安全生产条件，确保生产安全

（B）生产经营单位的主要负责人对本单位的安全生产工作全面负责

（C）生产经营单位与从业人员订立协议，可免除或减轻其对从业人员因生产安全事故伤亡依法应承担的责任

（D）生产经营单位的从业人员有依法获得安全生产保障的权利，并应当依法履行安全生产方面的义务

【解析】参见《中华人民共和国安全生产法》。

第四条：生产经营单位必须遵守本法和其他有关安全生产的法律、法规，加强安全生产管理，建立、健全安全生产责任制和安全生产规章制度，改善安全生产条件，推进安全生产标准化建设，提高安全生产水平，确保安全生产。因此选项 A 正确。

第五条：生产经营单位的主要负责人对本单位的安全生产工作全面负责。因此选项 B 正确。

第六条：生产经营单位的从业人员有依法获得安全生产保障的权利，并应当依法履行安全生产方面的义务。因此选项 D 正确。

第四十九条：生产经营单位不得以任何形式与从业人员订立协议，免除或者减轻其对从业人员因生产安全事故伤亡依法应承担的责任。因此选项 C 错误。

【考点】《中华人民共和国安全生产法》。

【参考答案】C

117.（2019-B-38）两个以上生产经营单位在同一作业区域内进行生产经营活动，可能危及对方生产安全的，下列说法哪个选项是错误的？（　　）

（A）双方应当签订安全生产管理协议

（B）明确各自的安全生产管理职责和应当采取的安全措施

（C）指定专职安全生产管理人员进行安全检查与协调

（D）一方人员发现另外一方作业区域内有安全生产事故隐患或者其他不安全因素，无需向现场安全生产管理人员或者本单位负责人报告

【解析】根据《中华人民共和国安全生产法》第四十五条：两个以上生产经营单位在同一作业区域内进行生产经营活动，可能危及对方生产安全的，应当签订安全生产管理协议，明确各自的安全生产管理职责和应当采取的安全措施，并指定专职安全生产管理人员进行安全检查与协调。

【考点】《中华人民共和国安全生产法》。

【参考答案】D

118.（2019-B-39）根据《中华人民共和国安全生产法》有关规定，下列哪个说法是错误的？（　　）

（A）依法设立的为安全生产提供技术、管理服务的机构，依照法律、行政法规和执业准则，接受生产经营单位的委托为其安全生产工作提供技术、管理服务

（B）生产经营单位委托前款规定的机构提供安全生产技术、管理服务的，保证安全生产的责任由该机构负责

（C）生产经营单位的工会依法组织职工参加本单位安全生产工作的民主管理和民主监督，维护职工在安全生产方面的合法权益

（D）有关协会组织依照法律、行政法规和章程，为生产经营单位提供安全生产方面的信息、培训等服务，发挥自律作用，促进生产经营单位加强安全生产管理

【解析】参见《中华人民共和国安全生产法》。

（1）第十三条，依法设立的为安全生产提供技术、管理服务的机构，依照法律、行政法规和执业准则，接受生产经营单位的委托为其安全生产工作提供技术、管理服务；生产经营单位委托前款规定的机构提供安全生产技术、管理服务的，保证安全生产的责任仍由本单位负责。故选项 A 正确，选项 B 错误。

（2）第七条，工会依法对安全生产工作进行监督。生产经营单位的工会依法组织职工参加本单位安全生产工作的民主管理和民主监督，维护职工在安全生产方面的合法权益。生产经营单位制定或者修改有关安全生产的规章制度，应当听取工会的意见，故选项 C 正确。

（3）第十二条，有关协会组织依照法律、行政法规和章程，为生产经营单位提供安全生产方面的信息、培训等服务，发挥自律作用，促进生产经营单位加强安全生产管理。故选项 D 正确。

【考点】《中华人民共和国安全生产法》。

【参考答案】B

17.21　《安全生产许可条例》

119.（2016－B－66）根据《安全生产许可条例》下列哪些选项是正确的？（　　）

（A）国务院建设主管部门负责中央管理的建筑施工企业安全生产许可证的颁发和管理

（B）安全生产许可证由国务院安全生产监督管理部门规定统一的式样

（C）安全生产许可证颁发管理机关应当自收到申请之日起 45 日内审查完毕，经审查符合本条例规定的安全生产条件的，颁发安全生产许可证

（D）安全生产许可证的有效期为 3 年。安全生产许可证有效期需要延期的，企业应当于期满前 1 个月向原安全生产许可证颁发管理机关办理延期手续

【解析】参见《安全生产许可条例》，依据第四条，选项 A 错误；依据第八条，选项 B 正确；依据第七条，选项 C 正确；依据第九条，选项 D 错误。

【考点】《安全生产许可条例》。

【参考答案】BC

17.22　《地质灾害防治条例》

120.（2013－B－37）地质灾害按照人员伤亡、经济损失的大小，分为四个等级。下列（　　）说法是错误的。

（A）特大型：因灾死亡 30 人以上或者直接经济损失 1000 万元以上的

（B）大型：因灾死亡 10 人以上 30 人以下或者直接经济损失 500 万元以上 1000 万元以下

（C）中型：因灾死亡 10 人以上 20 人以下或者直接经济损失 100 万元以上 500 万元以下

（D）小型：因灾死亡 3 人以下或者直接经济损失 100 万元以下的

【解析】参见《地质灾害防治条例》第四条。

【考点】《地质灾害防治条例》。

【参考答案】C

121.（2014－B－37）下列（　　）违反《地质灾害防治条例》规定的行为，处 5 万元以上 20 万元以下的罚款。

（A）未按照规定对地质灾害易发区内的建设工程进行地质灾害危险性评估的

（B）配套的地质灾害治理工程未经验收或者经验收不合格，主体工程即投入生产或者使用的

（C）对工程建设等人为活动引发的地质灾害不予治理的

（D）在地质灾害危险区内爆破、削坡、进行工程建设以及从事其他可能引发地质灾害活动的

【解析】参见《地质灾害防治条例》。由第四十一条知，选项 A、B 错误；由第四十二条知，选项 C 错误；由第四十三条知，选项 D 正确。

【考点】《地质灾害防治条例》。

【参考答案】D

122.（2014-B-67）对经评估认为可能引发地质灾害或者可能遭受地质灾害危害的建设工程，下列（　　）是正确的。

（A）应当配套建设地质灾害治理工程

（B）地质灾害治理工程的设计、施工和验收不应当与主体工程的设计、施工、验收同时进行

（C）不能以建设工程勘察取代地质灾害评估

（D）配套的地质灾害治理工程未经验收或者验收不合格的，主体工程不得投入生产或者使用

【解析】参见《地质灾害防治条例》第二十四条。

【考点】《地质灾害防治条例》。

【参考答案】ACD

123.（2018-B-70）根据《地质灾害防治条例》（国务院令第394条）的规定，下列关于地质灾害的治理的说法中哪些是正确的？（　　）

（A）因自然因素造成的特大型地质灾害，确需治理的，由国务院国土资源主管部门会同灾害发生地的省、自治区、直辖市人民政府组织治理

（B）因自然因素造成的跨行政区域的地质灾害，确需治理的，由所跨行政区域的地方人民政府国土资源主管部门共同组织治理

（C）因工程建设等人为活动引发的地质灾害，由灾害发生地的省、自治区、直辖市人民政府组织治理

（D）地质灾害治理工程的确定，应当与地质灾害形成的原因、规模以及对人民生命和财产安全的危害程度相适应

【解析】参见《地质灾害防治条例》（国务院令第394条）。由第三十四条知，选项A、B正确；由第三十五条知，选项C错误；由第三十六条知，选项D正确。

【考点】《地质灾害防治条例》。

【参考答案】ABD

124.（2019-B-65）下列关于地质灾害的治理的说法中哪些是正确的？（　　）

（A）因自然因素造成的特大型地质灾害，确需治理的，由国务院国土资源主管部门会同灾害发生地的省、自治区、直辖市人民政府组织治理

（B）因自然因素造成的跨行政区域的地质灾害，确需治理的，由所跨行政区域的地方人民政府国土资源主管部门共同组织治理

（C）因工程建设等人为活动引发的地质灾害，由灾害发生地的省、自治区、直辖市人民政府组织治理

（D）地质灾害治理工程的确定，应当与地质灾害形成的成因、规模以及对人民生命和财产安全的危害程度相适应

【解析】参见《地质灾害防治条例》第三十四条：因自然因素造成的特大型地质灾害，确需治理的，由国务院国土资源主管部门会同灾害发生地的省、自治区、直辖市人民政府组织治理。

因自然因素造成的跨行政区域的地质灾害，确需治理的，由所跨行政区域的地方人民政府国土资源主管部门共同组织治理。故选项A、B正确。

第三十五条：因工程建设等人为活动引发的地质灾害，由责任单位承担治理责任，故选项C错误。

第三十六条：地质灾害治理工程的确定，应当与地质灾害形成的原因、规模以及对人民生命和财产安全的危害程度相适应。故选项D正确。

【考点】《地质灾害防治条例》。

【参考答案】ABD

17.23 《建筑工程五方责任主体项目责任人质量终身责任追究暂行办法》

125.（2016-B-40）根据《建筑工程五方责任主体项目责任人质量终身责任追究暂行办法》，由于勘察原因导致工程质量事故的，对勘察单位项目责任人进行责任追究，下列哪个选项是错误的？（　　）

（A）项目负责人为勘察设计注册工程师的，责令停止执业1年，造成重大质量事故的，吊销执业资格证书，5年以内不予注册；情节特别恶劣的，终身不予注册

（B）构成犯罪的，移送司法机关依法追究刑事责任

（C）处个人罚款数额5%以上10%以下的罚款

（D）向社会公布曝光

【解析】参见《建筑工程五方责任主体项目责任人质量终身责任追究暂行办法》。依据第十二条，选项A、B、D正确，选项C错误。

【考点】《建筑工程五方责任主体项目责任人质量终身责任追究暂行办法》。

【参考答案】C

126.（2016-B-65）根据《建筑工程五方责任主体项目责任人质量终身责任追究暂行办法》，下列哪些选项是正确的？（　　　）

（A）建筑工程五方责任主体项目责任人是指承担建筑工程项目建设的建设单位项目责任人、勘察项目负责人、设计单位项目负责人、施工单位项目负责人、施工图审查单位项目负责人

（B）建筑工程五方责任主体项目负责人质量终身责任，是指参与新建、扩建、改建的建筑工程项目负责人按照国家法律规定和有关规定，在工程设计使用年限内对工程质量承担相应责任

（C）勘察、设计单位项目负责人应当保证勘察设计文件符合法律法规和工程建设强制性标准的要求，对应因勘察、设计导致的工程质量事故或质量问题承担责任

（D）施工单位项目经理应当按照经审查合格的施工图设计文件和施工技术标准进行施工，对因施工导致的工程质量事故或质量问题承担责任

【解析】参见《建筑工程五方责任主体项目责任人质量终身责任追究暂行办法》。依据第二条，选项A错误；依据第三条，选项B正确；依据第五条，选项C、D正确。

【考点】《建筑工程五方责任主体项目责任人质量终身责任追究暂行办法》。

【参考答案】BCD

127.（2017-B-39）根据《建筑工程五方责任主体项目负责人质量终身责任追究暂行办法》，下列哪项内容不属于项目负责人质量终身责任信息档案内容？（　　　）

（A）项目负责人姓名，身份证号，执业资格，所在单位变更情况等

（B）项目负责人签署的工程质量终身责任承诺书

（C）法定代表人授权书

（D）项目负责人不良质量行为记录

【解析】参见《建筑工程五方责任主体项目负责人质量终身责任追究暂行办法》第十条。

【考点】《建筑工程五方责任主体项目负责人质量终身责任追究暂行办法》。

【参考答案】D

128.（2020-B-69）根据《建筑工程五方责任主体项目负责人质量终身责任追究暂行办法》有关规定，对建设单位项目负责人进行责任追究，下列哪些说法是正确的？（　　　）

（A）项目负责人为国家公职人员的，将其违法违规行为告知其上级主管部门及纪检监察部门，并建议对项目负责人给予相应的行政、纪律处分

（B）构成犯罪的，移送司法机关依法追究刑事责任

（C）处单位罚款数额10%以上20%以下的罚款

（D）向社会公布曝光

【解析】根据《建筑工程五方责任主体项目负责人质量终身责任追究暂行办法》第十一条，发生本办法第六条所列情形之一的，对建设单位负责人按以下方式进行责任追究：

（一）项目责任人为国家公职人员的，将其违法违规行为告知其上级主管部门及纪检监察部门，并建议对项目负责人给予相应的行政、纪律处分；

（二）构成犯罪的，移送司法机关依法追究刑事责任；

（三）处单位罚款数额5%以上10%以下的罚款；

（四）向社会公布曝光。

【考点】《建筑工程五方责任主体项目负责人质量终身责任追究暂行办法》。

【参考答案】ABD

17.24 《房屋建筑和市政基础设施工程施工图设计文件审查管理办法》

129.（2017-B-40）根据《房屋建筑和市政基础设施工程施工图设计文件审查管理办法》规定，关于一类审查机构应当具备的条件，下列哪个选项是错误的？（ ）

（A）审查人员应当有良好的职业道德；有 12 年以上所需专业勘察、设计工作经历

（B）在本审查机构专职工作的审查人员数量；专门从事勘察文件审查的，勘察专业审查人员不少于 7 人

（C）60 岁以上审查人员不超过该专业审查人员规定数的 1/2

（D）有健全的技术管理和质量保证体系

【解析】参见《房屋建筑和市政基础设施工程施工图设计文件审查管理办法》第七条。

【考点】《房屋建筑和市政基础设施工程施工图设计文件审查管理办法》。

【参考答案】A

17.25 《房屋建筑和市政基础设施项目工程总承包管理办法》

130.（2020-B-35）根据《房屋建筑和市政基础设施项目工程总承包管理办法》（建市规〔2019〕12 号），下列哪个选项不符合有关工程总承包单位的规定？（ ）

（A）工程总承包单位应当同时具有与工程规模相适应的工程设计资质和施工资质

（B）工程总承包单位可以由具有相应资质的设计单位和施工单位组成联合体

（C）联合体双方应当承担同等的责任和权利

（D）联合体各方应当共同与建设单位签订工程总承包合同，就工程总承包项目承担连带责任

【解析】根据《房屋建筑和市政基础设施项目工程总承包管理办法》（建市规〔2019〕12 号）第十条，设计单位和施工单位组成联合体的，应当根据项目的特点和复杂程度，合理确定牵头单位，并在联合体协议中明确联合体成员单位的责任和权利。而不是承担同等的责任和权利，选项 C 错误，选项 A、B、D 正确。

【考点】工程项目总承包。

【参考答案】C

131.（2020-B-65）根据《房屋建筑和市政基础设施项目工程总承包管理办法》（建市规〔2019〕12 号）的规定，下列哪些选项符合工程总承包项目经理应当具备的条件？（ ）

（A）取得相应工程建设类注册执业资格，未实施注册执业资格的，取得高级专业技术职称

（B）曾经担任过工程总承包项目经理、设计项目负责人、施工项目负责人或者项目总监理工程师

（C）熟悉工程技术和工程总承包项目管理知识以及相关法律法规、标准规范

（D）具有较强的组织协调能力和良好的职业道德

【解析】根据《房屋建筑和市政基础设施项目工程总承包管理办法》（建市规〔2019〕12）第二十条，工程总承包项目经理应具备以下条件：

（1）取得相应工程建设类注册执业资格，包括注册建筑师、勘察设计注册工程师、注册建造师或者注册监理师等；未实行注册执业资格的，取得高级专业技术职称。

（2）担任过与拟建项目相类似的工程总承包项目经理、设计项目负责人、施工项目负责人或者项目总监理工程师。

（3）熟悉工程技术和工程总承包项目管理知识以及相关法律法规、标准规定。

（4）具有较强的组织协调能力和良好的职业道德。

工程总承包项目经理不得同时在两个或两个以上工程项目担任工程总承包项目经理、施工项目负责人。故选项 B 说法不准确，选项 A、C、D 正确。

【考点】工程总承包项目经理的条件。

【参考答案】ACD

17.26 《关于进一步推进工程总承包发展的若干意见》

132.（2018-B-66）下列关于工程总承包的说法中，哪些是正确的？（　　）

（A）工程总承包是指从事工程总承包的企业按照与建设单位签订的合同，对工程项目的设计、采购、施工等实行全过程的承包，并对工程的质量、安全、工期和造价等全面负责的承包方式

（B）工程总承包企业应当具有与工程规模相适应的工程设计资质或施工资质，相应的财务、风险承担能力，同时具有相应的组织机构、项目管理体系、项目管理专业人员和工程业绩

（C）工程总承包项目经理应当取得工程建设类注册执业资格或者高级专业技术职称，担任过工程总承包项目经理、设计项目负责人或者施工项目经理，熟悉工程建设相关法律和标准，同时具有相应工程业绩

（D）工程总承包企业应当加强对分包的管理，不得将工程总承包项目转包，也不得将工程总承包项目中设计和施工业务一并或者分别分包给其他单位。工程总承包企业自行实施设计的，不得将工程总承包项目工程设计业务分包给其他单位

【解析】根据《关于进一步推进工程总承包发展的若干意见》（建市〔2016〕93号）第一部分第二条，选项 A 正确；根据第二部分第七条，选项 B 正确；根据第二部分第八条，选项 C 正确；根据第二部分第十条，选项 D 错误。

【考点】工程总承包。

【参考答案】ABC

17.27 《危险性较大的分部分项工程安全管理规定》

133.（2019-B-35）根据住房和城乡建设部办公厅关于实施《危险性较大的分部分项工程安全管理规定》有关问题的通知（建办质〔2018〕31号）的规定，下列哪一选项不属于超过一定规模的危险性较大的分部分项工程范围？（　　）

（A）开挖深度超过 5m（含 5m）的基坑

（B）开挖深度 15m 及以上的人工挖孔桩工程

（C）搭设高度 50m 及以上的落地式钢管脚手架工程

（D）搭设高度 8m 及以上的混凝土模板支撑工程

【解析】参见建办质〔2018〕31号中超过一定规模的危险性较大的分部分项工程范围：

（1）深基坑工程。

开挖深度超过 5m（含 5m）的基坑（槽）的土方开挖、支护、降水工程。

（2）模板工程及支撑体系。

1）各类工具式模板工程：包括滑模、爬模、飞模、隧道模等工程。

2）混凝土模板支撑工程：搭设高度 8m 及以上，或搭设跨度 18m 及以上，或施工总荷载（设计值）15kN/m² 及以上，或集中线荷载（设计值）20kN/m 及以上。

3）承重支撑体系：用于钢结构安装等满堂支撑体系，承受单点集中荷载 7kN 及以上。

（3）起重吊装及起重机械安装拆卸工程。

1）采用非常规起重设备、方法，且单件起吊重量在 100kN 及以上的起重吊装工程。

2）起重量 300kN 及以上，或搭设总高度 200m 及以上，或搭设基础标高在 200m 及以上的起重机械安装和拆卸工程。

（4）脚手架工程。

1）搭设高度 50m 及以上的落地式钢管脚手架工程。

2）提升高度在 150m 及以上的附着式升降脚手架工程或附着式升降操作平台工程。

3）分段架体搭设高度 20m 及以上的悬挑式脚手架工程。

（5）拆除工程。

1）码头、桥梁、高架、烟囱、水塔或拆除中容易引起有毒有害气（液）体或粉尘扩散、易燃易爆事故发生的特殊建、构筑物的拆除工程。

2）文物保护建筑、优秀历史建筑或历史文化风貌区影响范围内的拆除工程。

（6）暗挖工程。

采用矿山法、盾构法、顶管法施工的隧道、洞室工程。

（7）其他。

1）施工高度 50m 及以上的建筑幕墙安装工程。

2）跨度 36m 及以上的钢结构安装工程，或跨度 60m 及以上的网架和索膜结构安装工程。

3）开挖深度 16m 及以上的人工挖孔桩工程。

4）水下作业工程。

5）重量 1000kN 及以上的大型结构整体顶升、平移、转体等施工工艺。

6）采用新技术、新工艺、新材料、新设备可能影响工程施工安全，尚无国家、行业及地方技术标准的分部分项工程。

【考点】危险性较大的分部分项工程范围。

【参考答案】B

134.（2019-B-69）根据住房城乡建设部办公厅关于实施《危险性较大的分部分项工程安全管理规定》有关问题的通知（建办质〔2018〕31号）的规定，下列危大工程专项施工方案的评审专家基本条件哪些是正确的？（　　）

（A）诚实守信、作风正派、学术严谨

（B）具有注册土木工程师（岩土）或注册结构工程师资格

（C）从事相关专业工作 15 年以上或具有丰富的专业经验

（D）具有高级专业技术职称

【解析】参见实施《危险性较大的分部分项工程安全管理规定》有关问题的通知。

设区的市级以上地方人民政府住房城乡建设主管部门建立的专家库专家应当具备以下基本条件：

（1）诚实守信、作风正派、学术严谨；

（2）从事相关专业工作 15 年以上或具有丰富的专业经验；

（3）具有高级专业技术职称。

【考点】（建办质〔2018〕31号）。

【参考答案】ACD

135.（2020-B-70）根据《危险性较大的分部分项工程安全管理规定》的有关规定，下列哪些说法是正确的？（　　）

（A）实行施工总承包的，专项施工方案应当由施工总承包单位组织编制。危大工程实行分包的，专项施工方案可以由相关专业分包单位组织编制

（B）专项施工方案应当由施工单位技术负责人审核签字、加盖单位公章，并由总监理工程师审查签字、加盖执业印章后方可实施。危大工程实行分包并由分包单位编制专项施工方案的，专项施工方案应当由分包单位技术负责人审核签字并加盖单位公章

（C）专家应当从地方人民政府住房城乡建设主管部门建立的专家库中选取，符合专业要求且人数不得少于 5 名。与本工程有利害关系的人员不得以专家身份参加专家论证会

（D）专家论证会后，应当形成论证报告，对专项施工方案提出通过、修改后通过或者不通过的一致意见。专家对论证报告负责并签字确认

【解析】参见《危险性较大的分部分项工程安全管理规定》。

（1）第十条，施工单位应当在危大工程施工前组织工程技术人员编制专项施工方案。实行施工总承包的，专项施工方案应当由施工总承包单位组织编制。危大工程实行分包的，专项施工方案可由相关专业分包单位组织编制。选项 A 正确。

（2）第十一条，专项施工方案应当由施工单位技术负责人审核签字、加盖单位公章，并由总监理工程师审查签字、加盖执业印章后方可实施。危大工程实行分包并由分包单位编制专项施工方案的，专项施工方案应当由总承包单位技术负责人及分包单位技术负责人共同审核签字并加盖单位公章。选项 B 错误。

（3）第十二条，专家论证前专项施工方案应当通过施工单位审核和总监理工程师审查。专家应当从地方人民政府住房城乡建设主管部门建立的专家库中选取，符合专业要求且人数不得少于 5 名。与本工程有利害关系的人员不得以专家身份参加专家论证会。选项 C 正确。

（4）第十三条，专家论证会后，应当形成论证报告，对专项施工方案提出通过、修改后通过或者不通过的一致意见。专家对论证报告负责并签字确认。选项 D 正确。

【考点】《危险性较大的分部分项工程安全管理规定》。

【参考答案】ACD

17.28　《推进全过程工程咨询服务发展的指导意见》

136.（2020-B-36）根据《关于推进全过程工程咨询服务发展的指导意见》（发改投资规〔2019〕515 号），下列哪个选项不符合关于工程建设全过程咨询服务人员要求？（　　）

（A）项目负责人应当取得工程建设类注册执业资格，未实施注册执业资格的，取得高级专业技术职称

（B）承担工程勘察、设计、监理或造价咨询业务的负责人，应具有法律法规规定的相应执业资格

（C）全过程咨询服务单位应根据项目管理需要配备具有相应执业能力的专业技术人员和管理人员

（D）设计单位在民用建筑中实施全过程咨询的，要充分发挥建筑师的主导作用

【解析】参见《关于推进全过程工程咨询服务发展的指导意见》（发改投资规〔2019〕515 号）以全过程咨询推动完善工程建设组织模式。

工程建设全过程咨询项目负责人应当取得工程建设类注册执业资格且具有工程类、工程经济类高级职称，并具有类似工程经验，故选项 A 错误。

对于工程建设全过程咨询服务中承担工程勘察、设计、监理或造价咨询业务的负责人，应具有法律法规规定的相应执业资格。

全过程咨询服务单位应根据项目管理需要配备具有相应执业能力的专业技术人员和管理人员，设计单位民用建筑中实施全过程咨询的，要充分发挥建筑师的主导作用。

【考点】工程建设全过程咨询服务人员要求（属于超纲内容）。

【参考答案】A

137.（2020-B-66）根据《关于推进全过程工程咨询服务发展的指导意见》（发改投资规〔2019〕515 号），下列哪些选项符合关于全过程咨询单位的规定？（　　）

（A）全过程咨询单位提供勘察、设计、监理或造价咨询服务时，应当具有与工程规模及委托内容相适应的资质条件

（B）全过程咨询服务单位可自行将自有资质证书许可范围外的咨询业务，依法依规择优委托给具有相应资质或能力的单位

（C）全过程咨询服务单位应对被委托单位的委托业务负总责

（D）建设单位选择具有相应工程勘察、设计、监理或造价咨询资质的单位开展全过程咨询服务的，

除法律法规另有规定外，可不再另行委托勘察、设计、监理或造价咨询单位

【解析】参见《关于推进全过程工程咨询服务发展的指导意见》（发改投资规〔2019〕515号）以全过程咨询推动完善工程建设组织模式。

全过程咨询单位提供勘察、设计、监理或造价咨询服务时，应当具有与工程规模及委托内容相适应的资质条件。

全过程咨询服务单位应当自行完成自由资质证书许可范围内的业务，在保证整个工程项目完整性的前提下，按照合同约定或经建设单位同意，可将自有资质证书许可范围外的咨询业务依法依规择优委托给具有相应资质或能力的单位，全过程咨询服务单位应对被委托单位的委托业务负总责。建设单位选择具有相应工程勘察、设计、监理或造价咨询资质的单位开展全过程咨询服务的，除法律另有规定外，可不再另行委托勘察、设计、监理或造价咨询单位。

【考点】全过程咨询（属于超纲内容）。

【参考答案】ACD